Lukas Lutz
Karl Marx und die ökologische Krise

De Gruyter Marx Forschung

Herausgegeben von
Andreas Arndt und Gerald Hubmann

Band 3

Lukas Lutz

Karl Marx und die ökologische Krise

Die Bedeutung der *Grundrisse* für den ökologischen Diskurs der Gegenwart

DE GRUYTER

Zugleich Dissertation an der Philosophischen Fakultät der Universität Tübingen im Sommersemester 2021

Universitätsbund
Tübingen e. V.

Gedruckt mit freundlicher Unterstützung der Eduard Spranger-Stiftung

ISBN 978-3-11-153425-1
e-ISBN (PDF) 978-3-11-077195-4
e-ISBN (EPUB) 978-3-11-077200-5
ISSN 2629-4877

Library of Congress Control Number: 2022937380

Bibliografische Information der Deutschen Nationalbibliothek
Die Deutsche Nationalbibliothek verzeichnet diese Publikation in der Deutschen
Nationalbibliografie; detaillierte bibliografische Daten sind im Internet über http://dnb.dnb.de
abrufbar.

© 2024 Walter de Gruyter GmbH, Berlin/Boston
Dieser Band ist text- und seitenidentisch mit der 2022 erschienenen gebundenen Ausgabe.

www.degruyter.com

Vorbemerkung

Die hier vorliegende Studie wurde unter dem Titel „Zur Kritik ‚grüner' Theorien: Die *Grundrisse* von Karl Marx im Dialog mit dem ökologischen Diskurs" im Jahr 2021 von der Philosophischen Fakultät der Eberhard Karls Universität Tübingen als Dissertation angenommen und für die Publikation leicht überarbeitet. In den mehr als sieben Jahren, in denen die Studie entstand, begegneten mir zahlreiche Menschen, die – auf die eine oder andere Weise – zu ihrem Gelingen beitrugen und Anteil an mir und meinem Vorhaben nahmen.

An erster Stelle danke ich meiner Doktormutter Prof. Dr. Friedrike Schick für die Bereitschaft, meine Arbeit durch fachliche Expertise und kritische Prüfung meiner Thesen anzuleiten, zugleich aber mir die Freiheit zu geben, eigene Einsichten zu gewinnen und einen eigenständigen Denkweg zu verfolgen. Die in herzlicher Atmosphäre verbrachten Tage gemeinsamen Nachdenkens in Nürnberg bleiben mir in schöner Erinnerung. Dank gebührt ebenso Prof. Dr. Friedrich Hermanni für die Übernahme der Zweitbetreuung und die damit gezeigte Offenheit, eine Studie mit der hier verfolgten Thematik zu unterstützen. Prof. Dr. Anton Friedrich Koch danke ich für die Anfertigung des zweiten Gutachtens und für die zahllosen Gedanken und Erkenntnisse, an denen ich in Heidelberger Jahren teilhaben durfte. Für die Bereitschaft, das dritte Gutachten zu verfassen, danke ich Prof. Dr. Johannes Brachtendorf. Für die Teilnahme am Promotionskolloquium sei zudem Prof. Dr. Ulrich Schlösser und Prof. Dr. Klaus Sachs-Hombach gedankt.

Den beiden Herausgebern der Reihe „De Gruyter Marx Forschung", Prof. Dr. Andreas Arndt und Dr. Gerald Hubmann, danke ich für die Prüfung des Manuskripts und die Aufnahme in die Reihe. Dr. Serena Pirrotta und Dr. Torben Behm vom Verlag Walter de Gruyter danke ich für die engagierte wie kompetente Unterstützung im Publikationsprozess. Die Eduard Spranger-Stiftung, verwaltet vom Universitätsbund Tübingen, förderte die Veröffentlichung meiner Studie durch einen Zuschuss zu den Druckkosten – hierfür bedanke ich mich herzlich.

Danken möchte ich meinen – nahen und fernen – Freundinnen und Freunden, Kollegen und Kolleginnen, mit denen ich in Ludwigshafen am Rhein, Mannheim, Heidelberg, Lahr/Schwarzwald, Esslingen am Neckar und Osnabrück zusammenlebte und zusammenarbeitete. Ohne diesen fachlichen und oftmals auch überfachlichen Austausch und die damit verbundenen Ideen und Erkenntnisse, aber auch ohne das freundschaftliche Zusammensein jenseits von Wissenschaft und Schreibtisch und die dabei erfahrene Wertschätzung, Wohlgesonnenheit und Fülle der Zeit wäre diese Arbeit nicht möglich gewesen.

Eine geisteswissenschaftliche Arbeit setzt eine Fülle an Literatur, Ruhe und die Möglichkeit zu konzentriertem und zugleich inspiriertem Denken voraus. Diese drei Bedingungen wurden erfüllt durch die Bibliotheken, die ich im Verlauf des Abfassens dieser Studie besuchte, allen voran die Württembergische Landesbibliothek. Zu danken ist daher auch den Mitarbeiterinnen und Mitarbeitern dieser unverzichtbaren Institutionen und allen, die sie unterstützen und finanzieren.

Besonders danken möchte ich meinen Eltern, die mich Zeit meines Lebens unterstützt haben und unterstützen. Und Johanna, *mon amour,* für so vieles. Ihnen sei diese Arbeit gewidmet.*

---

* Der Autor dieses Buches freut sich über Kritik, Hinweise und Fragen. Er ist zu erreichen unter lukaslutz@posteo.de

Inhalt

1	**Einleitung** —— 1	
1.1	Die Relevanz der *Kritik der Politischen Ökonomie* von Karl Marx für die Gegenwart betreffende Problem- und Fragestellungen —— 5	
1.2	Die Relevanz der Philosophie für eine wissenschaftliche Auseinandersetzung mit der ökologischen Krise —— 11	
1.3	Ökologische Marxlektüre: Die Relevanz der marxschen Theorie für den ökologischen Diskurs —— 18	
1.4	Methode, Textgrundlage, Fragestellungen und Gliederung dieser Studie —— 26	
1.4.1	Konfrontation und Dialog: Die Methode —— 26	
1.4.2	Die *Grundrisse* als Textgrundlage der Rekonstruktion der marxschen *Kritik der Politischen Ökonomie* —— 33	
1.4.3	Fragestellungen und Gliederung —— 39	
2	**Die Theorie der modernen Gesellschaft in den *Grundrissen* von Karl Marx** —— 42	
2.1	Die dialektische Entwicklung der Begriffe von Wert, Geld und Kapital —— 42	
2.1.1	Ziel, Methode und Prämissen der marxschen Theorie —— 42	
2.1.2	Der Warentausch und seine Voraussetzungen —— 48	
2.1.3	Der Begriff des Wertes —— 53	
2.1.4	Der Übergang vom Wert- zum Geldbegriff —— 69	
2.1.5	Der Begriff des Geldes —— 75	
2.1.6	Der Übergang vom Geld- zum Kapitalbegriff —— 87	
2.1.7	Der Begriff des Kapitals —— 91	
2.2	Materieller Produktionsprozess und Verwertungsprozess des Kapitals —— 98	
2.2.1	Allgemeine Bestimmungen von Produktion und Arbeit —— 99	
2.2.2	Produktion und Arbeit in vorkapitalistischen Produktionsweisen —— 122	
2.2.3	Produktion und Arbeit in der kapitalistischen Produktionsweise —— 130	
2.2.3.1	Ebenen der Theorie: Das Kapital im Allgemeinen und die Konkurrenz —— 130	
2.2.3.2	Zweck und Bedingungen kapitalistischer Arbeits- und Produktionsprozesse —— 140	
2.2.3.3	Ausgangspunkt und Resultat des kapitalistischen Arbeits- und Produktionsprozesses —— 142	
2.2.3.4	Der Begriff des Profits und das Verhältnis des Kapitals zum materiellen Produktionsprozess —— 156	

2.2.3.5 Der dialektische Umschlag von Freiheit, Gleichheit, Eigentum und Tauschgerechtigkeit —— 162
2.2.3.6 Expansion und Universalisierung: Die Dynamik der kapitalistischen Produktionsweise —— 171
2.2.3.7 Widersprüche der Entwicklung der kapitalistischen Produktionsweise und die Aufhebung der auf dem Warentausch beruhenden Gesellschaft —— 191

3 Die marxsche Theorie im Dialog mit dem ökologischen Diskurs —— 213
3.1 Natur in der Wirtschaftswissenschaft —— 213
3.1.1 Natur in der neoklassischen Wirtschaftswissenschaft —— 213
3.1.1.1 Die Kritik des ökologischen Diskurses an der neoklassischen Wirtschaftstheorie —— 213
3.1.1.2 Die argumentative Weiterentwicklung der ökologischen Kritik an der neoklassischen Ökonomik durch die marxsche Theorie —— 221
3.1.2 Theorie(n) der Nachhaltigkeit —— 238
3.1.2.1 Schwache und starke Nachhaltigkeit —— 238
3.1.2.2 Kritik der Substituierbarkeitshypothese: Die marxsche Theorie im Dialog mit der Konzeption schwacher Nachhaltigkeit —— 246
3.1.2.3 Naturkapital: Die marxsche Theorie im Dialog mit der Konzeption starker Nachhaltigkeit —— 251
3.1.3 Wirtschaftswachstum und Wachstumskritik —— 266
3.1.3.1 Die mangelnde Berücksichtigung historisch spezifischer gesellschaftlicher Verhältnisse im Diskurs um die Grenzen des Wachstums —— 269
3.1.3.2 Die These von der Notwendigkeit des Wirtschaftswachstum in der kapitalistisch organisierten Gesellschaft und ihre Begründung —— 294
Exkurs: Die Theorie des *Steady-State* von Herman Daly und die Kritik an ihr —— 304
3.1.3.3 Wachstum über das Wirtschaftswachstum hinaus: Kommodifizierung, Ökonomischer und Ökologischer Imperialismus —— 314
3.1.3.4 Erweiterung der marxschen Theorie: Die Begrenztheit naturaler Ressourcen und Senken —— 327
3.2 Die Naturethik und ihre widerstreitenden axiologischen Grundlagen —— 330
3.2.1 Anthropozentrismus und Physiozentrismus —— 330
3.2.1.1 Grundzüge des naturethischen Diskurses —— 330
3.2.1.2 Der physiozentrische Vorwurf an die marxsche Theorie —— 336
3.2.1.3 Extremer Physiozentrismus: Die *Deep Ecology* —— 338
Exkurs: Das Verständnis des Menschen-Natur-Verhältnisses als eines konkurrenzförmigen im ökologischen Diskurs —— 346

3.2.2	Die marxsche Theorie im Dialog mit dem naturethischen Diskurs —— **348**	
3.2.2.1	Der Selbstzweckcharakter des Tauschwerts in der modernen Ökonomie —— **348**	
3.2.2.2	Die Auffassung des Menschen-Natur-Verhältnisses in der marxschen Theorie —— **357**	
	Exkurs: Extremer und aufgeklärter Anthropozentrismus —— **362**	
3.2.2.3	Die Genese der Vorstellung einer Konkurrenz zwischen Menschen und Natur —— **369**	
3.2.3	Kritik des physiozentrischen Vorwurfs an die marxsche Theorie —— **372**	

4 Schluss —— 378

Literaturverzeichnis —— 389

Namenregister —— 404

Sachregister —— 408

1 Einleitung

Gegenstand dieser Studie ist die *ökologische Krise* unserer Tage. Mit dem Terminus ‚ökologische Krise' ist die Gesamtheit aller in der Gegenwart existierenden *ökologischen Probleme* gemeint. Als ‚ökologisches Problem' wird in der hier vorliegenden Studie ein Sachverhalt bezeichnet, der aus einer spezifischen Konfiguration des *Menschen-Natur-Verhältnisses* resultiert und negative Konsequenzen für Menschen aufweist.[1] Unter dem Menschen-Natur-Verhältnis wird das theoretische Verständnis und der praktische Umgang der in Gesellschaften zusammenlebenden Menschen (mit) der Natur[2] verstanden; es kann in verschieden beschaffenen Gesellschaften

---

[1] In Anlehnung an und zugleich in Abwandlung des naturwissenschaftlichen Ökologiebegriffs, wonach die Ökologie die Wissenschaft ist, „die sich mit den *Beziehungen zwischen Organismen und ihrer Umwelt*" (Vogt 1998, 799; diese Definition geht zurück auf Haeckel 1866, 286) befasst. – Für eine ähnliche, aber nicht identische Definition des Terminus ‚ökologisches Problem' vgl. Grundmann (1991, 23).

[2] Natur kann in erster Annäherung verstanden werden als „ein Sammelbegriff zur Bezeichnung von Bereichen der Wirklichkeit, die ohne menschliches Zutun entstehen bzw. existieren" (Mocek 2010, 1705), der somit den Gegenbegriff zu ‚Kultur', ‚Gesellschaft' und ‚Technik' darstellt (vgl. Gloy 1995, 23; Ropohl 1996, 144 f.; Krebs 2002, 180; Mocek 2010, 1705). Dieses Verständnis von Natur geht auf die aristotelische *Physik* zurück, in der Aristoteles die gegenständliche Wirklichkeit in zwei Klassen – „in die Produkte der Natur und in die Produkte andersgearteter Gründe" (192 b 8 f.) – einteilt. Naturprodukte „zeigen einen Unterschied gegen das, was nicht Naturprodukt ist: hat doch ein jedes Naturprodukt ein Prinzip seiner Prozessualität und Beharrung in ihm selbst, [...]. Ein Bett, ein Mantel und sonstiges dergleichen hat jedoch, insofern ihm jeweils diese besondere Bestimmtheit (als Bett, Mantel usw.) zukommt und insoweit es Artefakt ist, keinerlei in ihm selbst liegende Tendenz zu irgendwelcher Veränderung seiner selbst, besitzt eine solche vielmehr nur insofern, als es nebenher auch noch aus Stein oder Erde besteht oder auch eine Verbindung aus diesen darstellt, und zwar nur in diesen damit bezeichneten Grenzen" (192 b 12–21; vgl. dazu Gloy 1995, 26). Bereits in diesem aristotelischen Naturverständnis zeigt sich, dass Kultur, Gesellschaft und Technik der Natur nicht distinkt als ein Anderes gegenüberstehen: Menschlich hergestellte Gegenstände bestehen aus natürlichen Materialien, sind also in einem natürlichen Substrat fundiert. Kultur, Gesellschaft und Technik setzten trotz ihrer Erzeugung durch Menschen auf die ein oder andere Weise Natur – beispielsweise als Nahrungsmittel, Rohstoffe und Inspirationsquelle – voraus (vgl. Ropohl 1996, 146 f.; Krebs 2002, 180; Gorke 2010, 64; Rolston 2011, 2 f., 6; Ott 2013, 199). Dies ist zugleich der Grund der Möglichkeit der ökologischen Krise: Der destruktive Umgang mit der Natur kann deshalb zu negativen Konsequenzen für Menschen führen, weil sie nicht ohne Natur existieren können, sondern in vielfältigen Abhängigkeitsrelationen zu ihr stehen. Anthropologisch gesehen offenbart sich damit die Sonderstellung des Menschen, der sowohl Naturwesen als auch der Schöpfer von über die Natur hinausgehenden Artefakten und gesellschaftlichen Verhältnissen ist (vgl. Ropohl 1996, 145 f.). Natur auf der einen und Kultur, Gesellschaft und Technik auf der anderen Seite sind auch aus einem zweiten Grund nicht als voneinander distinkte Begriffe zu denken: Indem Menschen auf Basis der Natur schaffend tätig sind (also bspw. aus natürlichen Materialien Bett und Mantel erzeugen), formen sie die Natur zugleich um. Mag dieser modifizierende Einfluss der Menschen auf die Natur einst auch klein gewesen sein, so ist für die Gegenwart zu konstatieren, dass (auf dem Planeten Erde) keine ‚unberührte' Natur mehr existiert. Entsprechend sind Natur einer- und Gesellschaft, Kultur und Technik andererseits als *graduelle Begriffe* zu verstehen: Etwas ist mehr oder weniger natürlich (gehört der Natur mehr oder weniger an) und ist umgekehrt

verschiedene Konfigurationen – also spezifische Ausgestaltungen oder Formen – annehmen.[3] Ein ökologisches Problem liegt also dann vor, wenn durch das spezifische theoretische Naturverständnis und den spezifischen praktischen Naturumgang der in einer bestimmten Gesellschaft zusammenlebenden Menschen *negative Konsequenzen für Menschen* entstehen. Eine ‚negative Konsequenz' liegt dann vor, wenn
- die leibliche Existenz mindestens eines Menschen geschädigt oder verunmöglicht wird, oder
- das ‚gute Leben' mindestens eines Menschen beschädigt, eingeschränkt oder verunmöglicht wird.[4]

Ökologische Probleme liegen nur dann vor, wenn sie menschlich verursacht sind; natürlich ablaufende Prozesse, die destruktive Effekte auf menschlichen Leben und Handeln zeitigen – wie beispielsweise Erdbeben[5] –, sind somit nicht als ‚ökologische Probleme' zu bezeichnen.

Die diskursive Thematisierung ökologischer Probleme wie des Klimawandels, der Abholzung des tropischen Regenwaldes oder der radioaktiven Verstrahlung durch Atomunglücke hat mittlerweile ihren ‚Exotenstatus' verloren und überschreitet traditionelle Partei- und Ideologiegrenzen.[6] Die dadurch zum Ausdruck kommende *gesellschaftliche Relevanz* erhalten ökologische Probleme zum einen dadurch, dass sie – wie auch in Bezug auf den Klimawandel belegt ist[7] – menschlich verursacht und als

---

weniger oder mehr durch menschliches Handeln umgeformt (vgl. Krebs 2002, 180; Gorke 2010, 64 f., 75 f.; Rolston 2011, 4–7; Ott 2013, 198 f.). Im Fortgang der hier vorliegenden Studie werden diese Bestimmungen, die hier nur postuliert werden, theoretische Begründung erfahren. – Auf die naturphilosophisch wichtige Unterscheidung zwischen *natura naturans* und *natura naturata* kann hier nicht eingegangen werden (vgl. dazu Gloy 1995, 24; Mocek 2010, 1706, 1708).

3 Um diesen gesellschaftlichen und variablen Charakter zu betonen, ist in dieser Studie nicht von einem Mensch-, sondern von einem Menschen-Natur-Verhältnis die Rede: Weder steht ein menschliches Individuum ganz unabhängig von seinen Mitmenschen in einem Verhältnis zur Natur noch ist dieses Verhältnis als ein invariables (*des* Menschen im anthropologischen Sinne) aufzufassen. Statt von Menschen-Natur-Verhältnissen kann man synonym auch von *gesellschaftlichen Naturverhältnissen* (vgl. zu diesem Begriff Böhme 2003; Görg 2004a, 2004b; Karathanassis 2010) sprechen. – Der gesellschaftliche und variable Charakter des Verhältnisses der Menschen zur Natur wird ebenfalls hier vorausgesetzt, aber seinerseits im Fortgang dieser Studie begründet werden.

4 Der sichtbar werdende Bezug zur Praktischen Philosophie kann hier nicht näher ausgeführt werden; unter Bezugnahme auf einen exemplarischen Ansatz der Praktischen Philosophie – Nussbaums (2007) Fähigkeitenansatz – kann gesagt werden: Ein ökologisches Problem liegt dann vor, wenn – aus einem spezifischen Menschen-Natur-Verhältnis resultierend – die Realisierung der ein menschenwürdiges Leben auszeichnenden 10 Fähigkeiten eingeschränkt oder verunmöglicht wird.

5 Sofern diese Erdbeben nicht durch Menschen vorgenommene Bohrungen o. Ä. verursacht wurden.

6 Was nicht heißt, dass alle gesellschaftlichen Schichten oder politischen Lager der ökologischen Krise gleiches Gewicht beimessen oder ihre Existenz auch nur anerkenne würden; die sog. ‚Klimawandelskeptiker:innen' leugnen bspw., dass der Klimawandel existiert oder anthropogenen Ursprungs ist (vgl. Soentgen und Bilandzic 2014), bezweifeln also, dass er im Sinne der obigen Definition ein ökologisches Problem darstellt.

7 Einen Überblick über die naturwissenschaftlich-empirischen Grundlagen geben Latif (2012) sowie Palm und Urban (2014).

solche kontingent sind, also durch anders beschaffene Menschen-Natur-Verhältnisse vermieden werden könnten und nicht fatalistisch hingenommen werden müssen. Zum anderen dadurch, dass mit ihnen nicht nur negative Konsequenzen für Einzelpersonen verbunden sind (was freilich bereits hinreichend für ihre gesellschaftliche Relevanz wäre), sondern sie darüber hinaus im globalen Maßstab massive Auswirkungen auf ganze Gesellschaften zeitigen. Man denke etwa daran, dass Millionen Menschen in der näheren Zukunft aufgrund ökologischer Probleme sich auf die Flucht begeben könnten (vgl. Zetter und Morrissey 2014; Ionesco, Mokhnacheva und Gemenne 2017), was Folgen sowohl für die von ökologischen Problemen und daraus resultierenden Fluchten ihrer Mitglieder unmittelbar betroffenen Gesellschaften als *auch* für diejenigen Gesellschaften hätte, deren Bevölkerungen von diesen ökologischen Problemen nicht unmittelbar betroffen sind und sich daher *nicht* auf die Flucht begeben.[8]

Die gesellschaftliche Relevanz ökologischer Probleme und die aus ihnen entspringenden negativen Konsequenzen für Menschen begründen die Dringlichkeit einer wissenschaftlichen Auseinandersetzung mit ihnen und der ökologischen Krise als ganzer. In der Tat existiert eine Vielzahl wissenschaftlicher Studien zur ökologischen Krise oder einzelnen ökologischen Problemen, und es konstituierten sich neue Forschungsfelder wie die Nachhaltigkeitswissenschaft (vgl. zum Beispiel Heinrichs und Michelsen 2014). Als *ökologischer Diskurs* wird in der hier vorliegenden Studie die Gesamtheit der wissenschaftlichen Theorien bezeichnet, die auf die ökologische Krise oder ökologische Einzelprobleme Bezug nehmen.[9] Die den ökologischen Diskurs konstituierenden Theorien werden als *ökologische Theorien* bezeichnet; sie zeichnen sich dadurch aus, dass sie

– entweder die Beschaffenheit beziehungsweise die Grundstruktur der ökologischen Krise oder einzelner ökologischer Probleme herauszuarbeiten, ihre Ursache(n) darzustellen oder Ansätze zu ihrer Überwindung zu entwickeln intendieren, oder

---

8 Die Auswirkungen sind bspw. ‚Brain Drain' bezüglich derjenigen Gesellschaften, deren Mitglieder sie verlassen (müssen), aber auch (nicht nur monetäre) Integrationskosten und zunehmende Xenophobie in den ‚aufnehmenden' Gesellschaften.
9 Der ökologische Diskurs, wie er hier verstanden wird, ist also präziser gesagt der *wissenschaftliche* ökologische Diskurs. Zum ökologischen Diskurs in seiner ganzen Breite sind auch außerwissenschaftliche Beiträge zur ökologischen Krise bspw. in der Kunst zu zählen. Diese werden in der hier vorliegenden Studie nicht berücksichtigt. – Zum Diskursbegriff im Allgemeinen vgl. Gronke und Brune (2010). Gehrig (2013) bietet eine überaus detailreiche, systematische und geradezu enzyklopädische Rekonstruktion des sozial- und geisteswissenschaftlichen ökologischen Diskurses seit den 1960er-Jahren. Anders als landläufig häufig vermutet, beginnt der ökologische Diskurs freilich keineswegs erst in der Nachkriegszeit; bereits in früheren Jahrhunderten findet eine umfangreiche intellektuelle Auseinandersetzung mit der menschlichen Schädigung der Natur bzw. ökologischen Problemen und einem als problematisch aufgefassten Menschen-Natur-Verhältnis statt (vgl. Dienel 1995, 143 f.; Gloy 1995, 12; Hermand und Morris-Keitel 2006a; Hermand und Morris-Keitel 2006b; Grober 2013). Während Gehrig (2013, 27 f.) seine Studie auf der politischen Linken zuzuordnende ökologische Theorien beschränkt, werden hier explizit auch dem wirtschaftsliberal-konservativen Milieu entstammende Theorien einbezogen.

- andere ökologische Theorien auf ihre sachliche Richtigkeit oder argumentativ-logische Kohärenz zu prüfen intendieren.[10]

Die hier vorliegende Studie stellt einen Versuch dar, die ökologische Krise *philosophisch* zu reflektieren und solcherart einen Beitrag zum ökologischen Diskurs zu liefern. Dies geschieht ausgehend von der und Bezug nehmend auf die philosophische Theorie, die von *Karl Marx* vor mehr als 150 Jahren entwickelt wurde. *Eine philosophische Reflexion der ökologischen Krise auf Basis der marxschen Theorie,* so kann das mit der hier vorliegenden Studie verfolgte Ziel umschrieben werden.

Ein disziplinär in der Philosophie verortetes, sich Karl Marx widmendes Forschungsprojekt, das dessen Theorie für das in der Gegenwart so dringliche Nachdenken über die ökologische Krise fruchtbar zu machen strebt, mag freilich aus mehreren Gründen als fraglich erscheinen:

- Hat Marx heute – mehr als dreißig Jahre nach dem Ende des real existierenden Sozialismus in Europa und nach dem fast vollständigen Scheitern auch der übrigen sozialistisch-kommunistischen Staaten – noch Relevanz? Hat die historische Entwicklung nicht die Unzulänglichkeit seiner Theorie aufgezeigt, ist sie durch die historische Entwicklung nicht geradezu ‚falsifiziert' worden? Dieser Frage wird in Abschnitt 1.1 nachgegangen werden.
- Kann eine dezidiert philosophische Untersuchung zum Verständnis der ökologischen Krise beitragen? Setzt ein solches nicht empirische – natur- oder sozialwissenschaftliche – Forschung voraus? Welche Relevanz und welchen epistemischen Nutzen kann eine philosophische Reflexion der ökologischen Krise denn überhaupt besitzen (vgl. Klein 1996)? Eine Antwort hierauf wird in Abschnitt 1.2 erfolgen.
- Angenommen, die marxsche Theorie besäße auch für die Gegenwart noch Relevanz *und* die Philosophie könnte etwas Substanzielles zum ökologischen Diskurs beitragen – wieso sollte eine philosophische Reflexion der ökologischen Krise ausgerechnet Bezug nehmen auf die marxsche Theorie? Weder ist Marx im landläufigen Verständnis als Theoretiker der ökologischen Krise bekannt noch wird seiner Epoche – derjenigen der Industrialisierung – ein ausgeprägtes ökologisches Problembewusstsein zugesprochen. Wäre es nicht sinnvoller, sich mit neueren Theorien und Theoretiker:innen der ökologischen Krise auseinanderzusetzen als mit einem Denker des 19. Jahrhunderts, dem unser ökologischer Diskurs der Gegenwart fremd zu sein scheint? Diese Fragen werden in Abschnitt 1.3 beantwortet werden, indem auf das Forschungsfeld der *ökologischen Marxlektüre* Bezug genommen und damit die Relevanz des marxschen Denkens für die hier verfolgte Thematik deutlich gemacht wird.

---

10 Dies ist freilich eine analytische Trennung; tatsächlich verfolgen die meisten ökologischen Theorien beide Intentionen zugleich.

Im Anschluss daran werden in Abschnitt 1.4 das methodische Vorgehen, die Textgrundlage, die Fragestellungen und die Gliederung der hier vorliegenden Studie dargestellt werden.

1.1 Die Relevanz der *Kritik der Politischen Ökonomie* von Karl Marx für die Gegenwart betreffende Problem- und Fragestellungen

Warum heute noch eine Studie über Marx und die von ihm entwickelte Theorie, könnten Zweifler:innen am Unterfangen der hier vorliegenden Arbeit fragen. Denn immerhin – so könnten sie weiter ausführen – hätten die letzten einhundert Jahre seit der russischen Oktoberrevolution die marxsche Theorie widerlegt: Anders als Marx es vorhergesagt habe, kam es zu keinem Zusammenbruch des kapitalistischen Wirtschafts- und Gesellschaftssystems, zu keiner sozialistisch-proletarischen Weltrevolution; und ebenso wenig zu einer Verarmung breiter Bevölkerungsschichten der kapitalistischen Länder, sondern vielmehr zu einer massiven Anhebung des materiellen Lebensstandards nicht zuletzt der Arbeiterschaft. Während das kapitalistische Gesellschafts- und Wirtschaftssystem sich trotz zyklisch auftretender Krisen als stabil erwies, scheiterten die sich selbst als marxistisch bezeichnenden Staaten – allen voran die Sowjetunion und die von ihr abhängigen Staaten des Warschauer Paktes – sowohl aufgrund ihrer im Vergleich zum kapitalistischen Westen mangelnden ökonomischen Leistungsfähigkeit als auch aufgrund ihrer autoritär-diktatorischen Herrschaftsform. Die Schrecken stalinistischer Diktatur, Mauerfall und globaler Siegeszug des kapitalistischen Gesellschafts- und Wirtschaftssystems – all das zeige doch, dass die marxsche Theorie antiquiert sei, nicht zur Analyse heutiger Gesellschaften und ihrer Probleme tauge, zukünftige Entwicklungen nicht zu prognostizieren vermöge und überdies eine menschenrechtsbasiert-demokratische Gesellschaftsverfassung negiere (vgl. Hobsbawm 2011, 4 f.; Petersen und Faber 2013, 7 und 17–9).

Diese Argumentation ist freilich nur unter der Prämisse einer Identifikation der marxschen Theorie mit
- landläufig als ‚marxistisch' verstandenen Theoremen sowie
- der als Marxismus-Leninismus bezeichneten Ideologie der realsozialistischen Staaten

schlüssig. Bei einer solchen Identifikation handelt es sich jedoch um eine grobe Verkürzung, ja geradezu Entstellung der marxschen Theorie (vgl. Heinrich 2004, 83; Petersen und Faber 2013, 18).[11] Dies wird von Terry Eagleton (2012) detailliert her-

---

11 Aus diesem Grunde spreche ich von der ‚marxschen' Theorie, wenn ich mich auf die von Karl Marx entwickelte und in seinen Schriften niedergelegte Theorie berufe; wenn ich den Terminus ‚marxistische' Theorie verwende, bezeichne ich die Theorien derjenigen Denker:innen, die sich auf Marx berufen, nach eigener Auffassung seine Theorie weiterentwickeln oder nach eigener Auffassung in der

ausgearbeitet, indem er zehn häufig vorgetragene Auffassungen bezüglich der Antiquiertheit und Unbrauchbarkeit der marxschen Theorie zur Analyse gegenwärtiger gesellschaftlicher Phänomene aufgreift und darlegt, dass sie zwar auf den Marxismus-Leninismus und populäre, gemeinhin als ‚marxistisch' bezeichnete Lehren zutreffen, nicht jedoch auf die marxsche Theorie.[12] Zwei dieser Auffassungen und die Auseinandersetzung Eagletons (2012) mit ihnen sollen hier exemplarisch referiert werden:

- Dem Vorwurf, die marxsche Theorie sei für die frühindustrialisierte Gesellschaft des 19. Jahrhunderts und die ihr spezifischen Problemlagen wie der Armut breiter Bevölkerungsschichten relevant gewesen, könne aber aufgrund tiefgreifender sozialer Veränderungen die „*zunehmend klassenlosen, sozial mobilen, postindustriellen westlichen Gesellschaften der Gegenwart*" (Eagleton 2012, 13) sowie die zunehmende Globalisierung gedanklich nicht erfassen, begegnet er mit vier Einwänden:
  - Einer der Hauptzüge der marxschen Theorie sei die Erfassung des wesentlich dynamischen Charakters des Kapitalismus (vgl. ebenso Hobsbawm 2011, 14; Petersen und Faber 2013, 139), so dass mittels der marxschen Theorie die Wandlung kapitalistischer Ökonomie und Gesellschaft erklärt und die Relevanz jener gerade nicht mit dem Hinweis auf ebendiese Wandlung bestritten werden könne (vgl. Eagleton 2012, 14 f.).
  - Ebenso habe Marx die Globalisierung im Sinne der weltweiten Ausbreitung des kapitalistischen Systems theoretisch erfasst und als eine Grundtendenz des Kapitalismus begriffen (vgl. ebenso Musto 2013, 7 f.).
  - Die von Marx analysierten sozialen Probleme wie eine krasse Ungleichverteilung von Einkommen und Besitz, katastrophale Lebens- und Arbeitsbedingungen und die Missachtung von Menschenleben aus Profitinteresse seien aus globaler Perspektive keineswegs gelöst, sondern in den Globalen Süden gleichsam verlagert worden und stellten somit nach wie vor ein drängendes

---

von Marx begründeten geistesgeschichtlichen Traditionslinie stehen. ‚Marxsche' und ‚marxistische' Theorie können, müssen aber nicht miteinander identisch bzw. kompatibel sein und dürfen daher nicht *a priori* miteinander identifiziert werden. Zur Rekonstruktion der marxschen Theorie werden hier – anders als in einem bedeutenden Teil der Sekundärliteratur – ebenso wenig Schriften von Friedrich Engels herangezogen. Das sogenannte Marx-Engels-Problem als die Frage, inwieweit die Schriften von Marx und Engels als eine theoretische Einheit aufzufassen sind, wird in der Forschung seit Langem kontrovers diskutiert (vgl. Krätke 2006; Elbe 2007; Heinrich 2014, 290 – 292, 359). Da deutliche Belege dafür existieren, dass Engels zumindest in einigen Hinsichten ein von der marxschen Intention abweichendes theoretisches Programm verfolgte, wird er in der hier vorliegenden Arbeit als ein eigenständiger Denker verstanden, der nicht mit Marx in eins zu setzen ist.

12 Heinrich (2004) zeigt ebenso die Tauglichkeit der marxschen Theorie zur Analyse heutiger Problemfelder kapitalistischer Gesellschaften in Abgrenzung zum ‚traditionellen' und theoretisch unfruchtbaren Marxismus auf. – Einen ähnlichen Ansatz wie Eagleton (2012) – der sich bereits am fast identischen Buchtitel zeigt – verfolgt Reheis (2012), der ausgehend von gegenwärtigen gesellschaftlich-politischen Problemfeldern zeigt, dass „die vor 150 Jahren durchgeführte [marxsche] Analyse von Wirtschaft und Gesellschaft heute aktueller denn je" (11) ist.

Problem der kapitalistischen Weltgesellschaft und -ökonomie dar (vgl. Eagleton 2012, 20 – 22).[13]
- Anhand der nach wie vor ungelösten sozialen Frage werde deutlich, dass der Kapitalismus aufgrund der ihm inhärenten Dynamik sich zwar seit dem 19. Jahrhundert in gewissen Aspekten gewandelt habe, aber dennoch „dieses dynamischste aller historischen Systeme einen eigentümlich statischen und repetitiven Charakter" (Eagleton 2012, 23) aufweise. Wenn auch historisch die marxsche Theorie im 19. Jahrhundert entstanden sei, besitze sie aufgrund der im Zeitverlauf konstanten Grundstrukturen kapitalistischer Gesellschaften dennoch ungebrochene Aktualität:

> Der Umstand, dass die ihm [dem kapitalistischen System] zugrundeliegende Logik im Großen und Ganzen unverändert bleibt, ist einer der Gründe, warum die marxistische [marxsche] Kritik an ihm weitgehend gültig bleibt (Eagleton 2012, 23).

Marx selbst habe nicht die Intention besessen, in zeithistorischer Ausrichtung die ökonomisch-gesellschaftliche Entwicklung Großbritanniens im 19. Jahrhundert darzustellen, sondern die Funktionsweise kapitalistischer Gesellschaft und Ökonomie *an sich* – unabhängig von konkreten historischen Erscheinungsformen – gedanklich zu erfassen (vgl. Musto 2013, 7 f.; Sablowski 2017, 20).[14]
Zusammengefasst sei Marx als Theoretiker des Kapitalismus und seiner Dynamik zu verstehen, der den in der Gegenwart zu beobachtenden weltweiten ‚Siegeszug' des Kapitalismus nicht nur nicht geleugnet, sondern im Gegenteil prognostiziert habe. Vor diesem Hintergrund gewinne die marxsche Theorie Plausibilität und Relevanz für die Analyse heutiger Problem- und Fragestellungen (vgl. Musto 2013, 7 f.; Petersen und Faber 2013, 17– 19).
- Marx' Konzeption des Sozialismus sei, so der Vorwurf seiner Kritiker:innen, diejenige eines autoritär-diktatorischen, wenn nicht faschistischen Staates, wie ihre Realisierung im real existierenden Sozialismus zeige; nach den Millionen Toten der stalinistischen und anderen kommunistischen Diktaturen sei die marxsche Theorie als Grundlage einer zukünftigen und erstrebenswerten Gesellschaftsform diskreditiert und biete keine akzeptable Alternative zu einer kapitalistisch geprägten Gesellschaft. Dagegen wendet Eagleton (2012) ein, dass Marx – im diametralen Gegensatz zur politischen Verfassung des real existierenden Sozialismus und Stalinismus –

> ein strenger Kritiker von starren Dogmen, militärischem Terror, politischer Unterdrückung und willkürlicher Staatsmacht [war]. [...] Er verlangte Redefreiheit und Bürgerrechte, [...] und vertrat

---

[13] Und auch in den nördlichen Industrienationen ist die soziale Frage ja nur entschärft, nicht gelöst; man betrachte exemplarisch dazu die Debatten um das sog. Prekariat.
[14] Marx spricht davon, die kapitalistische Produktionsweise „in ihrem idealen Durchschnitt" (MEGA II.15, 805) darzustellen.

die Ansicht, der Gemeinbesitz auf dem Land müsse sich auf Freiwilligkeit und nicht auf Zwang gründen (Eagleton 2012, 35).

Marx strebe keine autoritär-diktatorische Regierungsform an, da er „ein unnachgiebiger Gegner des Staates" in dessen „Funktion als Gewaltinstrument" (Eagleton 2012, 226) – wenn auch nicht in seiner Funktion als Verwaltungsinstanz und -organ – sei. Aufgrund dessen habe er für ein demokratisches Gemeinwesen plädiert – freilich nicht im Sinne einer parlamentarischen Demokratie, sondern die Demokratie sollte für ihn

> tatsächliche Selbstregierung sein, nicht eine Aufgabe, die man einer politischen Elite übertrug. Der Staat, den Marx wollte, war die Herrschaft der Bürger über sich selbst, nicht die einer Minderheit über eine Mehrheit (Eagleton 2012, 232).

Marx' politische Konzeption sei damit gerade keine des Autoritarismus, sondern ähnele vielmehr liberalen Vorstellungen (vgl. Eagleton 2012, 233). Auch der marxsche Terminus ‚Diktatur des Proletariats' bezeichne keine Diktatur im üblichen Sinne, sondern „schlicht und einfach die Herrschaft der Mehrheit" (Eagleton 2012, 235). Daher sei der Stalinismus nicht die politische Realisation der marxschen Theorie, sondern eine „monströse[] Sozialismuskarikatur" (Eagleton 2012, 33); die politischen Verhältnisse des real existierenden Sozialismus – Negierung von Presse- und Meinungsfreiheit, politische Kontrolle der Justiz, Unterdrückung von politischer Opposition und manipulierte Wahlen – stellten ein „rücksichtslos antisozialistisches Programm" (Eagleton 2012, 34) dar.[15]
Mittels der Zurückweisung der gegen die marxsche Theorie vorgebrachten Kritiken zeigt Eagleton (2012), dass sie nach wie vor Aktualität besitzt und zur Analyse drängender gegenwärtiger Problem- und Fragestellungen tauglich ist.

Die Rezeption des marxschen Werkes verfügt über einen – dem ökonomischen Konjunkturzyklus ähnelnden – zyklischen Charakter, so dass das Interesse an Marx zyklisch ab- und zunimmt. Nahm die Rezeption der marxschen Theorie beispielsweise

---

15 Auch Musto (2013, 1) verweist auf die Differenz des marxschen Denkens – „indisputably critical and open, even if sometimes tempted by determinism" – zum Marxismus als einer „rigid ideology". Zur Transformation des kritischen Denkens Marx' in eine geschlossene, kritikundurchlässige Ideologie trug sicherlich auch die Tatsache bei, dass die unabgeschlossenen und zu Lebzeiten nicht publizierten Schriften – wie die beiden letzten *Kapital*-Bände, die *Deutsche Ideologie* oder die *Pariser Manuskripte* – zunächst in einer Form ediert und publiziert wurden, die ihren häufig unausgearbeiteten, ‚suchenden' Charakter verdeckte und ihnen den Anschein von Abgeschlossenheit und Gänze verlieh, was eine dogmatische Lesart begünstigte (vgl. Musto 2013, 3 f.). – Aus forschungsethischen Gründen werden die Werke von Personen wie Stalin, die zwar in einem gewissen Zusammenhang mit der marxschen Theorie stehen mögen, aber unvorstellbare Gräueltaten begingen, in dieser Arbeit nicht berücksichtigt. Wenn das Bedenken der marxschen Theorie noch heute eine Daseinsberechtigung haben soll, dann nur, wenn eine unmissverständliche und kategorische Distanzierung von den im Namen des ‚Marxismus' begangenen Verbrechen und ihren Täter:innen erfolgt.

Problem der kapitalistischen Weltgesellschaft und -ökonomie dar (vgl. Eagleton 2012, 20–22).[13]
- Anhand der nach wie vor ungelösten sozialen Frage werde deutlich, dass der Kapitalismus aufgrund der ihm inhärenten Dynamik sich zwar seit dem 19. Jahrhundert in gewissen Aspekten gewandelt habe, aber dennoch „dieses dynamischste aller historischen Systeme einen eigentümlich statischen und repetitiven Charakter" (Eagleton 2012, 23) aufweise. Wenn auch historisch die marxsche Theorie im 19. Jahrhundert entstanden sei, besitze sie aufgrund der im Zeitverlauf konstanten Grundstrukturen kapitalistischer Gesellschaften dennoch ungebrochene Aktualität:

> Der Umstand, dass die ihm [dem kapitalistischen System] zugrundeliegende Logik im Großen und Ganzen unverändert bleibt, ist einer der Gründe, warum die marxistische [marxsche] Kritik an ihm weitgehend gültig bleibt (Eagleton 2012, 23).

Marx selbst habe nicht die Intention besessen, in zeithistorischer Ausrichtung die ökonomisch-gesellschaftliche Entwicklung Großbritanniens im 19. Jahrhundert darzustellen, sondern die Funktionsweise kapitalistischer Gesellschaft und Ökonomie *an sich* – unabhängig von konkreten historischen Erscheinungsformen – gedanklich zu erfassen (vgl. Musto 2013, 7f.; Sablowski 2017, 20).[14]

Zusammengefasst sei Marx als Theoretiker des Kapitalismus und seiner Dynamik zu verstehen, der den in der Gegenwart zu beobachtenden weltweiten ‚Siegeszug' des Kapitalismus nicht nur nicht geleugnet, sondern im Gegenteil prognostiziert habe. Vor diesem Hintergrund gewinne die marxsche Theorie Plausibilität und Relevanz für die Analyse heutiger Problem- und Fragestellungen (vgl. Musto 2013, 7f.; Petersen und Faber 2013, 17–19).

- Marx' Konzeption des Sozialismus sei, so der Vorwurf seiner Kritiker:innen, diejenige eines autoritär-diktatorischen, wenn nicht faschistischen Staates, wie ihre Realisierung im real existierenden Sozialismus zeige; nach den Millionen Toten der stalinistischen und anderen kommunistischen Diktaturen sei die marxsche Theorie als Grundlage einer zukünftigen und erstrebenswerten Gesellschaftsform diskreditiert und biete keine akzeptable Alternative zu einer kapitalistisch geprägten Gesellschaft. Dagegen wendet Eagleton (2012) ein, dass Marx – im diametralen Gegensatz zur politischen Verfassung des real existierenden Sozialismus und Stalinismus –

> ein strenger Kritiker von starren Dogmen, militärischem Terror, politischer Unterdrückung und willkürlicher Staatsmacht [war]. [...] Er verlangte Redefreiheit und Bürgerrechte, [...] und vertrat

---

[13] Und auch in den nördlichen Industrienationen ist die soziale Frage ja nur entschärft, nicht gelöst; man betrachte exemplarisch dazu die Debatten um das sog. Prekariat.

[14] Marx spricht davon, die kapitalistische Produktionsweise „in ihrem idealen Durchschnitt" (MEGA II.15, 805) darzustellen.

die Ansicht, der Gemeinbesitz auf dem Land müsse sich auf Freiwilligkeit und nicht auf Zwang gründen (Eagleton 2012, 35).

Marx strebe keine autoritär-diktatorische Regierungsform an, da er „ein unnachgiebiger Gegner des Staates" in dessen „Funktion als Gewaltinstrument" (Eagleton 2012, 226) – wenn auch nicht in seiner Funktion als Verwaltungsinstanz und -organ – sei. Aufgrund dessen habe er für ein demokratisches Gemeinwesen plädiert – freilich nicht im Sinne einer parlamentarischen Demokratie, sondern die Demokratie sollte für ihn

tatsächliche Selbstregierung sein, nicht eine Aufgabe, die man einer politischen Elite übertrug. Der Staat, den Marx wollte, war die Herrschaft der Bürger über sich selbst, nicht die einer Minderheit über eine Mehrheit (Eagleton 2012, 232).

Marx' politische Konzeption sei damit gerade keine des Autoritarismus, sondern ähnele vielmehr liberalen Vorstellungen (vgl. Eagleton 2012, 233). Auch der marxsche Terminus ‚Diktatur des Proletariats' bezeichne keine Diktatur im üblichen Sinne, sondern „schlicht und einfach die Herrschaft der Mehrheit" (Eagleton 2012, 235). Daher sei der Stalinismus nicht die politische Realisation der marxschen Theorie, sondern eine „monströse[] Sozialismuskarikatur" (Eagleton 2012, 33); die politischen Verhältnisse des real existierenden Sozialismus – Negierung von Presse- und Meinungsfreiheit, politische Kontrolle der Justiz, Unterdrückung von politischer Opposition und manipulierte Wahlen – stellten ein „rücksichtslos antisozialistisches Programm" (Eagleton 2012, 34) dar.[15]
Mittels der Zurückweisung der gegen die marxsche Theorie vorgebrachten Kritiken zeigt Eagleton (2012), dass sie nach wie vor Aktualität besitzt und zur Analyse drängender gegenwärtiger Problem- und Fragestellungen tauglich ist.

Die Rezeption des marxschen Werkes verfügt über einen – dem ökonomischen Konjunkturzyklus ähnelnden – zyklischen Charakter, so dass das Interesse an Marx zyklisch ab- und zunimmt. Nahm die Rezeption der marxschen Theorie beispielsweise

---

15 Auch Musto (2013, 1) verweist auf die Differenz des marxschen Denkens – „indisputably critical and open, even if sometimes tempted by determinism" – zum Marxismus als einer „rigid ideology". Zur Transformation des kritischen Denkens Marx' in eine geschlossene, kritikundurchlässige Ideologie trug sicherlich auch die Tatsache bei, dass die unabgeschlossenen und zu Lebzeiten nicht publizierten Schriften – wie die beiden letzten *Kapital*-Bände, die *Deutsche Ideologie* oder die *Pariser Manuskripte* – zunächst in einer Form ediert und publiziert wurden, die ihren häufig unausgearbeiteten, ‚suchenden' Charakter verdeckte und ihnen den Anschein von Abgeschlossenheit und Gänze verlieh, was eine dogmatische Lesart begünstigte (vgl. Musto 2013, 3 f.). – Aus forschungsethischen Gründen werden die Werke von Personen wie Stalin, die zwar in einem gewissen Zusammenhang mit der marxschen Theorie stehen mögen, aber unvorstellbare Gräueltaten begingen, in dieser Arbeit nicht berücksichtigt. Wenn das Bedenken der marxschen Theorie noch heute eine Daseinsberechtigung haben soll, dann nur, wenn eine unmissverständliche und kategorische Distanzierung von den im Namen des ‚Marxismus' begangenen Verbrechen und ihren Täter:innen erfolgt.

Ende der 1970er- und in den 1980er-Jahren ab, so dass von einer ‚Krise des Marxismus' die Rede war, kann in der Gegenwart – besonders seit der Finanz- und Wirtschaftskrise 2007 – von einer *Marx-Renaissance* gesprochen werden, was auch anhand der zunehmenden Anzahl der jüngst erschienenen Forschungsliteratur zu Marx deutlich wird (vgl. Graneß 2011, 356; Musto 2013, 4; Petersen und Faber 2013, 17–19; Heinrich 2014, 9f.). Musto (2013) führt diese intensivierte Marx-Rezeption auf die Erklärungskraft der marxschen Theorie für gegenwärtige Fragestellungen und Probleme zurück: „His ‚renaissance' is based on his continuing capacity to explain the present; indeed, his thought remains an indispensable instrument with which to understand and transform it" (4). Auch Musto (2013) vertritt also die These, Marx' Theorie sei keineswegs aufgrund der historischen Entwicklung seit der Zeit ihrer Ausarbeitung antiquiert, sondern könne die Grundstruktur und Phänomene auch gegenwärtiger kapitalistischer Gesellschaften erklären – eine Auffassung, die von Hobsbawm (2011) auf den Punkt gebracht wird:[16] „Yet today Marx is, once again, very much a thinker for the twenty-first century" (5).[17]

Die ‚Marx-Renaissance' ist auch im außerwissenschaftlichen Diskurs an einer verstärkten Auseinandersetzung mit Marx in der Presse sichtbar (vgl. Graneß 2011, 356).[18] Anfang 2017 erschien die Wochenzeitung *Die Zeit* unter dem Titelthema „Die Spaltung der Welt: Hatte Marx doch Recht?", dem der – freilich populär formulierte – Untertitel „Gierige Manager, schreiende Ungerechtigkeit und der Aufstand der Vergessenen: Karl Marx sah alles kommen. Was man von ihm heute noch lernen kann – dem Marxismus zum Trotz" (Die Zeit 2017) hinzugefügt wurde. Auch in den einzelnen Artikeln dieser *Zeit*-Ausgabe wird die Tauglichkeit des marxschen Werkes zur Erklärung der modernen Gesellschaft und der in der Gegenwart drängenden Problemlagen herausgestellt:[19] „eingefleischte Liberale bewundern seine Prognose-Fähigkeiten. Das liegt an den Problemen der Gegenwart, die [...] genau seine Themen sind" (Nienhaus 2017, 19). Die marxsche Kritik sei daher

> hochaktuell. Was der Westen heute als die Nachteile seines Wirtschaftssystems erkennt, sind die von Marx genannten Folgen: wachsende Ungleichheit [...], Lohndruck auf die einfachen Arbeiter

---

16 Nicht nur die Theorie, auch das Leben von Marx erfreut sich eines zunehmenden Interesses, wie der Film *Le jeune Karl Marx* unter der Regie von Raoul Peck (2017) zeigt (für eine Kritik dieses Films bezüglich der mangelnden kritischen Auseinandersetzung mit Marx siehe Posener 2017).
17 Auch Sablowski (2017) vertritt die Auffassung, das *Kapital* sei „aktueller denn je, denn wir leben heute mehr denn je in ‚Gesellschaften, in welchen kapitalistische Produktionsweise herrscht' (MEW 23: 49)" (20); er demonstriert die Fruchtbarkeit der marxschen Theorie exemplarisch anhand der von Marx getroffenen begrifflichen Unterscheidung von ‚wirklichem Kapital' und ‚fiktivem Kapital', wodurch eine Erklärung der Entstehung von Finanzkrisen und der dynamischen wie destruktiven Verselbstständigung des Finanzkapitals möglich werde (20–22). – Auch Wagenknecht (2017) vertritt die Auffassung von der anhaltenden Aktualität und Relevanz der marxschen Theorie.
18 Zur ‚Marx-Renaissance' trägt sicherlich auch der Umstand teil, dass sich 2017 die Erstpublikation des ersten *Kapital*-Bandes zum 150. Mal sowie im Jahr 2018 Marxens Geburtstag zum 200. Mal jährte.
19 Aufgrund der Kürze journalistischer Texte ist freilich eine gewisse Popularisierung bzw. Verkürzung der marxschen Theorie unvermeidlich.

durch die Globalisierung [...], Konzentration der Gewinne bei den Reichen und Effizienzdruck auf alle Beschäftigten (Nienhaus 2017, 19).[20]

Der affirmativen Sicht auf die marxsche Theorie, wie sie sowohl im wissenschaftlichen als auch außerwissenschaftlichen Diskurs vertreten wird, stellen Petersen und Faber (2013) eine kritischere Perspektive gegenüber. Zwar identifizieren sie Marxens Theorie nicht mit populären ‚Marxismen' oder dem totalitären Marxismus-Leninismus und stellen auch die Leistungsfähigkeit seiner Theorie für die Erklärung der *grundlegenden* Struktur, Dynamik und Funktionsweise kapitalistischer Gesellschaften heraus; ihrer Auffassung nach weist sie zugleich jedoch tiefgreifende theoretische Schwächen auf, da sie an zahlreichen Stellen nur skizzenhaft oder gar nicht ausgearbeitet sei, die von Marx als notwendig postulierten Entwicklungen wie der Zusammenbruch des Kapitalismus nicht eingetreten seien und mittels der Arbeitswertlehre keine Preistheorie entwickelt werden könne (vgl. Petersen und Faber 2013, 35 und 262–264). Zudem könnten mittels der marxschen Theorie nur rudimentär *spezifische* gesellschaftlich-ökonomische Phänomene erklärt werden: Es könne zwar mit ihrer Hilfe *prima facie* die ab 2007 begonnene Finanzkrise theoretisch erfasst werden, indem diese „auf den von Marx diagnostizierten Selbstvermehrungstrieb des Kapitals" zurückgeführt werde, also „institutioneller oder struktureller Natur" sei und somit als „Auftakt einer finalen Krise des Kapitalismus" (Petersen und Faber 2013, 242f.) interpretiert werden könne. Werde jedoch die Komplexität des heutigen Finanzkapitals berücksichtigt, werde deutlich, „dass die Finanzkrise nicht die Stärken, sondern im Gegenteil die Schwächen der marxschen Analyse offenlegt" (Petersen und Faber 2013, 243). Beispielsweise sei für Marx der Finanzsektor ein bloß unproduktiv-parasitäres ökonomisches Phänomen, das ‚auf Kosten' der Industrieproduktion existiere und selbst keinen Nutzen besitze; tatsächlich jedoch sei heute bekannt, dass Finanzprodukte wie Hedgefonds eine wichtige Rolle für Effizienzgewinne und Risi-

---

20 Der Ökonom Hans-Werner Sinn (2017) kritisiert in derselben *Zeit*-Ausgabe bspw. die Geldpolitik der Europäischen Zentralbank unter Bezugnahme auf die marxsche Theorie des tendenziellen Falls der Profitrate. Für weitere in der erwähnten *Zeit*-Ausgabe erschienene, auf Marx Bezug nehmende Artikel vgl. u. a. Varoufakis (2017), von Randow (2017) und Willeke (2017). – Auch in anderen Medien des außerwissenschaftlichen Diskurses finden sich aktualisierende Bezugnahmen auf Marx. Unter Verweis auf die marxsche Krisentheorie wird die Krisenanfälligkeit der kapitalistischen Gesellschaft des 21. Jahrhunderts konstatiert, die sich sowohl in der – vergangenen und kommenden – ‚Finanz- und Wirtschaftskrise' als auch in der ‚Flüchtlingskrise' manifestiere (vgl. Greffrath und Kapern 2017). Illing und Jones (2017) beziehen die marxsche Kritik der Politischen Ökonomie auf die Entwicklung des ‚Neoliberalismus' seit Anfang der 1990er-Jahre und die marxsche Religionskritik auf die gesellschaftlichen Auswirkungen des Gebrauchs von Smartphones und Social Media. In ähnlicher Weise behandelt Rickens (2017) die Frage, wie im gesellschaftlichen Diskurs kontrovers diskutierte Themen – wie der islamistische Terror, ein bedingungsloses Grundeinkommen oder die ‚Abgasmanipulationen' einiger Automobilunternehmen – mit Hilfe der marxschen Theorie erklärt und bewertet werden können. In ähnlicher Manier versucht Scharenberg (2017) mit Hilfe der marxschen Theorie, die Wahl Donald Trumps zum US-amerikanischen Präsidenten zu erklären.

koabsicherung spielten und somit kein ökonomisches Nullsummenspiel darstellten (vgl. Petersen und Faber 2013, 246–252). Da Marx diese Funktion von Finanzinstrumenten nicht (er)kenne,

> bietet er auch keine Einsicht in ihre gefährlichen und im Extremfall desaströsen Wirkungen. Das bedeutet: Aus dem marxschen Ansatz ergibt sich weder eine solide Strategie, wie die Krisen der kapitalistischen Wirtschaft und ihres Finanzsektors überwunden werden können, noch leistet dieser Ansatz eine adäquate Diagnose (Petersen und Faber 2013, 252).[21]

Letztendlich sei aufgrund dieser und anderer theoretischer Schwächen mit Hilfe der marxschen Theorie eine wissenschaftliche Erklärung der Wirtschaft unserer Zeit nicht möglich (vgl. Petersen und Faber 2013, 264).

Abschließend ist festzustellen, dass zwar keineswegs ein Konsens bezüglich der Relevanz und Leistungsfähigkeit der marxschen Theorie zur Erklärung gegenwärtiger Problem- und Fragestellungen zu verzeichnen ist,[22] jedoch zahlreiche Stimmen vernehmbar sind,[23] die ihre Anschlussfähigkeit an den Diskurs der Gegenwart und ihre Fruchtbarkeit für heutige Fragen herausarbeiten. Damit ist noch keine sichere Erkenntnis – im Sinne eines *Beweises* der Relevanz der marxschen Theorie – gewonnen, wohl aber ein *Hinweis* darauf, dass eine wissenschaftliche Beschäftigung mit ihr auch heute noch ein lohnenswertes Unterfangen darstellt.

1.2 Die Relevanz der Philosophie für eine wissenschaftliche Auseinandersetzung mit der ökologischen Krise

Die Philosophie verfügt – im Gegensatz zu den Fachwissenschaften – über keinen spezifischen Untersuchungsgegenstand (vgl. Mittelstraß 2016, 195); die Eigenart der Philosophie besteht nicht in einem abgegrenzten Bereich des Seienden, den sie zu erforschen und intellektuell zu durchdringen bestrebt ist, sondern in einer ihr eigentümlichen *Denkbewegung:* der *Voraussetzungslosigkeit.* Diese

> beruht in der (explizit oder implizit) formulierten und methodisch eingelösten Absicht, auch dort noch nach Gründen zu fragen und Begründungen einzufordern, wo sich das alltägliche Bewußtsein, aber auch das wissenschaftliche Bewußtsein, mit faktisch akzeptierten Überzeugungen

---

[21] Freilich erkennen Petersen und Faber (2013, 252–254) auch positive Aspekte der marxschen Theorie in Hinblick auf die Finanzkrise, wie bspw. die von Marx theoretisch erfasste Tendenz zur Kapitalkonzentration; mittels dieser könne das Phänomen der kontinuierlich zunehmenden Größe und volkswirtschaftlichen Bedeutung von Banken erklärt werden, aus dem eine gewisse Erpressbarkeit der Politik resultiere (,too big to fail').
[22] Ein Konsens besteht in theoretischen – und erst recht philosophischen – Fragen ohnehin selten bis nie und kann daher nicht zum Kriterium für die Güte einer Theorie genommen werden.
[23] Die hier gebotene Auseinandersetzung mit der Literatur ist nicht vollständig; verwiesen sei exemplarisch auf den Sammelband von Schillo (2015), mit dem hier keine Auseinandersetzung stattfinden kann.

und (als Wissen ausgegebenen) Meinungen zufriedengibt. Das heißt, es gilt in der P. der Grundsatz, daß nichts für (theoretische oder praktische) Orientierungsbemühungen Relevantes einem *begründungsorientierten* und in diesem Sinne *philosophischen* Diskurs entzogen werden kann und soll (Mittelstraß 2016, 195).[24]

Voraussetzungslosigkeit bedeutet also, nach argumentativen Begründungen für vorausgesetzte Aussagen (Prämissen, Überzeugungen, Meinungen, ...) fragend zu suchen und dieses Vorausgesetzte, das bloße Behauptung war, seinerseits argumentativ abzusichern und in ein Begründetes zu verwandeln – oder festzustellen, dass eine solche Begründung nicht gegeben werden kann, und dadurch das Vorausgesetzte als Unbegründetes, als falsche Aussage zu erweisen. Das Begründen freilich muss, soll es sich um Philosophie handeln, auf eine spezifische Weise, nämlich rational erfolgen:

> Im Unterschied zu anderen Weltanschauungsformen unterwirft sie ihre Theoreme und Argumentationen rationalen Kriterien, denen gemäß sie als allgemein nachvollziehbar und im besten Falle als zwingend sollen erwiesen werden (Holz 1990, 672f.).

Über das rationale Hinterfragen und Begründen (oder als unbegründet Erweisen) einfachhin vorausgesetzter und für-wahr-gehaltener Aussagen hinaus bedeutet Voraussetzungslosigkeit auch
- *die Prüfung bereits gegebener Begründungen*: die Prüfung vorhandener Argumente auf ihre logische Gültigkeit, also die Prüfung des als begründet Ausgegebenen daraufhin, ob seine Begründung argumentativ tragfähig ist oder es sich nicht doch als bloß unbegründet Behauptetes erweist;
- *die Explikation, Prüfung und Bereitstellung begrifflicher Grundlagen* (vgl. Faber und Manstetten 2007, 24 f.; Mittelstraß 2016, 195): die Explikation von Begriffen, die in Aussagen und Argumenten vorausgesetzt werden, die Prüfung ihrer Bestimmungen auf logische Konsistenz und darauf aufbauend die Entwicklung begrifflicher Alternativen zu als widersprüchlich erwiesenen Begriffen;[25]
- *die Prüfung von Theorien* (als aus einer Mehrzahl von Argumenten konstituierter Begründungszusammenhänge) hinsichtlich ihrer Konsistenz, also darauf hin, ob

---

24 Holz (1990) stellt die Voraussetzungslosigkeit als Spezifikum der Philosophie folgendermaßen dar: „Indem die Ph. ihre eigene Denkbewegung nicht bei den Gegenständen, sondern bei dem Verhältnis der Gegenstände zum Denken der Gegenstände, also beim Verhältnis von Sein und Denken [...] anheben läßt, steht an ihrem Anfang – im Gegensatz zu anderen Weltanschauungsformen wie Mythos, Religion, natürliche Welteinstellung, die von etwas Vorausgesetztem ausgehen – nichts anderes als sie selbst; sie muß, und darin liegt ihre Schwierigkeit, den Versuch unternehmen, voraussetzungslos anzufangen, um in der Durchführung ihrer Denkbewegung die Voraussetzungen einzuholen, die in dem scheinbar voraussetzungslosen Anfang verborgen sind" (673). Vgl. auch Graneß (2011, 37f.) für ein ähnliches Philosophieverständnis.

25 Die Einzelwissenschaften selbst vermögen ihre Grundbegriffe nicht zu explizieren, da sie immer schon von jenen Grundbegriffen ihren Ausgang nehmen und auf ihrer Grundlage Forschung betreiben; entsprechend können die Grundbegriffe nicht selbst wiederum zum Gegenstand einzelwissenschaftlicher Forschung werden (vgl. Faber und Manstetten 2007, 24 f.; Mittelstraß 2016, 195).

die in ihnen vorausgesetzten Begriffe, Aussagen und Argumente miteinander widerspruchsfrei zu denken sind, und davon ausgehend die *Weiterentwicklung dieser Theorien*.

Deutlich wird, dass die Voraussetzungslosigkeit der Philosophie sich nicht erschöpft in der Prüfung (und entsprechend in der Akzeptierung oder Abweisung) von bereits Vorhandenem, sondern auch die *schöpferische* Neu- und Weiterentwicklung von Argumenten, Begriffen und Theorien meint (ähnlich Graneß 2011, 37 f.).

Philosophie ist[26] somit nichts anderes als der – letztendlich unabschließbare – *Prozess des rationalen, kritischen und schöpferischen Analysierens, Begründens und Argumentierens*.[27] Die Rationalität der Philosophie verbietet dabei den Rekurs auf Dogmen gleich welcher Art und verlangt nichts mehr und nichts weniger als die Offenheit für das bessere Argument und den Mut zur Abkehr von althergebrachten und lieb gewonnenen Überzeugungen:

> Eine solche Auffassung entspricht der Sokratischen Einstellung, P. primär nicht als ein besonderes Wissen auszugeben, sie vielmehr als eine Anstrengung vorzutragen, Wissen in Gestalt überzeugenden Argumentierens [...] mit Gründen ausstatten zu können (Mittelstraß 2016, 196).

Als eine solche ‚Anstrengung' zur Erlangung argumentativ abgesicherten, begründeten Wissens vermag die Philosophie auf alle Bereiche des Seienden bezogen zu werden. Es ist nicht zu viel gesagt, sie als *Universalwissenschaft* zu bezeichnen.

Hiervon ausgehend wird deutlich, dass die Philosophie zum ökologischen Diskurs etwas Substanzielles beizutragen vermag: Ohne eine philosophische Untersuchung ökologischer Theorien bestünde die Gefahr, von unbegründeten, argumentativ schwach begründeten oder miteinander unverträglichen Annahmen in der ökologischen Theoriebildung auszugehen und in dieser mit einer mehrdeutigen, inkonsistenten oder unverstandenen Begrifflichkeit zu operieren; dies würde zur Unhaltbarkeit der ökologischen Theorien selbst führen. Umgekehrt können durch eine philosophische Reflexion die Begründungen des ökologischen Diskurses auf ihre argumentative Tragfähigkeit geprüft und weiter- und neuentwickelt werden; auch die verwendete Begrifflichkeit vermag expliziert, einer kritischen Analyse unterzogen und gegebenenfalls allererst in ausgearbeiteter, konsistenter Form bereitgestellt zu werden – all dies steigert die Güte der ökologischen Theorien, die auf dieser Basis weiterentwickelt werden können, und somit des ökologischen Diskurses insgesamt (vgl.

---

[26] Was Philosophie ist, ist freilich selbst wieder eine Frage der Philosophie; neben dem hier vertretenen Verständnis von Philosophie existieren zahlreiche andere davon abweichende (vgl. dazu Regenbogen 2010).

[27] Prägnant zum Ausdruck kommt dieses Philosophieverständnis in der *Encyclopédie* von Diderot und d'Alembert (Artikel ‚Philosophie', anonyme:r Verfasser:in, 1765): „Philosophieren heißt den Grund der Dinge angeben oder ihn wenigstens suchen; denn solange man sich darauf beschränkt, bloß das, was man sieht, zu betrachten und wiederzugeben, ist man nur Historiker {...}. Wer aber darauf ausgeht, zu entdecken, warum die Dinge sind und warum sie eher so als anders sind, ist *Philosoph* in der eigentlichen Bedeutung dieses Wortes" (zit. n. Regenbogen 2010, 2028).

Muraca 2010, 17 f. und 32).[28] Auch wenn die Philosophie also keine empirischen Daten über ökologische Zusammenhänge zu generieren vermag, stellt sie dennoch eine unverzichtbare Bedingung dafür dar, ökologische Theorien zu entwickeln, die das mit ihnen verfolgte Ziel – das intellektuelle Verständnis der ökologischen Krise und der Entwurf von Möglichkeiten zu ihrer Überwindung – zu erreichen imstande sind.

Wenn beispielsweise im ökologischen Diskurs von ‚Nachhaltigkeit' im Sinne einer anzustrebenden gerechten Verteilung von Gütern die Rede ist (siehe Abschnitt 3.1.2), dann basiert dies auf gewissen Auffassungen davon, was Gerechtigkeit ist. Ohne ein rational entwickeltes, logisch konsistentes und begründetes Verständnis von Gerechtigkeit drohen die im Nachhaltigkeitsdiskurs entwickelten Vorstellungen unreflektiert, unbegründet und letztlich naiv zu bleiben; und entsprechend bliebe auch jeder politische Versuch, die gerechte Verteilung von Gütern und Lebenschancen zu realisieren, willkürlich und angreifbar. Notwendig ist also, dass von Seiten der Philosophie – präziser gesprochen der Gerechtigkeitstheorie als einer philosophischen Disziplin – allererst die Gerechtigkeitsvorstellungen des Nachhaltigkeitsdiskurses expliziert, einer kritischen Prüfung unterzogen und gegebenenfalls revidiert werden. Analog erfordert die ökologische Theorie des Naturkapitals (siehe ebenfalls Abschnitt 3.1.2) eine begriffliche Bestimmung dessen, was unter ‚Natur' und ‚Kapital' zu verstehen ist, sowie eine Auseinandersetzung mit der Frage, ob das mit ‚Natur' Bezeichnete sich konsistent als Kapital begreifen lässt (ähnlich Muraca 2010, 18–20).[29]

Der Charakter der Philosophie als Universalwissenschaft ermöglicht zudem, auf ökologische Theorien und ökologische Probleme – entgegen dem beschränkten, ja geradezu zersplitterten disziplinären Blick der Einzelwissenschaften – in einem ganzheitlichen Sinne Bezug zu nehmen. Die Frage, ob Natur sich begrifflich als Kapital fassen lässt, ist in den Einzelwissenschaften nicht nur deshalb unbeantwortbar, weil dazu eine Untersuchung der von ihnen immer schon vorausgesetzten Grundbegriffe notwendig ist, sondern auch aufgrund der Tatsache, dass diese Frage sich auf

---

28 So können mittels der hinterfragend-prüfenden Denkbewegung der Philosophie bspw. argumentativ-begriffliche ‚blinde Flecken' des ökologischen Diskurses aufgedeckt und seine bislang nicht ‚gesehenen' Voraussetzungen einer kritisch-rationalen Diskussion und Prüfung zugänglich gemacht werden.

29 Deutlich wird hier: Die durch die ökologische Krise aufgeworfenen Fragen und Probleme betreffen zentrale Themen und Disziplinen der Philosophie wie etwa die Naturphilosophie – sind also, auch wenn Philosoph:innen sich erst seit wenigen Jahrzehnten intensiv mit ökologischen Problemen auseinandersetzen, gleichsam ‚nichts Neues' (vgl. Klein 1996, 221; Muraca 2010, 17). Entsprechend ist auch von einer Wechselwirkung zwischen Philosophie und ökologischem Diskurs auszugehen: Einerseits trägt Philosophie durch die ihr eigentümliche Denkbewegung der Voraussetzungslosigkeit zum ökologischen Diskurs und dessen Weiterentwicklung bei; andererseits kann die Auseinandersetzung mit ökologischen Theorien auch zur Weiterentwicklung genuin philosophischer Forschung wie etwa der Gerechtigkeitstheorie beitragen, indem durch die ökologische Perspektive konzeptionelle Schwächen klassischer Gerechtigkeitstheorien (z. B. hinsichtlich der Berücksichtigung noch ungeborener, kommender Generationen) deutlich werden und ein ‚Stachel' zu ihrer Umarbeitung gesetzt wird.

den Gegenstandsbereich der Natur- *und* der Sozialwissenschaften richtet und entsprechend eine Transzendierung der klassischen Disziplingrenzen erfordert:

> Eines sollte gerade beim ökologischen Problem bedacht werden: Die Krise, in die wir hier geraten sind, ist u. a. eine Folge der absolut gesetzten Spezialisierung der Wissenschaften. Wenn daher die Philosophie mit dem Blick auf das Ganze, der ihr eigen ist, ein gewisses Gegengewicht zur Spezialisierung beibringen kann, so könnte dies im Hinblick auf das Problem der ökologischen Krise von Bedeutung sein (Klein 1996, 221).

Durch die ihr eigentümliche Denkbewegung vermag die Philosophie zugleich zur *Orientierung* im mannigfaltigen Theorieangebot des ökologischen Diskurses beizutragen (vgl. Holz 1990, 687; Mittelstraß 2016, 196 f. und 199). Die philosophische Gerechtigkeitstheorie ermöglicht es beispielsweise, die den vielfältigen Nachhaltigkeitstheorien zugrunde liegenden und häufig implizit bleibenden Vorstellungen von Gerechtigkeit zu explizieren und davon ausgehend die Nachhaltigkeitstheorien hinsichtlich ihrer gerechtigkeitstheoretischen Grundlagen sowohl zu kategorisieren als auch zu bewerten.

In der Tat trug und trägt die Philosophie maßgeblich zur Weiterentwicklung des ökologischen Diskurses bei. Zu nennen ist hier exemplarisch Hans Jonas' 1979 erschienenes und mittlerweile kanonisches Werk *Das Prinzip Verantwortung*.[30] Jonas (2003) konstatiert die Notwendigkeit einer Fortentwicklung der Ethik aufgrund der technologischen Entwicklung und der damit einhergehenden Ausdehnung menschlicher Handlungsmöglichkeiten, wodurch Natur und menschliche Existenz gleichermaßen gefährdet seien. Habe sich Ethik bislang auf das im raumzeitlichen Nahbereich verortete zwischenmenschliche Verhältnis, also den Umgang der Menschen mit ihren unmittelbaren Mitmenschen beschränkt, müsse in der Gegenwart aufgrund der zeitlich lang- und räumlich weitwirkenden, durch Technik vermittelten Folgen menschlichen Handelns die Ethik ausgeweitet werden auf die Reflexion der zeitlich-räumlichen Fernwirkungen des Handelns auf andere Menschen (zukünftige Generationen, Menschen in anderen Ländern und Erdteilen) und auf die Reflexion des menschlichen Umgangs mit der Natur. Der durch die zunehmenden technischen Möglichkeiten faktisch vorhandenen Gefahr der Auslöschung menschlichen Lebens aufgrund ökologischer Probleme wird mit einer Neuformulierung des kantischen *Kategorischen Imperativs* begegnet:

> „Handle so, daß die Wirkungen deiner Handlung verträglich sind mit der Permanenz echten menschlichen Lebens auf Erden", „Handle so, daß die Wirkungen deiner Handlung nicht zerstörerisch sind für die künftige Möglichkeit solchen Lebens", „Gefährde nicht die Bedingungen für den indefiniten Fortbestand der Menschheit auf Erden" und „Schließe in deine gegenwärtige Wahl die zukünftige Integrität des Menschen als Mit-Gegenstand deines Wollens ein" (Jonas 2003, 36).

---

[30] Für eine kurze, den geistesgeschichtlichen Kontext aufgreifende Darstellung des Werkes vgl. Halfwassen (2014).

Neben Jonas' Werk existieren vielfältige weitere, der philosophischen Disziplin der Naturethik zuzuordnende Ansätze, die ebenso die Ausdehnung des traditionellen Gegenstandsbereichs der Ethik auf Fragen des Naturumgangs intendieren (siehe Abschnitt 3.2). Der Beitrag dieser Theorien zum ökologischen Diskurs besteht darin, die oftmals als beantwortet vorausgesetzten Fragen, wieso Natur überhaupt zu schützen sei und welche Naturwesen in welchem Umfang als schutzbedürftig zu gelten haben, allererst zu stellen und rational zu beantworten.

Darüber hinaus wurden Versuche unternommen, klassische Theorien der Philosophie(-geschichte) für den ökologischen Diskurs fruchtbar zu machen. Helmut Blöhbaum (1992) beispielsweise zeigt die Bedeutung des Naturbegriffs der aristotelischen *Physik* für das gegenwärtige Nachdenken über Natur und die ökologische Krise sowie die Parallelen und Differenzen zum Naturbegriff des gegenwärtigen ökologischen Diskurses auf. Eine ähnliche Bezugnahme auf eine klassische philosophische Theorie mit dem Ziel, den ökologischen Diskurs weiterzuentwickeln, bietet Schwenzfeuer (2013), der Schellings Philosophie als eine naturphilosophische Kritik und Begründung gegenwärtiger Naturethiken liest. Auch Geboers (2012) bezieht sich auf Schelling und stellt dessen Philosophie in eine gedankliche Linie mit Nietzsche und Heidegger; diese drei Denker entwerfen seiner Auffassung nach ein philosophisches Gegenmodell zum neuzeitlichen, abstrakt-mathematischen Zeitbegriff, der „die räumliche Dimension der ‚Welt' beherrscht" und die „Erschöpfung der organischen Erdnatur" (17) verursacht. Während herkömmliche umweltschützerische Maßnahmen wie die Verringerung des Ressourcenverbrauchs[31] in der Produktion von Konsumgütern die neuzeitliche Auffassung von Zeit, Raum und Natur nicht infrage stellten und somit aufs Ganze gesehen wirkungslos blieben, gingen „Philosophen wie Schelling, Nietzsche und Heidegger in ihren ‚geschichtlichen Philosophien' den *anderen* Weg einer *grundsätzlichen Infragestellung* der modernen Entwicklung" (Geboers 2012, 434). Eben aufgrund dieser Infragestellung könnten Schelling, Nietzsche und Heidegger den Ausgangspunkt einer „„philosophische[n] Grundlagenforschung'" des ökologischen Diskurses bilden,

> die sich kritisch mit den Grundideen und Leitmotiven der dominanten Strömungen unserer Gegenwartsgeschichte auseinandersetzt und auch vermag, in diesem Denken grundsätzliche Wendungen zu vollziehen. Die ökologische Bewegung kann nur noch glaubwürdig und zukunftsträchtig sein, wenn zu ihr auch ein philosophisches Fragen gehört, das in Bezug auf die Notwendigkeit eines Wandels des bisherigen Denkens, das zum modern-technischen Weltumgang geführt hat, vollzogen wird (Geboers 2012, 441).

Hier wird das kritische, begründende und schöpferische Verhältnis der Philosophie zum ökologischen Diskurs deutlich. Carl Friedrich Kreß (2013) rekonstruiert die Phi-

---

[31] Mit dem Terminus ‚Ressource' werden alle materiellen Entitäten bezeichnet, die zur Ausführung von Produktionsprozessen notwendig sind. Allen Ressourcen ist gemein, dass ihr Vorkommen quantitativ begrenzt ist.

losophie Heideggers, um sie – freilich entgegen dessen eigener Intention – *„zum Mittel eines Umweltdenkens"* zu machen:

> Nehmen wir also unseren Ausgang von der Umweltfrage und machen wir sie zum Kern von Heideggers Denken, so erweisen sich wichtige Abschnitte des Denkweges – wie die Kritik der Metaphysik – nur noch als Mittel, Antworten auf diese Frage zu liefern, und nicht mehr als reiner Selbstzweck. Es darf dann auch kritisch gefragt werden, ob die Mittel ihren Zweck erfüllen (11 f.).

In diesem Zusammenhang macht Kreß (2013, 166) beispielsweise Heideggers Begriff der ‚Gelassenheit' fruchtbar für ein Technikverständnis, das Technik und deren praktische Verwendung nicht per se ablehnt, einer einseitig technizistischen Überformung der Welt- und Naturauffassung jedoch widersteht. Es werden somit oftmals im ökologischen Diskurs unbegründet vorausgesetzte Verständnisse von Technik kritisch hinterfragt und ein neues Technikverständnis begründet.

An diesen Studien[32] lässt sich konkret nachvollziehen, was bereits allgemein begründet wurde: Dass Philosophie maßgeblich zum ökologischen Diskurs beizutragen vermag. *Eine Beschäftigung mit der ökologischen Krise aus philosophischer Perspektive ist somit keineswegs ein müßiges Glasperlenspiel.* Die Philosophie ist damit vor eine besondere Herausforderung gestellt: Die Herausforderung nämlich, sich nicht hermetisch vor den anderen am ökologischen Diskurs beteiligten Wissenschaftsdisziplinen und den gesellschaftlichen Herausforderungen der Gegenwart zu *verschließen* und sich nicht in selbstzweckhaften, philosophieimmanenten Forschungen gleichsam zu *versenken*. Die philosophische Reflexion der ökologischen Krise erfordert den Mut zu einem ‚Denken im Grenzgebiet' (vgl. Muraca 2010), das vor einer Auseinandersetzung mit aktuellen Problemen, einem interdisziplinären Dialog mit anderen Wissenschaften und dem Verlust der (ohnehin nur vermeintlichen) Selbstzweckhaftigkeit der Philosophie nicht zurückschreckt.[33] Mit dieser Herausforderung ist für die Philosophie zugleich die Chance verbunden, Ausgang zu nehmen aus ihrem mehr schlecht denn recht öffentlich finanzierten Reservat gelehrter Bildung und gesellschaftlicher Irrelevanz – und durch die Beteiligung am gesellschaftlichen Diskurs und an der Suche nach Lösungen für drängende Gegenwartsprobleme in stärkerem Maße öffentlich wahrgenommen und wertgeschätzt zu werden.[34] Wenn also jene

---

[32] Bei den besprochenen philosophischen Arbeiten, die Bezug nehmen auf den ökologischen Diskurs, handelt es sich um eine rein exemplarische Auswahl, die keinen Anspruch auf auch nur annähernde Vollständigkeit erhebt.

[33] Zuzustimmen ist daher Hösle (2003): „und auch wenn die Philosophie sicher mehr ist als, in Hegels bekannten Worten ‚ihre Zeit in Gedanken erfasst', ist sie doch auch dies, und die Philosophie denkt an unserer Zeit vorbei, wenn sie sich nicht mit dem ökologischen Problem einer Frage stellt" (127 f.), die für uns alle von tiefgreifender Bedeutung ist.

[34] Ein solches gesellschaftliches Engagement der Philosophie fordert der kenianische Philosoph Henry Odera Oruka (1997), wie Ankre Graneß (2011) in ihrer Rekonstruktion seines Werkes herausstellt: Er insistiert auf „das ethische Engagement des Philosophen, die Anwendung seines Wissens zum Wohlergehen der Gemeinschaft. Gerade die akademische Philosophie, in der die Beschäftigung mit der

„Positionen, nach denen sich die Forschungsaufgabe der Ph. historisch oder sachlich erledigt habe" (Regenbogen 2010, 2022), nicht affirmiert werden sollen, dann *tut die Philosophie gut daran, sich den drängenden Fragen unserer Zeit zu öffnen.*[35]

1.3 Ökologische Marxlektüre: Die Relevanz der marxschen Theorie für den ökologischen Diskurs

In ihrem gemeinsam verfassten *Manifest der Kommunistischen Partei* arbeiten Karl Marx und Friedrich Engels die dynamische Entwicklung als wesentliches Charakteristikum der modernen Gesellschaft heraus, welches sie von früheren Gesellschaftsformen unterscheide:

> Die Entdeckung Amerikas, die Umschiffung Afrikas schufen der aufkommenden Bourgeoisie ein neues Terrain. Der ostindische und chinesische Markt, die Kolonisierung von Amerika, der Austausch mit den Kolonien, die Vermehrung der Tauschmittel und der Waren überhaupt gaben dem Handel, der Schiffahrt, der Industrie einen nie gekannten Aufschwung und damit dem re-

---

Geschichte der Philosophie häufig im Mittelpunkt des Interesses steht, lässt ein anwendungsorientiertes Herangehen meist schmerzlich vermissen. Für Odera Oruka ist Philosophie jedoch keine Wissenschaft im Elfenbeinturm, das das Privileg hat, sich nur mit sich selbst zu beschäftigen, sondern hat konkrete gesellschaftliche Aufgaben zu erfüllen. [...] Sie hat sich den zentralen Herausforderungen unserer Welt zu stellen: der Bewahrung von Frieden, der Bewahrung der Umwelt, der Bekämpfung von Hunger und Kriegen, um nur einige zu nennen. Tut sie das nicht, verliert sie ihre gesellschaftliche Relevanz und muss sich dann nicht beschweren, von der Öffentlichkeit nicht mehr wahrgenommen und damit möglicherweise auch finanziell nicht mehr gefördert zu werden. [...] Philosophie beschränkt sich selbst, wenn sie ihre kritisch-analytische Methode nicht auf die drängenden Probleme der Gegenwart anwendet und verliert damit auch ihre gesellschaftliche Legitimation" (12, 46, 364).

[35] Ähnlich die Konzeption einer *pragmatic philosophy* von John Dewey. Der landläufigen akademischen Philosophie bescheinigt er einen theoretischen Konservativismus: Philosophie „is unusually conservative – not, necessarily, in proffering solutions, but in clinging to problems. It has been so allied with theology and theological morals as representatives of men's chief interests, that radical alteration has been shocking. Men's activities took a decidedly new turn, for example, in the seventeenth century, and it seemed as if philosophy, under the lead of thinkers like Bacon and Descartes, was to execute an about-face. But, in spite of the ferment, it turned out that many of the older problems were but translated from Latin into the vernacular or into the new terminology furnished by science. The association of philosophy with academic teaching has reinforced this intrinsic conservatism. Scholastic philosophy persisted in universities after men's thoughts outside of the walls of colleges had moved in other directions" (Dewey 1980, 3). Von diesem theoretischen Konservativismus müsse sich die Philosophie jedoch lösen und neue Problemfelder sich zu eigen machen, wolle sie nicht mehr und mehr im gesellschaftlichen Leben marginalisiert werden (4): „This essay may, then, be looked upon as an attempt to forward the emancipation of philosophy from too intimate and exclusive attachment to traditional problems" (4). Die von Dewey (1980) entworfene „pragmatic philosophy means that philosophy shall develop ideas relevant to the actual crises of life, ideas influential in dealing with them and tested by the assistence they afford. [...] Philosophy recovers itself when it ceases to be a device for dealing with the problems of philosophers and becomes a method, cultivated by philosophers, for dealing with the problems of men" (43, 46).

volutionären Element in der zerfallenden feudalen Gesellschaft eine rasche Entwicklung. Die bisherige feudale oder zünftige Betriebsweise der Industrie reichte nicht mehr aus für den mit neuen Märkten anwachsenden Bedarf. Die Manufaktur trat an ihre Stelle. [...]; die Teilung der Arbeit zwischen den verschiedenen Korporationen verschwand vor der Teilung der Arbeit in der einzelnen Werkstatt selbst. Aber immer wuchsen die Märkte, immer stieg der Bedarf. Auch die Manufaktur reichte nicht mehr aus. Da revolutionierte der Dampf und die Maschinerie die industrielle Produktion. An die Stelle der Manufaktur trat die moderne große Industrie, an die Stelle des industriellen Mittelstandes traten die industriellen Millionäre, die Chefs ganzer industrieller Armeen, die modernen Bourgeois. Die große Industrie hat den Weltmarkt hergestellt, den die Entdeckung Amerikas vorbereitete. Der Weltmarkt hat dem Handel, der Schiffahrt, den Landkommunikationen eine unermeßliche Entwicklung gegeben. Diese hat wieder auf die Ausdehnung der Industrie zurückgewirkt, und in demselben Maße, worin Industrie, Handel, Schiffahrt, Eisenbahnen sich ausdehnten, in demselben Maße entwickelte sich die Bourgeoisie, vermehrte sie ihre Kapitalien, drängte sie alle vom Mittelalter her überlieferten Klassen in den Hintergrund (MEW 4, 463 f.).

In die *Beschreibung* dieser Charakteristik mischt sich *Bewunderung* für die – aus Perspektive früherer Gesellschaften – unvorstellbaren Fortschritte der modernen Gesellschaft, die es nicht nur geschafft habe, die materielle Produktion durch technische Innovationen auszuweiten und zur ökonomischen Globalisierung zu drängen, sondern auch die starr-lähmenden gesellschaftlichen Zustände früherer Zeiten gleichsam zu sprengen und von ihrer irrational-ideologischen Ummantelung zu befreien:

Die Bourgeoisie hat enthüllt, wie die brutale Kraftäußerung, die die Reaktion so sehr am Mittelalter bewundert, in der trägsten Bärenhäuterei ihre passende Ergänzung fand. Erst sie hat bewiesen, was die Tätigkeit der Menschen zustande bringen kann. Sie hat ganz andere Wunderwerke vollbracht als ägyptische Pyramiden, römische Wasserleitungen und gotische Kathedralen, sie hat ganz andere Züge ausgeführt als Völkerwanderungen und Kreuzzüge. [...] Die fortwährende Umwälzung der Produktion, die ununterbrochene Erschütterung aller gesellschaftlichen Zustände, die ewige Unsicherheit und Bewegung zeichnet die Bourgeoisepoche vor allen früheren aus. Alle festen eingerosteten Verhältnisse mit ihrem Gefolge von altehrwürdigen Vorstellungen und Anschauungen werden aufgelöst, alle neugebildeten veralten, ehe sie verknöchern können. Alles Ständische und Stehende verdampft, alles Heilige wird entweiht, und die Menschen sind endlich gezwungen, ihre Lebensstellung, ihre gegenseitigen Beziehungen mit nüchternen Augen anzusehen (MEW 4, 465).

Die Bourgeoisie hat in ihrer kaum hundertjährigen Klassenherrschaft massenhaftere und kolossalere Produktionskräfte geschaffen als alle vergangenen Generationen zusammen. Unterjochung der Naturkräfte, Maschinerie, Anwendung der Chemie auf Industrie und Ackerbau, Dampfschiffahrt, Eisenbahnen, elektrische Telegraphen, Urbarmachung ganzer Weltteile, Schiffbarmachung der Flüsse, ganze aus dem Boden hervorgestampfte Bevölkerungen – welch früheres Jahrhundert ahnte, daß solche Produktionskräfte im Schoß der gesellschaftlichen Arbeit schlummerten (MEW 4, 467).

Marx (und Engels) mag ein Gegner der spezifischen ökonomischen Verfassung der modernen Gesellschaft – des Kapitalismus – sein; ein Gegner der durch sie hervorgebrachten Dynamik ist er, so lässt sich anhand des *Manifests der Kommunistischen Partei* konstatieren, nicht (vgl. Paech 2017, 42): Sowohl die soziale Dynamik in Form der Auflösung vorbürgerlicher Gesellschaftszustände als auch die technologisch-ökonomische Dynamik werden in einer Weise beschrieben, die unschwer die Bewunderung Marxens erahnen lässt.

Das affirmative Verhältnis Marxens zur modernen technologisch-ökonomischen Dynamik wird in Teilen des ökologischen Diskurses freilich kritisiert: Die moderne Entwicklung neuer Technologien und die entsprechende Steigerung der Arbeitsproduktivität implizierten die *Beherrschung der Natur*, die von Marx somit ebenfalls affirmiert werde; dies drückt im obigen Zitat in der Tat die Rede von der ‚Unterjochung der Naturkräfte' aus. Dieses affirmative Verhältnis zur Beherrschung der Natur wird – in Anlehnung an die antike Sagengestalt Prometheus – als *Prometheismus* bezeichnet:

> Prometheanism, [...], says that human progress hinges on the subjugation of nature to human purposes (Burkett 2014, 147);

> ein unerschütterlicher Fortschrittsglaube, wonach der Mensch mithilfe technologischer Entwicklungen die Welt immer effektiver und freier zu manipulieren vermag (Saito 2016, 9).

Und eben der Prometheismus sei, so einige ökologische Theorien, der Grund für die ökologische Krise, indem die prometheische Vorstellung von der Beherrschung der Natur impliziere, Natur als bloßes Ressourcenlager aufzufassen, das gleichsam hemmungslos zugunsten des menschlichen Wohlstandes zu plündern sei:

> A unifying element among ecologists is the belief that the Promethean project of mankind and modern attitudes towards nature are the ultimate causes of ecological problems. [...]. In their view mankind's attempts to master nature have resulted above all in a destruction of the natural environment (Grundmann 1991, 2).

> Marx' [...] Propagieren der absoluten Naturbeherrschung schienen in striktem Gegensatz zu jeglicher ernsthaften Diskussion über die Naturressourcenknappheit und die Überbelastung der Ökosphäre zu stehen. [...] dass der große Denker des 19. Jahrhunderts [...] einen im 21. Jahrhundert nicht mehr akzeptablen unökologischen Standpunkt einnehme (Saito 2016, 9 f.).[36]

Der marxsche Prometheismus legitimiere also die fortschreitende Destruktion der Natur zum Zwecke des materiellen Wohlstandes der Menschen und sei daher fern davon, einen Beitrag zum ökologischen Diskurs leisten zu können, sondern sei viel-

---

[36] Die drei Zitate stammen aus der Marxliteratur und teilen den Vorwurf des Prometheismus nicht, sondern stellen ihn summativ dar. Autoren, die diesen Vorwurf teilen, sind beispielsweise Giddens (1981, 59 f.) und Gestwa (2010, 50–53). So schreibt etwa Giddens (1981): „Marx's concern with transforming the exploitative human social relations expressed in class systems does not extend to the exploitation of nature. [...] the ‚Promethean attitude' is always pre-eminent in Marx's writings, an attitude as unsurprising in the nineteenth century as it is indefensible in the twentieth century, when it has become apparent that the expansion of the productive forces can no longer be treated unproblematically as conducive to social progress" (59 f.). Für den Prometheus-Mythos als geistesgeschichtliche Hintergrundfolie des Vorwurfs an die marxsche Theorie vgl. Landes (1969, 21–25), Daemmrich und Daemmrich (1995, 281 f.) sowie Frenzel (2005, 761–767).

mehr als ein theoretischer Teil der ökologischen Problematik unserer Zeit zu charakterisieren.[37]

Neben dem Vorwurf des Prometheismus wird Marx von einigen ökologischen Theorien auch für seine Werttheorie kritisiert, in deren Rahmen er allein die menschliche Arbeit als wertgenerierend und das durch menschliche Arbeit Erzeugte als wertvoll auffasse, während Natürliches wertlos sei und nicht zur ökonomischen Wertschöpfung beitrage. In seiner Monographie *The Entropy Law and the Economic Process*, ein mittlerweile klassisches Werk einer ökologisch orientierten und naturwissenschaftlich fundierten Wirtschaftswissenschaft, schreibt Nicholas Georgescu-Roegen (1971) Marx die Auffassung zu, „that nothing can have value if it is not due to human labor" (288), und diese impliziere, „that things supplied by nature ‚gratis' [...] have no value – as Marx explicitly and repeatedly argued" (289).[38]

Paechs (2012, 25 und 39) maßgebliches Werk *Befreiung vom Überfluss* zur ökologisch motivierten Kritik des Wirtschaftswachstums sieht Marx als einen der Protagonisten der modernen ‚Erzählung' vom zunehmenden materiellen Wohlstand als einer sowohl erstrebenswerten als auch möglichen Entwicklungsrichtung der Ge-

---

[37] Grundmann (1991) weist, meiner Auffassung nach überzeugend, darauf hin, dass (das Streben nach) Beherrschung der Natur nicht notwendig einen destruktiven Umgang mit ihr impliziere, weshalb die marxsche Theorie aufgrund ihres affirmativen Verhältnisses zur Naturbeherrschung nicht *per se* als unökologisch zu qualifizieren sei: „Once we realize that domination only makes sense with respect to aims and interests, it becomes clear that a concern for the natural environment is not only compatible with a Promethean view but follows inevitably from it. [...] Powers which turn into an existential threat for the power-holder do not contribute to domination. The use of the concept of domination of nature, therefore, can be understood only as a synonym for conscious control over nature. [...] Anthropocentrism and mastery over nature, far from causing ecological problems, are the starting-points from which to address them. [...] In my view, ‚domination of nature' is not responsible for ecological problems; quite the contrary: the very presence of ecological problems proves the absence of such a domination. [...] Imagine a musician who plays her instrument with virtuosity. We call her playing ‚masterly', she masters her instrument. It is in this sense that we have to understand the domination of nature. It does not mean that one behaves in a reckless way towards it, in the same way as we do not suggest that a masterly player dominates his instrument (say a violin) when he works upon it with a hammer" (2, 15, 61). Die Voraussetzung dafür, dass die Beherrschung der Natur keinen destruktiven Umgang mit ihr impliziert, sei, dass Menschen und Natur nicht als zwei voneinander geschiedene Seinsbereiche, sondern als miteinander verbunden aufgefasst würden; denn dann wäre der destruktive Umgang der Menschen mit der Natur ein destruktiver Umgang mit sich selbst – und genau diese theoretische Auffassung sei bei Marx zu konstatieren, weshalb sein affirmatives Verhältnis zur Naturbeherrschung seine Theorie in ökologischer Hinsicht nicht disqualifiziere (vgl. Grundmann 1991, 62). Ähnlich wie Grundmann (1991) argumentiert Han (2010, 18–22). – Zur Frage des Verhältnisses von Menschen und Natur s. insbesondere Abschnitt 2.2.1.

[38] Interessanterweise schreibt Georgescu-Roegen (1971) selbst, dass die marxsche Theorie als Kritik der Politischen Ökonomie die ökonomischen Verhältnisse des Kapitalismus widerspiegelt (und diese dann kritisiert): „Marx repeatedly emphasized that his analysis pertains only to the capitalist system" (325). Er gelangt aber offenbar nicht zu der (logisch daraus folgenden) Einsicht, dass der Vorwurf damit nicht an die marxsche Theorie, sondern an den Kapitalismus und die ihn affirmativ reflektierende Politische Ökonomie zu richten ist.

sellschaft; dieser so verstandene Fortschritt sei aber, so Paech (2012, 39–41, 46 und 49 f.), gerade die Ursache der ökologischen Probleme (und anderer gesellschaftlicher Fehlentwicklungen) der Gegenwart und weder erstrebenswert noch langfristig möglich. Dadurch könne die marxsche Theorie keinen Beitrag zur Lösung der ökologischen Krise leisten, sondern sei vielmehr die Legitimationsgrundlage der Zerstörung naturaler Ressourcen:

> Insoweit Kapitalismuskritik allein die unternehmerische Aneignung eines sogenannten ‚Mehrwerts', der angeblich durch menschliche Arbeit entsteht, als ‚Ausbeutung' brandmarkt, greift sie viel zu kurz. Zu Lebzeiten von Karl Marx mag es noch leichtgefallen sein, zwischen Ausbeuter und Ausgebeuteten zu unterscheiden. Aber mit zunehmender Verbreitung materiellen Reichtums sowie einer stetig gewachsenen Distanz zwischen Verbrauch und Produktion verschwimmen diese Grenzen. [...] Eingenebelt von exakt derselben Fortschrittsillusion streiten Neoliberale und Marxisten um die gerechte Verteilung eines mutmaßlichen Ertrags menschlicher Leistungen, der in Wahrheit Kapitalverzehr [im Sinne naturaler Ressourcen] darstellt (Paech 2012, 37 f.).

> Wenn ‚Ausbeutung' darin besteht, sich materielle Werte anzueignen, die in keiner reziproken Beziehung zur eigenen Leistung stehen, dann ist sie keineswegs Unternehmern vorbehalten, wie der Marxismus suggeriert. Konsum ist ein mindestens so gutes Ausbeutungsinstrument (61 f.).

Indem die marxsche Kritik am Kapitalismus wie dieser auch Fortschritt als sukzessiv wachsenden materiellen Wohlstand verstehe, führe auch die marxsche Konzeption einer sozialistischen Gesellschaft nicht weniger zur sukzessiven Vertiefung der ökologischen Krise als der Kapitalismus:

> marxistisch grundierten Zukunftsentwürfen wohnt dasselbe auf komfortabler Fremdversorgung beruhende Freiheits- und Fortschrittsideal inne. Sowohl die immense soziale Fallhöhe als auch die ruinösen Entgrenzungstendenzen lassen sich nicht dadurch beseitigen, dass der durch Ressourcenplünderung erzeugte Output einfach nur gerechter verteilt wird oder die Eigentumsverhältnisse verändert werden (Paech 2012, 66 f.).[39]

Gegen diese Kritik aus ökologischer Perspektive wurde in zahlreichen Studien – die hier zusammengefasst als *ökologische Marxlektüre* bezeichnet werden – die Bedeutung der marxschen Theorie für den ökologischen Diskurs hervorgehoben.[40] Be-

---

[39] In einer jüngeren Auseinandersetzung mit der marxschen Theorie wiederholt Paech (2017, 42 f.) zudem den Vorwurf, die marxsche Wertlehre spreche der Natur keinen Wert zu, da die Verausgabung menschlicher Arbeit allein wertgenerierend sei.
[40] Neben dem hier verwendeten Begriff ‚ökologische Marxlektüre' finden auch die Begriffe ‚ökologischer Marxismus', ‚Ökomarxismus' oder ‚Ökosozialismus' Verwendung (vgl. etwa O'Connor 1988, 16; Dietz und Wissen 2009; Pepper 2010, 34; Löwy 2015). Freilich sind die Begriffe häufig nicht klar definiert und voneinander abgegrenzt. Ich schlage deshalb vor, als ökologische Marxlektüre alle und ausschließlich diejenigen ökologischen Ansätze zu bezeichnen, die sich unmittelbar auf die – in den von Marx verfassten Schriften niedergelegte – marxsche Theorie beziehen. Unter die Oberbegriffe ‚Ökomarxismus' oder ‚ökologischer Marxismus' sind m. E. demgegenüber diejenigen ökologischen Theorien zu subsumieren, die sich auf marxistische Theorien beziehen, ohne sich (in erster Linie) in textnaher Exegese mit den marxschen Schriften und den in ihnen entwickelten Argumenten ausein-

reits in den 1970er-Jahren gab Parsons (1977) eine Auswahl ökologisch relevanter Textauszüge aus verschiedenen Schriften Marx' und Engels' heraus,[41] und in den der Edition vorangehenden einleitenden Erörterungen arbeitet er die Relevanz der marxschen (und engelsschen) Theorie für ökologische Fragestellungen heraus:

> Marx and Engels had an understanding of an approach to ecology before the German zoologist, Ernst Haeckel, coined the term *Oekologie* in 1869, and long before the current ‚ecological crisis' and ‚energy crisis' (Parsons 1977, XI; vgl. auch XII),

denn Marx habe den Zusammenhang der Menschen mit der Natur – und genau dieser ist ja mit dem Terminus ‚ökologisch' gemeint – in seiner Theorie gedanklich erfasst:

> Man's dialectical relations with nature, in which man transforms it and is thereby transformed, is the very essence of his own nature. For man, nature is definable as the materials and forces of the environment that create man and are in turn created by man; and man is definable as a natural creator interacting with his environment (Parsons 1977, XI).

Von dieser Erkenntnis ausgehend habe Marx die destruktive Wirkung des Kapitalismus auf die Natur erkannt (vgl. Parsons 1977, 17–20), die er im ersten Band des *Kapital* folgendermaßen beschreibt:

> Die kapitalistische Produktion entwickelt daher nur die Technik und Kombination des gesellschaftlichen Produktionsprozesses, indem sie zugleich die Springquellen allen Reichthums untergräbt: *Die Erde und den Arbeiter* (MEGA II.5, 410 f.).

Freilich gesteht (Parsons 1977, 17 und 21) zu, dass die Analyse der gesellschaftlichen Widersprüche und der Inhumanität des Kapitalismus im marxschen Werk überwiege und demgegenüber das kapitalistisch gestörte Verhältnis der Menschen zur Natur und die aus ihm resultierenden ökologischen Probleme eine nur untergeordnete Rolle einnähmen.[42] Aber dies schmälere nicht die Bedeutung der marxschen Theorie für den ökologischen Diskurs:

---

anderzusetzen (ähnlich auch Huan 2010, 4; Saito 2016, 11 f.; zur Unterscheidung von marxscher Theorie und Marxismus s. Abschnitt 1.1). Eine besondere Spielart des Ökomarxismus stellen Beiträge dar, die Positionen im Sinne des staatssozialistischen Marxismus-Leninismus vertreten. Exemplarisch hierfür stehen Bauer und Paucke (1984), deren Äußerungen gleichsam eine Apologetik der ökologischen Verfassung des real existierenden Sozialismus darstellen; ebenso aber auch Engel (2014), der – wenn er sich auch durchaus umfassend auf die marxschen Schriften bezieht – eine stalinistische Gesellschaftsverfassung fordert (vgl. bspw. 185, 192, 283, 286) und in dieser totalitären Ausrichtung der marxschen Theorie diametral entgegensteht (s. Abschnitt 1.1). Als ‚Ökosozialismus' sind m. E. ökologisch motivierte Entwürfe sozialistischer Gesellschaft zu bezeichnen, die sich nicht (hauptsächlich) auf Karl Marx beziehen.

41 Die Textauszüge werden in thematischer Sortierung – und somit aus dem Kontext der jeweiligen Schrift entfernt – präsentiert.

42 Parsons (1977, 24) nennt zwei Gründe, warum die Beschäftigung mit dem gestörten Menschen-Natur-Verhältnis und ökologischen Problemen in der marxschen Theorie eine nur untergeordnete Rolle

> While Marx and Engels did not of course anticipate these specific [ecological] perils and problems of late twentieth-century industrial capitalism [...], they did set forth an explanatory and predictive scheme of the structure and dynamics of capitalism by which the general causes of the [ecological] perils and problems might be understood and avoided (Parsons 1977, 76).

Auch dort, wo Marx also nicht *expressis verbis* ökologische Probleme adressiere, könne seine Theorie für den ökologischen Diskurs fruchtbar gemacht werden, indem sie die Erkenntnis der Grundstruktur des Kapitalismus erlaube, welcher maßgeblich für die Entstehung der ökologischen Krise verantwortlich sei.

Damit sind schon die beiden Rezeptionswege der ökologischen Marxlektüre, wie sie in den vergangenen Jahrzehnten entwickelt wurde, vorgezeichnet. Die ökologische Marxlektüre zeichnet sich allgemein dadurch aus, dass sie

> zum einen die Aussagen von Marx über ökologische Fragen rekonstruiert, Marx also als einen Kritiker der ökologischen Konsequenzen des Kapitalismus liest [...], und zum anderen die ökologische Destruktivität des Kapitalismus mit den zentralen Kategorien der (ökonomischen) Schriften von Marx begreift (Dietz und Wissen 2009, 352).[43]

Die vielfältigen Forschungsbeiträge und -ergebnisse der ökologischen Marxlektüre können hier nicht referiert werden.[44] Als ein abstraktes Ergebnis ihrer halten Dietz und Wissen (2009) fest,

---

einnehme: a) Um überhaupt die ökologisch destruktiven Auswirkungen des Kapitalismus verstehen zu können, mussten zunächst einmal die intragesellschaftlichen Verhältnisse theoretisch erfasst und verstanden werden, was Kapitalismus überhaupt ist; b) die Arbeits- und Lebensbedingungen der Menschen waren zu Marxens Lebzeiten so schrecklich, dass die Verbesserung der Lage der Menschen Priorität hatte, so dass Marx sich deshalb auf die gesellschaftlichen Verhältnisse konzentrierte. Saito (2016, 14, 20f., 160, 222, 301–307) weist darauf hin, dass Marx – wenn auch sich ökologische Motive durchaus schon in seinen Frühwerken finden lassen – erst im Laufe seiner denkerischen Entwicklung und nach Auseinandersetzung mit naturwissenschaftlichen Theorien die Problematik der kapitalistisch induzierten ökologischen Krise in ihrer ganzen Tragweite erkannte. Letztlich habe er es nicht mehr geschafft, in seiner verbleibenden Lebenszeit diese Einsicht theoretisch in seinen Schriften auszuarbeiten. Die mangelnde ökologische ‚Tiefenschärfe' der marxschen Theorie sei also Folge ihres unvollendeten Charakters, nicht jedoch einer mangelnden Einsicht Marx' in den Zusammenhang der zunehmenden ökologischen Probleme mit der kapitalistischen Ökonomie.

43 Dass beide Rezeptionswege zwar analytisch getrennt werden könnten, aber für ein adäquates Verständnis der marxschen Theorie und ihres Beitrags zum ökologischen Diskurs zusammen zu denken seien, postuliert Saito (2016): Durch die Adressierung allein des ersten Weges entstünde „der (falsche) Eindruck, dass Marx diese Thematik nicht systematisch, sondern nur sporadisch behandelte" (Saito 2016, 12). Demgegenüber betont Saito (2016, 12–14) den systematischen Stellenwert der ökologischen Kritik am Kapitalismus: Die ökologisch expliziten Textstellen seien nur vor dem Hintergrund der marxschen Gesamttheorie zu verstehen, und umgekehrt könne diese erst vollumfänglich verstanden werden, wenn die explizit ökologischen Äußerungen von Marx in ihre Rekonstruktion aufgenommen würden.

44 Für einen Überblick über die ökologische Marxlektüre, den Ökomarxismus und Ökosozialismus (die nur selten analytisch voneinander unterschieden werden) vgl. Fetscher (1991, 135–175), Grundmann (1991, 48–51), Dietz und Wissen (2009), Gestwa (2010, 50), Löwy (2015, XI–XIV, 1–6) und Saito

dass die kapitalistische Produktionsweise aus sich selbst heraus [...] nicht in der Lage ist, die Reproduktionsnotwendigkeiten von Mensch und Natur als Grenzen ihrer eigenen Entfaltung anzuerkennen. Eben deshalb stößt sie tendenziell an die Grenzen ihrer eigenen Existenz. Die Aufhebung und Missachtung *natürlicher* Grenzen, [...], führt den Kapitalismus ab einem bestimmten Punkt an seine *systemischen* Grenzen (359).

Dies soll an einem Diskursbeitrag der ökologischen Marxlektüre exemplarisch dargestellt werden: Der von Foster (2000) rekonstruierten marxschen Theorie des gestörten Stoffwechsels zwischen Menschen und Natur (*metabolic rift*), die auch außerhalb der Grenzen der ökologischen Marxlektüre im ökologischen Diskurs rezipiert wird (vgl. Saito 2016, 10 f.). Für Marx stünden Menschen und Natur in einem Verhältnis zueinander, das er als *Stoffwechsel* charakterisiere (siehe dazu Abschnitt 2.2.1); beispielsweise atmen Menschen in der Luft befindlichen Sauerstoff ein und geben Kohlenstoffdioxid in die Luft ab, während in der Natur (durch Pflanzen) Kohlenstoffdioxid gebunden und Sauerstoff freigesetzt wird. Marx' These sei es nun, dass in der modernen, kapitalistischen Ökonomie dieser Stoffwechsel gestört sei (vgl. Foster 2000, 155–157): Durch die kapitalistisch organisierte Landwirtschaft werde der landwirtschaftlich genutzte Boden ausgelaugt, indem durch die zunehmende Trennung von industrialisierter Stadt und agrarisch geprägtem Land sowie durch den globalen Agrarhandel die in den Feldfrüchten enthaltenen und mit diesen konsumierten Nährstoffe nicht mehr dem Boden zurückgeführt würden, sondern in fernen Gegenden gleichsam ‚in der Kanalisation' landeten. Folge dieser im Rahmen kapitalistischer Ökonomie notwendigen Entwicklung sei die zerbrochene Selbstständigkeit der Landwirtschaft: Sie könne nicht mehr aus sich heraus betrieben werden, sondern sei auf (künstliche) Düngemittel angewiesen, die nicht minder weit entfernt gewonnen beziehungsweise produziert würden. Hier rekonstruiert Foster (2000) die marxsche Theorie von der – zur Ausbeutung der Arbeitenden parallel verlaufenden – Plünderung naturaler Ressourcen im Kapitalismus, wie sie im oben genannten Zitat aus dem *Kapital* ihren prägnanten Ausdruck findet.

Zu konstatieren ist abschließend, dass die marxsche Theorie für den ökologischen Diskurs relevante Einsichten bereithält beziehungsweise solche auf ihrer Grundlage

---

(2016, 9–12). – Die Anfänge ökomarxistischen Denkens liegen laut Löwy (2015, 3) neben anderen („one of the first Marxists") bei Walter Benjamin, in dessen 1928 veröffentlichtem Werk *Einbahnstraße* es heißt: „Naturbeherrschung, so lehren die Imperialisten, ist Sinn aller Technik. Wer möchte aber einem Prügelmeister trauen, der Beherrschung der Kinder durch die Erwachsenen für den Sinn der Erziehung erklären würde? Ist nicht Erziehung vor allem die unerläßliche Ordnung des Verhältnisses zwischen den Generationen und also, wenn man von Beherrschung reden will, Beherrschung der Generationenverhältnisse und nicht der Kinder? Und so auch Technik nicht Naturbeherrschung: Beherrschung vom Verhältnis von Natur und Menschheit" (Benjamin 2009, 76; vgl. auch 27 f.). Auch in Benjamins posthum veröffentlichten Werk *Über den Begriff der Geschichte* finden sich ökomarxistische Überlegungen (vgl. Benjamin 2010, 99 f.). Zu bedenken ist jedoch, dass sich diese Überlegungen in den beiden benjaminschen Werken gleichsam nur am Rande und (dem Charakter der beiden Werke entsprechend) in aphoristischer Form finden; eine ökomarxistische Theoriebildung liegt hier nur rudimentär vor.

gewonnen werden können; sie bietet die Grundlage für eine Untersuchung des Verhältnisses der Menschen zur Natur und der aus der kapitalistischen Ökonomie resultierenden ökologischen Krise.

1.4 Methode, Textgrundlage, Fragestellungen und Gliederung dieser Studie

1.4.1 Konfrontation und Dialog: Die Methode

Als Resultat der vorangegangenen Ausführungen ist festzuhalten: Eine philosophische Reflexion der ökologischen Krise auf Basis der marxschen Philosophie stellt ein aussichtsreiches Unterfangen dar. Ein solches Vorhaben muss freilich der Tatsache Rechnung tragen, dass bereits ein umfangreicher ökologischer Diskurs existiert. Dieser muss in die hier vorliegende Studie miteinbezogen werden, sollen die in ihm gewonnenen Erkenntnisse zur ökologischen Krise nicht unberücksichtigt bleiben. Da freilich wissenschaftliche Theorien sich im Prozess der weiteren Forschung als sachlich inadäquat oder logisch inkonsistent erweisen können, sind die Resultate des ökologischen Diskurses *konstruktiv und kritisch zugleich* zu bedenken.

Wie dies zu leisten ist, wird an dem von Anke Graneß (2011) (weiter-)entwickelten Programm der *interkulturellen Philosophie* deutlich:

> Interkulturelle Philosophie [...] kann insbesondere nicht auf die Komparatistik festgelegt werden. Im Gegenteil, es kommt darauf an, den komparativen Horizont zu überschreiten und aus der Konfrontation von Theorien aus verschiedenen kulturellen Kontexten, aus deren wechselseitiger Argumentation, neue Lösungsansätze zu gewinnen. [...] Es gilt Methoden zu entwickeln, die das Einbeziehen verschiedener Kontexte bei der Schöpfung neuer Theorien oder beim Lösen von Sachfragen möglich machen (44).

Durch den – von Graneß als ‚komparatistisch' bezeichneten – bloßen *Vergleich* aus unterschiedlichen Kulturen stammender Theorien würden Gemeinsamkeiten und Unterschiede zwischen diesen Theorien lediglich konstatiert und möglichst präzise rekonstruiert, mit dem Ergebnis, dass diese Theorien gleichsam unverbunden nebeneinander stehen belassen würden.[45] Interkulturelles Philosophieren hingegen

---

[45] Einen solchen komparatistischen Vergleich hinsichtlich der marxschen Theorie und des ökologischen Diskurses intendiert Parsons (1977): „This volume unites the basic questions about ecology with the responses given to those questions, so far as they have been given, by Marx and Engels. Its purpose is to assemble the ideas of Marx and Engels on ecology and, with the help of the philosophical framework and method they have provided, to explore some of the important ecological issues, past and present. In doing so, I have juxtaposed their ideas with the ideas of many contemporary writers on ecology, bringing out the similarities and differences" (XII f.). Indem die hier vorliegende Studie sich an der von Graneß (2011) entwickelten Methode interkulturellen Philosophierens anlehnt (s. die weiteren

gehe darüber hinaus, indem Theorien miteinander *konfrontiert* würden: Das bedeute, dass die Argumente verschiedener Theorien miteinander in Bezug gesetzt würden, wodurch neue theoretische Entwürfe, Erkenntnisse und Problemlösungen generiert werden könnten.[46] Konkret beschreibt Graneß (2011) diese ‚Konfrontation' verschiedener Theorien wie folgt:

> Zunächst setze ich mich mit einer philosophischen (in diesem Fall ethischen) Theorie (Odera Orukas Konzept einer globalen Gerechtigkeit), entwickelt in einem soziokulturellen Kontext (Ostafrika, Kenia), der nicht mein eigener ist (Europa, Deutschland), auseinander. Ich untersuche die Grundbegriffe und Ziele, arbeite Stärken und Schwächen heraus. Zur Stärkung der als theoretisch schwach erscheinenden Punkte werde ich dann andere Theorien aus verschiedenen Kontexten heranziehen, um das intendierte Grundziel besser zu fundieren. Über die Stärken dieser Theorie komme ich dazu, Schwachpunkte in anderen, euro-amerikanischen Gerechtigkeitstheorien aufzuzeigen, die allerdings für eine Ethik mit globalem Anspruch fundamental sind. Abschließend versuche ich als Quintessenz aus der Konfrontation der Theorien, nicht nur ein, wie ich denke, in den gesellschaftlichen Bedingungen besser verankertes Verständnis von Gerechtigkeit aufzuzeigen, sondern zugleich einen von Odera Oruka inspirierten Ansatz für soziale Gerechtigkeit zu entwickeln, der nicht nur Lösungsmöglichkeiten für die prekäre Armutssituation in den Ländern der sogenannten Dritten Welt anbietet, sondern zugleich auf brennende sozioökonomische Probleme im eigenen Kontext hinweist. Der interkulturelle Austausch ist somit ein zweifacher: – Odera Orukas ethischer Ansatz kann durch die Konfrontation mit verschiedenen gegenwärtigen Theorien der Gerechtigkeit oder den Ergebnissen der modernen Armutsforschung weiter entwickelt und zu seiner vollen Stärke entfaltet werden. – Odera Orukas Ansatz weist zugleich auf die Grundschwäche einer Reihe von Theorien hin, die heute den Gerechtigkeitsdiskurs dominieren: die ‚Leibvergessenheit' derjenigen Theorien, die politische Freiheit jeglichen anderen Freiheitsrechten vorordnen (45 f.).

Zum Zweck der Entwicklung einer argumentativ möglichst starken Theorie globaler Gerechtigkeit ‚konfrontiert' Graneß (2011) also eine dem afrikanischen Diskurszusammenhang entstammende Gerechtigkeitstheorie mit entsprechenden europäischen und nordamerikanischen Konzeptionen. Nachdem im ersten Schritt die Grundbegriffe, Argumentationsziele sowie die Stärken und Schwächen der afrikanischen Theorie – die die Bezugs- oder Grundlagentheorie der Studie darstellt – textimmanent herausgearbeitet wurden, werden im zweiten Schritt sowohl die Schwächen der afrikanischen Theorie durch die Argumente der anderen Theorien gleichsam ausgebessert – die afrikanische Theorie also weiterentwickelt – als auch vor dem Hintergrund der afrikanischen Theorie die Schwächen der westlichen Theorien sichtbar gemacht, die dann wiederum durch die afrikanische Theorie ausgebessert werden. Als Resultat steht *eine* Theorie globaler Gerechtigkeit als Synthese (‚Quintessenz') der argumentativ starken Elemente aller untersuchten Theorien.

Ausführungen im Haupttext), geht sie über den bloßen komparatistischen Vergleich der Studie von Parsons (1977) hinaus.
46 Die Philosophie Odera Orukas, der Graneß' (2011) Abhandlung gilt, wird bspw. ‚in Konfrontation' gesetzt zur Theorie John Rawls'.

Die hier vorliegende Arbeit lehnt sich methodisch an die Studie von Graneß (2011) an, indem die marxsche Theorie – die die Bezugstheorie der hier vorliegenden Studie darstellt – in einem ersten Schritt rekonstruierend dargestellt und in einem zweiten Schritt in konfrontativen Bezug gesetzt wird zu verschiedenen ökologischen Theorien, um
- die in die Untersuchung einbezogenen ökologischen Theorien einer Kritik auf Basis der marxschen Theorie zu unterziehen und dadurch weiterzuentwickeln, und
- die marxsche Theorie in ökologischer Hinsicht einer Kritik auf Basis ökologischer Theorien zu unterziehen und dadurch weiterzuentwickeln.[47]

Durch die Realisierung dieser beiden Punkte soll eine philosophische Reflexion der ökologischen Krise ermöglicht werden, *deren Resultat über den derzeit erreichten Stand des ökologischen Diskurses hinausgeht.*

Die von Graneß (2011) (weiter-)entwickelte Methode interkulturellen Philosophierens erfährt in der hier vorliegenden Studie freilich einige Modifikationen:
- Graneß intendiert, im ersten Schritt – also noch vor der Konfrontation mit anderen Theorien – die Stärken und Schwächen der Bezugstheorie herauszuarbeiten. Dieses Verfahren basiert auf der Prämisse, dass die Stärken und Schwächen überhaupt schon vor der Konfrontation mit anderen Theorien erkennbar sind. Demgegenüber vertrete ich die Auffassung, dass dies nicht zwangsläufig[48] der Fall ist; dass also in einigen Fällen allererst durch den Bezug auf andere Theorien deutlich wird, welche Stärken und Schwächen die Bezugstheorie besitzt. Aus diesem Grund wird die die Methode versinnbildlichende Metapher der Konfrontation um diejenige des *Dialogs* ergänzt: Dadurch soll die simplifizierende Auffassung vermieden werden, die Stärken und Schwächen einer Theorie seien gänzlich in textimmanenter Untersuchung ohne Bezugnahme auf andere Theorien – gleichsam in einem ‚Monolog' – erkennbar.[49] Vielmehr können die Stärken

---

47 Der Bezug der marxschen Theorie auf ökologische Theorien, die selbst nicht auf der marxschen Theorie beruhen, stellt auch deshalb einen Fortschritt des wissenschaftlichen Diskurses dar, weil „die Diskussion um Marx die Tendenz hat, in einzelne Diskussionszirkel zu zerfallen, die voneinander wenig oder keine Notiz nehmen. [...] [Und] die marxistische und auch nur marxfreundliche Literatur sich weitgehend von der nichtmarxistischen Diskussion abschottet" (Petersen und Faber 2013, 24). Diese einzelnen Diskurszirkel werden also in der hier vorliegenden Studie aufgebrochen.
48 Es wird nicht bestritten, dass sich *einige* Schwächen und Stärken einer Theorie bereits durch ihre textimmanente Rekonstruktion erkennen lassen.
49 Darüber hinaus ist die Dialogmetapher auch deshalb geeignet, weil sie besser als die Konfrontationsmetapher die Tatsache auszudrücken vermag, dass sowohl die Bezugstheorie als auch die übrigen Theorien über bestimmte Schwächen verfügen, gegenseitig zu ihrer Weiterentwicklung beitragen und die daraus gewonnenen Einsichten über den Stand aller analysierten Theorien hinausgehen. So wie beide Seiten eines Dialogs etwas zu ihm beitragen, so tragen auch hier beide Seiten – die Bezugstheorie und die Menge der mit ihr ins Verhältnis gesetzten Theorien – etwas bei zur gedanklichen Erfassung des entsprechenden Gegenstandes (also der globalen Gerechtigkeit bei Graneß [2011] oder der ökologischen Krise in der hier vorliegenden Studie). Das Bild der Konfrontation erweckt demgegenüber die

und Schwächen einer Theorie vollständig erst durch ihr in-Bezug-Setzen zu anderen Theorien – durch den Dialog zwischen verschiedenen theoretischen Positionen – herausgearbeitet werden.⁵⁰
- Zurückgewiesen wird das – im obigen Zitat von Graneß (2011) zumindest implizierte – Verständnis, Theorieelemente oder einzelne Argumente könnten in allen Fällen gleichsam mechanisch zwischen den untersuchten Theorien ausgetauscht werden, um die jeweiligen konzeptionellen Schwächen auszubessern und letztlich eine Synthese aller untersuchten Theorien zu entwickeln. Demgegenüber wird in der hier vorliegenden Studie die Auffassung vertreten, dass einige Theorien miteinander inkompatibel sind, da sie auf nicht miteinander zu vereinbarenden Prämissen oder Argumentationszielen beruhen. Das bedeutet nicht, dass diese Theorien nicht miteinander verglichen werden könnten; sie können aber nicht in eine konsistente Theoriesynthese integriert werden. Aus diesem Grund ist die Metaphorik der Konfrontation ernst zu nehmen: Es muss die Möglichkeit offengelassen werden, dass Theorien sich als grundsätzlich verfehlt und als nicht korrigierbar durch andere Theorien erweisen, so dass sie schlichtweg abzulehnen und aus dem wissenschaftlichen Diskurs auszusondern sind – dass einige Theorien also in der Konfrontation gleichsam unterliegen. Die Metapher der Konfrontation ist daher nicht durch diejenige des Dialogs zu ersetzen, sondern zu ergänzen: *konfrontativer Dialog.*⁵¹
- Die vorliegende Studie ist, wenn sie sich auch methodisch auf die interkulturelle Philosophie bezieht, selbst nicht interkultureller Natur: Es geht nicht um Vergleich und dialogisch-konfrontatives in-Bezug-Setzen von Theorien, die aus ver-

---

Assoziation eines (Wett-)Kampfes, bei dem eine Seite ‚gewinnt' und die andere ‚unterliegt' (eine Assoziation, die aber sowohl der Intention von Graneß [2011] als auch derjenigen dieser Studie zuwiderläuft). Das hier Gesagte gilt freilich nur für die Menge der mit der Bezugstheorie ins Verhältnis gesetzten Theorien, nicht für jede einzelne dieser Theorien selbst (siehe den nächsten Gliederungspunkt im Haupttext und die dortige Fußnote).

50 Die Methode Graneß' (2011) ist in dieser Hinsicht ohnehin nicht konsistent: Während sie einerseits davon ausgeht, die Stärken und Schwächen der Bezugstheorie bereits im ersten Schritt vor der Konfrontation herausarbeiten zu können, erklärt sie andererseits, dass durch die Konfrontation mit der Bezugstheorie die Schwächen (interessanterweise aber nicht die Stärken) der übrigen Theorien sichtbar werden – was impliziert, dass diese Schwächen vor der Konfrontation unerkannt waren. Somit stellt die hier vorliegende Studie weniger eine Abkehr denn eine Vereinheitlichung von Graneß' (2011) Methode dar. – Dietz und Wissen (2009, 359 f.) sprechen in ihrer Studie ebenfalls davon, verschiedene Theorien miteinander in einen ‚Dialog' zu setzen, um den Erkenntnisstand über die Ursprungstheorien hinaus zu erweitern.

51 Während es nicht das Ziel dieser Studie ist, die marxsche Theorie einer- und die Menge der untersuchten ökologischen Theorien andererseits in eine solcherart verstandene Konfrontation zueinander zu setzen, dass nur eine Seite ‚gewinnen' kann, ist diese Möglichkeit für das Verhältnis der marxschen Theorie zu einzelnen ökologischen Theorien (als Elementen der Menge) offenzuhalten: Resultat der Untersuchung kann sein, dass Theorien sich als unhaltbar erweisen und in diesem Sinne ‚unterliegen'; in diesem Fall geht es dann nicht mehr um eine Theoriesynthese (wie von der Dialogmetapher impliziert), sondern um das Aussondern einer Theorie aus dem wissenschaftlichen Diskurs.

schiedenen kulturellen Kontexten stammen. Alle in die Untersuchung einbezogenen Theorien entstammen, wenn vielleicht auch zuweilen mit einer gewissen kritischen Haltung, dem Kontext des ‚westlichen' Wissenschaftsverständnisses, der freilich nicht mehr auf den geographischen oder politischen Westen beschränkt ist. Eine Berücksichtigung indigenen Wissens oder anderer Wissens- und Glaubenssysteme findet nicht statt; ebenso wenig wird darauf reflektiert, aus welchem Kulturkreis die zitierten Wissenschaftler:innen stammen. Angestrebt wird jedoch – und das ließe sich in einem übertragenen Sinne durchaus als ‚interkulturell' bezeichnen –, Theorien aus verschiedenen Wissenschaftsdisziplinen und Paradigmen, insbesondere aus der Sozialphilosophie, der Ethik sowie der kapitalismusaffirmativen und der kapitalismuskritischen Wirtschaftswissenschaft miteinander in konfrontativ-dialogischen Bezug zu setzen.

Die Bezugstheorie der vorliegenden Studie ist die marxsche Theorie: Während zahlreiche ökologische Theorien abwechselnd in die Untersuchung und somit in den konfrontativen Dialog einbezogen werden, also an geeigneten Stellen in das Gespräch eintreten, dieses aber auch wieder verlassen, bleibt die marxsche Theorie als permanente Gesprächspartnerin die gesamte Studie über präsent. Der konfrontative Dialog wird realisiert durch eine Rekonstruktion der marxschen Theorie und derjenigen des ökologischen Diskurses, die sich am *Principle of Charity* als methodischer Regel zur Textexegese orientiert; diesem Prinzip zufolge ist bei seiner rekonstruktiven Darstellung die Argumentationsstruktur eines Textes möglichst ‚stark' zu machen, also bei verschiedenen Auslegungsmöglichkeiten diejenige zu wählen, die die Schlüssigkeit der vorgebrachten Argumente am weitestgehenden gewährleistet.[52] Die Orientierung an diesem exegetischen Prinzip ist gerechtfertigt einerseits aus ethischen Gründen, denn „being charitable is part of being fair to those with whom one interacts"; andererseits aus sachlichen Gründen, denn

> being charitable best contributes to one's own pursuit of the truth. Interpreting others in ways that make their words less plausible may make it easy to refute them. But interpreting and reflecting on the most plausible interpretation of their words is apt to increase the interpreter's own understanding of the issues addressed (Feldman 1998, 283).

Das *Principle of Charity* wird in dieser Arbeit jedoch nicht in so umfänglicher Weise verstanden, dass eine Kritik an Argumentationen und theoretischen Konzeptionen im Vorhinein ausgeschlossen wäre (vgl. Feldman 1998, 283). Es wird vielmehr als Forderung verstanden, *soweit wie durch den Text gedeckt* eine die Argumentation in schlüssiger Form rekonstruierende Lesart zu entwickeln; lässt die Textgrundlage dies nicht zu, so ist die Inkonsistenz – und somit mangelnde Güte – einer Theorie deutlich zu konstatieren. Die Kritik an einer Theorie und ihre Zurückweisung sind also auch vor

---

[52] „The principle of charity is typically taken to be a principle about how to interpret the words and thoughts of others, favouring interpretations that maximize the accuracy and rationality of their utterances and beliefs" (Feldman 1998, 282).

dem Hintergrund einer Lektüre gemäß dem *Principle of Charity* möglich. Die hier vorliegende Arbeit fasst daher weder die marxsche Theorie noch die untersuchten ökologischen Theorien als perfekte Konzeptionen auf; sie versteht sie aber ebenso wenig *a priori* als defizitär, inkonsistent oder gescheitert.[53] Vielmehr sollen sowohl die marxsche als auch die ökologischen Theorien einer interessierten und wohlwollenden Lektüre zugeführt werden, die zugleich auch die Möglichkeit der Kritik offen hält.[54]

Das mit der Studie verfolgte Ziel, die ökologische Krise auf Basis der marxschen Theorie zu reflektieren, setzt nicht voraus, einzig marxsche Textpassagen beziehungsweise Theorieelemente in die Untersuchung einzubeziehen, die sich explizit auf ökologische Probleme oder die ökologische Krise als ganze beziehen (ähnlich Luks 2013, 88 f.). Vielmehr ist – entsprechend dem zweiten Rezeptionsweg der ökologischen Marxlektüre (siehe Abschnitt 1.3) – methodisch die Möglichkeit zu bedenken, dass auch dort, wo Marx sich nicht *expressis verbis* mit ökologischen Problemen auseinandersetzt, die von ihm entwickelte Theorie für die Reflexion der ökologischen Krise sich als fruchtbar erweist. Ökologische Probleme nämlich sind erinnerlich ein Resultat eines spezifisch konfigurierten Menschen-Natur-Verhältnisses; und immer dort, wo eine gedankliche Erfassung des menschlichen Verhältnisses zur Natur erfolgt, ist eine Theorie potenziell relevant für eine Reflexion der ökologischen Krise, auch wenn sie auf diese oder die dieser zugrunde liegende spezifische Störung des Menschen-Natur-Verhältnisses nicht explizit Bezug nimmt. Die Relevanz marxscher Theorieelemente, die sich nicht explizit auf die ökologische Krise beziehen, für eine Reflexion der ökologischen Krise steht aber in der Gefahr, unentdeckt zu bleiben, gerade weil *expressis verbis* kein Rekurs auf die ökologische Krise erfolgt. Genau hier wird der Vorzug des konfrontativen Dialogs deutlich: Das dialogisch-konfrontative in-Bezug-Setzen der marxschen Theorie mit Theorien des ökologischen Diskurses ermöglicht es nämlich, die erstgenannte für eine Reflexion der ökologischen Krise allererst zugänglich und ihre Relevanz für die Weiterentwicklung des ökologischen Diskurses

---

53 Die Marx-Forschung ist leider dieser methodischen Maxime häufig nicht gefolgt, sondern hat die von Marx entwickelte Konzeption oftmals unkritisch rezipiert und ihn selbst in hagiographischer Manier als unfehlbaren Denker ausgewiesen. Dieser Position gegenüber stehen *a priori* abwertende Sichtweisen auf die marxsche Theorie, die ihre Leistungen ignorieren – nicht einmal nach diesen fragen – und sie als gänzlich gescheitert betrachten. Die hier vorliegende Studie nimmt methodisch eine Zwischenstellung zwischen diesen beiden Positionen ein.

54 Es geht in der vorliegenden Studie also weder darum, von vornherein den gegenwärtigen Stand des ökologischen Diskurses als ‚richtig' aufzufassen und die Güte der marxschen Theorie in ökologischer Hinsicht anhand ihrer Übereinstimmung mit diesem Diskurs zu konstatieren; noch soll die Güte der ökologischen Theorien daran gemessen werden, inwieweit sie mit der marxschen Theorie übereinstimmen. Weder die marxsche noch die ökologischen Theorien sind also als *a priori* zutreffend und somit als Maßstab zur Beurteilung anderer Theorien aufzufassen. Vielmehr ist es das Ziel, die Argumente und Positionen *beider* Seiten zu bedenken, zueinander in ein konfrontativ-dialogisches Verhältnis zu setzen, davon ausgehend auf ihre argumentativen Schwächen und Stärken zu prüfen und schlussendlich die argumentative Weiterentwicklung des ökologischen Diskurses zu ermöglichen.

allererst sichtbar zu machen.[55] Der konfrontative Dialog mit ökologischen Theorien dient somit gleichsam – um erneut eine Metapher zu verwenden – als ein ‚Beleuchtungsmittel', mit dessen Hilfe überhaupt erst die Bedeutung der marxschen Theorie für die Reflexion der ökologischen Krise sichtbar gemacht wird.[56] Der hierbei auftretenden exegetischen Gefahr, Marx „auf die eigenen Zwecke ‚zurechtzubiegen'" (Luks 2013, 90) – also mittels einer „stark fokussierten Fragestellung" an seine Theorie „heutige Maßstäbe in einer Weise anzulegen, die den jeweiligen Texten nicht gerecht werden" (Luks 2013, 90 f.), und somit ihren Sinngehalt letztlich zu verfälschen –, wird begegnet, indem die marxsche Theorie, der von Graneß (2011) entwickelten Methode folgend, im ersten Schritt ohne Bezug auf den ökologischen Diskurs systematisch rekonstruiert wird. Damit ist gewährleistet, dass der Rekonstruktion seiner Theorie die von Marx selbst verfolgte Fragestellung zugrunde liegt, ohne in seine Theorie ihr äußerlich bleibende Themen des ökologischen Diskurses gleichsam hineinzulesen.[57]

---

[55] Ein ähnliches Projekt verfolgt Ingensiep (2016) bezüglich der Philosophie Kants: „Ein sensibles Bewusstsein für ‚Biodiversität' aus einer Krisenperspektive im Zeichen einer globalen Umwelt- und Klimaethik bei Kant zu erwarten, wäre absurd und anachronistisch. Was aber würde wohl der kritische Epistemologe Kant zu dieser ‚Mannigfaltigkeit' sagen? Man wird mit Kants Epistemologie vorsichtig die theoretischen Konstruktionsprinzipien der ‚Biodiversität' hinterfragen und auch die Problemlage illustrieren können. [...] Die Leitfrage lautet: Was können wir mit und über Kant hinaus zum Fragenkomplex einer erwünschten Vielfalt lernen?" (171 f.).

[56] Dies sei mit einem Beispiel verdeutlicht: Marx stellt im Rahmen seiner Kapitaltheorie fest, dem Kapital sei eine ins Unendliche gehende Vermehrung seiner selbst (‚Verwertung') eigen, die es bei Strafe seines Untergangs notwendig vollziehen müsse; die Kapitalsumme *müsse* zunehmen, wenn es so etwas wie Kapital – und somit die ihm entsprechende Produktionsweise und Gesellschaftsformation – überhaupt geben solle. In Marx' eigenen Worten besitzt dieses kapitalbegriffliche Resultat keinen Bezug zur ökologischen Thematik. Setzt man es jedoch in Bezug zu der dem ökologischen Diskurs entstammenden Wachstumskritik – also der Kritik an Wirtschaftswachstum aufgrund begrenzter Ressourcen und Senken sowie der daraus abgeleiteten Forderung, auf weiteres Wirtschaftswachstum zugunsten der Umwelt zu verzichten –, dann wird seine ökologische Relevanz deutlich: Marx weist damit nämlich nach, dass eine nicht-wachsende und zugleich nach kapitalistischen Prinzipien organisierte Ökonomie nicht möglich ist und ökologische Wachstumskritik daher die Überwindung (‚Aufhebung') der kapitalistischen Ökonomie ins Auge fassen muss (s. dazu Abschnitt 3.1.3).

[57] Reheis (2012) geht in seiner Untersuchung methodisch in umgekehrter Reihenfolge vor, indem er in einem ersten Schritt mit Blick auf die Gegenwart jeweils eines jener Themen „der aktuellen Kapitalismusdiskussion" darstellt, „die uns heute interessieren und beunruhigen. Durch diesen konkreten Zugang sollen möglichst viele Türen zu Marx geöffnet werden. [...] Erst nach diesem kurzen Umweg wird im zweiten Schritt die Marx'sche Sicht der Dinge genauer vorgestellt" (11) und seine Argumente rekonstruiert. Mit dieser Reihenfolge ist jedoch m. E. die Gefahr verbunden, die spezifische Struktur und Fragestellung der marxschen Theorie unberücksichtigt zu lassen und sie den aktuellen Problemlagen entsprechend ‚zurechtzuschneiden'. – Das hier gewählte Vorgehen entgeht auch der Gefahr, die marxschen Schriften gleichsam als ‚Zitate-Steinbruch' zu verwenden, also isolierte Textstellen aus ihnen herauszulösen, die vielleicht zu den im ökologischen Diskurs behandelten Themen passen mögen, die aber ohne Berücksichtigung ihres argumentativen Kontextes weder verstanden noch begründet werden können (ähnliche Überlegungen bietet Saito 2016, 13–16).

1.4.2 Die *Grundrisse* als Textgrundlage der Rekonstruktion der marxschen *Kritik der Politischen Ökonomie*

Marx verfasste keine eigenständige Schrift, in der er sich schwerpunktmäßig oder gar ausschließlich mit ökologischen Problemen oder der ökologischen Krise auseinandersetzen würde. Vielmehr tauchen explizite ökologische Überlegungen in zahlreichen marxschen Werken an ebenso zahlreichen Stellen – in mehr oder weniger prominenter Stellung – auf; sie stehen in einem argumentativen Zusammenhang mit seiner Theorie der modernen Gesellschaft und sind nur in diesem argumentativen Kontext verständlich. Außerdem sind, wie gezeigt wurde, potenziell auch jene Elemente der marxschen Theorie für den ökologischen Diskurs relevant, die keinen expliziten Bezug zu ökologischen Problemen oder zur ökologischen Krise aufweisen. Aus diesen Gründen ist die argumentative Grundstruktur der marxschen Theorie der modernen Gesellschaft *systematisch* zu rekonstruieren, um die mit dieser Studie verfolgte Zielstellung zu realisieren.[58]

Damit stellt sich die Frage, auf welcher Textgrundlage diese systematische Rekonstruktion durchzuführen ist: Soll dies auf Grundlage des gesamten marxschen Opus, also aller von Marx verfassten Texte erfolgen, zu denen ja nicht nur die ‚großen' theoretischen Ausarbeitungen, sondern ebenfalls Briefe, Exzerpte und Gelegenheitsarbeiten gehören? Eine solche vollständige Analyse des marxschen Werkes stellte freilich ein nicht zu bewältigendes Unterfangen dar, wenn die hier vorliegende Arbeit einerseits einen die vollständige Lektüre ermöglichenden Seitenumfang nicht überschreiten und andererseits insofern durch Präzision gekennzeichnet sein soll, als dass sie über das bloß oberflächliche Sammeln und Wiedergeben aus dem Kontext gerissener Zitate hinausgeht und den argumentativen Zusammenhang der marxschen Theorie herausarbeitet. Die Beschränkung der Textgrundlage auf ausschließlich diejenigen Werke, die Marx selbst zu seinen Lebzeiten publizierte, schränkte zwar die zu bewältigende Textmasse beträchtlich ein, ist jedoch methodisch problematisch, da zahlreiche bedeutende theoretische Werke von Marx zu seinen Lebzeiten nicht veröffentlicht wurden. Eine weitere Option bestünde darin, die Studie auf die in der Rezeptionsgeschichte vornehmlich einer Lektüre unterzogenen und damit als marxsche ‚Klassiker' zu bezeichnenden Schriften zu beschränken, die das Marx-Bild sowohl der Forschung als auch der außerwissenschaftlichen Diskussion prägen. Diese Option erscheint jedoch nicht weniger problematisch: Erstens ist nicht ohne Vagheit und Willkür zu bestimmen, welche Werke zu dieser Gruppe konkret zu zählen sind;

---

58 Damit ist methodisch derselbe „Balanceakt" zu vollziehen, den Luks (2013) in seiner geistesgeschichtlichen Untersuchung ökonomischer Stationaritätskonzepte zu vollbringen versucht: „Einerseits ist die folgende Darstellung an der Fragestellung engzuführen, um den Argumentationsgang nicht zu zerfasern. Andererseits steht der Gedanke der Stationarität […] niemals isoliert im theoriegeschichtlichen Raum: Das Verständnis der unterschiedlichen Steady-State-Konzepte erfordert stets die Einordnung in einen theoretischen Rahmen und deshalb oft Bemerkungen zur Einordnung eines Autors, die auf den ersten Blick mit der Frage nach Wachstum und Stationarität nichts zu tun haben" (89).

zweitens entstanden die als klassisch zu bezeichnenden Werke – beginnend mit der Auseinandersetzung mit der hegelschen Rechtsphilosophie über die *Pariser Manuskripte* und die *Deutsche Ideologie* bis hin zu den drei *Kapital*-Bänden[59] und der *Kritik des Gothaer Programms* – im Verlauf mehrerer Jahrzehnte und decken somit nahezu die gesamte produktive Lebenszeit Marx' ab.

In der Forschungsliteratur wurde die Frage, ob die von Marx im Laufe seines Lebens verfassten Texte eine kohärente theoretische Konzeption darstellen, unterschiedlich beantwortet. In der Tat setzt er sich bereits in seinen Frühschriften, wie etwa den *Pariser Manuskripten,* kritisch mit der Politischen Ökonomie und der ihren Untersuchungsgegenstand darstellenden modernen Wirtschaft auseinander; deshalb wurde in den nach dem Zweiten Weltkrieg entstandenen Studien zur Entwicklungsgeschichte des marxschen Werkes dieses als „eine stetige Ansammlung neuer Entdeckungen, wie eine kumulative Entwicklung seines Gedankengutes" (Rojas 1989, 10; vgl. ebd. für entsprechende Literaturverweise) verstanden. In neueren Arbeiten wurden demgegenüber die im Verlauf seiner denkerischen Entwicklung auftretenden tiefgreifenden Transformationen seiner Theorie herausgearbeitet, die trotz der thematischen Kontinuität seiner Schriften zu konstatieren seien: Heinrich (2014) diagnostiziert ab dem Zeitpunkt der Niederschrift der *Heiligen Familie* „den *Beginn eines radikalen Bruchs*" – nämlich die Abkehr vom paradigmatischen Feld der klassischen Politischen Ökonomie –, der nicht im kumulativ-linearen Sinne mit einer „Fortschreibung und Präzisierung der früheren Konzeption" (122; vgl. auch 127–146) verwechselt werden dürfe. Rojas (1989, 12 und 20) vertritt diesen beiden Positionen gegenüber eine vermittelnde Stellung und versteht die Entwicklung der marxschen Theorie als sowohl von Kontinuität als auch von Diskontinuität geprägt; einerseits betrachtet er unter dem Aspekt der Kontinuität die aus den 1840er-Jahren stammenden Werke als frühe Vorarbeiten für das spätere *Kapital,* zeigt andererseits jedoch im

---

[59] Der zweite und dritte *Kapital*-Band sind ein Produkt der Redaktion der marxschen Manuskripte durch Engels, der stellenweise umfassende Textänderungen vornahm (vgl. Heinrich 1996; Hecker 1999, 226–230). Marx selbst verfasste den ersten *Kapital*-Band und zahlreiche Manuskripte, die die Grundlage für zwei weitere Bände bilden sollten – ein Vorhaben, das Marx bis zu seinem Tode jedoch nicht mehr realisieren konnte (vgl. Heinrich 1999, 192 f.). Die Methode, die marxschen ‚Klassiker' als Textgrundlage der Studie zu verwenden, findet sich deshalb mit einer dritten, editionstheoretischen Schwierigkeit konfrontiert: der Tatsache nämlich, dass zwei von drei *Kapital*-Bänden – die ja landläufig als marxsches ‚Hauptwerk' verstanden werden – in dieser Form nicht von Marx stammen. Eine editionstheoretisch reflektierte Marx-Forschung muss daher die marxschen Manuskripte – und gerade nicht die populären ‚Leseausgaben' – zu ihrer Textgrundlage machen (eine in dieser Hinsicht vorzügliche Studie bietet Heinrich [2014]). – In der hier vorliegenden Arbeit werden die marxschen Texte aus der (zweiten) historisch-kritischen *Marx-Engels-Gesamtausgabe* (MEGA²) zitiert, die die Texte der Manuskripte in der originären Form ihrer Niederschrift präsentiert; lediglich Texte, die noch nicht in dieser Edition erschienen sind, werden nach der älteren Ausgabe der *Marx-Engels-Werke* (MEW) zitiert, die einen modernisierten, den Manuskriptzusammenhang nicht abbildenden oder textuell ‚geglätteten' Text bietet (vgl. Hecker 1999, 235–242).

Rahmen dieser Kontinuität die grundlegenden theoretisch-konzeptionellen Änderungen und Brüche auf.

Wenn freilich
- die argumentative Grundstruktur der marxschen Theorie der modernen Gesellschaft systematisch zu rekonstruieren ist, und
- Marx seine Theorie der modernen Gesellschaft im Laufe seines Lebens beständig weiterentwickelte und diese Weiterentwicklung nicht kumulativ im Sinne einer bloß detaillierteren Ausarbeitung der von Beginn seiner denkerischen Entwicklung an vorhandenen Einsichten zu verstehen ist, sondern er theoretische Positionen revidierte – und nichts anderes meint die Rede von theoretischen Diskontinuitäten und Brüchen –,

dann stellt es aus methodischen Gründen ein höchst fragwürdiges Unterfangen dar, Schriften aus verschiedenen ‚Epochen' der denkerischen Entwicklung Marx' gleichsam zu *der* marxschen Theorie zu synthetisieren und diese in den konfrontativen Dialog mit Theorien des ökologischen Diskurses treten zu lassen. Daher ist die Beschränkung auf *eine* Schrift Marx' methodisch geboten. Welche Schrift eignet sich aber als Textgrundlage für das hier verfolgte Vorhaben? In welcher seiner Schriften hat Marx seine Theorie der modernen Gesellschaft am argumentativ überzeugendsten und kohärentesten ausgearbeitet?

Gerhard Göhler (1980) vertritt die These, dass bei einem Vergleich der Schrift *Zur Kritik der politischen Ökonomie* mit der ersten und zweiten Auflage des ersten *Kapital*-Bandes ein sukzessives Verschwinden der dialektischen Darstellungs- und Argumentationsweise zu konstatieren sei (zitiert nach Reichelt 1997, 79). Helmut Reichelt (1997) identifiziert diese sukzessive Streichung der Dialektik aus der marxschen Theorie mit deren ‚Popularisierung', die Marx im Vorwort zur ersten Auflage des ersten *Kapital*-Bandes thematisiert: „Was nun näher die Analyse der Werthsubstanz und der Werthgröße betrifft, so habe ich sie möglichst popularisirt" (MEGA II.5, 11). Diese Identifikation der Streichung der dialektischen Darstellungs- und Argumentationsweise mit der Popularisierung der marxschen Theorie ist in der Tat plausibel: Ohne dialektische Methode erscheint die Theorie ‚allgemeinverständlicher', also für das Lesepublikum eingängiger und gleichsam ‚frei von philosophischem Ballast' – und das dürfte Marx als Vorteil gegenüber seinen früheren, stärker dialektisch geprägten Theorieentwürfen gesehen haben, ging es ihm doch darum, seine Theorie nicht nur für ein wissenschaftliches (und erst recht nicht philosophisches) Publikum allein, sondern für die breite Arbeiterbewegung darzustellen und nutzbar zu machen. Reichelt[60] (1997, 80) weitet die These Göhlers (1980) aus, indem er Bezug nimmt auf einen Brief Marx' an Engels vom 9. Dezember 1861, in dem Marx von seiner Arbeit an der Fortsetzung von *Zur Kritik der politischen Ökonomie* berichtet:

---

60 Eine ähnliche Position wie Reichelt (1997) vertritt Backhaus (1998).

> Meine Schrift geht voran, aber langsam. Es war in der That nicht möglich solche theoretische Sachen unter diesen Zuständen rasch abzufertigen. Es wird indeß viel populärer u. die Methode viel mehr versteckt als in Theil I (MEGA III.11, 616).

Der erste Teil, auf den Marx hier rekurriert, ist eben die Schrift *Zur Kritik der politischen Ökonomie*, und seine Rede davon, die Fortsetzung dazu werde ‚populär*er*' impliziert, dass auch dieser erste Teil bereits – wenn auch in geringerem Maße – ‚populär' war:

> Der weitreichenden Bedeutung dieser Äußerung ist in der Marx-Forschung noch nicht nachgegangen worden. Nimmt man diesen Hinweis ernst, so bedeutet dies, daß man noch sehr viel konsequenter den Gedanken der Popularisierung verfolgen muß: nicht nur zwischen erster und zweiter Auflage des ersten [*Kapital*-]Bandes, sondern auch schon die Schrift *Zur Kritik* aus dem Jahre 1859 stellt eine Popularisierung dar – denn das ist Teil I, auf den sich Marx hier bezieht. Und auch die Methode ist aus allen diesen Texten nicht mehr ohne weiteres herauszulesen. Konsequenterweise wird man sich also an noch frühere Schriften, nämlich den *Rohentwurf* und den *Urtext* halten müssen, wenn man etwas über die Methode erfahren will (Reichelt 1997, 80).[61]

Als ein Beispiel dafür, dass Marx in seinen auf die *Grundrisse* (= den *Rohentwurf*) und den *Urtext* folgenden Schriften „[e]xplizite Hinweise auf dialektische Übergänge [...] kommentarlos eliminiert" (Reichelt 1997, 116) habe, nennt Reichelt (1997) die Darstellung der Geldfunktionen, die in den *Grundrissen* theoretisch bedeutsam von derjenigen im *Kapital* abweiche:

> Innerhalb des Gedankengangs des *Rohentwurfs* ist deutlich auszumachen, daß hier ein bestimmtes Darstellungsprinzip zugrunde liegt: man könnte es als theoretischen Nachvollzug der

---

[61] Nach seiner Übersiedlung nach London infolge der gescheiterten Revolution von 1848 nahm Marx ab 1850 seine bereits zuvor begonnenen ökonomischen Studien wieder auf. Es entstanden zahlreiche Exzerpthefte und Marx plante, eine ‚Kritik der Politischen Ökonomie' zu verfassen. Im Sommer 1857 entstand ein erstes, mit *Einleitung* überschriebenes Manuskript und in den Jahren 1857 und 1858 ein weiteres, wesentlich umfangreicheres Manuskript ohne Titel, das in der Forschungsgeschichte als *Rohentwurf* oder *Grundrisse* bezeichnet wird. Beide Manuskripte blieben zu Marx' Lebzeiten unveröffentlicht. 1859 veröffentlichte er jedoch die Schrift *Zur Kritik der politischen Ökonomie: Erstes Heft*, mit dem er die Umsetzung seines Plans zu beginnen intendierte (der Text ist weder mit der *Einleitung* von 1857 noch mit den *Grundrissen* von 1857/58 identisch). Vom Text dieser Publikation existiert ein handschriftliches Fragment aus dem Jahr 1858, das teilweise vom Drucktext von 1859 abweicht und als *Urtext* bezeichnet wird (vgl. Heinrich 1999, 191 f.; vgl. auch Hecker 1999, 221 f., 225). – Die Reduktion der dialektischen Argumentations- und Darstellungsweise im Anschluss an die Abfassung der *Grundrisse* führt Reichelt (1997, 116 f.) auf Marx' enttäuschte Erwartung einer bevorstehenden Wirtschaftskrise – und damit einer Revolution – in diesen Jahren zurück: „Die Frage drängt sich auf, wie Marx dies verarbeitet hat. Denn Dialektik war in allen bisher formulierten Anwendungen für Marx untrennbar verknüpft mit der Vorstellung eines weltgeschichtlichen Kulminationspunktes, an dem sich die geschichtliche Menschheit von der Last der Vorgeschichte befreit" (117). *Diese* Erklärung erscheint mir nicht unplausibel; seine weiteren Erklärungen sind jedoch stark psychologisierend: Erklärungen wie ‚Marx wollte sich selbst nicht zu nahe kommen', ‚er spreche in seinem Text immer auch von sich selbst', ‚er kehre erstaunlich offen sein Innerstes nach außen' (vgl. Reichelt 1997, 80–101) sind nicht nur unplausibel, sondern letztlich auch inhaltsleer (für eine ähnliche Kritik an Reichelt [1997] vgl. Behrens [2007, 19]).

zunehmenden Verselbständigung des Tauschwerts bezeichnen; im *Kapital* ist davon nur das nackte Skelett übrig geblieben, und eine irgendwie sinnvolle Systematik ist dieser Darstellung nicht mehr zu entnehmen – außer man weiß um die Vorstellungen, die Marx im *Rohentwurf* verfolgt hat (102).

Während somit in den *Grundrissen*

> die sich komplizierende Wertbewegung in der Hervorbringung immer neuer ökonomischer Verhältnisse als Träger einer von den Beteiligten nicht durchschauten Ausbreitung verkehrter gesellschaftlicher Formen gedeutet (Reichelt 1997, 114)

werde, würden in den späteren Schriften die „Implikationen, die mit der dialektischen Entwicklung der verschiedenen Formbestimmtheiten des Wertes im *Rohentwurf* verbunden sind, [...] nicht mehr thematisiert" (116).

So sehr Marx die ‚Popularisierung' seiner Theorie – die Streichung der dialektischen Methode – hinsichtlich der Breitenwirksamkeit seines theoretischen Schaffens auch positiv eingeschätzt haben mag, für eine philosophisch-wissenschaftliche Untersuchung hat sie freilich den Nachteil, dass die argumentative Struktur und der logische Zusammenhang der Theorie verdunkelt werden, so dass für diesen Zweck ein Rückgriff auf die gleichsam unverstellte dialektische Argumentationsstruktur der zeitlich früheren Schriften lohnenswert erscheint. Dies wären dann die Manuskripte, die vor der Schrift *Zur Kritik* entstanden, also die *Grundrisse* und der *Urtext*. Die Entwicklungsgeschichte der marxschen Theorie ist also nicht als teleologischer Prozess aufzufassen, als hätte Marx beständig seine Theorie und ihre textuelle Darstellung verbessert und wären deshalb seine späten Werke – allen voran der erste Band des *Kapital* und die Manuskripte des zweiten und dritten Bandes – den früheren Ausarbeitungen überlegen.

Freilich wurden umgekehrt auch theoretische Schwächen zeitlich früherer Manuskripte im Vergleich zu zeitlich späteren Schriften herausgearbeitet. Entsprechend stellt Rojas (1989, 173–176) im Vergleich zu späteren Werken Mängel in der theoretischen Ausarbeitung der *Grundrisse* fest:[62] Beispielsweise finde sich in ihnen eine

---

[62] Freilich erkennt Rojas (1989, 181) in den *Grundrissen* auch durchaus ein Werk, das in anderen Aspekten mit den späteren marxschen Schriften gleichrangig ist: „In den *Grundrissen der Kritik der politischen Ökonomie* benutzte Marx zum ersten Mal viele der Begriffe der alten klassischen politischen Ökonomie mit einem neuen Inhalt. Auch wenn die Namen vieler Begriffe gleich lauten (fixes und zirkulierendes Kapital, produktive und unproduktive Arbeit, Wert, Preis, etc) haben die Begriffe eine andere *Bedeutung*" (Rojas 1989, 182). Wichtige Theorieelemente der später im *Kapital* publizierten Kritik der Politischen Ökonomie seien in den *Grundrissen* bereits vorhanden bzw. erstmals entwickelt. Bspw. entwickele Marx im Verlauf dieses Manuskripts erstmals den Begriff des Arbeitsvermögens bzw. der Arbeitskraft sowie seine Werttheorie in derjenigen Form, die sie auch im *Kapital* besitzen werde, wodurch die Unterscheidung von Profit und Mehrwert sowie die Ableitung der Grundrente und des Profits vom Mehrwert möglich sei; ebenso führe er die begriffliche Unterscheidung zwischen produktiver und unproduktiver Arbeit sowie zwischen absolutem und relativem Mehrwert ein, welche im *Kapital* einen wichtigen Stellenwert besitzen werde (vgl. Rojas 1989, 166–170).

ungenügend ausgearbeitete Variante der Reproduktionsschemata und dadurch eine ungenügend ausgearbeitete Kreislauftheorie des Kapitals; und auch die Beziehung zwischen Mehrwert- und Profitrate sei noch unvollständig entwickelt. Den schwerwiegendsten theoretischen Mangel der *Grundrisse* erblickt Rojas (1989) in der Kategorie des ‚Kapitals im Allgemeinen': Während die *Grundrisse* von diesem ihren Ausgang nähmen und Marx erst nach Entwicklung der Wert-, Geld- und Mehrwerttheorie den Konkurrenzbegriff einführe, falle der Begriff des Kapitals im Allgemeinen in der Darstellung des *Kapital* fort und werde die Konkurrenz schon im ersten Band theoretisch erfasst. Diese Modifikation betrachtet Rojas (1989) als wesentliche theoretische Weiterentwicklung, denn Marx habe erkannt, „daß die Konkurrenz *nicht ausschaltbar* war. Die Entstehung des Wertes setzt die Konkurrenz der Produzenten voraus, ebenso die verschiedenen Methoden für die Erhöhung des Mehrwerts" (178), so dass ohne die Konkurrenz weder Wert und Preis noch die allgemeine Profitrate oder der Kreislauf der Kapitalien erklärt werden könnten (vgl. 193). Die Kategorie des Kapitals im Allgemeinen sei daher „von vornherein zum Scheitern verurteilt" (Rojas 1989, 179) gewesen. Dies habe Marx nach Abfassung der *Grundrisse* erkannt und deshalb die Konkurrenz schrittweise in die Kapitalanalyse integriert, wobei dieser Prozess auch im *Kapital* noch nicht abgeschlossen gewesen sei (vgl. Rojas 1989, 179 und 193). Auch die mangelhafte Ausarbeitung der Reproduktionsschemata in den *Grundrissen* führt Rojas (1989) auf den theoretischen Mangel der Kategorie des Kapitals im Allgemeinen zurück; die Reproduktionsschemata im *Manuskript von 1861–63* zeigten

> die vielen Kapitalien in ihrem Zusammenspiel [...]. Wesentlich jedoch ist, daß der Reproduktionsprozess des Kapitals nicht auf der Ebene eines einzelnen gesellschaftlichen Gesamtkapitals darstellbar ist. Die strenge Trennung zwischen Kapital im allgemeinen und der Konkurrenz der Kapitalien wäre hier ein Hindernis für die Erforschung der Dynamik des Produktionsprozesses gewesen (199).

Fasst man die dargestellten Forschungsergebnisse von Reichelt (1997) und Rojas (1989) zusammen, gelangt man zu einem ambivalenten Bild der marxschen Theorieentwicklung: Die zeitlich späteren Werke Marx' sind nicht *a priori* als ‚vollendete Theorie' und frühere Fassungen nicht als bloß defizitäre ‚Vorarbeiten' zu verstehen – ebenso wenig jedoch ähnelt die marxsche Theoriearbeit einer Verfallsgeschichte im Sinne eines immer weiter fortschreitenden Verlustes zuvor gewonnener Erkenntnisse.[63] Entsprechend besitzen alle Schriften Marx' zugleich Vorzüge *und* Mängel in der theoretischen Erfassung der modernen Gesellschaft.

---

[63] Zu diesem differenzierten Urteil gelangt auch Heinrich (2014): „Für die verschiedenen seit 1857 entstandenen Texte zur Kritik der politischen Ökonomie scheint mir weder die Vorstellung eines beständigen Aufstiegs zu den Gipfeln immer höherer Vollkommenheit (eine Vorstellung, die vor allem im Rahmen des Marxismus-Leninismus gepflegt wurde), noch die Auffassung eines beständigen Abstiegs zu immer weiterer Popularisierung angemessen zu sein: wir haben es eher mit einem komplexen Auf und Ab zu tun, bei der [sic] es zu Präzisierungen *und* zu Popularisierungen (die bestimmte Einsichten wieder verdunkeln) kommt" (172).

Vor dem Hintergrund, dass
- in den *Grundrissen* und im *Urtext* die argumentative Struktur und der logische Zusammenhang der Theorie aufgrund der in diesen Schriften noch nicht erfolgten ‚Popularisierung' deutlicher als in späteren Werken zutage treten,
- der *Urtext* fragmentarischen Charakter besitzt und somit keinen umfassenden Entwurf der marxschen Theorie darstellt,[64] und
- bislang keine sich auf die *Grundrisse* konzentrierende monographische Studie im Kontext der ökologischen Marxlektüre vorliegt,[65]

erscheint es als ein lohnenswertes Unterfangen, die *Grundrisse* als Textgrundlage für die mit der hier vorliegenden Studie verfolgte Zielstellung zu wählen. Daher wird im Folgenden die in den *Grundrissen*[66] entfaltete Theorie zunächst textimmanent rekonstruiert und davon ausgehend in konfrontativen Dialog mit den Theorien des ökologisches Diskurses gesetzt werden.

1.4.3 Fragestellungen und Gliederung

Gegenstand der hier vorliegenden Studie stellt erinnerlich die ökologische Krise unserer Tage dar; Ziel der Studie ist die philosophische Reflexion dieser Krise auf Basis der marxschen Theorie, um zu Erkenntnissen zu gelangen, die über den Forschungsstand des gegenwärtigen ökologischen Diskurses hinausgehen. Dies soll methodisch durch einen konfrontativen Dialog der marxschen Theorie, wie sie in den *Grundrissen* textuell niedergelegt ist, mit ausgewählten ökologischen Theorien realisiert werden.

Die Zielsetzung wird durch folgende *Fragestellungen* präzisiert, die im Verlauf der Studie beantwortet werden sollen:[67]
1. Was ist die ökologische Krise? Was ist, mit anderen Worten, ihre Beschaffenheit, ihr Wesen?
2. Was ist die Ursache – oder was sind die Ursachen – der ökologischen Krise?

---

[64] S. dazu die oben schon gegebene Information, dass der *Urtext* ein Fragment des ersten Heftes der Schrift *Zur Kritik der politischen Ökonomie* darstellt (wobei weitere Hefte dieser Schrift nicht veröffentlicht wurden) und somit in zweifacher Hinsicht keinen umfassenden Theorieentwurf darstellt. Diese Diagnose bestätigt auch die inhaltliche Gliederung des *Urtextes*: Er beginnt mit dem *zweiten* Kapitel („Das Geld"), und das dritte Kapitel („Das Kapital") umfasst lediglich ein Unterkapitel „A. Produktionsprozeß des Kapitals. 1. Verwandlung des Geldes in Kapital" (MEGA II.2, 5*).
[65] Foster (2008) bietet eine – freilich knappe – Interpretation der *Grundrisse* aus ökologischer Perspektive.
[66] Eine kurze Einführung in die *Grundrisse*, den historischen Kontext der Weltmarktkrise von 1857 und die Rezeptionsgeschichte liefert Stützle (2008).
[67] Die Fragestellungen orientieren sich an der Bestimmung dessen, was eine ökologische Theorie auszeichnet (s. Abschnitt 1). Die hier vorliegende Studie stellt also selbst eine ökologische Theorie dar und ist somit Teil des ökologischen Diskurses.

3. Wie kann die ökologische Krise gelöst werden, und welche Maßnahmen sind zu ihrer Lösung untauglich?
4. Kann mittels der marxschen Theorie eine Kritik und darauf basierend eine Weiterentwicklung bestehender ökologischer Theorien entfaltet werden? Und wenn ja, was ist der Gehalt der so ermöglichten Kritik und Weiterentwicklung?

Im Anschluss an die Einleitung wird im ersten Schritt zunächst die marxsche Theorie auf Textbasis der *Grundrisse* rekonstruiert (Abschnitt 2). Dem marxschen Gedankengang folgend, findet in Abschnitt 2.1 als erstes die dialektische Entwicklung des Wertbegriffs und somit die Analyse des Warentauschs statt. Darauf erfolgt in Abschnitt 2.2 eine Analyse des Produktionsprozesses der modernen Ökonomie, der Überlegungen zu den überhistorischen Momenten der materiellen Produktion und zu historisch früheren Weisen der Produktion beigefügt werden. Sobald mit Abschluss dieses ersten Schrittes die Bezugstheorie des konfrontativen Dialogs in ihren Grundzügen dargestellt ist, erfolgt im zweiten Schritt ihr konfrontativer Dialog mit verschiedenen ökologischen Theorien (Abschnitt 3). Aus dem umfassenden Theorieangebot des ökologischen Diskurses wurden zwei Gruppen ökologischer Theorien für diese Studie ausgewählt:

- Ökologische Theorien, die disziplinär verschiedenen Paradigmen der Wirtschaftswissenschaft[68] entstammen; ihr konfrontativer Dialog mit den *Grundrissen* erfolgt in Abschnitt 3.1. Diese Gruppe gliedert sich in drei Untergruppen, die jeweils spezifische wirtschaftswissenschaftliche Problemstellungen adressieren beziehungsweise diese auf spezifische Weisen gedanklich erfassen: die Stellung der Natur in der neoklassischen Wirtschaftswissenschaft (Abschnitt 3.1.1), Nachhaltigkeit (Abschnitt 3.1.2) sowie das Wirtschaftswachstum und die Kritik an diesem (Abschnitt 3.1.3).[69]
- Ökologische Theorien, die disziplinär der Philosophischen Ethik entstammen und die Frage nach dem ethisch gerechtfertigten Umgang der Menschen mit der Natur thematisieren (Abschnitt 3.2).[70]

---

[68] Als Synonym zu ‚Wirtschaftswissenschaft' wird im Folgenden auch der Terminus ‚Ökonomik' verwendet. Die Wirtschaft als der durch die Wirtschaftswissenschaft erforschte Gegenstandsbereich wird auch als ‚Ökonomie' bezeichnet (vgl. Kliemt 2010, 2013). – Die Politische Ökonomie stellt somit eine spezifische Ausprägung der Ökonomik dar.

[69] Eine Auseinandersetzung mit der wirtschaftswissenschaftlichen Theoriebildung ist insbesondere deshalb relevant, weil wirtschaftswissenschaftlichen Argumenten im öffentlichen und politischen Diskurs eine besondere Relevanz bzw. Überzeugungskraft zugesprochen wird; die Logik gesellschaftlich-politischer Entscheidungen ist in großen Teilen eine ökonomische.

[70] Eine Auseinandersetzung mit der naturethischen Theoriebildung ist relevant, weil es sich hierbei um eine noch junge philosophische Disziplin handelt, die aus diesem Grund argumentativ geprüft und in ihrer theoretischen Leistungsfähigkeit reflektiert werden sollte. Nicht zuletzt finden naturethische Argumente auch im politisch-gesellschaftlichen Diskurs sowie im praktischen Naturschutz Verwendung – auch dies ein Grund ihrer kritischen Hinterfragung. – Eine Auseinandersetzung mit ökologischen Theorien naturwissenschaftlicher Provenienz, die gleichsam das empirische Fundament des ökologischen Diskurses bilden und die den ökologischen Problemen zugrunde liegenden Naturpro-

Jede Gruppe beziehungsweise Untergruppe der thematisierten ökologischen Theorien wird jeweils zunächst ohne Bezugnahme auf die marxsche Theorie rekonstruierend dargestellt; erst danach erfolgt ihr konfrontativ-dialogisches in-Bezug-Setzen zur marxschen Theorie. Zum Schluss der Studie erfolgt die Antwort auf die Fragestellungen in Abschnitt 4.

---

zesse erforschen, wäre darüber hinaus reizvoll gewesen, war aber aufgrund des begrenzten Umfangs der vorliegenden Studie und – nicht zuletzt – der mangelnden Expertise ihres Verfassers nicht möglich.

2 Die Theorie der modernen Gesellschaft in den *Grundrissen* von Karl Marx

2.1 Die dialektische Entwicklung der Begriffe von Wert, Geld und Kapital

2.1.1 Ziel, Methode und Prämissen der marxschen Theorie

Das Ziel der in den *Grundrissen* entwickelten marxschen Theorie besteht in der Erkenntnis der Struktur, Gesetzmäßigkeit und Entwicklungsrichtung der *modernen Gesellschaft*, jener historisch spezifischen Gesellschaftsform, die sich im Zuge der Aufklärung herausbildete und unter anderem durch bürgerliche Freiheiten, Marktwirtschaft, gesellschaftliche Dynamik, Industrialisierung und technologischen Wandel ausgezeichnet ist. Durch diese Erkenntnis sollen im Kontext der modernen Gesellschaft beobachtbare Phänomene wie etwa ‚Verelendung' und ‚Entwurzelung' von Menschen einerseits, der zunehmende materielle Wohlstand und die gesellschaftliche Modernisierung andererseits – und die frappierende Gegensätzlichkeit dieser Phänomene – auf die Grundstruktur dieser Gesellschaft zurückführ- und somit rational erklärbar werden. Diese theoretische Erkenntnis ist freilich kein Selbstzweck, ebenso wenig soll sie die immanente Vernünftigkeit der modernen Gesellschaft im Sinne der ‚besten aller möglichen Welten' nachweisen und dadurch zu ihrer politischen Unangreifbarkeit beitragen; vielmehr dient die theoretische Erkenntnis der Veränderung und Überwindung dieser Gesellschaft hin zu einer neuen, ‚besseren' Gesellschaftsform.[71]

Wie ist aber die moderne Gesellschaft – die gesellschaftliche Totalität, die eine Mannigfaltigkeit sozialer Verhältnisse wie etwa diejenigen zwischen Kindern und Eltern, Kolleg:innen am Arbeitsplatz, romantisch Liebenden sowie Sozialhilfeempfänger:innen und Verwaltungsangestellten umfasst – in *einer* Theorie zu erfassen? Marx zufolge ist dies *annäherungsweise* möglich, indem die *ökonomischen* Verhältnisse der modernen Gesellschaft – die gesellschaftliche Weise von Produktion, Distribution und Konsum von Gütern als die materielle Basis der Gesellschaft und des Lebens ihrer Mitglieder – untersucht und theoretisch erfasst werden. Dies gründet auf der Prämisse, dass nicht-ökonomische gesellschaftliche Sphären – wie beispielsweise Kunst und Kultur, oder Verhältnisse des privaten Zusammenlebens – und die entsprechenden Verhältnisse, in denen die Gesellschaftsmitglieder in diesen Sphären zueinander stehen, durch die ökonomischen Verhältnisse bestimmt sind,[72] so dass die

---

71 Vgl. Oakley (1984, 3, 8f.) sowie Petersen und Faber (2013, 28f., 66).
72 Im Vorwort zu seiner 1859 publizierten Schrift *Zur Kritik der politischen Ökonomie* schreibt Marx, er gelangte im Rahmen seiner Forschung zu „dem Ergebniß, daß Rechtsverhältnisse wie Staatsformen weder aus sich selbst zu begreifen sind, noch aus der sogenannten allgemeinen Entwicklung des

Entwicklung der modernen Gesellschaft – und aller anderer Gesellschaftsformen ebenso – „eine *ökonomische Grundlage* der Bewegung" (393)[73] hat. Damit ist freilich – auch wenn es im Marxismus häufig so verstanden wurde – kein Determinationsverhältnis gemeint; außer-ökonomische gesellschaftliche Sphären werden nicht gleichsam naturgesetzlich oder mechanisch durch ökonomische Verhältnisse determiniert.[74] In der *Einleitung* zu den *Grundrissen* reflektiert Marx explizit

> [d]*as unegale Verhältniß der Entwicklung der materiellen Production z. B. zur künstlerischen.* [...] Bei der Kunst bekannt, daß bestimmte Blüthezeiten derselben keineswegs im Verhältniß zur allgemeinen Entwicklung der Gesellschaft, also auch der materiellen Grundlage, gleichsam des Knochenbaus ihrer Organisation stehn (44).

Außer-ökonomische gesellschaftliche Sphären (und die sie gestaltenden Menschen) verfügen also über einen ‚Spielraum' gegenüber der ökonomischen Basis der Gesellschaft (aus diesem Grunde das obige ‚annäherungsweise'), über eine gewisse Autonomie, die es verbietet, das Verhältnis zwischen der Ökonomie und den übrigen der Sphären der Gesellschaft als deterministisches zu verstehen. Das bedeutet, dass der Rekurs auf die ökonomischen Verhältnisse die Beschaffenheit außer-ökonomischer Sphären nicht vollständig zu erklären vermag; sie verfügen der Ökonomie gegenüber über eine Eigenlogik, die verhindert, außer-ökonomische gesellschaftliche Sphären als bloße Wirkungen der Ökonomie aufzufassen oder aus bestimmten ökonomischen Verhältnissen singuläre kulturelle Erscheinungen zu deduzieren. Die Verhältnisse, die die Menschen in außer-ökonomischen Sphären zueinander einnehmen, sind also nicht notwendig identisch mit den ökonomischen Verhältnissen. Zugleich jedoch sind außer-ökonomische gesellschaftliche Sphären von der Ökonomie nicht unabhängig: Jeder gesellschaftliche Bereich ist in einen ihn – wenn auch nicht deterministisch – bestimmenden ökonomischen Kontext eingebettet; alle außer-ökonomischen gesell-

---

menschlichen Geistes, sondern vielmehr in den materiellen Lebensverhältnissen wurzeln, deren Gesammtheit Hegel, [...], unter dem Namen ‚bürgerliche Gesellschaft' zusammenfaßt, daß aber die Anatomie der bürgerlichen Gesellschaft in der politischen Oekonomie zu suchen sei. [...]. In der gesellschaftlichen Produktion ihres Lebens gehen die Menschen bestimmte, nothwendige, von ihrem Willen unabhängige Verhältnisse ein, Produktionsverhältnisse, die einer bestimmten Entwicklungsstufe ihrer materiellen Produktivkräfte entsprechen. Die Gesammtheit dieser Produktionsverhältnisse bildet die ökonomische Struktur der Gesellschaft, die reale Basis, worauf sich ein juristischer und politischer Ueberbau erhebt, und welcher bestimmte gesellschaftliche Bewußtseinsformen entsprechen. Die Produktionsweise des materiellen Lebens bedingt den socialen, politischen und geistigen Lebensproceß überhaupt" (MEGA II.2, 100). – Diese marxsche Auffassung wird als ‚Materialismus' bezeichnet; es handelt sich hinsichtlich der marxschen Theorie um einen gesellschaftstheoretischen Materialismus (der gesellschaftliche Strukturen auf ökonomische Verhältnisse zurückführt) und *nicht* um einen ontologischen Materialismus (demzufolge es keine geistigen Entitäten gibt, sondern geistige Phänomene lediglich Funktionen materieller Entitäten sind; vgl. Petersen und Faber 2013, 56–60).
73 Alle Zitate in dieser Studie ohne Angabe von Autor:innen stammen aus den marxschen *Grundrissen* (s. das Literaturverzeichnis für die bibliographischen Angaben).
74 Vgl. Musto (2008, 23 f.).

schaftlichen Sphären sind somit gleichsam geprägt durch die ökonomischen Verhältnisse der Gesellschaft.[75] Die Eigenlogik der außer-ökonomischen Sphären operiert in einem ökonomischen Kontext und wird selbst durch diesen Kontext geformt (wenn auch wiederum nicht gänzlich umgeformt).

Die theoretische Erfassung der ökonomischen Verhältnisse der modernen Gesellschaft erfolgt in den *Grundrissen* nicht empirisch durch Beobachtung realer ökonomischer Phänomene, sondern durch Analyse der Begriffe, die dem als *Politische Ökonomie* bezeichneten Paradigma der *Wirtschaftswissenschaft* entstammen. Dieses methodische Vorgehen basiert auf der Prämisse, die realen ökonomischen Verhältnisse würden „durch die Categorien der politischen Oekonomie theoretisch oder ideal ausgedrückt" (393),[76] so dass die Untersuchung wirtschaftswissenschaftlicher Begriffe und Theorien präziser – von Zufälligkeiten und Äußerlichkeiten befreit – als empirische Forschung zu Einsichten in die ökonomischen Verhältnisse moderner Gesellschaft zu führen vermag. Dass durch Begriffe die realen ökonomischen Verhältnisse ausgedrückt werden, heißt, dass durch Begriffe diese komplexen und mannigfaltigen Verhältnisse gedanklich erfasst, auf allgemeine Strukturen zurückgeführt und somit theoretisch gleichsam ‚auf den Punkt gebracht' werden. Begriffsanalyse ermöglicht es somit allererst, ökonomische Verhältnisse *verstehen* zu können. Zwei Missverständnisse sind in diesem Zusammenhang zu vermeiden: Wenn im Folgenden von Begriffen wie Tauschwert oder Kapital die Rede sein wird, ist dies *nicht*

- als eine Untersuchung wirtschaftswissenschaftlicher Terminologie ohne Bezug zur ökonomischen Realität zu verstehen, die letztlich nichts anderes als ‚Wortspielerei' wäre. Vielmehr liefert die Untersuchung begrifflicher Bestimmungen Einsicht in die realen ökonomischen Verhältnisse, da die wirtschaftswissenschaftlichen Begriffe Ausdruck dieser Verhältnisse und somit mehr als bloß konventionelle Terminologie sind; es besteht zwischen den Begriffen der Politischen Ökonomie und den real existierenden ökonomischen Verhältnissen ein

---

[75] Heinrich (2014) schreibt zu Recht, dass „ein strukturelles Abhängigkeitsverhältnis zwischen den verschiedenen gesellschaftlichen Ebenen" (147f.) existiere, was fälschlich oftmals „als mechanische und lineare Kausalbeziehung" (148) zwischen ‚Basis' und ‚Überbau' aufgefasst worden sei. Die im Haupttext zitierte Auseinandersetzung Marx' mit der Kunst in der *Einleitung* zu den *Grundrissen* betrachtet Heinrich (2014) ebenfalls als „ein Beispiel der ungleichzeitigen Entwicklung der verschiedenen gesellschaftlichen Ebenen, das mit dem Ökonomismus, der ihm oft unterstellt wird, kaum vereinbar ist. Wenn Marx davon spricht, daß die Produktionsweise des materiellen Lebens den politischen und geistigen Lebensprozeß ‚bedingt', so ist damit eine *strukturelle* Abhängigkeit der verschiedenen *Ebenen* und keine Determination eines *Ereignisses* durch ein anderes gemeint. Die Schöpfung eines philosophischen Systems oder eines bestimmten künstlerischen Stils kann nicht aus einer bestimmten Entwicklung der Ökonomie deduziert werden. Der philosophische oder künstlerische Raum, in dem sich diese Ideen dann befinden, schwebt aber nicht schwerelos in einem geistigen Äther" (148). – Die in obiger Fußnote zitierte Stelle aus dem Vorwort von *Zur Kritik der politischen Ökonomie* ist aufgrund dieser Feststellung also nicht in einem deterministischen Sinne zu verstehen.

[76] S. das obige Zitat aus dem Vorwort von *Zur Kritik der politischen Ökonomie*; vgl. auch Schmidt (1968, 103).

epistemischer Zusammenhang, wodurch Begriffsarbeit zur Erkenntnis der in der außertheoretischen Realität existierenden ökonomischen Verhältnisse führt;[77]
- so zu verstehen, als seien Begriffe metaphysische Entitäten, die die gesellschaftliche Realität bestimmten; vielmehr sind Begriffe nichts anderes als die *nachgängige theoretische Reflexion* – der theoretische Ausdruck – realer ökonomischer Verhältnisse, welche *unabhängig von und vor* ihnen existieren.

Über beide Missverständnisse verschaffte sich Marx im Prozess der Niederschrift der *Grundrisse* Klarheit:

> Es wird später nöthig sein, [...], die idealistische Manier der Darstellung zu corrigiren, die den Schein hervorbringt als handle es sich nur um Begriffsbestimmungen und die Dialektik dieser Begriffe (85).[78]

Die ökonomischen Verhältnisse – welche von Marx als ‚Formen' bezeichnet werden – sind freilich nicht unmittelbar empirisch beobachtbar, sondern bestimmen vielmehr die empirischen Phänomene (siehe auch Abschnitt 2.2.3.1). Somit besitzen auch die diese Verhältnisse theoretisch reflektierenden Begriffe kein empirisches Korrelat;[79] Tauschwert beispielsweise ist kein Gegenstand, der in der modernen

---

[77] Vgl. dazu Reichelt (1997): „Wenngleich die ersten Argumentationsschritte dieser Darstellung den Anschein erwecken, als handle es sich um einen Gedankengang, der ausschließlich kategoriale Dimensionen thematisiert, darf doch nicht übersehen werden, daß Marx hier keine platonistische Modellkonstruktion betreibt, die ihn anschließend mit dem Problem konfrontiert, in welcher Weise die Übereinstimmung von Modell und Realität zu sehen ist, [...]. Die dialektische Darstellung begreift sich selbst als theoretischen Nachvollzug einer das wirkliche Handeln der Menschen bestimmenden prozessierenden Abstraktion" (109). – Wolf (2002) weist m. E. zu Recht darauf hin, es handle sich beim Verhältnis zwischen wirklichen sozialen Verhältnissen und der Theorie nicht um ein simples Abbildungsverhältnis, als könnte die soziale Wirklichkeit linear in Theorie (und umgekehrt) ‚übersetzt' werden: Es sei zu bedenken, „dass eine bestimmte Reihenfolge der Kategorien eingehalten werden muss, die durch die kontemporäre Geschichte der bürgerlichen Gesellschaft bestimmt ist. Das, was in der praktischen Realität in einem Nach- und gleichzeitigen Nebeneinander existiert und zusammengehört, wird analytisch in unterschiedliche, auf unterschiedlichen Abstraktionsstufen zu behandelnde Teile auseinander gelegt, so dass die ökonomisch-gesellschaftliche Wirklichkeit als ein Zusammenhang von sowohl sich unterscheidenden als auch wechselseitig sich voraussetzenden und ineinander greifenden Prozessen erklärt werden kann. [...] Was allerdings bedacht werden muss, ist, dass diese dialektische Struktur [der gesellschaftlichen Wirklichkeit] *nicht unmittelbar* in Gedanken reproduziert werden kann. Hierzu ist [...] allgemein gesehen [...] erforderlich, auf Basis des in der Forschung geklärten Zusammenhangs zwischen dem Konkreten und dem Abstrakten vom Letzteren aus zum Ersteren aufzusteigen. Das Denken, um *adäquater* ideeller Ausdruck der Wirklichkeit zu sein, hat eine systematische Organisation der Kategorien vorzunehmen, die, abgesehen von der ungeheuren Komplexität, aufgrund der realen Verkehrungsprozesse geradezu der Organisation entgegengesetzt ist, wie sie auf der unmittelbar widergespiegelten Oberfläche der bürgerlichen Gesellschaft gegeben ist" (14 und 16).
[78] Vgl. Oakley (1984, 161f.) und Carrera (2013, 64).
[79] Freilich existiert als empirisches Phänomen das Geld, welches zugleich einen der Grundbegriffe der marxschen Theorie darstellt. Insofern besitzt der Geldbegriff *prima facie* ein empirisches Korrelat. So wie Marx den Geldbegriff jedoch in seiner Theorie bestimmt – als Entwicklungsstufe des Tausch-

Ökonomie in irgendeiner Weise empirisch beobachtet werden könnte. Die Begriffe können somit nicht induktiv aus der empirischen Beobachtung gewonnen werden und stellen keine bloße ‚Abbildung' der Empirie dar. Vielmehr wird durch sie dasjenige erfasst, das gleichsam hinter den empirischen Phänomenen liegt: Die ökonomischen Verhältnisse. Begriffe stellen also den theoretischen Ausdruck des Grundes der empirisch beobachtbaren Phänomene dar.[80] Dies ist ein weiterer Grund dafür, weshalb Marx zur Entwicklung seiner Theorie nicht von den empirischen Phänomenen, sondern von den Begriffen der Politischen Ökonomie ausgeht: Um diese Phänomene auf die Struktur der modernen Gesellschaft als ihren Grund zurückzuführen und dadurch zu erklären, kann er methodisch nicht von diesen Phänomenen ausgehen, sondern muss allererst ihren sie bestimmenden nicht-empirischen Grund theoretisch nachvollziehen.[81]

Wenn auch die Untersuchung der Begriffe der Politischen Ökonomie zur Erkenntnis der realen ökonomischen Verhältnisse zu führen vermag, verwehrt sich Marx gegen eine kurzschlüssige historisierende Auffassung, die den Verlauf der Begriffsanalyse identifiziert mit dem Verlauf der historischen *Genese* der ökonomischen Verhältnisse moderner Gesellschaft. Ziel seiner Theorie ist nicht die Darstellung dieser Genese, sondern Erkenntnis der *bereits existierenden, schon gewordenen* modernen

---

werts und somit als dinglichen Ausdruck eines ökonomischen Verhältnisses, welches notwendig die Existenz des Kapitals voraussetzt (s. die Abschnitte 2.1.5 und 2.1.6) –, kann das Geld als Phänomen freilich nicht empirisch wahrgenommen werden; dies setzt allererst eine begriffliche, nicht-empirische Theorie der warentauschenden Gesellschaft voraus. Daher besitzt auch der Geldbegriff der marxschen Theorie, auch wenn es den als ‚Geld' bezeichneten Gegenstand gibt, kein empirisches Korrelat.

80 Vgl. dazu pointiert Heinrich (2014): „Die empirischen Phänomene sind immer schon formiert, sie existieren nur innerhalb bestimmter *sozialer Formen*, die der unmittelbaren Anschauung als *Naturformen* gelten. […] Indem Marx die sozialen Formen untersucht, unter denen die empirischen Phänomene existieren und als einfache ‚Gegebenheiten' erscheinen, stellt er sich einem Problem, das von jedem Empirismus gewissermaßen per definitionem ausgeblendet wird und das auch seine modernen Kritiker aufgrund ihres eigenen Empirismus nicht wahrnehmen" (205). Ähnlich auch Oakley (1984, 150 f.). – Wie Heinrich (2014) nachweist, versteht die Politische Ökonomie selbst ihre Begriffe als empirische; im Rahmen der marxschen Theorie besitzen diese Begriffe jedoch (auch wenn Marx selbst sich dessen wohl nicht immer bewusst war) nicht-empirischen Charakter. Hier liegt also bereits eine bedeutende Umkehrung – und Kritik – der Begrifflichkeit der Politischen Ökonomie durch Marx vor.

81 Heinrich (2014) leitet – m. E. plausibel – diese nicht-empirische Ausrichtung der marxschen Theorie aus dem Bruch mit dem methodologischen Individualismus der Politischen Ökonomie (und heutigen neoklassischen Wirtschaftswissenschaft) ab. Die gesellschaftlichen Verhältnisse der Menschen zueinander sind für empirische Beobachtung gleichsam unsichtbar; Handlungen von Personen jedoch sind unmittelbar beobachtbar. Indem Marx erkannt habe, dass die „gesellschaftliche Wirklichkeit […] nicht durch Rekurs auf die Individuen und ihre empirisch feststellbaren Interessen […] verstanden werden" (Heinrich 2014, 153) könne, sondern dazu der Rekurs auf die gesellschaftlichen Verhältnisse (welche überhaupt erst die Individuen bzw. deren Handlungen und Interessen bestimmen) notwendig sei – er also den methodischen Individualismus der Politischen Ökonomie verlassen habe –, sei die Abkehr vom Empirismus die logische Folge daraus gewesen. Notwendig seien dann „*nicht-empirische*[] *Begriffsbildungen*, die das Begreifen des empirisch Erscheinenden erst ermöglichen" (Heinrich 2014, 175). S. hierzu auch Abschnitt 2.2.3.1.

ökonomischen Verhältnisse: „Wir haben es aber hier mit der gewordnen, auf ihrer eignen Grundlage sich bewegenden bürgerlichen Gesellschaft zu thun" (175).[82] Die von Marx gebotene Begriffsanalyse ist somit keine abstrakte Schilderung eines vergangenen historischen Prozesses.

Die Untersuchung der Begriffe der Politischen Ökonomie erfolgt freilich nicht in affirmativer Weise, als strebe Marx danach, eine Synthese der zahlreichen Theorien der Politischen Ökonomie oder einen unkritischen ‚Forschungsbericht' zu liefern. Für Marx stellt die Politische Ökonomie keine ‚wertfreie' oder ‚neutrale' Wissenschaft, sondern die gleichsam in theoretisch-wissenschaftliche Form gegossenen – und somit als ‚rational', ‚objektiv' und ‚natürlich' legitimierten – Perspektiven und Interessen der über Eigentum und Macht verfügenden Personen der modernen Gesellschaft dar.[83] Die marxsche Auseinandersetzung mit der Politischen Ökonomie erfolgt daher als *Kritik der Politischen Ökonomie*.[84] Mittels dieser Kritik entwickelt Marx

- Erkenntnisse über die ökonomischen Verhältnisse moderner Gesellschaft, die sachlich zutreffender sind als diejenigen der Politischen Ökonomie,[85] und zugleich

---

82 Vgl. Wolf (2007), Petersen und Faber (2013, 91) sowie Heinrich (2014, 176–178). Wolf (2007) rekonstruiert die Begründung für Marxens Entscheidung, die modernen ökonomischen Verhältnisse nicht durch Rekurs auf ihre historische Entstehung, sondern aus sich selbst heraus zu erklären: „Diese für das Verständnis der Kritik der politischen Ökonomie ausschlaggebende Eigentümlichkeit besteht allgemein gesprochen darin, dass die gegenwärtige Entwicklung [...] etwas vollbringt, was die historisch vergangene Entwicklung vollbracht hat" (57). Da die – einst auf historischen Grundlagen entstandene – moderne Ökonomie diese ihre Grundlagen selbst reproduziert, das einst historisch Gegebene also in das Resultat ihrer selbst verwandelt, kann sie ohne Rekurs auf ihre historische Genese begriffen werden (vgl. Wolf 2007, 57–60; s. auch Abschnitt 2.2.3.3).
83 Vgl. Oakley (1984): „For Marx, political economy represented the formal intellectual manifestation of the socially and politically dominant vision of early nineteenth century capitalism. He found this vision to be distorted and misleading and he sought to expose the *essential*, as distinct from the *apparent*, structure and nature of capitalism" (1). – Hier wird deutlich, dass die marxsche Auffassung, die Politische Ökonomie sei der ‚theoretische' und ‚ideale' Ausdruck der realen ökonomischen Verhältnisse, nicht impliziert, dass die Politische Ökonomie die realen ökonomischen Verhältnisse vollständig adäquat zu erkennen vermag. Ihre Erkenntnis ist nicht grundlegend falsch, aber gleichsam verzerrt.
84 Petersen und Faber (2013) bemerken die Schwierigkeit des marxschen Unterfangens, methodisch von den Begriffen der Politischen Ökonomie auszugehen und zugleich diese Begriffe zu kritisieren: „Die Ambiguität dieses Wertbegriffes liegt nun darin, dass Marx auf der einen Seite diesen Begriff rein affirmativ nimmt und auf seiner Basis eine wissenschaftliche Analyse der kapitalistischen Ökonomie geben will, [...]. Auf der anderen Seite aber will Marx eine grundlegende Kritik dieser Kategorie des Wertes leisten. Eine Konfusion entsteht nun daraus, dass Marx einerseits den Wert ganz konventionell als Grundbegriff seiner Analyse benutzt, aber diesen Begriff andererseits kritisch problematisiert und diese beiden Seiten nicht klar voneinander trennt" (69; vgl. auch 79). – Eine ähnliche methodische Schwierigkeit bemerkt auch Heinrich (2014, 198).
85 Heinrich (2014) schreibt zutreffend: „Die Kritik der politischen Ökonomie sollte nicht allein kategoriale Kritik sein, sondern zugleich positives Wissen über die kapitalistische Ökonomie liefern" (197). Ähnlich auch Petersen und Faber (2013, 28 f., 66).

- eine Kritik der ökonomischen Verhältnisse moderner Gesellschaft. Grundtendenz der Politischen Ökonomie ist es, die ökonomischen Verhältnisse übermäßig positiv darzustellen und dadurch zu legitimieren; indem Marx diese positive Darstellung als sachlich nicht gerechtfertigt nachweist, kritisiert er zugleich die ökonomischen Verhältnisse selbst. Darüber hinaus weisen die theoretischen Widersprüche der Politischen Ökonomie auf Widersprüche in den realen ökonomischen Verhältnissen hin, da die Politische Ökonomie der theoretische beziehungsweise ideale Ausdruck dieser Verhältnisse ist.

Kritik der Politischen Ökonomie meint also die Kritik sowohl der Wirtschaftswissenschaft (Ökonomik) als auch der realen ökonomischen Verhältnisse (Ökonomie).[86]

2.1.2 Der Warentausch und seine Voraussetzungen

Marx beginnt seine Theorie der ökonomischen Verhältnisse moderner Gesellschaft mit dem Begriff der *Ware:* „Die erste Categorie, worin sich der bürgerliche Reichthum darstellt ist die der *Waare*" (740). Indem die Theorie ihren Ausgangspunkt von der Frage nimmt, in welcher Form sich der Reichtum der modernen Gesellschaft darstellt, wird deutlich, dass Marx von dem Diskussionsstand der Politischen Ökonomie ausgeht. Deren zentraler Untersuchungsgegenstand stellt der Reichtum dar, wie bereits der Titel von Adam Smiths (1976) ökonomischem Hauptwerk *An inquiry into the nature and causes of the wealth of nations* zeigt, das den Beginn der klassischen Politischen Ökonomie markiert.[87] Gegen die marxsche Feststellung könnte eingewandt werden, dass im *common sense* die Ware nicht derjenige Begriff beziehungsweise Gegenstand sei, der mit dem Phänomen des Reichtums in erster Linie in Zusammenhang gebracht beziehungsweise identifiziert werde – eher würden Geld oder Luxusartikel mit Reichtum verbunden. Marx' Interesse gilt jedoch nicht der Frage, was die in der modernen Gesellschaft lebenden Menschen als Reichtum auffassen, sondern auf welchen *Begriff* sich die mannigfaltigen, empirisch konstatierbaren Arten und Erscheinungen des Reichtums zurückführen und gedanklich erfassen lassen. Diesen Begriff stellt in der modernen Gesellschaft derjenige der Ware dar: Eine Ware ist ein tauschbarer und zum Zwecke des Austauschs hergestellter Gegenstand,[88] so dass in der modernen Gesellschaft alle und ausschließlich diejenigen Gegenstände als

---

86 Vgl. Schmidt (1968, 103) sowie Petersen und Faber (2013, 34 f.).
87 Smith (1976) definiert die Politische Ökonomie „as a branch of the science of a statesman or legislator", welche zwei Ziele verfolge: „first, to provide a plentiful revenue or subsistence for the people, [...]; and secondly, to supply the state or commonwealth with a revenue sufficient for the public services" (428). Zusammengefasst sei also der Zweck der Politischen Ökonomie „to enrich both the people and the sovereign" (428; vgl. auch Groenewegen 1998, 905).
88 Dies stellt eine erste und lediglich näherungsweise Bestimmung des Begriffes ‚Ware' dar, um den Ausgangspunkt der marxschen Theorie zu verdeutlichen. In Abschnitt 2.1.3 wird die präzise Bestimmung des Warenbegriffes gegeben werden.

Reichtum aufgefasst werden, die tauschbar sind und zum Zwecke des Austauschs hergestellt wurden.[89] Dass der Warenbegriff Ausdruck des Reichtums ist, ist Resultat der Tatsache, dass der *Warentausch* das dominante ökonomische Verhältnis der modernen Gesellschaft darstellt;[90] und dass er dieses darstellt, basiert auf mehreren Voraussetzungen. Die erste Voraussetzung ist, dass „das einzelne Product aufgehört hat, ein solches für den Producenten überhaupt [...] zu sein und ohne die Realisirung durch die Circulation nichts ist" (174; vgl. auch 126, 171 und 174). Die moderne Gesellschaft ist ökonomisch durch den Umstand charakterisiert, dass die *Produktion von Gegenständen nicht unmittelbar für den eigenen Bedarf der produzierenden Personen* stattfindet, die produzierten Gegenstände also nicht unmittelbar zur Befriedigung der Bedürfnisse der Produzierenden dienen; die Bedürfnisbefriedigung von Personen geschieht stattdessen mittels Gegenständen, die nicht selbst hergestellt, sondern eingetauscht wurden (vgl. 740–743). Den Austausch von (bereits hergestellten) Gegenständen, an welchem mindestens zwei Personen beteiligt sind, bezeichnet Marx als ‚Zirkulation' in Abgrenzung zur Produktion, dem Herstellen dieser Gegenstände.

Eine weitere Voraussetzung des Warentauschs stellen *drei auf den Warentausch bezogene juristische Aspekte* dar: das *Eigentumsrecht* sowie die *juristische Freiheit* und *juristische Gleichheit* der Personen der warentauschenden Gesellschaft (vgl. 165–169 und 555):[91]

– *Eigentumsrecht:* Es existiert Eigentum in Form des Privateigentums; Personen, welche an einem Gegenstand über kein Eigentum verfügen, sind von seiner Nutzung ausgeschlossen. Das Eigentum jeder Person ist vor Zugriffen durch andere Personen geschützt, Diebstahl oder Enteignung sind daher verboten. Eigentum wird durch Arbeit konstituiert – das heißt, hergestellte Gegenstände gehen in das Eigentum derjenigen Person über, welche sie durch eigene Arbeit produzierte –, Eigentum an nicht selbst hergestellten Gegenständen kann durch Tausch erlangt werden.

– *Juristische Freiheit:* Personen sind juristisch frei, insofern sie autonom entscheiden, welche Gegenstände sie zum Tausch anbieten und ob sie einer Tauschhandlung zustimmen oder sie ablehnen. Es ist nicht zulässig, Personen zum Eingehen von Tauschbeziehungen durch körperliche Gewalt oder ihre Androhung zu zwingen.

---

89 Dies deckt sich durchaus mit dem modernen *common sense*-Verständnis, was Reichtum ist: Gegenstände wie bspw. hochpreisige Sportautos oder Luxusimmobilien, die landläufig mit Reichtum identifiziert werden, werden eigens zum Zweck ihres Verkaufs – also Austauschs gegen Geld – hergestellt. Hingegen werden üblicherweise selbstgestrickte Pullover oder Selbstgebasteltes – also Gegenstände, die nicht zum Zwecke des Tauschs bzw. Verkaufs hergestellt wurden – in der Regel *nicht* als typische Beispiele von Reichtum verstanden.
90 Die Aussage, dass der Warentausch das *dominante*, also nicht das einzige ökonomische Verhältnis der modernen Gesellschaft darstellt, schließt die Möglichkeit der gleichzeitigen Existenz anderer ökonomischer Formen (etwa der Güterherstellung zum Eigengebrauch) ein, die aber gleichsam ein Nischendasein bilden.
91 Vgl. auch Oakley (1984, 139).

– *Juristische Gleichheit:* Personen sind juristisch gleich, insofern ihr Eigentum gleichermaßen geschützt und auf dieselbe Weise konstituiert beziehungsweise erworben wird und insofern sie gleichermaßen juristisch frei sind. Daher ist keine Person berechtigt, die juristische Freiheit oder das Eigentumsrecht anderer Personen einzuschränken oder zu verletzen.[92]

Diese drei auf den Warentausch bezogenen juristischen Aspekte stellen einerseits Voraussetzungen des Warentauschs dar und werden andererseits durch diesen allererst realisiert, wie Marx bezüglich der juristischen Gleichheit exemplarisch darstellt:

> Gleichheit und Freiheit sind also nicht nur respectirt im Austausch, [...], sondern der Austausch [...] ist die productive, reale Basis aller *Gleichheit* und *Freiheit*. Als reine Ideen sind sie blos idealisirte Ausdrücke desselben; als entwickelt in juristischen, politischen, socialen Beziehungen sind sie nur diese Basis in einer andren Potenz. [...] Ein Arbeiter, der für 3 sh. Waare kauft, erscheint dem Verkäufer in derselben Function, in derselben Gleichheit – in der Form von 3 sh., wie der König, der es thut. Aller Unterschied zwischen ihnen ist ausgelöscht (168–170).

Die drei juristischen Aspekte werden *auch* durch entsprechende subjektive Überzeugungen der Personen der modernen Gesellschaft (Diebstahl erscheint beispielsweise ebenso unmoralisch wie die Handlung, andere Personen mit Gewalt zum Verkauf von Gegenständen zu zwingen) und juristische Institutionen (politische Verfassungen und

---

[92] Das Eigentumsrecht als normative Voraussetzung der (warentauschenden) Gesellschaft wurde besonders von John Locke in seinem *Second Treatise of Government* philosophisch grundgelegt: „Though the Earth, and all inferior Creatures be common to all Men, yet every Man has a *Property* in his own *Person*. This no Body has any Right to but himself. The *Labour* of his Body, and the *Work* of his Hands, we may say, are properly his. Whatsoever then he removes out of the State that Nature hath provided, and left it in, he hath mixed his *Labour* with, and joined to it something that is his own, and thereby makes it his *Property*. It being by him removed from the common state Nature placed it in, it hath by this *labour* something annexed to it, that excludes the common right of other Men. For this *Labour* being the unquestionable Property of the Labourer, no Man but he can have a right to what that is once joyned to, at least where there is enough, and as good left in common for others" (Locke 2019, § 27). In Lockes Theorie wird auch begründet, dass das Eigentum an den Produkten eigener Arbeit nur denkbar ist, wenn Personen gleich und frei sind; die Aussage Lockes, dass Personen einzig Eigentümer ihrer selbst sind und keine Person Eigentümer:in einer anderen Person sein kann, ist identisch mit der Aussage, dass Personen frei und gleich sind, also keine asymmetrischen Machtverhältnisse zwischen ihnen bestehen und gegen keine Person Zwang ausgeübt werden kann. Hieran wird deutlich, dass die erste normative Voraussetzung des Warentauschs (Eigentumsrecht) die übrigen beiden (Freiheit und Gleichheit) impliziert. – Da die Konstituierung von Eigentum durch Arbeit einen wesentlichen Aspekt der marxschen Kritik am Kapitalismus darstellt (s. Abschnitt 2.2.3.5), kommt *diesem* lockeschen Theorem eine bedeutende Rolle im Argumentationsgefüge der marxschen Kritik der Politischen Ökonomie zu, wie Petersen und Faber (2013, 180 f., 185) zu Recht darstellen. Eine ausgesprochen differenzierte Sichtweise auf Locke bietet Heinrich (2014, 31–33), indem er nachweist, dass in Lockes Theorie nicht nur eigene Arbeit, sondern auch gekaufte fremde Arbeit – Lohnarbeit – Eigentum konstituiert, wodurch „die Besitzlosigkeit der armen Klassen, trotz eigener Arbeit, legitimiert" (33) wird; auf *dieses* zweite lockesche Theorem bezieht sich Marx freilich im weiteren Gang seiner Theorie nicht, da mittels seiner seine Kritik am Kapitalismus ihre Grundlage verlöre.

Gesetze) realisiert. Aber diese Instanzen stellen gleichsam abgeleitete Phänomene dar; erst dadurch, dass in der gesellschaftlichen Praxis des Warentauschens das Eigentumsrecht sowie die juristische Freiheit und Gleichheit der Personen schon anerkannt sind, werden sie auch zu subjektiven Überzeugungen und wird ihre Durchsetzung durch das Rechtssystem sanktioniert. Hier zeigt sich der Zusammenhang zwischen der Ökonomie und außer-ökonomischen Sphären der Gesellschaft (siehe Abschnitt 2.1.1): Sowohl die subjektiven Überzeugungen der Individuen als auch die juristischen Institutionen sind keineswegs zufällig oder unabhängig von der Ökonomie, sondern durch diese bestimmt.[93]

Der Zusammenhang zwischen der Ökonomie und außer-ökonomischen Sphären der Gesellschaft zeigt sich auch darin, dass die drei auf den Warentausch bezogenen juristischen Aspekte gleichsam über den Bereich des Juristischen und über ihren Bezug auf den Warentausch hinauswachsen. Dies meint Marx in obigem Zitat, wenn er von den ‚reinen Ideen' von Gleichheit und Freiheit sowie von ‚politischen, socialen' Beziehungen, die diesen Ideen entsprechen (sollen), spricht. Zum Selbstbewusstsein der Mitglieder der warentauschenden Gesellschaft zählt es, sich nicht nur als juristisch freie und gleiche warentauschende Personen mit Eigentumsrechten zu verstehen, sondern als *freie und gleiche Menschen* an sich; als Personen also, die etwa auch in politischer oder ökonomischer Hinsicht sich als freie und gleiche zueinander verhalten. Der Warentausch und die drei juristischen Aspekte als seine Voraussetzungen werden also gleichsam ‚weiter gedacht' und implizieren, dass die *Gesellschaftsmitglieder als Menschen* – und nicht nur als Warentauschende – gleich und frei sind. Diese Vorstellung manifestiert sich in den *Menschenrechten,* die nicht nur die juristische Freiheit und Gleichheit hinsichtlich des Warentauschs umfassen, sondern den Anspruch der Menschen auf Gleichheit und Freiheit in allen gesellschaftlichen Verhältnissen ausdrücken. Die Menschenrechte stellen somit die *normative Implikation* der warentauschenden Gesellschaft dar.[94] Das bedeutet einerseits: Die Menschen-

---

93 Mit der gemachten Einschränkung (s. Abschnitt 2.1.1), dass die nicht-ökonomischen Bereiche nicht durch die Ökonomie *determiniert* sind: Es mag bspw. in der modernen Gesellschaft *auch* subjektive Überzeugungen geben, die aus Gründen der Gerechtigkeit oder Solidarität bewusst die normativen Voraussetzungen des Warentauschs infrage stellen; sie dürften aber Minderheitspositionen sein. – Collignon (2009) weist darauf hin, dass die Genese von Freiheit und Gleichheit als Ideen der Politischen Philosophie Folge der ökonomischen Verhältnisse im Bankenwesen und der in seinem Kontext entstandenen Vertragsfreiheit sei: „Das Vertragsprinzip setzt Freiheit und Gleichheit als politische Normen voraus, und verbreitet deren Akzeptanz. Wirtschaftsakteure müssen frei sein, Verträge schließen zu können (oder nicht), *und sie sind in ihrer Freiheit gleich.* Infolgedessen stellen Freiheit und Gleichheit zwei Dimensionen dar, die den modernen politischen Raum definieren, […]. Die politische Philosophie der Moderne beruht auf diesen zwei Werten. Ohne Vertragswirtschaft und Finanzmärkte bleibt Modernität unbegreiflich" (5).
94 Nicht zufällig entwickelten sich die Idee der Menschenrechte und die warentauschende Gesellschaft historisch parallel zueinander. Die Menschenrechte als normative Implikation des Warentauschs finden sich in geistesgeschichtlich wegweisender Form formuliert in der französischen *Erklärung der Menschen- und Bürgerrechte* von 1789: „Artikel I Die Menschen werden frei und gleich an Rechten geboren und bleiben es. Die sozialen Unterschiede können nur auf den gemeinsamen Nutzen

rechte entspringen als normative Forderung und geistesgeschichtliche Idee notwendig aus der warentauschenden Gesellschaft, da durch die Bestimmung außer-ökonomischer Sphären durch die Ökonomie die den Warentausch allererst ermöglichende juristische Freiheit und Gleichheit der Personen auf außer-ökonomische gesellschaftliche Sphären ausgeweitet und somit als Freiheit und Gleichheit der Menschen an sich – also nicht nur als juristische, sondern auch etwa als ökonomische und politische – verstanden wird.[95] Andererseits bedeutet dies auch, dass allein die normative Forderung, nicht jedoch auch die Realisierung dieser Forderung in gesellschaftliche Realität notwendige Folge des Warentauschs als dominantes ökonomisches Verhältnis ist. Die tatsächliche gesellschaftliche Geltung und Achtung der Menschenrechte ist somit *keine* Voraussetzung des Warentauschs.

Ausgehend vom Eigentumsrecht wird eine weitere Voraussetzung des Warentauschs sichtbar: Der Warentausch setzt auf Ebene der Produktion voraus, dass die am Tausch beteiligten Personen die auszutauschenden Gegenstände unabhängig voneinander – also in *Privatproduktion* – herstellen. Werden Gegenstände in gemeinsamer Produktion hergestellt, können sie nicht ausgetauscht, sondern lediglich untereinander verteilt werden, da sie kein Privateigentum einzelner Produzierenden sind. Die Möglichkeit des Austauschens setzt logisch voraus, dass die am Tausch beteiligten Personen zuvor unabhängig voneinander produziert haben und die Gegenstände somit eindeutig zuordenbar einzelnen Personen als Privateigentum gehören. Die Privatproduktion ist durch eine fehlende Koordination vor Aufnahme des Produktionsprozesses charakterisiert; das heißt, ‚privat' ist diese Form der Produktion nicht nur aufgrund des Privateigentums der produzierenden Person an ihrem Produkt, sondern auch aufgrund der fehlenden Kommunikation der Privatproduzierenden untereinander, welche Produkte in welcher Menge herzustellen sind. Die Koordination der mannigfaltigen Privatarbeiten erfolgt erst nach Abschluss des Produktionsprozesses: dann nämlich, wenn eine Abnehmerin für den hergestellten Gegenstand gesucht und (nicht immer) gefunden wird.[96]

---

gegründet sein. Artikel II Der Endzweck jeder politischen Vereinigung ist die Erhaltung der natürlichen und unvergänglichen Menschenrechte. Diese Rechte sind Freiheit, Eigentum, Sicherheit und Widerstand gegen Unterdrückung" (die Erklärung der Menschen- und Bürgerrechte ist in deutscher Übersetzung abgedruckt in Gauchet [1991, 9–12]; das Zitierte befindet sich auf S. 10).

95 Es mag seltsam (‚verdreht') erscheinen, dass *juristische* Gleichheit und Freiheit der Personen die Bedingungen des Warentauschs als dominantes ökonomisches Verhältnis darstellen; der *common sense* hätte vielleicht eher die Auffassung vertreten, *ökonomische* Freiheit und Gleichheit seien Voraussetzung des Warentauschs. Tatsächlich sind aber ökonomische Freiheit und Gleichheit *keine* Voraussetzung des Warentauschs; für den Warentausch ist es ausreichend, dass Personen in juristischer Hinsicht gleiche und freie sind, während ökonomische Ungleichheit (z. B. hinsichtlich dessen, dass nicht alle Personen ihre Grundbedürfnisse zu befriedigen imstande sind) und ökonomische Unfreiheit (etwa der Zwang, zur Bestreitung des eigenen Lebensunterhalts Waren tauschen zu müssen) nicht mit der Existenz des Warentauschs konfligieren (s. Abschnitt 2.2.3.5).

96 Vgl. Heinrich (2014, 204).

Der Warentausch setzt auf Ebene der Produktion zudem *Arbeitsteilung* voraus: Die Tatsache, dass nicht für den unmittelbar eigenen Bedarf, sondern zum Zwecke des Tausches produziert wird, setzt voraus, dass die Produzierenden nicht wie in einer Subsistenzwirtschaft sämtliche von ihnen benötigte Gegenstände selbst herstellen – denn dann wären Tauschakte sinnlos, jede Person könnte das von ihr selbst Produzierte unmittelbar konsumieren –, sondern sich auf bestimmte Arbeiten und Produkte spezialisieren und daher zum Zwecke ihrer Bedürfnisbefriedigung auf den Austausch mit anderen Personen angewiesen sind. Zuletzt muss aus Perspektive der warentauschenden Personen die „Arbeit und ihre Quantität als das bestimmende Princip der Production" (577) erscheinen; der Warentausch setzt also voraus, dass aus ihrer Perspektive Arbeit den bedeutendsten Faktor im Produktionsprozess darstellt (*Primat der Arbeit im Produktionsprozess*).

2.1.3 Der Begriff des Wertes

Wie oben dargestellt, stellt der Warenbegriff den Ausgangspunkt der marxschen Theorie dar; hiervon ausgehend fragt Marx nach den Bestimmungen dieses Begriffes: Was ist eine Ware beziehungsweise was macht einen Gegenstand zur Ware? Marx geht theoretisch von *bereits vorhandenen* Waren aus; Untersuchungsgegenstand seiner Theorie ist *zunächst* ausschließlich die Zirkulation, so dass die Produktion von Waren theoretisch ausgeblendet und die Existenz produzierter Waren vorausgesetzt wird. Vorausgesetzt wird auch das Gegebensein der bereits dargestellten Bedingungen des Warentauschs.

„Die Waare selbst erscheint als Einheit zweier Bestimmungen" (740), nämlich als Einheit von *Gebrauchswert* und *Tauschwert*; ein Gegenstand ist also dann eine Ware, wenn er sowohl über Gebrauchs- als auch Tauschwert verfügt.[97] Genau dann verfügt

---

[97] Die begriffliche Differenzierung zwischen Gebrauchs- und Tauschwert geht ursprünglich auf die aristotelische *Politik* zurück (vgl. Haug 2001, 300). Freilich nahm der Warentausch in der antiken Gesellschaft eine nur marginale Rolle gegenüber anderen ökonomischen Verhältnissen ein. Aufgenommen wurde diese Differenzierung dann von der Politischen Ökonomie, so dass Marx erneut methodisch von den Kategorien der Politischen Ökonomie ausgeht. Adam Smith (1976) schreibt: „The word Value, it is to be observed, has two different meanings, and sometimes expresses the utility of some particular object, and sometimes the power of purchasing other goods which the possession of that object conveys. The one may be called value in use; the other value in exchange" (44). Auch die Konstituierung des Tauschwerts durch Arbeit (s. im Haupttext weiter unten) geht auf Smith (1976) zurück: „The real price of every thing, what every thing really costs to the man who wants to acquire it, is the toil and trouble of acquiring it. What every thing is really worth to the man who has acquired it, and who wants to dispose of it or exchange it for something else, is the toil and trouble which it can save to himself, and which it can impose upon other people. What is bought with money or with goods is purchased by labour as much as what we acquire by the toil of our own body. That money or those goods indeed save us this toil. They contain the value of a certain quantity of labour which we exchange for what is supposed at the time to contain the value of an equal quantity" (47 f.). Diese Stellen zitiert auch David Ricardo (1817) und kommentiert zustimmend: „That this is really the foundation of the

ein Gegenstand auch über *Wert*, da der Begriff des Wertes – ebenso wie derjenige der Ware – als Einheit von Gebrauchs- und Tauschwert bestimmt ist, wie Marx – freilich in fragender Form – in einer Fußnote festhält:

> Ist nicht *Werth* als die Einheit von Gebrauchswerth und Tauschwerth zu fassen? An und für sich ist *Werth* als solcher das Allgemeine gegen Gebrauchswerth und Tauschwerth als besondere *Form* desselben? (190).[98]

Die Begriffe von Ware und Wert sind somit identisch: Ein Gegenstand ist eine Ware dann, wenn er sowohl Gebrauchs- als auch Tauschwert besitzt, und genau dann verfügt dieser Gegenstand auch über Wert. Somit ist der Wertbegriff – wie auch der Warenbegriff – Ausgangspunkt der marxschen Theorie.[99]

---

exchangeable value of all things, excepting those which cannot be increased by human industry, is a doctrine of the utmost importance in political economy; for from no source do so many errors, and so much difference of opinion in that science proceed, as from the vague ideas which are attached to the word value" (5). Die Konstituierung des Tauschwerts durch Arbeit wird auch von Locke (2019) im *Second Treatise of Government* theoretisch begründet: „For 'tis *Labour* indeed that *puts the difference of value* on every thing; and let any one consider, what the difference is between an Acre of Land planted with Tobacco, or Sugar, sown with Wheat or Barley; and an Acre of the same Land lying in common, without any Husbandry upon it, and he will find, that the improvement of *labour makes* the far greater part of *the value.* [...] if we will rightly estimate things as they come to our use, and cast up the several Expenses about them, what in them is purely owing to *Nature*, and what to *labour*, we shall find, that in most of them $^{99}/_{100}$ are wholly to be put on the account of *labour*" (§ 40).

98 Auch an anderer Stelle schreibt Marx, die Ware sei „selbst wieder *Gebrauchswerth* und *Tauschwerth* (also auch von beiden verschiedner *Werth*)" (237), und der Gebrauchswert sei „[d]ie erste Form des Werthes" und „die 2te der *Tauschwerth* n e b e n dem Gebrauchswerth" (109). – Marx' Begrifflichkeit ist freilich nicht kohärent; an zahlreichen Stellen des Manuskripts verwendet er ‚Wert' und ‚Tauschwert' synonym miteinander.

99 Das Manuskript, das in der Forschungsgeschichte den Titel *Grundrisse* erhalten wird, beginnt mit Marx' Ausführungen zur Geldtheorie, die den Titel „II.) Das Kapitel vom Geld" (49) tragen. Diese Überschrift zeigt an, dass der Abschnitt am Manuskriptbeginn nicht auch zugleich derjenige Abschnitt ist, mit dem das Werk inhaltlich beginnt bzw. beginnen sollte – Manuskriptanfang und Ausgangspunkt der Theorie fallen also auseinander. Zunächst begann das erste Manuskriptheft mit der Überschrift „Alfred Darimon: De la Réforme des Banques. Paris 1856". Nachträglich setzte Marx über diesen Titel die Überschrift „Das Kapitel vom Geld"; in einem weiteren Arbeitsschritt ergänzte er den Gliederungspunkt „II.)" (vgl. Apparat, 791). Offenbar begann Marx also zunächst – wenig systematisch – mit einer Kritik an Alfred Darimons Buch und versuchte erst nachträglich seine Aufzeichnungen zu systematisieren, indem er Überschrift und Gliederungspunkt einfügte. Die erste Seite des zweiten Manuskriptheftes – das Kapitel zur Geldtheorie befindet sich im ersten und zweiten Manuskriptheft – beginnt mit der Überschrift „*Das Kapitel vom Geld. (Fortsetzung)*" (Apparat, 816). Der Abschnitt zur Kapitaltheorie beginnt mit der Überschrift „Das Capitel vom Geld als Capital" (161), wobei diese Überschrift *nicht* nachträglich hinzugefügt wurde (vgl. Apparat, 819, wo sich keine entsprechende Angabe über eine nachträgliche Einfügung findet); es fehlt hier allerdings die nummerische Angabe des Gliederungspunktes. Im Verlauf des Schreibprozesses entstand also offenbar erst nach und nach die dreigliedrige – Wert, Geld, Kapital – Struktur des Werkes. Aus diesem Grund kann die inhaltliche Analyse und Rekonstruktion der marxschen Theorie nicht mit dem Anfang des Manuskripts beginnen. Vielmehr findet sich am *Ende* des Manuskripts ein mit „1) Werth" (740) überschriebener Abschnitt, der

Über Gebrauchswert verfügt eine Ware, insofern sie „Gegenstand der Befriedigung irgend eines Systems menschlicher Bedürfnisse" (740) ist;[100] der Gebrauchswert bezieht sich auf „ihre stoffliche Seite, die den disparatesten Productionsepochen gemeinsam sein kann" (740), und drückt somit „die Beziehung des Individuums zur Natur aus" (109). In allen Gesellschaftssystemen existiert Gebrauchswert beziehungsweise besitzen bestimmte Gegenstände Gebrauchswert, da in allen Gesellschaftssystemen Menschen durch Gegenstände ihre Bedürfnisse befriedigen; er existiert somit zwar auch in der modernen Gesellschaft, ist aber nicht ihre *differentia specifica*, die dieses Gesellschaftssystem von anderen unterscheiden würde. Der Gebrauchswert ist vielmehr gleichsam neutral den sozialen Verhältnissen gegenüber:

> Weizen z. B. besitzt denselben Gebrauchswerth, ob er von Sklaven, Leibeigenen oder freien Arbeitern gebaut werde. Er würde seinen Gebrauchswerth nicht verlieren, wenn er vom Himmel herunterschneite (740).

Der Begriff des Gebrauchswerts verfügt über die vier Bestimmungen der *Spezifität*, *Relativität*, *Inkommensurabilität* und *Vergänglichkeit*. Die Bestimmung der *Spezifität* bezeichnet die beiden Sachverhalte,
- dass Gegenstände über qualitativ verschiedene, *spezifische Gebrauchswerte* verfügen, insofern sie für unterschiedliche Bedürfnisse und Zwecke brauchbar sind;
- dass die spezifischen Gebrauchswerte von Gegenständen Resultat der qualitativ verschiedenen, *spezifischen physischen Eigenschaften von Gegenständen* – ihrer ‚stofflichen Seite' – sind.

Es existiert also auf Basis der qualitativ verschiedenen, spezifischen physischen Eigenschaften von Gegenständen eine Mannigfaltigkeit qualitativ verschiedener, spezifischer Gebrauchswerte für je verschiedene Bedürfnisse und Zwecke. Der Gebrauchswert eines Gegenstandes wird somit bestimmt durch dessen Brauchbarkeit zur Realisierung eines bestimmten Zwecks beziehungsweise zur Befriedigung eines bestimmten Bedürfnisses. Gegenstände besitzen spezifischen Gebrauchswert also je *relativ* zu bestimmten Zwecken beziehungsweise zu befriedigenden Bedürfnissen; mag ein Gegenstand in Hinblick auf einen Zweck über Gebrauchswert verfügen, so

---

– wie an der Nummerierung zu erkennen ist – offenbar den Beginn der Theorie darstellt; darauf weist auch die Notiz „Dieser Abschnitt ist nachzunehmen" (740) hin. Die Angabe „1) Werth" wurde *nicht* nachträglich hinzugefügt (vgl. Apparat, 943, wo sich keine entsprechende Angabe findet); Marx war sich zum Zeitpunkt der Niederschrift dieses Abschnittes also über die Struktur der Theorie im Klaren. Da die in diesem Abschnitt vorgetragenen werttheoretischen Erörterungen lediglich eine Manuskriptseite bzw. etwas mehr als eine Druckseite umfassen und Marx mitten im Satz den Schreibprozess abbrach, ist die werttheoretische Darstellung dieses Abschnitts als unvollständig zu betrachten. In der folgenden Rekonstruktion der Werttheorie wird daher zusätzlich auf andere – weit über das Manuskript verstreut liegende – Äußerungen Marx' zurückgegriffen.

100 Präziser gesagt verfügt ein Gegenstand dann über Gebrauchswert, wenn a) er der Bedürfnisbefriedigung dient oder wenn b) er zur Production von Gegenständen verwendet wird, die der Bedürfnisbefriedigung dienen.

kann ihm in Relation zu einem anderen Zweck Gebrauchswert fehlen oder er diesen in nur geringerem Umfang besitzen. Dieser Sachverhalt wird durch die Bestimmung der *Relativität* ausgedrückt. Aufgrund ihrer – die ‚stoffliche Seite' des Gebrauchswerts bildenden – unterschiedlichen physischen Eigenschaften[101] und der verschiedenen Zwecke, zu denen sie brauchbar sind, sind Gegenstände, sofern sie hinsichtlich ihres Gebrauchswerts betrachtet werden, miteinander „incommensurabel" (76). Verschiedene Gebrauchswerte verschiedener Gegenstände können nicht miteinander quantitativ verglichen werden, da die entsprechenden Gegenstände sowohl stofflich als auch bezüglich der mit ihnen verfolgten Zwecke qualitativ unterschiedlich sind und keine gemeinsame Eigenschaft im Sinne eines *tertium comparationis* besitzen, anhand derer sie verglichen werden könnten. Diesen Sachverhalt drückt die Bestimmung der *Inkommensurabilität* aus. Aufgrund der Tatsache, dass physische Gegenstände sowohl durch natürliche Prozesse wie beispielsweise Rost oder Fäulnis als auch durch ihren Konsum letztlich vernichtet werden, ist auch der Gebrauchswert durch *Vergänglichkeit* bestimmt: Wenn der dem Gebrauchswert zugrunde liegende stoffliche Gegenstand nicht mehr existiert, existiert auch der jeweilige Gebrauchswert nicht mehr (vgl. 176, 271–276, 365, 435 und 529).

Aus dem Dargestellten folgt, dass sich Gebrauchswerte zwar auf die ‚stoffliche Seite' einer Ware beziehen, mit ihr jedoch nicht identisch sind, da der Gebrauchswert relativ zu menschlichen Zwecksetzungen und Bedürfnissen zu verstehen ist:

> 1) Die natürliche Besonderheit der Waare, die ausgetauscht wird. 2) Das besondre natürliche Bedürfniß der Austauschenden, oder beides zusammengefaßt, der verschiedene Gebrauchswerth der auszutauschenden Waaren (166).

Der Gebrauchswert eines Gegenstandes ist somit nicht identisch mit diesem Gegenstand selbst; Gegenstände *verfügen über* Gebrauchswert (relativ zu einem bestimmten Zweck), aber sie *sind* nicht Gebrauchswert.[102]

Aufgrund des überhistorischen Charakters des Gebrauchswerts und der Feststellung, die Ware stelle die spezifisch moderne Kategorie des Reichtums dar, kann der Gebrauchswert allein nicht konstitutiv für den Warencharakter von Gegenständen sein; ein über Gebrauchswert verfügender Gegenstand wird daher erst dann zur Ware, wenn er zugleich „Träger des *Tauschwerths*" (740) ist. Über Tauschwert verfügt ein Gegenstand *zum einen* nur dann, wenn er Produkt menschlicher Arbeit ist; daher verfügen Gegenstände, die kein Produkt menschlicher Arbeit sind, über keinen Tauschwert und sind daher wertlos, können also nicht die Form der Ware annehmen: „Das blose Naturmaterial, soweit *keine* menschliche Arbeit in ihm vergegenständlicht ist, soweit es daher blose Materie ist, unabhängig von der menschlichen Arbeit

---

[101] „Die Waaren, z. B. eine Elle Baumwolle und ein Maaß Oel, als Baumwolle und Oel betrachtet, sind natürlich verschieden, besitzen verschiedene Eigenschaften, werden durch verschiedene Maasse gemessen" (75 f.).
[102] Marx selbst spricht jedoch gelegentlich davon, Waren *seien* Gebrauchswert.

existirt, hat keinen *Werth*" (276). Die Höhe des Tauschwerts einer Ware ist daher bestimmt „durch die Arbeitszeit, die zu ihrer Hervorbringung erheischt wird" (72; vgl. auch 74 und 274). Der Tauschwert einer Ware bestimmt

> das Verhältniß, worin sie sich gegen andre Waaren austauscht oder andre Waaren sich gegen sie austauschen, [...] Wenn die Waare z. B. = 1 Stunde Arbeitszeit, so tauscht sie sich aus mit allen andren Waaren, die das Product von 1 Stunde Arbeitszeit (75).

Tauschakte verlaufen also nicht zufällig oder nach der Willkür der tauschenden Individuen, sondern folgen einer als *Zirkulationsgesetz* bezeichneten Gesetzmäßigkeit. Ihm gemäß tauschen sich Waren entsprechend ihrem Tauschwert aus, es werden also Äquivalente von Tauschwerten miteinander ausgetauscht; eine Person gibt in einem Tauschakt zwar die von ihr besessene Ware an eine andere Person und erhält im Gegenzug dafür eine andere Ware, die Summe des von ihr besessenen Tauschwertes bleibt aber über den Tauschakt hinweg identisch. Ein Gegenstand verfügt *zum anderen* nur dann über Tauschwert, wenn er austauschbar ist und sein Austausch durch die ihn besitzende Person intendiert wird: Gegenstände, deren (Weiter-)Verkauf nicht intendiert wird oder die zum Eigenbedarf hergestellt wurden, verfügen ebenso wenig über Tauschwert wie die sogenannten öffentlichen Güter.[103] Zugleich wird deutlich: Der Tauschwert kann nur in einer Gesellschaft existieren beziehungsweise ist seine Existenz nur in einer Gesellschaft erforderlich, deren dominantes ökonomisches Verhältnis der Warentausch ist; der Tauschwert existiert nicht wie der Gebrauchswert in allen Gesellschaftsformen, sondern einzig in der modernen – warentauschenden – Gesellschaft, deren *differentia specifica* er somit darstellt (vgl. 743).

Der Tauschwert drückt einerseits aus, *dass* eine Ware austauschbar ist, und andererseits, *in welchem quantitativen Verhältnis* sie mit anderen Waren austauschbar ist, so dass er die „quantitativ bestimmte Austauschbarkeit" (75) einer Ware ausdrückt. Tauschwerte verschiedener Waren sind qualitativ gleich – sie werden durch menschliche Arbeit konstituiert – und unterscheiden sich lediglich quantitativ entsprechend der Länge der verausgabten Arbeitszeit; der Tauschwert drückt zwar die „spezifische Austauschbarkeit" (75) von Waren aus, aber ‚spezifisch' lediglich hinsichtlich der quantitativen Dimension. Daher sind Waren, sofern sie hinsichtlich ihres Tauschwerts und nicht hinsichtlich ihres Gebrauchswerts betrachtet werden, miteinander vergleichbar (vgl. 77), und der Tauschwertbegriff durch *Kommensurabilität* bestimmt:

> Als Werthe sind alle Waaren qualitativ gleich und nur quantitativ unterschieden, messen sich also alle wechselseitig und ersetzen sich (tauschen sich aus, sind convertibel gegen einander) in bestimmten quantitativen Verhältnissen (76).

---

[103] „*Öffentliche Güter* unterliegen weder dem Ausschlussprinzip noch dem Konkurrenzprinzip der Güternutzung. Die Menschen können nicht daran gehindert werden, ein öffentliches Gut zu nutzen, und die Nutzer nehmen sich gegenseitig nicht die Nutzungsmöglichkeiten weg" (Mankiw und Taylor 2012, 278).

Der Tauschwertbegriff besitzt als zweite Bestimmung diejenige der *Abstraktion*: Wenn Waren hinsichtlich ihrer Eigenschaft, Träger von Tauschwert zu sein, betrachtet werden, wird einerseits „von ihrem Stoff und allen ihren natürlichen Eigenschaften" (77) abstrahiert (vgl. auch 710 f.); andererseits wird von der spezifischen Brauchbarkeit der Waren für bestimmte Zwecke beziehungsweise zur Befriedigung bestimmter Bedürfnisse, also von ihrem Gebrauchswert abstrahiert. Gegenstände als Tauschwerte aufzufassen bedeutet also, von ihren spezifischen physischen Eigenschaften und ihrer spezifischen Brauchbarkeit für bestimmte Zwecke zu abstrahieren und sie als qualitativ homogene Vergegenständlichungen von Arbeit zu betrachten; der Tauschwert ist somit drittens durch die Bestimmung der *Homogenität* charakterisiert. Aufgrund der Abstraktion von den spezifischen physischen Eigenschaften der Gegenstände und von ihrer spezifischen Brauchbarkeit zur Befriedigung bestimmter Bedürfnisse beziehungsweise Erfüllung bestimmter Zwecke ist der Tauschwertbegriff durch die vierte Bestimmung der *Unvergänglichkeit* charakterisiert: Der Tauschwert ist als Abstraktion von der ‚stofflichen Basis' des Gebrauchswerts auch der stofflichen Vergänglichkeit durch natürliche Prozesse oder Konsum enthoben (vgl. 176, 271–276, 365, 435 und 529). Zugleich verhält sich der Tauschwert den spezifischen Gebrauchswerten gegenüber gleichgültig: „Der Werth schließt keinen Gebrauchswerth aus; also keine besondre Art der Consumtion etc des Verkehrs etc als absolute Bedingung ein" (439). Zum einen ‚passt' der Tauschwert gleichsam zu allen spezifischen Gegenständen und ihren Gebrauchswerten; es gibt kein über Gebrauchswert verfügendes Arbeitsprodukt, welches nicht über Tauschwert verfügen oder als Tauschwert aufgefasst werden könnte.[104] Zum anderen impliziert der Tauschwert absolute Austauschbarkeit, so dass er gegen jede spezifische Ware eingetauscht zu werden vermag. Dies wird durch die fünfte Bestimmung der *Totalität* ausgedrückt.

Als festgestellt wurde, dass der Tauschwert durch die zur Produktion einer Ware benötigte Arbeitszeit konstituiert wird, blieb unklar, was unter dieser Arbeitszeit genau zu verstehen ist. Tauschwert wird konstituiert

> nicht durch die in ihm [dem Gegenstand] enthaltne Arbeit, oder die Arbeitszeit, worin er producirt ist, sondern die Arbeitszeit, worin er producirt werden kann, oder die zur Reproduction nothwendige Arbeitszeit (541),

---

[104] Man bedenke den Konjunktiv ‚könnte'. Wie oben dargestellt, haben faktisch nicht alle brauchbaren Arbeitsprodukte Tauschwert, dann nämlich, wenn sie öffentliche Güter sind, zum Eigenbedarf hergestellt wurden oder kein Bedarf nach ihnen besteht. Die beiden letzten Punkte sind als zufällig zu betrachten (nach einem spezifischen Gegenstand kann Bedarf oder kein Bedarf bestehen, er kann zum Eigenbedarf hergestellt worden sein oder nicht – das ändert nichts daran, dass der Gegenstand an sich über Tauschwert verfügen könnte). Der erstgenannte Punkt ist letztlich auch als zufällig oder veränderbar aufzufassen: Dass ein öffentlicher Park etwa ein öffentliches Gut ist, gilt ja nur, solange jede Person ihn nach Belieben betreten kann; der Park kann ‚privatisiert' werden, so dass er selbst als auch seine Nutzung (in Form von Besuchsberechtigungen: Eintrittstickets) zu einer austauschbaren, über Tauschwert verfügenden Ware werden.

also „die gegenwärtig nöthige Arbeitszeit" (70).[105] Diese Unterscheidung ist aufgrund der kontinuierlich zunehmenden Arbeitsproduktivität (vgl. 71; siehe Abschnitte 2.2.1 und 2.2.3.6) relevant, durch welche die zur Produktion einer Ware in der Vergangenheit benötigte Arbeitszeit tendenziell länger ist als die aktuell benötigte Arbeitszeit. Die Höhe des Tauschwerts einer Ware bleibt somit über den Zeitverlauf nicht konstant, sondern unterliegt Schwankungen und (tendenziell) einer Abnahme; der Tauschwert einer Ware ist ihr somit nicht gleichsam unveränderlich ‚eingebrannt', sondern wird in jedem (realen oder imaginierten) Tauschakt durch die austauschenden Personen allererst (unbewusst) konstituiert und quantitativ bestimmt:[106] „Der Werth der Waare ist von der Waare selbst unterschieden. Wert (Tauschwerth) ist die Waare nur im Austausch (wirklichen oder vorgestellten)" (75). Somit erweist sich die *Labilität*, welche einen Widerspruch zur Bestimmung der *Unvergänglichkeit* darstellt (siehe Abschnitt 2.1.4), als sechste Bestimmung des Tauschwertbegriffs.

Die Operation, qualitativ verschiedene Waren durch Bezug auf die zur Herstellung nötige Arbeitszeit kommensurabel zu machen und die Arbeitszeit somit als Maß zu verwenden, an dem der Tauschwert der einzelnen Waren zu messen ist, setzt voraus, dass die zur Produktion verschiedener Waren verausgabte Arbeit jeweils qualitativ gleich und somit auch die Arbeitszeit als die in einem bestimmten Zeitraum aufgewendete Arbeit in Bezug auf alle Waren ein und dieselbe ist. Diese Bedingung ist in realen Arbeitsprozessen jedoch nicht erfüllt, denn verschiedene Waren werden durch qualitativ verschiedene Arbeitsarten hergestellt; es gibt keine Arbeit im Allgemeinen (‚*die* Arbeit'), sondern eine Mannigfaltigkeit qualitativ verschiedener Arbeiten, durch die ebenso mannigfaltige, qualitativ verschiedene Gegenstände produziert werden, welche über ebenso mannigfaltige, qualitativ verschiedene Gebrauchswerte verfügen (vgl. 710). Eine achtstündige Ausübung der Arbeitsart A beispielsweise ist qualitativ von einer achtstündigen Ausübung der Arbeitsart B unterschieden, da in der gleichen Stundenanzahl jeweils andere Handgriffe vollzogen, Tätigkeiten ausgeübt, Fähigkeiten benötigt und Kräfte verausgabt werden. Deshalb können die verschiedenen, zur

---

[105] Vgl. dazu Arthur (2013, 114).

[106] Heinrich (2014) leitet diese Feststellung zu Recht aus dem gesellschaftlichen, nicht-materiellen Charakter des Tauschwerts ab; besäße eine Ware Tauschwert unabhängig von Tauschakten, entspräche dies einer stofflichen Eigenschaft: „Wertgegenständlichkeit kommt dem Warenkörper dagegen nur unter bestimmten gesellschaftlichen Verhältnissen zu (der Warenproduktion) und ist insofern eine *gesellschaftliche* Eigenschaft, die aber als eine gegenständliche Eigenschaft erscheint, was den Fetischcharakter der Ware ausmacht. Wesentlich ist aber, daß diese gesellschaftliche Eigenschaft auch nur *in der gesellschaftlichen Beziehung* der Waren und das heißt im Austausch existiert. Isoliert für sich betrachtet außerhalb des Austauschs ist der Warenkörper nicht Ware, sondern bloßes Produkt. [...] Die Vorstellung, die Waren würden als fertig bestimmte Wertgrößen in den Austauschprozeß eintreten, verdankt sich einer Auffassung der Wertsubstanz als quasi materiellem *Substrat*, das in einer bestimmten Menge in den einzelnen Waren vorhanden ist. Sie ist aber unvereinbar mit einer Auffassung der Wertsubstanz als bloß gegenständlicher *Reflexion* eines gesellschaftlichen Verhältnisses" (215 f., 232 f.).

Warenproduktion aufgewendeten Arbeitszeiten ebenso wenig ein homogenes Maß für Waren bilden wie deren mannigfaltige stoffliche Eigenschaften:

> Die Waare muß erst in Arbeitszeit, also etwas von ihr qualitativ Verschiednes umgesezt werden (qualitativ verschieden [...] weil sie nicht die Vergegenständlichung der Arbeitszeit im Allgemeinen, die nur in der Vorstellung existirt [...], sondern das bestimmte Resultat einer bestimmten, natürlich bestimmten, von andren Arbeiten qualitativ verschiednen Arbeit ist), um dann als bestimmtes Quantum Arbeitszeit, bestimmte Arbeitsgrösse mit andren Quantis Arbeitszeit, andren Arbeitsgrössen verglichen zu werden (78; vgl. auch 102).

Um Waren miteinander kommensurabel zu machen, muss also von der Mannigfaltigkeit der Arbeitsarten *abstrahiert* und diese Mannigfaltigkeit auf eine *homogene* Arbeit zurückgeführt werden, an welcher der Tauschwert der Waren gemessen werden kann; diese homogene Arbeit bezeichnet Marx als ‚abstrakte Arbeit'. *Abstraktion* und *Homogenität* als Bestimmungen des Tauschwerts beziehen sich somit auch auf die ihn konstituierende Arbeit. Die „Ausgleichung dieser Verschiedenheiten" erfolgt, indem

> alle Arbeit reducirt wird auf simple unskilled labour, [...]; die höhren Sorten von Arbeit selbst sind geschäzt in einfacher Arbeit. [...] Der qualitative Unterschied ist also aufgehoben, und das Product einer höhren Art Arbeit ist faktisch reducirt auf ein Quantum einfacher Arbeit (710).

Abstrakte Arbeit wird also von Marx mit bloßer körperlicher Verausgabung und Tätigkeit identifiziert, und alle ‚höheren' Arbeitsarten werden gleichsam auf diesen ‚kleinsten gemeinsamen Nenner' heruntergebrochen.[107] Die ‚Ausgleichung der Ver-

---

[107] Heinrich (2014, 209 f.) kritisiert die Identifizierung der den Tauschwert konstituierenden abstrakten Arbeit mit einfacher Arbeit (‚simple unskilled labour'), wie sie sich nicht nur in den *Grundrissen*, sondern auch in *Zur Kritik* und der ersten Auflage des ersten *Kapital*-Bandes finde: „Marx identifiziert hier zwei gänzlich verschiedene Abstraktionen miteinander: einerseits die im immer weiter mechanisierten Produktionsproz eß stattfindende Abstraktion von den Qualifikationen der Arbeitskräfte, die Ersetzung von qualifizierter durch einfache Arbeit, also eine besondere Art der Arbeitsverausgabung und andererseits wertbildende ‚abstrakte Arbeit', die als *besondere* Art der Arbeitsverausgabung nirgendwo existiert" (211), weil „abstrakte Arbeit eine spezifisch *gesellschaftliche* Bestimmung der Arbeit, die erst durch den Tausch zustande kommt" (209), sei. Diese Kritik Heinrichs (2014) an der marxschen Theorie in den *Grundrissen* halte ich für überzeugend: In der Tat erscheint es als inkohärent, dass der von dem spezifischen Gebrauchswert und den spezifischen stofflichen Gegenständen abstrahierende, rein gesellschaftliche Tauschwert durch eine spezifische und nicht minder stoffliche Art der Arbeit konstituiert wird. Überzeugender erscheint mir die – von Marx in der zweiten Auflage des ersten *Kapital*-Bandes entwickelte (vgl. Heinrich 2014, 211) – Theorie zu sein, die die abstrakte Arbeit als ebenso rein gesellschaftliche, abstrakte und unstoffliche Bestimmung wie den Tauschwert versteht und somit auf eine Identifizierung der abstrakten Arbeit mit einer spezifischen Arbeitsart verzichtet (ebenso wenig wie der Tauschwert mit einem spezifischen Gebrauchswert identifiziert wird, sondern eine gleichsam über die spezifischen, über Gebrauchswert verfügenden Gegenstände hinausgehende Abstraktion ist); hier stellen die *Grundrisse* in der Tat eine im Verhältnis zu den späteren marxschen Manuskripten unausgereifte Theorie dar. – Saito (2016, 114 f.) kritisiert Heinrichs (2014) Auffassung der abstrakten Arbeit als rein gesellschaftlich und somit unstofflich: „Zur Beziehung zwischen Wert und abstrakter Arbeit ist es jetzt klar geworden, dass die Kategorie des

schiedenheiten' dieser Arbeiten wird freilich nicht bewusst von den warentauschenden Individuen vorgenommen, sondern ist immer schon „faktisch mit dem Setzen der Producte aller Arten von Arbeit als Werthe *vollzogen*" (710).

‚Werts' einen wesentlichen Zusammenhang mit der spezifisch modernen gesellschaftlichen Arbeitsteilung hat. Die Vergegenständlichung abstrakter Arbeit als Wert ist in der warenproduzierenden Gesellschaft deshalb notwendig, weil die gesellschaftliche Verteilung der Gesamtarbeit *trotz der Privatarbeiten* fortschreiten muss. Der Wert ist als Vergegenständlichung abstrakter Arbeit eine *rein gesellschaftliche* Eigenschaft des Dings, mit deren Hilfe die Privatproduzenten sich aufeinander beziehen können. [...] Daraus folgt aber nicht, dass abstrakte Arbeit auch ‚rein gesellschaftlich' ist. Wert und abstrakte Arbeit sind strikt zu unterscheiden. [...] Abstrakte Arbeit selbst ist dagegen daher stofflich, weil sie als solche eine übergeschichtliche gesellschaftliche Rolle spielt. Sofern die Quantität der Gesamtarbeit als Verausgabung menschlicher Arbeitskraft im physiologischen Sinn zu jeder Zeit unvermeidbar auf eine endliche Summe begrenzt ist, ist ihre adäquate Verteilung zwecks der Reproduktion der Gesellschaft stets von großer Bedeutung. Jede Arbeit ist zwar wegen ihrer mannigfaltigen Daseinsweise als nützliche Arbeit unvergleichbar, aber sie ist *physiologisch* gleich in dem Sinne, dass sie ohne Ausnahme einen Teil der endlichen gesellschaftlichen Gesamtarbeit kostet. Dieser Aspekt der abstrakten Arbeit ist in jeder gesellschaftlichen Arbeitsteilung unentbehrlich und bezeichnet daher ihre übergeschichtliche Rolle" (Saito 2016, 119 f.). Indem die abstrakte Arbeit stofflich charakterisiert sei und zugleich in der warentauschenden Gesellschaft eine gesellschaftliche Bedeutung als Maß des Tauschwerts erhalte, werde deutlich, „dass ein bestimmter stofflicher Aspekt der menschlichen Tätigkeit unter modernen gesellschaftlichen Verhältnissen eine spezifisch ökonomische Form [...] erhält" (Saito 2016, 121). Die Argumentation ist durch die Hauptthese Saitos (2016) geprägt, Gegenstand der marxschen Theorie seien nicht die gesellschaftlich-ökonomischen Formen allein, sondern der Zusammenhang dieser Formen mit der stofflichen ‚Welt' (s. die Fußnote weiter unten in diesem Abschnitt). Um diese These belegen zu können, argumentiert Saito (2016) gegen Heinrich (2014) dafür, dass die abstrakte Arbeit stofflichen Charakter besitze und diese stofflich verstandene abstrakte Arbeit in der modernen Gesellschaft eine spezifische ökonomische Form erhalte, wodurch die ökonomische Form selbst stofflich bestimmt und somit keine ‚in der Luft schwebende', rein gesellschaftliche Abstraktion sei: „Die Konzeption der abstrakten Arbeit als ‚rein gesellschaftlich' hat gravierende Folgen, denn es wäre viel schwerer zu erklären, warum die Herrschaft abstrakter Arbeit im Kapitalismus, welche keine stoffliche Eigenschaft besitze, unterschiedliche Aspekte des Stoffwechsels zwischen Mensch und Natur beträchtlicher denn je stören müsste. Um die bloß allgemeine Aussage zu vermeiden, dass die Herrschaft eines gesellschaftlichen Abstraktums die Natur zerstöre, bedarf es einer Erklärung der materiellen Verbindung zwischen der abstrakten Arbeit und jenem Stoffwechsel, [...]. Die strikte Entgegensetzung von Natur und Gesellschaft schließt hingegen wider Marx' Absicht den Einfluss der ökonomischen Formbestimmungen auf die stoffliche Dimension aus. Ein einseitiger Fokus auf die reine Gesellschaftlichkeit verengt somit den theoretischen Rahmen seines gesamten kritischen Projekts" (134 f.). Ich teile die Hauptthese Saitos (2016), halte aber seine dargestellte Begründung für sachlich nicht plausibel, da für den unstofflich-gesellschaftlichen Charakter der abstrakten Arbeit – wie oben in Auseinandersetzung mit Heinrich (2014) erörtert – gute werttheoretische Gründe existieren. Darüber hinaus besteht aus argumentativer Sicht keine Notwendigkeit für die Annahme der Stofflichkeit der abstrakten Arbeit: Die Hauptthese Saitos (2016) lässt sich auch ohne diese Annahme plausibel begründen. Denn auch unter der Annahme des unstofflich-gesellschaftlichen Charakters von Tauschwert *und* abstrakter Arbeit besteht zwischen diesen als ökonomischer Form und der stofflichen Welt ein Zusammenhang: Diesen Zusammenhang stellt – was Saito (2016) offenbar nicht erkennt – der Wert als Einheit von Tausch- und Gebrauchswert dar. Statt also – wie Saito (2016) dies tut – den Tauschwert zu ‚verstofflichen', indem die ihn konstituierende abstrakte Arbeit stofflich verstanden wird, ist es argumentativ plausibler, den Tauschwert rein gesellschaftlich-unstofflich zu verstehen, ihn

Aus dem Dargestellten folgt, dass der Tauschwert keine stoffliche – und somit keine überhistorische – Eigenschaft von Gegenständen wie etwa ihre Dichte oder molekulare Zusammensetzung darstellt, sondern umgekehrt gerade von allen stofflichen Eigenschaften abstrahiert. Der Tauschwert ist Ausdruck der „sociale[n] Beziehung" (109) – des gesellschaftlichen Verhältnisses – zwischen den Mitgliedern der modernen Gesellschaft, die sich als *Warentauschende* gegenüberstehen. Der Tauschwert als Ausdruck des Warentauschs als eines gesellschaftlichen Verhältnisses wird freilich gleichsam in die Waren ‚hineinprojiziert' und erweckt den (falschen) Anschein, er sei eine überhistorisch-stoffliche Eigenschaft der Waren.[108]

Zum Begriff des Tauschwerts abschließend zwei Ergänzungen:

- Der Tauschwert drückt das „Gebieten über die Gebrauchswerthe andrer" (109) aus; wer in Besitz von Tauschwert ist, hat somit – vermittelt durch den Tauschakt – Verfügungsgewalt über die Gebrauchswerte anderer Personen. Da mittels des Tauschwerts also fremde – und aufgrund der *Totalität* des Tauschwerts entsprechend der subjektiven Willkür beliebige – Gebrauchswerte erworben werden können, ist der Tauschwert dasjenige, was in der modernen Gesellschaft als Reichtum aufgefasst wird: „der Tauschwerth ist der Reichthum" (145); reich zu sein heißt in der modernen Gesellschaft also, über (viel) Tauschwert zu verfügen.[109]

- Wie oben dargestellt, bestimmt der Tauschwert die Austauschverhältnisse von Waren. In welchem quantitativen Verhältnis Waren miteinander ausgetauscht werden, lässt sich deshalb nicht durch Rekurs auf die einzelnen Handlungen (und die diesen zugrunde liegenden Motive, Bedürfnisse oder Absichten) von Individuen erklären; vielmehr bestimmt überindividuell der Tauschwert als Ausdruck eines gesellschaftlichen Verhältnisses (und nicht als physische Eigenschaft der Dinge) die konkreten Tauschhandlungen der Individuen:[110]

---

aber zugleich als Element des Werts aufzufassen, das entsprechend in unauflösbarem Zusammenhang mit dem Gebrauchswert und somit der Stofflichkeit steht (s. im Haupttext weiter unten in diesem Abschnitt).

108 An anderer Stelle schreibt Marx: „Der grobe Materialismus der Oekonomen, die gesellschaftlichen Productionsverhältnisse der Menschen und die Bestimmungen, die die Sachen erhalten, als unter diese Verhältnisse subsumirt, als *natürliche Eigenschaften* der Dinge zu betrachten, ist ein ebenso grober Idealismus, ja Fetischismus, der den Dingen gesellschaftliche Beziehungen als ihnen immanente Bestimmungen zuschreibt und so mystificirt" (567). – Benhabib (1986, 87) unterscheidet drei Ebenen der Kritik in der marxschen Theorie. An dieser Stelle liegt die zweite Kritikebene vor, die ‚defetischisierende Kritik', welche die von Marx erwähnte Mystifizierung aufdeckt und den Tauschwert als gesellschaftliche Form von Gegenständen nachweist (vgl. dazu auch Arthur 2013, 117 f.; Saito 2016, 15 f., 127 f.).

109 S. die weiteren Ausführungen zum Reichtumsbegriff weiter unten in diesem Abschnitt.

110 Heinrich (2014) weist – m. E. zu Recht – auf den nicht-empirischen Charakter des Tauschwerts hin: Der Begriff des Tauschwerts besitze kein empirisches Korrelat, sondern befinde sich auf „einer *nicht-empirischen Theorieebene*" (157). Tauschwert ist kein empirisch wahrnehmbarer Gegenstand oder Sachverhalt, sondern Ausdruck desjenigen sozialen Verhältnisses, welches den empirischen Phänomenen der modernen Ökonomie zugrunde liegt und sie somit allererst zu dem macht, was sie sind (s.

so sehr die einzelnen Momente dieser Bewegung [= der Zirkulation] vom bewußten Willen und besondern Zwecken der Invididuen ausgehn, so sehr erscheint die Totalität des Processes als ein objectiver Zusammenhang, der naturwüchsig entsteht; zwar aus dem Aufeinanderwirken der bewußten Individuen hervorgeht, aber weder in ihrem Bewußtsein liegt, noch als Ganzes unter sie subsumirt wird. Ihr eignes Aufeinanderstossen producirt ihnen eine über ihnen stehende, *fremde* gesellschaftliche Macht; ihre Wechselwirkung als von ihnen unabhängigen Process und Gewalt (126).

So sehr der Tauschwert als Ausdruck des Warentauschs als eines gesellschaftlichen Verhältnisses die Handlungen der Individuen bestimmt, so sehr wird umgekehrt dieses gesellschaftliche Verhältnis allererst durch die Handlungen der Individuen realisiert. Der Tauschwert als Ausdruck eines sozialen Verhältnisses ist somit keine ‚höhere', ihren eigenen Grund bildende Entität, sondern Resultat der aggregierten Handlungen der Gesellschaftsmitglieder.

Tauschwert- und Gebrauchswertbegriff bilden im Begriff der Ware beziehungsweise des Wertes einerseits eine Einheit, insofern der Waren- beziehungsweise Wertbegriff die Bestimmungen sowohl des Gebrauchswert- als auch des Tauschwertbegriffs umfasst und die real existierende Ware die Realisierung der Bestimmungen sowohl des Gebrauchs- als auch Tauschwerts ist. Andererseits jedoch „fallen Gebrauchswerth und Tauschwerth ebenso unmittelbar auseinander" (740):

– Erstens „erscheint der Tauschwerth nicht bestimmt durch den Gebrauchswerth" (740), insofern der Tauschwert einer Ware nicht durch ihre spezifische Nützlichkeit, sondern allein durch die zu ihrer Produktion nötige Arbeitszeit konstituiert wird.
– Zweitens fallen Gebrauchs- und Tauschwert auseinander, weil die Betrachtung eines Gegenstandes hinsichtlich seines Tauschwerts voraussetzt, dass

> ihr Besitzer sich nicht zu ihr als Gebrauchswerth verhält. Es ist nur durch ihre Entäusserung, ihren Austausch gegen andre Waaren, daß er sich Gebrauchswerthe aneignet. Aneignung durch Entäusserung ist die Grundform des gesellschaftlichen Systems der Production, als dessen einfachster, abstraktester Ausdruck der Tauschwerth erscheint. Vorausgesezt ist der Gebrauchswerth der Waare, aber nicht für ihren Eigner, sondern für die Gesellschaft überhaupt (740f.).

Ein Gegenstand erscheint also erst dann als Träger von Tauschwert, wenn sein Besitzer ihn nicht unter dem Blickwinkel der Nützlichkeit, also des Gebrauchswerts, für ihn selbst betrachtet.

Aufgrund dieses Auseinanderfallens von Gebrauchs- und Tauschwert und der Tatsache, dass der Tauschwert als moderne Form des Reichtums den Untersuchungsgegenstand der Politischen Ökonomie bildet, liegt der Gebrauchswert – *aus der Innenperspektive der Politischen Ökonomie betrachtet* – „jenseits der politischen

---

auch Abschnitt 2.1.1). In der empirisch beobachtbaren gesellschaftlichen Realität nämlich werden Waren entsprechend ihren Preisen ausgetauscht und nicht entsprechend ihrem durch Arbeit konstituierten Tauschwert (vgl. auch Heinrich 2014, 175).

Oekonomie" (740). Gebrauchswerte beziehen sich auf die „stoffliche Seite" (740) von Gegenständen, während die Politische Ökonomie sich mit der *Form*, also der gesellschaftlichen Bestimmung beschäftigt, die tauschbare Gegenstände in der modernen Gesellschaft annehmen:

> Der Gebrauchswerth vorausgesezt auch im einfachen Austausch oder reinen Austausch. Aber hier, wo der Tausch grade nur des wechselseitigen Gebrauchs der Waare wegen stattfindet, hat der Gebrauchswerth, d. h. der Inhalt, die natürliche Besonderheit der Waare als solche kein Bestehn als ökonomische Formbestimmung. Ihre Formbestimmung ist vielmehr der Tauschwerth. Der Inhalt ausserhalb dieser Form ist gleichgültig; ist nicht Inhalt des Verhältnisses als socialen Verhältnisses (190; vgl. auch 740).

Der Gebrauchswert wird von der Politischen Ökonomie theoretisch ausgeblendet, da er lediglich den *Inhalt* des Warentauschs darstellt, also die Frage betrifft, welche spezifischen Gegenstände aufgrund welcher spezifischen Bedürfnisse ausgetauscht werden:

> Die politische Oekonomie hat es mit den spezifischen gesellschaftlichen Formen des Reichthums oder vielmehr der Production des Reichthums zu tun. Der Stoff desselben, sei er subjektiv, wie Arbeit, oder objektiv, wie Gegenstände für die Befriedigung natürlicher oder geschichtlicher Bedürfnisse, erscheint zunächst[111] allen Productionsepochen gemeinsam. Dieser Stoff erscheint daher zunächst als blose Voraussetzung, die ganz ausserhalb der Betrachtung der politischen Oekonomie liegt (715f.).

Es zählt nicht zum Untersuchungsbereich der Politischen Ökonomie, zu erfassen, wieso Person A ihre spezifische Ware a gegen die spezifische Ware b von Person B tauscht – dies erforderte nämlich einen Rekurs auf die spezifischen Bedürfnisse der Tauschenden und die spezifischen stofflichen Eigenschaften ihrer Waren –, sondern sie geht der Frage nach, wie sich Austauschrelationen in abstrakter Hinsicht konstituieren. Da die Politische Ökonomie die theoretische Reflexion der Ansichten und Interessen der über Eigentum und Macht verfügenden Personen der modernen Gesellschaft darstellt, ist auch das praktische ökonomische Handeln dieser Personen durch eine Fokussierung auf den Tauschwert gekennzeichnet: Das, was in der ökonomischen Praxis tatsächlich ‚zählt' – ihr Zweck –, ist der Tauschwert von Waren.

Sachlich ist der Gebrauchswert freilich die Grundlage des Tauschwerts; er ist „eine gegebne Voraussetzung – die stoffliche Basis, worin sich ein bestimmtes ökonomisches Verhältniß darstellt" (740). Ein Gegenstand wird überhaupt erst dann austauschbar und somit zur Ware, wenn er brauchbar ist – über Gebrauchswert verfügt – für diejenige Person, welche ihn durch den Tauschakt erhält. Auch wenn die Tauschwerthöhe eines Gegenstandes nicht durch dessen Gebrauchswert bestimmt

---

[111] Das Wort ‚zunächst' wurde von Marx nachträglich eingefügt (vgl. Apparat, 940) – eine systematisch bedeutsame Ergänzung, die belegt, dass Marx den vorläufigen Charakter dieser Aussage als wichtig erachtete (s. weiter unten in diesem Abschnitt im Haupttext sowie in Abschnitt 2.2.3.6).

wird und sich die warenbesitzende Person zu ihrer Ware nicht als Gebrauchswert verhält – Tausch- und Gebrauchswert also insoweit auseinanderfallen –, stellt der Gebrauchswert die Voraussetzung des Tauschwerts dar: „Zunächst, [...], ist die Waare nur Tauschwerth, insofern sie zugleich *Gebrauchswerth*, [...]; sie hört auf Tauschwerth zu sein, wenn sie aufhört Gebrauchswerth zu sein" (317). Diese *Fundierung des Tauschwerts im Gebrauchswert* ist die logische Implikation des Wert- oder Warenbegriffs: Wert oder Ware ist ein Gegenstand, welcher *sowohl* über Gebrauchs- *als auch* über Tauschwert verfügt. Daher stellt Marx fest, die erste Kategorie des modernen Reichtums sei die Ware (siehe Abschnitt 2.1.2): Zwar stellt der Tauschwert die moderne Form des Reichtums dar, aber aufgrund seiner Fundierung im Gebrauchswert kann Tauschwert und somit Reichtum nur existieren, wo zugleich Gebrauchswert existiert – also in der Ware. Der Gebrauchswert stellt die Bedingung der Existenz dieser Form des Reichtums dar.

Aufgrund der Einsicht in dieses Fundierungsverhältnis kritisiert Marx – aus der Außenperspektive der *Kritik* der Politischen Ökonomie – die Politische Ökonomie für den Ausschluss des Gebrauchswerts aus ihrem Gegenstandsbereich:

> Tritt nicht der Gebrauchswerth als solcher in die Form selbst ein, als die ökonomische Form selbst bestimmend, z. B. im Verhältnis von Kapital und Arbeit? den verschiednen Formen der Arbeit? – Agricultur, Industrie etc – Grundrente? – Einfluß der Jahreszeiten auf Preisse der Rohproducte? etc. Wenn *nur* der Tauschwerth als solcher Rolle in der Oekonomie spielte, wie könnten später solche Elemente hereinkommen, die sich rein auf den Gebrauchswerth beziehn, wie gleich z. B. in dem Capital als Rohstoff etc. Wie kommt bei Ricardo auf einmal hereingeschneit die physische Beschaffenheit der Erde? etc. (190).

Anhand dieser Auflistung wird skizzenhaft deutlich, dass der Gebrauchswert nichts ist, das den Tauschwert gleichsam ‚nichts anginge', sondern der Gebrauchswert über einen bestimmenden Einfluss – wie beispielsweise in Gestalt von Jahreszeiten oder Bodenbeschaffenheit – auf den Tauschwert verfügt und somit einen ökonomischen Faktor darstellt, dessen Ausblendung theoretisch nicht zu rechtfertigen ist.[112] Daher gelangt Marx zu der Schlussfolgerung, „daß die Unterscheidung von Gebrauchswerth und Tauschwerth in die Oekonomie selbst gehört und nicht wie Ricardo thut der Gebrauchswerth als einfache Voraussetzung todt liegen bleibt" (237; vgl. auch 190).

Freilich schließt die Politische Ökonomie – erneut *aus ihrer Innenperspektive betrachtet* – den Gebrauchswert nicht in allen Fällen aus ihrem Gegenstandsbereich aus (man bedenke das marxsche ‚zunächst' im obigen Zitat); der Ausschluss des Gebrauchswerts stellt zwar gleichsam den ‚Normalfall' der Theorieentwicklung der Politischen Ökonomie dar, aber unter einer bestimmten Bedingung wird der Ge-

---

[112] Besonders das Verhältnis von Kapital und Arbeit wird sich in der theoretischen Entwicklung sowohl als Kern der modernen ökonomischen Verhältnisse als auch als wesentlich durch den Gebrauchswert einer spezifischen Ware bestimmt erweisen (s. Abschnitt 2.2.3.3). Hieran wird dann auch exemplarisch deutlich werden, wie das ‚Hereintreten' des Gebrauchswerts in die ökonomische Form präzise zu verstehen ist.

brauchswert von ihr reflektiert: „Der Gebrauchswerth fällt in ihren Bereich sobald er durch die modernen Productionsverhältnisse modificirt wird oder seinerseits modificirend in sie eingreift" (740; vgl. 715f.). Aus der Innenperspektive der Politischen Ökonomie

- wird *im Normalfall* der Gebrauchswert nicht durch den Tauschwert beziehungsweise den Warentausch modifiziert und
- stellt der Gebrauchswert *im Normalfall* gleichsam die neutrale Basis des Tauschwerts beziehungsweise des Warentauschs dar, die keine Wirkung auf diese zeitigt.

Aufgrund dessen wird der Gebrauchswert *im Normalfall* durch die Politische Ökonomie aus ihrem Untersuchungsbereich ausgeklammert. Sobald sich dieser Anschein jedoch aus Innenperspektive der Politischen Ökonomie als sachlich unzutreffend erweist – sobald also aus ihrer Innenperspektive eine Wechselwirkung zwischen dem Gebrauchswert und dem Tauschwert beziehungsweise Warentausch zu konstatieren ist und der Gebrauchswert als stoffliche Basis den Schein unwandelbaren Gegebenseins und fehlenden Einflusses auf den Tauschwert verliert –, erhält der Gebrauchswert für die Politische Ökonomie theoretische Relevanz und wird daher von ihr in ihren Gegenstandsbereich einbezogen. Sobald also beispielsweise die Bodenqualität – und somit die landwirtschaftliche Produktivität – eine rapide Verschlechterung erfahren hat und entsprechend weniger Waren erzeugt werden können, wird der Gebrauchswert des landwirtschaftlich genutzten Bodens Gegenstand der Politischen Ökonomie; während zuvor, solange die Produktion der Feldfrüchte ungestört verlief, der Gebrauchswert des landwirtschaftlich genutzten Bodens außerhalb des Gegenstandsbereiches der Politischen Ökonomie lag. Der Gebrauchswert wird also niemals in Gänze, sondern jeweils nur *okkasionell* und *partiell* in den Untersuchungsbereich der Politischen Ökonomie einbezogen – also nur dann, wenn die beschriebene Wechselwirkung aus Innenperspektive der Politischen Ökonomie konstatiert wird, und nur bezüglich derjenigen Phänomene, die von dieser Wechselwirkung betroffen oder für sie ursächlich sind. Eine *systematische* Auseinandersetzung über das Verhältnis des Gebrauchswerts zum Tauschwert findet somit innerhalb der Politischen Ökonomie nicht statt.[113]

---

[113] Wie Immler (1985, 187–190, 209f., 216–218, 243f.) zeigt, referiert Marx hier die Auffassung von David Ricardo (die freilich auf Vorarbeiten von Smith und Locke aufbaut). Ricardo habe in seiner ökonomischen Theorie zwei Arten von Natur unterschieden: Während die erste Natur unerschöpflich/unendlich, in ihrer Qualität homogen und unveränderbar (,Naturkonstanz') sei, sei die zweite Natur begrenzt, qualitativ heterogen und veränderbar. Insbesondere der (landwirtschaftlich nutzbare) Boden falle für Ricardo unter die zweite Art der Natur, da die Menge (landwirtschaftlich nutzbaren) Bodens begrenzt und von unterschiedlicher Qualität (Fruchtbarkeit) sei und die Eigenschaften des Bodens verändert werden könnten (z. B. Mineralgehalt; letztlich seine Fruchtbarkeit); während die meisten anderen Naturgüter – wie etwa Luft und Wasser – unter die erste Art der Natur fielen, da sie von Ricardo als unerschöpfbar, unveränderbar und in ihrer Qualität gleich aufgefasst würden. Da laut Ricardo „für eine unerschöpfliche Ressource kein Preis" (Immler 1985, 217) bezahlt werden müsse, stelle nur die zweite Natur eine Ware dar: „Der Spaltung der Natur bei Ricardo entsprach demnach die

Marx übt auch an diesem *okkasionellen und partiellen Einbezug des Gebrauchswerts in den Gegenstandsbereich der Politischen Ökonomie* Kritik: Da der Wert die Einheit von Gebrauchs- und Tauschwert darstellt und somit eine Ware nur dann über Wert verfügt, wenn ihr sowohl Tausch- als auch Gebrauchswert zukommt, muss das *Verhältnis von Tausch- und Gebrauchswert* in der ökonomischen Theorie *systematisch* – in allen Fällen – reflektiert werden;[114] Gebrauchs- und Tauschwert stehen nicht nur in ‚Ausnahmesituationen', sondern immer schon in einem wechselseitigen Bestimmungsverhältnis, was aber von der Politischen Ökonomie aus ihrer Innenperspektive nicht erkannt wird.[115] Das Verfahren der Politischen Ökonomie, dieses Verhältnis le-

---

Teilung der Natur durch die Tauschwertrationalität in einen warenförmigen und nicht-warenförmigen Teil. Der nicht-warenförmige Teil stimmte mit Ricardos allgemeiner, ursprünglicher und unzerstörbarer Natur überein, der warenförmige Teil mit der begrenzten und differenzierten landwirtschaftlichen Natur. [...] Die als begrenzt erscheinende Natur hat einen *Eigentümer* und kann als *Ware* be- und gehandelt werden. Der als unerschöpflich angesehenen Natur mangelt es an diesen ‚Eigenschaften' entweder grundsätzlich oder aber zumindest bis zu einem bestimmten Zeitpunkt" (Immler 1985, 216– 218). Da die erste Natur – unter die der Hauptteil der Naturgüter falle – als unerschöpflich und unveränderbar gelte, stelle sie für die Politische Ökonomie eine gleichsam stabile Basis für den Tauschwert dar, die selbst durch die ökonomischen Verhältnisse und das ökonomische Handeln der Menschen nicht verändert werden könne und dadurch auch keine besonderen Wirkungen auf eben dieses ökonomische Handeln und die ökonomischen Verhältnisse besitze. Dies ist der im Haupttext erwähnte ‚Normalfall': Der Gebrauchswert (der auf den spezifischen stofflichen Eigenschaften von Gegenständen beruht und somit – neben den Bedürfnissen der Menschen – aus Perspektive der Politischen Ökonomie durch Natur konstituiert wird) wird weder bestimmt durch die ökonomischen Verhältnisse noch bestimmt er diese. Aus der Analyse von Immler (1985) ist an dieser Stelle zu schlussfolgern: Nur im Falle warenförmiger Naturgüter wie des Bodens liegt für die Politische Ökonomie eine Wechselwirkung zwischen Gebrauchswert und Tauschwert vor. Daher wird der Gebrauchswert nur dann in die Politische Ökonomie einbezogen, wenn und insoweit es um diese warenförmigen Naturgüter geht (s. Abschnitt 3.1.3.3). – Immler (2011) vertritt die Auffassung, dass die Annahme der unveränderlichen und unerschöpflichen Natur die Prämisse der Arbeitswertlehre der Politischen Ökonomie bilde, dergemäß Wert allein durch Verausgabung menschlicher Arbeit konstituiert wird: „Wie kommt Ricardo und mit ihm fast die gesamte klassische und marxistische Ökonomie dazu, Tauschwert und Natur so konsequent voneinander getrennt zu sehen? Sein entscheidender Schritt dazu ist, dass er in seiner Werttheorie die äußere, nicht in der Warenform existente Natur als konstante Voraussetzung aller Produktion und aller Wertbildung determiniert, d. h. diese Natur als ewige, unerschöpfliche, unzerstörbare und unbegrenzte Bedingung der Ökonomie einführt. Wenn man diese Annahme aber trifft, dann ist die Natur in der Tat aus aller Beteiligung an der Wertproduktion ausgeschlossen, da es überhaupt keinen Grund dafür gibt, die ökonomische Wertbildung von einer ewigen Natureigenschaft abhängig zu sehen. [...] Die Lehre von der Arbeit als der alleinigen Wertbildnerin ist dann – und nur dann – wertökonomisch relevant und realhistorisch konsistent, wenn sie auf das unbewegliche Fundament einer konstanten Natur gestellt wird" (40).
114 Für die Durchführung dieses Programms s. die folgenden Abschnitte.
115 Das marxsche Programm, nicht nur den Tauschwert, sondern das Verhältnis zwischen diesem und dem Gebrauchswert zum Gegenstand der ökonomischen Theorie zu erklären, wurde insbesondere von Saito (2016) herausgearbeitet (rudimentär bereits bei Thie [2013, 141]). Er insistiert zu Recht darauf, dass die marxsche Theorie nur dann adäquat verstanden werde, wenn die – in der Sekundärliteratur zur Genüge diskutierte – Untersuchung der ökonomischen Formen und Fetischismus-Kritik durch *„die Analyse des Zusammenhangs zwischen den ökonomischen Formen und der konkreten stofflichen Welt"*

diglich bei exzeptionell augenfälligen Phänomenen zu reflektieren, vermag daher ihr Erkenntnisobjekt – den Tauschwert als gesellschaftlichen Reichtum – nicht adäquat theoretisch zu erfassen.

Deutlich wird an dieser Stelle der ‚zwieschlächtige' Charakter der Politischen Ökonomie: Einerseits bezieht sie ‚im Normalfall' ausschließlich den Tauschwert in ihre Theoriebildung ein und verfehlt somit gerade die Bestimmung des Wertbegriffs als Einheit von Gebrauchs- und Tauchwert; andererseits jedoch reflektiert sie – wenn auch nur okkasionell und partiell – dem Wertbegriff entsprechend den Zusammenhang von Gebrauchs- und Tauschwert. Die Politische Ökonomie vermag zwar nicht den kategorialen Zusammenhang zwischen beiden Arten des Werts zu erkennen und ist daher zu kritisieren; aber indem sie okkasionell und partiell den Zusammenhang zwischen Gebrauchs- und Tauschwert reflektiert, vermag sie einige Aspekte der ökonomischen Verhältnisse heutiger Gesellschaften durchaus adäquat zu erfassen. Und diese Feststellung lässt sich auf das praktische ökonomische Handeln übertragen: Zwar stellt der Tauschwert als moderne Form des Reichtums in der Tat den alleinigen Zweck der ökonomischen Praxis dar; dies bedeutet jedoch nicht, der Gebrauchswert werde gänzlich aus dem praktischen ökonomischen Kalkül ausgeschlossen: Immer dann (und nur dann), wenn der Zusammenhang von Gebrauchs- und Tauschwert augenscheinlich wird, erhält der Gebrauchswert praktische Relevanz. Dies ist phänomenal beobachtbar an der stetigen Entwicklung neuer Konsumgegenstände und ihnen entsprechender Gebrauchswerte zum Zwecke der Verkaufsförderung sowie an der angewandten naturwissenschaftlichen Forschung zum Zwecke der Entdeckung neuer (kostensparender) technischer Produktionsverfahren. Der modernen Gesellschaft kann deshalb – sowohl bezüglich der ökonomischen Praxis als auch der sie theoretisch reflektierenden Politischen Ökonomie – kein gänzliches ‚Vergessen' des Gebrauchswerts als der stofflichen Basis des Tauschwerts vorgeworfen werden.

(Saito 2016, 15 f.) ergänzt werde: „Sofern die Zerstörung der Natur unter dem Kapitalismus nach Marx' Analyse nichts anderes ist als die Manifestation des Widerspruchs zwischen der kapitalistischen Formbestimmtheit und der Natur, kann seine Kritik des Kapitalismus erst dadurch hinreichend systematisch erörtert werden, dass die im *Kapital* behandelten ökonomischen Kategorien in engem Zusammenhang mit den stofflichen Dimensionen der Natur betrachtet werden. Insofern ist der ‚Stoff' als zentrale Kategorie der Marx'schen Kapitalismuskritik zu behandeln. Dieser Ansatz ist nicht irrelevant: Wird die Bedeutung seines systematischen Programms nicht richtig erfasst, so scheinen Marx' Aussagen über die Natur als bloß isolierte und zerstreute Bemerkungen über negative Konsequenzen der kapitalistischen Produktion, die bestens als ‚Zitatensteinbruch' benutzt werden könnten. Im Gegenteil, wenn man die Rolle des ‚Stoffs' im Zusammenhang mit der ökonomischen ‚Form' richtig versteht, kann man nicht nur die Ökologie als stabiles Moment seines Systems erfassen, sondern auch zugleich Marx' Kritik der politischen Ökonomie erst wahrhaft als System zu begreifen beginnen" (Saito 2016, 16; vgl. auch 111, 132). Die marxsche Theorie überwinde somit sowohl die Verwechslung von Stoff und gesellschaftlicher Form, indem der Tauschwert als soziale Form und gerade nicht als stoffliche Eigenschaft der Gegenstände nachgewiesen werde, als auch den Dualismus von Stoff und gesellschaftlicher Form durch den Nachweis der Fundierung gesellschaftlicher Formen im Gebrauchswert als ihrer stofflichen Basis (vgl. Saito 2016, 127 f.).

2.1.4 Der Übergang vom Wert- zum Geldbegriff

Der Wert (beziehungsweise die Ware)[116] wurde im vorherigen Abschnitt als Einheit von Tausch- und Gebrauchswert bestimmt. Tausch- und Gebrauchswert stehen jedoch in einem widersprüchlichen Verhältnis zueinander, insofern ihre jeweiligen begrifflichen Bestimmungen gegenseitige Negationen darstellen. Somit weist der Wert als die begriffliche Einheit von Gebrauchs- und Tauschwert – also als Begriff, welcher die sich gegenseitig widersprechenden Bestimmungen umfasst – selbst Widerspruchscharakter auf. Zusammengefasst lässt sich die den Wertbegriff charakterisierende Widersprüchlichkeit als *Widerspruch zwischen der Besonderheit des Gebrauchswerts und der Allgemeinheit des Tauschwerts* bezeichnen: „Als [Tausch-]Werth[117] ist sie [die Ware] allgemein, als wirkliche Waare eine Besonderheit" (76). Dieser begriffliche Widerspruch zwischen dem Gebrauchs- und dem Tauschwert stellt den „Grundwiderspruch" (162) der modernen Ökonomik und Ökonomie dar, welcher die Theoriebildung der Politischen Ökonomie und die ökonomischen Verhältnisse moderner Gesellschaft bestimmt.[118]

Dieser Grundwiderspruch resultiert aus folgenden Widersprüchen zwischen den begrifflichen Bestimmungen von Gebrauchs- und Tauschwert:

- Die *Spezifität* und *Relativität* des Gebrauchswerts – also der Sachverhalt, dass Waren auf Basis ihrer spezifischen stofflichen Beschaffenheit über spezifische Gebrauchswerte relativ zu bestimmten Zwecken verfügen und Produkt spezifischer Arbeit sind – stehen in Widerspruch zur *Abstraktion* des Tauschwerts von eben dieser spezifischen physischen Beschaffenheit, Zweckbestimmung und Herstellungsweise der Waren sowie zur Auffassung der Waren als *homogene* Vergegenständlichungen von ebenso homogener abstrakter Arbeit.
- Die Bestimmung der *Spezifität* steht zudem im Widerspruch zur Bestimmung der *Totalität* des Tauschwerts. Der spezifische Gebrauchswert einer Ware ist qualitativ von demjenigen anderer Waren unterschieden, so dass nicht jede spezifische Ware gegen jede andere spezifische Ware austauschbar ist, da die Austauschenden nicht nach jedem spezifischen Gebrauchswert ein Bedürfnis besitzen. Der Tauschwert einer Ware hingegen ist qualitativ identisch zu demjenigen aller anderen Waren, so dass mittels einer Summe Tauschwert jede beliebige Ware ge-

---

116 Es sei noch einmal daran erinnert, dass der Wertbegriff mit demjenigen der Ware identisch ist, so dass immer dort, wo von Wert die Rede ist, zugleich auch die Ware gemeint ist.
117 Hier verwechselt Marx offenbar den Wert- mit dem Tauschwertbegriff.
118 Um Missverständnisse zu vermeiden, sei daran erinnert, dass es sich bei der hier vorliegenden Arbeit um die Rekonstruktion der marxschen Theorie – der Kritik der Politischen Ökonomie – und nicht um die Rekonstruktion der Politischen Ökonomie handelt. Die Darstellung und Entwicklung der Widersprüche zwischen den Bestimmungen des Gebrauchs- und denjenigen des Tauschwerts hier und in den folgenden Abschnitten erfolgt daher aus der Perspektive der marxschen Kritik der Politischen Ökonomie. Aus der Innenperspektive der Politischen Ökonomie – so wie die Politischen Ökonom:innen selbst ihre eigene Theorie auffassen – existieren diese Widersprüche nicht oder werden als unwesentliche gleichsam ‚wegerklärt'.

kauft beziehungsweise eingetauscht werden kann. Der Widerspruch zwischen den Bestimmungen der *Spezifität* und der *Totalität* ist somit der *Widerspruch zwischen bedingter (quantitativ begrenzter) und unbedingter (quantitativ unbegrenzter) Austauschbarkeit*. Als Gebrauchswert ist eine Ware nur unter einer besonderen Bedingung austauschbar, dann nämlich, wenn die eintauschende Person genau dasjenige Bedürfnis hat, welches der spezifische Gebrauchswert der Ware zu befriedigen vermag. Als Tauschwert ist eine Ware hingegen „stets austauschbar" (76); der Tauschwert ist nichts anderes als diese Bestimmung der Austauschbarkeit:

Als [Tausch-]Werth ist das Maaß ihrer Austauschbarkeit durch sie selbst bestimmt: der Tauschwerth drückt eben das Verhältniß aus, in dem sie andre Waaren ersetzt; im wirklichen Austausch ist sie nur austauschbar in Quantitäten, die [...] den Bedürfnissen der Austauschenden entsprechen (76).

Ihre [der Ware] [...] Schranke ist also die *Consumtion* selbst – das *Bedürfniß für sie*. [...] Als bestimmter, einseitiger, qualitativer Gebrauchswerth, [...], ist seine Quantität selbst nur bis zu einem gewissen Grade gleichgültig; ist es nur in bestimmter Quantität erheischt; d. h. in einem gewissen Maaß. [...] Der Gebrauchswerth an sich hat nicht die Maaßlosigkeit des [Tausch-]Werths als solchen. Nur bis zu einem gewissen Grade können gewisse Gegenstände consumirt werden und sind sie Gegenstände des Bedürfnisses (317 f.).

Der Wert verfügt somit über die widersprüchlichen Bestimmungen ‚bedingte Austauschbarkeit' und ‚unbedingte Austauschbarkeit'.

- Die durch den Gebrauchswert implizierte *Inkommensurabilität* aller Waren steht im Widerspruch zu der durch den Tauschwert implizierten *Kommensurabilität* aller Waren.
- Die *Vergänglichkeit* des Gebrauchswerts aufgrund der physischen Vernichtung der Waren durch Naturprozesse oder Konsum steht im Widerspruch zur *Unvergänglichkeit* des – von aller physischen Beschaffenheit der Waren und ihrer Zweckbestimmung abstrahierenden – Tauschwerts (vgl. 365, 529).
- *Labilität* und *Unvergänglichkeit* als Bestimmungen des Tauschwerts widersprechen sich, insofern der Tauschwert einer Ware aufgrund der *Labilität* abnehmen und somit – im Widerspruch zur *Unvergänglichkeit* – partiell vernichtet werden kann. Es scheint also nicht nur ein Widerspruch zwischen dem Tauschwert und dem Gebrauchswert, sondern ein inhärenter Widerspruch des Tauschwerts selbst zu existieren. Dies ist an sich nicht falsch; zu bedenken ist jedoch, dass das tendenzielle Abnehmen des Tauschwerts einer Ware aufgrund technischer Verbesserungen des Produktionsprozesses und daraus resultierender höherer Produktivität eine Folge der Verbesserung des *Gebrauchswerts* der zur Produktion verwendeten Waren ist. Die *Labilität* des Tauschwerts ist somit auf den Ge-

brauchswert der Waren rückführbar, so dass hier nichtsdestotrotz ein Widerspruch zwischen Gebrauchs- und Tauschwert vorliegt.[119]

Die dargestellten widersprüchlichen Bestimmungen sind im Wert (beziehungsweise der Ware) in eine begriffliche Einheit gebracht; der Wertbegriff umfasst die miteinander in Widerspruch stehenden begrifflichen Bestimmungen des Gebrauchs- und Tauschwerts. Die inhärente Widersprüchlichkeit des Wertbegriffs ‚sprengt' jedoch diese Einheit – die widersprüchlichen Bestimmungen können nicht in einem Begriff vereint sein und teilen sich entsprechend in zwei Begriffe auf. Der Tauschwert einer Ware

> muß daher auch eine von ihr qualitativ unterscheidbare Existenz besitzen [...], weil die natürliche Verschiedenheit der Waaren mit ihrer ökonomischen Equivalenz in Widerspruch gerathen muß und beide nur neben einander bestehn können, indem die Waare eine doppelte Existenz gewinnt, neben ihrer natürlichen eine rein ökonomische, in der sie ein bloses Zeichen [...] für ihren eignen [Tausch-]Werth (76)

ist. Der Wertbegriff zerfällt aufgrund seiner inhärenten Widersprüchlichkeit in die Begriffe des Gebrauchs- und Tauschwerts, die keine begriffliche Einheit mehr bilden; Tauschwert und Gebrauchswert gewinnen begrifflich eine eigenständige Existenz. Der Ware als Gebrauchswert (‚natürliche Existenz'), die von Marx als ‚besondere Ware' bezeichnet wird, steht als selbstständiger Begriff die Ware als Tauschwert (‚ökonomische Existenz') gegenüber. Dieser vom Gebrauchswert getrennte, ‚reine' Tauschwert ist das *Geld*.[120] Gegenüber der Ware als Einheit von Gebrauchs- und Tauschwert ist im Geld eine „Verselbstständigung des Tauschwerths" (83) zu konstatieren: Im Geld erscheint der Tauschwert nicht mehr fundiert im Gebrauchswert zu sein, sondern für sich – selbstständig – zu existieren:

> Der Tauschwerth der Waare, als besondre Existenz neben der Waare selbst, ist *Geld* (77).
>
> das Verhältniß des Products zu sich als Tauschwerth, wird sein Verhältniß zu einem neben ihm existirenden Gelde (81).

Das Geld stellt also die *Aufhebung* der dem Wert- und Warenbegriff inhärenten Widersprüche dar, insofern die widersprüchlichen Bestimmungen sich begrifflich von-

---

[119] Über diese Widersprüche zwischen den begrifflichen Bestimmungen von Gebrauchs- und Tauschwert hinaus konstatiert Marx einen Widerspruch, der logisch aus ihnen folgt: *der Widerspruch zwischen der Möglichkeit und Unmöglichkeit der gleichmäßigen Teilung*. Die den Tauschwert konstituierende Arbeitszeit lässt sich gleichmäßig in beliebig kleine Einheiten (Stunden, Minuten, Sekunden, Nanosekunden, ...) teilen; die materiellen Gegenstände als die den Gebrauchswert konstituierende ‚stoffliche Seite' sind hingegen nicht gleichmäßig und in beliebig kleine Einheiten teilbar, sofern sie ihre Funktion und damit ihren Gebrauchswert nicht verlieren sollen: „Als [Tausch-]Werth ist jede Waare gleichmässig theilbar; in ihrem natürlichen Dasein ist sie es nicht" (76; vgl. auch 339). Der Wert verfügt somit über die widersprüchlichen Bestimmungen ‚gleichmäßige Teilbarkeit' und ‚keine gleichmäßige Teilbarkeit'.
[120] Vgl. Wolf (2007, 67).

einander abtrennen und somit ihr widersprüchliches Verhältnis ‚aufgehoben', also gleichsam ‚neutralisiert' wird; der Terminus ‚Aufhebung' bezeichnet *hier* die Lösung der Widersprüche.[121] Deutlich wird hier auch, wieso die Politische Ökonomie den Gebrauchswert im Regelfall aus ihrem Gegenstandsbereich ausschließt: Als Geld erscheint der Tauschwert in der Tat unabhängig vom Gebrauchswert zu existieren.

Anhand dieser Herleitung des Geldes aus dem Wert wird die in den *Grundrissen* von Marx verfolgte *Methode* deutlich: Die Begriffe der Politischen Ökonomie – wie derjenige des Wertes – erweisen sich als inhärent widersprüchlich und gehen dadurch in neue Begriffe – wie denjenigen des Geldes – über. Die marxsche Theorie besitzt also einen *begriffslogischen* Charakter, insofern die verschiedenen ökonomischen Begriffe – anstatt sie lediglich zu ‚definieren' und unverbunden nebeneinander zu stellen – in einen systematisch-logischen Zusammenhang gestellt werden und ihre Interdependenz aufgezeigt wird: Das Geld ist eine Entwicklung des Wertes, indem der Wert aufgrund seiner inhärenten Widersprüchlichkeit sich zu Geld entwickelt. Das Geld als empirisch beobachtbares Phänomen der modernen Gesellschaft wird durch die marxsche Theorie allererst theoretisch auf seinen Grund – den Wert – und somit auf den Warentausch als das dominante ökonomische Verhältnis der modernen Gesellschaft zurückgeführt und aus diesem erklärt. Das Geld stellt somit kein selbstständiges ökonomisches Phänomen dar, das isoliert für sich theoretisch untersucht werden könnte, sondern seine Bestimmungen leiten sich aus dem Waren- beziehungsweise Wertbegriff ab und können nur vor diesem Hintergrund adäquat verstanden werden:

> alle Eigenschaften, die als besondre Eigenschaften des Geldes aufgezählt werden, sind Eigenschaften der Waare als Tauschwerth; des Products als Werth im Unterschied vom Werth als Product. [...] Der Tauschwerth des Products erzeugt also das Geld neben dem Product. [...] Die Eigenschaften des Geldes [...] folgen alle einfach aus seiner Bestimmung des von den Waaren selbst getrennten und vergegenständlichten Tauschwerths (76 f. und 80).

Aus dem „Grundwiderspruch" (162) zwischen Gebrauchs- und Tauschwert wird freilich nicht nur das Geld, sondern werden in der Folge (siehe die nächsten Abschnitte) weitere ökonomische Begriffe abgeleitet und dadurch empirisch beobachtbare Phänomene erklärt werden; der begriffslogische, systematische Charakter der marxschen Theorie besteht somit darin, letztlich alle Kategorien der Politischen Ökonomie aus diesem einen, aus dem Warentausch als dominantem ökonomischen Verhältnis resultierenden Grundwiderspruch herzuleiten und davon ausgehend die Phänomene der modernen Ökonomie zu erklären.[122] Einen *dialektischen* Charakter besitzt die

---

[121] S. Abschnitt 2.1.6 für die volle Bedeutung des Terminus ‚Aufhebung'.
[122] Heinrich (2014) konstatiert zu Recht, dass Marx „die einzelnen Begriffe nicht einfach als selbständige Elemente nebeneinander stehen läßt und mit Hinweis auf das empirische Material, aus dem sie gewonnen wurden, rechtfertigt, sondern sie in eine bestimmte *Ordnung* bringt, die ihnen aber nicht äußerlich ist und lediglich den Gesamtzusammenhang herstellt, sondern die zur Bestimmung der Kategorien selbst noch wesentlich ist: *eine Ordnung, die wesentliche Beziehungen der Kategorien aus-*

marxsche Methode, da der logische Zusammenhang zwischen Begriffen durch deren inhärente Widersprüchlichkeit hergestellt wird; die widersprüchlichen Bestimmungen von Begriffen werden nicht bloß konstatiert, sondern erweisen sich als gleichsam produktiv, insofern aus dieser Widersprüchlichkeit weitere Begriffe entwickelt werden.[123]

---

drückt" (172 f.). Zurückzuweisen ist jedoch die folgende Darstellung Heinrichs (2014): „Was nun den Inhalt der kategorialen Mängel oder ‚Widersprüche' ausmacht, die die begriffliche Entwicklung vorantreiben, und in welcher Weise der Fortgang der Darstellung erfolgt, läßt sich nicht allgemein bestimmen oder auf einen sich immer weiter ‚entfaltenden Widerspruch' (zwischen Gebrauchswert und Tauschwert, privater und gesellschaftlicher Arbeit etc.) reduzieren. Die ‚dialektische Entwicklung', die den Zusammenhang des Gegenstandes darstellen soll, ist Resultat eines konkreten Forschungsprozesses und nicht Ergebnis einer irgendwie gearteten dialektischen Entwicklungsmaschine" (174). Bezüglich der *Grundrisse* ist der Auffassung Heinrichs (2014) zu widersprechen, die begriffliche Entwicklung folge keinem ‚sich immer weiter entfaltenden Widerspruch': Die widersprüchlichen Bestimmungen des Werts – also der Widerspruch zwischen Gebrauchs- und Tauschwert – stellen in den *Grundrissen* tatsächlich den ‚Grundwiderspruch' der modernen Ökonomie und Ökonomik dar, aus welchem sich die Begriffe von Geld und Kapital und somit die die moderne Ökonomie historisch spezifisch prägenden Phänomene ableiten lassen (Wolf [2002, 2007] vertritt auch bezüglich des *Kapital* die Auffassung, die marxsche Theorie basiere auf einem ‚Grundwiderspruch'; s. die nächste Fußnote). Dies heißt jedoch *nicht*, dass es sich bei dem ‚Grundwiderspruch' zwischen Gebrauchs- und Tauschwert um eine ‚dialektische Entwicklungsmaschine' handelt, als würden begriffliche Widersprüche ohne Bezug auf die gesellschaftliche Wirklichkeit konstruiert werden oder als würde der im Kopf des Theoretikers allein existierende ‚Grundwiderspruch' der gesellschaftlichen Wirklichkeit äußerlich ‚übergestülpt'. Vielmehr resultiert die Erkenntnis dieses ‚Grundwiderspruchs' aus einem Forschungsprozess; durch jahrelange Forschungstätigkeit, die sich in einem Bestand enorm umfangreicher Manuskripte, Publikationen, Briefe und Notizhefte niederschlug, gelangte Marx zu der Erkenntnis, dass der Widerspruch zwischen Gebrauchs- und Tauschwert das gleichsam unter der empirischen Oberfläche liegende Prinzip ist, das die gesellschaftlichen Verhältnisse der modernen Ökonomie und die empirisch beobachtbaren gesellschaftlich-ökonomischen Phänomene bestimmt.

123 Die Ableitung des Geldes (und weiterer Begriffe) aus der begrifflichen Widersprüchlichkeit des Werts bzw. der Ware ist jene von Reichelt (1997) und Backhaus (1998) in den Mittelpunkt ihrer Überlegungen gestellte dialektische Argumentations- und Darstellungsweise. Heinrich (2104) charakterisiert die ‚dialektische Darstellung' wie folgt: „Die Art und Weise wie sich der Mangel einer Kategorie äußert, zeigt zugleich, wie er vermittels einer weiteren Kategorie behoben werden kann: die erste Kategorie weist über sich selbst hinaus, auf die zweite, die ihrerseits aber wiederum mangelhaft ist, solange noch nicht die Totalität der bürgerlichen Produktionsweise dargestellt ist. Damit liefert die ‚dialektische Darstellung' einen bestimmten *Begründungszusammenhang* zwischen den einzelnen Kategorien; die Abfolge der Kategorien, der ‚Übergang' von einer Kategorie zur nächsten ist daher keine Frage der Didaktik, sondern besitzt selbst noch einen spezifischen Informationsgehalt" (173). Backhaus (1998) betrachtet die dialektische Ableitung des Geldes (und weiterer Begriffe) aus dem Wert als diejenige Innovation der marxschen Theorie, die sie vor anderen wirtschaftswissenschaftlichen Theorien auszeichne. Diese ‚Revolutionierung der Werttheorie' bestehe „darin, daß der Wert nicht mehr mit Smith bloß als ein ‚Zentrum, zu dem die Preise ... gravitieren' [...] begriffen wird, sondern als ein entwicklungsfähiges und entwicklungsbedürftiges Prinzip, als Substrat einer ‚Entwicklungsmethode' [...] Die nationalökonomische Brisanz dieser Konzeption besteht offenbar darin, daß ausnahmslos alle ökonomischen Kategorien als rationelle und irrationelle, niedere und höhere Erscheinungs- und Entwicklungsformen des Werts ‚entwickelt und begriffen' [...] werden, die so den Status

Anhand der Herleitung des Geldes aus der Widersprüchlichkeit des Wertbegriffs wird *sachlich* zudem deutlich, dass das Geld keineswegs ein zufälliges Phänomen der modernen Gesellschaft ist, sondern „*nothwendig* [...] der Tauschwerth eine vom Product getrennte losgelöste Existenz erhält" (79; Hervorhebung L. L.; vgl. auch 76) und somit das Geld in der modernen – auf dem Warentausch basierenden – Gesellschaft notwendig existiert (vgl. 128 f.). Eine Gesellschaft, deren dominantes ökonomisches Verhältnis der Warentausch darstellt, kann auf Basis des Naturaltausches – also des unmittelbaren Tausches Ware gegen Ware ohne Vermittlung durch Geld als Tauschmittel – nicht gedacht werden und daher faktisch nicht existieren. Politische Forderungen, einzig das Geldsystem einer Gesellschaft zu reformieren, um die sozialen Probleme der modernen Gesellschaft zu lösen, ja „die Polemik gegen das Metallgeld

---

materialer Definierbarkeit gewinnen" (Backhaus 1998, 351 f.). Der Einschätzung Backhaus' (1998) ist zuzustimmen: In der Tat stellt es einen enormen Erkenntnisgewinn dar, die Existenz des Geldes nicht bloß deskriptiv-empirisch festzustellen, sondern den notwendigen Zusammenhang des Geldes mit dem Wert und somit mit der ökonomischen Grundverfassung der modernen Gesellschaft als einer warentauschenden nachzuweisen. Backhaus (1998, 357–360) weist zudem darauf hin, dass die marxsche Theorie die Widersprüchlichkeit der ökonomischen Begriffe reflektiere – gleichsam ‚aushalte' –, während die herkömmliche wirtschaftswissenschaftliche Theoriebildung diese Widersprüchlichkeit gerade verleugne: Während der Nationalökonom Carl Menger sich gegen die Postulierung des Wertbegriffs in der wirtschaftswissenschaftlichen Theoriebildung mit der Begründung wende, der Wertbegriff sei nicht ‚denkmöglich' aufgrund seiner (auch von Menger festgestellten) immanenten Widersprüchlichkeit, folgere Marx aus dieser begrifflichen Widersprüchlichkeit gerade nicht die Denkunmöglichkeit des Wertbegriffs, sondern gelange er „zu der umgekehrten Schlußfolgerung, daß hiermit ein Beweis für die Existenz eines Widerspruchs zwischen dem Wert und dem Gebrauchswert erbracht sei" (Backhaus 1998, 360). – Wolf (2002, 2007), von dessen Rekonstruktion der marxschen Theorie ich viel lernte, und von der die hier vorliegende Arbeit in ihrem Marx-Verständnis entsprechend geprägt ist, weist nach, dass der ‚dialektische Widerspruch' zwischen dem Gebrauchswert und dem Wert die zentrale Denk- und Argumentationsfigur der marxschen Theorie darstelle: „Bei dem einfachsten Verhältnis zweier Waren zueinander, bei dem Austausch der einfachen, noch nicht preisbestimmten Waren, dessen Resultat der doppelseitig-polarische Gegensatz von Ware und Geld ist, und schließlich beim Kapital in all seinen Formen, [...], handelt es sich um unterschiedlich entwickelte ökonomisch-gesellschaftliche Verhältnisse, deren Struktur damit gegeben ist, dass in ihnen der Widerspruch zwischen dem Gebrauchswert und dem Wert ebenso sehr gesetzt wie gelöst ist. [...] Marx beginnt die Darstellung der Anatomie der bürgerlichen Gesellschaft mit der Ware und deckt, ausgehend von dem zwieschlächtigen Charakter der in ihr steckenden Arbeit, den der Ware immanenten Widerspruch zwischen dem Gebrauchswert und dem Wert auf, der im einfachsten Verhältnis zweier Waren zueinander seine erste Lösungsbewegung findet. So geht es auf allen für eine Darstellung der Warenzirkulation notwendigen Abstraktionsstufen um den Widerspruch zwischen dem Gebrauchswert und dem Wert" (Wolf 2002, 10 f., 17). „Mit dem jeweiligen Setzen und Lösen des Widerspruchs entstehen unterschiedliche aufeinander folgende ökonomisch-gesellschaftliche Strukturen" (Wolf 2007, 66), so dass der Widerspruch die „‚Triebkraft' der Entwicklung der unterschiedlichen Formen des Werts" (Wolf 2002, 9) darstelle. Eine Differenz zwischen dem wolfschen Marxverständnis und dem in dieser Arbeit vertretenen liegt darin, dass Wolf (ähnlich wie Backhaus [1998] und Saito [2016]) von einem Widerspruch zwischen Gebrauchswert und *Wert*, ich hingegen von einem Widerspruch zwischen Gebrauchswert und *Tauschwert* ausgehe (und der Wert die widersprüchliche Einheit von Gebrauchs- und Tauschwert ist).

oder das Geld überhaupt" (162), laufen vor dem Hintergrund dieser Erkenntnis ins Leere. Da das Geld bloß Konsequenz des Widerspruchs zwischen Gebrauchs- und Tauschwert ist, lassen sich die gesellschaftlichen Probleme der modernen Gesellschaft nicht lösen,

> solange die Basis des Tauschwerths beibehalten wird, [...]. Solange die Operationen gegen das Geld als solches gerichtet sind, ist es blos ein Angriff auf Consequenzen, deren Ursachen bestehn bleiben (162).

2.1.5 Der Begriff des Geldes

Das Geld ist

> [d]er von den Waaren selbst losgelöste und selbst als eine Waare neben ihnen existirende Tauschwerth [...]. Alle Eigenschaften der Waare als Tauschwerth erscheinen als ein von ihr verschiedner Gegenstand, eine von ihrer natürlichen Existenzform losgelöste sociale Existenzform im *Geld* (79; vgl. auch 80).

Während der Tauschwert zunächst in der Ware in begrifflicher Einheit mit dem Gebrauchswert existierte, erhält er im Geld eine selbstständige Existenz.[124] Somit wird *einerseits* der Widerspruch zwischen den Bestimmungen des Tausch- und denen des Gebrauchswerts aufgelöst: Das Geld *als verselbstständigter Tauschwert* verfügt ausschließlich über die Bestimmungen des Tauschwerts. Der Tauschwert entkoppelt sich gleichsam von den besonderen Waren und deren spezifischen Gebrauchswerten und spezifischen stofflichen Eigenschaften. *Andererseits* ist das Geld selbst eine Ware und *als Ware* die widersprüchliche Einheit von Gebrauchs- und Tauschwert: „Daraus daß die Waare zum allgemeinen Tauschwerth, geht hervor, daß der Tauschwerth zu einer besondren Waare wird" (98). Gerade weil das Geld verselbstständigter Tauschwert und dieser Ausdruck des Warentausches als des dominanten ökonomischen Verhältnisses ist, muss das Geld ebenfalls dem Warentausch entsprechen und somit selbst Ware sein; wäre das Geld keine Ware, wäre der Austausch von besonderen Waren gegen Geld kein Warentausch. Im Verhältnis zwischen besonderer Ware und Geld *erscheint* die besondere Ware zwar *als Gebrauchswert* und das Geld *als Tauschwert,* aber tatsächlich verfügt die besondere Ware über Tauschwert[125] wie das Geld über Gebrauchswert; und wenn das Geld den Bestimmungen des Tauschwerts gemäß „als *allgemeine Waare* neben alle besondren Waaren tritt" (84), ist es genau das: Ware als widersprüchliche Einheit von Gebrauchs- und Tauschwert. Der Tauschwert hat

---

124 Freilich in variierendem Ausmaß, wie anhand der zweiten und dritten Geldbestimmung deutlich werden wird.
125 Es bleibt „der Tauschwerth natürlich zugleich eine inhärente Qualität der Waaren" (84), so dass auch die besondere Ware kein ‚reiner' Gebrauchswert ist, sondern immer noch die widersprüchliche Einheit von Gebrauchs- und Tauschwert darstellt.

sich somit in der Geldform nicht vollständig vom Gebrauchswert und den diesem zugrunde liegenden stofflichen Eigenschaften der Waren emanzipiert, sondern bleibt im Gebrauchswert fundiert (vgl. 98 und 104). Das Geld, welches in der vorangegangenen theoretischen Entwicklung als Lösung der Widersprüche des Werts beziehungsweise der Ware *erschien* und durch diese Widersprüche allererst konstituiert wurde, erweist sich aufgrund seines Warencharakters selbst als durch die miteinander in Widerspruch stehenden begrifflichen Bestimmungen des Gebrauchs- und Tauschwerts charakterisiert (vgl. 83, 85 und 130):

> Wie der Tauschwerth im Geld als *allgemeine Waare* neben alle besondren Waaren tritt, so tritt dadurch zugleich der Tauschwerth als *besondre Waare* im Geld (da es eine besondre Existenz besitzt) neben alle andren Waaren. [...]; so tritt das Geld dadurch mit sich selbst und seiner Bestimmung in Widerspruch, daß es selbst eine *besondre* Waare ist (84).

Der Gebrauchswert des Geldes besteht nicht – wie derjenige der besonderen Waren – in seiner Brauchbarkeit zu Zwecken der *unmittelbaren* Bedürfnisbefriedigung, da das Geld Bedürfnisse nicht unmittelbar zu befriedigen vermag.[126] Daher scheint es aus Perspektive der einzelnen Personen der modernen Gesellschaft über keinerlei Gebrauchswert zu verfügen und „überhaupt in ihm als der Incarnation des reinen Tauschwerths die Erinnerung an den Gebrauchswerth im Unterschied von demselben ganz ausgelöscht" (162) zu sein. Tatsächlich jedoch verfügt Geld über Gebrauchswert, indem es „dem Bedürfnis *des Austauschs als solchen* dient" (98). Das ‚Bedürfnis des Austauschs als solchen' ist das Bedürfnis der Warentausch betreibenden Personen nach einer Ware mit dem Gebrauchswert, gegen jede andere Ware eintauschbar zu sein und somit den Warentausch zu erleichtern; es ist das Bedürfnis nach einer Ware mit dem Gebrauchswert, verselbstständigter Tauschwert zu sein. Das Geld stellt diese Ware dar und trägt dadurch *mittelbar* zur Bedürfnisbefriedigung von Personen bei, indem mittels seiner zur Bedürfnisbefriedigung brauchbare Waren durch Tausch erworben werden können. Daher verfügt das Geld lediglich über *mittelbaren Gebrauchswert*: Sein Gebrauchswert ist, dass mittels seiner besondere Waren mit (unmittelbarem) Gebrauchswert erlangt werden können.

Nicht jede beliebige Ware kann als Geld fungieren; nur eine Ware mit dem spezifischen Gebrauchswert, als verselbstständigter Tauschwert gegen jede andere Ware eintauschbar zu sein, kann als Geld verwendet werden. Um über diesen Gebrauchswert zu verfügen, muss die Ware stoffliche Eigenschaften besitzen, die (soweit wie möglich) den Bestimmungen des Tauschwerts entsprechen:

---

[126] Und es ist auch kein Produktionsmittel, das zur materiellen Herstellung von zur Bedürfnisbefriedigung tauglichen Gegenständen dienen würde. Produktionsmittel werden nämlich von den Individuen der modernen Gesellschaft als brauchbare Gegenstände, als Gegenstände mit Gebrauchswert aufgefasst, während hinsichtlich des Geldes – wie das folgende Zitat im Haupttext zeigt – die subjektive ‚Erinnerung' an den Gebrauchswert gänzlich ausgelöscht ist.

2.1 Die dialektische Entwicklung der Begriffe von Wert, Geld und Kapital — 77

> Die Eigenschaften, die die [besondere] Waare als Tauschwerth hat, und womit ihre natürlichen Qualitäten nicht adequat sind, drücken die Ansprüche aus, die an die [allgemeinen, als Geld fungierenden] Waaren zu machen (104–107; vgl. auch 79).

Und Marx fügt hinzu: „Diese Ansprüche, [...] am vollständigsten realisirt in den edlen Metallen" (107). Dies liegt in den homogenen physischen Eigenschaften von Edelmetallen begründet:

> The precious metals uniform in their physical qualities, so that equal quantities of it should be so far identical as to present no ground for preferring the one for the other. Gilt z. B. nicht von equal numbers of cattle and equal quantities of grain (107).

Diese physische Homogenität der Edelmetalle entspricht den Bestimmungen der *Homogenität* und der *Kommensurabilität* des Tauschwerts, so dass die Edelmetalle insofern den an eine Geldware gestellten Ansprüchen genügen. Zudem sind Edelmetalle durch ihre Dauerhaftigkeit und Haltbarkeit charakterisiert, welche der Tauschwertbestimmung der *Unvergänglichkeit* adäquat sind: „Die Metalle stellen an sich das Dauerhafte gegenüber den andren Waaren dar" (155).[127] Deutlich wird, dass der spezifische Gebrauchswert von Waren und ihre spezifischen materiellen Eigenschaften von Bedeutung sind für das Geld; es kann nur deshalb als verselbstständigter Tauschwert erscheinen, weil die als Geld fungierende Ware über spezifische stoffliche Eigenschaften und einen entsprechenden spezifischen Gebrauchswert verfügt. Daher sind diese stofflichen Eigenschaften auch zu einem Untersuchungsgegenstand der Wirtschaftswissenschaft zu machen: „Die Untersuchung über die edlen Metalle als die Subjecte des Geldverhältnisses, [...], liegt also keineswegs, wie Proudhon glaubt, ausserhalb des Bereichs der politischen Oekonomie" (104).[128] Anhand des Geldes und der Edelmetalle als seiner materiellen Basis wird deutlich, wieso Marx den systematischen Einbezug des Gebrauchswertes in die ökonomische Theoriebildung fordert (siehe Abschnitt 2.1.3): Das Geld als notwendige Entwicklungsform des Werts und als scheinbar verselbstständigter Tauschwert ist an einen stofflich spezifischen und über ebenso spezifischen Gebrauchswert verfügenden Gegenstand gebunden.

Neben dem oben dargestellten, dem Geldbegriff inhärenten Widerspruch zwischen den Bestimmungen des Tausch- und denjenigen des Gebrauchswerts – der im nächsten Abschnitt noch thematisiert werden wird – stellt Marx einen Widerspruch im Verhältnis zwischen der besonderen Ware und dem Geld fest: *der Widerspruch zwischen der bedingten (quantitativ begrenzten) Austauschbarkeit der besonderen Ware und der unbedingten (quantitativ unbegrenzten) Austauschbarkeit des Geldes.* Während Geld gegen jede Ware austauschbar ist, also jederzeit und unbedingt gegen besondere

---

[127] Für weitere Eigenschaften der Edelmetalle, die sie zur Geldware prädestinieren, vgl. 108f., 155.
[128] Aus diesem Grund setzt sich Marx in den *Grundrissen* über mehrere Druckseiten hinweg (107–112) mit den materiellen Eigenschaften der (Edel-)Metalle auseinander und exzerpiert entsprechende Literatur.

Waren eingetauscht werden kann, sind die besonderen Waren nur bedingt gegen Geld austauschbar:

> Sobald das Geld ein äußres Ding neben der Waare ist, ist die Austauschbarkeit der Waare gegen Geld sofort an äussere Bedingungen geknüpft, die eintreten können oder nicht; äusserlichen Bedingungen preißgegeben. Die Waare wird im Austausch verlangt wegen ihrer natürlichen Eigenschaften, wegen der Bedürfnisse, deren Objekt sie ist. Das Geld dagegen nur seines Tauschwerths wegen, als Tauschwerth. Ob die Waare daher umsetzbar ist gegen Geld, [...], hängt von Umständen ab, die zunächst mit ihr als Tauschwerth nichts zu schaffen haben und unabhängig davon sind. Die Umsetzbarkeit der Waare hängt von den natürlichen Eigenschaften des Products ab; die des Geldes fällt zusammen mit seiner Existenz als symbolisirter Tauschwerth. Es wird also möglich, daß die Waare in ihrer bestimmten Form als Product nicht mehr umgetauscht, gleichgesetzt werden kann mit ihrer allgemeinen Form als Geld (81f.).

Hier liegt derselbe Widerspruch zwischen den Bestimmungen der *Spezifität* und der *Totalität* vor, der bereits bezüglich des Wertbegriffs deutlich wurde (siehe Abschnitt 2.1.4): Während der Tauschwert – hier in seiner Form als Geld – unbedingte, unbegrenzte Austauschbarkeit impliziert, liegt bezüglich der besonderen Ware nur quantitativ begrenzte Austauschbarkeit vor, insofern sie nur dann austauschbar ist, wenn ein Bedürfnis nach ihrem Gebrauchswert besteht.[129] Hieran wird abermals deutlich, dass das Geld nicht die Widersprüche des Wert- beziehungsweise Warenbegriffs löst (vgl. 83, 85 und 130): Im Verhältnis zwischen besonderer Ware und Geld bestehen die Widersprüche zwischen den Bestimmungen des Gebrauchs- und Tauschwerts fort; was im Wert- beziehungsweise Warenbegriff als inhärenter Widerspruch erschien, erscheint hier als Widerspruch im Verhältnis zweier Begriffe, Geld und besondere Ware.

Marx verweist darauf, dass aus der dargestellten Widersprüchlichkeit ökonomische – und letztlich gesellschaftliche – Krisen folgen (vgl. 83f. und 127). Der ‚Grundwiderspruch' zwischen den Begriffen des Gebrauchs- und Tauschwerts führt also zum einen auf theoretischer Ebene zu begrifflicher Entwicklung; zum anderen ist er auf Ebene der gesellschaftlich-ökonomischen Realität – eingedenk der Tatsache, dass die Begriffe der Politischen Ökonomie ‚idealer Ausdruck' realer ökonomischer Verhältnisse sind – Ursache krisenhafter Erscheinungen.[130]

---

129 Marx arbeitet zwei weitere Widersprüche heraus, die hier aus forschungsökonomischen Gründen nicht weiter dargestellt werden: a) das räumliche und zeitliche Auseinanderfallen des Tauschaktes und somit der Widerspruch zwischen Kauf und Verkauf; b) der Widerspruch zwischen dem Warentausch zum Zwecke des Konsums und zum Zwecke des Gelderwerbs (vgl. 82 f.). Letzterer Widerspruch ist ohnehin Illustration einer Entwicklung, welche systematisch in der Behandlung der Geldbestimmungen (s. unten in diesem Abschnitt) ihren Platz finden wird.
130 Vgl. auch Borgnäs (2015, 16–19), die einen Überblick über die marxsche Krisentheorie gibt: „Crisis, in the most general sense in Marx, is therefore no anomaly to be explained by extrinsic factors affecting the system from outside or by institutions external to the market, but are manifestations of this underlying logic which is built into the very functioning of capital as such: the production of commodities for sale, based on the separation of exchange value from use value" (17).

Marx unterscheidet *drei Bestimmungen des Geldes*.[131] In der *ersten Geldbestimmung* erscheint das Geld als „*Maaß* oder Element, worin die Waare als Tauschwerth realisirt wird" (118). In dieser Bestimmung stellt das Geld diejenige Maßeinheit dar, in welcher – so wie die Länge eines Gegenstandes in Metern – der Tauschwert einer Ware ausgedrückt wird. Die besondere Ware ist nur „ideell" (121), also nur gedanklich in Geld verwandelt, so dass Geld in dieser ersten Bestimmung als gedachtes „Rechengeld" (121) fungiert. Der in Geldeinheiten ausgedrückte Tauschwert einer Ware wird als *Preis* bezeichnet; der Preis impliziert, dass sie zum Verkauf steht und noch nicht verkauft, ihr Tauschwert also noch nicht in reales Geld verwandelt wurde: „Das Geld wird der allgemeine Nenner der Tauschwerthe, der Waaren als Tauschwerthe. Der Tauschwerth im Geld ausgedrückt, d. h. dem Geld gleichgesezt, ist der *Preiß*" (119).[132] Die Verselbstständigung des Tauschwerts von der Ware, durch welche das Geld charakterisiert war, wird dadurch einerseits aufgehoben:

> Nachdem das Geld als der von den Waaren selbstständige getrennte Tauschwerth gesezt worden, wird nun die einzelne Waare, der besondre Tauschwerth dem Geld wieder *gleichgesezt*, d. h. gleich einem bestimmten Quantum Geld gesezt, als Geld ausgedrückt, in Geld übersezt. Dadurch daß sie [die Waren] dem Geld gleichgesezt sind, sind sie wieder auf einander bezogen, wie sie es dem Begriff nach als Tauschwerthe waren: daß sie sich in bestimmten Verhältnissen decken und vergleichen (120).

Andererseits wird die unmittelbare Einheit von Tauschwert und Gebrauchswert, wie sie im Wert vorlag, nicht mehr erreicht. Während der Tauschwert der Ware (fälschlich) als ihre stoffliche Eigenschaft erschien, die von der Ware nicht zu trennen ist, erscheint der Preis als Ausdruck der Beziehung der besonderen Ware zum Geld als selbstständig Existierendem neben und außerhalb ihrer:

> Indem aber das Geld eine selbstständige Existenz ausser den Waaren hat, so erscheint der Preiß der Waare als *äussere* Beziehung der Tauschwerthe oder Waaren auf das Geld; die Waare *ist nicht* Preiß, wie sie ihrer socialen Substanz nach Tauschwerth war; diese Bestimmtheit fällt nicht mit ihr *unmittelbar* zusammen; sondern ist vermittelt durch ihre Vergleichung mit dem Geld (120).

In der *zweiten Bestimmung* fungiert das Geld „als der Mittler des Waarenaustauschs, als das Tauschmittel. Es ist Circulationsrad, Circulationsinstrument" (123). Das Geld vermittelt in dieser Bestimmung den Austausch zweier besonderer Waren:

---

131 Mit dem wirtschaftswissenschaftlichen Vokabular von heute würde man diese als ‚Geldfunktionen' bezeichnen: Recheneinheit, Tauschmittel, Wertaufbewahrungsmittel (vgl. Mankiw 2001, 647 f.).
132 Bezüglich der an der marxschen Theorie geäußerten Kritik, der Wert sei eine redundante Kategorie, ökonomisch relevant seien einzig die Waren*preise*, schreibt Backhaus (1998) zurecht: „Die wichtigste Konsequenz der Methode dürfte wohl darin bestehen, daß nunmehr jene Kategorie, die der Ökonom als allein legitime dem verworfenen Wert entgegensetzt, der Produktions*preis*, selbst als ein Wert, als ‚*Wert*form' oder als eine ‚Erscheinungsform' des Werts ‚entwickelt und begriffen' werden kann: [...] Die neoricardianische Rede von der ‚Redundanz' des Marxschen Werts erweist sich damit als typischer Ausdruck nationalökonomischer Begriffslosigkeit" (351).

Ware – Geld – Ware, kurz: W – G – W (vgl. 130). Diese zweite Bestimmung des Geldes als Zirkulationsmittel ist von der ersten abhängig beziehungsweise abgeleitet:

> Die Waaren werden erst gegen Geld reell ausgetauscht, in wirkliches Geld verwandelt, nachdem sie vorher ideell in Geld verwandelt worden – d. h. *Preißbestimmung* erhalten haben, als *Preisse*. Die *Preisse* sind also die *Voraussetzung* der Geldcirculation (123).

Erst wenn die erste Bestimmung des Geldes gesetzt, die Ware also ideell in Geld verwandelt wurde, kann sie „im Tausch, im Kauf und Verkauf, *reell* in Geld verwandelt werden" (123). Freilich wird durch das Geld als Zirkulationsinstrument nur der Warenpreis realisiert – also die durch den Preis ausgedrückte Geldsumme vom Käufer an den Verkäufer übergeben – und das Eigentum an der besonderen Ware vom Verkäufer auf den Käufer übertragen; die Ware selbst als materieller Gegenstand wird jedoch nicht durch das Geld zirkuliert (vgl. 124):

> Um die Waaren wirklich zu circuliren, dazu gehören *Transportinstrumente*, und kann das nicht vom Geld bewerkstelligt werden. [...] Die wirkliche Circulation der Waaren in Ort und Zeit wird nicht vom Geld bewerkstelligt (124).

Die ‚wirkliche', räumliche Zirkulation von Waren ist also an das Vorhandensein geeigneter, über spezifischen Gebrauchswert verfügender Gegenstände – der Transportinstrumente – gebunden.

Während in der ersten Bestimmung aufgrund der gedanklichen Wertmessung kein reales Geld benötigt wird, ist für die zweite Bestimmung die Vorhandenheit realen Geldes notwendig; um als Zirkulationsmittel fungieren zu können, reicht gedankliches ‚Rechengeld' nicht aus (vgl. 124 f.). *Zum einen* fungiert zur Münze geprägtes Edelmetall als Geld in seiner zweiten Bestimmung, dessen Gebrauch durch seine Münzform auf bestimmte politische Einheiten, beispielsweise Staaten, begrenzt ist (vgl. 150). Das Geld als Zirkulationsmittel ist lediglich Vermittler des Tausches der einen besonderen Ware gegen eine andere (W – G – W), wird also nicht dauerhaft einbehalten und angespart, sondern durch Kauf einer Ware sogleich wieder ausgegeben (vgl. 136 f.); der Tauschwert in der Form des Geldes als Tauschmittel besitzt nur *verschwindende Selbstständigkeit*, da er gleichsam in der Zirkulation aufgeht und bloßer Vermittler des Warentauschs ist, also über keine dauerhafte eigenständige Existenz den besonderen Waren als Gebrauchswerten gegenüber verfügt. Aus diesem Grund kann *zum anderen* auch ein Gegenstand symbolisch als Zirkulationsmittel dienen, welcher nicht über denselben Tauschwert verfügt wie diejenigen Waren, deren Tausch er vermittelt:

> Insofern es [das Geld] den Preiß der Waaren realisirt, wird die Waare gegen ihr reales Equivalent in Gold und Silber ausgetauscht; wird ihr Tauschwerth wirklich in dem Geld als einer andern Waare ausgedrückt; aber insofern dieser Prozeß nur stattfindet, um das Geld wieder in Waare zu verwandeln, um also die erste Waare gegen die 2te auszutauschen, erscheint das Geld nur verschwindend, und seine Substanz besteht nur darin, daß es fortwährend als dieß Verschwinden erscheint, [...]. Wenn eine Waare A zum Preiß von 1 £ gegen 1 falsches Pfund ausgetauscht und

> dieß falsche Pfund wieder ausgetauscht wird gegen Waare B von 1 £ St., so hat das falsche Pfund absolut denselben Dienst gethan, als ob es ein echtes wäre. Das wirkliche Pfund ist daher in diesem Process in der That nur ein *Zeichen*, [...]. Soweit aber die Realisirung des Preisses nicht das lezte ist, und es sich nicht darum handelt den Preiß der Waare als Preiß zu haben, sondern als Preiß einer andren Waare, ist die Materie des Geldes gleichgültig, z. B. das Gold und Silber (137–139),

weshalb

> das Geld als Gold und Silber, soweit es *nur* als Circulations-Tauschmittel ist, durch jedes andre *Zeichen* das ein bestimmtes Quantum seiner Einheit ausdrückt, ersezt werden kann und so symbolisches Geld das reelle ersetzen kann (140; vgl. auch 676–679).

Das Geldzeichen verfügt über weniger Tauschwert als die besonderen Waren, deren Austausch es vermittelt, so dass die Tauschakte Ware – Geld und Geld – Ware für sich betrachtet dem Zirkulationsgesetz widersprechen, da keine Tauschwertäquivalente ausgetauscht werden; der Gesamtprozess Ware – Geld – Ware stimmt jedoch mit dem Zirkulationsgesetz überein, insofern die beiden besonderen Waren über denselben Tauschwert verfügen.[133] Diese Substitution des Geldes durch bloße Symbole, die über weniger Tauschwert verfügen als die Waren, gegen welche sie ausgetauscht werden, ist ökonomisch vorteilhaft, insofern

> das Geld in seiner unmittelbaren Form selbst Werth hat, nicht nur der Werth andrer Waaren ist, Symbol ihres Werths – [...] – sondern selbst Werth hat, selbst vergegenständlichte Arbeit in einem bestimmten Gebrauchswerth ist (552f.).

---

133 Es mag exegetisch nahe liegen, aus dem Umstand, dass Gegenstände das Geld in seiner zweiten Bestimmung als Zeichen symbolisieren zu können, ohne selbst als Ware über entsprechenden Tauschwert zu verfügen, zu schlussfolgern, der Tauschwert verselbständige sich in der zweiten Geldbestimmung, insofern das Geld nicht mehr an spezifische Gegenstände mit spezifischen Gebrauchswerten wie die Edelmetalle gebunden sei, sondern jeder beliebige Gegenstand mit jedem beliebigen Gebrauchswert als Zeichen fungieren könne. Diese Schlussfolgerung ist jedoch nicht zutreffend, denn auch das bloß zeichenhafte Geld muss bestimmte, aus dem Bedürfnis des Austauschs resultierende Anforderungen erfüllen: Es muss etwa leicht zu transportieren sein, so dass wohl kaum Sand oder ein flüchtiges Gas als Zeichengeld fungieren können; und es muss insofern selten sein, als dass das Zeichengeld nicht beliebig und ohne Mühe zu vermehren ist. Somit ist auch hier der Tauschwert keineswegs verselbstständigt, sondern immer noch im spezifischen Gebrauchswert eines Gegenstandes mit spezifischen stofflichen Eigenschaften fundiert. Dies wird auch in der Gegenwart am Papiergeld sichtbar: Dieses muss über spezifische stoffliche Eigenschaften und somit über spezifischen Gebrauchswert verfügen, um in modernen Volkswirtschaften überhaupt sinnvoll verwendet werden zu können (bspw. aufgrund eines besonderen Herstellungsverfahrens über Eigenschaften verfügen, die die Geldfälschung weitestmöglich erschweren; es muss von bestimmten elektronischen Geräten auf Echtheit überprüft werden können; es muss über eine lange Haltbarkeit verfügen; ...). Insofern ist auch die marxsche Rede im obigen Zeit, die Materie des Geldes sei gleichgültig, zu relativieren: Der als Geld in der zweiten Bestimmung fungierende Gegenstand vermag einen geringeren Tauschwert zu besitzen als die gegen ihn ausgetauschten besonderen Waren, aber es ist nicht gleichgültig, welcher spezifische Gegenstand als Zeichengeld fungiert.

Die zur Gewinnung der Edelmetalle aufzuwendende Arbeitszeit vermag eingespart zu werden, wenn das Geld als Zirkulationsmittel durch Symbole ersetzt wird, die durch wesentlich weniger Arbeitszeit erzeugt werden können. Da verausgabte Arbeitszeit dasjenige ist, was in der modernen Gesellschaft unter ‚Reichtum' verstanden wird, dient diese Substitution der Bewahrung beziehungsweise Schaffung von Reichtum.

Das Geld in seiner *dritten Bestimmung* ist „*materieller Repräsentant des Reichthums*" (132). Während das Geld in der ersten und zweiten Bestimmung im Verhältnis zu einzelnen besonderen Waren steht, deren Preis es ausdrückt oder deren Austausch es vermittelt, drückt die dritte Bestimmung die Eigenschaft des Geldes aus, alles kaufen zu können, also gegen jede beliebige besondere Ware eintauschbar zu sein; daher ist das Geld in dieser Bestimmung „der verselbstständigte Tauschwerth [...] in seiner allgemeinen Form" (144).[134] Diese Geldbestimmung entspricht somit *potentiell* der Tauschwertbestimmung der *Totalität*: Das Geld ist Mittel, mit dem *potentiell* alle Waren erworben werden können, und ist somit nichts anderes als allgemeine Austauschbarkeit. Es

> repräsentirt [...] nicht nur den Tauschwerth der einen Waare gegenüber der andren, sondern den Tauschwerth gegenüber allen Waaren, [...] erscheint es [...] als der allgemeine Tauschwerth der andren Waaren. Es ist auf der einen Seite besessen als ihr Tauschwerth; sie stehn auf der andern Seite als ebensoviel besondre Substanzen desselben, so daß er sich ebensosehr in jede dieser Substanzen durch den Austausch verwandeln kann, als gleichgültig gegen und erhaben über ihre Bestimmtheit und Besonderheit ist. [...] Der Begriff des Reichthums ist so zu sagen in einem besondren Gegenstand realisirt, *individualisirt* (144 f.).

> Seine Qualität als allgemeiner Reichthum vorausgesetzt, ist kein Unterschied mehr an ihm, als der quantitative. Es stellt mehr oder weniger des allgemeinen Reichthums dar, je nachdem es nun als bestimmtes Quantum desselben in größerer oder geringrer Anzahl besessen wird (153).

Indem das Geld in seiner dritten Bestimmung gleichsam zu ‚allgemeiner Kaufkraft' wird, entspricht es ebenso den Bestimmungen der *Homogenität* und *Kommensurabilität* des Tauschwerts: Verschiedene Geldsummen sind qualitativ homogen und somit miteinander kommensurabel, unterscheiden sich also lediglich in ihrer quantitativen Größe voneinander.

Besondere Waren sind als Gebrauchswerte durch *Vergänglichkeit* bestimmt: Der spezifische Gebrauchswert eines Gegenstandes löst sich gleichsam auf, wenn der Gegenstand zerfällt oder konsumiert wird. Zugleich ist in diesem Fall auch der Tauschwert – in Widerspruch zu seiner Bestimmung der *Unvergänglichkeit* – nicht mehr existent: Der Tauschwert einer zerfallenen oder konsumierten Ware ist ebenso vernichtet wie der Gebrauchswert. Wenn also Tauschwert in seiner Form als Geld gegen eine besondere Ware eingetauscht wird, so wird er – da die Ware letztlich dem

---

[134] Zunächst lautete der Ausdruck „der selbstständige Tauschwerth" (Apparat, 816), was Marx später in „der verselbstständigte Tauschwerth" (144) änderte. Damit wird der (begrifflich, nicht zeitlich zu verstehende) Prozesscharakter der marxschen dialektischen Entwicklung des Geldes aus dem Wert unterstrichen.

Konsum im Sinne der Bedürfnisbefriedigung dient – vernichtet: Das Geld gelangt an eine andere Person und der ursprünglich besessene, nach dem Tauschakt in Form einer besonderen Ware existierende Tauschwert wird durch ihren Konsum zerstört:

> aber sobald das Geld wieder in die Circulation tritt, löst es sich auf in eine Reihe von Tauschprozessen mit Waaren, die verzehrt werden; geht daher verloren, sobald seine Kaufkraft erschöpft ist. Ebenso die Waare, die sich vermittelst des Geldes gegen Waare ausgetauscht hat, tritt aus der Circulation heraus, um consumirt, vernichtet zu werden (176).

Wenn das Geld gegen besondere Waren ausgetauscht wird, steht es also – das doch gerade die Verkörperung des ‚reinen', von der Besonderheit der übrigen Waren abgelösten Tauschwerts darstellt – im Widerspruch zur Bestimmung der *Unvergänglichkeit* des Tauschwerts. Um dieser Bestimmung zu entsprechen, darf das Geld nicht – wie in seiner zweiten Bestimmung – den Austausch besonderer Waren vermitteln, sondern muss es sich gleichsam ‚in Reinheit' außerhalb der Zirkulation erhalten. Das Geld in der dritten Bestimmung nimmt daher „selbstständige Existenz ausser der Circulation" (143; vgl. auch 131 f. und 152) an: Es wird der Zirkulation entzogen und angespart, so dass es einen *„Schatz"* (143) bildet. In der dritten Geldbestimmung gewinnt der Tauschwert somit *substantielle Selbstständigkeit gegen die Zirkulation* und tritt als selbstständiger den zirkulierenden besonderen Waren als Gebrauchswerten gegenüber:

> Jezt erscheint dieß Herausziehn desselben aus der Circulation und *Aufspeichern* desselben als der wesentliche Gegenstand des Bereicherungstriebs und als der wesentliche Prozeß des Bereicherns. Im Gold und Silber besitze ich den allgemeinen Reichthum in seiner gediegnen Form und je mehr ich davon anhäufe, um so mehr eigne ich mir von dem allgemeinen Reichthum an. [...] Diese Accumulation des Goldes und Silbers, die sich als wiederholtes Entziehn desselben aus der Circulation darstellt, ist zugleich das In-Sicherheit-Bringen des allgemeinen Reichthums gegen die Circulation, worin er stets verloren geht im Austausch zu einem besondren, schließlich in der Consumtion verschwindenden Reichthum. [...] Die Pointe liegt darauf, daß es *nicht* als Geld benuzt ist; die gegensätzliche Form zur Circulation ist hier das Wichtige (153 f.).

> Das Geld suchte sich als *unvergänglichen Werth,* als ewigen Werth zu setzen, indem es sich negativ gegen die Circulation verhielt, d. h. gegen den Austausch mit realem Reichthum, vergänglichen Waaren, die sich, [...], in vergängliche Genüsse auflösen (529).

Die substantielle Selbstständigkeit des Tauschwerts ist freilich eine bedingte, insofern das Geld erinnerlich nicht ‚reiner' Tauschwert, sondern Ware als die Einheit von Gebrauchs- und Tauschwert ist: Der Tauschwert ist also im Gebrauchswert einer mit spezifischen materiellen Eigenschaften ausgestatteten Ware fundiert; auch hier ist eine gänzliche Verselbstständigung des Tauschwerts nicht möglich, was erneut darauf verweist, den stofflich konstituierten Gebrauchswert in der wirtschaftswissenschaftlichen Theoriebildung systematisch zu reflektieren.

Während das Geld in der ersten Bestimmung als gedankliches Rechengeld und in der zweiten als Münze oder Zeichengeld erscheint, erscheint es in der dritten Bestimmung (entgegen der ersten) als real-stoffliches und nicht nur ‚gedachtes' Geld und (entgegen der zweiten Bestimmung) als ungeprägtes Edelmetall, welches somit nicht auf einen spezifischen Währungsraum begrenzt, sondern gleichsam universal-globaler Träger von Tauschwert ist. Das Geld in der dritten Bestimmung entspricht unmittelbar dem Zirkulationsgesetz, insofern es – anders als das Zeichengeld der zweiten Bestimmung – mit anderen Waren entsprechend seinem Tauschwert ausgetauscht wird:

> Das Geld in der 3ten Bestimmung als *selbstständig* aus der Circulation heraus- und ihr gegenübertretend, negirt daher auch seinen Charakter als Münze. Es erscheint wieder als Gold und Silber, ob es in sie umgeschmolzen wird, oder nur nach seinem Gewichttheil von Gold und Silber geschäzt wird. Es verliert auch wieder seinen nationalen Charakter, und dient als Tauschmittel zwischen den Nationen, als universelles Tauschmittel, aber nicht mehr als *Zeichen*, sondern als ein bestimmtes Quantum von Gold und Silber (150; vgl. auch 153).[135]

Durch das Aufsparen des Geldes verändert sich seine Rolle in der Zirkulation: Stellte es in seiner ersten Bestimmung das *Mittel* zum Ausdruck des Tauschwerts besonderer Waren und in seiner zweiten Bestimmung das Zirkulations*mittel* zum vereinfachten Austausch besonderer Waren (W – G – W) dar, „erscheint" das Geld in der dritten Bestimmung „als *Selbstzweck*, zu dessen bloser Realisation der Waarenhandel und Austausch dient" (131; Hervorhebung L. L.). Das Schema W – G – W verkehrt sich somit in sein Gegenteil: G – W – G (vgl. 142–144). Da das Geld verselbstständigter Tauschwert ist, ist in der dritten Geldbestimmung also der Tauschwert Selbstzweck. An dieser Stelle erfährt die – am Beginn der Theorieentwicklung bloß postulierte – Aussage eine Begründung, der Tauschwert sei dasjenige, was in der modernen Gesellschaft und der diese reflektierenden Politischen Ökonomie unter Reichtum und somit als Zweck ökonomischen Handelns verstanden werde (siehe Abschnitt 2.1.3): Dass dieses spezifische Verständnis von Reichtum existiert, wird

---

[135] Zu bedenken ist, dass Marx hier nicht auf die – in jeder Gesellschaftsform mögliche – bloße „Aufhäufung von Gold und Silber" (143) rekurriert, sondern auf die Aufhäufung von Gold und Silber als selbstständiger Existenz des Tauschwerts bzw. als Bestimmung des Geldes im Kontext der modernen, warentauschenden Gesellschaft (vgl. 143, 161). – Die Aussage, Geld in seiner dritten Bestimmung müsse in Form von Edelmetallen vorliegen, erscheint *prima facie* mit Blick auf die Gegenwart hoffnungslos veraltet: Heutiges Geld ist reines Papier- (oder besser: Digital-)Geld, sein Wert ist also nicht durch Edelmetalle gedeckt, und dennoch ist es offensichtlich mehr als bloßes Zirkulationsmittel, indem es in seiner dritten Bestimmung als allgemeiner Repräsentant des Reichtums zum Ansparen und zum Aufbau eines Vermögens verwendet werden kann. Freilich ist zu bedenken, dass a) in Währungen angelegte Vermögen durch die Inflation des Papiergeldes beständig kleiner werden, sich Geld, welches nicht an Edelmetalle gebunden ist, also denkbar schlecht zum Ansparen eignet; b) noch heute die Edelmetalle ein bedeutendes Anlagefeld darstellen; und c) zumindest größere Vermögen nie ausschließlich in Geldform ‚angelegt' werden, sondern vielmehr zum langfristigen Ansparen von Geld in nahezu allen Fällen auch Aktien (also Beteiligungen an den materiellen und immateriellen Vermögenswerten von Unternehmen) verwendet werden; hier liegt zwar keine Bindung des Geldes in seiner dritten Bestimmung an Edelmetalle vor, wohl aber im weiteren Sinne an Materialität. Die marxsche Auffassung, dass Zeichengeld sich nicht als allgemeiner Repräsentant des Reichtums und als Medium des Anhäufens von Tauschwert eignet, ist also noch immer *cum grano salis* zutreffend.

durch die dialektische Entwicklung des Tauschwertbegriffes begründet, in deren Verlauf das Geld in seiner dritten Bestimmung Selbstzweckcharakter annimmt. Und aus diesem Grund stellt der Tauschwert den Forschungsgegenstand der Politischen Ökonomie dar; der Gebrauchswert hingegen erscheint nur als Mittel zu Erhalt und Generierung von Tauschwert, das immer dann, wenn Erhalt und Generierung des Tauschwerts (in der Innenperspektive) als unproblematisch wahrgenommen werden, aus der Theoriebildung ausgeblendet wird.

Die dritte Geldbestimmung „in ihrer vollständigen Entwicklung unterstellt die beiden ersten und ist ihre Einheit" (143), allerdings in negativer Hinsicht, insofern das Geld in der dritten Bestimmung „die Negation (negative Einheit) seiner Bestimmung als Circulationsmittel und Maaß" (152) ist. Dies wurde zum einen bereits deutlich an der Umkehrung des Zweck-Mittel-Verhältnisses; zum anderen an der materiellen Erscheinungsform des Geldes. Darüber hinaus negiert die dritte Bestimmung in zwei weiteren Hinsichten die erste und zweite Bestimmung:

- Die dritte Geldbestimmung negiert die erste, insofern das Geld als materieller Repräsentant des Reichtums „nicht mehr das ideelle Maß von andrem, von Tauschwerthen" (153) besonderer Waren ist, sondern

> [d]ie Maaßbestimmung muß hier an ihm selbst gesezt werden. Es ist seine eigne Einheit und das Maaß seines Werths, das Maaß seiner als Reichthum, als Tauschwerth, ist die Quantität die es von sich selbst darstellt (153).

Das Geld in der dritten Bestimmung ist somit weiterhin Maß – dieses Attribut ist nicht ‚verloren' –, aber Maß seiner selbst statt besonderer Waren.
- Die dritte Geldbestimmung negiert die zweite, insofern das ‚Anhäufen' des Geldes „sich als wiederholtes Entziehn desselben aus der Circulation darstellt" (154), während das Geld als Zirkulationsmittel umgekehrt niemals aus der Zirkulation herauskommt, sondern stets in ihr verbleibt und gleichsam in ihr aufgeht. Freilich ist das Geld in der dritten Bestimmung zugleich auch „selbst *Product der Circulation*" (143): Die Formel G – W – G zeigt an, dass das ‚aufgehäufte' Geld nur als Resultat der Zirkulation existieren kann. Das Geld steht auch in der dritten Bestimmung „in Bezug auf die Circulation; [...]. Seine Selbstständigkeit selbst ist nicht Aufhören der Beziehung zur Circulation, sondern *negative* Beziehung zu ihr" (144). Der Bezug auf die Zirkulation als das Kennzeichen der zweiten Bestimmung ist somit in der dritten wiederum nicht ‚verloren'.[136]

Das Geld als die Gesamtheit der drei Bestimmungen erweist sich somit als widersprüchlicher Begriff: Es geht beispielsweise gemäß seiner zweiten Bestimmung in der

---

[136] Terminologisch präzise ausgedrückt erweisen sich die Attribute der ersten und zweiten Geldbestimmung als – im dreifachen Wortsinne – *aufgehoben* in der dritten Geldbestimmung (für die vollständige Bedeutung von ‚Aufhebung' s. den folgenden Abschnitt 2.1.6).

Zirkulation auf und steht ihr zugleich gemäß seiner dritten Bestimmung isoliert gegenüber (siehe auch Abschnitt 2.1.6).[137]

Die ökonomischen Verhältnisse einer Gesellschaft prägen die gesellschaftlichen Verhältnisse außerhalb der Sphäre der Ökonomie (siehe Abschnitt 2.1.1). Daher führt die Existenz des Geldes – im Vergleich mit Gesellschaften, welche nicht auf dem Warentausch beruhen und somit über kein Geld in vollständiger, alle drei Bestimmungen umfassender Ausprägung besitzen – zu spezifischen gesellschaftlichen Phänomenen:

> Indem das Geld das *allgemeine Equivalent,* die *general power of purchasing,* ist alles käuflich, alles in Geld verwandelbar. Aber es kann nur in Geld verwandelt werden, indem es alienirt wird, indem der Besitzer sich seiner entäussert. Everything is therefore alienable, oder gleichgültig für das Individuum, ihm äusserlich. Die s. g. *unveräusserlichen, ewigen* Besitzthümer, und ihnen entsprechenden unbeweglichen, festen Eigenthumsverhältnisse brechen also zusammen vor dem Geld. Ferner, indem das Geld selbst nur ist in der Circulation, und sich wieder gegen Genüsse etc austauscht – gegen Werthe – die sich schließlich alle auflösen können in rein individuelle Genüsse, ist alles nur werthvoll, soweit es für das Individuum ist. Der selbstständige Werth der Dinge, ausser insofern er in ihrem blosen Sein für andres, ihrer Relativität, Austauschbarkeit besteht, der absolute Werth aller Dinge und Verhältnisse wird damit aufgelöst. Alles geopfert dem egoistischen Genuß. Denn, wie alles alienirbar gegen Geld, ist aber auch alles erwerbbar durch Geld. [...] Es ist also alles aneigenbar durch alle, und es hängt vom Zufall ab, was das Individuum sich aneignen kann oder nicht, da es abhängt von dem Geld in seinem Besitz. Damit ist das Individuum an sich als Herr von allem gesezt. Es giebt keine absoluten Werthe, da dem Geld der Werth als solcher relativ. Es giebt nichts Unveräusserliches, da alles gegen Geld veräusserlich. Es giebt nichts Höhres, Heiliges etc, da alles durch Geld aneigenbar (704).

Durch das Geld erscheinen also alle Gegenstände als käuflich und verkäuflich (= in Geld verwandelbar). Dadurch erscheinen diese den sie besitzenden Individuen als äußerlich und gleichgültig: Kein Gegenstand erscheint als wesenhaft mit seiner Eigentümerin verbunden, da jeder Gegenstand sogleich ‚zu Geld gemacht', durch andere Gegenstände ersetzt werden und somit aus dem Leben des besitzenden Individuums verschwinden kann. Damit ist eine gewisse soziale Dynamik verbunden, insofern die als unveränderlich geltenden Eigentumsverhältnisse aufgebrochen werden.[138] Durch die Käuflichkeit und Verkäuflichkeit aller Gegenstände werden diese allein unter der Hinsicht ihrer Austauschbarkeit betrachtet. ‚Wertvoll' sind Gegenstände daher nur dann, wenn sie austauschbar und in Geld verwandelbar sind – also über Tauschwert verfügen –, was voraussetzt, dass eine Nachfrage nach ihnen besteht, sie also über Gebrauchswert verfügen; dies impliziert der Wertbegriff als Einheit von Tausch- und

---

137 Marx arbeitet weitere Beziehungen der Negation zwischen der dritten und den beiden ersten Geldbestimmungen heraus, die hier nicht dargestellt werden können; vgl. dazu – insbesondere zum Zusammenhang zwischen Quantität und Materialität des Geldes – die Seiten 152 f. (vgl. auch Wolf 2007, 69 f.). Marx stellt zudem auf den Seiten 125 f., 140, 679 und 737 Widersprüche zwischen den drei Geldbestimmungen dar.
138 Bspw. wird auch über Generationen vererbter Grundbesitz in der modernen Gesellschaft (ver-)käuflich und Objekt unternehmerischen – ökonomisch erfolgreichen oder scheiternden – Handelns.

Gebrauchswert. Über einen absoluten ‚Wert an sich', unabhängig von ihrer Austauschbarkeit und ihrer Brauchbarkeit für subjektive Zwecke, verfügen Gegenstände in dieser Perspektive nicht.

2.1.6 Der Übergang vom Geld- zum Kapitalbegriff

Marx konstatiert eine inhärente Widersprüchlichkeit der dritten Geldbestimmung (vgl. 157 f.); da die dritte Bestimmung die ersten beiden Bestimmungen voraussetzt und diese in negierter Form als ihre Einheit umfasst, handelt es sich nicht um partikulare Widersprüche der dritten Geldbestimmung, sondern um inhärente Widersprüche des Geldbegriffs – welcher nichts anderes ist als die Einheit der drei Geldbestimmungen – selbst. Diese Widersprüche sind Entwicklungen des ‚Grundwiderspruchs' zwischen der Besonderheit des Gebrauchswerts und der Allgemeinheit des Tauschwerts, durch den das Geld als Entwicklungsform des Werts charakterisiert ist:[139]

– *Der Widerspruch zwischen der allgemeinen Form des Reichtums und dem wirklichen besonderen Reichtum.* Das Geld stellt einerseits die „*allgemeine Form des Reichthums*" (157) dar, insofern gemäß der Bestimmung der *Totalität* mittels seiner jede Ware gekauft und entsprechend jedes Bedürfnis befriedigt werden kann. Andererseits schlägt dieser Reichtum in „blose Einbildung" (157) um, insofern das Geld selbst *nicht unmittelbar* zur Bedürfnisbefriedigung beizutragen vermag und somit nur über *mittelbaren Gebrauchswert* verfügt. Dem Geld stehen daher die – unmittelbar Bedürfnisse stillenden und entsprechend über unmittelbaren Gebrauchswert verfügenden – besonderen Waren als „die ganze Welt der wirklichen Reichthümer gegenüber" (157), zu denen es selbst nicht gehört, sondern von denen es eine „reine Abstraction" bildet (157). Das Geld als verselbstständigter Tauschwert ist somit der Reichtum *par excellence* und zugleich im Widerspruch dazu die unmittelbaren Gebrauchswerts – ‚wirklichen Reichtums' – bare *Armut.*[140]

– *Der Widerspruch zwischen der selbstständigen Existenz des Geldes außerhalb der Zirkulation und seiner verschwindenden Selbstständigkeit in der Zirkulation.* Als ‚reine Abstraktion' des wirklichen Reichtums stellt das Geld gleichsam potentiellen Reichtum dar, der erst durch den Kauf besonderer Waren realisiert wird. Das Geld wird also erst dann zum wirklichen Reichtum, wenn es – im Widerspruch zu

---

[139] Für die im Folgenden dargestellte Widersprüchlichkeit des Geldes vgl. auch Wolf (2007, 69–71) und Heinrich (2014, 255).

[140] Zugleich erweist sich der Reichtumsbegriff der modernen Ökonomie durch dialektische Widersprüchlichkeit charakterisiert: Das, was in der modernen Ökonomie als Reichtum verstanden wird, erweist sich als Armut, als Abstraktion von jedem ‚wirklichen' Reichtum, und schlägt somit in sein Gegenteil um. – Die Einsicht in die Armut des Geldes findet landläufig Ausdruck in der Redewendung: „Geld kann man nicht essen".

seiner Bestimmung – nicht zur Schatzbildung verwandt wird und der Zirkulation verselbstständigt gegenübersteht, sondern in der Zirkulation ‚verschwindet' und gegen besondere Waren eingetauscht wird:

> und dieß Verschwinden ist die einzig mögliche Weise es als Reichthum zu versichern. Die Auflösung des Aufgespeicherten in einzelnen Genüssen ist seine Verwirklichung. [...] Ich kann sein Sein für mich nur wirklich setzen, indem ich es als bloses Sein für andre hingebe. Will ich es festhalten, so verdunstet es unter der Hand in ein bloses Gespenst des wirklichen Reichthums (157).

Einerseits also steht das Geld als Schatz und somit Reichtum *par excellence* der Zirkulation selbstständig gegenüber; zugleich und dazu im Widerspruch jedoch ist es nur dann wirklicher Reichtum, wenn es in die Zirkulation eingeht und seine Selbstständigkeit als verschwindende gesetzt wird. Dieser Widerspruch ist zugleich ein Widerspruch zwischen den Bestimmungen der *Unvergänglichkeit* und der *Vergänglichkeit:* Als Schatz ist der Tauschwert konserviert und somit unvergänglich, während die besonderen Waren, gegen welche sich der Schatz austauscht, vergänglich sind – und somit auch ihr Tauschwert selbst.

– *Der Widerspruch zwischen dem Geld als allgemeiner Form des Reichtums und als besonderer Ware.* Das Geld als allgemeine Form beziehungsweise materieller Repräsentant des Reichtums steht der Zirkulation als eine von ihr unabhängige Summe Tauschwert gegenüber. Das Geld ist jedoch zugleich und im Widerspruch dazu eine besondere Ware – Edelmetall –, und als diese besondere Ware ist der Tauschwert von der Zirkulation abhängig:

> Es giebt vor allgemeine Waare zu sein, aber ihrer Natürlichen Besonderheit wegen, ist es wieder eine besondre Waare, deren Werth sowohl von Nachfrage und Zufuhr abhängt, als er wechselt mit seinen spezifischen Productionskosten (157).

> Nun zeigt es sich in der That, daß obgleich die Quantität des Geldes uniform dieselbe bleibt, sein Werth wechselt; daß es überhaupt als bestimmtes Quantum der Veränderlichkeit aller Werthe unterworfen ist. Hier macht sich seine Natur als besondre Waare gegen seine allgemeine Bestimmung geltend (159).[141]

Der Wert der Edelmetalle als stofflicher Basis des Geldes erweist sich als variabel, so dass das Geld seine Funktion als Wertaufbewahrungsmittel nur unzureichend erfüllt. Hier zeigt sich der Widerspruch zwischen den Bestimmungen der *Unvergänglichkeit* und der *Labilität:* Wenn Edelmetalle der *Labiltität* entsprechend an Tauschwert verlieren (aufgrund von Veränderungen im Verhältnis von Angebot und Nachfrage oder aufgrund gefallener Produktionskosten), dann wird ein Teil

---

[141] Diese Einsicht ist auch für die Gegenwart bedeutend: Auch der Preis von heutigem Papier- und Digitalgeld, wie er sich in Wechselkursen zwischen verschiedenen Währungen ausdrückt, unterliegt starken Schwankungen; und ebenso unterliegt durch Inflations- oder Deflationsprozesse auch die inländische Kaufkraft von Papier- und Digitalgeld im Zeitverlauf Veränderungen.

des im Geld angesparten Tauschwertes entgegen der Bestimmung der *Unvergänglichkeit* vernichtet – und das, obwohl gerade das Ansparen, also das Entziehen des Tauschwertes aus der Zirkulation ein Mittel war, die *Unvergänglichkeit* des Tauschwertes zu setzen.
– *Der Widerspruch zwischen dem Geld als allgemeiner Form des Reichtums und seiner quantitativen Begrenztheit.* Das Geld als allgemeine Form des Reichtums ist einerseits der Reichtum *par excellence,* die Verkörperung des Tauschwerts als solchen; andererseits aber besitzt das Geld als Ware und somit als eine spezifische Masse Edelmetall eine quantitativ begrenzte Tauschwertsumme: Das Geld „widerspricht [...] sich noch, weil es den Werth als solchen repräsentiren soll; in der That aber nur ein identisches Quantum [...] repräsentirt" (157 f.; vgl. auch 153 f. und 194 f.). Das Geld ist also durch den Widerspruch charakterisiert, einerseits als Tauschwert entsprechend der Bestimmung der *Totalität* alles – alle beliebigen besonderen Waren – kaufen zu können; andererseits jedoch als Gebrauchswert entsprechend der Bestimmung der *Spezifität* über spezifische materielle Eigenschaften – eine bestimmte, quantitativ begrenzte Masse – zu verfügen, die einen ebenso quantitativ begrenzten Tauschwert und somit eine nur eingeschränkte Kaufkraft implizieren.

Aufgrund dieser Widersprüchlichkeit der dritten Geldbestimmung und somit des Geldbegriffs als solchen stellt Marx fest: „Das Geld in seiner lezten, vollendeten Bestimmung erscheint nun nach allen Seiten als ein Widerspruch, der sich selbst auflöst; zu seiner eignen Auflösung treibt" (157). Das Geld – das ja nichts anderes ist als die begriffliche Aufhebung der Widersprüche des Wertes – erweist sich selbst als inhärent widersprüchlich und geht daher in einen weiteren Begriff der Politischen Ökonomie über.[142] Deutlich wird hieran die volle, auf Hegel zurückgehende Bedeutung des Terminus ‚Aufhebung': *Aufhebung* nicht nur als Lösung der Widersprüche (‚aufheben' als ‚für nichtig erklären'), sondern zugleich als Konservierung der Widersprüche (‚aufheben' als ‚erhalten') auf einer höheren begrifflichen Ebene (‚aufheben' als ‚hinaufheben').[143] Die Widersprüche des Wertbegriffs werden gelöst und zugleich auf einer höheren Ebene – derjenigen des Geldes als einer begrifflichen Entwicklung des Wertes – erhalten. Aufgrund dieser Erhaltung ist auch der Geldbegriff durch inhärente

---

142 Vgl. Wolf (2007, 68).
143 Vgl. Fulda (1971) und Gessmann (2009, 65). – Fulda (1971) schreibt, nachdem er Hegels Begriff der Aufhebung dargestellt hat: „Durch Marx bekam der Ausdruck die Bedeutung praktischer Beseitigung von Zuständen, die mit vernünftigen gesellschaftlichen Forderungen nicht mehr im Einklang sind" (620), und verweist dazu auf *Zur Kritik der Hegelschen Rechtsphilosophie* und das *Manifest der Kommunistischen Partei.* Wie die hier vorliegende Arbeit zeigt, ist dieses Verständnis des marxschen Aufhebungsbegriffes – zumindest was die *Grundrisse* betrifft – kurzschlüssig: In der Tat meint Aufhebung *auch* die Aufhebung realer gesellschaftlicher Verhältnisse (s. dazu Abschnitt 2.2.3.7), aber *ebenso* versteht Marx darunter die Aufhebung konfligierender begrifflicher Bestimmungen (ähnlich Wolf 2002, 12 f.). Die in den *Grundrissen* entfaltete Theorie ist nicht nur eine Theorie der Möglichkeit einer neuen und gerechten Gesellschaftsform, sondern zugleich eine Theorie der widersprüchlichen Begrifflichkeit Politischer Ökonomie.

Widersprüchlichkeit bestimmt, „hebt sich daher auf als *vollendeter* Tauschwerth" (158) und weist über sich hinaus auf einen anderen Begriff: Analog dem dialektischen Übergang vom Wert- zum Geldbegriff aufgrund der inhärenten Widersprüchlichkeit des Wertbegriffes erfolgt der Übergang vom Geld zum *Kapital*; im Kapitalbegriff werden die dem Geldbegriff inhärenten Widersprüche aufgehoben (vgl. 158). Hier zeigt sich erneut der begriffslogisch-systematische und dialektische Charakter der marxschen Theorie:

- Das Kapital wird auf die Widersprüche des Geldbegriffs (und somit letztlich auf den ‚Grundwiderspruch' des Wertbegriffs) zurückgeführt und durch sie erklärt, und
- die Widersprüche des Geldbegriffs werden nicht bloß konstatiert, sondern erweisen sich als produktiv, insofern sie den Kapitalbegriff konstituieren.

Was bereits bezüglich des Geldes festgestellt wurde (siehe Abschnitt 2.1.4), gilt auch für das Kapital: In einer auf dem Warentausch beruhenden Gesellschaft ist die Existenz von Kapital notwendig und keineswegs eine historische Zufälligkeit:[144] „Es ist ein ebenso frommer wie dummer Wunsch, daß der Tauschwerth sich nicht zum Capital entwickle" (172).[145]

---

[144] Heinrich (2014) schreibt prägnant: „Der kategoriale Übergang vom Geld zum Kapital, d. h. der Nachweis, daß das Geld als verselbständigte Form des Werts auf der Ebene der einfachen Zirkulation eine weitere Formbestimmung, die des Kapitals, notwendig macht, drückt aus, daß das Geld als das, was es ist (verselbständigte Gestalt des Werts), nur unter kapitalistischen Produktionsverhältnissen existieren kann. Das heißt aber, die Marxsche Werttheorie ist nicht nur *monetäre* Werttheorie, sie ist Werttheorie nur als *Kapitaltheorie,* denn erst in seiner Bewegung als Kapital erhält der Wert Dauerhaftigkeit. Umgekehrt ist der Wert dann nur der abstrakte Ausdruck des Kapitals, was von Marx am deutlichsten in den *Grundrissen* ausgesprochen wurde" (256). – Wie Backhaus (1998, 353 f.) zu Recht betont, stellt die logische Notwendigkeit der Entwicklung des Werts zum Kapital – also die notwendige Existenz des Kapitals in einer warentauschenden Gesellschaft – die Begründung dar, wieso es sich bei der marxschen Theorie nicht um den theoretischen Nachvollzug der historischen Genese der modernen Ökonomie handeln kann (s. Abschnitt 2.1.1): Eine Gesellschaft, in welcher der Warentausch das dominante ökonomische Verhältnis zwischen den Individuen darstellt, kann ohne Kapital nicht existieren; zu keinem historischen Zeitpunkt konnte eine warentauschende Gesellschaft existieren, in welcher das Kapital noch nicht existierte. Die marxsche Darstellung der Begriffe von Wert und Geld kann daher keine historische Schilderung einer in der Vergangenheit existierenden warentauschenden Gesellschaft ohne Kapital sein.

[145] Wie bereits dargestellt (s. Abschnitt 1.4.2), vertreten Reichelt (1997) und Backhaus (1998) die These von der sukzessiven ‚Popularisierung' der marxschen Theorie im Sinne der Eliminierung dialektischer Argumentationsstruktur. Heinrich (2014) teilt diese These als *pauschales* Urteil einer ‚Verfallsgeschichte' der marxschen Theorie nicht, erkennt aber an, dass – anders als in den *Grundrissen* – im *Kapital* die „Darstellung des *Übergangs vom Geld ins Kapital*" (257) fehle: „Marx äußerte sich nicht darüber, warum er diesen Übergang wegfallen ließ. Man kann jedoch vermuten, daß sich diese Auslassung, dem Marxschen Bestreben um ‚Popularisierung' verdankt, [...]. Noch weit mehr als bei der [...] Einfügung der Geldform in die Wertformanalyse läuft die hier diskutierte ‚Popularisierung' auf einen *Bruch in der dialektischen Darstellung* hinaus: der dialektische Übergang wird einfach weggelassen. Zumindest an diesem Punkt muß der [...] These von Backhaus und Reichelt, daß aufgrund des Marxschen ‚Versteckens' seiner Methode ein zureichendes Verständnis des *Kapital* nur mittels der

2.1.7 Der Begriff des Kapitals

Der Kapitalbegriff stellt eine Weiterentwicklung des Wert- und Geldbegriffs dar, die die Widersprüche dieser begrifflichen Ebenen – im dreifachen Sinne – aufhebt. Während in der Politischen Ökonomie Kapital überhistorisch und gegenständlich als Produktionsmittel oder nutzengenerierender Bestand aufgefasst wird (vgl. 179 und 212),[146] arbeitet Marx die historische Bedingung des Kapitals heraus: Kapital ist eine Entwicklungsstufe des Wertes und existiert daher nur in derjenigen Gesellschaft, deren dominantes ökonomisches Verhältnis der Warentausch ist. Daher verfehlt das überhistorisch-gegenständliche Verständnis, wie es die Politische Ökonomie vertritt, ge-

---

Grundrisse und des *Urtextes* gewonnen werden kann, zugestimmt werden" (257). Wolf (2007) wendet sich gegen die Auffassung einer ‚Reduktion der Dialektik' und ‚Popularisierung' im *Kapital*; und wie seine umfangreiche Monographie zum dialektischen Widerspruch in den ersten drei Kapiteln des *Kapital* (Wolf 2002) zeigt, lässt sich das *Kapital* durchaus ‚dialektisch lesen' bzw. lässt sich in ihm eine dialektische Argumentationsweise nachweisen oder rekonstruieren. Wolf (2007) schreibt diesbezüglich: „Zugunsten der Marxschen Darstellung im *Kapital* und gegen die oberflächlichen Vorwürfe der Reduktion der Dialektik muss bedacht werden, dass Marx sehr wohl im *Kapital* den Grund legt für die Ausformulierung des dialektischen Widerspruchs, und dass er die ‚allgemeine Formel' [G – W – G'] auf eine Weise charakterisiert, die sie als Lösungsbewegung des in der dritten Geldbestimmung eingeschlossenen Widerspruchs ausweist. Von der allgemeinen Formel, so wie Marx sie beschreibt, kann man ohne weiteres auf diesen Widerspruch zwischen dem Gebrauchswert und dem Wert der Waren zurückschließen. Das, was als Versäumnis Marx anzulasten wäre, lässt sich mit Hilfe von allem, was Marx im *Kapital* und den vorangegangenen Schriften dargelegt hat, ergänzen, so dass es nicht angebracht ist, vom Scheitern oder der Verabschiedung der dialektischen Form der Darstellung zu reden. [...] Es wäre für Marx ein Leichtes gewesen, die [...] Beschreibungen der ‚allgemeinen Formel' [im *Kapital*] als ebenso viele Beschreibungen der Lösungsbewegung" (73 f.) des „Widerspruchs zwischen dem Gebrauchswert und dem Wert" (74) darzustellen. Bei dieser Argumentation Wolfs (2007) ist fraglich, ob er den Vorwurf der ‚Popularisierung' tatsächlich entkräften kann: a) Dass Marx im *Kapital* den ‚Grund legte' für die Formulierung des dialektischen Widerspruchs, b) dass ‚man' – also der Leser und die Leserin –‚ohne weiteres' auf den dialektischen Widerspruch ‚zurückschließen' kann und c) dass die marxsche Argumentationsweise zu ‚ergänzen' ist durch das in den früheren Schriften Entwickelte – das besagt doch, dass Marx im *Kapital*, anders als in den *Grundrissen*, eben nicht *expressis verbis* eine dialektische Argumentation entwickelt, sondern diese einer Rekonstruktion durch die (in den früheren Schriften wie z. B. den *Grundrissen* bewanderten) Leser:innen bedarf. Tatsächlich bezieht Wolf (2007) sich zur Rekonstruktion des Übergangs vom Geld zum Kapital auf die *Grundrisse* und den *Urtext* – also nicht auf das *Kapital* – und merkt an, man könne dem Marx des *Kapital* „kritisch vorhalten", „sich nicht ausreichend um das Setzen und Lösen des Widerspruchs im ‚Geld als Geld' bemüht zu haben" (80; ähnlich 82). Diese Auffassung Wolfs (2007) ist freilich argumentativ nicht weit von derjenigen Reichelts (1997) und Backhaus' (1998) entfernt.

146 „Man hat das *Arbeitsvermögen* insofern das Capital des Arbeiters genannt, als es der fonds ist, den er nicht aufzehrt durch einen vereinzelten Austausch, sondern stets von neuem während seiner *Lebensdauer als Arbeiter* wiederholen kann. Demnach wäre alles Capital, was ein fonds von wiederholten Processen desselben Subjects ist" (212). – In der heutigen Volkswirtschaftslehre wird Kapital noch immer gegenständlich verstanden: „Zumeist – und das geschieht auch hier – bezeichnet der Begriff *Kapital* das so genannte *Realkapital*: Fabrikgebäude und Maschinen oder – anders gesagt – alle produzierten Produktionsmittel, die wiederum für die Güterproduktion eingesetzt werden" (Mankiw und Taylor 2012, 483).

rade die Erkenntnis dessen, was das Kapital wesentlich ist: ein verdinglichter – gleichsam auf einen Gegenstand wie etwa eine Maschine projizierter – Ausdruck des historisch spezifischen Verhältnisses zwischen den Personen der modernen, warentauschenden Gesellschaft als Warentauschenden (vgl. 179, 212 und 481 f.). Kapital ist, mit anderen Worten, kein Gegenstand wie etwa eine Maschine, sondern eine gesellschaftliche Form, die ein Gegenstand im Kontext der warentauschenden Gesellschaft erhält.[147]

Das Kapital stellt die Aufhebung – und somit *auch* die Lösung – der Widersprüche des Geldes dar. Während das Geld durch die Dualität von Zirkulation und Schatz charakterisiert war – der Tauschwert als verselbstständigt *gegen* die Zirkulation und als verschwindend *in* ihr –, geht das Kapital in die Zirkulation ein und erhält sich in ihr; der Tauschwert gewinnt als Kapital *in der Zirkulation substantielle Selbstständigkeit*.[148] Und anders als das Geld, welches durch den Widerspruch zwischen sich als der allgemeinen Form des Reichtums und dem wirklichen Reichtum der besonderen Waren charakterisiert war, stellt das Kapital keine Abstraktion des wirklichen Reichtums dar, sondern nimmt diesen gleichsam in sich auf:

> Als blos *allgemeine Form des Reichthums* negirt muß es also sich verwirklichen in den besondren Substanzen des wirklichen Reichthums; aber indem es so sich wirklich bewährt als *materieller Repräsentant* der Totalität des Reichthums, muß es zugleich sich erhalten als die allgemeine Form. Sein Eingehn in die Circulation muß selbst ein Moment seines Beisichbleibens, und sein Beisichbleiben ein Eingehn in die Circulation sein. D. h. als realisirter Tauschwert muß es zugleich als Process gesetzt sein, worin sich der Tauschwert realisirt. Es ist zugleich die Negation seiner als einer rein dinglichen Form, den Individuen gegenüber äusserlichen und zufälligen Form des Reichthums. [...]. Der Tauschwert ist jezt also bestimmt als Process, nicht mehr als einfaches Ding, für das die Circulation nur eine äusserliche Bewegung ist, oder das als Individuum in einer besondren Materie existirt (158; vgl. auch 186 f.).

> Die erste Bestimmung des Capitals ist also die: daß der aus der Circulation herstammende und sie daher voraussetzende Tauschwert sich in ihr und durch sie erhält; sich nicht verliert, indem er in sie eingeht; sie nicht als die Bewegung seines Verschwindens, sondern vielmehr als die Bewegung seines wirklichen Sichsetzens als Tauschwert, die Realisirung seiner als Tauschwerths ist (183; vgl. auch 180).

Der Kapitalbegriff besitzt die Bestimmung der *Prozessualität*: Das Kapital ist weder Geld noch eine besondere Ware, sondern es ist der Prozess des Austausches selbst. Während das Geld in der dritten Bestimmung Selbstzweckcharakter annahm in der

---

[147] Vgl. Musto (2008, 7 f.) sowie Bayertz und Quante (2013, 91).
[148] „Das Geld hat sich negirt als blos in der Circulation aufgehend; es hat sich aber eben so negirt als selbstständig ihr gegenübertretend. Diese Negation zusammengefaßt, in ihren positiven Bestimmungen, enthält das erste Element des Capitals" (175). „Wir haben gesehen, daß im Geld als solchem der Tauschwerth schon eine selbstständige Form gegen die Circulation erhalten, aber nur eine negative, verschwindende oder illusorische, wenn fixirt. [...] Sobald das Geld als Tauschwerth gesetzt wird, der sich verselbstständigt nicht nur gegen die Circulation, sondern sich in ihr erhält, ist es nicht mehr Geld, denn dieß kommt als solches nicht über die negative Bestimmung hinaus, sondern ist *Capital*" (183).

Formel G – W – G, *ist* das Kapital eben dieser Austauschprozess: G – W – G. Das Kapital nimmt somit verschiedene Gestalten an – einmal ist es eine Summe Geld, einmal die eine oder die andere besondere Ware – und bleibt in diesem ‚Gestaltwandel' doch stets es selbst: eine bestimmte Summe prozessierenden Tauschwerts (vgl. 185 und 435).[149] Hier wird erneut deutlich, dass das gegenständliche Kapitalverständnis der Politischen Ökonomie (Kapital als Produktionsmittel oder als nutzengenerierender Bestand) eine wesentliche Bestimmung des Kapitalbegriffs – seine *Prozessualität* – theoretisch nicht zu erfassen imstande ist.

Wie das Geld kann sich das Kapital – entsprechend der Bestimmung der *Totalität* – gegen jede besondere Ware austauschen. Anders als in der Form des Geldes wird der Tauschwert als Kapital jedoch nicht vernichtet, wenn er in die Zirkulation eingeht und die Gestalt einer besonderen Ware annimmt. Der Tauschwert als Kapital nimmt alternierend wechselnde materielle Verkörperungen an; er springt gleichsam von einer Gestalt in die andere und erhält sich in diesem Springen selbst. Die Bestimmung der *Prozessualität* impliziert somit die „Eigenschaft als [Tausch-]Werth getrennt von seiner Substanz zu bestehn" (278). Indem das Kapital sich in und durch die Zirkulation erhält, entspricht es der Bestimmung der *Unvergänglichkeit* des Tauschwerts. Der Prozess G – W – G ist somit als ein unabgeschlossener und tendenziell unendlicher zu denken: G – W – G – W – G – …:

> Im Capital wird die Unvergänglichkeit des [Tausch-]Werths (to a certain degree) gesezt, indem es zwar sich incarnirt in den vergänglichen Waaren, ihre Gestalt annimmt, aber sie ebenso beständig wechselt; abwechselt zwischen seiner ewigen Gestalt im Geld, und seiner vergänglichen Gestalt in den Waaren; die Unvergänglichkeit wird gesezt als dieß einzige was sie sein kann, Vergänglichkeit, die vergeht – Process – Leben (529 f.; vgl. auch 184 und 435).

Wie das Kapital es vollbringt, sich trotz seiner Verwandlung in besondere Waren zu erhalten, ist auf diesem Stand der theoretischen Entwicklung noch nicht erklärbar; impliziert doch das Annehmen der Gestalt der besonderen Ware, dass diese konsumiert und mit ihr der Tauschwert vernichtet wird (siehe Abschnitt 2.1.5). Das Kapital verfügt offenbar über die hier noch unverstandene Fähigkeit, trotz des Konsums der besonderen Ware als seiner Gestalt sich zu erhalten.

Freilich ist diese Verselbstständigung des Tauschwerts in seiner Form als Kapital in der Zirkulation und gegen die besonderen Waren nicht unbeschränkt zu verstehen, als existierte der Tauschwert in der Form des Kapitals unabhängig vom Gebrauchswert; vielmehr ist das Kapital – wie auch das Geld – Ware als Einheit von Gebrauchs- und Tauschwert:

> Das Capital [...] ist nicht nur in jedem Moment idealiter jedes der beiden in der einfachen Circulation enthaltnen Momente, sondern es nimmt abwechselnd die Form des einen und des

---

[149] Vgl. Wolf (2007): „Mit dem auf diese Weise als Prozess sich erweisenden Wert hat sich die gegenüber dem Geld weiter bzw. höher entwickelte ökonomisch-gesellschaftliche Form des Werts der Waren ergeben, mit der – wenn auch noch nicht vollständig – das Kapital erfasst ist" (72; vgl. auch 71).

> andren an, aber nicht mehr so, daß es wie in der einfachen Circulation nur aus dem einen in das andre übergeht, sondern in jeder der Bestimmungen zugleich Beziehung auf die entgegengesetzte ist, d. h. sie ideell in sich enthält. Das Capital wird abwechselnd Waare und Geld; aber 1) *ist es selbst der Wechsel dieser beiden Bestimmungen;* 2) es wird Waare; aber nicht diese oder jene Waare, sondern *eine Totalität von Waaren.* Es ist nicht gleichgültig gegen die Substanz, aber gegen die bestimmte Form; erscheint nach dieser Seite als eine beständige Metamorphose dieser Substanz; [...] daher gleichgültig nicht gegen die Besonderheit als solche, sondern gegen die einzelne oder vereinzelte Besonderheit (185).

Marx stellt fest, dass das Kapital – sofern es nicht in der Gestalt des Geldes existiert – nicht an *eine bestimmte* besondere Ware (‚vereinzelte Besonderheit') gebunden ist; es ist aber darauf angewiesen, dass es als Tauschwert im Gebrauchswert *irgendeiner* besonderen Ware (‚Besonderheit als solche') fundiert ist:[150]

> Im *Capital* erst ist der Tauschwerth als Tauschwerth gesetzt, dadurch daß er sich in der Circulation erhält, d. h. also weder substanzlos wird, sondern sich in stets anderen Substanzen, einer Totalität derselben verwirklicht; noch seine Formbestimmung verliert, sondern in jeder der verschiednen Substanzen seine Identität mit sich selbst erhält (184).[151]

---

150 Wenn das Kapital nicht in der Form der besonderen Ware, sondern derjenigen der allgemeinen Ware (Geld) existiert, gilt dasselbe: Auch dann ist der Tauschwert im Gebrauchswert fundiert, weil Geld ebenso eine Ware ist und sein Tauschwert somit im Gebrauchswert einer über spezifische stoffliche Eigenschaften verfügenden Ware fundiert ist.

151 Für Reichelt (1997) ist die Verselbstständigung des Tauschwerts zentrales Prinzip der *Grundrisse*: „Innerhalb des Gedankengangs des *Rohentwurfs* ist deutlich auszumachen, daß hier ein bestimmtes Darstellungsprinzip zugrunde liegt: man könnte es als theoretischen Nachvollzug der zunehmenden Verselbstständigung des Tauschwerts bezeichnen" (102). An anderer Stelle schreibt er ebenfalls: „Zwei Gedankenstränge sind es, die Marx verfolgt: einmal die Verselbstständigung des Tauschwerts gegenüber dem Gebrauchswert [...], zum andern die Bewegung der Vergrößerung des verselbstständigten Wertes" (108; ähnlich 110). Reichelt (1997) hat insofern Recht, als dass die Verselbstständigung des Tauschwerts in der Tat im Geld und im Kapital zu beobachten ist; eine *zunehmende* Verselbstständigung liegt bspw. im Übergang vom Geld ins Kapital vor, indem der Tauschwert erst als Kapital in der Zirkulation Selbstständigkeit gewinnt, während der Tauschwert als Geld nur in Abgrenzung von der Zirkulation selbstständig ist. Reichelt (1997) versäumt jedoch darauf zu reflektieren, dass die Verselbstständigung des Tauschwerts stets eine nur *partielle* ist: Gleich, ob als Tauschwert in seiner Ursprungsform, als Geld oder als Kapital, stets bleibt, trotz zunehmender Verselbstständigung, der Tauschwert an den Gebrauchswert gebunden. Wie Marx darlegt, vermag sich der Tauschwert von dieser Abhängigkeit – seiner Fundierung im Gebrauchswert – *nicht* zu lösen. An dieser Stelle zeigt sich die Berechtigung der Hauptthese von Saito (2016; s. Abschnitt 2.1.3 der hier vorliegenden Studie): Die marxsche Theorie kann adäquat nur auf Basis der Erkenntnis verstanden werden, dass nicht die ökonomische Form – der Tauschwert – allein, sondern auch die kategoriale Gebundenheit dieser Form an den Gebrauchswert ihren Gegenstand darstellt; und somit erkannt wird, dass der Gebrauchswert und die ihn konstituierende Stofflichkeit die Grundlage aller Entwicklungsformen des Tauschwerts ist und dieser sich daher nie vollständig zu verselbstständigen vermag. Ingo Elbe (2010) erkennt diesen partiellen Charakter der Verselbstständigung des Tauschwerts. Er versucht – wie auch Reichelt (1997) – eine „Theorie der Verselbstständigung des gesellschaftlichen Formzusammenhangs" bzw. der „Verselbstständigungsdynamik" (Elbe 2010, 19) zu erarbeiten und stellt die verschiedenen Stufen der zunehmenden Verselbstständigung des Tauschwerts dar. Er erkennt jedoch – in Differenz zu Reichelt (1997) –, dass der

Durch die dargestellte Bestimmung der *Prozessualität* vermag das Kapital, drei der dem Geld inhärenten Widersprüche aufzulösen:
- Der *Widerspruch zwischen der allgemeinen Form des Reichtums und dem wirklichen besonderen Reichtum* wird aufgelöst, indem das Kapital sowohl die Gestalt des allgemeinen Reichtums (Geld) als auch diejenige des wirklichen Reichtums (besondere Waren) annimmt;
- der *Widerspruch zwischen der selbstständigen Existenz des Geldes außerhalb der Zirkulation und seiner verschwindenden Selbstständigkeit in der Zirkulation* wird gelöst, indem der Tauschwert als Kapital sich in der Zirkulation als selbstständiger erhält;
- der *Widerspruch zwischen dem Geld als allgemeiner Form des Reichtums und als besonderer Ware* wird gelöst, indem der verselbstständigte Tauschwert nicht mehr an die Gestalt der Edelmetalle gebunden ist, sondern sich auch in der Gestalt jeder anderen Ware erhält. Nimmt der Tauschwert der Edelmetalle ab, so vermag das Kapital seinen Tauschwert zu erhalten, indem es die Gestalt einer besonderen Ware annimmt. Der Widerspruch des Geldes in der dritten Bestimmung, seinen Tauschwert nur gegen die Zirkulation zu erhalten und zugleich hinsichtlich seines Tauschwerts von der Zirkulation abhängig zu sein, wird mit anderen Worten also dadurch gelöst, dass das Kapital in die Zirkulation eingehend seinen Tauschwert erhält; es löst sich von der Abhängigkeit von Edelmetallen und vermag deren Wertverfall zu entkommen, indem es in der Zirkulation in andere Waren verwandelt und nichts anderes als dieser alternierende Gestaltwechsel ist.

Durch die Bestimmung der *Prozessualität* ungelöst ist jedoch
- der *Widerspruch zwischen dem Geld als allgemeiner Form des Reichtums und seiner quantitativen Begrenztheit*.

Dieser Widerspruch wird durch die Kapitalbestimmung der *unbegrenzten quantitativen Vervielfältigung* gelöst – jedoch nur *partiell*: Indem der quantitativ begrenzte Kapitalwert sich quantitativ vervielfältigt, also einem quantitativen Wachstum unterliegt, nähert er sich der Bestimmung der *Totalität* beständig an. Die Formel G – W – G wandelt sich daher zur Formel G – W – G'; der Kapitalwert ist nach Verwandlung in eine besondere Ware und Rückverwandlung in die Geldgestalt größer als zuvor.[152] Der Wert ist

> keiner andren Bewegung fähig [...], als einer quantitativen; sich zu vermehren. Seinem Begriff nach ist er der Inbegriff aller Gebrauchswerthe; aber als immer nur ein bestimmtes Quantum Geld (hier Capital) ist seine quantitative Schranke im Widerspruch zu seiner Qualität. Es liegt daher in

---

Tauschwert dennoch immer und notwendig „auf erste Natur bzw. die [...] intrinsische Eigenschaft Gebrauchswert angewiesen [ist]. [...] Wir haben es im Falle der Dynamik kapitalistischer Vergesellschaftung schließlich mit einem Prozess der Verselbständigung bei gleichzeitiger Verwiesenheit der voneinander verselbständigten Momente zu tun" (Elbe 2010, 29; dieselbe Auffassung vertritt Karathanassis 2010, 45). Elbe (2010) entwickelt aus dieser Erkenntnis heraus ökologische Überlegungen im Sinne der ökologischen Marxlektüre.

152 Vgl. Wolf (2007, 72–74).

> seiner Natur beständig über seine eigne Schranke hinauszutreiben. [...] Für den Werth, der an sich als Werth festhält, fällt schon deßwegen Vermehren mit Selbsterhalten zusammen und er erhält sich eben nur dadurch daß er beständig über seine quantitative Schranke hinaus treibt, die seiner Formbestimmung, seiner innerlichen Allgemeinheit widerspricht. Das Bereichern ist so Selbstzweck. Die zweckbestimmende Thätigkeit des Capitals kann nur die der Bereicherung, d. h. der Vergrößerung, der Vermehrung seiner selbst sein. Eine bestimmte Summe Geldes (und das Geld existirt für seinen Besitzer immer nur in einer bestimmten Quantität; ist immer da als bestimmte Geldsumme) [...] kann zu einer bestimmten Consumtion, worin es eben aufhört Geld zu sein, vollständig genügen. Aber als Repräsentant des allgemeinen Reichthums kann es das nicht. Als quantitativ bestimmte Summe, beschränkte Summe, ist es auch nur beschränkter Repräsentant des allgemeinen Reichthums [...]. Es hat also keineswegs die Fähigkeit, die es seinem allgemeinen Begriff nach haben soll, alle Genüsse, alle Waaren, die Totalität der materiellen Reichthumssubstanzen zu kaufen; [...] Als Reichthum festgehalten, als allgemeine Form des Reichthums, als Werth, der als Werth gilt, ist es also der beständige Trieb über seine quantitative Schranke fortzugehn: endloser Prozeß. Seine eigne Lebendigkeit besteht ausschließlich darin: es *erhält* sich nur als vom Gebrauchswerth unterschiedner für sich geltender Tauschwerth, indem es sich *beständig vervielfältigt* (194 f.; vgl. auch 153 f. und 186 f.).

Die Annäherung an die Bestimmung der *Totalität* ist niemals vollständig, da auch ein ins Extreme gewachsener Kapitalwert noch immer quantitativ begrenzt ist und nicht tatsächlich alles zu kaufen vermag; der *Widerspruch zwischen dem Geld als allgemeiner Form des Reichtums und seiner quantitativen Begrenztheit* wird somit nie *vollständig* gelöst. Das Wachstum des Kapitalwerts ist daher tendenziell unendlich: Zu keinem Zeitpunkt ist das Kapital hinsichtlich seiner erreichten Größe saturiert, immer erstrebt es, noch weiter und weiter zu wachsen, um sich noch weiter der Bestimmung der *Totalität* anzunähern. Um sich ihr möglichst schnell anzunähern, strebt das Kapital danach, in einer bestimmten Zeitperiode möglichst stark zu wachsen beziehungsweise für ein bestimmtes Wachstum eine möglichst kurze Zeitspanne zu benötigen. Jeder Kapitalwert, gleich wie groß seine Quantität ist, erscheint für das Kapital – in hegelscher Terminologie – als Schranke, nicht als Grenze:[153]

> Das Capital aber als die allgemeine Form des Reichthums – das Geld – repräsentirend, ist der schranken- und maaßlose Trieb über seine Schranke hinauszugehn. Jede Grenze ist und muß Schranke für es sein. Es hörte sonst auf Capital – das Geld als sich selbst producirend zu sein. Sobald es eine bestimmte Grenze nicht mehr als Schranke fühlte, sondern als Grenze sich in ihr wohl fühlte, wäre es selbst von Tauschwerth zu Gebrauchswerth, von der allgemeinen Form des Reichthums zu einem bestimmten substantiellen Bestehn desselben herabgesunken. Das Capital als solches schafft einen bestimmten Mehrwerth, weil es keinen unendlichen at once setzen kann;

---

[153] Die begriffliche Unterscheidung von Schranke und Grenze wurde in der Philosophiegeschichte häufig erarbeitet, am differenziertesten von Hegel (vgl. Fulda 1974). Die komplexe hegelsche Theorie von Schranke und Grenze kann hier nicht wiedergegeben werden, daher muss eine knappe Erklärung genügen: „*Schranke'* (Sch.) [...] dient zur Definition der endlichen Dinge. Sie ist deren jeweiliger Realitätsgrad, über den hinaus ein größerer möglich ist. Variation der unwesentlichen Sch. [...] ist Veränderung eines endlichen Dinges. [...] ,*Grenze'* (G.) [...] dagegen sind ,Negationen, welche die größere mögliche Hinzutuung ausschließen' [Kant]. Sie setzen fest, wo das Begrenzte in seinem inneren Aufbau oder Fortgang vollendet ist" (Fulda 1974, 875).

> aber es ist die beständige Bewegung mehr davon zu schaffen. Die quantitative Grenze des Mehrwerths erscheint ihm nur als Naturschranke, als Nothwendigkeit, die es beständig zu überwältigen und über die es beständig hinauszugehn sucht. Die Schranke erscheint als ein Zufall, der überwältigt werden muß. [...] Wenn das Capital von 100 auf 1000 wächst, so ist nun 1000 der Ausgangspunkt von dem die Vermehrung vor sich gehn muß; die Verzehnfachung um 1000 % zählt für nichts; Profit und Zins wird selbst wieder Capital. Was *als Mehrwerth erschien, erscheint nun als Einfache Voraussetzung* etc, als in *sein einfaches Bestehn selbst* aufgenommen (249).

Terminologisch bezeichnet Marx das Wachstum des Kapitalwerts als *Verwertung*, die also „sowohl Erhalten des vorausgesetzten Werths als Vervielfältigung desselben" (229) einschließt. Das Streben des Kapitals nach Verwertung unterscheidet sich wesentlich von vormoderner ‚Habsucht'. Dieses Phänomen im Sinne einer „Sucht nach besondrem Reichthum" (147) und des subjektiven immer-mehr-haben-Wollens von *spezifischen* Gebrauchswerten ist „bornirt, durch die Bedürfnisse einerseits, die bornirte Natur der Producte anderseits bedingt" (95), also beschränkt. Das spezifisch moderne Streben nach Kapitalverwertung im Sinne des immer-mehr-haben-Wollens von Tauschwert als *allgemeiner* Form des Reichtums ist hingegen unbegrenzt und lässt sich von keiner spezifischen Bedürfnisbefriedigung und keinem spezifischen Gebrauchswert ‚stillen', sondern strebt ins Unendliche (vgl. 146f.).

Mit der Herausarbeitung der Bestimmungen des Kapitalbegriffs ist der Grundstein gelegt für das Verständnis der modernen Ökonomie und der diese reflektierenden Wirtschaftswissenschaft:

> Die Exakte Entwicklung des Capitalbegriffs nöthig, da er der Grundbegriff der modernen Oekonomie, wie das Capital selbst, dessen abstraktes Gegenbild sein Begriff, die Grundlage der bürgerlichen Gesellschaft (246).

Unerklärt ist auf dem hier erreichten Stand der Theorie jedoch zum einen, wie die Erhaltung des Kapitalwerts möglich ist, obwohl das Kapital die Gestalt besonderer Waren annimmt und ihr Konsum doch die Vernichtung des Tauschwerts impliziert. Denn der Tauschwert ist an den Gebrauchswert und somit an einen spezifischen stofflichen Gegenstand, der die soziale Form der Ware besitzt, gleichsam gebunden; wenn dieser Gegenstand konsumiert wird, erlischt sein Gebrauchswert und somit ebenso sein Tauschwert. Zum anderen fehlt die theoretische Erklärung der Möglichkeit der Kapitalverwertung: Gemäß dem Zirkulationsgesetz werden in dem Prozess G – W – G – W – ... lediglich Tauschwertäquivalente getauscht. Wie Verwertung als Zunahme des Tauschwerts möglich ist, kann mittels des Zirkulationsgesetzes also nicht erklärt werden. Da der Kapitalbegriff eine Weiterentwicklung des Wertbegriffs darstellt und dieser das Zirkulationsgesetz impliziert und voraussetzt, kann die Kapitalverwertung nicht dadurch erklärt werden, dass zu ihrem Zwecke eben dieses Gesetz (hin und wieder, zum Beispiel durch betrügerisches Handeln einzelner Individuen) außer Kraft gesetzt wird. Die Kapitalverwertung muss unter

Wahrung des Zirkulationsgesetzes erklärt werden und möglich sein;[154] und da alle Austauschhandlungen dem Zirkulationsgesetz adäquat sind, *kann die Verwertung nur außerhalb der Zirkulation stattfinden:* in der *Produktion*. In dieser ist die Verwertung des Kapitals möglich – wenn auch bislang noch keineswegs theoretisch erklärt –, da im Produktionsprozess Arbeit verausgabt und der Tauschwert durch Verausgabung von Arbeit konstituiert wird. Der weitere Gang der marxschen Theorie wird daher die Produktionssphäre gedanklich erfassen und hierbei auch versuchen, den erstgenannten unerklärten Aspekt einer theoretischen Lösung zuzuführen.

2.2 Materieller Produktionsprozess und Verwertungsprozess des Kapitals

Bislang wurde einzig die Zirkulation, der Warentausch, theoretisch betrachtet. Im Folgenden wird die Rekonstruktion der marxschen Theorie auf die Sphäre der *Produktion* – als desjenigen ökonomischen Bereichs, in welchem die später ausgetauschten Waren überhaupt erst geschaffen werden – ausgeweitet werden. Aufgrund der Verwandtschaft des Produktions- mit dem Arbeitsbegriff und der Tatsache, dass Arbeit – aufgrund der Konstituierung des Tauschwerts durch vergegenständlichte Arbeit – für die spezifisch tauschwertbasierte Produktion von besonderer Bedeutung ist, wird in die folgende produktionstheoretische Untersuchung der Begriff der Arbeit integriert.

Bevor Produktion und Arbeit in der spezifisch warentauschenden Gesellschaft untersucht werden, werden zunächst
- in einem ersten Schritt die überhistorischen Bestimmungen von Produktion und Arbeit analysiert, eine zur theoretischen Erfassung historisch spezifischer Formen von Arbeit und Produktion grundlegende Begrifflichkeit entwickelt sowie das Arbeit und Produktion bestimmende Verhältnis zwischen Menschen und Natur herausgearbeitet (Abschnitt 2.2.1);
- in einem zweiten Schritt die Bestimmungen von Produktion und Arbeit in vorkapitalistischen Gesellschaften dargestellt (Abschnitt 2.2.2).

Vor diesem Hintergrund können darauffolgend die spezifischen Bestimmungen von Produktion und Arbeit in der warentauschenden Gesellschaft herausgearbeitet und begrifflich erfasst werden (Abschnitt 2.2.3).

---

154 Prägnant schreibt Heinrich (2014): „Daß das selbständige Dasein des Tauschwerts nur als sich verwertender Wert adäquat ausgedrückt wird, sagt noch nichts darüber aus, wie diese Verwertung überhaupt *möglich* ist. Es stellt sich daher die Frage, wie sich *auf der Grundlage des Äquivalententausches* die Existenz eines Kapitalgewinns erklären läßt. Dies ist die grundlegende Frage, die Marx mit seiner Mehrwerttheorie beantworten will" (257; vgl. auch Oakley 1984, 170 f.).

2.2.1 Allgemeine Bestimmungen von Produktion und Arbeit

Da in der Regel die zur Befriedigung menschlicher Bedürfnisse erforderlichen Gebrauchswerte nicht von Natur aus vorhanden sind, müssen sie *produziert* werden. Der Terminus ‚Produktion' bezeichnet demgemäß die Herstellung von Gegenständen mit Gebrauchswert, von Gegenständen also, welche der Befriedigung von Bedürfnissen dienen.[155] ‚Arbeit' bezeichnet die menschliche Tätigkeit zum Zwecke der Produktion

---

[155] Im Manuskript der *Grundrisse* existiert kein eigenständiger Abschnitt, welcher sich mit den allgemeinen Bestimmungen von Produktion und Arbeit beschäftigte. Daher beruhen die folgenden Ausführungen auf Textstellen aus verschiedenen Partien des Manuskripts, die zumeist im Kontext der Auseinandersetzung mit der spezifisch kapitalistischen oder vor-kapitalistischen Produktionsweise – und gerade nicht mit Arbeit und Produktion an sich – stehen. Dennoch handelt es sich bei dem hier folgenden Abschnitt um keine Erörterung, welche dem von Marx in den *Grundrissen* verfolgten Erkenntnisinteresse – die Herausarbeitung der Charakteristika der spezifisch kapitalistischen Produktionsweise – fremd wäre. Im Gegenteil: Die Erörterung allgemeiner Bestimmungen von Produktion und Arbeit bildet die Hintergrundfolie, vor der die Spezifika der kapitalistischen Produktionsweise präzise herausgearbeitet werden können, und verhindert die Identifizierung spezifisch kapitalistischer Produktion und Arbeit mit Produktion und Arbeit an sich (vgl. Oakley 1984, 175). Wohl aufgrund dieser Überlegung plante Marx, eine Auseinandersetzung zu Arbeit und Produktion im Allgemeinen in sein Werk aufzunehmen. Im dritten Manuskriptheft vermerkt er bezüglich von Aussagen zu überhistorischen Bestimmungen von Produktion und Arbeit: „(was schon im ersten Capitel auseinanderzusetzen, das dem {vom} Tauschwerth vorhergehn und von der Production im Allgemeinen handeln muß)" (218 f.). An anderer Stelle schreibt Marx ebenfalls: „Alles dieß gehört schon ins 1te Capitel *von der Production im Allgemeinen*" (273). In der finalen, also publikationsreifen *Darstellung* der Theorie sollte sich das Kapitel über die Produktion im Allgemeinen somit zwar vor der Auseinandersetzung mit dem Tauschwert befinden; Marx sah sich jedoch zu Beginn des Verfassens der *Grundrisse* außerstande, dieses Kapitel auszuarbeiten, da er zu diesem Zeitpunkt noch über keine entwickelte Theorie der kapitalistischen Produktionsweise verfügte, sondern diese erst im Verlauf der Niederschrift der *Grundrisse* entwickelte. Zu klären war daher im *Forschungsprozess* überhaupt erst, welche Bestimmungen die Produktion im Allgemeinen charakterisieren, und dies setzte für Marx eine ausgereifte Theorie der spezifisch kapitalistischen Produktionsweise voraus: „Welche Bestimmungen in den ersten Abschnitt, *Von der Production überhaupt* [...] aufzunehmen sind, kann erst am Resultat und als Resultat der ganzen Entwicklung heraustreten" (237). Dieses Resultat der Theorieentwicklung arbeitete Marx jedoch nicht aus: Er verfasste nach Entwicklung seiner Theorie in den *Grundrissen* kein Kapitel über Produktion im Allgemeinen. Bei den *Grundrissen* handelt es sich somit sowohl um ein Forschungsmanuskript, welches Marx primär zur Entwicklung seiner Theorie diente und welches er in der vorliegenden Form nicht zur Publikation vorsah (zum Entwurfscharakter der *Grundrisse* s. die Bemerkung im *Vorwort* von *Zur Kritik der politischen Ökonomie* [MEGA II.2, 99] sowie Hobsbawm [2011, 128 f.]), als auch um ein Fragment. – Entgegen der marxschen Absicht, die allgemeinen Bestimmungen von Produktion und Arbeit an den Beginn der Untersuchung zu stellen, stehen sie in der hier vorliegenden Studie erst nach Darstellung des dialektischen Zusammenhangs der Begriffe von Tauschwert, Geld und Kapital, da es m. E. sinnvoll ist, die allgemeinen Bestimmungen der Produktion erst zu Beginn der produktionstheoretischen Auseinandersetzung aufzuführen. Zu dieser Auffassung gelangte Marx nach Abschluss der Niederschrift der *Grundrisse* offenbar ebenfalls: In der ersten Auflage des ersten *Kapital*-Bandes findet sich die Darstellung des Arbeitsprozesses „in seinen *abstrakten* Momenten, unabhängig von jeder *bestimmten gesellschaftlichen Form*" (MEGA II.5, 129) erst im dritten Kapitel, während die vorangegangenen Kapitel die Analyse der spezifisch tauschwertbasierten Zir-

und wird daher von Marx definitorisch als „bestimmte, productive Thätigkeit" und als „auf einen bestimmten Zweck gerichtete und darum in bestimmter Form sich äussernde Lebendigkeit" (189) eines Menschen bestimmt.[156] Wie in der Darstellung des Gebrauchswerts erläutert (siehe Abschnitt 2.1.3), existiert nicht *die* Arbeit im allgemein-abstrakten Sinne, sondern eine Vielzahl verschiedener, *spezifischer* Arbeitsarten im Sinne spezifischer Tätigkeiten und Verrichtungen; dies meint Marx, wenn er in obigem Zitat von Arbeit als einer ‚bestimmten' Tätigkeit spricht. Abstrakt besteht der Zweck der Arbeit – entsprechend der Begriffsdefinition als *produktive* Tätigkeit – in der *Herstellung* eines Gegenstandes mit „Gebrauchswerth und höhern Gebrauchswerth wie früher" (267; vgl. 221); dies ist freilich eine Bestimmung auf Ebene der Theorie allein, denn die tatsächlich handelnde Person bezweckt nicht abstrakt die Erzeugung eines nicht weiter bestimmten Gebrauchswerts, sondern konkret die Herstellung eines *spezifischen* Gegenstandes mit *spezifischem* Gebrauchswert. Die marxsche Rede von ‚höherem Gebrauchswert' ist so zu verstehen, dass der durch Arbeit hervorgebrachte Gegenstand einen höheren Gebrauchswert besitzen muss als diejenigen Objekte, die zu seiner Herstellung verwendet und aufgebraucht beziehungsweise verschlissen wurden – andernfalls handelte es sich nicht um Arbeit, sondern um Verschwendung (vgl. 267).[157]

Produktion und Arbeit stehen in einem Verhältnis zu den Mitmenschen beziehungsweise der Gesellschaft einer- und der Natur andererseits. Bezüglich des erstgenannten Aspekts stellt Marx fest, Produktion sei stets „d'une manière ou d'une autre *gesellschaftliche* Production" (393). Ein Mensch produziert und arbeitet nie ganz mit und für sich alleine, sondern ist stets in einen sozialen Kontext eingebunden: Zur Herstellung der benötigten Güter beispielsweise arbeitet und kooperiert er mit anderen Menschen, benötigt er kollektiv überliefertes Wissen über Produktionstechniken und Zugriff auf die zur Produktion notwendigen Materialien (siehe unten), welcher ihm von seinen Mitmenschen verwehrt oder gewährt werden kann. Ebenso wie Produktion und Arbeit wesentlich in einen sozialen Zusammenhang eingebunden sind, so stehen sie auch in einem naturalen Kontext: Produktion ist immer (auch) materielle

---

kulation umfassen, welche dann ab dem dritten Kapitel um die Analyse der spezifisch tauschwertbasierten Produktion ergänzt wird.

156 An der zitierten Stelle – welche im Kontext der Untersuchung der kapitalistischen Produktionsweise steht – spricht Marx von „Arbeiter", nicht von ‚Mensch'.

157 Die Rede von ‚höherem' Gebrauchswert legt nahe, dass Gebrauchswert quantitativ messbar und verschiedene Gebrauchswerte objektiv bzw. an sich miteinander vergleichbar wären. Dies ist aber nicht zutreffend. Vergleichbar (und somit, wenn auch nur grob, messbar) ist der Gebrauchswert verschiedener Gegenstände nur relativ zu einem bestimmten Zweck (bspw. kann abstrakt nicht entschieden werden, ob ein Messer oder ein Schlüssel einen höheren Gebrauchswert besitzt; nur bezüglich eines bestimmten Zweckes – z. B. des Aufschließens einer Tür – kann bestimmt werden, dass der Schlüssel einen höheren Gebrauchswert als das Messer besitzt). Diese *Relativität* des Gebrauchswerts scheint Marx an der zitierten Stelle nicht zu bedenken.

Produktion,[158] welche – beispielsweise – auf bestimmte Ressourcen angewiesen ist. Die Aussage, die Produktion sei in soziale und naturale Kontexte eingebunden, ist freilich eine abstrakte Bestimmung und sagt nichts darüber aus, in welchen *spezifischen* Verhältnissen die Produzierenden zueinander und zur Natur stehen. Diese konkrete Bestimmung ist in überhistorischer Perspektive nicht möglich; jede spezifische historische Gesellschaftsform verfügt über andere Verhältnisse der Produzent: innen zueinander und zur Natur.[159] Das historisch spezifische, konkrete Verhältnis der Menschen zueinander und zur Natur im Kontext produktiver Tätigkeit bezeichnet Marx mit dem Begriff der *Produktionsweise*.[160] Die theoretische Untersuchung der allgemeinen Bestimmungen der Produktion ist trotz ihrer Abstraktheit freilich kein müßiges Unterfangen, denn sie erlaubt es, den spezifischen Charakter historisch spezifischer Produktionsweisen präzise herauszuarbeiten.[161]

Vor dem Hintergrund dieses doppelten – gesellschaftlichen und naturalen – Zusammenhangs, in welchem Produktion und Arbeit stehen, untersucht Marx, welche Voraussetzungen erfüllt sein müssen, damit Menschen zu arbeiten und somit die von ihnen intendierten brauchbaren Gegenstände zu produzieren imstande sind. Dazu müssen sie *erstens* über ‚objektive Bedingungen der Arbeit'[162] (vgl. 378 f.) verfügen. Die

---

[158] Dies gilt auch für (scheinbar) rein geistige Produkte: Das Verfassen der hier vorliegenden Studie geschah mittels eines Laptops, und sie wurde mittels Druckerschwärze auf Papier gedruckt – auch geistige Arbeit findet in natürlichen Stoffkreisläufen statt.
[159] In einigen Gesellschaftsformen produzieren Menschen bspw. in voneinander unabhängigen Familiengemeinschaften, während in anderen Gesellschaften die Produktion gesamtgesellschaftlich durch ein Staatsoberhaupt, eine Behörde o. Ä. reguliert wird. Ebenso kann auch der produktive Umgang mit der Natur nicht überhistorisch verallgemeinert werden: In einigen Gesellschaftsformen mögen die Menschen einige Natursysteme – wie bspw. bestimmte Waldgebiete – als heilig ansehen und von ihrer Zerstörung absehen, während in anderen Gesellschaftsformen jedes Naturwesen als potenzielles Objekt der individuellen Bedürfnisbefriedigung verstanden wird.
[160] Der Begriff der „*Weise der Production*" (398) umfasst das „Verhalten der Individuen zu einander […], wie ihr bestimmtes thätiges Verhalten zur unorganischen Natur" (398 f.). – Marx verwendet m. E. die Ausdrücke ‚Produktionsverhältnis' und ‚Produktionsweise' in den *Grundrissen* synonym; eine Definition des Terminus ‚Produktionsverhältnis', mit deren Hilfe er sich von ‚Produktionsweise' abgrenzen ließe, wird von Marx in diesem Werk nicht gegeben. Im *Vorwort* von *Zur Kritik der politischen Ökonomie* definiert Marx diesen Terminus folgendermaßen: „In der gesellschaftlichen Produktion ihres Lebens gehen die Menschen bestimmte, nothwendige, von ihrem Willen unabhängige Verhältnisse ein, Produktionsverhältnisse. […]. Die Gesammtheit dieser Produktionsverhältnisse bildet die ökonomische Struktur der Gesellschaft" (MEGA II.2, 100). Dieser Definition gemäß bezeichnet der Terminus ‚Produktionsverhältnis' einen Teilaspekt der ‚Produktionsweise': Während ‚Produktionsweise' das gesellschaftliche Verhältnis der Menschen zueinander *und* das Verhältnis der (gesellschaftliche Verhältnisse eingegangenen) Menschen zur Natur bezeichnet, bezeichnet ‚Produktionsverhältnis' *nur* das gesellschaftliche Verhältnis der Menschen zueinander. Diese begriffliche Unterscheidung trifft Marx in den *Grundrissen* allerdings nicht.
[161] Vgl. Oakley (1984, 137 f.).
[162] An einigen Stellen bezeichnet Marx sie auch als ‚objektive Bedingungen der Produktion' (z. B. 481). Hier liegt somit eine Identifizierung des Produktions- mit dem Arbeitsbegriff vor; an anderen Manuskriptstellen differenziert Marx jedoch diese Begriffe voneinander (s. unten im Haupttext).

subjektive Tätigkeit der arbeitenden Person – die Verausgabung von Arbeit – genügt nicht, um den Zweck der Arbeit zu erfüllen, sondern notwendig dazu ist ebenso „Gegenständlichkeit" (218):

- „Material", in welchem Arbeit „sich darstellt" und welches sie „formt" (266). Dieses „blose[] Material[] für die Formsetzende, zweckmässige Thätigkeit der Arbeit", diesen „formlosen Stoff[]" (219) bezeichnet Marx als ‚Rohstoff' oder ‚Arbeitsmaterial' (vgl. 378).
- ‚Arbeitsinstrument' oder ‚Arbeitsmittel' (vgl. 378), das „die subjektive Thätigkeit zwischen sich und den Gegenstand, [...] als ihren Leiter schiebt" (219) und das „die Arbeit erleichtert" (266) oder überhaupt erst ermöglicht.[163]

Arbeit kann somit nicht im sprichwörtlich ‚luftleeren Raum' verausgabt werden, sondern setzt die Vorhandenheit objektiver Bedingungen voraus. Bezüglich der Verortung der Produktion in einem sozialen Zusammenhang bedeutet dies, dass gesellschaftliche Verhältnisse vorhanden sein müssen, durch welche Menschen Zugriff auf diese objektiven Bedingungen der Arbeit erhalten: Sie müssen sie in irgendeiner – historisch spezifischen – Art und Weise besitzen oder zugeteilt bekommen, um überhaupt arbeiten und produzieren zu können. Wenn die Gesellschaft Menschen von der Teilhabe an diesen objektiven Bedingungen ausschließt, können sie nicht die von ihnen benötigten Güter herstellen und müssen entweder anderweitig versorgt werden (etwa durch Almosen) oder sind von Armut und Tod bedroht.

Marx bezeichnet die objektiven Bedingungen der Arbeit auch als „natürliche[] Bedingungen der Arbeit" (380). Diese Bezeichnung verweist auf den naturalen Zusammenhang, in dem die Produktion steht: Arbeit als ‚formsetzende Tätigkeit' vermag zwar die Form – die konkrete Beschaffenheit von Gegenständen – zu transformieren,

---

163 Vor dem Hintergrund des philosophiehistorischen Kontextes, in welchem die *Grundrisse* stehen, könnte die Zusammenfassung von Arbeitsmittel und Arbeitsmaterial unter dem Begriff der objektiven Bedingungen der Arbeit irritieren; denn sowohl in Hegels *Logik* (im Teleologiekapitel; vgl. Hegel [1981, 154–172]) als auch in Marxens *Kapital* (MEGA II.5, 130–132) erhält der Unterschied zwischen Arbeitsmittel und -material einen systematisch höheren Stellenwert. Dass Marx in den *Grundrissen* zumeist zusammenfassend von ‚objektiven Bedingungen der Arbeit' spricht, ist der Fragestellung geschuldet, in deren Kontext Marx von diesen objektiven Bedingungen spricht: Es geht ihm darum, eine Begrifflichkeit zu entwickeln, mit welcher sich vorkapitalistische Produktionsweisen von der kapitalistischen unterscheiden lassen – und dieser Unterschied liegt darin, dass in der kapitalistischen Produktionsweise die Arbeitenden nicht die objektiven Bedingungen der Arbeit besitzen (s. die folgenden Abschnitte). Von dieser Fragestellung ausgehend ist es dann systematisch nicht relevant, zwischen Mittel und Material zu unterscheiden, da sowohl Mittel als auch Material nicht im Eigentum der Arbeitenden sind (dies ist vermutlich auch der Grund, wieso Marx an einigen Stellen die Lebensmittel zu den objektiven Bedingungen der Arbeit zählt; s. die folgenden Ausführungen in diesem Abschnitt). Systematisch stärker zwischen Mittel und Material zu unterscheiden, hieße, in den Text der *Grundrisse* entweder Hegel oder den Marx des späteren *Kapital* hineinzulesen. Hier zeigt sich, wie wichtig eine Exegese ist, die nah am Text verbleibt und sich gleichsam freimacht von Begrifflichkeiten, die dem Text selbst nicht angehören. – Anzumerken ist freilich, dass Marx auch im *Kapital* zusammenfassend von ‚Produktionsmitteln' spricht, aber eben dennoch (an der angegebenen Textstelle) Arbeitsmittel und -material separat einer Untersuchung unterzieht.

ist jedoch auf das Vorhandensein von *spezifischem* Stoff – von spezifischen Ressourcen, Rohstoffen und anderen Materialien – angewiesen, den sie nicht selbst erschaffen kann, sondern in der Natur vorfinden muss.[164] Diese Angewiesenheit auf die Natur wird nicht dadurch aufgehoben, dass zahlreiche in Arbeitsprozessen als Arbeitsmaterial verwendete Gegenstände selbst Produkt menschlicher Arbeit sind.[165] Denn diese Arbeitsmaterialien wurden zwar durch vorgängige Arbeitsprozesse *geformt*, der sie konstituierende spezifische *Stoff* ist jedoch nicht durch Menschen erschaffen worden, sondern muss in der Natur vorgefunden werden.[166] Mittels der marxschen – und auf die klassische Metaphysik zurückgehenden – Unterscheidung zwischen Stoff und Form lässt sich somit die Angewiesenheit aller Produktionsprozesse auf die Natur theoretisch erfassen: Alles, was Menschen produktiv zu vermögen, ist die *Form* eines materiellen Gegenstandes – also seine Beschaffenheit – zu transformieren, nicht jedoch, den diesen Gegenstand allererst konstituierenden Stoff selbst zu erzeugen;[167] die produzierenden Menschen sind zur Herstellung von Gegenständen irreduzibel auf die Natur – im Sinne der Vorhandenheit formbaren spezifischen Stoffes – angewiesen. Entsprechend spricht Marx von der „Erde" – der Natur – als „natürlicher Productionsbedingung" (400): Sie stellt die materielle Grundlage der Arbeitstätigkeit der Menschen, also das objektive Korrelat der subjektiven menschlichen Tätigkeit dar.[168] Somit sind Arbeit und Produktion nicht als bloße subjektive Tätigkeit, sondern als *Stoffwechsel der Menschen mit der Natur* (vgl. 393) zu

---

[164] Prägnant drückt Marx dies im ersten Band des *Kapital* aus: „Der Mensch kann in seiner Produktion nur verfahren, wie die Natur selbst, d. h. nur die *Formen* der *Stoffe ändern*" (MEGA II.5, 23).
[165] Z. B. Stahl, welcher ein Rohstoff für zahlreiche industrielle Produktionsprozesse ist, aber selbst von Menschen hergestellt wird und nicht natürlich vorkommt.
[166] Stahl bspw. besteht größtenteils aus dem chemischen Element Eisen, welches durch Bergbau (oder Recycling von Abfallprodukten) gewonnen wird, aber nicht durch Menschen aus anderen Elementen erzeugt werden kann. – Das dargestellte Verhältnis gilt auch für die in Produktionsprozessen verwendeten Arbeitsinstrumente: Der Stoff, aus welchem diese Gegenstände bestehen, wurde zwar von Menschen geformt – und zwar so, dass sie ihre Funktion, die Arbeit zu erleichtern, in größtmöglichem Maße erfüllen –, aber muss selbst in der Natur vorgefunden werden.
[167] Vgl. Han (2010, 17).
[168] Mit dem Terminus ‚Erde' bezeichnet Marx im Rahmen seiner Auseinandersetzung mit vorkapitalistischen Produktionsweisen nicht die gesamte Natur, sondern in einem semantisch engen Sinne den landwirtschaftlich genutzten „Grund und Boden" (396). Dies ist dem Umstand geschuldet, dass es sich bei den vorkapitalistischen Gesellschaften um Agrargesellschaften handelte, in welchen Natur vornehmlich als Ackerboden relevant wurde. Wird von diesem thematischen Kontext abstrahiert, ist es m. E. interpretatorisch zulässig, über den unmittelbaren marxschen Wortlaut hinauszugehen und unter ‚Erde' in einem semantisch weiteren Sinne die gesamte Natur zu verstehen (s. auch das folgende marxsche Zitat, in welchem deutlich wird, dass die Fokussierung auf die landwirtschaftliche Nutzfläche allein aufgrund der historischen Situation der untersuchten Gesellschaften erfolgt: „findet sich vor als Glied einer Familie, Stammes, Tribus etc [...]; und als solches Glied bezieht er sich auf eine bestimmte Natur (sag hier noch Erde, Grund und Boden) als unorganisches Dasein seiner selbst" [394]).

verstehen.[169] Aufgrund der gesellschaftlichen Vermittlung der Produktion entwickelt Marx freilich keine individualistische Theorie des Mensch-Natur-Verhältnisses („Stoffwechsel *des* Menschen mit der Natur"), sondern eine der gesellschaftlichen Naturverhältnisse: Die historisch spezifische Weise, wie einzelne Personen der Natur produzierend begegnen, ist vorgezeichnet durch die historisch spezifischen gesellschaftlichen Verhältnisse, in denen sie zueinander stehen („Stoffwechsel *der* Mensch*en* mit der Natur").

Um Arbeit und Produktion im Sinne dieses Stoffwechsels der Menschen mit der Natur zu ermöglichen, sind freilich nicht nur objektive Bedingungen der Produktion, sondern *zweitens* auch der Einbezug spezifischer „Naturprocess[e]" (581) in Arbeits- und Produktionsprozesse notwendig. Marx nennt den „mechanischen und chemischen" sowie den „organische[n]" (602) Prozess, welche – je nach spezifischer Beschaffenheit eines konkreten Arbeits- und Produktionsprozesses – zur Produktion von Gegenständen notwendig sein oder die Arbeitstätigkeit erleichtern können.[170] Natur ist somit für den von Menschen vollzogenen Arbeits- und Produktionsprozess nicht nur als geformter und zu formender Stoff, sondern ebenso als den Stoffwechsel allererst ermöglichender oder vereinfachender, naturgesetzlich verlaufender Prozess relevant. Anders als die objektiven Bedingungen der Produktion können Menschen Naturprozesse aufgrund deren nicht-gegenständlicher Seinsweise weder besitzen

---

169 Eine umfangreichere Analyse des Stoffwechselbegriffs im marxschen Gesamtwerk und seines geistesgeschichtlichen Kontextes bietet Saito (2016). Für Saito ist ‚Stoffwechsel' der „Schlüsselbegriff […], der den Weg zu einer systematischen Lektüre der Marx'schen Ökologie eröffnet" (13). Saito weist nach, dass – bevor der Begriff der Ökologie durch Ernst Haeckel (1866, 286) geprägt wurde – „der dynamische Prozess von Pflanze, Tier und Mensch im 19. Jahrhundert zunächst als ‚Stoffwechsel' bezeichnet" (67) wurde; wenn also Marx vom ‚Stoffwechsel der Menschen mit der Natur' spricht, so drückt er damit eine Einsicht aus, die im heutigen Diskurs als ‚ökologisch' bezeichnet würde: dass Menschen irreduzibel auf die sie umgebende Natur angewiesen sind und mit ihr in einem materiellen Zusammenhang stehen. Die Relevanz des Stoffwechselbegriffes für das Verständnis des (kapitalistisch gestörten) Verhältnisses des Menschen zur Natur betont ebenso auch Foster (1999, 2000, 2013). – Im ersten Band des *Kapital* findet sich der Stoffwechselbegriff zwar ebenfalls in der Definition der Arbeit, seine Bedeutung (und diejenige des Arbeitsbegriffes) hat sich jedoch gewandelt: Während in den *Grundrissen* die Begriffe der Arbeit und des Stoffwechsels der Menschen mit der Natur miteinander identifiziert werden – Arbeit also nichts anderes ist als eben dieser Stoffwechsel –, dient im *Kapital* die Arbeit der Regulation des Stoffwechsels mit der Natur, so dass Arbeit und Stoffwechsel nicht miteinander identisch sind: „Der Arbeitsprozeß ist zunächst ein Prozeß zwischen dem Menschen und der Natur, ein Prozeß, worin er seinen Stoffwechsel mit der Natur durch seine eigne That vermittelt, regelt und kontrolirt" (MEGA II.5, 129). Hier liegt meiner Auffassung nach eine Weiterentwicklung der marxschen Theorie im *Kapital* gegenüber den *Grundrissen* vor: Denn tatsächlich findet ein stofflicher Austausch zwischen Mensch und Natur nicht nur während des Arbeitsprozesses statt, sondern bspw. auch dann, wenn Menschen atmen. Diese über die Arbeit hinausgehende materielle Verbindung zwischen Mensch und Natur vermag der Stoffwechselbegriff der *Grundrisse* nicht abzubilden, wohl aber derjenige des *Kapitals*.

170 Als Beispiel dafür sei die chemische Industrie genannt, in welcher erst durch vielfältige chemische Prozesse die gewünschten Produkte entstehen. Aber auch die Verwendung von Arbeitsinstrumenten wie des Flaschenzugs basiert auf bestimmten physikalischen Prozessen bzw. ‚Kräften'.

noch unmittelbar andere Personen von deren Nutzung für produktive Zwecke abhalten; die Verwendung von Naturprozessen in der Produktion setzt jedoch entsprechendes Wissen und somit – wie auch immer konkret beschaffene – gesellschaftliche Bildungs- und Wissenschaftssysteme voraus, die auch so beschaffen sein können, dass sie bestimmte Personen vom gesellschaftlichen Wissen über Naturprozesse (und somit mittelbar von deren Nutzung) ausschließen.[171]

Mittels der zur Herstellung brauchbarer Gegenstände verwendeten Naturprozesse lässt sich das begriffliche Verhältnis zwischen Produktion und Arbeit näher bestimmen. Üblicherweise werden Produktion und Arbeit so verstanden, „daß die Productionszeit zusammenfällt mit der Arbeitszeit" (550). Dies ist freilich nicht notwendig: Während Arbeit immer Produktion ist – eine nicht-produktive Arbeit ist ein begrifflicher Widerspruch –, ist es zur Produktion von Gegenständen nicht zwangsläufig nötig, während des gesamten Produktionsprozesses Arbeit zu verausgaben. Zur Produktion bestimmter Gegenstände „finden [...] Interruptionen der Arbeit statt [...]. Es kann dieselbe Arbeitszeit angewandt sein und die Dauer der Productionsphase verschieden sein, weil die Arbeit unterbrochen wird" (550). Die Produktionszeit setzt sich in diesen Fällen aus der Arbeitszeit und einer zusätzlichen Zeitspanne zusammen, „die hier gebraucht wird, damit das Product zur Reife kommt" (551). Dieses „Nichtzusammenfallen der Productionszeit mit der Arbeitszeit kann überhaupt nur an Naturbedingungen liegen" (552): Aufgrund von Naturprozessen kann in einigen Produktionsprozessen – mehr oder weniger umfassend – auf die Verausgabung von Arbeit verzichtet werden.[172]

---

171 Hiervon ausgehend erweist sich die Kritik von Petersen und Faber (2013) an der marxschen Produktionstheorie als unzutreffend; sie schreiben: „Produktion ist für Marx die willentliche Hervorbringung von Gegenständen in der Bearbeitung und Beherrschung eines formbaren Materials. Was Marx im Auge hat, wenn er von Produktion spricht, ist Handwerk, Manufaktur und Industrie. [...] Nicht nur Dienstleistungen finden in diesem Verständnis der Wirtschaft keine Berücksichtigung. Marx' Produktionsbegriff ist darüber hinaus auch für die Landwirtschaft zu eng. Denn die Landwirtschaft hat es nicht mit einem formbaren Material zu tun, sondern mit einer organisch wachsenden Natur" (64 f.). Indem Marx die Verwendung von Naturprozessen zur Produktion von Gebrauchswerten explizit in seine Produktionstheorie integriert, kann mittels dieser die landwirtschaftliche Produktion theoretisch erfasst werden: Jene ‚organisch wachsende Natur' ist nichts anderes als die sprachliche Bezeichnung für eine Vielzahl stattfindender organischer Naturprozesse, mittels welcher Menschen landwirtschaftliche Gebrauchswerte produzieren (und Marx thematisiert diese spezifisch organischen Naturprozesse *expressis verbis*, s. das Zitat im Haupttext). Darüber hinaus – und diesen Umstand übersehen Petersen und Faber (2013) – ist auch in der Landwirtschaft die Formung von Stoff notwendig: Felder müssen bspw. gepflügt werden. Zudem setzen auch Dienstleistungen – von sog. ‚unqualifizierten' bis hin zu intellektuellen – die (im weitesten Sinne verstandene) Formung von Stoff voraus (s. auch die Fußnote oben): Papier wird bedruckt, Nahrungsmittel individuell zubereitet oder Kleidung gebügelt. Somit ist auch diese Kritik von Petersen und Faber (2013) zurückzuweisen.
172 Marx bezieht sich an der zitierten Manuskriptstelle exemplarisch auf die landwirtschaftliche Produktion: Das Wachstum von Tier und Pflanze setzt zwar Arbeit voraus (z. B. Düngen, Pflügen, Ernten), geschieht aber über lange zeitliche Phasen hinweg aufgrund organischer Naturprozesse von sich aus (vgl. 550–552).

Der Rekurs auf die Verwendung von Naturprozessen in Arbeits- und Produktionsprozessen erlaubt zudem eine Differenzierung des Arbeitsbegriffs. Der oben dargestellte Arbeitsprozess als Zusammenspiel von Arbeit, Arbeitsmaterial und -instrument entspricht *einer* Art von Arbeit, welche Marx als ‚unmittelbare Arbeit' bezeichnet. Unmittelbare Arbeit ist „in den Productionsprocess eingeschlossen" (581) und bringt somit – wenn auch unter Verwendung von Arbeitsinstrumenten – das Produkt unmittelbar durch körperliche Aktivität und Anstrengung, Geschicklichkeit und Überlegung hervor.[173] Das Gegenstück dazu stellt eine „mehr überwachende und regulirende Thätigkeit" (585; vgl. auch 581) im Produktionsprozess dar, so dass der Mensch „neben den Productionsprocess [tritt], statt sein Hauptagent zu sein" (581). Auch für diese ‚regulative Arbeit'[174] sind die genannten objektiven Bedingungen notwendig, der Arbeitsprozess verläuft jedoch anders: Der Stoff wird nicht durch die Arbeit und somit durch die arbeitenden Menschen, sondern durch Naturprozesse und das selbsttätige – im Wortsinne automatische – Arbeitsinstrument geformt (vgl. 571). Die unmittelbar das Produkt erzeugende menschliche Arbeit wird in der Produktion somit ersetzt durch Naturprozess und Arbeitsinstrument,[175] und Arbeit bedeutet dann, Naturprozess und selbsttätiges Arbeitsinstrument solcherart zu ‚lenken' und zu überwachen, dass der Zweck der Produktion – die Herstellung des intendierten brauchbaren Gegenstandes – realisiert wird.[176] ‚Regulative' und ‚unmittelbare Arbeit' bilden die beiden Unterbegriffe des Arbeitsbegriffs.

Im Verlauf des Arbeitsprozesses[177] wird das Arbeitsmaterial verbraucht und umgeformt, das Arbeitsinstrument abgenutzt. Zugleich wandelt sich gleichsam der ‚Aggregatzustand' der Arbeit, indem diese „aus der Form der Thätigkeit in der des Gegenstandes, der Ruhe fixirt, materialisirt" (220) wird: „als Veränderung des Gegenstandes verändert sie ihre eigne Gestalt und wird aus Thätigkeit Sein" (220), so dass die Arbeit *vergegenständlicht* wird. Der hergestellte Gegenstand als Ergebnis des abgeschlossenen Arbeitsprozesses ist die Synthese der Verbindung dieser drei Ele-

---

[173] Ein Beispiel hierfür wäre die Tätigkeit des Schneiders, welcher – unter Rückgriff auf Instrumente (z. B. seine Schere) – Kleidung mit seinen eigenen Händen herstellt.
[174] Diese Bezeichnung stammt nicht von Marx; soweit ich sehe, verwendet Marx selbst für diese Art der Arbeit keine besondere Bezeichnung.
[175] Diese Substitution schildert Marx exemplarisch: „Es giebt Maschinen, z. B. Luftheizungsröhren, wo die Arbeit als solche ganz verschwindet, ausser an einem Punkt; die Röhre wird an einem Punkt geöffnet; um sie [die heiße Luft] an die übrigen zu übertragen, sind gar keine Arbeiter nöthig. Dieß überhaupt der Fall [...] bei Kraftleitern, wo früher die Kraft in materieller Form durch ebensoviele Arbeiter, vorhin Heizer, von einem Ort zum andern {übertragen wurde} – die Leitung aus einem Raum in den andern, die jezt physischer Process geworden ist, als Arbeit von so und so viel Arbeitern erschien" (291).
[176] Ein Beispiel hierfür stellt die Produktion von Druckerzeugnissen dar: Die Exemplare der Tagespresse werden vollautomatisch durch Druckmaschinen hergestellt, während die beteiligten Menschen diesen automatisierten Prozess lenken und regulieren (z. B. auf Störungen reagieren).
[177] Die im Folgenden dargestellten Bestimmungen der Arbeit gelten nicht nur für die unmittelbare, sondern *cum grano salis* auch für die regulative Arbeit.

mente – Rohstoff, Arbeitsinstrument und Arbeit –, die freilich nicht verloren oder verschwendet, sondern im Produkt „reproducirt" (220) und somit erhalten sind:

> Der ganze Process erscheint daher als *productive Consumtion*, [...]. Das Verzehren ist nicht einfaches Verzehren des Stofflichen, sondern Verzehren des Verzehrens selbst; im Aufheben des Stofflichen Aufheben dieses Aufhebens und daher *Setzen* desselben (220).

Zwischen der verausgabten Arbeit und dem erhaltenen Produkt besteht freilich kein starres quantitatives Verhältnis; dieselbe Arbeitszeit kann unterschiedliche Produktmengen hervorbringen. Das quantitative Verhältnis zwischen der aufgewendeten Arbeitszeit und der erhaltenen Produktmenge fasst Marx unter dem Begriff der „Productivität der Arbeit" (293) beziehungsweise der „Productivkraft" (296) der Arbeit. Er gibt an, wie viele Produkte in einer bestimmten Zeitspanne hergestellt werden können; wird die Produktivkraft der Arbeit[178] gesteigert, werden also in der gleichen Zeitspanne mehr Produkte hergestellt. Die Höhe der Produktivkraft wird durch eine Reihe von Faktoren bestimmt, welche terminologisch als ‚Produktivkräfte' bezeichnet werden. Marx selbst nennt folgende Faktoren:
- Arbeitsinstrument,
- Anwendung von Naturprozessen,
- die „Naturkräfte der gesellschaftlichen Arbeit – Agglomeration der Arbeiter, Combination und Theilung der Arbeit" (419), also Weise und Organisation der Arbeit,
- Kommunikationsmittel und Handel,
- Bevölkerungsgröße sowie
- Wissen beziehungsweise Wissenschaft und technische Erfindungen (vgl. 227, 419, 438 f., 450 und 453).

Über den Wortlaut des marxschen Textes hinaus lassen sich zwei weitere Produktivkräfte nennen:
- Arbeitsmaterialien; je nachdem, welche spezifischen Arbeitsmaterialien mit ihren je spezifischen Attributen im Produktionsprozess Anwendung finden, kann die Produktionszeit einer bestimmten Produktmenge verkürzt oder verlängert werden;
- die ‚Naturumgebung' (siehe unten).

Deutlich an dieser Aufzählung wird, dass der Produktivkraft – analog der Bestimmung von Produktion und Produktionsweise – „bestimmte Verhältnisse derselben [der Produzierenden] zu einander und zur Natur entsprechen" (399); die Produktivkraft wird verändert durch Veränderung der Verhältnisse der Produzierenden zueinander und zur Natur. Marx vertritt in diesem Zusammenhang die These von der im historischen Verlauf zunehmenden Produktivkraft:

---

[178] Im Folgenden wird die Produktivkraft der Arbeit der Kürze halber nur noch als ‚Produktivkraft' bezeichnet.

nach dem allgemeinen ökonomischen Gesetz, daß die Productionskosten beständig fallen, daß die lebendige Arbeit beständig productiver wird, also die in Producten vergegenständlichte Arbeitszeit beständig depreciirt (71).[179]

Mit anderen Worten fasst Marx die historisch beobachtbare kontinuierliche Steigerung der Produktivkraft im Zeitverlauf als allgemeines Merkmal der Produktion auf – womit freilich nicht gesagt ist, dass die Produktivkraft in allen Produktionsweisen im gleichen Maße beziehungsweise in identischer ‚Geschwindigkeit' zunähme.[180]

---

[179] Der Kontext dieser Stelle handelt freilich von einer geldtheoretischen Fragestellung, so dass es als möglich erscheint, dass Marx sich hier ausschließlich auf die kapitalistische Produktionsweise bezieht; seine Rede von dem ‚*allgemeinen* ökonomischen Gesetz' lässt jedoch schließen, dass Marx hier von Produktion im Allgemeinen spricht. Für diese Schlussfolgerung spricht auch die folgende Überlegung: Marx stellt in den *Grundrissen* fest, dass sowohl in der vorkapitalistischen als auch in der kapitalistischen und der nachkapitalistischen Produktionsweise eine kontinuierliche Steigerung der Produktivkraft stattfindet bzw. stattfinden wird, so dass die Schlussfolgerung plausibel erscheint, diese kontinuierliche Steigerung zähle zu den allgemeinen Bestimmungen menschlichen Arbeitens und Produzierens. – Wood (2008) gibt eine plausible Erklärung für die sachliche Richtigkeit der Annahme kontinuierlichen Wachstums der Produktivkraft: „That there is such a general tendency [for the forces of production to improve], in very broad terms, is almost incontrovertible (and almost vacuous), since technological advances can happen in any form of society, and the effects are likely to be incremental, since once discovered they are unlikely to disappear altogether" (91f.).

[180] Es ist eine in der Forschung kontroverse Frage, ob Marx in der von ihm entwickelten Theorie – über die Postulierung historisch wachsender Produktivkraft hinaus – so etwas wie ein überhistorisches Entwicklungsgesetz menschlicher Gesellschaften postuliere, demzufolge in der fortschreitenden Entwicklung der Produktivkraft ein Widerspruch zwischen dieser und der jeweiligen Produktionsweise entstehe, wodurch die Produktionsweise transformiert werde und neue gesellschaftliche Verhältnisse sich ausbildeten; die Entwicklung der Produktivkraft stellte somit das zentrale Moment für die historisch-gesellschaftliche Entwicklung dar. Der *locus classicus* dieser Auffassung findet sich im *Vorwort* zu *Zur Kritik der politischen Ökonomie* (vgl. MEGA II.2, 100f.). Hobsbawm (2011, 129–136) liest die *Grundrisse* vor dem Hintergrund des *Vorworts* – die *Grundrisse* stellen seiner Auffassung nach den theoretisch-argumentativen Kontext des nur thesenhaft ausgearbeiteten *Vorworts* dar – und vertritt entsprechend die Auffassung, dieser überhistorische Mechanismus finde sich auch in der in den *Grundrissen* entwickelten Theorie. Wood (2008) hingegen bestreitet, dass Marx in den *Grundrissen* „a transhistorical mechanism of historical change" (88) postuliere; vielmehr werde sich Marx zur Zeit der Abfassung der *Grundrisse* „increasingly clear that, [...], each system of social property relations is driven by its own internal principles and not by some impersonal transhistorical law of technological improvement" (88). Im Kontext der Auseinandersetzung mit der Entwicklung der Produktivkraft verfasst Marx in den *Grundrissen* einen Satz, welcher als Postulat eines überhistorischen Entwicklungsgesetzes im Sinne von Hobsbawm (2011) gelesen werden könnte: „Es wird erst gearbeitet von gewisser Grundlage aus – erst naturwüchsig – dann historische Voraussetzung. Dann aber wird diese Grundlage oder Voraussetzung selbst aufgehoben oder gesetzt als eine verschwindende Voraussetzung, die zu eng geworden für die Entfaltung des progressiven Menschenpacks" (400). Zu beachten hierbei ist jedoch, dass Marx sich im Kontext des Zitats einzig auf die vorkapitalistische Produktionsweise bezieht und weder erwähnt noch andeutet, diese Entwicklung vollziehe sich notwendig ebenso in anderen Produktionsweisen. Der starre Mechanismus, den Marx im *Vorwort* postuliert, steht zudem im theoretischen Widerspruch zu der differenzierten Einsicht (s. Abschnitt 2.1.1), dass außer-ökonomische gesellschaftliche Sphären zwar primär durch die Ökonomie bestimmt werden, nichtsdestotrotz jedoch diese außer-ökonomischen Sphären (z. B. in Form von Ideologien, politischen Idealen, ...) über einen

Im Produktions- und Arbeitsprozess werden nicht nur die objektiven Bedingungen der Arbeit, sondern die Arbeit selbst „consumirt, indem sie angewandt, in Bewegung gesezt wird und so ein bestimmtes Quantum Muskelkraft etc des Arbeiters verausgabt wird, wodurch er sich erschöpft" (220). Da Menschen selbst materielle, über einen physiologischen Stoffwechsel verfügende Wesen sind und die Verausgabung von Arbeit zu Erschöpfung führt, benötigen sie zur Aufrechterhaltung ihres Arbeitsvermögens beständigen ‚Input' in Form von Lebensmitteln als „natürliche Bedingung des arbeitenden Subjekts" (403). Lebensmittel sind somit die *dritte* Bedingung der Arbeit,[181] indem sie für den arbeitenden Menschen „nöthig [sind,] um als Producent – also während seiner Production, *vor* der Vollendung derselben – zu leben" (401). Lebensmittel als natürliche Bedingung des arbeitenden Subjekts müssen also im Voraus – *während* des Arbeitsprozesses und somit vor Fertigstellung des Produkts – vorhanden sein. Auch hier zeigt sich – verdeutlicht durch den Terminus ‚*natürliche* Bedingung des arbeitenden Subjekts' – eine Angewiesenheit der Menschen auf die Natur: Arbeit als Stoffwechsel der Menschen mit der Natur setzt voraus, dass die arbeitenden Menschen – Lebewesen, die wie alle anderen Lebewesen ihren eigenen, physiologischen Stoffwechsel aufrechterhalten müssen – über Nahrungsmittel verfügen. Und die Vorhandenheit von Nahrungsmitteln erfordert die Existenz nährender Pflanzen- und Tierarten, eines geeigneten Klimas (siehe unten) und fruchtbarer Ressourcen (Böden, Fischbestände, ...) – Faktoren also, welche zwar durch den Menschen modifiziert werden können, welche aber in letzter Instanz Natur – Stoff –

---

gewissen ‚Spielraum', eine Eigenlogik verfügen, die durch die Ökonomie nicht determiniert werden; aufgrund dessen ist die gesellschaftliche Dynamik nicht allein auf die Entwicklung der Produktivkraft (und den Widerspruch zwischen dieser und der jeweiligen Produktionsweise) kausal zurückführbar. Darüber hinaus wird sich im Folgenden (s. Abschnitt 2.2.3.7) zeigen, dass aus der in den *Grundrissen* dargestellten Theorie gerade kein ‚automatischer' Zusammenbruch der bürgerlichen Gesellschaft aufgrund des Widerspruchs zwischen der kapitalistischen Produktionsweise und den zu enormer Höhe entwickelten Produktivkräften abgeleitet zu werden vermag. Vielmehr setzt die Aufhebung der kapitalistischen Produktionsweise und der ihr entsprechenden Gesellschaftsform kausal das Handeln aus Freiheit der Gesellschaftsmitglieder voraus; die Aufhebung des Kapitalismus erfolgt somit nicht notwendig durch eine objektive Entwicklung, sondern ist Folge freier und als solcher nicht prognostizierbarer Entscheidung menschlicher Individuen. In der in den *Grundrissen* entwickelten Theorie existiert somit – entgegen Hobsbawm (2011) und mit Wood (2008) – kein solches überhistorisches Entwicklungsgesetz. Marx selbst vertritt freilich die (nicht zutreffende) Auffassung, er könne im Kontext seiner Theorie den notwendigen Zusammenbruch der kapitalistischen Produktionsweise durch objektive Faktoren, insbesondere durch die zunehmende Produktivkraft, argumentativ begründen. Aber auch im Zusammenhang dieser Aussagen bezieht er sich auf die kapitalistische Produktionsweise und stellt er nicht die These eines überhistorischen Entwicklungsgesetzes menschlicher Gesellschaften auf.

181 An *einigen* Stellen des Manuskripts subsumiert Marx die natürliche Bedingung des arbeitenden Subjekts unter den Begriff der objektiven Bedingungen der Arbeit, welcher dann drei Elemente umfasst: „Lebensmittel und Arbeitsinstrument und Rohstoffe, kurz die [...] *objektiven* Bedingungen der Arbeit" (409; ebenso 411).

sind.[182] Die Verfügbarkeit von Lebensmitteln für die Produzierenden ist freilich nicht nur durch die Natur vermittelt, sondern ebenso auch durch die Gesellschaft: Produzierende Menschen können durch gesellschaftliche Verhältnisse Zugriff auf die natürliche Bedingung des arbeitenden Subjekts erhalten, aber ebenso kann ihnen die Teilhabe an ihr verwehrt werden.

Die Einsicht, dass zur Existenz der natürlichen Bedingung des arbeitenden Subjekts günstige klimatische Faktoren vorausgesetzt sind, leitet zur *vierten* Bedingung von Arbeit und Produktion über. Erfordert ist eine „Naturumgebung" (379), die die „verschiednen äusserlichen, klimatischen, geographischen, physischen etc Bedingungen" (379) umfasst, unter denen Arbeits- und Produktionsprozesse stattfinden und die den Verlauf dieser Prozesse beeinflussen. In dem Manuskript, das die *Einleitung* zu den *Grundrissen* enthält, schreibt Marx, „daß z. B. gewisse [...] Climate, Naturverhältnisse wie Seelage, Fruchtbarkeit des Bodens etc der Production günstiger sind als andre" (24), so dass – wie Marx in den *Grundrissen* schreibt – die „ökonomischen Bedingungen, [...] abhängen von Klima, physischer Beschaffenheit des Grund und Bodens" (390). Je nach Beschaffenheit der Naturumgebung kann mittels desselben Arbeitsaufwandes mehr oder weniger derselben über Gebrauchswert verfügenden Gegenstände produziert werden, oder wird die Produktion spezifischer Gegenstände oder gar Produktion überhaupt erst möglich.[183] Arbeit als Stoffwechsel der Menschen mit der Natur setzt also einen spezifischen, diesen Stoffwechsel allererst ermöglichenden naturalen Kontext – die Naturumgebung – voraus. Zugleich ist die Naturumgebung für die einzelnen menschlichen Personen nicht einfach ‚da', sondern sozial vermittelt: Ob Menschen beispielsweise auf fruchtbarem oder unfruchtbarem Boden Ackerbau betreiben oder ihre Produktion durch günstige klimatische Bedingungen gefördert wird, hängt nicht allein von der spezifischen Beschaffenheit der Naturumgebung, sondern auch davon ab, ob sie durch gesellschaftliche Verhältnisse Zugriff

---

182 Die Fruchtbarkeit von Böden kann bspw. zwar durch Düngemittel modifiziert werden, aber die Herstellung von Dünger setzt wiederum bestimmte natürliche Ressourcen und somit Stoff voraus. Auch bewusste Klimaveränderungen (z. B. in Zukunft vielleicht durch *Climate Engineering*) benötigen materielle Ressourcen wie bestimmte Chemikalien. Auch wenn es eines Tages möglich sein sollte, Nährstoffe ‚im Labor' künstlich zu erzeugen, ändert dies nichts an dieser grundlegenden Feststellung: denn auch die künstlich hergestellten und somit keinen Ackerboden und keine Nutztier- und -pflanzenarten voraussetzenden Nährstoffe werden *aus etwas*, aus einem *Ausgangsstoff* (z. B. Aminosäuren, Eiweißmoleküle, ...) hergestellt – und dieser (bzw. die Ausgangsstoffe zu dessen Produktion, ...) muss von Natur aus vorhanden sein. Auch hier gilt die marxsche Einsicht: Menschen können zwar die Form der Stoffe ändern, nicht aber Stoff aus dem Nichts ‚hervorzaubern'.

183 Daher ist es gerechtfertigt, die Naturumgebung zu den Produktivkräften zu zählen, auch wenn Marx selbst sie nicht *expressis verbis* dazu zählt. – Die Zahl möglicher Beispiele für die Bedeutung der Naturumgebung ist Legion. Man denke nur daran, dass die gesamte landwirtschaftliche Produktion von einer gewissen Beschaffenheit (Fruchtbarkeit) des Bodens, von einer bestimmten Niederschlagsmenge und Temperatur abhängig ist. Aber auch industrielle Produktionsprozesse setzen gewisse naturale Kontextbedingungen – wie bspw. die Abwesenheit von Überschwemmung, welche Produktionsanlagen zerstörte oder den Produktionsprozess temporär zum Stillstand brächte – voraus.

auf diese spezifische Naturumgebung erhalten oder nicht.[184] Allgemein ist das Vorhandensein bestimmter naturaler Faktoren aufgrund ihrer gesellschaftlichen Vermittlung eine *notwendige*, aber *keine hinreichende* Bedingung von Arbeit und Produktion. Die zweite notwendige Bedingung von Arbeit und Produktion besteht darin, dass es Personen gesellschaftlich ermöglicht wird, diese naturalen Faktoren produktiv zu verwenden. Umgekehrt heißt dies: Auch wenn die naturalen Faktoren als notwendige Bedingungen von Produktion und Arbeit gegeben sein mögen, kann die produktive Tätigkeit von Personen immer noch durch gesellschaftliche Mechanismen verunmöglicht werden, indem diese Personen vom Gebrauch der naturalen Faktoren abgehalten beziehungsweise ausgeschlossen werden.

Die dargestellten vier Bedingungen der Produktion verdeutlichen die Angewiesenheit menschlichen Produzierens und Arbeitens auf naturale Faktoren. Vor diesem Hintergrund wird eine weitere Abstraktionsebene des Tauschwerts deutlich: Mittels des Tauschwerts wird nicht nur von
- den spezifischen stofflichen Eigenschaften der über Gebrauchswert verfügenden Gegenstände,
- den spezifischen Gebrauchswerten der Gegenstände und
- den spezifischen Arbeitsarten, mittels welcher brauchbare Gegenstände produziert werden,

abstrahiert, sondern zudem auch von den naturalen Faktoren, die zur Produktion brauchbarer Gegenstände notwendig sind. Die Produktion über Gebrauchswert verfügender Gegenstände erfordert mehr als die Verausgabung von Arbeit. Nur unter der Voraussetzung des Vorhandenseins objektiver Bedingungen der Arbeit, der Erkenntnis und Nutzung von Naturprozessen und der Existenz einer entsprechend beschaffenen Naturumgebung ist Produktion möglich. Die dritte Bedingung weist zudem darauf hin, dass Arbeit nicht voraussetzungslos verausgabt werden kann, sondern die Arbeitenden als Naturwesen auf spezifische, über Gebrauchswert verfügende Gegenstände zur Aufrechterhaltung ihres physiologischen Stoffwechsels angewiesen sind, deren Erzeugung wiederum naturale Faktoren voraussetzt. Deutlich wird somit in einer weiteren Hinsicht die konzeptionelle ‚Armut' des Tauschwertbegriffs.

Natur und Gesellschaft als die beiden grundlegenden Kontexte, in deren Rahmen Produktion und Arbeit stattfinden, stehen freilich nicht unverbunden und monolithisch nebeneinander, sondern in einem wechselseitigen Bestimmungsverhältnis. Wenn Natur maßgeblich den Arbeits- und Produktionsprozess bestimmt, dann bestimmt sie zugleich – entsprechend der marxschen Prämisse, dass die Gesellschaft primär durch ökonomische Verhältnisse bestimmt wird – die Beschaffenheit einer Gesellschaft; eine gewandelte Beschaffenheit der Natur impliziert somit eine Veränderung der gesellschaftlichen Verhältnisse. Marx stellt im Rahmen seiner Auseinan-

---

184 In seiner Auseinandersetzung mit der vorkapitalistischen Produktionsweise (s. Abschnitt 2.2.2) zeigt Marx deutlich, dass zur Verwendung landwirtschaftlich nutzbarer Fläche das Eigentum an ihr notwendig und dieses Eigentum gesellschaftlich vermittelt ist.

dersetzung mit vorkapitalistischen Gesellschaften (siehe Abschnitt 2.2.2) die Bestimmung gesellschaftlicher Verhältnisse durch die Natur deutlich heraus:

> so wird es von verschiednen äusserlichen, klimatischen, geographischen, physischen etc Bedingungen [...] abhängen [...], wie mehr oder minder diese ursprüngliche Gemeinschaft modificirt wird (379).

Nicht nur die Gesellschaft, auch die sie konstituierenden Individuen werden durch naturale Bedingungen und den praktischen Umgang mit diesen bestimmt. Arbeit als Stoffwechsel der Menschen mit der Natur erzeugt nicht nur Gegenstände mit Gebrauchswert, sondern verändert zugleich die Produzierenden selbst:

> In dem Akt der Reproduction selbst ändern sich [...] die Producenten [...], indem sie neue Qualitäten aus sich heraus setzen, sich selbst durch die Production entwickeln, umgestalten, neue Kräfte und neue Vorstellungen bilden, neue Verkehrsweisen, neue Bedürfnisse und neue Sprache (398).

Menschen verfügen somit – von einer Ausnahme (siehe weiter unten) abgesehen – nicht über historisch konstante Attribute, sondern produzieren diese Attribute – und somit sich selbst –, indem sie in produktiven Stoffwechsel mit der Natur treten: Sie entwickeln neue intellektuelle und körperliche Fähigkeiten, neue Weltbilder, neue Arten des Umgangs miteinander; ihre Kultur und Kulturtechniken verändern sich und ihre Auffassung davon, was sie zum Leben benötigen. Damit verlassen sie zugleich den Zustand als reine Naturwesen. Dies lässt sich exemplarisch anhand der menschlichen Bedürfnisstruktur darstellen: Die menschlichen Bedürfnisse stellen keine anthropologische Konstante dar, sondern entwickeln sich historisch durch produktives Tätigsein des Menschen und sind somit selbst ein Produkt des menschlichen Naturumgangs (vgl. 427):[185] „Auf den untersten Stufen der Production sind erstens noch wenige menschliche Bedürfnisse producirt, also auch wenige zu befriedigen" (306.). Während „ursprünglich die Bedürfnisse arm" sind, „entwickeln [sie] sich selbst erst mit den Productivkräften" (500), also durch Transformationen des Verhältnisses der Produzierenden zur Natur und zueinander aufgrund ihres produktiven Naturumgangs; so sehr die Entwicklung der Produktivkraft die Befriedigung umfassender Bedürfnisse erlaubt, so sehr schafft sie diese umfassenden Bedürfnisse überhaupt erst. Die ‚notwendigen Bedürfnisse' – „Nothwendige Bedürfnisse sind die des Individuums reducirt selbst auf ein Natursubjekt" (427) – werden somit im historischen Verlauf sukzessive erweitert und damit zugleich das „*Naturnothwendige*[]" (427) transzendiert: Das, wonach Menschen (von der frühesten Phase ihrer Entwicklung abgesehen) ein Bedürfnis haben, ist mehr als dasjenige, was sie ‚von Natur aus' zum bloßen physischen Überleben benötigen, so dass zusammen mit der Produktivkraft die Konsumtion der Menschen kontinuierlich zunimmt (vgl. 596). Menschen

---

185 Vgl. Foster (2008, 97).

verlassen durch den produktiven Naturumgang das ‚Reich' der Natur, indem sie Bedürfnisse entwickeln, welche nicht ihrer leiblich-materiellen Beschaffenheit entspringen, sondern gesellschaftlich-kulturellen Ursprungs sind. Das bedeutet nicht, Menschen wären keine Naturwesen mehr: Die ‚naturnotwendigen' Bedürfnisse verschwinden ja nicht, sondern müssen zur Sicherung des Lebens weiterhin befriedigt werden – Menschen bleiben Naturwesen, aber werden zugleich ‚mehr': gesellschaftlich-kulturelle Wesen, welche zum (guten) Leben mehr bedürfen als das von Natur aus Notwendige. Dabei bleiben die Menschen nicht auf einer einmal erreichten Stufe ihrer Beschaffenheit stehen, sondern entwickeln sich – da sie fortwährend in produktivem Verhältnis zur Natur stehen – kontinuierlich fort.

Der Stoffwechsel der Menschen mit der Natur verändert nicht nur die gesellschaftlichen Verhältnisse und die Individuen, sondern ebenso das spezifische Verhältnis der Menschen zur Natur. Dies ist die Implikation der marxschen These von der im historischen Verlauf zunehmenden Produktivkraft: Weil eine bestimmte Höhe der Produktivkraft durch bestimmte Verhältnisse der produzierenden Menschen zueinander und zur Natur konstituiert wird, folgt aus dieser marxschen These, dass sich das spezifische Verhältnis der produzierenden Menschen zur Natur (und zueinander) im historischen Verlauf kontinuierlich wandelt. Der produktive Naturumgang führt also dazu, dass im Zeitverlauf die Menschen andere Auffassungen von der Natur entwickeln, ihr auf andere Weise theoretisch und praktisch ‚begegnen' und den Stoffwechsel mit ihr auf andere Weise gestalten.

Zugleich verändert der Stoffwechsel der Menschen mit der Natur die Natur selbst: Diese transformieren die Menschen durch ihre produktive Tätigkeit. Arbeit und Produktion sind nichts anderes als „Formung, Unterwerfung der Objekte unter einen subjektiven Zweck; Verwandlung derselben in Resultate und Behälter der subjektiven Thätigkeit" (393), so dass der spezifische Naturstoff im Arbeits- und Produktionsprozess – durch den Einbezug spezifischer, naturgesetzlich determinierter Naturprozesse – entsprechend den Absichten der Produzierenden umgeformt und somit ihrer Zwecksetzung ‚unterworfen' wird.[186] Ebenso wird auch die Naturumgebung durch das

---

[186] Diese ‚Unterwerfung' des Naturstoffs unter die menschliche Zwecksetzung ist freilich nie eine totale; der Naturstoff behält stets seine Eigengesetzlichkeit, die seine Formung durch die Menschen zu einer ihm äußerlich bleibenden macht: „Although having been vested with humanistic forms, natural substances themselves have not been changed at all and still carry on ‚self-implementation' with obstinacy. As a result, in the definition of ‚material metabolism', natural substances are the eternal master of their own destiny while the vested humanistic forms are temporary and accidental. [...] The formalised natural substances will remain their independence with obstinacy rather than being dissolved by the form. [...]. To illustrate this point, Marx once applied an example of table production in *Capital*: timber can be produced into table by labour [...]. During this process, although the form of timber has been changed, its substances still remain the same. As the combination of labour (form) and timber (matter), if the table is out of use for a long time and is accordingly at the disposal of ‚destructive power of natural material metabolism' [...], along with the passage of time, the wood will become decayed and the metal will get rusted, and eventually the table will return to nature by the erosion of natural forces. The form of table will have disappeared, but the matter still exists. In this sense, labour

produktive Handeln der Menschen – bewusst oder als nicht-intendierte Nebenfolge – transformiert. Menschen verbleiben somit nicht – im Sinne der Reproduktion des ‚ewig Gleichen' – im Rahmen des von Natur aus Gegebenen, sondern transzendieren dieses und schaffen eine ‚zweite Natur': „z. B. aus dem Dorf wird Stadt, aus der Wildniß gelichteter Acker etc" (398). Deshalb sind als natürlich – im Sinne von durch Menschenhand nicht gemacht – erscheinende Gegenstände, mit denen Menschen produzierend zu tun haben, in Wahrheit Produkt menschlicher Tätigkeit und entstanden beziehungsweise existieren gerade *nicht* ohne menschliches Zutun: *Prima facie*

> mag das Arbeitsinstrument und der Rohstoff als in der Natur vorgefunden erscheinen, so daß sie blos *angeeignet* zu werden brauchen, d. h zum Gegenstand und Mittel der Arbeit gemacht, was nicht selbst ein Process der Arbeit ist. [...] [Aber:] Der Bogen des Jägers, das Netz des Fischers, kurz die einfachsten Zustände setzen schon Product voraus, was aufhört als Product zu gelten und *Rohmaterial* oder namentlich *Productionsinstrument* wird (219).

So etwas wie ‚reine Natur' existiert nicht, sondern das als ‚unberührt' Erscheinende ist immer schon auf die eine oder andere Art durch menschliches Handeln verändert.[187] Daraus lässt sich jedoch *nicht* schließen, Natur gehe vollständig im von Menschen Hergestellten und Transformierten auf und ‚Natur' sei letztlich ein sinnloser, da leerer Begriff: Die das materielle Substrat der menschlichen Arbeit bildenden spezifischen Naturstoffe können durch Menschen weder erschaffen noch vernichtet – sondern nur in ihrer Form verändert – werden. Dasselbe ist bezüglich der Naturprozesse festzu-

---

can only change the natural forms rather than the natural substances. [...] Natural substance has a kind of ‚intractability' which can not be dominated by human society and labour subjects" (Han 2010, 17, 27).

[187] Diese Interpretation geht zugegebenermaßen über den Wortlaut der *Grundrisse* hinaus, in welchen Marx (s. das obige Zitat) lediglich von der ‚Gemachtheit' von Rohmaterial und Arbeitsinstrument, nicht aber von derjenigen der Natur überhaupt spricht. Marx vertritt jedoch in anderen Werken genau diese Auffassung: dass es so etwas wie Natur – wenn unter Natur das Unberührte, das Nicht-Gemachte verstanden wird – nicht (mehr) gibt. Der *locus classicus* dieser Auffassung ist eine – in der ökologischen Marxlektüre bzw. im Ökomarxismus häufig zitierte (z. B. Foster 2000, 116; Saito 2016, 63 f.) – Stelle aus der *Deutschen Ideologie:* „die Natur, die heutzutage, ausgenommen etwa auf einzelnen australischen Koralleninseln neueren Ursprungs, nirgends mehr existirt" (MEGA I.5, 22). – Tatsächlich sind die meisten, wenn nicht alle Ökosysteme der Erde heute auf die ein oder andere Weise durch den Menschen transformiert und nicht ‚unberührt'; auch das globale Klimasystem unterliegt einer durch den Menschen verursachten – als anthropogener Klimawandel bezeichneten – Transformation (dieser Einsicht entspricht auch das in der hier vorliegenden Studie vertretene Naturverständnis; s. Abschnitt 1). Aufgrund dessen ist im gegenwärtigen ökologischen Diskus die Rede vom *Anthropozän* als derjenigen erdgeschichtlichen Epoche, welche fundamental durch den transformierenden Einfluss des Menschen auf die Natur bestimmt ist (vgl. Swyngedouw 2011, 253 f.; Ott 2013, 198; Schlaudt 2016, 148): „We are not any longer objects of Nature, but have become subjects in what Norgaard calls the co-evolution of socio-ecological systems" (Swyngedouw 2011, 254). Das marxsche Konzept der Ko-Evolution von Natur und Mensch (s. weiter unten im Haupttext) ist somit integraler Bestandteil des ökologischen Diskurses der Gegenwart.

stellen: Sie können (aufbauend auf Erkenntnis von Naturgesetzen oder per Zufall) durch Menschen verändert oder gänzlich neu initiiert werden, allerdings nur in dem durch die unwandelbaren Naturgesetze vorgegebenen Rahmen, den Menschen nicht zu transzendieren vermögen.[188]

Im Rahmen der marxschen Theorie werden Natur und Mensch(en) zusammengefasst also nicht als kategorial voneinander unterschiedene Seinsarten, sondern als zwei Pole eines wechselseitigen Bestimmungsverhältnisses aufgefasst: Einerseits sind Arbeits- und Produktionsprozesse stets gebunden an naturale Bedingungen und werden sowohl menschliche Individuen als auch die durch sie konstituierten gesellschaftlichen Verhältnisse durch den produktiven Naturumgang verändert – andererseits führt dieser Naturumgang zugleich zu einer Transformation der Natur.[189] Erneut wird die bereits dargestellte Annahme der Politischen Ökonomie (siehe Abschnitt 2.1.3), Gebrauchswert und Tauschwert stünden im Normalfall in keinem Verhältnis der Wechselwirkung zueinander, widerlegt: Natur – durch die der Gebrauchswert allererst konstituiert wird – wird notwendig und immer schon durch menschliches Handeln und die dieses Handeln bestimmenden sozialen Verhältnisse transformiert; und umgekehrt werden notwendig und immer schon die sozialen Verhältnisse – und der Tauschwert ist nichts anderes als Ausdruck eines solchen Verhältnisses – durch die Natur transformiert, so dass zwischen Tauschwert und Gebrauchswert in allen Fällen notwendig ein Verhältnis der Wechselwirkung besteht, weshalb der Gebrauchswert systematisch in die ökonomische Theoriebildung einzubeziehen ist.[190]

---

188 Spezifische Naturumgebungen (die man als komplexes System spezifisch beschaffener naturaler Entitäten bzw. Naturstoffe verstehen kann) besitzen wohl einen ähnlichen Status wie Naturstoffe: Zumindest im Zeithorizont eines menschlichen Lebens sind Naturumgebungen zwar veränderbar bzw. formbar, aber nicht (oder nicht in allen Fällen) erzeugbar; die Erzeugung eines tropischen Regenwaldes bspw. aus einer Wüste würde nicht nur enorme Anstrengungen erfordern, sondern ein so komplexes Ökosystem benötigt zudem eine extrem lange Zeitspanne (vielleicht mehrere Jahrhunderte) für Wachstum und Reifung.
189 Dieses wechselseitige Bestimmungsverhältnis zwischen Menschen und der Natur stellt auch Saito (2016) dar: Mit dem Begriff des Stoffwechsels drücke Marx aus, Natur werde „ständig vermittels der gesellschaftlichen Produktion transformiert, wobei sowohl der Mensch als auch die Natur aufeinander wechselseitig wirken und sich konstituieren" (Saito 2016, 64). Hierbei handele es sich somit um „Vermittlungsprozesse zwischen Mensch und Natur", freilich – und dies darf bei der hier vorliegenden Darstellung der allgemeinen Bestimmungen von Produktion und Arbeit nicht vergessen werden – um „spezifisch historische" (Saito 2016, 64): *Dass* eine Vermittlung zwischen Mensch und Natur existiert, durch welche sie wechselseitig aufeinander wirken, kann bezüglich aller historischen Epochen und Gesellschaftsformen festgestellt werden; *wie* diese Vermittlung jedoch beschaffen ist, lässt sich überhistorisch nicht bestimmen, sondern wird durch die jeweilige spezifische Produktionsweise bestimmt. Auch Adler (1964, 70), Parsons (1977, 9f.), Foster (2000, 2008) sowie Burkett (2014) insistieren auf die „dialectical, coevoluntionary perspective" (Foster 2000, 207) auf Mensch und Natur; vgl. ebenfalls Hobsbawm (2011, 130).
190 Zu dieser Auffassung gelangt auch Immler (2011): „Tatsächlich nämlich verhalten sich die Subjekte der Warenökonomie so, wie es Ricardo beschreibt: Sie tun so, als ob die nicht-warenförmige Natur

An dieser Stelle wird es möglich darzustellen, was im Rahmen der marxschen Theorie überhaupt unter ‚Natur' zu verstehen ist. Das marxsche Naturverständnis umfasst zwei Aspekte:
- Natur ist spezifische, geformte Stofflichkeit, die durch die Menschen weder erzeugt noch vernichtet, wohl aber umgeformt zu werden vermag.
- Der zweite Aspekt wird deutlich an einer Textstelle, an welcher die „Erde" als Arbeitsinstrument – Maschine – verstanden wird: „In der Agricultur ist die Erde in ihrem chemischen etc Wirken selbst schon eine Maschine, die die unmittelbare Arbeit productiver macht" (479). Die Auffassung der Natur – für welche der Terminus ‚Erde' *pars pro toto* steht – als Maschine stellt keine stilistische Zufälligkeit oder Ungeschicklichkeit dar, sondern steht in einer langen, seit der Neuzeit existierenden geistesgeschichtlichen Tradition.[191] Diese Auffassung impliziert ein

---

ewig und konstant vorhanden sei, d. h. sie sehen in ihrem produzierenden Eingriff keine Veränderung dieser Natur, selbst wenn sie durch diesen Eingriff einen Extrawert zu ihren Gunsten realisieren. Dass die Einzelbetriebe so tun, als ob eine Naturkonstanz bestünde, ist die eine, von Ricardo aufgezeigte Wirklichkeit; dass diese Naturkonstanz im Bewusstsein der Produzenten existiert, nicht aber tatsächlich besteht, ist die andere, von ihm unbegriffene Wirklichkeit. Tatsächlich nämlich ist die Annahme der Naturkonstanz eine bürgerlich-ökonomische Fiktion, die aus Eigentumsdenken und Warenökonomie resultiert, die aber mit jedem einzelnen produzierenden oder konsumierenden Eingriff in die Natur, d. h. durch jede Arbeit, durchbrochen wird. Die Arbeitswertlehre basiert somit auf einer Voraussetzung, die prinzipiell durch jede Arbeitshandlung aufgehoben wird. Der Grund dafür ist, dass die Natur durch jeden Arbeitsschritt verändert wird, die veränderte Natur aber für die Komponenten der Wertbildung jeweils neue Bedingungen setzt, das heißt, direkten und/oder indirekten Einfluss nimmt auf die Reproduktion und damit auch auf den Wert der Arbeitskraft, auf die Größe und damit auf den Wert der Grundrenten, auf die Bestimmung der gesellschaftlich notwendigen Arbeit und damit auf den Wert der Arbeit sowie auf die Reproduktion der Produktivkräfte und somit auf den Wert von Produkten und Produktionsmittel. Obwohl also die bürgerliche Ökonomie bei der Erklärung der Tauschwerte von einer konstanten Natur ausgeht, wird durch die Produktion des Tauschwerts (Arbeit) genau diese Bedingung aufgehoben, indem eine jeweils veränderte Natur neue Konditionen für die Wertbildung hervorbringt" (40 f.).

191 Grundlegend dazu McLaughlin (1994) und Remmele (2014). Das neuzeitliche, von Marx geteilte Verständnis der Natur als Maschine bzw. Mechanismus ist geprägt „von einer Verdrängung der Intentionalität (bzw. Finalität), die in allen Abläufen auch auf physikalischer Ebene unterstellt wurde, durch einen kontinuierlichen, ‚kausalmechanischen' Naturzusammenhang" (Remmele 2014, 125). Entsprechend diesem Maschinenverständnis der Natur „wirken die kleinsten Teile der Welt in analoger Weise wie die Teile einer Maschine aufeinander" (Remmele 2014, 138); sie bilden „einen geschlossenen Funktionszusammenhang; d. h. die Bewegung eines Teils bedingt die Bewegung eines anderen Teils (das das erste berührt)" (Remmele 2014, 127). Verbunden damit ist eine *deterministische* Naturauffassung (vgl. McLaughlin 1994, 439 f.): So wie die Zahnräder einer Maschine bspw. notwendig auf eine bestimmte Weise ineinandergreifen und keine anderen Bewegungen als die durch den Mechanismus vorgezeichneten vollführen können, so ist auch das Geschehen der Natur den Kausalgesetzen entsprechend notwendig und prognostizierbar. Die derart verstandene Natur ist „gesetzmäßig, diese Gesetze sind erkennbar, wenn man die neue naturwissenschaftliche Methode einsetzt, und die N. wird beherrschbar, wenn man sie ihren aufgedeckten Gesetzmäßigkeiten entsprechend behandelt" (Mocek 2010, 1707). Zugleich wird Natur nicht mehr qualitativ im Sinne ihrer sinnlichen Mannigfaltigkeit aufgefasst, sondern erfasst werden quantitative Unterschiede und Proportionen unter Ausblendung

Theorie nicht in erster Linie – von metaphysischem Interesse, sondern ermöglicht eine präzisere Herausarbeitung der Charakteristik menschlicher Arbeit und Produktion.

Der Natur als deterministischem Kausalzusammenhang gehören Menschen *partiell* an.[193] Menschen sind Teil der Naturkausalität, insofern sie aufgrund ihrer Leiblichkeit ebenso durch das Walten der Naturgesetze bestimmt sind wie alle anderen Naturwesen: Weder leben Menschen ‚vom Gedanken allein' noch sind sie in ihrer Leiblichkeit unsterblich oder durch physikalische Einflüsse unverletzlich. Und sicherlich wird der Wille von Menschen partiell durch Instinkte, Triebe und Leidenschaften bestimmt, welche letztlich auf naturgesetzlich verlaufende Prozesse (beispielsweise hormoneller Natur) zurückführbar sind. Zugleich sind Menschen – als diejenigen Naturwesen, welche zu arbeiten vermögen[194] – *mehr*. Arbeit definiert Marx wie dargestellt als „auf einen bestimmten Zweck gerichtete [...] Lebendigkeit" (189).[195] Während die Natur kausalgesetzlich-deterministisch bestimmt ist, vermögen Menschen Zwecke zu setzen und ihre Arbeitstätigkeit auf die Realisierung dieser Zwecke auszurichten; das menschliche Arbeiten ist anders als das Naturgeschehen nicht kausal, sondern teleologisch bestimmt, wodurch Menschen gleichsam aus der Natur ‚herausragen', den naturgesetzlichen Kausalzusammenhang also transzendieren.[196]

---

193 Die Frage, ob Menschen vollständig der Natur als spezifischer Stofflichkeit angehören oder *auch* etwas anderes (‚Geist', ‚Seele', ...) sind, kann und soll hier nicht erörtert werden.

194 Dass Arbeit im Sinne der auf einen Zweck gerichteten Tätigkeit das *Proprium* des Menschen ist, behauptet Marx in den *Grundrissen* nicht *expressis verbis*. Explizit drückt Marx diesen Sachverhalt im ersten *Kapital*-Band aus: „Der Arbeitsprozeß ist zunächst ein Prozeß zwischen dem Menschen und der Natur. [...] Wir haben es hier nicht mit den ersten thierartig instinktmäßigen Formen des Arbeitsprozesses zu thun [...] Wir unterstellen den Arbeitsprozeß in einer Form, worin er *dem Menschen* ausschließlich angehört. Eine Spinne verrichtet Operationen, die denen des Webers ähneln, und eine Biene beschämt durch den Bau ihrer Wachszellen manchen menschlichen Baumeister. Was aber von vorn herein den schlechtesten Baumeister vor der besten Biene auszeichnet, ist, daß er die Zelle in seinem Kopf gebaut hat, bevor er sie in Wachs baut. Am Ende des Arbeitsprozesses kommt ein Resultat heraus, das beim Beginn desselben schon in der *Vorstellung des Arbeiters*, also schon *ideell* vorhanden war. Nicht daß er nur eine Formveränderung des Natürlichen *bewirkt, verwirklicht* er im Natürlichen zugleich *seinen Zweck*, den er *weiß*, der die Art und Weise seines Thuns als Gesetz bestimmt" (MEGA II.5, 129 f.). Vgl. auch Bayertz und Quante (2013, 89).

195 Wenn Hobsbawm (2011) schreibt, „Man – or rather men – perform *labour,* i.e. they create and reproduce their existence in daily practice, breathing, seeking food, shelter, love, etc." (130), dann verfehlt er die spezifische Eigenschaft, welche Arbeit von anderen körperlichen Funktionen unterscheidet: Sie ist auf einen bestimmten Zweck gerichtet, besitzt also einen intentionalen Charakter. Das Ein- und Ausatmen ist somit *keine* Arbeit, weil diese körperliche Funktion im Regelfall von selbst geschieht und dazu keine Willensbestimmung und keine bewusste bzw. intentionale, auf die Realisierung der Willensbestimmung gerichtete Handlung notwendig ist. Nicht jedes menschliche Verhalten und Funktionieren des menschlichen Körpers ist somit im definitorischen Sinne Arbeit.

196 Die Tatsache, dass menschliches Handeln durch Naturgesetze nicht vollständig determiniert ist, ist ein weiteres Argument gegen die Existenz überhistorischer und mit Notwendigkeit waltender Entwicklungsgesetze menschlicher Gesellschaften: Wenn Menschen nicht gänzlich durch Naturgesetze determiniert sind, dann sind sie auch nicht durch Naturgesetze der historischen Entwicklung gänzlich

kausal-deterministisches Verständnis der in der Natur stattfindenden Prozesse: Die Natur ‚funktioniert' gemäß den unwandelbaren Naturgesetzen. Alle Erscheinungen der Natur werden durch bestimmte Ursachen bewirkt und lassen sich auf diese zurückführen; es existiert keine Spontaneität in der Natur – eine Maschine funktioniert gemäß ihrem Bauplan, weder denkt sie noch verfolgt sie Zwecke –, sondern die in ihr ablaufenden Prozesse nehmen stets denselben naturgesetzlichen, also deterministisch bestimmten und prognostizierbaren Gang.[192] Natur ist dieser deterministische Kausalzusammenhang.

Wenn der Mensch die Natur durch sein produzierendes Handeln transzendiert, zugleich aber selbst ein – über einen physiologischen Stoffwechsel verfügendes und somit bei Strafe seines Unterganges auf den Stoffwechsel mit der Natur angewiesenes – Naturwesen ist, dann stellt sich die Frage nach dem Verhältnis dieser beiden Bestimmungen: Wie kann der Mensch ein Naturwesen sein und die Natur zugleich übersteigen? Die Antwort auf diese Frage ist nicht nur – und aus Warte der marxschen

---

qualitativer Bestimmungen (vgl. McLaughlin 1994, 439; Remmele 2014, 125). Dieses neuzeitlich Naturverständnis stellt eine Abkehr vom traditionellen aristotelischen Naturbegriff dar: „Die aristotelische Naturphilosophie unterschied strikt zwischen der natürlichen Bewegung, z. B. eines fallenden Körpers, und der erzwungenen Bewegung, z. B. eines geworfenen Projektils oder eines Wagens mit Pferdegespann. Was dagegen den Begriff der Natur als Maschine zum spezifisch *neuzeitlichen* Begriff macht, ist die darin enthaltene Gleichsetzung von natürlicher und erzwungener Bewegung. Wenn die Natur eine Maschine ist, dann ist die natürliche Bewegung mechanisch und die mechanische Bewegung natürlich" (McLaughlin 1994, 443). Remmele (2014) schreibt ähnlich: „Es herrscht Identität der menschlichen Technik und der Weltmaschine auf Basis eines homologen Anschauungshintergrundes. Letztlich rührt die frühneuzeitliche Maschinen*metapher* damit an die Grenze der Metaphorizität, denn es wird nichts mehr ‚übertragen'. Die ‚Mechanisierung des Weltbildes' ist identisch mit der Naturalisierung der Maschine" (128).

192 Von der Auffassung der Natur, wie sie in der frühen Neuzeit paradigmatisch entwickelt wurde, weicht die marxsche Naturauffassung – soweit sie sich in dem dargestellten Zitat spiegelt – in zwei Punkten ab: *Erstens* wird Natur nicht ontologisch als Maschine verstanden (‚Natur *ist* eine Maschine'), sondern Natur *erscheint* in einer *bestimmten Perspektive* – derjenigen der Landwirtschaft bzw. der Produktionstheorie – *als* Maschine: „In der Agricultur ist die Erde in ihrem chemischen etc Wirken selbst schon eine Maschine" (479). Hier klingt die Möglichkeit an, Natur auch anders – etwa als ästhetisches Phänomen oder beseeltes Wesen – wahrzunehmen. Diese Möglichkeit arbeitet Marx jedoch nicht aus, denn dies übersteige den Rahmen der hier dargestellten Produktionstheorie; Marx verbleibt hier im Kontext seiner ökonomisch-gesellschaftlichen Fragestellung, wodurch Natur nicht anders denn als durch Kausalität bestimmtes Mittel der Produktion erscheinen kann (s. Abschnitt 3.2.3). *Zweitens* weicht die marxsche Theorie von der neuzeitlichen Maschinenauffassung der Natur ab, indem Marx die Natur als durch menschliches Handeln veränderbar auffasst. Die klassische Maschinenauffassung hingegen versteht die ‚Naturmaschine' als gleichsam ‚fertig konstruiert' und daher unveränderlich: „Eine wesentliche Limitation der Erklärungsleistung der Maschine besteht in ihrer strukturellen Statik. Eine klassische Maschine kann sich nicht selbst weiterentwickeln. Da aber die Welt als Ganzes als Maschine erscheint, ist Strukturgenese nicht widerspruchsfrei konzipierbar" (Remmele 2014, 140 f.). Marx transformiert die Maschinenauffassung, indem er sie auf die nicht-menschliche Natur allein bezieht (s. unten im Haupttext): Da der Mensch nicht der ‚Naturmaschine' angehört, ist er es, der sie gleichsam ‚umbauen' kann.

Dass Menschen arbeiten, also zweckgerichtet tätig sein können, bedeutet mit anderen Worten, dass sie *autonom* zu handeln imstande, also fähig sind, eigene Zwecke zu setzen und handelnd zu realisieren; somit sind Menschen *frei* von den deterministischen Kausalzusammenhängen der Natur.[197] Diese Freiheit und Autonomie hinsichtlich des naturgesetzlichen Determinismus ist die den Menschen auszeichnende anthropologische Bestimmung und die *differentia specifica*, durch welche er sich von anderen Naturwesen unterscheidet.[198] Arbeit ist dann die Bezeichnung für das spe-

---

determiniert. Geschichtliche Entwicklung kann somit nicht mit Sicherheit prognostiziert werden (vgl. Wood 2008, 90).

[197] Auch in dieser Bestimmung des Menschen in Abhebung von der Naturkausalität steht Marx in geistesgeschichtlicher Tradition: „Im Zuge der Begründung der modernen Philosophie werden in der Naturphilosophie metaphysische Bestimmungen des Z.[weck]gedankens aufgegeben. Betont wird die Kausalität in der Natur. [...] Dies artikuliert sich explizit bei Fr. Bacon, [...]. Und auch Spinoza betont mit Descartes die Kausalität in der Natur: Teleologische Naturbetrachtung beruht auf Vorurteilen, und Z.haftigkeit kommt nur menschlichem Handeln zu" (Zimmer und Regenbogen 2010, 3131). Auch in der kantischen Philosophie ist dem Menschen „durch seine Vernunft [...] allein ihm es möglich, Z. zu setzen" (Zimmer und Regenbogen 2010, 3131; vgl. auch Hoffmann 2004, 1503). Kant prägte den im Haupttext verwendeten Autonomiebegriff, welcher sich „gegen jede Auffassung vom Menschen im Sinne einer bloßen Naturtheorie" (Pohlmann 1971, 707) und somit gegen die anthropologische Annahme einer vollständigen „Fremdbestimmung durch Momente der Sinnenwelt" (Pohlmann 1971, 708) richtet. Kant versteht über diese Bestimmung hinausgehend Autonomie auch als Abwesenheit einer „jede[n] Art gesellschaftlicher Fremdbestimmung durch Unterdrückung" (Pohlmann 1971, 707). *Dieser* Autonomiebegriff ist hier *nicht* gemeint. – Ich schließe mich in meiner Analyse der Auffassung von Kuhne (1996) an, welcher den Arbeitsbegriff der marxschen Theorie vor dem Hintergrund des kantischen (und hegelschen) Freiheitsbegriffs versteht: „Arbeitskraft ist das spezifisch menschliche Vermögen der Kausalität aus Freiheit, oder der Freiheit der Willkür von unmittelbarem Naturzwang. Sie ist die Fähigkeit von Individuen, aus sich selbst eine Wirkung in der empirischen Welt zu setzen, deren Ursache eine Idee und kein natürliches Phänomen ist" (141; vgl. auch 135). Eine diesbezüglich wichtige Textstelle aus der *Kritik der praktischen Vernunft* ist die folgende: „Da die bloße Form des Gesetzes lediglich von der Vernunft vorgestellt werden kann und mithin kein Gegenstand der Sinne ist, folglich auch nicht unter die Erscheinungen gehört: so ist die Vorstellung derselben als Bestimmungsgrund des Willens von allen Bestimmungsgründen der Begebenheiten in der Natur nach dem Gesetze der Causalität unterschieden, weil bei diesen die bestimmenden Gründe selbst Erscheinungen sein müssen. Wenn aber auch kein anderer Bestimmungsgrund des Willens für diesen zum Gesetz dienen kann, als blos jene allgemeine gesetzgebende Form: so muß ein solcher Wille als gänzlich unabhängig von dem Naturgesetz der Erscheinungen, nämlich dem Gesetze der Causalität, beziehungsweise auf einander gedacht werden. Eine solche Unabhängigkeit aber heißt *Freiheit* im strengsten, d. i. transscendentalen, Verstande" (Kant 1968a, 28 f.). Die Moralphilosophie Kants ist bei Marx freilich ‚materialistisch' gewendet, indem der Bezugspunkt der marxschen Theorie nicht das moralische Handeln, sondern die konkrete, materielle Arbeit ist.

[198] Der Aussage von Bellofiore (2013), „The ‚universality' and the ‚genericity' of the human being are now historically determined. A human ‚nature' constituted in this way can be properly ‚thought' only at a certain point in history" (20), ist daher nur partiell zuzustimmen. Es ist – wie oben im Haupttext exemplarisch anhand der Bedürfnisstruktur erläutert – zutreffend, dass die menschlichen Eigenschaften – *mit einer Ausnahme* – sich im Verlauf der Geschichte entwickeln und somit keine anthropologischen Konstanten (‚menschliche Natur') darstellen. Die Autonomie des Menschen vom Kausalzusammenhang der Natur stellt jedoch diese eine Ausnahme dar; sie ist also keine sich historisch

zifisch menschliche Vermögen, autonom von der Naturkausalität eigene Zwecke zu setzen und tätig zu realisieren.

Durch die Analyse von Arbeit und Produktion wird ein doppelseitiges Verhältnis der Menschen zur Natur deutlich:

- Menschen sind als körperlich-materielle Wesen Teil der Natur; sie müssen zum physischen Überleben und zur Realisation eines ‚guten Lebens' produzieren und sind dazu in vierfacher Weise auf die Natur in Form naturaler Produktionsbedingungen angewiesen. Eine Gesellschaft, die gänzlich von dem Stoffwechsel mit der Natur abgeschnitten wäre, müsste zugrunde gehen. Zudem verändern individuelle Personen und die gesellschaftlichen Verhältnisse durch den produzierenden Umgang mit der Natur ihre Attribute und entwickeln sich somit weiter.
- Trotz ihrer Gebundenheit an die Natur sind Menschen nicht mit ihr identisch; sie fügen sich in die deterministisch-kausalgesetzlich verlaufenden Prozesse der Natur nicht gänzlich ein, sondern verfügen über die Fähigkeit zur Setzung und tätigen Realisierung eigener Zwecke – womit sie aus der Sphäre der naturgesetzlichen Bestimmung heraustreten und die Natur im Sinne der Erschaffung

---

erst entwickelnde Eigenschaft, sondern in der Tat das im historischen Verlauf konstant bleibende ‚Wesen' oder die ‚Natur' des Menschen. – Heinrich (2014) erkennt im Werk des jungen Marx eine wesensphilosophische Grundstruktur, insofern *„die Wirklichkeit* [...] *an einem ihr entgegengehaltenen* [menschlichen] *Wesen gemessen und kritisiert"* (103; vgl. auch 90, 96, 100, 102) werde. Ab der Niederschrift der *Heiligen Familie*, der *Thesen über Feuerbach* und der *Deutschen Ideologie* ändere sich die marxsche Theorie jedoch grundlegend (‚radikaler Bruch'), insofern nicht mehr auf ein historisch konstantes, anthropologisches Wesen des Menschen als Bezugspunkt der Theorie rekurriert werde, sondern die menschlichen Attribute als historisch variabel aufgefasst würden (vgl. Heinrich 2014, 111, 120–122, 127–138). Heinrich (2014) ist zuzustimmen, dass in den *Grundrissen* in der Tat eine Historisierung der menschlichen Eigenschaften (wie bspw. der Bedürfnisstruktur) vorliegt, insofern sich diese im historischen Verlauf verändern und überhaupt erst herausbilden. Ebenso ist Heinrich (2014) zuzustimmen, dass die Rede von einem ‚Wesen' bezüglich historisch variabler Attribute sinnlos bzw. selbstwidersprüchlich ist: „Von einigen Autoren wurde diese Kritik an der Konzeption des menschlichen Wesens lediglich als Historisierung einer zuvor ahistorischen Kategorie aufgefaßt. Statt einem invarianten menschlichen Wesen gehe Marx jetzt von einem historisch veränderlichen Wesen aus" (134); es bleibe aber „unklar", „was man sich unter einem historischen Wesen vorstellen soll (‚Wesen' diente als Fundament der Erklärung, als historisiertes Wesen bedarf es selber der Erklärung, wozu soll es nun noch dienen?)". Es ist jedoch unzutreffend zu behaupten, in den *Grundrissen* finde sich keine Konzeption des menschlichen Wesens mehr; Autonomie gegenüber und Freiheit von dem Kausalzusammenhang der Natur und damit verbunden die Fähigkeit, eigene Zwecke zu setzen, konstituieren nämlich in den *Grundrissen* in der Tat das menschliche Wesen in einem ahistorischen, also historisch invariablen Sinne. In der Tat kann jedoch – hier ist Heinrich (2014, 111, 141 f.) zuzustimmen – bezüglich der *Grundrisse* nicht von einer ‚Wesensphilosophie' im Sinne des marxschen Frühwerks gesprochen werden: Während in diesem das menschliche Wesen als Maßstab der Kritik an den faktischen gesellschaftlichen Verhältnissen diente, erfüllt es in den *Grundrissen* diese Funktion nicht mehr (s. den Abschnitt 2.2.3.5).

einer ‚zweiten Natur' modifizieren, welche nicht mehr als unabhängig von menschlichem Tun gedacht werden kann.[199]

Mittels des Stoffwechselbegriffs wird dieses Verhältnis der Menschen zur Natur theoretisch erfasst: Er beschreibt den Sachverhalt, dass zwei Entitäten, welche sowohl partiell miteinander identisch als auch voneinander unterschieden sind, zueinander in einem wechselseitigen Bestimmungsverhältnis stehen. Das Verhältnis zwischen Menschen und Natur ist somit keine vollständige Einheit – wäre der Mensch gänzlich ein Teil der Natur, dann könnte er keinen Stoffwechsel *mit* der Natur haben, sondern wäre ein Element des Stoffwechsels *der* Natur. Ebenso wenig handelt es sich um vollständige Differenz, denn der Mensch als stoffliches Wesen ist niemals von der Natur vollständig getrennt, sondern steht stets in einem materiellen Zusammenhang und Austausch (,Stoffwechsel') mit ihr. Das Verhältnis des Menschen zur Natur kann somit als ‚Einheit in Verschiedenheit'[200] gefasst werden.[201]

---

199 Um Missverständnisse zu vermeiden, sei hier noch einmal darauf hingewiesen, dass ich nicht die Auffassung vertrete, in Marxens Theorie sei der Mensch *rein* determiniert durch die Naturkausalität und zugleich *rein* frei zwecksetzend – das wäre in der Tat schon ein logischer Widerspruch. Vielmehr ist der Mensch *partiell* naturkausal bestimmt, insofern er ein a) leibliches Wesen ist, also verschiedene physische Bedürfnisse hat (deren Befriedigung die Bedingung seines Lebens ist) und physisch verletzlich ist; und in einigen, aber nicht allen Fällen b) sein Wille durch Sinnlichkeit (Instinkte, Leidenschaften, Lust, ...) bestimmt wird. Er ist jedoch nicht darauf beschränkt, seinen Willen durch Sinnlichkeit bestimmen zu lassen; er *kann* seinen Instinkten, Leidenschaften, seinem Gefühl der Lust und Unlust nachgeben, besitzt zugleich aber auch das *Vermögen* (nicht die Notwendigkeit), selbst Zwecke zu setzen und somit seinen Willen gerade nicht durch Sinnlichkeit, sondern durch Vernunft bestimmen zu lassen. Theoretischer Bezugspunkt für diese Auffassung ist auch hier die kantische Philosophie. Die relevante Textstelle aus der *Kritik der praktischen Vernunft* ist die folgende: Das Prinzip der Sittlichkeit „schränkt sich also nicht blos auf Menschen ein, sondern geht auf alle endliche Wesen, die Vernunft und Willen haben, ja schließt sogar das unendliche Wesen als oberste Intelligenz mit ein. Im ersteren Falle aber hat das Gesetz die Form eines Imperativs, weil man an jenem zwar als vernünftigem Wesen einen *reinen*, aber als mit Bedürfnissen und sinnlichen Bewegursachen afficirtem Wesen keinen *heiligen* Willen, d. i. einen solchen, der keiner dem moralischen Gesetze widerstreitenden Maximen fähig wäre, voraussetzen kann. Das moralische Gesetz ist daher bei jenen ein *Imperativ*, der kategorisch gebietet, weil das Gesetz unbedingt ist; das Verhältniß eines solchen Willens zu diesem Gesetze ist *Abhängigkeit*, unter dem Namen der Verbindlichkeit, welche eine *Nöthigung*, obzwar durch bloße Vernunft und deren objectives Gesetz, zu einer Handlung bedeutet, die darum *Pflicht* heißt, weil eine pathologisch afficirte (obgleich dadurch nicht bestimmte, mithin auch immer freie) Willkür einen Wunsch bei sich führt, der aus *subjectiven* Ursachen entspringt, daher auch dem reinen objectiven Bestimmungsgrunde oft entgegen sein kann und also eines Widerstandes der praktischen Vernunft, der ein innerer, aber intellectueller Zwang genannt werden kann, als moralischer Nöthigung bedarf" (Kant 1968a, 32).

200 Der Terminus ‚Einheit in Verschiedenheit' oder ‚Einheit in Vielfalt' ist eine Argumentationsfigur cusanischen Denkens (etwa im zweiten Buch von *De docta ignorantia*: „unitas in pluralitate" [Nikolaus von Kues 2002, 42]) – womit keineswegs behauptet werden soll, die marxsche Theorie sei in irgendeiner Weise cusanisch beeinflusst.

201 Zu dieser Einschätzung gelangt auch Saito (2016): Mittels des Stoffwechselbegriffs gelinge es Marx, die „dynamische und interaktive Beziehung zwischen Mensch und Natur darzustellen. Der Mensch ist wie andere Lebewesen wesentlich von der Natur bestimmt und unterliegt dem naturge-

2.2.2 Produktion und Arbeit in vorkapitalistischen Produktionsweisen

Marx beschäftigt sich in einer Partie des *Grundrisse*-Manuskripts mit vorkapitalistischen Produktionsweisen und den ihnen entsprechenden Gesellschaften.[202] Diese Beschäftigung stellt keine historische Studie als Selbstzweck dar, sondern soll
- den gewordenen Charakter der kapitalistischen Produktionsweise freilegen, um diese – entgegen dem Vorurteil der Politischen Ökonomie, sie habe ‚schon immer' existiert – als historisch entstanden auszuweisen und somit zu belegen, dass die kapitalistischen Verhältnisse keiner überhistorischen (anthropologischen, soziologischen, ökonomischen) Gesetzmäßigkeit entsprechen, sondern als Entstandene und somit Vergängliche ebenso transformiert und ‚überwunden' werden können wie vorkapitalistische Produktionsweisen (vgl. 369). Außerdem soll sie

---

setzmäßigen physiologischen Zyklus, da er atmet, isst und ausscheidet. Jedoch unterscheidet er sich Marx zufolge entscheidend von anderen tierischen produktiven Tätigkeiten durch eine besondere Tätigkeit, nämlich durch die ‚Arbeit'. Durch sie ist allein der Mensch in der Lage, sich ‚bewusst' und ‚zweckmäßig' auf die Außenwelt zu beziehen. Dementsprechend formt er die Natur ‚frei' um, auch wenn die Abhängigkeit von der Natur und deren Gesetzen bleibt, da er *ex nihilo* Produktions- und Lebensmittel gar nicht produzieren kann" (68; vgl. auch 86). Vgl. auch Adler (1964, 70) sowie Parsons (1977, 9–11, 36–40). – In den *Pariser Manuskripten* postuliert Marx, „[d]er *Communismus* als *positive* Aufhebung des *Privateigenthums*" sei „die *wahrhafte* Auflösung des Widerstreits des Menschen mit der Natur" (MEGA I.2, 263). Im Kommunismus „ist ihm [= dem Menschen] sein *natürliches* Dasein sein *menschliches* Dasein und die Natur für ihn zum Menschen geworden" (MEGA I.2, 264); der Kommunismus impliziere „die vollendete Wesenseinheit des Menschen mit der Natur, die wahre Resurrektion der Natur, der durchgeführte Naturalismus d{es} Menschen und der durchgeführte Humanismus der Natur" (MEGA I.2, 264 f.). Hier vertritt Marx also die These, dass in einer bestimmten, historisch spezifischen Produktionsweise eine vollständige Einheit der Menschen mit der Natur möglich sei – entgegen der in den *Grundrissen* entwickelten Auffassung, in *jeder* Produktionsweise sei das Menschen-Natur-Verhältnis durch Einheit *und* Differenz charakterisiert. Bezüglich der Frage nach den überhistorischen und historisch spezifischen Bestimmungen des Menschen-Natur-Verhältnisses ist also zu konstatieren, dass Marx die in seinem Frühwerk (*Pariser Manuskripte*) vertretene Auffassung in späteren Schriften (*Grundrisse*) einer Revision unterzieht (s. auch Abschnitt 3.2.2.2).

[202] Marx' Auseinandersetzung mit vorkapitalistischen Produktionsweisen findet sich in dem mit „Formen, die der kapitalistischen Produktion vorhergehen" überschriebenen Abschnitt der *Grundrisse* (378–415). Zu beachten ist jedoch, dass diese Überschrift von den Herausgeber:innen der *Grundrisse*-Edition eingefügt wurde und nicht auf Marx selbst zurückgeht, welcher den Text dieses Abschnitts offenbar von den davor und danach befindlichen Textpartien des Manuskripts nicht separierte; die Tatsache, dass es sich hierbei um einen eigenständigen Abschnitt des Manuskripts handelt, ist somit eine auf die Herausgeber:innen und die Edition der *Grundrisse* zurückzuführende Konstruktion. In der Tat handelt es sich bei dem so konstruierten Abschnitt der „Formen, die der kapitalistischen Produktion vorhergehen" um keine thematische Einheit; der Text zerfällt vielmehr in zwei Teile: Nur auf den Seiten 378–404 beschäftigt sich Marx mit den dem Kapitalismus historisch vorhergehenden Produktionsweisen, während die Seiten 404–415 eine Beschreibung und Erklärung der historischen Genese des Kapitalismus darstellen, der Fokus also auf dem Kapital und gerade nicht auf den historisch früheren Produktionsweisen liegt.

2.2 Materieller Produktionsprozess und Verwertungsprozess des Kapitals — 123

- mittels der Herausarbeitung der spezifischen Attribute vorkapitalistischer Produktionsweisen eine präzise Analyse der kapitalistischen Produktionsweise auf Basis der Darstellung ihrer *differentia specifica* erlauben.[203]

Bei vorkapitalistischen Produktionsweisen und der ihnen entsprechenden Gesellschaften handelt es sich um *Agrargesellschaften*, in welchen der Großteil der durch die Gesellschaftsmitglieder aufgewendeten Arbeit auf die landwirtschaftliche Produktion entfällt (vgl. 389). Trotz der vielfältigen Formen, die diese Produktionsweisen und Gesellschaften im Verlauf der Geschichte in unterschiedlichen Erdteilen entwickelten, besitzen sie gemeinsame Charakteristika.[204]

Das *erste* Charakteristikum ist ein spezifisches Verhältnis zu den objektiven Bedingungen der Arbeit:
- Der arbeitende Mensch verhält sich „zu den objektiven Bedingungen seiner Arbeit als seinem Eigenthum; es ist dieß die natürliche Einheit der Arbeit mit ihren sachlichen Voraussetzungen" (379) beziehungsweise „die *Einheit* der lebenden und thätigen Menschen mit den natürlichen, unorganischen Bedingungen ihres Stoffwechsels mit der Natur" (393; vgl. auch 395).[205] Die Produzierenden verfügen also unmittelbar über die objektiven Bedingungen ihrer Arbeit.[206] Da Arbeit notwendig zur Herstellung der zur Bedürfnisbefriedigung erforderlichen Güter ist, impliziert das Eigentum an den objektiven Bedingungen der Arbeit zugleich die Kontrolle der Produzierenden über ihre eigene Existenz – die Mittel zur Sicherung des eigenen Lebens gehören den Produzierenden selbst, womit sie gleichsam

---

203 Wood (2008) stellt zu Recht fest, Marx' Absicht in seiner Auseinandersetzung mit vorkapitalistischen Produktionsweisen sei es, „to highlight the specificity of capitalism" (88).
204 Da sich die marxsche Analyse auf einen extrem langen Zeitraum – von der Entstehung des Menschen im evolutionären Prozess bis zur Entstehung erster historischer Formen des Kapitals etwa am Ausgang des Mittelalters – und auf eine Vielzahl kulturell, technologisch und geographisch heterogener Gesellschaften bezieht, ist sie – im Vergleich zu historischen oder ethnologischen Einzelstudien – notwendigerweise abstrakt. Freilich hat Marx nicht den Anspruch, historische Einzel- und Sonderentwicklungen abzubilden, sondern – gleichsam aus der Vogelperspektive – grundlegende Attribute dieser Produktionsweisen und der ihnen entsprechenden Gesellschaften herauszuarbeiten. – Marx entwickelte diese seine Makrotheorie vorkapitalistischer Gesellschaften Mitte des 19. Jahrhunderts auf Basis seines Studiums des damaligen geschichtswissenschaftlichen Forschungsstandes. Von verschiedener Seite wurde festgestellt, dass dieser aus heutiger Sicht als unzureichend, wenn nicht gar falsch und die Quellenlage als überaus lückenhaft aufzufassen sei (vgl. Wood 2008, 80–85; Hobsbawm 2011, 136–142). Der Frage, inwieweit diese Feststellung Auswirkungen auf die Adäquatheit der marxschen Theorie vorkapitalistischer Gesellschaften hat, kann hier nicht nachgegangen werden.
205 Eine Analyse der Rede von den ‚unorganischen Bedingungen' der Arbeit bietet Foster (2008, 95 f.).
206 Marx merkt an, dass in einigen Gesellschaften die Gesellschaft selbst oder der sie repräsentierende Regent Eigentümer der objektiven Bedingungen der Arbeit sind, während die Produzierenden nur als ihre Besitzer:innen aufgefasst werden; dies stelle jedoch keinen Widerspruch zu der Aussage dar, alle vorkapitalistischen Gesellschaften seien durch das Eigentum der Produzierenden an den objektiven Arbeitsbedingungen charakterisiert (vgl. 380–382). Denn gleich, ob die Produzierenden formal als Eigentümer:innen oder Besitzer:innen der objektiven Arbeitsbedingungen erscheinen, immer haben sie diese Arbeitsbedingungen unmittelbar ‚zur Hand', ohne sie durch Tausch oder andere soziale Interaktionen allererst erwerben zu müssen.

‚Herren' ihrer eigenen Existenz sind: „Das Individuum verhält sich zu sich selbst als Eigenthümer, als Herr der Bedingungen seiner Wirklichkeit. Es verhält sich ebenso zu den andren" (379). Das Eigentum an den objektiven Bedingungen prägt somit nicht nur das Verhältnis der Person zu sich selbst, sondern darüber hinaus die Verhältnisse der Eigentümer:innen zueinander: Die Eigentümer:innen erkennen sich gegenseitig als die ‚Herren' ihrer je eigenen Existenz – und nicht als Abhängige oder Beherrschte – und somit egalitär als Gleiche an.[207]

– Das Eigentum an den objektiven Bedingungen der Arbeit ist freilich sozial vermittelt und steht unter der Bedingung der Zugehörigkeit zu derjenigen Gesellschaft, in deren ‚Territorium' oder ‚Hoheitsbereich' sich jene objektiven Bedingungen befinden:

> aber dieses *Verhalten* zu dem Grund und Boden, zur Erde, als dem Eigenthum des arbeitenden Individuums [...] ist sofort vermittelt durch das naturwüchsige, mehr oder minder historisch entwickelte, und modificirte Dasein des Individuums als *Mitglieds einer Gemeinde* – sein naturwüchsiges Dasein als Glied eines Stammes etc. [...]. Das Individuum kann hier nie in der Punktualität auftreten, in der es als bloser freier Arbeiter erscheint. Wenn die objektiven Bedingungen seiner Arbeit vorausgesezt sind als ihm gehörig, so ist es selbst subjektiv voausgesezt als Glied einer Gemeinde, durch welche sein Verhältniß zum Grund und Boden vermittelt ist. Seine Beziehung zu den objektiven Bedingungen der Arbeit ist vermittelt durch sein Dasein als Gemeindeglied (389 f.).

Die Zugehörigkeit zu einem Gemeinwesen ist durch biologische Abstammungsverhältnisse bestimmt – eben dies meint Marx, wenn er von dem ‚naturwüchsigen Dasein des Individuums' in obigem Zitat spricht.[208] Diese ‚Natürlichkeit' oder

---

[207] Freilich wird sich – s. die weiteren Ausführungen in diesem Abschnitt – herausstellen, dass nicht alle Personen der vorkapitalistischen Gesellschaft, auch nicht alle produzierenden Personen, Eigentümer:innen sind.

[208] Es könnte der (freilich falsche) Eindruck entstehen, Marx bezeichne nur die historisch frühesten Eigentumsformen als ‚naturwüchsiges' Verhältnis des Individuums zur Gesellschaft, so dass nur für diese Gesellschaftsformen biologische Abstammungs- und Verwandtschaftsverhältnisse bestimmend seien, während dies für ‚historisch entwickelte' vorkapitalistische Gesellschaften nicht gelte. Dieser Eindruck ist Resultat einer doppelten Verwendung des Adjektivs ‚naturwüchsig' durch Marx: Einerseits werden mittels seiner die menschheitsgeschichtlich ältesten und gleichsam noch geschichtslosen *Gesellschaften* bezeichnet; in *dieser* Verwendungsweise stellen ‚naturwüchsig' und ‚historisch' zwei gegensätzliche Attribute da: „die Gemeinde in irgendeiner mehr oder minder naturwüchsigen, oder schon historisch entwickeltern Form" (390). Andererseits bezieht sich das Adjektiv ‚naturwüchsig' auf einzelne *Personen* bzw. auf das *Verhältnis dieser Personen zur Gesellschaft* wie in obigem Zitat, und in *dieser* Verwendungsweise stellen ‚naturwüchsig' und ‚historisch' keine Gegensätze dar. Dies zeigt sich anhand einer präzisen Lektüre des obigen Zitats: Marx spricht davon, „dieses *Verhalten* zu dem Grund und Boden, zur Erde, als dem Eigenthum des arbeitenden Individuums [...] ist sofort vermittelt durch das naturwüchsige, mehr oder minder historisch entwickelte, und modificirte Dasein des Individuums als *Mitglieds einer Gemeinde*". Hier spricht Marx also *nicht* von dem ‚naturwüchsigen *oder* historisch entwickelten Dasein des Individuums', sondern von (ohne ‚oder') dem ‚naturwüchsigen, mehr oder minder historisch entwickelten Dasein des Individuums'. Das bedeutet: a) Eine vorkapitalistische Gesellschaft mag ursprünglich in einem prähistorischen Sinne sein oder eine reiche Geschichte be-

2.2 Materieller Produktionsprozess und Verwertungsprozess des Kapitals — 125

‚Naturwüchsigkeit' – im Sinne der Zughörigkeit zu einer Gesellschaft aufgrund von Verwandtschafts- und Abstammungsverhältnissen – betont er auch an anderen Stellen: Voraussetzung für das Eigentum an den objektiven Bedingungen ist das „Zubehören zu einer *naturwüchsigen Gesellschaft* Stamm etc" (396), und der arbeitende Mensch

> findet sich vor als Glied einer Familie, Stammes, Tribus etc [...]; und als solches Glied bezieht er sich auf eine bestimmte Natur (sag hier noch Erde, Grund und Boden) als unorganisches Dasein seiner selbst, [...]. Sein *Eigenthum*, [...], ist dadurch vermittelt daß er selbst natürliches Mitglied eines Gemeinwesens (394).

Personen sind Eigentümer:innen der objektiven Bedingungen der Arbeit nur dann, wenn sie der betreffenden Gesellschaft aufgrund biologischer, durch Geburt bestimmter und somit unveränderlicher Attribute angehören.

Das *zweite* Charakteristikum vorkapitalistischer Gesellschaften stellen spezifische Verhältnisse des einzelnen Gesellschaftsmitgliedes zur Gesellschaft und zu anderen Gesellschaftsmitgliedern dar: Einzelperson und Gesellschaft erscheinen nicht als zwei verschiedene Entitäten, sondern bilden ein untrennbares Ganzes; der Einzelne wird überhaupt nicht *als* Einzelner gedacht, sondern als organischer Teil der Gesellschaft, welche den Grund seiner Existenz darstellt, ihn wesentlich bestimmt und ohne welche er nicht denkbar wäre. Vorkapitalistische Gesellschaften sind somit kollektivistisch bestimmt: Die Person geht in den sozialen Zusammenhängen, in welchen sie steht, gleichsam auf und es existiert kein ‚Kern' eines Individuums außerhalb dieser Zusammenhänge: „Der Mensch vereinzelt sich erst durch den historischen Process. Er erscheint ursprünglich als ein *Gattungswesen, Stammwesen, Heerdenthier*" (399). So etwas wie individuelle Freiheit – die Fähigkeit menschlicher Individuen, unabhängig von der Gesellschaft und gegebenenfalls gegen sie Entscheidungen zu treffen, Normen infrage zu stellen und eigene Lebensentwürfe zu entwickeln und zu realisieren – ist somit nicht möglich und nicht einmal denkbar.

Diesem kollektivistischen Charakter vorkapitalistischer Gesellschaften entsprechend ist ihre politische Verfassung beschaffen; einige dieser Gesellschaften bilden eine

> Gesammteinheit, die im Despoten realisirt ist als dem Vater der vielen Gemeinwesen [...]. Es kann ferner die Gemeinschaftlichkeit innerhalb des Stammwesens mehr so erscheinen, daß die Einheit

---

sitzen, stets handelt es sich um ein ‚naturwüchsiges' Verhältnis des Individuums zur Gesellschaft. b) Die ‚Naturwüchsigkeit' im Sinne der Zugehörigkeit eines Individuums zur Gesellschaft aufgrund biologischer Abstammung kann selbst historisch verschiedene Gestalten annehmen – etwa als Abstammung von einer aristokratischen Familie oder Zugehörigkeit zu einer bestimmten ‚Rasse', einem ‚Volk' oder einer ‚Nation' (wo die gemeinsame Abstammung und Blutsverwandtschaft eher als gedacht oder in mythologische Anfänge versetzt erscheint und weniger in tatsächlichen biologischen Verwandtschaftsverhältnissen besteht) –, immer aber ist in vorkapitalistischen Gesellschaften die Zugehörigkeit zur Gesellschaft über eine (tatsächliche oder sozial konstruierte) gemeinsame Abstammung vermittelt.

in einem Haupt der Stammfamilie repräsentirt ist, oder als die Beziehung der Familienväter auf einander. Danach dann entweder mehr despotische oder democratische Form dieses Gemeinwesens (380 f.).

Während einige, von Marx als ‚despotisch' bezeichnete Gesellschaften dadurch charakterisiert sind, dass *eine* Person über die gesellschaftliche Entscheidungsgewalt verfügt, sind andere als ‚demokratisch' bezeichnete Gesellschaften durch die gemeinschaftliche Entscheidungsfindung von Familienoberhäuptern (‚Familienväter') charakterisiert. Das Adjektiv ‚demokratisch' meint also hier – entgegen der heutigen Bedeutung – *nicht*, dass *alle* Personen gleichberechtigt an der politischen Willensbildung partizipieren; vielmehr sind nur *einige*, durch hohe soziale Position ausgezeichnete Personen (‚Familienväter') dazu berechtigt, die Gesellschaft betreffende Entscheidungen zu treffen. Letztlich sind beide – sowohl ‚demokratische' als auch ‚despotische' – Gesellschaftsformen durch Autoritarismus gekennzeichnet, insofern sie einen Großteil der Personen einer Gesellschaft von der politischen Partizipation ausschließen und einer gesellschaftlichen Minderheit die alleinige politische Entscheidungsgewalt übertragen. Nicht die Individuen entscheiden über die – ihr eigenes subjektives Leben wesentlich beeinflussenden – gemeinschaftlichen Belange, sondern diese werden gleichsam über ihre Köpfe hinweg von einer wie auch immer konkret beschaffenen gesellschaftlichen Elite allein bestimmt. Somit sind vorkapitalistische Gesellschaften durch hierarchische soziale Verhältnisse bestimmt: Die Gesellschaftsmitglieder erscheinen nicht als Gleiche, sondern stehen in asymmetrischen Verhältnissen zueinander. Mit dieser Erkenntnis wird eine Präzisierung des *ersten* Charakteristikums möglich: Wenn davon die Rede war, dass die Produzierenden die Eigentümer:innen der objektiven Bedingungen der Arbeit sind und als solche sich gegenseitig als Gleiche anerkennen, blieb unklar, wer diese ‚Produzierenden' sind. Aufgrund der hierarchischen Verhältnisse vorkapitalistischer Gesellschaften und des sozialen Status der ‚Familienväter' ist zu schlussfolgern, dass nicht alle Gesellschaftsmitglieder Eigentümer:innen der objektiven Bedingungen der Arbeit sind; vielmehr verfügen nur die Inhaber:innen hoher sozialer Positionen über Eigentum an den objektiven Bedingungen der Arbeit – und erkennen sich gegenseitig als Gleiche an –, während andere Gesellschaftsmitglieder – beispielsweise Mägde und Knechte – weder über Eigentum an den Produktionsbedingungen noch über Mitspracherecht bei die Gesellschaft betreffenden Belangen verfügen. Darüber hinaus existiert in vorkapitalistischen Gesellschaften notwendig[209] Sklaverei, soziale Verhältnisse also, in

---

[209] Dies begründet Marx mit folgender Überlegung: Die Gesellschaftsmitglieder können sich zu den objektiven Bedingungen der Arbeit als den ihrigen nur unter der Voraussetzung verhalten, dass ihre Gesellschaft diese Bedingungen faktisch unter ihrer Kontrolle hält: „Das Verhalten zur Erde als Eigenthum ist immer vermittelt durch die Occupation, […], von Grund und Boden durch den Stamm, die Gemeinde" (390). Da freilich die ‚Okkupation' stets durch eine *bestimmte* Gesellschaft geschieht, werden *andere* Gesellschaften durch diesen Vorgang vom Eigentum und der Nutzung der jeweiligen objektiven Bedingungen der Arbeit ausgeschlossen – und aufgrund dieses exkludierenden Verhältnisses konfligieren die einzelnen Gesellschaften miteinander, was sich in kriegerischen Handlungen

welchen Menschen als das Eigentum anderer Menschen erscheinen (vgl. 393 f., 397 und 399); auch hieran werden die hierarchischen Verhältnisse vorkapitalistischer Gesellschaften deutlich.

Vorkapitalistische Gesellschaften sind *drittens* dadurch charakterisiert, dass Zweck der Produktion die Herstellung von Gegenständen ist, die über Gebrauchswert verfügen. Weil ‚Produktion' nichts anderes ist als die Herstellung von Gegenständen, die über Gebrauchswert verfügen (siehe Abschnitt 2.2.1), ist das Herstellen von Gegenständen, die über Gebrauchswert verfügen, also der Zweck des Herstellens von Gegenständen, die über Gebrauchswert verfügen. Die Produktion ist in vorkapitalistischen Gesellschaften also Selbstzweck (vgl. 379, 383 und 389):

> Das Individuum ist placed in such conditions of gaining his life as to make not the acquiring of wealth his object, but self-sustainance, its own reproduction as a member of the community; [...]. Die Fortdauer der commune ist die Reproduction aller der members derselben als self-sustaining peasants, deren Surpluszeit eben der Commune, der Arbeit des Kriegs etc gehört (383).

Die Produzierenden reproduzieren durch ihre produktive Tätigkeit sich selbst als *bestimmte* Mitglieder der Gemeinde – der ackerbautreibende Mensch beispielsweise erzeugt durch seine Arbeit eine genügende Menge genau derjenigen über Gebrauchswert verfügenden Gegenstände, um im darauffolgenden Jahr als ackerbautreibender Mensch leben und erneut produzieren zu können. Die Produktion zum Zwecke der Herstellung brauchbarer Gegenstände fällt in vorkapitalistischen Gesellschaften somit ineins mit der Reproduktion des gesellschaftlichen *Status quo*; gesellschaftliche Dynamik wird gehemmt, weshalb Marx diesen Gesellschaften – als *viertes* Charakteristikum – einen inhärent statischen Charakter zuspricht (vgl. 532):

> In allen diesen Formen ist die *Reproduction vorausgesezter* – mehr oder minder naturwüchsiger oder auch historisch gewordner, aber traditionell gewordner – Verhältnisse des Einzelnen zu seiner Gemeinde, und ein *bestimmtes,* ihm *vorherbestimmtes objektives* Dasein, sowohl im Verhalten zu den Bedingungen der Arbeit, wie zu seinen Mitarbeitern, Stammesgenossen etc – Grundlage der Entwicklung, die von vorn herein daher eine *beschränkte* ist, aber mit Aufhebung der Schranke Verfall und Untergang darstellt. [...] Es können hier grosse Entwicklungen stattfinden innerhalb eines bestimmten Kreises. Die Individuen können groß erscheinen. Aber an freie und volle Entwicklung, weder des Individuums, noch der Gesellschaft nicht hier zu denken, da solche Entwicklung mit dem ursprünglichen Verhältniß im Widerspruch steht (391).

---

realisiert; die Gesellschaften führen Krieg um die Frage, welche Gesellschaft (und somit: welche Individuen) sich zu den objektiven Bedingungen der Arbeit als den ihrigen zu verhalten imstande ist und welche darauf verzichten muss (vgl. 381, 395). Durch die kriegerischen Aktivitäten werden bestimmte Gesellschaften und ihre Mitglieder von anderen Gesellschaften und ihren Mitgliedern unterworfen, und diese Besiegten werden zu Sklav:innen: „Die Grundbedingung des auf dem Stammwesen [...] ruhenden Eigenthums – Mitglied des Stammes sein – macht den vom Stamm eroberten fremden Stamm, den unterworfnen, *Eigenthumslos*" (396 f.). Die unterworfenen Personen sind fortan unfähig, die zu ihrem Leben notwendigen Güter unmittelbar selbst zu produzieren – und nur als Sklav:innen besteht für sie die Möglichkeit, ihr Leben durch eigene Arbeit zu sichern.

Folge dieses statischen Charakters vorkapitalistischer Gesellschaften in Kombination mit ihrem kollektivistischen Charakter ist – wie das obige Zitat zeigt –, dass die subjektiven Lebensformen der Individuen vorherbestimmt sind: Ihre Lebensführung ist durch starre, unwandelbar erscheinende gesellschaftliche Verhältnisse (Religionen, Traditionen, Menschenbilder, ...) bestimmt und somit auf gewisse gegebene, als unveränderlich erscheinende ‚Bahnen' beschränkt. Individuelle Dynamik und die Herausarbeitung neuer Fähigkeiten und Attribute des Individuums in Form einer ‚freien und vollen Entwicklung' werden durch die vorkapitalistischen Gesellschaftsverhältnisse gehemmt beziehungsweise unterdrückt. Ebenso gehemmt wie die Entwicklung von Individuen und Gesellschaft wird die Entwicklung des Verhältnisses der vergesellschafteten Menschen zur Natur (in Form der objektiven Bedingungen der Arbeit in obigem Zitat).

Aus dem starren Charakter vorkapitalistischer Gesellschaften leitet sich – als *fünftes* Charakteristikum – die destruktive Wirkung einer tatsächlich stattfindenden Entwicklung der sozialen Verhältnisse, des Menschen-Natur-Verhältnisses und des Individuums auf diese Gesellschaften ab. Marx stellt über den hypothetischen Zusammenhang – *wenn* es zur Entwicklung von Gesellschaft und Individuum kommt, *dann* wirkt sie sich destruktiv auf die Gesellschaft aus – hinausgehend die These auf, dass eine solche Entwicklung *notwendig* ist:[210]

---

[210] Anderson (2013) versucht eine – in politisch linken Diskussionszirkeln gängige – Kritik an Marx zu entkräften: „These critics [...] attack Marx for adopting what they see as a unilinear model of development in the modernist mode" (20). Bezüglich ‚nicht-westlicher' Länder wie China, Indien und Russland vertrete Marx in seinen frühen Schriften (1848–1853) in der Tat eine unilineare Sichtweise der menschlichen Geschichte; diese Schriften – wie das *Manifest der Kommunistischen Partei* oder journalistische Arbeiten jener Zeit – enthielten ethnozentrische Auffassungen, denen gemäß der europäische Kolonialismus eine notwendige Stufe auf dem Weg zu sozialer Entwicklung in jenen ansonsten statischen Gesellschaften darstelle: „Marx held [...] to an implicitly unilinear model of development in which India and China would, as they were swept more deeply into world capitalist system, over time develop similar contradictions to those of the already industrializing countries of Western Europe and North America" (Anderson 2013, 22). Letztendlich würden somit alle Länder der Welt dieselbe Entwicklung durchlaufen wie die westeuropäischen kapitalistischen Gesellschaften. Von dieser Auffassung jedoch rücke Marx ab den späten 1850er-Jahren sukzessive ab; Anderson (2013, 21) verweist als Beleg für seine Behauptung explizit auf die *Grundrisse:* „In 1857–59, [...], Marx also elaborates a multilinear theory of history in the *Grundrisse* and the *Contribution to a Critique of Political Economy*. This constituted a revision of his earlier conceptualization of three successive modes of production: (1) the Greco-Roman slave-based ‚ancient' mode of production, (2) the medieval European serf-based ‚feudal' mode of production, and (3) the modern ‚bourgeois' mode of production, based on formally free wage labor. Referring mainly to India, Marx inserts alongside this Europe-based model an ‚Asiatic' mode of production, suggesting that pre-capitalist Asian societies had been on a different historical trajectory" (23). Ich halte die Auffassung Andersons (2013), in den *Grundrissen* entwickele Marx eine Theorie ‚multilinearer' historischer Entwicklung, für unhaltbar. In der Tat unterscheidet Marx die von Anderson (2013) erwähnten vier Produktionsweisen und setzt sich mit der ‚asiatischen' Produktionsweise auseinander. Alle drei vorkapitalistischen Produktionsweisen jedoch besitzen grundlegende Gemeinsamkeiten, welche sie von der kapitalistischen Produktionsweise unterscheiden (aus diesem Grund geht die Rekonstruktion der marxschen Theorie im Haupttext nicht spezifisch auf

> Damit die Gemeinde fortexistire in der alten Weise, als solche, ist die Reproduction ihrer Glieder unter den vorausgesezten objektiven Bedingungen nöthig. Die Production selbst, [...] hebt nothwendig nach und nach diese Bedingungen auf; zerstört sie statt sie zu reproduciren etc (391).
>
> *Reproduction ist aber zugleich nothwendig Neuproduction und Destruction der alten Form.* [...] So die Erhaltung des alten Gemeinwesens schließt ein die Destruction der Bedingungen, auf denen es beruht, schlägt ins Gegentheil um (397).

Es wurde bereits gezeigt (siehe Abschnitt 2.2.1), dass Produktion und Arbeit
– sowohl die Natur als auch
– die gesellschaftlichen Verhältnisse, das Menschen-Natur-Verhältnis und die die Gesellschaft konstituierenden Individuen notwendig verändern.

Entwicklung der Gesellschaft und der Individuen ist also – da Produktion und Arbeit notwendig sind, um die zur Bedürfnisbefriedigung benötigten Güter herzustellen – in vorkapitalistischen Gesellschaften unvermeidlich. Und da diese aufgrund ihrer inhärenten Statik jene durch die Produktion notwendig gezeitigte Dynamik nicht absorbieren können, zerfallen sie. Dieser Widerspruch zwischen der wesenhaften Invarianz vorkapitalistischer Gesellschaften einer- und der notwendigen Dynamik der Individuen und ihrer Verhältnisse zueinander und zur Natur andererseits wird deutlich anhand der Entwicklung der Produktivkraft. Marx stellt in vorkapitalistischen

---

die drei vorkapitalistischen Produktionsweisen ein): U. a. sind sie dadurch gekennzeichnet, dass sie einen statischen Charakter besitzen, also die Entwicklung von Individuum und Gesellschaft inklusive des Menschen-Natur-Verhältnisses – anders als in der kapitalistischen Produktionsweise (s. Abschnitt 2.2.3.6) – in ihnen gehemmt wird und die tatsächlich notwendig stattfindende soziale und individuelle Dynamik zum Untergang dieser Gesellschaften führt. Ob Marx nun drei oder zwei vorkapitalistische Produktionsweisen unterscheidet, ist gleichgültig hinsichtlich der Schlussfolgerung, dass *alle* vorkapitalistischen Produktionsweisen diesen inhärent statischen Charakter besitzen und deshalb einzig die kapitalistische Produktionsweise fähig ist, a) soziale und individuelle Dynamik zu fördern und b) an ihr nicht zugrunde zu gehen. Somit ergibt sich für die *Grundrisse* trotz der von Marx in seine Theorie integrierten ‚asiatischen' Produktionsweise ein ‚unilineares' Geschichtsmodell: So viele vorkapitalistische Produktionsweisen es auch geben mag, sie alle zerbrechen letztlich an der (notwendigen) Dynamik – *nur* die kapitalistische Produktionsweise stellt insofern einen Fortschritt dar, als sie diese Dynamik fördert und sich trotz ihrer (und durch sie) erhält. Von der Möglichkeit einer historischen Entwicklung, welche parallel zur kapitalistischen Produktionsweise entlang eines ‚zweiten Weges' verliefe – eben dies meint ja die Rede Andersons (2013) von der ‚multilinearen' Entwicklung –, ist somit in den *Grundrissen* nicht die Rede. Zudem ist die politische Einschätzung der ‚asiatischen' Produktionsweise durch Anderson (2013) allzu optimistisch: „Marx now no longer saw it as necessarily despotic, referring also to ‚democratic' forms of communal governance in pre-colonial societies" (23); wie oben im Haupttext gezeigt wurde, basieren auch die ‚demokratischen' Formen vorkapitalistischer Gesellschaften auf hierarchischen, kollektivistischen und autoritären Verhältnissen, sind also nicht als demokratisch im heutigen Sinne zu verstehen. – Die Zurückweisung der Auffassung Andersons (2013) ist im Übrigen nicht als Kritik an Marx zu verstehen; die marxsche Theorie in den *Grundrissen* erweist sich gerade durch ihr ‚unilineares' Geschichtsmodell als fähig, unsere Gegenwart gedanklich zu erfassen, denn in der Tat hat sich gezeigt, dass keine andere Produktionsweise als die kapitalistische zu einem derart schnellen und umgreifenden gesellschaftlichen und individuellen Wandel führt, wie er heute global stattfindet.

Produktionsweisen eine – wenn auch sich nur langsam, über zahlreiche Generationen vollziehende (vgl. 398) – Zunahme der Produktivkraft fest, welche sich als destruktiv erweist:

> Alle Formen [...], worin das Gemeinwesen die Subjekte in bestimmter objektiver Einheit mit ihren Productionsbedingungen, oder ein bestimmtes subjektives Dasein die Gemeinwesen selbst als Productionsbedingungen unterstellt, entsprechen nothwendig nur limitirter, und principiell limitirter Entwicklung der Productivkräfte. Die Entwicklung der Productivkräfte löst sie auf und ihre Auflösung selbst ist eine Entwicklung der menschlichen Productivkräfte (400).

Da die Zunahme der Produktivkraft eine Dynamik der Gesellschaft, des Menschen-Natur-Verhältnisses und der Individuen – veränderte Produktionstechnologien, neue Gebrauchswerte, angepasste Ressourcennutzung und sich ausweitende Bedürfnisse – impliziert, konfligiert die Produktivkraftentwicklung mit dem starren Charakter vorkapitalistischer Gesellschaften und führt zu deren Zerfall.

Marx hat mittels der dargestellten fünf Charakteristika die Grundzüge vorkapitalistischer Gesellschaften und der ihnen entsprechenden Produktionsweise dargestellt. Von dieser Grundlage ausgehend entwickelt er die Merkmale der spezifisch kapitalistischen Produktionsweise.

2.2.3 Produktion und Arbeit in der kapitalistischen Produktionsweise

2.2.3.1 Ebenen der Theorie: Das Kapital im Allgemeinen und die Konkurrenz

Betrachtet man die ökonomischen Phänomene einer kapitalbasierten Gesellschaft, zeigt sich, dass nicht ein einziges ‚gesamtgesellschaftliches' Kapital existiert, sondern eine *Vielzahl verschiedener Kapitalien* (Unternehmen, Aktienfonds, ...), welche sich unabhängig voneinander zu verwerten streben und – aufgrund begrenzter Möglichkeiten zur Verwertung und des Strebens der Kapitalien nach unbegrenzter Verwertung – miteinander *konkurrieren*. Angesichts dessen läge es nahe, zur theoretischen Erfassung der kapitalistischen Produktionsweise methodisch von den einzelnen Kapitalien und ihrem ‚Verhalten' unter Konkurrenzbedingungen auszugehen. Da das ‚Verhalten' der einzelnen Kapitalien nichts anderes ist als das Handeln der gleichsam hinter ihnen stehenden Kapitalist:innen (Unternehmenseigentümer:innen, Aktionär:innen, ...), ginge eine solche Erklärung gleichsam ‚vom Kleinen zum Großen': Ausgehend vom Handeln einzelner Individuen – und dem ihm entsprechenden ‚Verhalten' der Einzelkapitalien – würde die kapitalistische Produktionsweise erklärt werden.[211]

---

[211] Die Erklärung vom ‚Kleinen zum Großen' entspricht dem zeitgenössischen Mainstream der Ökonomik (‚Neoklassik'), der ökonomische Phänomene durch einen Rekurs auf das individuelle Handeln der ökonomischen Akteur:innen erklärt (‚methodologischer Individualismus') und somit reduktionistisch verfährt: „Eigenschaften eines *Systems* werden durch die seiner *Teile* erklärt"

Marx geht in seiner in den *Grundrissen* entwickelten Theorie freilich den entgegengesetzten – und angesichts des phänomenalen Bestandes der Einzelkapitalien zunächst wenig intuitiven – Weg: Ausgangspunkt seiner Theorie kapitalistischer Arbeits- und Produktionsprozesse ist das *Kapital im Allgemeinen* (vgl. 229). Darunter versteht Marx die Gesamtheit derjenigen Bestimmungen, welche jedem besonderen Kapital beziehungsweise Einzelkapital zukommen:

> Das *Capital im Allgemeinen*, im Unterschied von den besondren Capitalien erscheint zwar [...] *nur als eine Abstraction*; nicht eine willkührliche Abstraction, sondern eine Abstraction, die die differentia specifica des Capitals im Unterschied zu allen andren Formen des Reichthums auffaßt [...]. Es sind dieß Bestimmungen, die jedem Capital als solchem gemein, oder jede bestimmte Summe von Werthen zum Capital machen (359).

Das Kapital im Allgemeinen ist nichts anderes als der *Begriff des Kapitals,* welcher diejenigen Bestimmungen umfasst, durch welche die Einzelkapitalien überhaupt erst zu Kapital werden – die also ihren ‚Kapitalcharakter' ausmachen – und durch welche das Kapital als spezifische Entwicklungsform des Werts sich von anderen Wertformen wie dem Geld oder dem Tauschwert unterscheidet (vgl. 229).[212] Das Kapital im Allgemeinen ist somit eine Abstraktion von den sich wechselseitig konkurrierend gegenüberstehenden Einzelkapitalien und ihren spezifischen Bestimmungen als besondere Kapitalformen wie etwa dem Kreditkapital (vgl. 229). Indem Marx methodisch vom Kapital im Allgemeinen ausgeht, erklärt er die spezifische Beschaffenheit der kapitalistischen Produktionsweise und die in ihr beobachtbaren ökonomischen Phänomene nicht durch das ‚Verhalten' der Einzelkapitalien beziehungsweise durch die individuellen Handlungen der die Einzelkapitalien steuernden Personen, sondern durch Rekurs auf die ökonomischen Verhältnisse, deren Ausdruck der Kapitalbegriff ist.[213]

Die *Konkurrenz* – das konfligierende Interagieren der Einzelkapitalien zum Zwecke der je möglichst umfangreichen partikularen Verwertung – stellt die gegensätzliche theoretische Untersuchungsebene zum Kapital im Allgemeinen dar:[214] Während auf der Ebene des Kapitals im Allgemeinen von den Einzelkapitalien abstrahiert wird, erfasst die Untersuchung der kapitalistischen Produktionsweise auf der Ebene der

---

(Schlaudt 2016, 22; vgl. auch 7, 9, 23, 27 f.; vgl. ebenfalls Petersen und Faber 2013, 100 f.; Heinrich 2014, 82).

212 Vgl. auch Moseley (2013, 286).

213 Begriffe der ökonomischen Theorie – wie derjenige des Kapitals – sind der ‚ideale Ausdruck' bzw. die theoretische Reflexion realer ökonomischer Verhältnisse (s. Abschnitt 2.1.1). Wenn Marx methodisch vom Kapitalbegriff ausgeht, heißt das somit nichts anderes, als dass er methodisch den Ausgangspunkt von den ökonomischen Verhältnissen – und nicht von den Individuen, die in diesen Verhältnissen sich befinden und handeln – nimmt.

214 Ein Phänomen der Konkurrenz stellt bspw. das beständige Streben der Einzelkapitalien nach Methoden zur Kostensenkung (etwa durch veränderte Produktionsverfahren) dar, um die Produkte günstiger als die anderen Kapitalien anbieten und entsprechend einen Wettbewerbsvorteil erzielen zu können.

Konkurrenz gerade die Besonderheit der Einzelkapitalien und ihr Verhältnis zueinander.

Die in den *Grundrissen* entwickelte Theorie befindet sich, wie bereits geschildert, auf der Ebene des Kapitals im Allgemeinen, eine über gelegentliche Bemerkungen hinausgehende Untersuchung des Konkurrenzverhältnisses der Einzelkapitalien zueinander wird nicht geboten.[215] Marxens Entscheidung, die *Grundrisse* theoretisch auf der Ebene des Kapitals im Allgemeinen anzusiedeln und die Konkurrenz theoretisch auszublenden, lässt sich durch die Feststellung begründen, dass eine von der Konkurrenz ihren Ausgangspunkt nehmende Erklärung der kapitalistischen Produktionsweise theoretisch fruchtlos wäre: Durch Rekurs auf die Konkurrenz vermag ihre spezifische Beschaffenheit gerade nicht zufriedenstellend erklärt zu werden; dies ist vielmehr nur durch Rekurs auf das Kapital im Allgemeinen möglich. Denn die Konkurrenzphänomene sind keine zufälligen oder eigenen, vom Kapital unabhängigen Gesetzmäßigkeiten unterliegenden Erscheinungen, „als ob die Concurrenz dem Capital äussere, von aussen hereingebrachte Gesetze auferlege, die nicht seine eignen Gesetze sind" (625), sondern nichts anderes als die Realisation der Bestimmungen des Kapitals im Allgemeinen:[216]

---

[215] Vgl. Moseley (2013, 287). Marx intendierte zwar, nach der Untersuchung des Kapitals im Allgemeinen auf die Theorieebene der Konkurrenz zu wechseln und den Kapitalismus auch aus dieser Perspektive zu betrachten, setzte dieses Vorhaben jedoch nicht um. Die Theorie der Konkurrenz entwickelte er erst in den *Manuskripten von 1861–1863* und *1864–1865* (vgl. Moseley 2013, 297).

[216] Man denke exemplarisch an die stetig zunehmende Maschinisierung des Produktionsprozesses als eines der Phänomene, die die kapitalistische Produktionsweise auszeichnen. Eine Erklärung dieses Phänomens ausgehend von der Konkurrenz könnte so lauten: ‚Die Unternehmen müssen ihren Produktionsprozess maschinisieren, da sie die Konkurrenz dazu zwingt. Durch Maschinisierung können Produkte kostengünstiger hergestellt und dadurch zu niedrigeren Preisen verkauft werden. Maschinisiert ein Unternehmen seine Produktion nicht beständig weiter, dann sind seine Produkte auf dem Markt teurer als diejenigen der Konkurrenzunternehmen (welche ihre Produktion stetig maschinisieren) und verkaufen sich entsprechend nicht mehr (oder schlechter), woraus in letzter Konsequenz der Konkurs folgt'. Die Erklärung verweist auf die Konkurrenz als den Grund des Phänomens und bleibt gerade dadurch eigentümlich unbegründet; denn es bleibt unerklärt, wieso die Konkurrenz ein bestimmtes Verhalten der Einzelkapitalien (und der hinter ihnen stehenden Unternehmer:innen) überhaupt erzwingt, indem das Verhalten der Konkurrenzunternehmen unerklärt bleibt (wieso maschinisieren denn die anderen Unternehmen überhaupt ihre Produktion?). Letztlich wird durch den Rekurs auf die Konkurrenz das zu Erklärende mittels des zu Erklärenden erklärt: Dass Unternehmen A gezwungen ist, seine Produktion stetig zu maschinisieren, wird durch die Konkurrenz erklärt, also dadurch, dass die Unternehmen B und C ihre Produktion stetig maschinisieren und dadurch Preisvorteile erzielen. Wieso maschinisiert aber Unternehmen B seine Produktion? Aus demselben Grund: Wegen der Konkurrenz, weil die beiden anderen Unternehmen A und C ihre Produktion stetig maschinisieren und dadurch Preisvorteile erzielen. Das Verhalten der Einzelkapitalien wird also durch das Verhalten anderer Einzelkapitalien erklärt, deren Verhalten wiederum durch das Verhalten von Einzelkapitalien erklärt wird. Die Erklärung ökonomischer Phänomene durch die Konkurrenz stellt somit einen *circulus vitiosus* dar und vermag deshalb wissenschaftlich nicht zufriedenzustellen. Geht man hingegen von den Bestimmungen des Kapitalbegriffs aus, so lässt sich die Maschinisierung erklären. Die Bestimmung der *unbegrenzten quantitativen Vervielfältigung* erfordert ein stetiges und stetig sich ausdeh-

> Begrifflich ist die *Concurrenz* nichts als die *innre Natur des Capitals,* seine wesentliche Bestimmung, erscheinend und realisirt als Wechselwirkung der vielen Capitalien auf einander, die innre Tendenz als äusserliche Nothwendigkeit (326).
>
> Die *freie Concurrenz* ist die Beziehung des Capitals auf sich selbst als ein andres Capital, [...]; die auf das Capital gegründete Production sezt sich nur in ihren adaequaten Formen, sofern und so weit sich die freie Concurrenz entwickelt, [...]. Durch sie wird als äusserliche Nothwendigkeit für das einzelne Capital gesezt, [...], was dem Begriff des Capitals entspricht. [...] Was in der Natur des Capitals liegt, *wird* nur reell herausgesezt, als äussere Nothwendigkeit; durch die Concurrenz, die weiter nichts ist, als daß die vielen Capitalien die immanenten Bestimmungen des Capitals einander aufzwingen und sich selbst aufzwingen. Keine Categorie der bürgerlichen Oekonomie, {auch} nicht die erste, z. B. die Bestimmung des Werths wird daher erst wirklich {anders als} durch die freie Concurrenz (533 f.).

Da die Konkurrenz nichts anderes ist als gleichsam die Übersetzung der Bestimmungen des Kapitalbegriffs in empirisch wahrnehmbare ökonomische Phänomene[217] in der *Form des äußeren Zwangs,*[218] ist die Beschaffenheit der kapitalistischen Produktionsweise „*vor* der Concurrenz und ohne Rücksicht auf die Concurrenz begreiflich" (625) zu machen und bringt das Bedenken der Konkurrenz keine neuen, über den Kapitalbegriff hinausgehenden Gesetzmäßigkeiten beziehungsweise Bestimmungen in die theoretische Untersuchung ein. Die theoretische Untersuchung gewinnt umgekehrt durch die Abstraktion von der Konkurrenz an Klarheit, indem damit zugleich von mannigfaltigen Zufälligkeiten wie subjektiven Vorlieben der Kapitalist:innen abstrahiert wird.[219] Zusammengefasst ist die Grundstruktur der kapitalistischen Produktionsweise also ausgehend von den Bestimmungen des Kapitalbegriffs und – da

---

nendes Wachstum des Kapitalwerts. Die Maschinisierung ist ein Mittel zur Erfüllung dieser Bestimmung, da sich mittels ihrer der Wert der Ware Arbeitsvermögen reduzieren und die Mehrarbeit damit im Verhältnis zur notwendigen Arbeit ausweiten lässt, was die Vergrößerung des generierten Mehrwerts impliziert (s. die nachfolgenden Abschnitte). Die Kapitalbestimmungen sind ihrerseits auf den Wertbegriff logisch zurückführbar, der seinerseits Ausdruck des Warentauschs als des grundlegenden ökonomischen Verhältnisses moderner Gesellschaft ist (s. Abschnitt 2.1). Das ökonomische Phänomen der Maschinisierung wird somit auf dieses grundlegende ökonomische Verhältnis zurückgeführt und durch dieses erklärt. – Heinrich (2014, 181 f.) zeigt die marxsche Theorieentwicklung auf: Während in den 1840er-Jahren die Konkurrenz den Ausgangspunkt der theoretischen Analyse von Marx dargestellt habe und er „in der Konkurrenz den entscheidenden Mechanismus zur Erklärung der verschiedensten Phänomene sah" (181), sei Marx in den *Grundrissen* die wichtige theoretische Einsicht gelungen, dass die Konkurrenz ein vom Kapitalbegriff abgeleitetes Phänomen darstelle, welches daher nicht zur Erklärung diene, sondern selbst erklärungsbedürftig sei.

217 „Die Concurrenz *erklärt* daher nicht diese [ökonomischen] Gesetze; sondern sie läßt sie *sehn,* producirt sie aber nicht" (448). – Das Kapital im Allgemeinen ist also das hinter den empirisch wahrnehmbaren gesellschaftlichen *Erscheinungen* stehende *Wesen.*
218 „In der *Concurrenz* erscheint diese innre Tendenz des Capitals als ein Zwang der ihm von *fremdem* Capital angethan wird" (325; vgl. auch 598).
219 Lediglich besondere ökonomische Phänomene erfordern die Untersuchung auf der Ebene der Konkurrenz, weshalb Marx dennoch diese Ebene nach Abschluss der kapitalbegrifflichen Auseinandersetzung behandeln wollte.

die Erklärung eines solches Rekurses nicht bedarf – ohne Rekurs auf die Konkurrenz zu erklären.[220]

Kapital im Allgemeinen und Konkurrenz stehen in einem wechselseitigen Bedingungsverhältnis: *Einerseits* besäße der Kapitalbegriff ohne die Konkurrenz keine Realität: Da „in der Concurrenz – der Action von Capital auf Capital – die dem Capital immanenten Gesetze, seine tendencies, erst realisirt werden" (625; vgl. auch 326 und 421), setzt Kapital im Allgemeinen zu seiner Existenz die Existenz verschiedener Einzelkapitalien und ihre Konkurrenz zueinander voraus.[221]

---

[220] Im Zuge der Finanz- und Wirtschaftskrise zu Beginn des 21. Jahrhunderts wurde die Ursache für die Entstehung dieser Krise zunächst bei der ‚Gier' einiger Börsenmakler:innen und Manager:innen gesucht: „Die allgemeine Empörung über das unmoralische Verhalten ‚der Manager' und deren Gehälter bzw. Bonuszahlungen ist zwar verständlich, trifft den Kern des im Wesentlichen regulatorischen Problems nicht und ist insbesondere aus dem Mund derer unredlich, die an den Grundsätzen der herrschenden Ökonomik nie etwas auszusetzen hatten. Wenn Politiker ebenfalls das Problem einzig in der Maßlosigkeit bzw. Habgier von Teilen der Wirtschaftseliten oder gar nur einzelner ‚schwarzer Schafe' identifizieren, besteht die Gefahr, dass wesentliche Ursachen, nämlich die Regeln des Wirtschaftsleben [sic], die genau dieses Verhalten hervorbringen und honorieren, unbeachtet bleiben" (Ott 2009a, 97). Hier existiert also die Einsicht, dass auf das Handeln von Individuen bezogene Erklärungen für ökonomische Phänomene unbefriedigend sind und außen vor lassen, wieso überhaupt diese ‚Gier' nach einem abstrakten ‚immer mehr' an Finanzmitteln existiert und wieso vor allem sie so ‚hemmungslos' durch die Individuen im (legalen) Rahmen der ökonomischen Strukturen ‚ausgelebt' werden konnte. Wenn Ott (2009a) recht vage von einem ‚regulatorischen Problem', von den ‚Grundsätzen der herrschenden Ökonomik' und den ‚Regeln des Wirtschaftslebens' spricht, bleibt freilich unterbelichtet, um was es in einem präzisen Sinne geht: um die historisch spezifischen ökonomischen Verhältnisse der warentauschenden Gesellschaft (für eine ähnliche Auffassung wie diejenige von Ott 2009a vgl. auch Zinn 2009).

[221] Diese These lässt sich durch die logische Struktur des Tauschwertbegriffs begründen, welcher mehrere voneinander unabhängige Privatproduzent:innen voraussetzt, die die von ihnen produzierten Waren miteinander austauschen (s. Abschnitt 2.1.2; vgl. Fineschi 2013, 78f.). Es ist zwar zutreffend, dass dem Kapital als Tauschpartner auch der Arbeiter gegenübersteht und somit auch unter der Bedingung eines ‚Monopolkapitals' eine Tauschbeziehung eingegangen werden könnte. Allerdings verfügt der Arbeiter in der kapitalistischen Produktionsweise über keine objektiven Bedingungen der Arbeit (s. Abschnitt 2.2.3.2), kann daher nicht selbst produzieren und ist somit kein Privatproduzent. Die Voraussetzung der Existenz des Tauschwerts – die Existenz zweier voneinander unabhängiger und miteinander warentauschender Privatproduzent:innen – ist somit nur erfüllt, wenn mindestens zwei Kapitalien existieren. Fineschi (2013) vertritt aufgrund dieser Überlegung die These, dass bereits auf der Ebene des Kapitals im Allgemeinen die Vielheit der Einzelkapitalien mitzudenken sei; das Kapital im Allgemeinen – so wie es in den *Grundrissen* geschehe, wo Vielheit der Kapitalien und Konkurrenz miteinander identifiziert seien – theoretisch als *ein* Kapital zu denken und die Vielheit der Kapitalien auf der Ebene des Kapitals im Allgemeinen auszublenden, sei nicht kohärent möglich, da Kapital aufgrund der obigen Überlegung immer nur unter der Voraussetzung mehrerer Kapitalien gedacht werden und existieren könne. Die Vielheit der Kapitalien betreffe also nicht nur die empirisch wahrnehmbaren Phänomene, sondern sei schon im Kapitalbegriff angelegt und müsse daher auch in der Theorie des Kapitals im Allgemeinen berücksichtigt werden. Um dieser Einsicht gerecht zu werden, schlägt Fineschi (2013) die theoretische Trennung der Vielheit der Kapitalien von der Konkurrenz vor; die Einzelkapitalien ohne ihre konfligierende Interaktion seien in die Ebene des Kapitals im Allgemeinen zu integrieren, während auf der davon getrennten theoretischen Ebene der Konkurrenz diese

Andererseits ist das empirisch wahrnehmbare Konkurrenzverhältnis der Einzelkapitalien bestimmt durch das Kapital im Allgemeinen, indem die „innren Gesetze des Capitals [...] zu Zwangsgesetzen dem einzelnen Capital gegenüber" (625; vgl. auch 534) werden. Der von Marx verwendete Terminus ‚freie Konkurrenz' (siehe obiges Zitat) bezeichnet somit die von äußeren Beschränkungen freie Realisation der dem Kapi-

---

konfligierende Interaktion der Einzelkapitalien zu untersuchen sei. Dieses methodische Vorgehen habe Marx in den *Manuskripten von 1861–1863* befolgt: „The main difference [des *Manuskripts von 1861–1863*] from the first plan [demjenigen der *Grundrisse*] is that, although we have many capitals, we do not yet have particularity or competition. In fact, we have not yet inquired into the trend of each capital acting as such, trying to oust other capitals. On the contrary, Marx's question is: what are the material conditions, which appear as value, that might allow this kind of society to survive? And to grow? We are at the point of view of the totality of capital, not yet at the point of view of the particular capital. [...] The core of the distinction in the *Grundrisse* between generality and particularity – that is, the passage from capital as a whole to particular capitals – turns out to be unacceptable. ‚Many' capitals are already necessary in the generality, although this does not mean competition. On the contrary, in the *Grundrisse* many capitals and competition were in the same framework" (Fineschi 2013, 80; Kritik an der Theorieebene des Kapitals im Allgemeinen äußert auch Heinrich [2014, 185, 192], diese Kritik kann hier jedoch nicht diskutiert werden). *Der Sache nach* ist Fineschi (2013) zuzustimmen, dass die Vielheit der Einzelkapitalien im Begriff des Kapitals impliziert ist; es ist fraglos korrekt (wie zu Beginn dieser Fußnote dargestellt), dass es nicht *ein* gesellschaftliches Gesamtkapital geben kann, sondern *mehrere* Einzelkapitalien existieren müssen, wenn es so etwas wie Kapital überhaupt geben soll. *Exegetisch* jedoch ist die Behauptung von Fineschi (2013) unzutreffend, Marx bedenke in den *Grundrissen* auf der Ebene des Kapitals im Allgemeinen nicht die Vielheit der Kapitalien. Zwar untersucht Marx die Entwicklung und das ‚Verhalten' des Kapitals im Allgemeinen (und des ihm gegenüberstehenden singulären ‚Arbeiters'). Er schreibt jedoch explizit: „das *Capital im Allgemeinen*, d. h. der Inbegriff der Bestimmungen die den Werth als Capital von sich als blosem Werth oder Geld unterscheiden. Werth, Geld, Circulation etc, Preisse etc sind vorausgesezt, ebenso Arbeit etc. Aber wir haben es weder noch mit einer *besondren* Form des Capitals zu thun, noch mit dem *einzelnen Capital* als unterschieden von andren einzelnen Capitalien etc" (229). Die in Abschnitt 2.1 dargestellte begrifflich-dialektische Entwicklung ist also vorausgesetzt und mit ihr auch, dass der Wert den Warentausch zwischen voneinander unabhängigen Privatproduzent:innen voraussetzt – diese Voraussetzung wird also auf Ebene des Kapitals im Allgemeinen gerade nicht ‚vergessen', was Marx an anderer Stelle explizit klarstellt: „Da der Werth die Grundlage des Capitals bildet, es also nothwendig nur durch Austausch gegen *Gegenwerth* existirt, stöß es sich nothwendig von sich selbst ab. Ein *Universalcapital*, ohne fremde Capitalien sich gegenüber, mit denen es austauscht [...] ist daher ein Unding. Die Repulsion der Capitalien von einander liegt schon in ihm als realisirtem Tauschwerth" (334). Daraus folgt: Wenn Marx das Kapital im Allgemeinen untersucht, dann untersucht er eine Gesellschaft, die auf dem Warentausch und auf der Privatproduktion basiert und deren ökonomische Sphäre durch miteinander konkurrierende Einzelkapitalien konstituiert wird. *Dass* der Kapitalbegriff in Gestalt von Einzelkapitalien existiert, wird also in der Untersuchung nicht zurückgestellt, sondern zurückgestellt wird einzig die Betrachtung der Besonderheiten der Einzelkapitalien und ihres konkurrierenden Verhaltens zueinander. – Die Konkurrenz ist auch deshalb notwendig zur Realisation des Kapitals im Allgemeinen, weil die Kapitalbestimmungen durch das Handeln konkreter Individuen realisiert werden müssen; dies geschieht jedoch nur dann, wenn die Individuen bestimmte Handlungsgründe haben. Diese Handlungsgründe liefert die Konkurrenz; mittels der Konkurrenz werden die begrifflichen Bestimmungen realisiert, indem sie bezüglich der handelnden Individuen *Handlungsmotivation* erzeugt, gemäß den Kapitalbestimmungen zu handeln.

talbegriff immanenten Bestimmungen durch die miteinander konkurrierenden Einzelkapitalien. Da das Kapital im Allgemeinen seine begrifflichen Bestimmungen zu Zwangsgesetzen gegenüber den Einzelkapitalien macht, wird auch das Handeln der Kapitalist:innen – also der Eigentümer:innen der Einzelkapitalien – durch das Kapital im Allgemeinen bestimmt; denn das ‚Verhalten' der Einzelkapitalien ist ja nichts anderes als das Handeln ihrer Eigentümer:innen. Darüber hinaus werden nicht nur die Eigentümer:innen der Einzelkapitalien durch das ‚Zwangsgesetz' der Konkurrenz – also durch die Bestimmungen des Kapitals im Allgemeinen – bestimmt, sondern auch die Arbeiter:innen:

> Der wechselseitige Zwang, den in ihr [der Konkurrenz] die Capitalien aufeinander, auf die Arbeit etc ausüben (die Concurrenz der Arbeiter unter sich ist nur eine andre Form der Concurrenz der Capitalien) (534).

Da auch die Arbeiter:innen Waren besitzen und tauschen, wird ihr Handeln ebenso durch die Bestimmungen des Kapitalbegriffs – welcher ja nichts anderes ist als der entwickelte Wertbegriff als Ausdruck des Warentauschs als des dominanten ökonomischen Verhältnisses – bestimmt wie dasjenige der Kapitalist:innen. Zusammengefasst erweisen sich die Individuen *als Warentauschende* als bestimmt durch das Kapital im Allgemeinen. Aufgrund der expansiven Tendenz des Kapitals (siehe Abschnitt 2.2.3.6) und der Bestimmung außer-ökonomischer gesellschaftlicher Sphären durch die Ökonomie (siehe Abschnitt 2.1.1) werden zudem auch ökonomische Verhältnisse außerhalb des Warentauschs und außer-ökonomische Verhältnisse – man beachte das „etc" in obigem Zitat – zu konkurrenzförmigen (den Bestimmungen des Kapitalbegriffs entsprechenden) umgestaltet oder von den Gesellschaftsmitgliedern als konkurrenzförmige verstanden; dies betrifft – um über den Wortlaut des marxschen Textes hinauszugehen – beispielsweise Familien, Freundeskreise und romantische Beziehungen.[222]

Die Entscheidung Marx', zur theoretischen Erfassung der kapitalistischen Produktionsweise nicht vom individuellen Handeln, sondern vom Kapital im Allgemeinen auszugehen, reflektiert seine Einsicht, dass das Handeln der Warentauschenden durch das ökonomische Verhältnis des Warentauschs – dessen Ausdruck das Kapital im Allgemeinen ist – bestimmt ist. Die Erklärungsrichtung der marxschen Theorie verläuft somit ‚vom Großen zum Kleinen': Das Handeln der Personen wird durch die gesellschaftlichen Verhältnisse, in denen sie leben, bestimmt.[223] Damit fügt sich die

---

[222] Was sich konkret etwa darin zeigt, dass im Alltag die Rede davon ist, man habe in eine romantische Beziehung etwas (Emotionen, Zeit, Geld) ‚investiert' und erwarte nun, dass der oder die andere die Beziehung nicht aufkündige. Oder von Kindern wird erwartet, dass sie sich gegen (als Konkurrent:innen aufgefasste) andere Kinder ‚durchsetzten' und die besten (hinsichtlich Noten, Sprachkenntnissen, außerschulischen Leistungen, Sport) seien, damit sie sich später auf dem ‚Arbeitsmarkt' ebenso gegen andere ‚Mitbewerber:innen' durchzusetzen vermöchten.

[223] Vgl. dazu Schlaudt (2016): „Man beachte, dass damit das reduktionistisch-individualistische Programm der Neoklassik auf den Kopf gestellt ist. Nicht mehr wie in der Mikrofundierung steigt man

Theorie der kapitalistischen Produktionsweise kohärent in die dialektische Entwicklung der Begriffe von Tauschwert, Geld und Kapital (siehe Kapitel 2.1) ein, welche ebenfalls nicht aus den Handlungen der einzelnen warentauschenden Individuen abgeleitet, sondern umgekehrt als diejenigen gesellschaftlichen Verhältnisse erkannt wurden, welche die konkreten Tauschhandlungen von Personen in tauschwertbasierten Gesellschaften allererst bestimmen.

In diesem Zusammenhang sind freilich drei Punkte hervorzuheben, um (populäre) Missverständnisse über die marxsche Theorie zu vermeiden:
- Gegenstand der marxschen Theorie ist der Warentausch als dominantes ökonomisches Verhältnis und somit das Handeln der Personen als Warentauschende, das – gemäß der eben dargestellten marxschen Einsicht – durch dieses Verhältnis und somit durch den Kapitalbegriff als dessen Ausdruck bestimmt ist.[224] Vor diesem Hintergrund ist die Frage, ob Warentauschende auch anders als den Bestimmungen des Kapitalbegriffs gemäß zu handeln vermögen, sinnlos; der marxsche Begriff des Warentauschenden setzt gerade voraus, dass dessen Handeln durch den Kapitalbegriff bestimmt ist. Wenn Personen den Bestimmungen des Kapitalbegriffs entgegen handeln, handeln sie nicht als Warentauschende.
- Dass das Handeln der Warentauschenden durch den Kapitalbegriff bestimmt ist, impliziert nicht, dass ihnen dies subjektiv auch bewusst wäre. Zu unterscheiden

---

von den Individuen zu den kollektiven Phänomenen auf, sondern umgekehrt hangelt man sich allmählich herunter. [...] Die ökonomischen Akteure entstammen der Gesellschaft und sind durch sie konditioniert" (86, 92). Dieser Auffassung gemäß ist „von einem Eigenleben der Gesellschaft aus[zu]gehen, welches sich gegen die einzelnen Individuen durchsetzen kann" (Schlaudt 2016, 23). Dieses methodische Erklärungsverfahren, in dem „abstrakte oder kollektive Entitäten als Mächte gesehen [werden], die das Verhalten und Handeln der Menschen bestimmen" (Petersen und Faber 2013, 100f.), wird als ‚methodischer Holismus' bezeichnet (vgl. Petersen und Faber 2013, 100f., 106–108, 153). Heinrich (2014) schreibt treffend: „In einer, von Marx und Engels in Abgrenzung zum Idealismus Hegels und der Junghegelianer als ‚materialistisch' apostrophierten Geschichts- und Gesellschaftsauffassung treten an die Stelle des ‚menschlichen Wesens' als grundlegendes begriffliches Konzept die ‚gesellschaftlichen Verhältnisse'. Zwar sind diese Verhältnisse nicht naturgegeben, sondern werden durch das Handeln der Menschen reproduziert, sie können aber nicht aus dem individuellen Handeln erklärt werden, denn den einzelnen Individuen treten diese Verhältnisse bereits fertig gegenüber und geben ihnen Handlungsmöglichkeiten vor. [...] Verhältnisse sind zwar Resultat des Handelns der Individuen, die Handlungen finden aber unter bestimmten vorgefundenen Umständen statt. Die gesellschaftlichen Verhältnisse sind nicht freiwillig oder auch nur bewußt eingegangene Verhältnisse, sie strukturieren vielmehr die Handlungsmöglichkeiten. Insofern kann man sagen, daß nicht die Menschen, sondern ihre Verhältnisse die Gesellschaft konstituieren. [...] Die Kapitalform ist Ausdruck einer objektiven gesellschaftlichen Struktur, die die Einzelnen bereits fertig vorfinden und die ihnen die Rationalität ihrer Handlungen vorgibt. [...] Erst nachdem Marx die Kapitalform dargestellt hat, betrachtet er den Kapitalisten: [...] Der gesellschaftliche Zusammenhang wird nicht mehr ausgehend von den Individuen rekonstruiert, vielmehr folgt deren Rationalität erst aus diesem Zusammenhang. [...] damit wird den Individuen nicht ihr willentliches Handeln abgesprochen, sondern darauf aufmerksam gemacht, daß dieser Wille einer bestimmten Logik folgen muß, sofern nicht der (ökonomische) Untergang riskiert werden soll" (138, 147, 253; vgl. auch 206, 208). Vgl. auch Bayertz und Quante (2013, 92).

224 Vgl. Bayertz und Quante (2013, 92).

ist zwischen *subjektiven* und *objektiven Zwecken*. Die Warentauschenden verfolgen eigene, subjektive Zwecke – beispielsweise den Erwerb ihres Lebensunterhalts – und realisieren dadurch die Bestimmungen des Kapitalbegriffs als objektiven Zweck; diese Realisation geschieht also gleichsam ‚hinter ihrem Rücken'.[225]

– Die marxsche Erkenntnis, dass das Handeln der Personen *als Warentauschende* – sofern sie also zueinander im Verhältnis des Warentauschs stehen – durch das Kapital im Allgemeinen bestimmt ist, ist nicht mit der Aussage zu verwechseln, das Handeln der Personen in der kapitalistischen Produktionsweise wäre durch das Kapital im Allgemeinen determiniert. In gesellschaftlichen – sowohl ökonomischen als auch außer-ökonomischen – Verhältnissen außerhalb des Warentauschs ist das Handeln der Personen *nicht* durch das Kapital im Allgemeinen bestimmt. Es existieren mit anderen Worten neben der Logik des Warentauschs weitere Handlungslogiken,[226] die aber nicht das Erkenntnisobjekt der marxschen Theorie darstellen. Diese Handlungslogiken sind – entsprechend der Bestimmung außer-ökonomischer Gesellschaftssphären durch die Ökonomie – beeinflusst durch die Warentauschlogik, aber nicht in einem deterministischen Sinne (siehe Abschnitt 2.1.1): Ihre ‚Funktionsweise' kann nicht auf die Warentauschlogik reduziert werden, sondern besitzt Eigenständigkeit gegenüber dieser.[227]

---

225 Vgl. das Urteil von Blumentritt (1997), im Kontext der Kritik der Politischen Ökonomie „stellt sich die Notwendigkeit einer Sache in der Art und Weise her, die Marx mit dem Satz: ‚Sie wissen das nicht, aber sie tun es' ([MEW] 23/88) beschreibt; der objektive Gehalt, nicht die subjektive Intention, ist dabei entscheidend" (143). Vgl. auch Adler (1964, 11, 122–124).
226 Aretz (1997) beschreibt aus soziologischer Sicht verschiedene Handlungslogiken.
227 Als problematisch ist vor diesem Hintergrund die Auffassung von Kuhne (1996) zu bewerten: „Das [kapitalistische] Produktionsverhältnis ist die Verkehrung der Wirklichkeit der Freiheit in die vollständige Heteronomie für die sie konstituierenden lebendigen Subjekte. Die Freiheit von unmittelbarer Abhängigkeit von der ersten Natur hat die Gestalt vollständiger Abhängigkeit von der zweiten Natur. […]. In der Produktion um der Produktion willen ist das Wertgesetz zum technischen Gesetz der gesellschaftlichen Produktion avanciert, die Kapitalverwertung ein Sachzwang; die gesellschaftliche Produktion ist autonom gegenüber spezifisch menschlichen Zwecksetzungen. Als Kapital steht die objektivierte Subjektivität der Gattung in einem antagonistischen Verhältnis zur Subjektivität der Einzelnen. […] Die individuelle Willkür der Revenuequellenbesitzer, die an ‚der erscheinenden Oberfläche der capitalistischen Production' als ihre partikularen Zwecke verfolgende bürgerliche Individuen erscheinen, ist nur scheinbar frei – realiter aber Agent des Prozesses der Akkumulation des Kapitals. Der als Kapitalist fungierende Kapitaleigentümer muß sein Kapital verwerten, der Arbeiter seine Arbeitskraft verkaufen. Weil und insofern sie Funktionäre ihres Eigentums sind, ist die Freiheit ihrer Willkür heteronom bestimmt" (138f.). In der Tat handeln Personen *als Kapitalist* oder *als Arbeiter*, zusammengefasst also *als Warentauschende* gemäß den Bestimmungen des Kapitalbegriffs. Problematisch jedoch ist der – von Kuhne (1996) stillschweigend vorgenommene – Transfer vom Handeln der Personen als Warentauschende auf das Handeln der Personen allgemein: Dass die „lebendigen Subjekte", also die Personen unabhängig von ihrer Rolle als Warentauschende, tatsächlich durch „vollständige Heteronomie" charakterisiert sind, wird im Rahmen der marxschen Theorie gerade nicht behauptet.

Das Kapital im Allgemeinen bestimmt das Handeln der Warentauschenden. In diesem Sinne ist es ontologisch ‚früher' als die individuellen Handlungen der Warentauschenden.[228] Marx arbeitet deshalb heraus, dass es – aus Perspektive der Warentauschenden, aber auch der Rezipient:innen sein Theorie – als ein (über-)mächtiges höheres Wesen, als eine gleichsam über den Menschen schwebende, von ihnen unabhängige und sie beherrschende metaphysische Entität *erscheinen* mag.[229] Zugleich insistiert er jedoch darauf, dass dies nur eine *Erscheinung* ist: Marx vertritt nicht die Auffassung, das Kapital im Allgemeinen wäre tatsächlich eine solche Entität. Im Gegenteil: Das Kapital im Allgemeinen ist kein übermächtiges höheres Wesen, das unabhängig von den Menschen existierte, sondern es ist nichts anderes als der Ausdruck beziehungsweise die theoretische Reflexion des Warentauschs als des dominanten ökonomischen Verhältnisses der modernen Gesellschaft. Die spezifisch kapitalistischen gesellschaftlichen Verhältnisse sind es, die das Handeln der Warenbesitzenden bestimmen. Gesellschaftliche Verhältnisse aber existieren nicht ‚freischwebend', nicht unabhängig von den Menschen, sondern setzen zu ihrer Existenz voraus, dass Menschen in ihrem Handeln sie beständig reproduzieren – das Kapital im Allgemeinen setzt zu seiner Existenz also voraus, dass die Menschen in der Sphäre der Ökonomie in der Hauptsache als Warentauschende handeln und somit den Warentausch als grundlegendes ökonomisches Verhältnis reproduzieren. Die so übermächtig und unabhängig von menschlicher Einflussnahme erscheinenden sozialen Verhältnisse (und das Kapital im Allgemeinen als ihr Ausdruck) erweisen sich somit bei genauer Analyse als durch die gegenteiligen Attribute bestimmt (siehe auch Abschnitte 2.1.1, 2.1.3 und Abschnitt 2.2.3.3).

---

228 Vgl. Smith (2013): „there is a sense in which ‚capital' is ontologically prior to – and shapes – the intentions and activities of individual agents, [...]. The options, subjective preferences, and behaviour of those who own and control capital is form-determined by the *valorisation-imperative,* that is, the ruthlessly imposed imperative that units of capital must produce surplus-value. The options, subjective preferences, and behaviour of those who sell their living labour for a wage is determined by this same imperative, albeit in a more antagonistic fashion. [...] From this perspective it would be both false and naive to consider capital as a mere instrument of social power used by humans for human ends. There is a sense in which it is a ‚transcendental power', subjecting humans to *its* end, and appropriating the social powers of production as *its* powers" (223 f.).

229 Petersen und Faber (2013) bemerken: „die warentauschende Gesellschaft wird von Marx in der Sprache der philosophischen Metaphysik beschrieben, in der sinnliche Gegenstände die Erscheinungsform eines nicht sinnlichen Wesens sind" (74). Diese metaphysische Analyse der kapitalistischen Produktionsweise besitze freilich eine ironische, kritische Pointe: „Dass der Wert als automatisches Subjekt die Handlungen und Motive von Menschen bestimmt, klingt verrückt; doch Marx ist eben überzeugt, diese Verrücktheit sei eine in der Sache, nicht ein Fehler seiner Theorie" (107; vgl. auch 74–77, 106). Wolf (2002, 32–35) weist auf die Identität der Struktur des absoluten Geistes in der hegelschen Theorie und derjenigen des Kapitals (G – W – G' – ...) in der marxschen Theorie hin.

2.2.3.2 Zweck und Bedingungen kapitalistischer Arbeits- und Produktionsprozesse

Zweck der Durchführung von Arbeits- und Produktionsprozessen in der kapitalistischen Produktionsweise ist – entsprechend der Bestimmung des Kapitalbegriffs (siehe Abschnitt 2.1.7) – die Generierung von Tauschwert, also die Verwertung des Kapitals (vgl. 229 und 489). Die Realisierung dieses Zwecks setzt die Erzeugung von Gegenständen mit Gebrauchswert – und mit höherem Gebrauchswert als demjenigen der zur Produktion verbrauchten objektiven Bedingungen der Arbeit – voraus aufgrund der Fundierung des Tauschwerts im Gebrauchswert (siehe Abschnitte 2.1.3 und 2.2.1). Die Produktion – die Herstellung von Gegenständen mit (höherem) Gebrauchswert – ist im Rahmen der kapitalistischen Produktionsweise somit kein Selbstzweck, sondern lediglich notwendiges *Mittel* zur Kapitalverwertung. Es zeigt sich bereits anhand der Zweckbestimmung der kategoriale Unterschied der kapitalistischen Produktionsweise von vorkapitalistischen Produktionsweisen, in welchen die Produktion von über Gebrauchswert verfügenden Gegenständen Selbstzweck ist (vgl. 405; siehe Abschnitt 2.2.2).[230]

Produktion zum Zwecke der Mehrwertgenerierung setzt bestimmte gesellschaftliche Bedingungen voraus, und das Gegebensein dieser Bedingungen ist es, was eine Produktionsweise zu einer spezifisch ‚kapitalistischen' macht:[231]

– Der Arbeits- und Produktionsprozess zum Zwecke der Kapitalverwertung setzt als sein Gegenstück die Zirkulation, den Warentausch voraus; entsprechend wurde das Kapital begrifflich aus dem Wert abgeleitet und somit als Ausdruck eines spezifischen ökonomischen Verhältnisses, nämlich des Warentauschs, erwiesen. Aus diesem Grund müssen für kapitalistisches Produzieren die Voraussetzungen des Warentauschs (siehe Abschnitt 2.1.2) erfüllt sein.

– Voraussetzung für einen kapitalistischen Arbeits- und Produktionsprozess ist die *Trennung der Arbeitenden von den objektiven Bedingungen der Arbeit,* so dass

> der Arbeiter als freier Arbeiter, als objektivloses, rein subjektives Arbeitsvermögen den objektiven Bedingungen der Production als seinem *Nichteigenthum,* als *fremdem Eigenthum,* als für sich seiendem *Werth,* als Capital gegenüber gefunden wird (401).

In der kapitalistischen Produktionsweise sind die Arbeitenden ‚frei' von jeglicher Verfügungsgewalt über Rohstoff und Arbeitsinstrument (wozu auch die ‚Erde' im Sinne landwirtschaftlich nutzbaren ‚Grund und Bodens' zählt) und somit nicht

---

[230] Das, was „seiner stofflichen Seite nach als *einfacher Productionsprocess* betrachtet" werden kann, ist zugleich „der Seite der Formbestimmtheit nach *Selbstverwerthungsprocess*" (229) des Kapitals. – Freilich sind nicht alle in der bürgerlichen Gesellschaft auffindlichen Produktionsprozesse zugleich auch Verwertungsprozesse; auch in dieser Gesellschaft existieren Produktionsprozesse, die nicht die Verwertung des Kapitals, sondern die Schaffung von Gebrauchswerten zum Zweck haben. Für eine definitorische Darstellung dieser Prozesse – die hier nicht wiedergegeben werden kann – vgl. 196f., 224f., 244, 373–377.

[231] Zu der historischen Genese des Kapitals und der kapitalistischen Produktionsweise, welche hier nicht dargestellt werden kann, vgl. 199–203, 368, 407–415, 435, 554, 718f., 721.

fähig, ihren Lebensunterhalt unmittelbar durch eigene Arbeit zu sichern; die Arbeitenden sind somit zur Befriedigung ihrer Bedürfnisse und zur Verausgabung der dazu notwendigen Arbeit darauf angewiesen, durch die Eigentümer:innen der objektiven Bedingungen der Arbeit Zugriff auf diese zu erhalten (vgl. 189, 216, 378 und 400–410). Bereits an dieser Bedingung wird – so betont Marx – der historische Charakter der kapitalistischen Produktionsweise belegt, die Tatsache also, dass sie nicht ‚ewig' oder ‚natürlich', sondern Produkt historischer Genese ist:

> Nicht die *Einheit* der lebenden und thätigen Menschen mit den natürlichen, unorganischen Bedingungen ihres Stoffwechsels mit der Natur, [...] – bedarf der Erklärung oder ist Resultat eines historischen Processes, sondern die *Trennung* zwischen diesen unorganischen Bedingungen des menschlichen Daseins und diesem thätigen Dasein (393).

- Es muss zudem eine Trennung der Arbeitenden von der natürlichen Bedingung des arbeitenden Subjekts vorliegen. Die Arbeitenden verfügen also nicht über die „während der Arbeit erforderlichen Lebensmittel[]" (401; vgl. auch 403). Sie müssen daher von anderen Personen die natürliche Bedingung des arbeitenden Subjekts erhalten, um arbeiten und durch Arbeit ihre Bedürfnisse befriedigen zu können.
- Die Trennung der Produzierenden von den objektiven Bedingungen der Arbeit und der natürlichen Bedingung des arbeitenden Subjekts impliziert, dass diese Bedingungen „als *freier fonds* in andre Hände übergegangen" (405) sind.[232] Voraussetzung der kapitalistischen Produktionsweise ist somit, dass diese Bedingungen der Produktion Eigentum von Personen sind, welche nicht unmittelbar am Produktionsprozess beteiligt sind (vgl. 406–408).
- Menschen müssen als eigenständige Individuen entwickelt sein und wahrgenommen werden, welche den sozialen Kontext, in dem sie geboren wurden (Gruppenzugehörigkeit, Traditionen, Normen, ...), zu verlassen und eigene individuelle Interessen zu verfolgen imstande sind. Individualismus ist somit eine weitere Bedingung kapitalistischen Produzierens.[233]
- Ebenso ist ein bestimmter „Grad der Entwicklung der materiellen (und daher auch der geistigen) Productivkräfte" (405) Voraussetzung.
- Es muss „in der Form von Geld vorhandne[r] Reichthum" (407) existieren, mittels dessen sowohl das Arbeitsvermögen als auch die objektiven Bedingungen der Arbeit gekauft werden können. Das Geld vermittelt die – in vorkapitalistischen Produktionsweisen vereinten und in der kapitalistischen Produktionsweise ge-

---

[232] Marx fügt an dieses Zitat an: „oder auch zum Theil in *denselben* [Händen] geblieben" (405) sind. Historisch ‚verwandelten' sich nicht alle Produzierenden vorkapitalistischer Produktionsweise in eigentumslose Arbeiter:innen der kapitalistischen Produktionsweise, sondern einige wurden zu Kapitalist:innen.

[233] Vgl. Hobsbawm (2011, 130–133).

schiedenen – beiden ‚Pole' miteinander: Arbeit und ihre objektiven Bedingungen (vgl. 411 und 414).[234]

Deutlich wird, dass die kapitalistische Produktionsweise gänzlich andere Bedingungen voraussetzt als vorkapitalistische Produktionsweisen. An dieser Differenz zeigt sich, dass – anders als von der Politischen Ökonomie behauptet – die kapitalistische Produktionsweise keineswegs ‚natürlich' oder ‚die einzig denkbare' Produktionsweise im Sinne einer überhistorischen *conditio humana* ist. Dass vor Entstehung des Kapitalismus auf andere Weise produziert wurde, beweist zudem, dass auch in Zukunft eine andere Produktionsweise denkbar und möglich ist.

2.2.3.3 Ausgangspunkt und Resultat des kapitalistischen Arbeits- und Produktionsprozesses

Der Arbeits- und Produktionsprozess in der kapitalistischen Produktionsweise dient zur Generierung von Mehrwert, ist also Teil des tendenziell unendlichen Verwertungsprozesses $G - W - G' - W - G'' - ...$. Im Arbeits- und Produktionsprozess werden aus Waren (objektive Bedingungen der Arbeit und Arbeitsvermögen) andere Waren (das Produkt) hergestellt, so dass der Verwertungsprozess präziser in der Formel $G - W - W - G' - W - W - G''$ zu fassen ist; dem Schritt $W - W$ entspricht der Arbeits- und Produktionsprozess.

Vor Beginn der Produktion liegt das Kapital jedoch in Form von Geld (G) vor. Da der Kapitalbegriff sich aus demjenigen des Geldes entwickelt, stellt das Geld die erste Erscheinungsform des Kapitals dar:

> Das Capital kömmt zunächst aus der Circulation her und zwar vom Geld als seinem Ausgangspunkt. [...] Es ist zugleich der erste Begriff des Capitals, und die erste Erscheinungsform desselben (175; vgl. auch 183).

Freilich existiert das Geld hier nicht *als* Geld, sondern als Kapital – das Geld erscheint zwar zu Beginn des Produktionsprozesses, aber es „fungirt [...] eben nicht mehr als bloses Geld" (173f.), sondern als eine Erscheinungsform des *prozessual* bestimmten Kapitals. Dies bedeutet, dass das Kapital nicht auf die Erscheinungsform als Geld beschränkt ist, sondern temporär diejenige der Ware annehmen muss, um seiner Bestimmung des sich selbst erhaltenden und vervielfältigenden Tauschwertes zu entsprechen.

Dem Kapital als Geld und somit als vergegenständlichter Arbeit schlechthin steht vor Produktionsbeginn die noch-nicht-vergegenständlichte, lebendige Arbeit – in ihrer Potenz als Arbeits*vermögen* – gegenüber: „Der einzige *Gebrauchswerth* daher, der

---

[234] Vgl. Heinrich (2014): „Im Gegensatz zur Klassik, die Kapital meist mit den Kapitalgütern identifizierte und wie schon in ihrer Werttheorie dem Geld allenfalls eine vermittelnde Funktion zubilligte, hebt Marx hevor, daß der Verwertungsprozeß die Verfügung über *Geld* voraussetzt und wieder in Geld resultiert. Insofern kann bei Marx von einer *monetären Kapitaltheorie* gesprochen werden" (253).

2.2 Materieller Produktionsprozess und Verwertungsprozess des Kapitals — 143

einen Gegensatz zum Capital bilden kann ist die *Arbeit*" (196; vgl. 194–196). Die lebendige Arbeit nämlich ist – da sie ja gerade noch nicht vergegenständlicht ist – „nicht [...] selbst *Werth*, sondern [...] die *lebendige Quelle* des Werths" (216) und somit „*der* Gebrauchswerth schlechthin" (215), welcher als „abstracte Arbeit [...] absolut gleichgültig gegen ihre besondre *Bestimmtheit*" (217) dem Kapital als Tauschwert schlechthin gegenübersteht. Und da
- diese lebendige Arbeit „nur als *lebendiges Subject* vorhanden sein [kann], in dem sie als Fähigkeit existirt, als Möglichkeit; als *Arbeiter* daher" (196), und
- der Arbeiter von den objektiven Bedingungen der Arbeit und von der natürlichen Bedingung des arbeitenden Subjekts getrennt ist,

stehen sich im Vorfeld des Produktionsprozesses Kapital als vergegenständlichte Arbeit schlechthin und Arbeiter als von allen objektiven Bedingungen ‚freier' Träger der lebendigen Arbeit gegensätzlich gegenüber (vgl. 189 und 216).[235] Der dem Wertbegriff inhärente Widerspruch zwischen Gebrauchs- und Tauschwert erscheint somit zu Beginn des kapitalistischen Produktionsprozesses erneut: Das Kapital als der Tauschwert schlechthin steht der Arbeit als Gebrauchswert schlechthin gegenüber; der Widerspruch realisiert sich also, indem Tausch- und Gebrauchswert sich als selbstständige Phänomene (‚Gestalten') gegenüberstehen (vgl. 189). Da nur mittels der lebendigen Arbeit – also durch Nicht-Kapital – Tauschwert generiert und das Kapital seiner begrifflichen Bestimmung gemäß verwertet werden kann, setzt das Kapital begrifflich die Existenz von ihm gegenüberstehendem „Nicht-Capital" (211) voraus: Ohne das widersprüchliche Verhältnis zwischen Kapital und Arbeiter könnte keine Verwertung stattfinden und „wäre der Begriff und das Verhältniß des Capitals selbst

---

[235] Freilich steht ‚hinter' dem Kapital auch der dieses Kapital besitzende Kapitalist: „Indem in diesem Process die vergegenständlichte Arbeit zugleich als [...] *Eigenthum* eines ihm fremden Willens [gesetzt ist], ist das Capital nothwendig zugleich *Capitalist* [...]. Im Begriff des Capitals ist gesetzt daß die objektiven Bedingungen der Arbeit – und diese sind ihr eignes Product – ihr gegenüber *Persönlichkeit* annehmen, oder was dasselbe ist, daß sie als Eigenthum einer dem Arbeiter fremden Persönlichkeit gesezt sind. Im Begriff des Capitals ist der Capitalist enthalten" (414f.). Dennoch spricht Marx explizit davon, dass sich für die theoretische Analyse nicht Kapitalist und Arbeiter, sondern Kapital und Arbeiter gegenüberstehen. Kuhne (1996) gibt eine Erklärung dafür, wieso nur die Arbeit, nicht aber das Kapital in der marxschen Theorie als Person verstanden wird: „Die Arbeiter teilen mit den fungierenden Privatkapitalisten die heteronome Bestimmtheit der Freiheit ihrer Willkür durchs Wertgesetz. Im Unterschied aber zu den Kapitalisten ist ihr Eigentum nicht von ihrer physischen Existenz abtrennbar. Der Verkauf ihrer Ware ist deshalb direkt erzwungen durch die Naturnotwendigkeit ihrer Reproduktion als bedürftige Sinnenwesen" (146). Während der Arbeiter also physisch untrennbar mit seinem Eigentum – dem Arbeitsvermögen – verbunden ist, kann der Kapitalist sich problemlos von seinem Eigentum durch Verkauf trennen. Daher erscheint in der theoretischen Analyse die Arbeit als Arbeiter, nicht aber das Kapital als Kapitalist. – Die Untersuchung befindet sich wie dargestellt (s. Abschnitt 2.2.3.1) auf der theoretischen Ebene des Kapitals im Allgemeinen. Entsprechend handelt es sich hier weder um ein spezifisches Einzelkapital noch um einen individuellen Arbeiter bzw. eine individuelle Arbeiterin, sondern um das Kapital im Allgemeinen und um den Arbeiter im Allgemeinen, frei von individuellen Eigenschaften oder Unterschieden und im Sinne einer ‚Arbeiterschaft' zu verstehen.

vernichtet" (211). Die lebendige Arbeit ist somit nicht ‚irgendein' Gebrauchswert, der durch andere Gebrauchswerte substituiert werden könnte, sondern ein ausgezeichneter Gebrauchswert, indem nur sie dazu fähig ist, Tauschwert zu generieren und somit das Kapital zu verwerten. Hier zeigt sich erneut der Widerspruchscharakter des Wertbegriffs: So sehr das Kapital als verselbstständigter Tauschwert auch von aller spezifischen Beschaffenheit abstrahiert und als der Tauschwert schlechthin erscheint, der die Form aller Waren annehmen kann und daher der einzelnen Ware beliebig gegenübersteht, so zeigt sich zugleich, dass diese Abstraktion nur eine scheinbare ist: Letztlich setzt die Existenz des Kapitals die Existenz einer spezifischen Ware mit ihren spezifischen Eigenschaften voraus.[236]

Um die Produktion beginnen zu können, muss zunächst das in Geldform vorliegende Kapital die Form der Ware annehmen (G – W): Es werden diejenigen Faktoren durch das Kapital erworben, welche zur Produktion notwendig sind, also Arbeit, Arbeitsinstrument und Rohstoff (siehe Abschnitt 2.2.1). *Einerseits* erwirbt das Kapital also die objektiven Bedingungen der Arbeit. Es kommt dabei nicht darauf an, welcher spezifische Produktionsprozess ausgeführt wird und welche spezifischen Rohstoffe und Arbeitsmittel dafür vonnöten sind; das Kapital, welches nichts anderes ist als vergegenständlichte Arbeit, kann in der Form des Geldes alle Waren, welche ja ebenfalls vergegenständlichte Arbeit sind, kaufen, also die „Form aller Substanzen – Waaren" (195) annehmen und somit jeden beliebigen Produktionsprozess beginnen.

Andererseits erwirbt das Kapital die „Arbeit" (401) beziehungsweise die „Arbeitsfähigkeit" (239) beziehungsweise das „lebendige[] Arbeitsvermögen[]" (463)[237] des Arbeiters, indem es eine bestimmte Geldsumme als Lohn an den Arbeiter zahlt und im Gegenzug für einen bestimmten Zeitraum die Verfügungsgewalt über das Arbeitsvermögen erhält, also zu bestimmen vermag, welches spezifische Produkt mittels welcher spezifischen Arbeitsmethode durch den Arbeiter hergestellt wird. Da das Kapital als Tauschwert schlechthin jeden Produktionsprozess ausführen kann, muss

---

236 Und eben hier zeigt sich erneut, dass der Ausschluss des Gebrauchswerts aus dem Gegenstandsbereich der Politischen Ökonomie nicht zu rechtfertigen ist, da die Kapitalverwertung und somit die Existenz der warentauschenden Gesellschaft einen spezifischen Gebrauchswert – die lebendige Arbeit – voraussetzt: „Tritt nicht der Gebrauchswerth als solcher in die Form selbst ein, als die ökonomische Form selbst bestimmend, z. B. im Verhältniß von Kapital und Arbeit?" (190).
237 Hier zeigt sich der suchende und offene Charakter des Manuskripts der *Grundrisse:* Die begriffliche Unterscheidung zwischen Arbeit und Arbeitsvermögen ist noch unklar und unausgearbeitet (zu identischem Ergebnis gelangen Oakley 1984, 178 f.; Bellofiore 2013, 17, 22 f.; Caffentzis 2013, 266). Später – wie etwa im ersten Band des *Kapital* – wird Marx begrifflich strikt zwischen Arbeit und Arbeitsvermögen unterscheiden (vgl. bspw. MEGA II.5, 143). – Die begrifflich präzise Unterscheidung zwischen *Arbeit* (als der konkreten Tätigkeit, die über einen gewissen Zeitraum hinweg ausgeübt wird) und *Arbeitsvermögen* (als der dieser konkreten Tätigkeitsausübung zugrundeliegenden Fähigkeit, welche vom Arbeiter an das Kapital verkauft wird) ist freilich wichtig zur Erklärung des Mehrwerts (s. unten), so dass im Vergleich zu den *Grundrissen* der erste Band des *Kapital* in der Tat eine theoretische Weiterentwicklung darstellt. Ich werde im Folgenden daher stets davon sprechen, dass das Kapital das *Arbeitsvermögen* kauft, um dadurch *Arbeit* ausführen und Wert generieren zu lassen.

der Arbeiter bereit und fähig sein, potenziell an jedem Produktionsprozess teilzunehmen. Dies setzt voraus, dass die Bindung der Individuen an bestimmte Produktionszweige, wie sie in vorkapitalistischen Gesellschaften existiert, aufgehoben werden muss. Gleichgültig, welchem Beruf beispielsweise die Vorfahren nachgingen oder welcher traditionell in einer bestimmten Familie ausgeübt wird, der Arbeiter muss in der kapitalistischen Produktionsweise an potenziell allen Produktionsprozessen teilzunehmen imstande sein. Zugleich muss es dem Kapital – da hiervon seine Verwertung und somit seine Existenz abhängt – möglich sein, das Arbeitsvermögen des Arbeiters zu kaufen, ohne dass dies von der Zustimmung der ‚Familienväter' oder anderer gesellschaftlicher Instanzen abhängig wäre. Deshalb ist der Individualismus Voraussetzung der kapitalistischen Produktionsweise (siehe Abschnitt 2.2.3.2). Da das Kapital das Arbeitsvermögen des Arbeiters, nicht diesen selbst erwirbt (vgl. 401), bleibt der Arbeiter trotz des Verkaufs seines Arbeitsvermögens als Person juristisch frei (siehe Abschnitt 2.1.2); nicht der Arbeiter selbst (wie etwa im vorkapitalistischen Sklavenhandel) ist eine Ware, sondern sein Arbeitsvermögen. Da der Arbeiter keine Ware ist, erscheint er in der kapitalistischen Produktionsweise als wertlos. Mit freilich ambivalenten Folgen: *Einerseits* ist damit gerade keine Inhumanität impliziert, denn diese „*Werthlosigkeit*" (211) des Arbeiter ist identisch mit seiner juristischen Freiheit; erst durch die Wertlosigkeit wird der Arbeiter „formell als Person gesetzt [...], der noch etwas *ausser seiner Arbeit* für sich ist und der seine Lebensäusserung nur veräussert als Mittel für sein eignes Leben" (211), wodurch kollektivistische Gesellschaftsformen wie in vorkapitalistischen Produktionsweisen ausgeschlossen werden. *Andererseits* ist mit dieser ‚Wertlosigkeit' des Arbeiters impliziert, dass dieser im kapitalistischen Produktionsprozess als etwas erscheint, das bloßes Mittel ist.

Der Arbeiter verkauft sein Arbeitsvermögen als den einzig von ihm besessenen und eintauschbaren Gebrauchswert, da – aufgrund des Mangels an eigenen objektiven Bedingungen der Arbeit und an eigener natürlicher Bedingung des arbeitenden Subjekts – dies den einzigen Weg darstellt, an die zur Bedürfnisbefriedigung notwendigen Gebrauchswerte zu gelangen (vgl. 189). Hier wird deutlich, weshalb die Trennung des Arbeiters von den objektiven Bedingungen der Arbeit und von der natürlichen Bedingung des arbeitenden Subjekts die Voraussetzung der kapitalistischen Produktionsweise ist: Nur unter der Bedingung dieser Trennung ist der Arbeiter gezwungen, zur Sicherung seiner Existenz sein Arbeitsvermögen an das Kapital zu verkaufen – anderenfalls könnte er ohne Austausch mit dem Kapital die von ihm benötigten Gebrauchswerte unmittelbar durch einen von ihm selbst gesteuerten Produktionsprozess herstellen. Ohne den Verkauf des Arbeitsvermögens jedoch ist die Existenz von Kapital nicht möglich, da nur durch das Arbeitsvermögen Tauschwert generiert und somit die Verwertung des Kapitals ermöglicht wird.

Der Tauschwert der Ware Arbeitsvermögen[238] – also der an den Arbeiter ausbezahlte Lohn (vgl. 205) – wird bestimmt

---

238 Auch hier liegt eine theoretische Ambivalenz innerhalb des Manuskripts vor, insofern an einigen

durch das Quantum Arbeit das es kostet den Arbeiter selbst zu produciren. [...] Die vergegenständlichte Arbeit, die nöthig ist, um sowohl die allgemeine Substanz, an der sein Arbeitsvermögen existirt, also ihn selbst leiblich zu erhalten, wie um diese allgemeine Substanz zur Entwicklung des besondren Vermögens zu modificiren (205; vgl. auch 239 f., 255 und 463 f.).

Der Verkauf des Arbeitsvermögens durch den Arbeiter an das Kapital entspricht somit dem Zirkulationsgesetz, dem zufolge die Austauschenden ebenso viel Tauschwert erhalten wie sie geben: „Der Austausch des Arbeiters mit dem Capitalisten ist ein einfacher Austausch; jeder erhält ein Equivalent: der eine Geld, der andre eine Waare" (204). Aus diesem Grund stellt der dem Tauschwert des Arbeitsvermögens entsprechende Lohn *zunächst* den „ökonomisch gerechte[n], d. h. durch die allgemeinen Gesetze der Oekonomie bestimmte[n] Arbeitslohn" (338) dar.

Sobald Arbeitsvermögen und objektive Bedingungen der Arbeit durch das Kapital gekauft wurden, kann der Produktionsprozess begonnen werden, in welchem das Kapital dem Arbeiter die objektiven Bedingungen der Produktion zur Verfügung stellt und somit die Trennung zwischen diesen und jenem für die Dauer des Produktionsprozesses aufhebt. Der Tauschwert des produzierten Gegenstandes entspricht der Summe

- des Tauschwerts der zu seiner Produktion verbrauchten Rohstoffe,
- des Tauschwerts der Arbeitsinstrumente, soweit diese durch seine Produktion verbraucht oder abgenutzt wurden, sowie
- des Tauschwerts, welcher während der Arbeitszeit durch Verausgabung lebendiger Arbeit generiert wurde (vgl. 230–232).

Der Tauschwert der objektiven Bedingungen der Arbeit wird durch den Produktionsprozess hindurch *konstant* erhalten (vgl. 238); so sehr das Produkt in stofflicher Hinsicht sich von den Ausgangsstoffen unterscheiden mag, der Tauschwert von Rohstoffen und Arbeitsinstrumenten wird in unveränderter Größe auf das Produkt übertragen (vgl. 231). Die Kapitalverwertung – also die *Zunahme* des Kapitalwerts –

Stellen vom ‚Tauschwert der Arbeit' (z. B. 204 f.), an anderen hingegen vom ‚Tauschwert des Arbeitsvermögens' die Rede ist (z. B. 463). Ich werde im Folgenden vom ‚Tauschwert des Arbeitsvermögens' sprechen, da die (lebendige) Arbeit – wie im Haupttext dargestellt – reiner Gebrauchswert ist und somit über keinen Tauschwert verfügt. Im Prozess der Niederschrift der *Grundrisse* gelangt Marx offenbar selbst zu der Einsicht, dass das Arbeitsvermögen, nicht aber die (lebendige) Arbeit über Tauschwert verfügt; entsprechend schreibt er an einer späteren Stelle im Manuskript: „Aber auf der Grundlage des Capitals tauschen sich nicht lebendige Arbeit und gethane Arbeit als Tauschwerthe gegen einander aus, so daß beide identisch wären, und dasselbe Quantum Arbeit in vergegenständlichter Form der *Werth*, das Equivalent für dasselbe Quantum Arbeit in lebendiger Form. Sondern was sich austauscht ist Product und Arbeitsvermögen, das selbst ein Product ist. Das Arbeitsvermögen ist nicht = der lebendigen Arbeit, die es thun kann, = dem Quantum Arbeit, die es verrichten kann – dieß ist sein *Gebrauchswerth*. Es ist gleich dem Quantum Arbeit, wodurch es selbst *producirt werden muß* und reproducirt werden kann. Das Product wird also in fact nicht gegen lebendige Arbeit, sondern gegen vergegenständlichte Arbeit, im Arbeitsvermögen vergegenständlichte, ausgetauscht" (469). Diese Stelle ist zudem ein Beleg dafür, dass Marx während seiner Arbeit an den *Grundrissen* den begrifflichen Unterschied zwischen Arbeit und Arbeitsvermögen erkannte.

2.2 Materieller Produktionsprozess und Verwertungsprozess des Kapitals — 147

erfolgt durch die tauschwertgenerierende Verausgabung lebendiger Arbeit. Da das Kapital an den Arbeiter als Gegenleistung für die Verwendung seines Arbeitsvermögens Lohn zahlen muss, ist zur Kapitalverwertung notwendig, dass „die im Arbeitspreiß [= Lohn] vergegenständlichte Arbeit kleiner ist als die lebendige Arbeitszeit, die mit ihr gekauft worden ist" (237 f.). Mit anderen Worten: Der Arbeiter muss in dem Zeitraum, für den das Kapital sein Arbeitsvermögen kauft, mehr Arbeit verausgaben, also mehr Tauschwert generieren, als der Tauschwert des Lohnes[239] beträgt. Umgekehrt heißt dies: Wäre der Tauschwert des an den Arbeiter gezahlten Lohnes quantitativ gleich dem durch Verausgabung von Arbeit im Produktionsprozess generierten Tauschwert, fände keine Kapitalverwertung statt; das Produkt besäße in diesem Fall einen Tauschwert, der gleich wäre der Summe der Tauschwerte von Arbeitslohn, Rohmaterial und Arbeitsinstrument (vgl. 230–235): Wenn

> die lebendige Arbeitszeit nur die im Arbeitspreisse vergegenständlichte Arbeitszeit reproducirte, wäre auch dieß nur formell und es hätte überhaupt, was den [Tausch-]Werth betrifft, nur ein Wechsel stattgefunden gegen lebendige Arbeit als andre Daseinsweise desselben [Tausch-]Werths, [...]. Hat der Capitalist dem Arbeiter einen Preiß = einem Arbeitstag gezahlt und der Arbeitstag des Arbeiters fügt dem Rohstoff und Instrument nur einen Arbeitstag zu, so hätte der Capitalist einfach ausgetauscht, den Tauschwerth in einer Form gegen den Tauschwerth in einer andren (238).

Wie ist es aber möglich, dass der durch den Arbeiter generierte Tauschwert größer ist als derjenige des an ihn ausbezahlten Lohnes? Wie ist also, mit anderen Worten, die Kapitalverwertung möglich – dies ist die eine Frage, die in der dialektischen Entwicklung des Kapitalbegriffs unbeantwortet blieb (siehe Abschnitt 2.1.7). Der Tauschwert des Arbeitslohns ist – wie oben dargestellt – der Tauschwert derjenigen Güter, die zur Reproduktion des Arbeitsvermögens vonnöten sind. Wenn der vom Arbeiter benötigte Zeitraum zur Herstellung der für die Reproduktion seines Arbeitsvermögens notwendigen Gebrauchswerte kürzer ist als derjenige Zeitraum, für den er sein Arbeitsvermögen an das Kapital verkauft hat, dann generiert er Tauschwert über den Tauschwert seines Arbeitslohns hinaus, was Marx als ‚Mehrwert' bezeichnet. In diesem Fall generiert der Arbeiter im Produktionsprozess eine größere Tauschwertsumme als diejenige seines Lohnes, er verausgabt also mehr Arbeitsstunden als in dem ihm gezahlten Lohn vergegenständlicht sind (vgl. 464):

> Ist dagegen z. B. nur ein halber Arbeitstag nöthig, um einen Arbeiter einen ganzen Arbeitstag am Leben zu erhalten, so ergiebt sich der Mehrwerth des Products von selbst, weil der Capitalist im Preiß [= Arbeitslohn] nur einen halben Arbeitstag bezahlt hat und im Product einen ganzen vergegenständlicht erhält; also für die zweite Hälfte des Arbeitstags *Nichts* ausgetauscht hat (240).

---

[239] ‚Tauschwert des Lohnes' meint: die Quantität an Tauschwert, die der Arbeiter in Form von Geld für den Verkauf seines Arbeitsvermögens vom Kapital erhält (und diese ist, entsprechend dem Zirkulationsgesetz, identisch mit dem Tauschwert des Arbeitsvermögens).

Der Mehrwert entspricht der Differenz zwischen dem Tauschwert des *Arbeitsvermögens* und dem durch Verausgabung von *Arbeit* generierten Tauschwert (vgl. 205);[240] er resultiert aus *Mehrarbeit* – von Marx auch als ‚Surplusarbeit' bezeichnet –, aus geleisteter Arbeit also, für die der Arbeiter kein Äquivalent erhält und die zur Erhaltung seines Arbeitsvermögens nicht notwendig ist (vgl. 241). Die Kapitalverwertung wird also ermöglicht, insofern durch Verausgabung von Mehrarbeit nach Beendigung des Arbeits- und Produktionsprozesses „die im Product vergegenständlichte Arbeitszeit [...] grösser ist als die in den ursprünglichen Bestandtheilen des Capitals vorhandne" (237). Der generierte Mehrwert ist Eigentum des Kapitals, da das Kapital das Arbeitsvermögen für einen bestimmten Zeitraum gekauft hat und daher der während dieses Zeitraums durch das Arbeitsvermögen generierte Tauschwert (ebenso wie jeder mittels des Arbeitsvermögens produzierte Gegenstand) dem Kapital gehört. Aus diesem Grund erhält der Arbeiter lediglich den Arbeitslohn in Höhe des Tauschwerts seines Arbeitsvermögens. Der Mehrarbeit steht begrifflich die ‚notwendige Arbeit' gegenüber, welche dem Tauschwert des Arbeitsvermögens entspricht und der Produktion derjenigen Güter dient, die zur Reproduktion des Arbeitsvermögens des Arbeiters erforderlich sind (vgl. 639 f.):

> Aber der Capitalist zahlt dem Arbeiter nicht die [zur Herstellung der Ware benötigte] Arbeitszeit, das Arbeitsquantum, sondern zahlt ihm nur die nothwendige Arbeitszeit, während er ihn für den rest zwingt umsonst zu arbeiten (466).

Das Kapital stellt in der Produktionssphäre keine homogene Größe dar, sondern zerfällt in zwei Teile: Das zum Erwerb der objektiven Bedingungen der Arbeit investierte Kapital erweist sich hinsichtlich der Kapitalverwertung als unproduktiv, indem es keinen Mehrwert generiert, sondern der investierte Tauschwert durch die Produktion hindurch lediglich erhalten wird; da dieser Teil des Kapitals den Kapitalwert konstant erhält, bezeichnet Marx ihn als ‚konstantes Kapital'. Produktiv hinsichtlich der Kapitalverwertung ist hingegen jener als ‚variables Kapital' bezeichnete Kapitalteil, welcher zum Erwerb des Mehrwert generierenden Arbeitsvermögens verwendet wird (vgl. 284 f., 297 f. und 485).[241]

---

[240] Mit anderen Worten: Wenn der Arbeiter innerhalb der vom Kapital gekauften Arbeitszeit mehr Güter zu produzieren imstande ist als er zur Reproduktion seines Arbeitsvermögens benötigt (und vom Kapital in Form des Arbeitslohnes erhält), dann produziert er gleichsam ‚Zusatzgüter', die Träger von Mehrwert sind. – Heinrich (2014) schreibt prägnant: „Die Verwertung des Werts (als systematische und nicht bloß zufällige Form) ist nur möglich, weil eine Ware existiert, deren Konsumtion Wert produziert und zwar einen höheren Wert als sie selbst besitzt – die Ware Arbeitskraft" (263).
[241] Moseley (2013, 288) weist in Perspektive der Theorieentwicklung darauf hin, dass die Unterscheidung zwischen variablem und konstantem Kapital – welche auch im späteren *Kapital* ein wichtiges Element seiner Theorie bildet – von Marx erstmals in den *Grundrissen* entwickelt worden sei. Auch die weiter oben dargestellte Unterscheidung zwischen notwendiger und Mehrarbeit habe Marx erstmals in den *Grundrissen* entwickelt. Die *Grundrisse* stellen somit gleichsam die Geburtsstunde der im späteren *Kapital* dargestellten Theorie dar.

Die Kapitalverwertung ist freilich nur möglich, wenn die Generierung von Mehrwert beziehungsweise die Verausgabung von Mehrarbeit überhaupt möglich ist: „Stünde [...] die Surplusarbeitszeit [...] = 0, d. h. absorbirte die nothwendige Arbeitszeit alle Zeit, [...], so existirte weder Werth, noch Capital, noch Werthschöpfung" (437). Wäre der gesamte (physiologisch nicht mehr verlängerbare) Arbeitstag notwendig, um die zur Reproduktion des Arbeitsvermögens erforderlichen Güter herzustellen, könnte keine Mehrarbeit geleistet und kein Mehrwert generiert werden – und gäbe es somit kein Kapital. Die Existenz des Kapitals „beruht [...] also auf der Grundvoraussetzung, daß ein Surplus über die zur Erhaltung und Fortpflanzung des Einzelnen nothwendige Arbeitszeit existirt" (305). An dieser Stelle wird deutlich, weshalb eine entwickelte Produktivkraft Voraussetzung der kapitalistischen Produktionsweise ist (siehe Abschnitt 2.2.3.2): Nur unter dieser Bedingung kann überhaupt Mehrarbeit in relevantem Ausmaß verausgabt werden.[242] Da zur Produktivkraft auch die Naturumgebung sowie das Vorhandensein von Rohstoffen zählen (siehe Abschnitt 2.2.1), folgt daraus, dass die kapitalistische Produktionsweise (neben anderen Faktoren) auf naturale Faktoren angewiesen ist, welche die Verausgabung von Mehrarbeit allererst erlauben.

Durch den Arbeits- und Produktionsprozess (W – W) entsteht ein Produkt, welches über einen höheren Tauschwert verfügt als die zu seiner Herstellung aufgewendeten objektiven und subjektiven Faktoren. Hier kann nun die andere, am Ende der dialektischen Entwicklung des Kapitalbegriffs offengebliebene Frage beantwortet werden, wie die Erhaltung des Kapitalwerts trotz des Konsums der besonderen Ware, deren Form das Kapital annimmt, möglich ist (siehe Abschnitt 2.1.7). Die besondere Ware wird produktiv, also im Kontext des Arbeits- und Produktionsprozesses konsumiert, und *diese* Konsumtion geht einher mit der Erzeugung eines neuen über Gebrauchswert verfügenden Gegenstandes – also einer neuen besonderen Ware –, auf den der Tauschwert der aufgezehrten Ware übertragen und in ihm konserviert wird. Der Erhalt des Kapitalwerts trotz des Konsums der besonderen Ware ist also dann und nur dann möglich, wenn dieser Konsum im Kontext von Arbeit und Produktion stattfindet.

Wenn auch sowohl der Erhalt des Kapitalwerts trotz Konsums der besonderen Ware als auch seine Verwertung nur im Kontext eines Arbeits- und Produktionsprozesses möglich sind, so muss das Kapital – in Form des hergestellten Gegenstandes – dennoch nach Beendigung der Produktion erneut in die Zirkulationssphäre eintreten. Der in der Produktion generierte Mehrwert muss mittels des Warentausches überhaupt

---

[242] Die Notwendigkeit einer entwickelten Produktivkraft kann auch mit folgender Überlegung begründet werden: Da der Kapitalbegriff die logische Entwicklung des Tauschwertbegriffs darstellt, setzt die kapitalistische Produktionsweise die Existenz von Tauschwert voraus. Tauschwert kann aber nur dort existieren, wo die ökonomischen Handlungen der Individuen mehrheitlich durch Tauschoperationen koordiniert werden. In einer Gesellschaft mit einer solch geringen Produktivkraft, in welcher die Individuen nur das Naturnotwendige zu produzieren imstande sind, findet Tausch nicht (oder nicht in relevanten Maßstäben) statt, da die Produzierenden schlichtweg nichts zum Tauschen haben, sondern alles Produzierte selbst verbrauchen.

erst realisiert, also in Geld verwandelt werden, um „in die reine *Form* des Werths – an dem die Spuren des Werdens ebensowohl, wie sein specifisches Dasein im Gebrauchswerth ausgelöscht sind –" (523) transformiert zu werden; dies entspricht dem Schritt W – G'. Das Kapital – welches ja als Prozess bestimmt wurde – übergreift somit Produktion *und* Zirkulation:

> Die Circulation ist nicht eine für das Capital blos äusserliche Operation. [...] Die Circulation gehört also *in* den Begriff des Capitals (523).

> Der Gesammtproductionsproceß des Capitals schließt ein sowohl den eigentlichen Circulationsprocess, wie den eigentlichen Productionsproceß. Sie bilden die 2 grossen Abschnitte seiner Bewegung, die als Totalität dieser 2 Processe erscheint. [...] Und das Ganze der Bewegung erscheint als Einheit von Arbeitszeit und Circulationszeit, als Einheit von Production und Circulation. Diese Einheit selbst ist Bewegung, Process. Das Capital erscheint als processirende Einheit von Production und Circulation, eine Einheit die sowohl als das Ganze seines Productionsprocesses, wie als bestimmter Verlauf *eines* Umschlags des Capitals, *Einer* in sich selbst zurückkehrenden Bewegung betrachtet werden kann. [...] Als das Subjekt, über die verschiednen Phasen dieser Bewegung übergreifende, sich in ihr erhaltende und vervielfältigende Werth, als das Subjekt dieser Wandlungen, die in einem Zirkellauf – als Spirale, sich erweiterndem Zirkel vor sich gehen – ist das Capital *Capital Circulant*. Capital circulant [...] ist *das* Capital, [...], als Subject der beschriebnen Bewegung, die es selbst als sein eigner Verwerthungsprocess ist (506 f.).

Freilich handelt es sich bei dem Prozessschritt W – G' um keinen Automatismus: Die produzierte Ware ist zwar Träger von Tauschwert (ursprünglicher Kapitalwert plus generierter Mehrwert), aber damit ist nicht als notwendig gesetzt, dass dieser Tauschwert auch von der Gestalt der Ware in diejenige des Geldes verwandelt werden kann. Notwendig ist dieser Prozessschritt jedoch für die Existenz des Kapitals; sollte er nicht gelingen, wäre nicht nur der generierte Mehrwert, sondern auch der ursprüngliche Kapitalwert verloren („*Entwerthung*" [443]) und der Kapitalprozess (G – W – W – G') entgegen der prozessualen Bestimmung des Kapitals unterbrochen:

> Die *beständige Continuität* des Processes, das ungehinderte und flüssige Uebergehn des Werths aus einer Form in die andre, oder einer Phase des Processes in die andre, erscheint als Grundbedingung für die auf das Capital gegründete Production [...]. Andrerseits, während die Nothwendigkeit dieser Continuität gesezt ist, fallen die Phasen der Zeit und dem Raum nach aus einander als besondre gegen einander gleichgültige Processe. Es erscheint so zufällig für die auf das Capital gegründete Production, ob oder ob nicht ihre wesentliche Bedingung, die Continuität der verschiednen Processe, die ihren Gesammtprocess constituiren, hergestellt wird (434; vgl. auch 326).

> Gesezt dieser Process scheitre – und durch die blose Trennung ist die Möglichkeit dieses Scheiterns im einzelnen Fall gegeben – so hat sich das Geld des Capitalisten in ein werthloses Product verwandelt und nicht nur keinen neuen Werth gewonnen, sondern seinen ursprünglichen verloren (316).

Der Produktionsprozess fällt also nicht notwendig mit dem Verwertungsprozess des Kapitals ineins, so dass das Kapital „*diese Einheit von Production und Verwerthung* nicht *unmittelbar* ist, sondern nur als ein *Prozeß*, der an Bedingungen geknüpft ist, und wie er erschien, *äusserliche* Bedingungen" (320).

Der Grund für diesen möglichen Bruch im Kapitalprozess und somit in der Kapitalverwertung ist der das Wertverhältnis charakterisierende Widerspruch zwischen Gebrauchs- und Tauschwert. Um sich verwerten zu können, muss das Kapital – da Mehrwertgenerierung nur in der Produktion möglich ist, und Produktion immer Produktion spezifischer Gegenstände mit spezifischen Gebrauchswerten ist – „aus der Form von Geld übergehn in die von Gebrauchswerthen (Rohmaterial – Instrument – Arbeitslohn)" (316) und damit zugleich „die *Form* als Werth" (316) schlechthin verlieren. Und gerade diese Verwandlung in einen spezifischen Gegenstand mit spezifischem Gebrauchswert gefährdet die Kapitalverwertung, da die an den Produktionsprozess anschließende Rückverwandlung in Geld aufgrund der *Spezifität* der Ware nicht gewährleistet ist; da der Tauschwert in Gestalt einer besonderen Ware existiert, ist es von Zufälligkeiten abhängig, ob diese besondere Ware sich als verkäuflich erweist: „Als Geld existirte es als *Werth*. Jezt *existirt* es als Product, und nur ideell als Preiß; aber nicht als *Werth als solcher*" (316). Der Widerspruch zwischen Gebrauchs- und Tauschwert – präziser gesprochen der *Widerspruch zwischen bedingter (quantitativ begrenzter) und unbedingter (quantitativ unbegrenzter) Austauschbarkeit* (siehe Abschnitt 2.1.4) – drückt sich somit im Verwertungsprozess des Kapitals aus und gefährdet dessen störungsfreien Verlauf.[243] Damit wird deutlich, dass das Kapital – der sich selbst verwertende Tauschwert – niemals ‚reiner', von aller spezifischen Beschaffenheit abstrahierter Tauschwert ist, sondern notwendig im Gebrauchswert fundiert ist; nur als besondere, über spezifischen Gebrauchswert verfügende Ware kann das Kapital sich verwerten und somit überhaupt existieren, und von ihrer Verkäuflichkeit hängt seine Existenz ab:

> In der Reproduction als Waare ist das Capital in einer bestimmten Form des Gebrauchswerths fixirt, und so nicht *allgemeiner Tauschwerth*, noch weniger realisirter *Werth*, wie es sein soll. [...]

---

[243] Wenn Oakley (1984) schreibt, Marx untersuche in den *Grundrissen* „the qualitative and quantitative conditions for continuous stable reproduction and growth" und habe nachgewiesen, dass diese Bedingungen „are very stringent indeed. Such stringent requirements are in contradiction with the anarchistic nature of capitalist decision making" (165), dann verfehlt er die marxsche Argumentation. In der Tat erkennt Marx, dass die Bedingung der Kapitalverwertung in einem ununterbrochenen Kapitalprozess liegt und diese Bedingung zugleich in der kapitalistischen Produktionsweise nicht notwendig erfüllt, die Kapitalverwertung somit stets gefährdet ist. Diese Einsicht begründet Marx aber *nicht* mittels der „anarchistic nature of capitalist decision making", wie Oakley (1984, 165) meint, sondern mit dem das Wertverhältnis charakterisierenden begrifflichen Widerspruch zwischen dem Gebrauchs- und dem Tauschwert. Wie Heinrich (2014) zeigt, ist die von Oakley (1984) Marx untergeschobene Begründung eher engelsschen denn marxschen Ursprungs: Den Auslöser für Krisen sehe Engels vorwiegend „in der ‚Anarchie der Produktion' begründet" (Heinrich 2014, 387), worunter zu verstehen sei „die fehlende ex-ante Koordination der Produktion der Einzelkapitale [...]. Bei Marx finden sich zwar disparate Ansätze zur Erklärung der Krisen, in keinem Fall hebt er aber besonders auf diese Marktanarchie ab" (Heinrich 2014, 387).

> Die *besondre*[244] *Natur des Gebrauchswerths,* worin der Werth existirt, oder die jezt als Köprer des Capitals erscheint, erscheint hier als selbst *Formbestimmend* und die Aktion des Capitals bestimmend; einem Capital eine besondre Eigenschaft gebend gegen das andre; es besondernd. Wie wir schon an mehren Fällen sahen, ist daher nichts falscher als zu übersehn[245], daß die Unterscheidung zwischen Gebrauchswerth und Tauschwerth, die in der einfachen Circulation, so weit sie *realisirt* wird, ausserhalb der ökonomischen Formbestimmung fällt, überhaupt ausserhalb derselben fällt. Wir finden vielmehr auf den verschiednen Stufen der Entwicklung der ökonomischen Verhältnisse den Tauschwerth und Gebrauchswerth in verschiednen Verhältnissen bestimmt, und diese Bestimmtheit selbst als verschiedne Bestimmung des Werths als solchen erscheinend. Der Gebrauchswerth spielt selbst als ökonomische Categorie eine Rolle (530).

Die Kontinuität des Kapitalprozesses ist deshalb stets brüchig, die Kapitalverwertung stets gefährdet: „Wenn einerseits die *Continuität,* so liegt ebenso die *Unterbrechung* der Continuität in der Bestimmung des Capitals als ciruclirend, processirend" (546). Das Kapital erweist sich somit begrifflich als *inhärent widersprüchlich* – ein Widerspruch, welcher nichts anderes ist als die Reflexion des Widerspruches zwischen Gebrauchs- und Tauschwert. Freilich weist Marx darauf hin, dass „[i]m Grossen und Ganzen" (316) die produzierte Ware in Geld verwandelt und somit die Existenz des Kapitals gesichert werden kann, da andernfalls keine kapitalistische Produktionsweise bestehen könnte (vgl. 316f.). Die Möglichkeit der *Krise* – der nicht-Realisierbarkeit des Mehrwerts und der Vernichtung des Kapitalwerts – ist dennoch in der Grundstruktur der kapitalistischen Produktionsweise angelegt.

Sobald die produzierte Ware verkauft und das – quantitativ um die Summe des generierten Mehrwerts gewachsene – Kapital in Geld zurückverwandelt wurde (G'), beginnt der Verwertungs- und mit ihm der Produktionsprozess von Neuem: Aufgrund seiner Bestimmung der *unbegrenzten quantitativen Vervielfältigung* ist das Kapital nach Beendigung des Verwertungsprozesses nicht gleichsam saturiert, sondern strebt danach, eine unendliche Reihe von Verwertungs- und Produktionsprozessen zu bilden und den jeweils generierten Mehrwert im darauffolgenden Verwertungs- und Produktionsprozess ebenfalls zu verwerten, ihn zur ursprünglichen Kapitalsumme also hinzuzufügen. Folge ist ein tendenziell ins Unendliche gehender Prozess, ein tendenziell ins Unendliche sich fortsetzendes und – aufgrund der Verwertung des generierten Mehrwerts – sich beständig ausweitendes Wachstum des Kapitalwerts und der materiellen Produktion. Hatte das Geld vergeblich intendiert,

> sich als *unvergänglichen* [Tausch-]*Werth,* als ewigen [Tausch-]Werth zu setzen, indem es sich negativ gegen die Circulation verhielt, d. h. gegen den Austausch mit realem Reichthum, vergänglichen Waaren, die sich, [...], in vergängliche Genüsse auflösen (529),

so realisiert das Kapital diese *Unvergänglichkeit:*

---

[244] Das Adjektiv ‚besondre' wurde von Marx nachträglich eingefügt (vgl. Apparat, 900); vermutlich, um die Spezifität des Gebrauchswerts zu unterstreichen.
[245] Hier liegt wohl ein Formulierungsfehler Marxens vor; statt ‚übersehn' müsste hier eher ‚anzunehmen' stehen.

> Im Capital wird die Unvergänglichkeit des [Tausch-]Werths (to a certain degree) gesetzt, indem es zwar sich incarnirt in den vergänglichen Waaren, ihre Gestalt annimmt, aber sie ebenso beständig wechselt; abwechselt zwischen seiner ewigen Gestalt im Geld, und seiner vergänglichen Gestalt in den Waaren; die Unvergänglichkeit wird gesetzt als dieß einzige was sie sein kann, Vergänglichkeit, die vergeht – Process – Leben (529 f.).

Warum die *Unvergänglichkeit* des Tauschwerts im Kapital nur „to a certain degree" realisiert ist, ergibt sich aus der dargestellten Gebundenheit des Kapitals an den Gebrauchswert, dessen Bestimmung der *Vergänglichkeit* die *Unvergänglichkeit* stets gefährdet beziehungsweise im Widerspruch zu ihr steht: Zwar ist „[d]as Capital als Capital [...] nicht vergänglich – der [Tausch-]*Werth*. Aber der Gebrauchswerth, worin der [Tausch-]*Werth* fixirt ist, worin er existirt ist ‚mehr oder minder vergänglich'" (529). Aus diesem Grundwiderspruch zwischen dem Gebrauchs- und Tauschwert entspringen weitere inhärente Widersprüche der kapitalistischen Produktionsweise, welche sie destabilisieren und somit den Weg eröffnen für eine Produktionsweise und Gesellschaft, welche nicht auf dem Tauschwert basieren (siehe Abschnitt 2.2.3.7). Aus historischer Sicht sind die kapitalistische Produktionsweise und der Warentausch als das dominante ökonomische Verhältnis vergänglich.

Indem das Resultat eines Verwertungszyklus den Ausgangspunkt für den darauffolgenden Verwertungszyklus darstellt (G – W – W – G' – W – W – G''), produziert das Kapital seine eigene Grundlage: Ging das Kapital ursprünglich von Voraussetzungen wie der Ansammlung von Geld in Privateigentum und der Trennung der Arbeitenden von den objektiven Bedingungen der Arbeit aus, welche es nicht selbst geschaffen, sondern zu einem bestimmten historischen Zeitpunkt vorgefunden hatte, so reproduziert es diese Bedingungen im Rahmen seines Verwertungsprozesses und erschafft somit seine eigene Existenzgrundlage:

> sobald das Capital als solches geworden ist, schafft es seine eignen Voraussetzungen, [...] durch seinen eignen Productionsprocess. Diese Voraussetzungen, die ursprünglich als Bedingungen seines Werdens erschienen – und daher noch nicht von seiner Action *als Capital* entspringen konnten – erscheinen jezt als Resultate seiner eignen Verwirklichung, Wirklichkeit, als *gesezt* von ihm – *nicht als Bedingungen seines Entstehens, sondern als Resultate seines Daseins* (368; vgl. auch 414).

Die Summe Tauschwert, mittels welcher das Kapital Arbeitsvermögen und die objektiven Bedingungen der Arbeit erwirbt, ist in zunehmend größerem Maße in vorangegangenen Verwertungsprozessen durch es selbst generiert worden. Auch das Verhältnis von Kapital und Arbeit wird reproduziert (vgl. 367). Indem der Arbeiter Arbeitslohn erhält, mit welchem er einzig die zur Reproduktion seines Arbeitsvermögens notwendigen Güter zu erwerben imstande ist, wird er als Arbeiter reproduziert. Nach Abschluss des Arbeits- und Produktionsprozesses ist er ebenso mittellos wie zuvor – ist also ebenso wenig Eigentümer der objektiven Bedingungen der Arbeit wie vor Beginn des Prozesses – und hat er seinen Lohn aufgezehrt; er hat wiederum als einzige Ware sein Arbeitsvermögen zu verkaufen und ist erneut auf diesen Verkauf existenziell angewiesen, um seine Bedürfnisse zu befriedigen (vgl. 212 und 215). Der durch den Arbeiter generierte Mehrwert und das diesem entsprechende Mehrprodukt gehen nicht in Eigentum des Arbeiters, sondern des Kapitals über; der Kapitalwert wächst in zunehmendem Maße durch die lebendige Arbeit des Arbeiters, während dessen eigene Armut reproduziert wird: „Die Arbeit ist daher nicht als Gebrauchswerth für den Arbeiter; sie ist daher nicht *für* ihn als *Productivkraft* des Reichthums" (225); er muss „verarmen, [...], indem die schöpferische Kraft seiner Arbeit als die Kraft des Capitals, als *fremde Macht* sich ihm gegenüber etablirt" (226).

Das Kapital verleibt sich durch den Kauf des Arbeitsvermögens und dessen Einbindung in den der Kapitalverwertung dienenden Produktionsprozess die produktive und tauschwertgenerierende Kraft der Arbeit gleichsam ein, so dass sie als die seinige erscheint und *seinen* Zweck – seine Selbstverwertung – realisiert: Die Arbeit ist „nicht nur der dem Capital gegenüberstehende *Gebrauchswerth,* sondern sie ist *der Gebrauchswerth* des Capitals selbst. [...] sie ist eins seiner Momente geworden" (218; vgl. auch 227). Auch die objektiven Bedingungen der Arbeit sind, indem das Kapital sie käuflich erworben hat, *seine* Momente geworden. Der Produktionsprozess, das stoffliche Zusammenspiel der Arbeit mit ihren objektiven Bedingungen, wird entsprechend so durchgeführt und ausgestaltet, dass er dem Zweck der Kapitalverwertung (bestmöglich) entspricht (siehe Abschnitt 2.2.3.6). Das Kapital erweist sich somit als das Bestimmende des Produktionsprozesses (vgl. 224): „Der [Tausch-]Werth tritt als Subjekt auf" (229).[246] Zugleich wird damit die eigentümliche Struktur des kapitalistischen Produktions- und Verwertungsprozesses sichtbar: Vergegenständlichte Arbeit – und nichts anderes ist das Kapital – eignet sich lebendige Arbeit an und beherrscht diese.

Zwischen Kapital und Arbeiter besteht freilich ein wechselseitiges Abhängigkeitsverhältnis: Der Arbeiter ist *einerseits* zur Befriedigung seiner Bedürfnisse auf Verkauf seines Arbeitsvermögens an das Kapital angewiesen, wodurch er freilich seine eigene Armut reproduziert und dem Kapital zu Wachstum verhilft; *andererseits* verleibt sich das Kapital die produktive Kraft der Arbeit zwar ein, aber ist zugleich irreduzibel darauf angewiesen, dass der Arbeiter sein Arbeitsvermögen feilbietet, da es sich ohne lebendige Arbeit nicht verwerten und somit nicht als Kapital erhalten kann und lebendige Arbeit untrennbar mit dem Arbeiter verbunden ist, also nicht ohne ihn (beispielsweise durch Maschinen) verausgabt werden kann.[247] Die Existenz des Ka-

---

[246] Marx spricht daher von den „unsichtbaren Fäden, die es [das Kapital] durch denselben [den Produktionsprozess] durchzieht" (223).

[247] Dieses wechselseitige Verhältnis drückt Bellofiore (2013) folgendermaßen aus: „It is true that, once acquired by capital, labour-power is ‚capital's' labour-power; and thus also its use, the performance of labour, is capital's. Nonetheless, it is equally true that living labour cannot but remain always, and simultaneously, an activity of the worker. This is the basis for the unavoidable ‚class-struggle in production'" (40). Bellofiore (2013, 40 f.) vertritt in diesem Zusammenhang die These, dass in den *Grundrissen* gerade durch die unklare begriffliche Unterscheidung zwischen Arbeit und Arbeitsvermögen (s. weiter oben) die Einheit des Arbeiters mit der Arbeit – und somit die irreduzible Angewiesenheit des Kapitals auf den Arbeiter – ausgedrückt und betont werde. Meiner Auffassung nach handelt es sich dabei um eine in der Tat ‚schöne' Interpretation des marxschen Textes, mittels welcher

pitals und die durch das Kapital reproduzierte Armut des Arbeiters erweisen sich somit als – freilich subjektiv nicht gewusstes – Produkt des Arbeiters selbst.[248] Hier zeigt sich, dass das ökonomische Verhältnis der kapitalistischen Produktionsweise – und nichts anderes als dessen Ausdruck ist ja das Kapital –, welches die Handlungen des Arbeiters bestimmt und von ihm als äußerliche, unabhängig ihm gegenüberstehende Macht empfunden werden mag, allererst durch ihn selbst konstituiert und reproduziert wird. In diesem Sinne ist es ontologisch ‚später' als die individuellen Handlungen des Arbeiters.[249]

Wie die Ausführungen in diesem Abschnitt zeigen, ist die Verwertung des Kapitalwerts nur möglich durch die Durchführung eines materiellen Produktionsprozesses und die in diesem Kontext stattfindende Verausgabung lebendiger Arbeit. Notwendig zur Verwertung sind mit anderen Worten die Produktion einer über Gebrauchswert verfügenden Ware mittels anderer über Gebrauchswert verfügender Waren (objektive Bedingungen der Arbeit und Arbeitsvermögen); und die Gebrauchswerte dieser verschiedenen Waren basieren auf den stofflichen Eigenschaften der Waren. Insbesondere ist *eine* besondere Ware und der ihr zugehörige Gebrauchswert für die Verwertung des Kapitals unverzichtbar: das Arbeitsvermögen. Deutlich wird daran: Der Tauschwert setzt zu seiner Verwertung – und somit Existenz – über spezifische stoffliche Eigenschaften und Gebrauchswerte verfügende Gegenstände und ihre stoffliche Umformung voraus. Dies belegt erneut, dass der Tauschwert – auch wenn er von jeglicher spezifischen Beschaffenheit und Gebrauchswert abstrahiert – im Gebrauchswert und somit auch in den stofflichen Eigenschaften der Gegenstände fundiert ist.

---

die terminologische Konfusion zwischen Arbeit und Arbeitsvermögen *interpretatorisch* einen Sinn erhält; ich halte es jedoch für ausgeschlossen, dass Marx dies selbst so intendierte, da er in späteren Schriften klar zwischen Arbeit und Arbeitsvermögen unterschied und diese Unterscheidung zudem maßgeblich für die Erklärung der Entstehung des Mehrwerts ist.

248 Vgl. Bischoff und Lieber (2008, 45).

249 Kuhne (1996) schreibt zutreffend: „Der sich selbst verwertende Wert ist keine subjektunabhängige Entität. Sein ungegenständlicher Prozeß hat die gegenständliche, durch Willen und Bewußtsein vermittelte Tätigkeit der lebendigen Subjekte zur notwendigen Bedingung" (137). Diese Feststellung gilt für alle Warentauschenden, und somit auch für die Kapitalist:innen: Auch ihre subjektiven Handlungen tragen dazu bei, das ökonomische Verhältnis des Kapitalismus allererst zu konstituieren und zu reproduzieren. – Die ontologische Dimension arbeitet Smith (2013) heraus (s. auch das Zitat Smiths [2013] in Abschnitt 2.2.3.1): „On the other hand, however, things do not have transcendental powers in themselves. They only appear to do so [...]. This brings us to the heart of Marx's theory of *fetishism*. Due to the [...] generalised commodity-production, [...] the collective powers of social individuals necessarily appear as the powers of capital. But capital's powers rest entirely on the appropriation of the creative powers of collective social labour (and the powers of nature and scientific-technological knowledge mobilised by collective social labour): [...] Capital, in brief, is nothing [...]. If social relations and material social practices were structurally transformed, that is, if dissociated sociality were replaced with a different sort of sociality, the apparently transcendental powers claimed by money and capital would be instantly revealed as the ontological lies they are" (224 f.).

2.2.3.4 Der Begriff des Profits und das Verhältnis des Kapitals zum materiellen Produktionsprozess

Marx gelangt – wie oben dargestellt – zu der Einsicht, dass einzig die lebendige Arbeit und daher nur der variable Kapitalbestandteil tauschwertgenerierend ist. Das Kapital selbst und die dessen Perspektive reflektierende Politische Ökonomie hingegen fassen das Kapital in Gänze als tauschwertgenerierend auf (vgl. 462):[250]

> Wird gesagt: Ein Capital von 100 bringt 10 % in einer gewissen Epoche, [...]. Der Profit von 10 P. C. auf ein Capital von 100 ist natürlich vom Standpunkt des Capitals aus, das keineswegs ein Bewußtsein über die Natur seines Verwerthungsprocesses hat [...], so betrachtet, daß die Werthbestandtheile seines Capitals – Material, Instrument, Arbeitslohn sich indifferent um 10 P. C. vermehrt haben, also das Capital als Summe von 100 Th. Werth, als diese Anzahl einer gewissen Einheit von Werthen sich um 10 % vermehrt hat (283).

> Daß das Capital, nachdem es, und nothwendig so, sich unabhängig von der Arbeit, von der Absorption der Arbeit durch es, als produktiv, als Früchte bringend betrachtet, sich unterstellt zu allen Zeiten fruchtbar zu sein [...], daß das Capital als solches stets gleichmässig Profit bringt, wie ein gesunder Baum Früchte (545 f.; vgl. auch 619 f. und 630).

In diesem Verständnis des Kapitals als „*indifferentem Gesammtwerth*" (294) scheint es, als könnten sowohl der variable als auch der konstante Kapitalbestandteil gleichmäßig Tauschwert generieren; dass *nur* lebendige Arbeit über die Fähigkeit zur Tauschwertgenerierung verfügt, wird gleichsam ausgeblendet.

Wenn sowohl der variable als auch der konstante Kapitalbestandteil als tauschwertgenerierend aufgefasst werden, dann impliziert dies die Aussage, das Kapital sei aus sich selbst heraus tauschwertgenerierend. Das Kapital scheint dann „eine magische Kraft" (633) zu besitzen, „die aus Nichts Etwas macht" (633): „Daß *alle Theile des Capitals gleichmässig Profit bringen,* diese Illusion, [...], als ob das Capital organisch wüchse durch eine Naturmacht" (599; vgl. auch 564). Das Kapital scheint sich selbst verwerten zu können und auf keine spezifischen, außer ihm liegenden Bedingungen angewiesen zu sein. Ausdruck dieser Perspektive, die das Kapital und die Politische Ökonomie einnehmen, ist der Begriff des *Profits*, der somit eine über den Tauschwertbegriff hinausgehende Abstraktionsebene darstellt: Während auf Ebene des Tauschwertbegriffs von den
- spezifischen stofflichen Eigenschaften der über Gebrauchswert verfügenden Gegenstände,
- spezifischen Gebrauchswerten der Gegenstände,
- spezifischen Arbeitsarten, mittels welcher Gegenstände produziert werden, und
- naturalen Faktoren, die zur Produktion von Gegenständen notwendig sind,

abstrahiert und der Tauschwert als allein durch Verausgabung abstrakter Arbeit konstituiert aufgefasst wird, wird auf Ebene des Profitbegriffs zusätzlich von der
- tauschwertgenerierenden Verausgabung abstrakter Arbeit

---

[250] Vgl. Moseley (2013, 291 f.).

abstrahiert. Tauschwert- beziehungsweise profitgenerierend ist dann das Kapital und somit der Tauschwert selbst; das Kapital erscheint als sich selbst verwertend und somit als Grund seiner eigenen Existenz. Dies ist eine (freilich fehlgeleitete) Reflexion des Resultats des kapitalistischen Arbeits- und Produktionsprozesses: Das Kapital reproduziert durch diesen die Bedingungen seiner eigenen Existenz, und die Arbeit scheint – durch Einverleibung des Arbeitsvermögens in sich – kein fremder, sondern *sein* Gebrauchswert zu sein, mit welchem es sich selbst verwertet (siehe Abschnitt 2.2.3.3 und weiter unten in diesem Abschnitt).

Um die Auffassung des Kapitals und der Politischen Ökonomie von derjenigen zu unterscheiden, die er selbst im Rahmen seiner *Kritik* an jener entwickelt, differenziert Marx begrifflich zwischen Mehrwert und Profit. Insofern der im Produktionsprozess generierte zusätzliche Tauschwert als Produkt des Gesamtkapitals – und nicht nur der lebendigen Arbeit beziehungsweise des variablen Kapitalteils – erscheint, wird er von Marx als ‚Profit' bezeichnet (vgl. 630). Wird hingegen die Genese des zusätzlich generierten Tauschwerts auf die Arbeit zurückgeführt – wie dies in der marxschen *Kritik* der Politischen Ökonomie geschieht –, wird er als ‚Mehrwert' bezeichnet; der Mehrwertbegriff erweist sich somit als ein in der Politischen Ökonomie nicht existenter Begriff.[251] Entsprechend bezeichnet der Terminus ‚Mehrwertrate' das Verhältnis des generierten Mehrwerts zum ausgelegten variablen Kapital (Mehrwertrate = Mehrwert : variables Kapital); der Terminus ‚Profitrate' hingegen das Verhältnis des generierten Mehrwerts zum ausgelegten Gesamtkapital (Profitrate = Mehrwert : Gesamtkapital) (vgl. 284).

Der Profitbegriff und die mit ihm verbundene Abstraktion über diejenige des Tauschwertbegriffs hinaus ist freilich keine zufällige oder durch äußere Faktoren hervorgerufene Entwicklung, sondern auf den Wertbegriff zurückzuführen; so wie die Begriffe des Geldes, des Kapitals und des Mehrwerts aus dem Wertbegriff folgen, folgt auch der Profitbegriff aus diesem. Entsprechend ist der Profitbegriff aus den Bestimmungen des Wert- und Kapitalbegriffs abzuleiten:[252]

- Wenn das Kapital Arbeitsvermögen mittels Lohnzahlung kauft, dann wird das Arbeitsvermögen als über Tauschwert verfügende Ware verstanden; den Tauschwertbestimmungen der *Abstraktion* und *Homogenität* entsprechend wird von den spezifischen Eigenschaften dieser Ware – nämlich lebendige Arbeit verausgaben und somit Tauschwert generieren zu können – abstrahiert und das Arbeitsvermögen als gleichartig zu den objektiven Bedingungen der Arbeit aufgefasst; Arbeitsvermögen und objektive Bedingungen der Arbeit erscheinen als homogene Tauschwerte und somit nur eine einzige Eigenschaft zu besitzen:

---

[251] Heinrich (2014, 306) weist zurecht darauf hin, dass der Mehrwert eine nicht-empirische Kategorie ist, da nicht empirisch beobachtet werden kann, dass nur die lebendige Arbeit Tauschwert generiert; empirisch zeigt sich vielmehr, dass Kapital Tauschwert generiert, indem investiertes Kapital nach einer bestimmten Zeit Profit ‚abwirft'.

[252] Soweit ich sehe, entwickelt Marx – anders als für die in Abschnitt 2.1 gebotenen Begriffsentwicklungen – jedoch keine *dialektische*, aus den Widersprüchen des Wertbegriffs hergeleitete Entwicklung des Profitbegriffs.

Produkte menschlicher Arbeit zu sein. Der Profitbegriff reflektiert somit die Anwendung der abstrahierenden und homogenisierenden Tauschwertlogik auf die im Produktionsprozess verwendeten Waren und auf den Verwertungsprozess des Kapitals, wodurch die spezifischen Unterschiede zwischen dem Arbeitsvermögen und den objektiven Bedingungen der Arbeit – und somit die spezifische Beschaffenheit des materielle Produktionsprozesses als Grundlage des Verwertungsprozesses – ausgeblendet werden. Das Kapital erscheint dadurch als Summe homogener Tauschwerte, welche gleichmäßig Profit generieren.

– Entsprechend der Tauschwertbestimmung der *Totalität* verleibt das Kapital alle Faktoren des Produktionsprozesses in sich ein, die dann als bloße Momente des Kapitals erscheinen. Entsprechend wird auch das Arbeitsvermögen als organischer Teil des Kapitals aufgefasst (vgl. 218 und 227; siehe Abschnitt 2.2.3.3). Aus Perspektive des Kapitals muss der zusätzlich generierte Wert durch es selbst entstehen, da aufgrund dieser ‚Einverleibung' des Arbeitsvermögens dieses nicht als distinkte Entität erfasst wird, sondern seine spezifische Eigenschaft – die Fähigkeit, Tauschwert zu generieren – als Eigenschaft des Kapitals erscheint.

– Aufgrund seiner Bestimmung der *unbegrenzten quantitativen Vervielfältigung* impliziert das Kapital grenzloses Wachstum. Dieser Bestimmung entspricht der Profitbegriff, durch welchen das Kapital als losgelöst von jeglichen stofflichen Bedingungen und somit als zu einem grenzenlosen Wachstum ähnlich einem „Perpetuum mobile" (417) imstande aufgefasst wird:

> Durch die Identität des Mehrgewinns mit der Surplusarbeitszeit [...] ist eine qualitative Grenze für die Accumulation des Capitals gesetzt, der *Arbeitstag*, die Zeit, worin das Arbeitsvermögen des Arbeiters innerhalb 24 Stunden thätig sein kann – der Grad der Productivkraftentwicklung – und die Population, welche die Anzahl der gleichzeitigen Arbeitstage ausdrückt etc. Wird dagegen der Mehrgewinn nur als Zins gefaßt – d. h. als Verhältniß, wonach das Capital vermittelst irgend einer imaginären sleight of hand sich vermehrt, so ist die Grenze nur quantitativ und es ist dann absolut nicht einzusehen, warum das Capital nicht jeden andren Morgen die Zinsen wieder zu sich als Capital schlägt und so Zins von seinem Zins schafft in unendlicher[253] geometrischer Progression (285).

Während die Generierung von Mehrwert durch bestimmte Faktoren beschränkt ist – der Arbeitstag kann über eine gewisse Grenze nicht verlängert, die Bevölkerung nicht vergrößert und die Produktivkräfte nicht unendlich schnell und über alle Maßen hinaus gesteigert werden –, impliziert der Profitbegriff die Möglichkeit einer unendlichen und unbeschränkten Kapitalverwertung.

---

253 Statt „unendlicher" stand im Manuskript zunächst „rascher" (vgl. Apparat, 845). An der von Marx vorgenommenen Änderung zeigt sich, dass er nicht der Auffassung Ausdruck verleihen wollte, der Profitbegriff lasse eine schnellere (‚raschere') Kapitalverwertung möglich erscheinen, sondern mittels seiner sei eine grenzenlose Vermehrung denkbar (welche freilich den Bedingungen einer begrenzten Welt widerspricht).

– Ebenfalls aufgrund der Bestimmung der *unbegrenzten quantitativen Vervielfältigung* ist der einzige Zweck des Kapitals seine Selbstverwertung. Sachverhalte auf Ebene des materiellen Produktionsprozesses erscheinen für das Kapital daher nur dann relevant, wenn sie seine Selbstverwertung einschränken oder verunmöglichen. Das Kapital bedenkt daher nur Sachverhalte, die ihm Kosten verursachen, die also eine dem Produktionsprozess vorgängige Auslage von Tauschwert erfordern (wie die Kosten der objektiven Bedingungen der Arbeit und des Arbeitslohns). Da aber Mehrarbeit durch das Kapital kostenlos angeeignet wird – dies ist überhaupt die Bedingung der Existenz von Mehrwert –, gerät sie gleichsam aus dem Sichtfeld des Kapitals:

> Da die Surplusarbeit [...] dem Capital nichts kostet, also nicht unter dem von ihm avancirten [Tausch-]Werthe rangirt – nicht unter dem [Tausch-]Werth, den es vor dem Productionsprocess und der Verwerthung des Products besaß – so figurirt diese Surplusarbeit, die in den Productionskosten des Products eingeschlossen ist und die Quelle des Mehrwerts, also auch des Profits bildet – nicht unter den Productionskosten des Capitals. Diese sind nur gleich den wirklich von ihm vorgeschoßnen [Tausch-]Werthen, nicht dem in der Production angeeigneten und in der Circulation realisirten Surpluswerth. Die Productionskosten vom Standpunkt des Capitals sind daher nicht die wirklichen Productionskosten, eben weil *ihm* die Surplusarbeit nichts kostet (632).

Das Kapital nimmt nicht wahr, dass der Mehrwert nicht einer dem Kapital inhärenten ‚magischen Eigenschaft' entspringt, sondern von Menschen durch Verausgabung von (Mehr-)Arbeit generiert wird. Es *kann* dies nicht wahrnehmen, da es diese Mehrarbeit nicht bezahlt und einzig dasjenige für das Kapital relevant ist, was seine Selbstverwertung einschränkt, indem es von ihm selbst zu tragende Kosten verursacht; Kosten hingegen, die von anderen – dem Arbeiter – getragen werden, sind für das Kapital gleichsam unsichtbar.

Hieran wird deutlich, dass der Profitbegriff aus den Bestimmungen des Wert- und Kapitalbegriffs kohärent ableitbar ist. Die Auffassung des Kapitals als durch sich selbst tauschwertgenerierend „liegt [somit] in der Natur des Capitals" (525) und „ist nothwendig vom Standpunkt des Capitals aus" (639). Aufgrund der Ableitung des Profitbegriffs aus demjenigen des Wertes ist jener durch den Widerspruch zwischen Tauschwert und Gebrauchswert bestimmt: Da der Tauschwert im Gebrauchswert fundiert ist, bleibt auch die Generierung von Profit (Mehrwert) an den spezifischen Gebrauchswert des Arbeitsvermögens gebunden; eine Tatsache, die freilich durch den Profitbegriff nicht – und somit ebenso wenig von der Politischen Ökonomie und vom Standpunkt des Kapitals – reflektiert zu werden vermag.[254]

---

[254] Hier liegt eine weitere von Benhabib (1986) herausgearbeitete Ebene der Kritik der marxschen Theorie vor (s. Abschnitt 2.1.3), die sie als immanent-kategoriale Kritik bezeichnet: „Ausgehend von den anerkannten Definitionen und Bedeutungen der Kategorien der Politischen Ökonomie, zeigt Marx [...], wie diese sich in ihr Gegenteil verkehren" (86), so dass sich diese Kategorien als selbstwidersprüchlich erwiesen: „Diese Selbstwidersprüchlichkeit bedeutet keine logische Inkonsistenz. Die Kategorien der klassischen politischen Ökonomie sind in dem Sinne selbstwidersprüchlich, daß sie, wenn ihre Implikationen zu Ende gedacht werden, daran scheitern, das Phänomen, das sie erklären

Vor dem Hintergrund der dargestellten Entwicklung des Profitbegriffs ist freilich an den festgestellten ‚zwieschlächtigen' Charakter der Politischen Ökonomie – und entsprechend der Perspektive des Kapitals – zu erinnern: Es war gerade kein gänzliches ‚Vergessen' des Gebrauchswerts (und seiner stofflichen Grundlage) zu konstatieren (siehe Abschnitt 2.1.3). Es wäre aus diesem Grund verfehlt, anzunehmen, das Kapital fasse sich *ausschließlich* – entsprechend dem Profitbegriff – als Grund seiner selbst auf, als sich aus sich selbst heraus verwertender Tauschwert, der auf keine spezifischen, außer ihm liegenden Bedingungen angewiesen ist. Wäre dies tatsächlich die einzige Auffassung aus Kapitalperspektive, wäre es unerklärlich, wieso das Kapital (entsprechend dem in Abschnitt 2.2.3.3 dargestellten Schema) materielle Produktionsprozesse initiiert und wieso (wie in Abschnitt 2.2.3.6 noch zu sehen sein wird) es die stetige Transformation des materiellen Produktionsprozesses betreibt.

Das Kapital ist als eine Entwicklung des Werts durch eben jenen den Wert auszeichnenden Grundwiderspruch charakterisiert: den Widerspruch zwischen Gebrauchs- und Tauschwert. Diesem Widerspruch entsprechend ist die Perspektive des Kapitals in zwei Aspekte aufgespalten:

– Gemäß dem *Aspekt des Profits* erscheint das Kapital – entsprechend den Bestimmungen des Tauschwertbegriffs – als sich selbst aus eigener Kraft verwertender, von keinen äußeren Bedingungen abhängiger Wert. Dies ist gleichsam die *kaufmännische Perspektive* auf den Verwertungsprozess: Es wird eine bestimmte Geldsumme zum Ankauf nicht näher betrachteter Waren ausgelegt (Investition), die ‚irgendwie' in wertvollere Produkte verwandelt werden, welche dann profitbringend verkauft werden (G – W – W – G'); die Waren werden also unter Abstraktion ihrer materiellen Eigenschaften, Gebrauchswerte und Genese hinsichtlich ihrer homogenen Tauschwerte betrachtet. *Wie* die Verwertung tatsächlich vollbracht wird, also welche besonderen Waren im Rahmen der Produktion eingesetzt werden, wie dieser Produktionsprozess beschaffen ist und welche naturalen Voraussetzungen für die Produktion von Waren gegeben sein müssen, ist in dieser Perspektive weder einsichtig noch relevant – relevant ist nur, *dass* die Verwertung im vom Kapital geplanten Umfang geschieht.

– Gemäß dem *Aspekt der materiellen Produktion* erscheint zur Kapitalverwertung die Durchführung spezifischer materieller Produktionsprozesse als notwendig; die Verwertung und ihr quantitatives Ausmaß werden als abhängig aufgefasst von den spezifischen Gebrauchswerten (und den ihnen zugrunde liegenden stoffli-

---

wollen, nämlich die kapitalistische Produktionsweise, zu erklären. [...] Es sind diese Diskrepanz und Inkonsistenz zwischen Kategorie und ihrem Gegenstand, oder zwischen Begriff und seinem wirklichem Inhalt, welche offenlegen, wie diese Kategorien sich in ihr Gegenteil verkehren" (86). Eben dies zeigt sich bezüglich des Profitbegriffs: Mittels seiner lässt sich die kapitalistische Produktionsweise – die gerade auf der Verwertung des Kapitals durch Verausgabung lebendiger Arbeit aufgrund der Konstituierung von Tauschwert durch vergegenständlichte Arbeit beruht – nicht erklären. Da der Profitbegriff sich aus dem Wertbegriff ableitet, erweist diese Grundkategorie der Politischen Ökonomie sich in Benhabibs (1986) Sinne als widersprüchlich.

chen Eigenschaften) der involvierten besonderen Waren, von der spezifischen Beschaffenheit des durchgeführten Produktionsprozesses sowie vom Gegebensein spezifischer naturaler Faktoren. Dies ist gleichsam die *technische Perspektive* auf den Verwertungsprozess: Eine bestimmte Geldsumme wird zum Ankauf besonderer Waren ausgegeben und der Produktionsprozess wird auf eine spezifische Weise mittels dieser Waren sowie unter Zuhilfenahme naturaler Faktoren (Naturumgebung, Naturprozesse) durchgeführt, um eine über spezifischen und höheren Gebrauchswert und über höheren Tauschwert verfügende Ware mit spezifischen stofflichen Eigenschaften zu erhalten (G – W – P – W – G').[255] In dieser Perspektive erfolgt also eine Betrachtung der konkreten Weise des materiellen Produzierens als stofflicher Grundlage der Verwertung.

Zum einen ist zu konstatieren, dass die beiden Aspekte dem Kapitalbegriff als widersprüchlicher Einheit von Gebrauchs- und Tauschwert entsprechen. Damit wird erklärbar, weshalb einerseits im Profitbegriff das Kapital sich als sich selbst erzeugend auffasst, es andererseits jedoch beständig materielle Produktionsprozesse initiiert und die Revolutionierung des materiellen Produktionsprozesses betreibt. *Zum anderen* wird jedoch ersichtlich, dass der *Aspekt der materiellen Produktion* kein ‚Reich des reinen Gebrauchswerts' ist. Gebrauchswerte und spezifische materielle Produktionsprozesse werden hier nichtsdestotrotz aus der Perspektive des Kapitals – und das bedeutet: unter der Zwecksetzung der Verwertung – betrachtet; die Beschäftigung mit spezifischen Gebrauchswerten und mit der Durchführung von spezifischen materiellen Produktionsprozessen wird nicht als Selbstzweck, sondern als ein Mittel zur Kapitalverwertung aufgefasst. Das bedeutet, dass auch in dieser Perspektive Faktoren, die keine Kosten verursachen, nicht weiter bedacht werden, und der Produktionsprozess so gestaltet wird, dass er die Kapitalverwertung in möglichst umfangreichem Ausmaß ermöglicht – die möglichst umfassende Kapitalverwertung stellt das einzige Kriterium für einen ‚guten' Produktionsprozess dar. Auch in dieser Perspektive werden also der Gebrauchswert und die ihm zugrunde liegenden stofflichen Eigenschaften eines Gegenstandes nur bedacht, insoweit und insofern sie in Zusammenhang stehen mit der Kapitalverwertung.

Da der Zweck des Kapitals seine Verwertung ist, kommt dem *Aspekt des Profits* die Vorrangstellung zu: Das, was für das Kapital wirklich ‚zählt', ist seine Selbstverwertung, also die quantitative Zunahme seines Tauschwerts. *Wie* – also mittels welcher besonderer, über spezifische Gebrauchswerte und stoffliche Eigenschaften verfügenden Waren – dies geschieht, ist aus Perspektive des Kapitals gleichgültig, *solange* die Verwertung im stetig zunehmenden Umfang möglich ist und geschieht. Solange der Prozess der materiellen Produktion ‚reibungslos' verläuft und die Kapitalverwertung nicht durch Störungen im Produktionsprozess eingeschränkt oder verunmöglicht wird, besitzt die materielle Produktion für das Kapital keine Relevanz. Das bedeutet nicht, dass der Produktionsprozess eingestellt oder nicht weiter bedacht und weiter-

---

255 Das ‚P' in der Formel steht für ‚Produktionsprozess'.

entwickelt würde; die technische Perspektive auf den Verwertungsprozess wird *auch* eingenommen, aber sie wird durch das Kapital *im Normalfall* nicht als problematisch oder die Verwertung gefährdend verstanden. Erst dann, wenn tatsächlich durch eine gestörte Produktion die Verwertung eingeschränkt oder verunmöglicht wird, erhalten die entsprechenden spezifischen Produktionsprozesse praktische und theoretische Relevanz aus Perspektive des Kapitals. Solange dies nicht der Fall ist, zählt die materielle Produktion gleichsam zum ‚Tagesgeschäft' des Kapitals: Sie wird, ausgerichtet auf den Zweck der Kapitalverwertung, durchgeführt und entsprechend den Kapitalbestimmungen weiterentwickelt, aber an sich weder in der ökonomischen Praxis noch in der Theoriebildung der Politischen Ökonomie reflektiert.[256] Diese Feststellung entspricht der marxschen Kritik an der Politischen Ökonomie, wie sie in Abschnitt 2.1.3 dargestellt wurde: Die Politische Ökonomie bedenkt den Gebrauchswert als Grund des Tauschwerts nicht systematisch, sondern lediglich partiell und okkasionell, dann nämlich, wenn eine Wechselwirkung zwischen Gebrauchs- und Tauschwert und die Bedingtheit des Tauschwerts durch den Gebrauchswert aus Perspektive des Kapitals augenfällig wird.

2.2.3.5 Der dialektische Umschlag von Freiheit, Gleichheit, Eigentum und Tauschgerechtigkeit

Das Kapital als begriffliche Entwicklung des Werts und als Einheit von Produktion und Zirkulation und die ihm entsprechende Produktionsweise basieren auf den drei warentauschbezogenen juristischen Aspekten (siehe Abschnitt 2.1.2) und dem Zirkulationsgesetz (siehe Abschnitt 2.1.3). Der Austausch zwischen Kapital und Arbeiter ist den drei juristischen Aspekten – Eigentumsrecht, juristische Freiheit und juristische Gleichheit – adäquat,

- weil beide Eigentümer ihrer jeweiligen Waren sind, auf die nur sie als Eigentümer Zugriff haben; sie sind gegenseitig von der Nutzung der jeweiligen von ihnen nicht besessenen Waren ausgeschlossen;
- weil sie beide frei sind, selbst über den Verkauf oder Kauf von Waren und somit über das Eingehen von Tauschbeziehungen zu entscheiden, und keine körperliche Gewalt oder ihre Androhung dem Austauschakt vorangehen;
- weil ihr Eigentum gleichermaßen geschützt ist und sie gleichermaßen frei sind; weder kann das Kapital die juristische Freiheit und das Eigentumsrecht des Arbeiters noch der Arbeiter die juristische Freiheit oder das Eigentumsrecht des Kapitals einschränken oder verletzen.

Ebenso entsprechen der Warentausch zwischen Kapital und Arbeiter und der kapitalistische Produktionsprozess dem Zirkulationsgesetz, insofern das Kapital die Ware Arbeitsvermögen ihrem Tauschwert entsprechend kauft, also einen ‚ökonomisch ge-

---

[256] Im Gefüge der Wissenschaftsdisziplinen erfolgt eine ‚Auslagerung' der technischen Perspektive aus der Politischen Ökonomie in die Ingenieurswissenschaften.

rechten' Lohn zahlt, und die produzierten Waren ihrem Tauschwert entsprechend verkauft, der generierte Mehrwert also nicht durch ‚Prellerei' des Arbeiters oder der die Produkte kaufenden Kund:innen generiert wird (vgl. 342).

Dies ist freilich lediglich *eine* Seite der kapitalistischen Produktionsweise, welche im Kontext des Austausches zwischen Arbeiter und Kapital notwendig in ihr Gegenteil *umschlägt:*

– Erstens setzt die Generierung von Mehrwert den Austausch von nicht-äquivalenten Tauschwertquantitäten voraus. Der Tauschwert des für einen bestimmten Zeitraum gekauften Arbeitsvermögens (= Lohn) ist kleiner als der Tauschwert, der durch das Arbeitsvermögen in diesem Zeitraum generiert wird; das Kapital zahlt zum Erwerb des Arbeitsvermögens weniger Tauschwert als es durch die Anwendung dieser Ware erhält, indem es dem Arbeiter für die von ihm verausgabte Mehrarbeit kein Äquivalent zahlt. Somit werden – vom Standpunkt des Kapitals aus – keine Tauschwert-Äquivalente getauscht, sondern das Kapital eignet „sich fremde Arbeitszeit *ohne Austausch* vermittelst der *Form* des Austauschs an[]" (556; vgl. auch 336f. und 372f.). Somit schlägt das Zirkulationsgesetz in sein Gegenteil um:[257]

> Der Austausch zwischen Capital und Arbeit, [...], so sehr er von Seiten des Arbeiters einfacher Austausch ist, muß von Seiten des Capitalisten Nicht-Austausch sein. Er muß mehr Werth erhalten, als er gegeben hat. Der Austausch von Seite des Capitals betrachtet, muß nur ein *scheinbarer* sein, d. h. einer andren ökonomischen Formbestimmung als der des Austauschs angehören, [...]. Nicht der Austausch, sondern ein Process, worin er ohne Austausch *vergegenständlichte Arbeitszeit*, d. h. *Werth* erhält, kann ihn allein zum Capitalisten machen (238 und 240).

Da die Generierung von Mehrwert den Produktionszweck in der kapitalistischen Produktionsweise und die Existenzbedingung des Kapitals darstellt, stellt der Austausch von Nicht-Tauschwertäquivalenten keine Zufälligkeit oder ‚Randerscheinung', sondern eine notwendige Entwicklung dar.

– Wenn das Kapital sich die durch den Arbeiter verausgabte Mehrarbeit und die ihr entsprechenden Mehrprodukte ohne Zahlung eines Äquivalents aneignet, dann stellt dies *zweitens* den Umschlag des „Eigenthumsrecht[s] eines Jeden an seinen eignen Producten" (366) in sein Gegenteil dar (vgl. auch 555f.):

> sehn wir, daß dialektisch umschlägt, durch eine sonderbare Consequenz, das Eigenthumsrecht auf Seiten des Capitals in das Recht auf fremdes Product oder in das Eigenthumsrecht auf fremde Arbeit, das Recht sich fremde Arbeit ohne Equivalent anzueignen, und auf Seiten des Arbeitsvermögens in die Pflicht sich zu seiner eignen Arbeit oder seinem eignen Product als *fremdem Eigenthum* zu verhalten. Das Eigenthumsrecht schlägt um in das Recht auf der einen Seite sich fremde Arbeit anzueignen und die Pflicht auf der andren das Product der eignen Arbeit und die eigne Arbeit selbst als Andern gehörige Werthe zu respectiren (366f.; vgl. auch 377f. und 416).

---

[257] Vgl. Heinrich (2014, 258f.).

Eigentumslosigkeit – und nicht Eigentum – ist deshalb für den Arbeiter das Resultat der von ihm verausgabten Arbeit (vgl. 416 f.). Da nur durch die Aneignung der unbezahlten Mehrarbeit des Arbeiters die Kapitalverwertung möglich ist, stellt auch der dialektische Umschlag des Eigentumsrechts in sein Gegenteil eine notwendige Entwicklung der kapitalistischen Produktionsweise dar: Die „*Trennung des Eigenthums von der Arbeit* erscheint als nothwendiges Gesetz dieses Austauschs zwischen Capital und Arbeit" (216; vgl. auch 226, 367 und 416).

- *Drittens* schlägt die Freiheit im Kontext des Austausches zwischen Arbeit und Kapital in ihr Gegenteil um. Zwar ist der Arbeiter in der Tat *juristisch* frei, weshalb er ohne juristischen Zwang darüber bestimmen kann, ob er mit dem Kapital in eine Austauschbeziehung tritt und sein Arbeitsvermögen verkauft. Da jedoch der Arbeiter zur Befriedigung seiner Bedürfnisse auf bestimmte Güter angewiesen ist und diese – aufgrund fehlender eigener objektiver Bedingungen der Arbeit – nicht selbst produzieren kann, ist er zugleich *ökonomisch* gezwungen, die einzige in seinem Besitz befindliche Ware – sein Arbeitsvermögen – zu verkaufen. Ebenso muss der Arbeiter die Bedingung des kapitalistischen Produktionsprozesses – die Verausgabung von Mehrarbeit – akzeptieren; er *muss* diese für ihn unbezahlte Arbeitszeit zugunsten des Kapitals verausgaben, da nur unter dieser Bedingung das Kapital dem Tauschakt mit dem Arbeiter überhaupt zustimmt.[258] Würde der Arbeiter nicht einwilligen, eine gewisse Zeit umsonst zugunsten des Kapitals zu arbeiten, dann bekäme er keinen Zugriff auf die zu seiner Bedürfnisbefriedigung notwendigen Güter. Der Arbeiter ist also ökonomisch zur Verausgabung von Mehrarbeit gezwungen:

Wenn der Arbeiter nur einen halben Tag braucht, um einen ganzen zu leben, so braucht er, um seine Existenz als Arbeiter zu fristen, nur einen halben Tag zu arbeiten. Die zweite Hälfte des Arbeitstags ist Zwangsarbeit (241).

Als ‚frei' ist daher einzig das Kapital zu bezeichnen, welches sich in der kapitalistischen Produktionsweise seinen begrifflichen Bestimmungen gemäß zu entwickeln vermag (vgl. 533):[259]

---

258 Ansonsten wäre die Ausführung des Produktionsprozesses für das Kapital sinnlos – der Produktionsprozess hat für das Kapital nur einen Zweck: die Verwertung zu ermöglichen.
259 Heinrich (2014) stellt den Unterschied der vorkapitalistischen zur kapitalistischen Unfreiheit heraus: „In vorbürgerlichen Zuständen beruhten Herrschaftsverhältnisse auf persönlichen Abhängigkeiten (die antiken Sklaven waren persönliches Eigentum, der mittelalterliche Fronbauer war einem bestimmten Grundherrn unterworfen und insofern persönlich unfrei). Dagegen sind die Herrschaftsverhältnisse in der bürgerlichen Gesellschaft sachlich vermittelt: der moderne Lohnarbeiter ist zwar persönlich frei, er ist nicht von einem einzelnen Kapitalisten abhängig, aber seine Besitzlosigkeit, [...] läßt ihm gar keine andere Wahl, als sich *irgendeinem* Kapitalisten zu unterwerfen" (266 f.). Die Tatsache, dass in der kapitalistischen Produktionsweise keine persönlichen Abhängigkeitsverhältnisse bestehen, impliziert also nicht notwendig die Freiheit der Individuen.

Abgeschmacktheit die freie Concurrenz als die lezte Entwicklung der menschlichen Freiheit zu betrachten; und Negation der freien Concurrenz = Negation individueller Freiheit und auf individueller Freiheit gegründeter gesellschaftlicher Production. Es ist eben nur die freie Entwicklung auf einer bornirten Grundlage – der Grundlage der Herrschaft des Capitals. Diese Art individueller Freiheit ist daher zugleich die völligste Aufhebung aller individuellen Freiheit und die völlige Unterjochung der Individualität unter gesellschaftliche Bedingungen, die die Form von sachlichen Mächten, ja von übermächtigen Sachen – von den sich beziehenden Individuen selbst unabhängigen Sachen annehmen (534–537).

Da die Trennung des Arbeiters von den objektiven Bedingungen der Arbeit und der natürlichen Bedingung des arbeitenden Subjekts zu den Voraussetzungen der kapitalistischen Produktionsweise zählt, ist die ökonomische Abhängigkeit des Arbeiters vom Verkauf seines Arbeitsvermögens als seiner einzigen Ware an das Kapital – und somit seine ökonomische Unfreiheit – ebenfalls notwendig.

- *Viertens* schlägt im Austausch zwischen Arbeiter und Kapital die Gleichheit in ihr Gegenteil um, indem Kapital und Arbeiter zwar *juristisch* gleich sind, aber das Kapital *ökonomische* Macht über den Arbeiter besitzt: Da Letzterer auf den Verkauf seines Arbeitsvermögens angewiesen ist, kann das Kapital die Arbeitsbedingungen – beispielsweise die Länge des Arbeitstages – diktieren. Der Arbeiter hat, wenn er seine Bedürfnisse befriedigen und die dazu erforderlichen Güter erhalten möchte, den Forderungen des Kapitals nichts entgegenzusetzen, sondern hat sich diesem wie einer höheren Macht zu unterwerfen.[260]

Deutlich wird, dass die Zirkulationssphäre, in welcher der dem Zirkulationsgesetz entsprechende Austausch juristisch freier und gleicher sowie über die Produkte ihrer eigenen Arbeit verfügender Personen stattfindet, den „oberflächliche[n] Process" darstellt, „unter dem aber in der Tiefe" – in der Produktionssphäre und dem ihr entsprechenden Austausch zwischen Kapital und Arbeiter – „ganz andre Processe vorgehn, in denen diese scheinbare Gleichheit und Freiheit der Individuen verschwindet" (171) und in Strukturen von Ungleichheit, Zwang, Aneignung fremder Arbeit ohne Austausch und Eigentumslosigkeit umschlägt[261]. Die kapitalistische Produktionsweise als Einheit von Zirkulation und Produktion besitzt somit einen *inhärent widersprüchlichen Charakter*, indem
- juristische Freiheit in ökonomische Unfreiheit,
- juristische Gleichheit in ökonomische Ungleichheit,
- der Austausch von Tauschwert-Äquivalenten in äquivalentlose Aneignung sowie
- das Eigentum an Produkten eigener Arbeit in das Eigentum an Produkten fremder Arbeit

umschlagen. ‚Oberfläche' und ‚Tiefe' sind freilich nicht voneinander zu trennen: Eine warentauschende Gesellschaft ohne den dargestellten Umschlag im Kontext der

---

[260] Zum Umschlag von Freiheit und Gleichheit in Unfreiheit und Ungleichheit vgl. Collignon (2009, 19).
[261] Vgl. Oakley (1984, 163f., 171–173) sowie Petersen und Faber (2013, 111, 153).

Produktion kann *a priori* nicht existieren, da die Existenz des Warentauschs als des dominanten ökonomischen Verhältnisses die Kapitalverwertung – und diese die materielle Produktion – voraussetzt.²⁶² Versuche, den (als ungerecht empfundenen) Umschlag zu verhindern und gleichzeitig den Warentausch als grundlegendes ökonomisches Verhältnis beizubehalten, sind theoretisch sinnlos und praktisch unerfüllbar:

> Dieser Austausch von Equivalenten geht vor, ist nur die Oberflächliche Schichte einer Production, die beruht auf der Aneignung fremder Arbeit *ohne Austausch,* aber unter dem *Schein des Austauschs.* Dieses System des Austauschs beruht auf dem *Capital* als seiner Grundlage, [...]. Es ist daher jezt nicht länger zu verwundern, daß das System der Tauschwerthe – Austausch von durch die Arbeit gemeßnen Equivalenten – umschlägt oder vielmehr als seinen versteckten Hintergrund zeigt *Aneignung fremder Arbeit ohne Austausch,* völlige Trennung von Arbeit und Eigenthum. Das Herrschen nämlich des Tauschwerths selbst und der Tauschwerthe producirenden Production *unterstellt* fremdes Arbeitsvermögen selbst als Tauschwerth – d. h. Trennung des lebendigen Arbeitsvermögens von seinen objektiven Bedingungen; Verhalten zu denselben – oder zu seiner eignen Objektivität – als fremdem Eigenthum; Verhalten zu denselben in einem Wort als *Capital* (412; vgl. 555 f.),

weshalb „schon in der einfachen Bestimmung des Tauschwerths und des Geldes der Gegensatz von Arbeitslohn und Capital etc latent enthalten ist" (171).

Was aber bedeutet die Rede vom ‚Umschlagen in das Gegenteil' genau? Für ein korrektes Verständnis der kapitalistischen Produktionsweise (und der marxschen Theorie) ist die präzise Herausarbeitung jenes dialektischen Umschlages vonnöten, von welchem bislang die Rede war:

– Als Voraussetzung des Warentauschs wurden *juristische* Freiheit und *juristische* Gleichheit benannt (siehe Abschnitt 2.1.2). *Diese* Freiheit und Gleichheit werden auch in der Produktionssphäre nicht negiert, sondern bleiben in ihr erhalten: Juristisch ist auch der Arbeiter in seinem Verhältnis zum Kapital gleich und frei. Er ist jedoch *ökonomisch unfrei* und dem Kapital gegenüber *ökonomisch ungleich:* Aus ökonomischen Gründen ist er gezwungen, sein Arbeitsvermögen dem Kapital unter der Bedingung der Leistung unbezahlter Mehrarbeit zu verkaufen, so dass das Kapital diese Bedingung dem Arbeiter diktiert und ihm gegenüber ökonomische Macht ausübt. Hieraus sind zwei Schlussfolgerungen zu ziehen: *Erstens* existieren in der warentauschenden Gesellschaft sowohl juristische Freiheit und Gleichheit als auch ökonomische Unfreiheit und Ungleichheit. Diese gleichzeitige Existenz (spezifischer) Freiheit und Gleichheit und (spezifischer) Unfreiheit und Ungleichheit ist, *zweitens,* freilich kein Zufall, sondern notwendig: Wenn der Warentausch das dominante ökonomische Verhältnis einer Gesellschaft darstellt, können juristische Freiheit und Gleichheit nur unter der Bedingung der Existenz ökonomischer Unfreiheit und Ungleichheit existieren (und umgekehrt). Diese

---

262 Vgl. Bischoff und Lieber (2008, 38–41), Petersen und Faber (2013, 82–85) und Heinrich (2014, 253–255).

zwei Schlussfolgerungen sind das, was die Rede vom ‚Umschlag von Freiheit in Unfreiheit' und ‚Umschlag von Gleichheit in Ungleichheit' meint.
- *Prima facie* könnte gesagt werden, das Zirkulationsgesetz werde durch die äquivalentlose Aneignung von Mehrwert durch das Kapital gebrochen. Allerdings ist diese Feststellung unzutreffend, da im Austausch des Kapitals mit dem Arbeiter das Zirkulationsgesetz gerade *nicht* gebrochen wird: Der Arbeiter erhält dem Zirkulationsgesetz gemäß exakt den Tauschwert seines Arbeitsvermögens als Lohn. Das Zirkulationsgesetz wird also auch im Verhältnis des Arbeiters zum Kapital nicht gebrochen (was bedeutet: das ihm zugrunde liegende Prinzip – der Austausch von Tauschwertäquivalenten – wird auch im Tausch von Arbeitsvermögen gegen Arbeitslohn nicht verletzt). Vielmehr ist das Ablaufen des Tauschaktes zwischen Arbeiter und Kapital gemäß dem Zirkulationsgesetz gerade die Bedingung der äquivalentlosen Aneignung von Tauschwerten durch das Kapital: Nur weil der Arbeiter gemäß dem Zirkulationsgesetz ausschließlich den Tauschwert seines Arbeitsvermögens, nicht aber denjenigen des Mehrprodukts erhält, kann sich das Kapital den durch den Arbeiter generierten Mehrwert ohne Zahlung eines Äquivalents aneignen. Deutlich wird *erstens*, dass das Zirkulationsgesetz nichts anderes ist als die Form, die die Aneignung von Nicht-Äquivalenten (‚Ausbeutung') in der warentauschenden Gesellschaft annimmt. Zwischen dem Zirkulationsgesetz und der Aneignung von Nicht-Äquivalenten besteht somit, *zweitens*, eine notwendige Beziehung, denn die Geltung des Zirkulationsgesetzes setzt die äquivalentlose Aneignung von Tauschwert durch das Kapital voraus: Warentausch als dominantes ökonomisches Verhältnis – und somit auch das Zirkulationsgesetz als den Warentausch bestimmendes Prinzip – existiert nur unter der Bedingung der gelingenden Kapitalverwertung, und diese setzt die äquivalentlose Aneignung von Tauschwert voraus. Diese beiden Sachverhalte sind es, die der Terminus ‚Umschlag des Zirkulationsgesetzes in sein Gegenteil' bezeichnet.
- Ähnliches ist für das Eigentumsrecht und seinen Umschlag zu konstatieren. Auch das Eigentumsrecht (im Sinne des Eigentums an durch eigene Arbeit erzeugten Waren) wird durch das Verhältnis zwischen Arbeiter und Kapital nicht verletzt: Nicht der Arbeiter ist Subjekt des Produktionsprozesses, sondern das Kapital; das Arbeitsvermögen des Arbeiters ist eine Ware unter mehreren, die das Kapital zum Zwecke der Produktion (und Verwertung) aufkauft und im Produktionsprozess einsetzt, während der Arbeiter nichts anderes als gleichsam das – keine weitere Rolle spielende – leibliche Anhängsel der Ware Arbeitsvermögen ist. Aus dieser Perspektive ist es nicht der Arbeiter, der arbeitet, sondern das Kapital, und aus diesem Grund gehören dem Kapital – im Einklang mit dem Eigentumsrecht – die durch den Produktionsprozess entstandenen Produkte und generierten Tauschwerte. Analog dem Umschlag des Zirkulationsgesetzes wird daran *erstens* ersichtlich, dass das Eigentumsrecht (im Sinne des Eigentums an durch eigene Arbeit erzeugten Waren) nichts anderes ist als die Form, die die Aneignung fremder Arbeitsprodukte in der warentauschenden Gesellschaft annimmt. *Zwei-*

tens besteht in der modernen Gesellschaft zwischen dem Eigentumsrecht (im Sinne des Eigentums an eigenen Produkten) und der Aneignung fremder Arbeitsprodukte durch das Kapital ein notwendiges Verhältnis: Da die moderne, auf dem Warentausch basierende Gesellschaft das sich selbst verwertende Kapital und somit dessen Aneignung fremder Arbeitsprodukte voraussetzt, kann das Eigentumsrecht im Sinne der Aneignung eigener Produkte in der modernen Gesellschaft nur unter der Bedingung der Aneignung fremder Produkte existieren. Der andere Aspekt des Eigentumsrechts – der Schutz des Eigentums gegen Zugriff durch andere Personen und somit das Verbot von Diebstahl und Enteignung –, welcher ursprünglich auf die Produkte eigener Arbeit Anwendung fand, findet *drittens* im Kontext des Verhältnisses des Arbeiters zum Kapital auf die durch das Kapital angeeigneten Produkte fremder Arbeit Anwendung: Dieser Aspekt des Eigentumsrechts schützt das durch das Kapital Angeeignete gegen den Zugriff und die Inbesitznahme durch den Arbeiter. Diese drei Sachverhalte sind es, die der Terminus ‚Umschlag des Eigentumsrechts in sein Gegenteil' bezeichnet.[263]

---

[263] Lohmann (1986) schreibt bezüglich des Umschlags: „Marx' Kritik des Kapitalismus setzt bei der Kapital-immanenten Gerechtigkeitskonzeption an. Sie will aufzeigen, daß die ganze kapitalistische Gesellschaft den selbstgesetzten normativen Ansprüchen nur scheinbar genügt, in Wirklichkeit aber ihren normativen Standards widerspricht. [...] Da die Kommensurabilität der Waren als Werte und die Gleichheit der Austauschenden als Warenbesitzer beim konstitutiven Warentausch vorausgesetzt werden, gilt der Warentausch dann als gerecht, wenn Äquivalente getauscht werden und wenn ohne äußeren Zwang, also auf Grund freier, individueller Willensentscheidungen ausgetauscht wird. Da außerdem alle Waren als Arbeitsprodukte angesehen werden, wird unterstellt, daß Waren nur auf zweierlei Weise rechtmäßig Eigentum werden können: durch Äquivalententausch oder auf Grund eigener Arbeit [...]. Der Gerechtigkeitsbegriff der Sphäre des Warentausches impliziert einen Zusammenhang von Freiheit, Gleichheit, Eigentum und Arbeit, [...]. Die immanent ansetzende Kritik markiert die gesellschaftlichen Phänomene, an denen deutlich wird, daß das Kapitalsystem seinen eigenen normativen Ansprüchen nicht gerecht wird" (187 f.; vgl. auch 189). Gegen diese Deutung der marxschen Theorie wendet sich Heinrich (2014), indem er – explizit Bezug nehmend auf Lohmann (1986) – postuliert, Marx intendiere „keine *immanente* Kritik der bürgerlichen Gesellschaft. [...]. Diesen Marx unterstellten Versuch einer immanenten Kritik unternimmt eher Proudhon. Gegen utopische Sozialisten wie Proudhon, die das aus der einfachen Zirkulation abgezogene Ideal gegen seine angebliche Verfälschung in der kapitalistischen Produktion geltend machen wollen, argumentiert Marx, die kapitalistische Produktion sei die durchgeführte Freiheit und Gleichheit der einfachen Zirkulation und nicht etwa deren Entartung, da die einfache Zirkulation mitsamt ihren Vorstellungen von Freiheit, Gleichheit und Eigentum nur auf kapitalistischer Grundlage existiert. [...] Diese Kritikfigur, bei der die Ideale der einfachen Zirkulation gegen die kapitalistische Wirklichkeit geltend gemacht werden, beschränkte sich historisch nicht auf die Proudhonisten, sie war auch in der englischen und deutschen Arbeiterbewegung, etwa in der Forderung nach dem ‚vollen Arbeitsertrag' weit verbreitet" (379). Meiner Auffassung nach ist die Position von Lohmann (1986) kritikwürdig, die von Heinrich (2014) entfaltete Kritik aber nicht stichhaltig. Es muss zwischen zwei Aussagen unterschieden werden: a) Marx vertritt eine immanente Kritik des Kapitalismus, dergemäß die kapitalistische Produktionsweise den normativen Standards des Warentauschs (Gleichheit, Freiheit, Äquivalententausch, Eigentum) widerspricht; b) Marx vertritt die Auffassung, dass die normativen Voraussetzungen des Warentauschs ohne den dialektischen Umschlag in ihr Gegenteil im Rahmen einer warentauschenden Gesellschaft möglich sind. Heinrich (2014) ist zuzustimmen, dass b) nicht zutreffend ist; Marx zeigt

Aus dem Dargestellten folgt, dass die moderne Gesellschaft hinsichtlich der Frage nach der Realisierung von Freiheit und Gleichheit einen *ambivalenten Charakter* besitzt. *Einerseits* werden – in der Zirkulationssphäre – juristische Freiheit und Gleichheit tatsächlich realisiert (siehe Abschnitt 2.1.2) und setzt die kapitalistische Produktion Individualismus voraus (siehe Abschnitt 2.2.3.2). Im Vergleich mit der hierarchischen, autoritären und kollektivistischen Organisation vorkapitalistischer Gesellschaften (siehe Abschnitt 2.2.2) stellen die juristische Freiheit und Gleichheit aller am Austausch Beteiligten sowie ihre Auffassung als Individuen – welche ihr Leben nach eigenem Willen zu gestalten fähig und ‚mehr' als bloße Akzidenzien an der Substanz ‚Gesellschaft' sind – einen historischen Fortschritt dar.[264] Märkte – und nichts anderes meint Marx mit ‚Zirkulation' – besitzen im Vergleich zu vorkapitalistischen Gesellschaften ein emanzipatorisches Potenzial.[265] Die undifferenzierte Ab-

---

umgekehrt deutlich auf, dass in der warentauschenden Gesellschaft die normativen Standards der Warenzirkulation nicht in ‚unverfälschter' Form, also nicht ohne ihren durch das Kapital bedingten Umschlag in ihr Gegenteil denkbar und realisierbar sind, weil die Warenzirkulation das Kapital und die ihm entsprechende Produktionsweise zur Voraussetzung hat. Mit der Widerlegung von b) ist jedoch – was Heinrich (2014) nicht erkennt – die Position von Lohmann (1986) nicht widerlegt, denn Lohmann vertritt nur a) und *nicht* b); Lohmann (1986) stellt fest, dass Marx eine immanente Kritik an der kapitalistischen Produktionsweise entwickelt, er schreibt Marx jedoch nicht die These zu, das normative Ideal der Warenzirkulation könne gleichsam von seiner kapitalistischen Verfälschung getrennt gedacht und daher von ihr praktisch bereinigt werden. Die von Lohmann (1986) vertretene Aussage a), also die Auffassung eines Widerspruchs zwischen den normativen Standards und der Funktionsweise der kapitalistischen Produktionsweise, ist freilich zu konkretisieren bzw. zu berichtigen: Es handelt sich um *keinen* logischen Widerspruch der Form, dass Freiheit und Gleichheit in der modernen Gesellschaft existieren und zugleich (dieselbe) Freiheit und Gleichheit in der modernen Gesellschaft nicht existieren. Der Widerspruch besteht vielmehr darin, dass neben der juristischen Gleichheit und Freiheit ökonomische Ungleichheit und Unfreiheit existieren. Analoges gilt für das Eigentumsrecht und Zirkulationsgesetz: Auch hier ist kein logischer Widerspruch zu konstatieren, als würden diese beiden normativen Standards zugleich gelten und nicht gelten, sondern ihre Geltung ist eben die Form, die die Aneignung von nicht selbst Erarbeitetem und von Nicht-Äquivalenten in der modernen Gesellschaft annimmt.

264 Diese Auffassung vertritt auch Hobsbawm (2011), demzufolge Marx in den *Grundrissen* „seek to formulate the *content* of history in its most general form. This content is *progress*" (130). Ein Aspekt des Fortschritts – neben der zunehmenden Emanzipation des Menschen von den Zwängen der Natur – bestehe in der Individualisierung des Menschen (‚human individualisation' [Hobsbawm 2011, 131 f.]): „This automatically implies a transformation in the relations of the individual to what was originally the community in which he functioned. The former community has been transmuted, in the extreme case of capitalism, into the dehumanised social mechanism which, while it actually makes individualisation possible, is outside and hostile to the individual. And yet this process is one of immense possibilities for humanity" (Hobsbawm 2011, 132), denn „[e]ven in this most dehumanised and apparently contradictory form, the humanist ideal of free individual development is nearer than it ever was in all previous phases of history" (Hobsbawm 2011, 133).

265 Fraser (2014b) wendet sich – unter Bezugnahme auf Marx – gegen eine Kapitalismuskritik, die eben dieses emanzipatorische Moment gleichsam übersieht und die kapitalistische Produktionsweise einzig negativ als Domäne der Unfreiheit auffasst. Denn eine solche undifferenzierte Kritik „overlooks the possibility, noted by Marx, that marketization can generate emancipatory effects, by dissolving

lehnung der kapitalistischen Produktionsweise als ‚unfrei' (‚Diktatur des Kapitals') ist somit als theoretisch verfehlt abzulehnen und kann sich nicht auf die marxsche Theorie als Begründung berufen.

Andererseits ist eine unkritische ‚Kapitalismus-Euphorie' – dergemäß aus der kapitalistischen Produktionsweise die ‚gerechteste' Gesellschaftsform sowie die vollständige und widerspruchslose Realisation von Freiheit und Gleichheit entspringe – theoretisch unhaltbar.[266] Die Realisation juristischer Freiheit und Gleichheit in der

---

modes of domination external to the market and creating the basis for new, more inclusive and egalitarian solidarities. [...] Precluding consideration of trade-offs, it discourages efforts to reckon the pluses and minuses of such complex historical developments as the introduction of markets into authoritarian command economies or the opening of labour markets to women and former slaves" (547 f.; vgl. auch Schlaudt 2016, 124). Die Frauenbewegung und die aus ihr hervorgegangene Politik der Gleichstellung beweisen, dass Lohnarbeit nicht nur durch Unfreiheit und Abhängigkeit bestimmt ist, sondern zugleich eine Möglichkeit des Ausbruchs aus patriarchalischen Familienstrukturen, aus Benachteiligung und Diskriminierung darstellt und den Weg ebnet zu Selbstbestimmung und ökonomischer Unabhängigkeit von (männlichen) ‚Ernährern'. – Milton Friedman (1982) weist ebenso auf die emanzipatorischen Effekte der kapitalistischen Produktionsweise hin, da mittels des Marktmechanismus gesellschaftliche Vielfalt ermöglicht und Diskriminierung verhindert werde: „The characteristic feature of action through political channels is that it tends to require or enforce substantial conformity. The great advantage of the market, on the other hand, is that it permits wide diversity. It is, in political terms, a system of proportional representation. Each man can vote, as it were, for the color he wants and get it; he does not have to see what color the majority wants and then, if he is in the minority, submit. [...] No one who buys bread knows whether the wheat from which it is made was grown by a Communist or a Republican, by a constitutionalist or a Fascist, or, for that matter, by a Negro or a white. This illustrates how an impersonal market separates economic activities from political views and protects men from being discriminated against in their economic activities for reasons that are irrelevant to their productivity [...]. As this example suggests, the groups in our society that have the most at stake in the preservation and strengthening of competitive capitalism are those minority groups which can most easily become the object of the distrust and enmity of the majority" (15, 21). Während Fraser (2014b) freilich eine Kapitalismus*kritik* entwirft, indem sie den ambivalenten Charakter des Kapitalismus herausarbeitet, verbleibt Friedman (1982) bei der bloßen Affirmation des Kapitalismus als des bestmöglichen Gesellschafts- und Wirtschaftssystems. Diese Auffassung Friedmans (1982) ist freilich eine einseitige und als solche sachlich nicht gerechtfertigt.

266 Wie Marx zeigt, versucht die Politische Ökonomie jedoch, eben diesen Schein der Gerechtigkeit der kapitalistischen Produktionsweise zu wahren und somit die Existenz der ‚Tiefenstruktur' zu leugnen (vgl. 449, 555f.; vgl. auch Heinrich 2014, 378f.). Aus diesem Grund vertritt die Politische Ökonomie die Auffassung, „daß das Quantum Arbeit, woraus die Waare besteht *nur* bezahlte Arbeit ist" (465; vgl. auch 470, 486f.). Die Politische Ökonomie reflektiert somit nicht auf die Differenz zwischen dem Tauschwert des Arbeitsvermögens und dem durch die Anwendung des Arbeitsvermögens generierten Tauschwert; für die Politische Ökonomie generiert der Arbeiter ebenso viel Tauschwert wie er in Form des Lohnes erhält. Marx weist jedoch darauf hin, dass von dieser Auffassung der Politischen Ökonomie ausgehend die Verwertung des Kapitals nicht erklärt werden kann; vielmehr wäre – generierte der Arbeiter tatsächlich nur so viel Tauschwert wie sein Lohn beträgt – die Verwertung des Kapitals überhaupt nicht möglich, denn „[w]enn ein Arbeiter in seiner ganzen Arbeitszeit nicht mehr produciren kann als seine wages, kann er beim besten Willen keinen farthing für den Capitalisten herausschlagen" (466f.). Da freilich die Politische Ökonomie ohnehin durch die Verwendung des Profitbegriffs das als homogen verstandene Kapital als aus sich selbst heraus tauschwertgenerierend

Zirkulation geht nämlich notwendig einher mit ökonomischer Ungleichheit und Unfreiheit in der Produktionssphäre, also mit existenzieller Abhängigkeit des Arbeiters vom Kapital und ökonomischen Macht- und Zwangsstrukturen. Der in den Menschenrechten formulierte normative Anspruch der modernen Gesellschaft, alle Gesellschaftsmitglieder seien in jeglicher (juristischer, ökonomischer, ...) Hinsicht Freie und Gleiche (siehe Abschnitt 2.1.2), wird somit *nicht – und notwendig nicht – eingelöst*. Die daraus resultierende Kritik an der warentauschenden, modernen Gesellschaft entspringt also nicht daraus, dass ein ihr äußerlicher Maßstab an sie angelegt würde, sondern basiert auf der Tatsache, dass sie ihrem eigenen, ihr immanenten normativen Anspruch nicht gerecht wird; sie wird, mit anderen Worten, in der marxschen Theorie an sich selbst und nicht an ihr äußerlichen ethischen Prinzipien gemessen.[267]

2.2.3.6 Expansion und Universalisierung: Die Dynamik der kapitalistischen Produktionsweise

Die kapitalistische Produktionsweise ist kein statisches System, sondern wesentlich durch *Dynamik* – durch einen stetigen Entwicklungsprozess – geprägt.[268] Diese Entwicklung verläuft nicht zufällig, sondern wird durch die Bestimmungen des Kapitalbegriffs bedingt; die Produktionsweise wird mit anderen Worten den Bestimmungen des Kapitalbegriffs angepasst, ihnen gemäß umgestaltet. Begrifflich ist, wie die folgenden Ausführungen zeigen werden, diese Entwicklung

– als *Expansion* der Kapitalverwertung, des Kapitalwerts, des kapitalistischen Produktions- und Zirkulationsprozesses und des Warentauschs als des dominanten ökonomischen Verhältnisses sowie
– als *Universalisierung* der (warentauschenden) Individuen

zu fassen.[269]

---

auffasst, wird die Widersprüchlichkeit der Politischen Ökonomie innerhalb ihres eigenen theoretischen Rahmens nicht sichtbar, sondern erst durch die marxsche Kritik aufgedeckt.
267 Hier liegt eine weitere der von Benhabib (1986) analysierten Ebenen der Kritik der marxschen Theorie vor (s. Abschnitt 2.2.3.4): „Vergleicht man die *Normen* der bürgerlichen Gesellschaft mit der *Wirklichkeit* der gesellschaftlichen Verhältnisse, in denen sie verkörpert und aktualisiert sind, wird die Diskrepanz deutlich. [...]. Marx kontrastiert das *normative* Selbstverständnis dieser Gesellschaft mit den maßgebenden, *wirklichen gesellschaftlichen* Verhältnissen, ohne sich dabei auf andere Normen zu berufen als diejenigen, die der bürgerlichen Gesellschaft immanent sind" (87; vgl. auch 86 f.).
268 Hierauf insistieren auch Petersen und Faber (2013, 139, 259–261) sowie Heinrich (2014, 311–314).
269 Die begriffliche Unterscheidung zwischen Expansion und Universalisierung stellt eine über den Wortlaut des Textes hinausgehende Rekonstruktion der marxschen Theorie dar: Marx selbst spricht von „universeller Entwicklung der Productivkräfte" (438) – was im Folgenden als Expansion der Produktivkräfte bezeichnet werden wird –, von der „propagandistische[n] Tendenz des Capitals" (642), der „propagandistische[n] (civilisirende[n]) Tendenz" (440) oder den „civilisirenden Wirkungen des Capitals" (430); den Terminus ‚Expansion' verwendet Marx in diesem Zusammenhang nicht. – Die Rede von Expansion und Universalisierung halte ich – entgegen dem Wortlaut des marxschen Textes – für sinnvoll, um einerseits ‚objektive' (‚Expansion') von ‚subjektiven' (‚Universalisierung') Veränderungsprozessen terminologisch abzugrenzen (wobei beide Seiten nicht voneinander unabhängig sind)

In der historischen Entstehungszeit der kapitalistischen Produktionsweise übernimmt das Kapital zunächst die vorgefundenen Arbeits- und Produktionsprozesse früherer Gesellschaftsformen. Der Zweck dieser Prozesse ist im Rahmen der kapitalistischen Produktionsweise – anders als in vorkapitalistischen Produktionsweisen – zwar die Verwertung, die Weise ihrer materiellen Durchführung ist jedoch zunächst identisch mit derjenigen in vorkapitalistischen Produktionsweisen (vgl. 477 und 571–574). Um die Verwertung in stetig zunehmendem Ausmaß zu ermöglichen, gestaltet das Kapital im Anschluss an seine frühe historische Entstehungsphase die Produktionsprozesse um (vgl. 571–574). Diese Umgestaltung ist möglich, weil das Kapital Subjekt des Produktionsprozesses ist (siehe Abschnitt 2.2.3.3).

Für das Kapital ist, wie in Abschnitt 2.1.7 dargestellt, nicht nur relevant, *dass* es sich verwertet, sondern auch, *in welchem Umfang* dies geschieht. Entsprechend seiner Bestimmung der *unbegrenzten quantitativen Vervielfältigung* strebt das Kapital daher unter anderem danach, ausgehend von einer bestimmten Tauschwertsumme im Rahmen eines Produktions- und Verwertungszyklus (G – W – P – W – G') möglichst viel Mehrwert zu generieren. Marx unterscheidet zwei Arten, Mehrwert zu generieren beziehungsweise die Summe generierten Mehrwerts zu steigern: ‚absoluten' und ‚relativen' Mehrwert.

- Der absolute Mehrwert ist „bestimmt durch die absolute Verlängerung des Arbeitstags über die nothwendige Arbeitszeit hinaus" (639). Die generierte Mehrwertsumme kann dementsprechend vergrößert werden, indem der – bereits über die notwendige Arbeitszeit hinausreichende – Arbeitstag verlängert wird, so dass also der Arbeiter in größerem Maße Arbeit und entsprechend (bei Konstanz der notwendigen Arbeitszeit) in größerem Maße Mehrarbeit verausgabt.
- Die Generierung von relativem Mehrwert erfolgt dann, wenn die notwendige Arbeitszeit reduziert wird, so dass bei konstanter Länge des Arbeitstages der Arbeiter in größerem Maße Mehrarbeit verausgabt (vgl. 640). Die Reduktion der notwendigen Arbeitszeit wird möglich durch Steigerung der Produktivkraft (vgl. 640).

Da das Kapital aufgrund seiner begrifflichen Struktur eine möglichst große Mehrwertsumme zu generieren bestrebt ist (und danach streben *muss*), versucht es, sowohl den Arbeitstag zu verlängern als auch die notwendige Arbeitszeit zu reduzieren. Die Steigerung beider Mehrwertformen ist somit die „Tendenz des Capitals" (641); und somit ist auch „[d]ie Vermehrung der Productivkraft der Arbeit und die größte Negation der nothwendigen Arbeit [...] die nothwendige Tendenz des Capitals" (572). Während auch in vorkapitalistischen Produktionsweisen die Arbeitszeit der Arbeitenden verlängert wurde – freilich nicht zur Generierung von Mehrwert, der ja der kapitalistischen Produktionweise eigen ist, sondern zur Erzeugung von möglichst

---

und andererseits die gemeinsame Natur der vielgestaltigen ‚objektiven' Prozesse durch Subsumtion unter den Terminus ‚Expansion' hervorzuheben. Die marxsche Rede von der ‚Zivilisierung' wird am Ende dieses Abschnitts thematisiert werden.

zahlreichen Gegenständen mit Gebrauchswert –, zeigt sich anhand des relativen Mehrwerts „unmittelbar der industrielle und unterscheidend historische Charakter der auf das Capital gegründeten Productionsweise" (640).[270] Die Entwicklung der Produktivkraft, Reduktion der notwendigen Arbeit und Generierung von relativem Mehrwert in Verbindung mit der Generierung von absolutem Mehrwert ist somit das Spezifikum der kapitalistischen Produktionsweise.

Warum aber ist die *Expansion der Produktivkraft* Bedingung der Verringerung der notwendigen Arbeit? Durch Steigerung der Produktivkraft können in einem bestimmten Zeitraum mehr über Gebrauchswert verfügende Produkte hergestellt werden. Das bedeutet, dass die zur Reproduktion des Arbeitsvermögens notwendigen Produkte in einer kürzeren Zeitspanne hergestellt werden können; die notwendige Arbeit nimmt also ab. Als Folge davon steht – bei identischer Länge des Arbeitstages – mehr Zeit zur Verfügung, um Produkte über den Bedarf der Reproduktion des Arbeitsvermögens hinaus zu produzieren, also Mehrarbeit zu verausgaben. Die durch die Steigerung der Produktivkraft implizierte Transformation des materiellen Produktionsprozesses bedingt eine analoge Veränderung im Prozess der Wertgenerierung: Wenn im Produktionsprozess – auf materieller Ebene – in der gleichen Zeitspanne mehr Produkte als zuvor hergestellt werden können, dann verfügt – der Erhöhung der Produktivkraft umgekehrt proportional – jedes hergestellte Produkt über einen geringeren Tauschwert als zuvor (vgl. 297 und 343).[271] Damit verlieren auch diejenigen Produkte an Wert, die zur Reproduktion des Arbeitsvermögens benötigt werden. Entsprechend wird der an den Arbeiter zu zahlende Lohn (= variables Kapital) reduziert; und dadurch nimmt – bei gleichbleibender Länge des Arbeitstages und somit gleichbleibender Summe generierten Tauschwerts – die Summe generierten Mehrwerts proportional zu (vgl. 293; Tabellen als Beispiel auf 287 f.): „Weniger Nothwendige Arbeit mehr Surplus Arbeit producirt" (296). Da durch die Steigerung der Produktivkraft also die Verwertung des Kapitals ausgeweitet wird, strebt es notwendig nach ihr

---

270 Der Grund hierfür liegt zum einen darin, dass in vorkapitalistischen Produktionsweisen das Produkt der Mehrarbeit allein als Gebrauchswert von Interesse war und entsprechend von den Herrschenden schlichtweg konsumiert wurde (Ausgaben bspw. für die Hofhaltung, den Bau repräsentativer Gebäude, Kriegsführung, ...); demgegenüber ist es gerade das Charakteristikum der kapitalistischen Produktionsweise, das Mehrprodukt als Kapitalwert aufzufassen und somit nicht unproduktiv zu verzehren, sondern produktiv zu reinvestieren – also bspw. Produktionsmittel davon zu erwerben, die die Ausweitung der Produktivkraft erlauben. Zum anderen liegt der Grund wohl aber auch darin, dass die Entwicklung der Produktivkraft auf vorkapitalistische Gesellschaften destruktive Wirkungen entfaltet (s. Abschnitt 2.2.2), so dass die Herrschenden (aus bewusster Einsicht oder intuitiver Ahnung) die ihr entsprechende Reduktion der notwendigen Arbeit nicht forcierten und stattdessen einzig den Arbeitstag verlängerten.
271 Wird also bspw. die Produktivkraft verdoppelt, wird der Tauschwert der einzelnen Produkte halbiert; denn wenn in der gleichen Zeitspanne doppelt so viele Produkte hergestellt werden können, heißt dies, dass die identische Summe Tauschwert generiert wird (weil Tauschwert = verausgabte Arbeitszeit), sich diese aber auf doppelt so viele Produkte aufteilt.

und nach einer Transformation des materiellen Produktionsprozesses, welche sie allererst ermöglicht:

> Das Capital sezt die *Production des Reichthums* selbst und daher die universelle Entwicklung der Productivkräfte, die beständige Umwälzung seiner vorhandnen Voraussetzungen, als Voraussetzung seiner Reproduction. [...] erscheint ihm jeder Grad der Entwicklung der gesellschaftlichen Productivkräfte, [...] nur als Schranke, die es zu überwältigen strebt (439).

Marx erkennt in der Steigerung der Produktivkraft mittels *Maschinerie* die charakteristische und ihr adäquate Entwicklung der kapitalistischen Produktionsweise (vgl. 572 f.), da sich mittels ihrer – der Bestimmung des Kapitals gemäß – die Produktivkraft in einem historisch zuvor nicht gekannten Ausmaß und Geschwindigkeit ausweiten lässt (für eine weitere Begründung siehe Abschnitt 2.2.3.7). Die enorme Steigerung der Produktivkraft durch Maschinisierung geht auf eine Veränderung der Weise des Arbeitens zurück: Statt wie in historisch früheren Zeiten *unmittelbare Arbeit* zu verausgaben, handelt es sich bei der Arbeit im maschinisierten Produktionsprozess um *regulative Arbeit* (zur Unterscheidung siehe Abschnitt 2.2.1). Die Arbeit ist also nicht mehr unmittelbar in den Produktionsprozess integriert und wirkt nicht mehr – wenn auch unter Verwendung von Arbeitsinstrumenten – auf das Arbeitsmaterial ein; sondern die Arbeit tritt gleichsam neben den Produktionsprozess, indem sie das Einwirken der selbsttätigen Maschine als Arbeitsinstrument auf das Arbeitsmaterial überwacht und steuert (vgl. 571 f.).[272]

Die Maschinisierung des Produktionsprozesses ist *zum einen* identisch mit dem Einsatz verbesserter, also produktiverer Arbeitsinstrumente (vgl. 227). Das Kapital steigert die Produktivkraft durch den stetig zunehmenden Einsatz von Maschinen im Produktionsprozess, was schließlich zu einem komplexen, maschinell betriebenen Produktionsprozess führt, in dem verschiedene Maschinen miteinander kombiniert werden („*System der Maschinerie*" [571]; „Productionsprocess der grossen Industrie" [585]). Um Maschinen und ein System der Maschinerie freilich produktiv verwenden und allererst entwickeln zu können, ist *zum anderen* die Entwicklung weiterer Produktivkräfte (siehe Abschnitt 2.2.1) vonnöten. Der maschinisierte Produktionsprozess ist ein solcher, der „die Naturgewalten seinem Dienst unterwirft und so sie im Dienst der menschlichen Bedürfnisse wirken läßt" (577). Eine solche „Unterwerfung der Naturkräfte unter den gesellschaftlichen Verstand" (585) setzt Wissenschaft und darauf basierende technische Erfindungen voraus.[273] Ebenso erforderlich für ein

---

[272] Vgl. auch Starosta (2013, 253 f.).
[273] Die Maschinerie basiert auf der „technologische[n] Anwendung der Wissenschaft" und erfordert es, der „Production wissenschaftlichen Character zu geben" (574; vgl. auch 580). Da die Erkenntnis (natur-)wissenschaftlicher Gesetzmäßigkeiten bedeutungsvoll für die Steigerung der Produktivkraft mittels der Maschinerie ist und somit für das Kapital eine bedeutende Rolle besitzt, bleibt auch die wissenschaftliche Forschung nicht ‚neutral' oder ‚wertfrei'; vielmehr wird die Forschung selbst durch das Kapital bestimmt, so dass diejenigen Wissenschaftsdisziplinen und Forschungsfragen fokussiert werden, welche für das Kapital nützlich sind und eine Steigerung der Produktivkraft erwarten lassen:

System der Maschinerie sind die praktische Anwendung neuentdeckter Naturprozesse[274] und eine spezifische Organisation der Arbeit. Bezüglich des letztgenannten Punktes ist zu konstatieren, dass zur maschinisierten Produktion die Konzentration vieler Arbeiter:innen an einem Ort, ihre Kooperation im Arbeitsprozess und die Kombination der verschiedenen von ihnen verausgabten Arbeitsarten erforderlich ist. Dadurch ist das Produkt nicht Resultat der Arbeitsleistung eines einzelnen Arbeiters, sondern einer Gruppe von Arbeiter:innen und ihrer gemeinschaftlich verausgabten, miteinander in Beziehung gesetzten Arbeiten (vgl. 377 f. und 478).[275]

Anhand der *(die expandierende Produktivkraft ermöglichenden) Maschinisierung des kapitalistisch betriebenen Produktionsprozesses* wird deutlich, dass die Umgestaltung des Produktionsprozesses nicht zufällig oder willkürlich vonstatten geht, sondern so, dass der Produktionsprozess der Kapitalbestimmung der *unbegrenzten quantitativen Vervielfältigung* kontinuierlich adäquater wird:[276]

> In der Maschine und noch mehr in der Maschine{rie} als einem automatischen System, ist das Arbeitsmittel verwandelt seinem Gebrauchswerth nach, d. h. seinem stofflichen Dasein nach in eine dem [...] Capital überhaupt adaequate Existenz (571).

Daran wird (einmal mehr) ersichtlich, dass die stetig sich ausweitende Verwertung, also das stetig zunehmende Wachstum des Tauschwerts ohne Bezug auf spezifische Gebrauchswerte und die diesen zugrunde liegenden spezifischen stofflichen Gegenstände nicht denkbar ist. Das Kapital kann seiner Bestimmung der *unbegrenzten quantitativen Vervielfältigung* nur gerecht werden durch eine stetige Auseinandersetzung mit der Stofflichkeit – mit dem materiellen Produktionsprozess. Das Kapital

---

Es werden „die sämmtlichen Wissenschaften in den Dienst des Capitals gefangen genommen [...]. Die Erfindung wird dann ein Geschäft und die Anwendung der Wissenschaft auf die unmittelbare Production selbst ein für sie bestimmender und sie sollicitirender Gesichtspunkt" (580; vgl. auch 581).

[274] Z. B. historisch zu Marxens Zeit die Energiefreisetzung fossiler Rohstoffe zum Antrieb der Dampfmaschine.

[275] Hier ist das bislang zur theoretischen Rekonstruktion der kapitalistischen Produktionsweise verwendete Schema, dass *dem* Kapital *der* Arbeiter gegenübersteht, nicht mehr anwendbar. Dem Kapital (oder auch den Einzelkapitalien) steht eine Vielzahl von Arbeiter:innen gegenüber, die gemeinsam im Produktionsprozess tätig sind.

[276] Hieraus folgt, dass Maschinisierung des Produktionsprozesses keinen Selbstzweck darstellt, sondern nur dann stattfindet, wenn das Resultat eine ausgeweitete Kapitalverwertung ist. Maschinen sind selbst Produkte, für deren Erzeugung eine bestimmte Arbeitszeit notwendig ist und die daher über einen bestimmten Tauschwert verfügen. Als Teil des konstanten Kapitals wird ihr Tauschwert entsprechend dem Grad ihres Verschleißes auf die Produkte übertragen. Der von der höheren Produktivkraft ausgehende Effekt, den Tauschwert des Produkts – und somit die notwendige Arbeitszeit – zu senken, wird also durch den Einsatz von Maschinen (partiell oder vollständig) konterkariert; zwar wird durch Maschinen Arbeitszeit zur Herstellung eines Produkts eingespart, aber zugleich muss Arbeit zur Herstellung der Maschinen aufgewendet werden. Entsprechend setzt das Kapital nur dann Maschinen ein, wenn mittels ihrer mehr Arbeitszeit eingespart wird als zu ihrer Produktion notwendig ist, wenn also der Produktwert – und somit die notwendige Arbeitszeit – *tatsächlich* sinkt; denn nur in diesem Fall wächst der generierte Mehrwert (vgl. 292, 636–639, 647, 683–685, 692–697).

modifiziert die Weise des materiellen Produzierens selbst und ist daher fern davon, lediglich die juristische ‚Eigentümerstruktur' der Produktionsmittel zu betreffen.

Aus dem Dargestellten wird ersichtlich, dass das Kapital aufgrund seiner begrifflichen Bestimmung die *Expansion der Mehrwertrate* anstrebt und zu diesem Zwecke die *Expansion der Produktivkraft* – welche auf der *Expansion verschiedener Produktivkräfte* basiert – vorantreibt. Grundsätzlich bestehen zwei Optionen, wenn die Produktivkraft zunimmt: Entweder

- dieselbe Produktmenge wird in kürzerer Zeitspanne hergestellt, wodurch der Arbeitstag des Arbeiters umgekehrt proportional zur Produktivkraftsteigerung verkürzt wird, oder
- die Menge der hergestellten Güter nimmt proportional zur Produktivkraftsteigerung zu, so dass der Arbeitstag des Arbeiters konstant bleibt.

Im Rahmen der kapitalistischen Produktionsweise kommt allein die zweite Option in Betracht: Würde im Sinne der ersten Option die höhere Produktivkraft dafür eingesetzt, die tägliche Arbeitszeit des Arbeiters zu reduzieren, dann würde die Produktivkraftsteigerung nicht mit einer Zunahme der verausgabten Mehrarbeit – und entsprechend der Mehrwertrate – einhergehen; diese Limitierung der materiellen Produktion und damit einhergehend der Verwertung widerspräche dem Begriff des Kapitals. Vielmehr wird in der kapitalistischen Produktionsweise der Arbeitstag trotz Entwicklung der Produktivkraft nicht verkürzt, um dadurch die verausgabte Mehrarbeit auszuweiten.[277] Entsprechend wächst die Quantität hergestellter Produkte, wodurch zugleich die Menge der zur Produktion benötigten Materialien – in moderner Terminologie: der Materialverbrauch – zunimmt (vgl. 293 und 296 f.): „Die Vermehrung der Productivkraft, [...], führt nothwendig mit sich Vermehrung des Materials, da mehr Material bearbeitet werden muß, damit mehr Product producirt werden kann" (289 f.). Mit der Expansion der Mehrwertrate und der Produktivkraft geht also zugleich eine *Expansion der Produktenmenge und des Materialverbrauchs* einher.[278] Da Produktion zudem stets die Natur modifiziert (siehe Abschnitt 2.2.1), geht mit der stetig

---

277 Vgl. Fetscher (1991, 130).
278 In der Tat vermerkt Marx, dass durch stetig umfangreicher werdende Produktionsprozesse und größere Produktionsstätten und -anlagen Ressourcen eingespart werden: „Die Vermehrung der Productivkraft, wie sie bei Production auf großer Stufenleiter von selbst hervorgeht aus Theilung und Combination der Arbeit, Oekonomie in gewissen Ausgaben – Bedingungen für den Arbeitsprocess – die *dieselben bleiben oder sich vermindern bei gemeinschaftlicher Arbeit, wie Heizung etc, Arbeitsbaulichkeiten* etc" (641). Die pro einzelnem Produkt aufzuwendenden Ressourcen mögen durch diese ‚Ökonomie in gewissen Ausgaben' verringert werden (relativer Ressourcenverbrauch); der Ressourcenverbrauch hinsichtlich der gesellschaftlichen Gesamtproduktion kann jedoch aufgrund der stetig wachsenden Produktenmenge dennoch zunehmen (absoluter Ressourcenverbrauch). Dieses im ökologischen Diskurs als *Rebound-Effekt* bezeichnende Phänomen des abnehmenden relativen Ressourcenverbrauchs bei gleichzeitig steigendem absoluten Ressourcenverbrauch ist empirisch als Regelfall zu konstatieren (vgl. Luks 2013, 25, 77 f., 80; Neumayer 2013, 74–77, 85). Aus diesem Grund ist im Haupttext trotz der Ökonomisierungstendenz des Kapitals von stetig zunehmendem Ressourcenverbrauch die Rede. S. dazu auch Abschnitt 3.1.3.1.

ausgeweiteten materiellen Produktion eine *Expansion der modifizierenden Einwirkung auf die Natur* einher.

Die Expansion der Produktivkraft und der Mehrwertrate wurde als Folge des Strebens des Kapitals nach größtmöglicher Selbstverwertung ausgewiesen. Die tatsächlich realisierte Kapitalverwertung führt aufgrund der Kapitalbestimmung der *unbegrenzten quantitativen Vervielfältigung* freilich zu einer weiteren expansiven Entwicklung der kapitalistischen Produktionsweise: zur *Expansion des Kapitalwerts*. Der in einem Produktions- und Verwertungszyklus (G – W – W – G') neu generierte Tauschwert wird erinnerlich nicht durch die Kapitalist:innen konsumiert, sondern selbst zu Kapital, also dem ursprünglichen Kapitalwert hinzugefügt und im folgenden Produktions- und Verwertungszyklus ebenfalls verwertet (siehe Abschnitt 2.2.3.3). Durch seinen stetig zunehmenden Tauschwert kann – und muss, um die weitere Verwertung zu ermöglichen – das Kapital also stetig mehr Arbeitsvermögen und mehr objektive Bedingungen der Arbeit aufkaufen. Gesteigerte Produktivkraft bedeutet, dass bei identischem Kapitalwert und identischer Länge des Arbeitstages durch die Expansion der Mehrwertrate eine größere Mehrwertsumme generiert und mehr materielles Produkt erzeugt, mehr Material verbraucht und Natur in größerem Ausmaße modifiziert wird; Expansion des Kapitalwerts bedeutet, dass bei gleichbleibender Produktivkraft und identischer Länge des Arbeitstags
– auf Wertebene die Summe generierten Mehrwerts zunimmt sowie
– auf materieller Ebene eine Expansion der Produktenmenge, des Materialverbrauchs und der modifizierenden Einwirkung auf die Natur erfolgt,
da durch den gewachsenen Kapitalwert in größerem Umfang Arbeitsvermögen und objektive Bedingungen der Arbeit durch das Kapital gekauft werden. Expansion der Produktivkraft und Expansion des Kapitalwerts bedingen also dieselben Folgen. Und da im Kontext der kapitalistischen Produktionsweise – als Folgen des Strebens nach größtmöglicher Kapitalverwertung – notwendig sowohl die Produktivkraft als auch der Kapitalwert expandieren, vervielfältigen sich in quantitativer Hinsicht die Wirkungen dieser Expansionsprozesse: Bei gleichzeitiger Expansion der Produktivkraft und des Kapitalwerts steigt die Summe generierten Mehrwerts pro Arbeits- und Produktionszyklus stärker als dies bei alleiniger Expansion des Kapitalwerts *oder* alleiniger Expansion der Produktivkraft der Fall wäre – und dasselbe trifft auf die Produktenmenge, den Materialverbrauch und die modifizierende Einwirkung auf die Natur zu. Ebenso wird die Expansion des Kapitalwerts durch die zunehmende Produktivkraft verstärkt, da die durch sie ermöglichte größere Mehrwertsumme in der Folge dem Kapitalwert hinzugefügt wird. Umgekehrt ermöglicht das Wachstum des Kapitalwerts allererst die Steigerung der Produktivkraft in großem Umfang, da zur Maschinisierung des Produktionsprozesses massive Kapitalinvestitionen notwendig sind.

Zur Kapitalverwertung ist es nicht nur notwendig, dass im Rahmen des materiellen Produktionsprozesses lebendige Arbeit verausgabt wird, sondern ebenso auch, dass die hergestellten Produkte anschließend verkauft werden – erst dann ist der generierte Mehrwert auch realisiert und die Kapitalverwertung geglückt (siehe Abschnitt 2.2.3.3.). Zum Verkauf der Produkte ist es notwendig, dass sie über Gebrauchswert für die (potentiellen) Käufer:innen verfügen.[279] Der Gebrauchswert wird zum einen durch die stofflichen Eigenschaften der Produkte, zum anderen durch die Bedürfnisse der warentauschenden Personen konstituiert (siehe Abschnitt 2.1.3). Wie gezeigt, nimmt die Menge der hergestellten Produkte stetig zu. Wenn die produzierte Menge eines spezifischen Produkts stetig wächst, können ab einem bestimmten Zeitpunkt nicht mehr alle Einzelprodukte dieser Menge verkauft werden, da die Bedürfnisse der potenziellen Käufer:innen hierzu nicht ausreichen – ab einem bestimmten Punkt ist also das Bedürfnis (die Nachfrage) nach dem Produkt schlichtweg geringer als die vorhandene Produktenmenge (das Angebot). Um die Verkäuflichkeit der Produkte und somit die Kapitalverwertung unter der Bedingung einer stetig zunehmenden Produktenmenge zu gewährleisten, erfolgen vier weitere expansive Entwicklungen der kapitalistischen Produktionsweise.[280]

Die *erste* Entwicklung stellt die *räumliche Expansion der Zirkulationssphäre* – des ‚Marktes' als des räumlichen Umkreises, in welchem die hergestellten Waren angeboten und verkauft werden – dar: „Das Capital treibt seiner Natur nach über jede räumliche Schranke hinaus" (424). Um die Verkäuflichkeit der stetig wachsenden Produktenmenge zu gewährleisten, wird die Anzahl der potentiellen Käufer:innen durch die räumliche Ausdehnung der Zirkulationssphäre erhöht. Letztes Ziel dieser Entwicklung ist der „Weltmarkt" (440): die Möglichkeit, an jedem Punkt der Erde jede Ware verkaufen (und kaufen) zu können. Notwendig zur räumlichen Expansion der Zirkulationssphäre ist die Entwicklung geeigneter Kommunikations- und Transportmittel, um die Waren überhaupt an weit entfernte Verkaufsorte transportieren zu können (vgl. 440):

---

[279] Präziser formuliert: Dass Produkte über Gebrauchswert verfügen, ist eine notwendige, aber keine hinreichende Bedingung ihrer Verkäuflichkeit, wie im folgenden Abschnitt (2.2.3.7) dargestellt werden wird.

[280] Vgl. auch Lebowitz (2013, 60 f.). – Zugegebenermaßen werden die im Haupttext folgenden Ausführungen – die die vier Expansionsprozesse durch das Verhältnis des stetig wachsenden Produktangebots zum Bedarf der Käufer:innen zu erklären versuchen – der Komplexität der marxschen Argumentation nicht vollständig gerecht. An einer Stelle des Manuskripts schreibt Marx: „Der an einem Punkt geschaffne *Mehrwerth* erheischt die Schöpfung des Mehrwerths an einem *andren* Punkt, gegen den er sich austausche; wenn auch nur zunächst Production von mehr Gold und Silber, [...]. Wie das Capital daher einerseits die Tendenz hat stets mehr Surplusarbeit zu schaffen, so die ergänzende mehr Austauschpunkte zu schaffen; d. h. hier vom Standpunkt des *absoluten* Mehrwerths oder Surplusarbeit aus, mehr Surplusarbeit als Ergänzung zu sich selbst hervorzurufen; au fond die auf dem Capital basirte Production oder die ihm entsprechende Productionsweise zu propagiren" (320; vgl. auch 317– 319). Unabhängig von der wachsenden Warenmenge und den ihr gegenüberstehenden Bedürfnissen wird die Expansion der kapitalistischen Produktionsweise durch den Umstand erklärt, dass zur Realisierung des generierten Mehrwerts (W – G') eine weitere, gleichgroße Mehrwertsumme existieren muss, um den Austausch W – G' gemäß dem Zirkulationsgesetz zu ermöglichen; dies führt zur Expansion der kapitalistischen Produktionsweise, um den weiteren Mehrwert zu generieren, gegen den der zuerst genannte Mehrwert dann ausgetauscht werden kann. Diese Argumentationsfigur wird in der folgenden Darstellung nicht weiterverfolgt.

2.2 Materieller Produktionsprozess und Verwertungsprozess des Kapitals — 179

> Je mehr die Production auf dem Tauschwerth, daher auf dem Austausch beruht, desto wichtiger werden für sie die physischen Bedingungen des Austauschs – Communications- und Transportmittel. [...] Die Schöpfung der physischen Bedingungen des Austauschs – von Communications- und Transportmitteln wird also für es [das Kapital] in ganz andrem Maasse zur Nothwendigkeit – der Vernichtung des Raums durch die Zeit. [...] ist die Production wohlfeiler Transport- und Communikationsmittel Bedingung für die auf das Capital gegründete Production und wird *daher* von ihm hergestellt (424).

Deutlich wird ein sich selbst verstärkender Prozess (etwas, das auch als ‚positive Rückkopplung' bezeichnet wird): Kommunikationsmittel und Handel – die hier als Mittel zum Verkauf der wachsenden Produktenmenge dienen – sind selbst Produktivkräfte (siehe Abschnitt 2.2.1), deren Entwicklung das Wachstum der Warenmenge zusätzlich antreibt. Zu konstatieren ist also eine sich *selbst verstärkende Eigendynamik der kapitalistischen Produktionsweise*. Die räumliche Expansion der Zirkulationssphäre dient nicht dem interkulturellen Austausch, und ebenso wenig ist so etwas wie Völkerfreundschaft durch gegenseitigen Handel Ziel der Etablierung des Weltmarktes. Es handelt sich aber ebenso wenig um eine zufällige Entwicklung. Vielmehr ist sie Folge der begrifflichen Bestimmung des Kapitals als *unbegrenzte quantitative Vervielfältigung*.

Was Marx im obigen Zitat mit der These von der ‚Vernichtung des Raumes durch die Zeit' meint, wird deutlich bei Betrachtung des Begriffs der *Zirkulationszeit*. Die Zirkulationszeit ist diejenige Zeit, die benötigt ist, die Ware nach Abschluss des Produktionsprozesses zu verkaufen und den verwerteten Wert somit in Geld zurückzuverwandeln; sie entspricht also im Kapitalprozess dem letzten Schritt W – G'. Die Zirkulationszeit ist freilich für die Kapitalverwertung unproduktiv verlorene Zeit: In ihr wird kein Mehrwert generiert, da es sich um keinen Produktionsprozess handelt; je mehr Zeit der Schritt W – G' benötigt, je länger das Kapital also in der Gestalt der besonderen Ware gebunden ist, desto länger dauert es, bis der Prozess der Produktion und Kapitalverwertung von Neuem begonnen werden kann:

> hängt es also von der Geschwindigkeit der Circulation ab, der *Zeit*, worin sie zurückgelegt wird, wie viel Producte in einem gegebnen Zeitraum producirt werden können; wie oft sich das Capital in einem gegebnen Zeitraum verwerthen kann, [...]. Wenn die Circulation daher kein Moment der [Tausch-]*Werthbestimmung* selbst hervorbringt, die ausschließlich in der Arbeit liegt, so hängt von ihrer Geschwindigkeit ab die Geschwindigkeit, worin der Productionsproceß sich wiederholt, [Tausch-]Werthe geschaffen werden (436; vgl. auch 443 und 512f.).

Daher stellt die Zirkulationszeit „Hemmung, Schranke des Selbstverwerthungsprocesses des Capitals" (438; vgl. auch 441) dar. Diese Hemmung verstärkt sich durch die räumliche Expansion der Zirkulation: Je weiter der Verkaufsort der Waren von ihrem Produktionsort entfernt liegt, desto mehr Zeit benötigt tendenziell ihr Transport, desto länger wird also tendenziell die Zirkulationszeit (vgl. 565). Daher ist das Kapital bestrebt, die durch die räumliche Expansion der Zirkulationssphäre verursachte tendenzielle Verlängerung der Zirkulationszeit durch einen schnelleren Transport der Waren abzukürzen, die räumliche Expansion also durch eine gegenläufige *Kontrak-*

tion der Zirkulationszeit im Sinne einer zeitlich kürzeren Durchquerung des ‚Marktraumes' auszugleichen:[281]

> Während das Capital also einerseits dahin streben muß, jede örtliche Schranke des Verkehrs, i. e. des Austauschs niederzureissen, die ganze Erde als seinen Markt zu erobern, strebt es andrerseits danach den Raum zu vernichten durch die Zeit; d. h. die Zeit, die die Bewegung von einem Ort zum andren kostet, auf ein Minimum zu reduciren (438).

Die ‚Vernichtung des Raumes durch die Zeit' bezeichnet also das Streben des Kapitals, eine bestimmte Distanz in immer kürzerer Zeit zu überwinden und somit letztendlich die räumliche Entfernung eines Ortes für die Kapitalverwertung als bedeutungslos zu erweisen: „selbst die örtliche Entfernung löst sich in Zeit auf; es kommt z. B. nicht auf die räumliche Ferne des Markts an, sondern die Geschwindigkeit – das Zeitquantum, worin er erreicht wird" (436). Es findet eine *Homogenisierung* dieser Dimensionen statt, insofern der Raum aus Perspektive des Kapitals auf Zeit reduziert wird. Diese Homogenisierung setzt die stetige Entwicklung und Anwendung leistungsfähigerer Transportmittel voraus; deutlich wird also auch hier, dass die Kapitalverwertung bestimmt wird durch „die physischen Bedingungen des Austauschs" (424), also durch die Entwicklung über spezifischen Gebrauchswert und über spezifische stoffliche Eigenschaften verfügender Gegenstände.

Die *zweite* Entwicklung zur Gewährleistung der Verkäuflichkeit der stetig wachsenden Produktenmenge und somit der Kapitalverwertung ist die stetige qualitative Ausdifferenzierung der materiellen Produktion – also die Entwicklung neuer Produkte und dadurch die Schaffung qualitativ anderer Gebrauchswerte – zur Befriedigung bislang noch nicht befriedigter oder bislang noch überhaupt nicht vorhandener Bedürfnisse. Es wird mit anderen Worten stetig „ein neuer, qualitativ verschiedner Productionszweig geschaffen" (321). Das Kapital bedingt somit

> die *möglichste Vervielfältigung des Gebrauchswerths der Arbeit* – oder *der Productionszweige* – so daß die Production des Capitals, [...] die *unbegrenzte Mannigfaltigkeit der Arbeitszweige* beständig und nothwendig erzeugt, d. h. also den allseitigsten Form- und Inhaltsreichthum der Production, alle Seiten der Natur ihr unterwerfend (641).

Die kapitalistische Produktweise bedingt somit die *qualitative Expansion der Warenwelt und der Gebrauchswerte*. Diese setzt voraus das

> Exploriren der ganzen Natur, um neue nützliche Eigenschaften der Dinge zu entdecken; universeller Austausch der Producte aller fremden Climate und Länder; neue Zubereitungen (künstliche) der Naturgegenstände, wodurch ihnen neue Gebrauchswerthe gegeben werden. [...] Die Exploration der Erde nach allen Seiten, sowohl um neue brauchbare Gegenstände zu entdecken,

---

[281] In der gegenwärtigen *Philosophie der Mondialisierungen*, deren Zweck die Reflexion der mit der räumlichen Globalisierung einhergehenden Kulturphänomene darstellt (vgl. Badura 2006,14), wird diese Entwicklung als ‚Raum-Zeit-Kompression' bezeichnet (vgl. Badura 2006, 13).

wie neue Gebrauchseigenschaften der alten; wie neue Eigenschaften derselben als Rohstoffe etc; die Entwicklung der Naturwissenschaft daher zu ihrem höchsten Punkt (321 f.).

Hier wird erneut die Relevanz des Stofflichen und des durch Stofflichkeit konstituierten Gebrauchswerts für den Tauschwert und die kapitalistische Produktionsweise deutlich: Die gesamte Natur wird unter dem Blickwinkel erforscht, neuen Gebrauchswert zum Zwecke der Kapitalverwertung zu entdecken. Analog der obigen Darstellung wird eine weitere positive Rückkopplung deutlich: Um die Verkäuflichkeit der wachsenden Produktenmenge zu sichern, wird naturwissenschaftliche Forschung betrieben; naturwissenschaftliches Wissen ist aber selbst eine der Produktivkräfte und trägt somit zur noch schnelleren, noch umfassenderen Steigerung der Produktivkraft und somit zur zusätzlichen Steigerung des Wachstums der Produktenmenge bei – und dadurch müssen zur Gewährleistung der Verkäuflichkeit in noch größerem Umfang neue Gebrauchswerte entdeckt und zu diesem Zwecke naturwissenschaftliche Forschung durchgeführt werden (die dann wiederum zur Entwicklung der Produktivkraft beiträgt, ... und so weiter). Erneut ist eine sich selbst verstärkende Eigendynamik der kapitalistischen Produktionsweise zu konstatieren.

Die *dritte* Entwicklung zum Zwecke der Sicherstellung der Verkäuflichkeit der Produktenmenge stellt die Ausdehnung des Warentausch-Verhältnisses und der Warenproduktion in ökonomische Bereiche dar, die bislang noch nicht austauschförmig strukturiert waren und deren Güter noch nicht die gesellschaftliche Form der Ware angenommen haben. Der Tauschwert ist in seiner Form als Geld zwar der allgemeine Repräsentant aller Waren; aber längst besitzen auch in einer auf dem Warentausch als grundlegendem ökonomischen Verhältnis beruhenden und kapitalistisch produzierenden Gesellschaft nicht alle Güter Warencharakter und werden ebenso wenig alle Güter in Produktionsprozessen hergestellt, in denen sich Lohnarbeiter und Kapital gegenüberstehen. Es gibt auch in dieser Gesellschaft noch gleichsam Nischen, in denen sich andere Formen ökonomischer Verhältnisse erhalten und etabliert haben. Daher ist es Tendenz des Kapitals, auch diese ökonomischen Bereiche seiner Logik zu unterwerfen; also „jedes Moment der Production selbst dem Austausch zu unterwerfen und das Produciren von unmittelbaren, nicht in den Austausch eingehenden Gebrauchswerthen aufzuheben" (321; vgl. auch 203). Ein Teil der in stets größerem Umfang durch das Kapital angewendeten Arbeitsvermögen und objektiven Bedingungen der Arbeit wird also dazu verwendet, Güter herzustellen, die bislang keinen Warencharakter besaßen und nicht kapitalistisch hergestellt wurden. Das Problem der die Bedürfnisse übersteigenden Warenmenge wird also nicht dadurch gelöst, dass ein Teil der Warenmenge auf immer entfernteren Märkten verkauft wird (Entwicklung 1) oder beständig neue Produkte zur Befriedigung noch unerfüllter und neu geschaffener Bedürfnisse entwickelt werden (Entwicklung 2), sondern dadurch, dass ein Teil der produzierten Warenmenge Bedürfnisse befriedigt, die bislang von nicht warenförmigen und nicht kapitalistisch hergestellten Gütern befriedigt wurden. Die kapitalistische Produktionsweise erschafft damit

> ein System der allgemeinen Exploitation der natürlichen und menschlichen Eigenschaften, ein System der allgemeinen Nützlichkeit, als dessen Träger die Wissenschaft selbst so gut erscheint, wie alle physischen und geistigen Eigenschaften, während nichts als *An-sich-Höheres*, Für-sich-selbst-Berechtigtes, ausser diesem Zirkel der gesellschaftlichen Production und Austauschs erscheint (322).

Das, was im Geld begrifflich bereits angelegt war (siehe Abschnitt 2.1.5), wird durch die Entwicklung der kapitalistischen Produktionsweise in gesellschaftliche Realität übersetzt: Natur und Menschen werden immer umfassender als Mittel zur Realisierung des Kapitalbegriffs – der möglichst umfassenden Verwertung des Tauschwerts – verwendet. Nichts ‚Heiliges' existiert mehr, das dem Zugriff des Kapitals entzogen wäre; nichts ist wertvoll, was nicht zur Kapitalgenerierung beiträgt. Impliziert damit ist, dass zunehmend auch (bislang) außerökonomische Sphären der Gesellschaft der Kapitallogik gemäß umgestaltet, also in den kapitalistisch-austauschförmigen Produktions- und Zirkulationsprozess eingegliedert und dem Zweck der Kapitalverwertung gleichsam unterworfen werden. Zu konstatieren ist also die *Expansion des Warentauschs und der kapitalistischen Produktionsweise in bislang nicht austauschförmig organisierte und nicht kapitalistisch produzierende Bereiche der Ökonomie sowie in bislang außerhalb der Ökonomie stehende Gesellschaftsbereiche.*

Die *vierte* Entwicklung stellt die *räumliche Expansion der kapitalistischen Produktionsweise in nicht-kapitalistische Gesellschaften* dar. Historisch in Westeuropa entstanden, strebt das Kapital über seine geographischen Grenzen hinaus – nicht nur hinsichtlich der Ausdehnung seiner Zirkulationssphäre (Entwicklung 1), sondern ebenso hinsichtlich der kapitalistischen Umgestaltung der Produktion in bislang nicht austauschförmig-kapitalistisch organisierten Gesellschaften.[282] In diesen Gesellschaften wurden die Bedürfnisse ihrer Mitglieder bislang durch Güter befriedigt, die nicht im Rahmen der kapitalistischen Produktionsweise hergestellt wurden und deren Distribution entsprechend nicht durch Warentausch erfolgte:

> Es kann an dieser Stelle noch bemerkt werden, daß, da blos das Capital die Productionsbedingungen des Capitals hat, also befriedigt, und zu realisiren strebt, allgemeine Tendenz des Capitals an allen Punkten, die Voraussetzungen der Circulation, productive Centren derselben bilden, diese Punkte sich zu assimiliren, d. h. in capitalisirende Production oder Production von Capital zu verwandeln (440).

Durch das Entstehen der Lohnarbeit in diesen Gesellschaften verschwinden traditionelle, nicht-kapitalistische Produktionsweisen (wie Subsistenzwirtschaft, gemeinschaftliche Produktion in Dorfgemeinschaften, ...), so dass die Gesellschaftsmitglieder

---

[282] Lesenswerte weiterführende Überlegungen zum Verhältnis kapitalistischer zu vorkapitalistischen Gesellschaften finden sich bei Uemura (2006).

ihre Bedürfnisse durch kapitalistisch erzeugte Waren befriedigen *müssen*[283] – was dem stets wachsenden Produktenangebot der kapitalistischen Produktionsweise eine größere Nachfrage gegenüberstellt und somit die Verkäuflichkeit der Produkte gewährleistet.[284]

Die dargestellten vier Entwicklungen – welche parallel zueinander verlaufen, sich also gegenseitig nicht ausschließen – stellen Realisierungsformen der Bestimmungen des Tauschwerts dar, welche zusammengenommen als *Allgemeinheit* gefasst wurden (siehe Abschnitt 2.1.4); diese vier Entwicklungen bedeuten nichts anderes, als „die wirkliche *Allgemeinheit* des Tauschwerths dem Stoff, und dem Raum nach erst zu schaffen" (149) und somit die begriffliche Bestimmung des Tauschwerts allererst in gesellschaftliche Realität zu überführen. Mit der Expansion von Zirkulation, Warenwelt, Austauschverhältnissen und kapitalistischer Produktionsweise hin zu einem *die Lebenswelt durchdringenden und globalen Kapitalismus* wird der Warentausch hinsichtlich der gesellschaftlich-ökonomischen Verhältnisse und der ihnen entsprechenden Praxis allgemein – die globale Ökonomie und das gesellschaftliche Miteinander der Menschen ‚funktionieren' in stetig zunehmendem Ausmaß gemäß den Bestimmungen des Tauschwerts.[285]

Die oben dargestellte *qualitative Expansion der Warenwelt und der Gebrauchswerte* impliziert die Entwicklung und Ausweitung der Bedürfnisstruktur der warenbesitzenden Subjekte:

---

[283] Oder, als weitere Möglichkeit, die kapitalistisch – und das heißt auch: durch maschinisierten Produktionsprozess – hergestellten Produkte sind wesentlich günstiger als in vorkapitalistischer Produktionsweise hergestellte Produkte, weshalb sie diese verdrängen.

[284] Freilich wird die Produktenmenge durch diese vierte Entwicklung zusätzlich vergrößert, indem auch die Mitglieder ehemals nicht kapitalistischer Gesellschaften nun kapitalistisch – und das heißt auch: mit höherer Produktivkraft – produzieren; dies erfordert – erneut im Sinne einer positiven Rückkopplung – die fortgesetzte Expansion der kapitalistischen Produktionsweise in noch weitere bislang vorkapitalistische Gesellschaften, um die gewachsene Warenmenge verkaufen zu können (was wiederum zu einem zusätzlichen Wachstum der Warenmenge führt, ...).

[285] Wood (2013, 162 f.) weist zu Recht darauf hin, dass gerade aufgrund der Erkenntnis der im Haupttext dargestellten vier Entwicklungen die marxsche Theorie – trotz ihres mehr als 150-jährigen Alters – geeignet sei zur Analyse der Gegenwart und nicht an Relevanz verloren, sondern sogar gewonnen habe. Denn während zur Entstehungszeit der marxschen Theorie der Kapitalismus zwar eine bedeutende, aber geographisch (insbesondere auf England) beschränkte soziale Form und auch in den westeuropäischen Gesellschaften ein großer Teil der ökonomischen Verhältnisse nicht warenförmig strukturiert gewesen sei, habe er in der Gegenwart jene die Lebenswelt durchdringende globale Gestalt gewonnen, die Marx theoretisch antizipiert habe: „we are living in a moment when, for the first time, capitalism has become a truly universal system. It is universal not only in the sense that it is global, and not only in the sense that just about every economic actor in the world today – even those on the outermost periphery of the capitalist economy – is operating according to the logic of capitalism. Capitalism is universal also in the sense that its logic – the logic of accumulation, commodification, profit maximization, competition – has penetrated virtually every aspect of human life and nature itself" (Wood 2013, 162; vgl. auch 163–165). Dieselbe Auffassung vertritt auch Heinrich (2014, 372).

die Entdeckung, Schöpfung und Befriedigung neuer aus der Gesellschaft selbst hervorgehenden Bedürfnisse; die Cultur aller Eigenschaften des gesellschaftlichen Menschen und Production desselben als möglichst Bedürfnißreichen, weil Eigenschafts- und Beziehungsreichen – seine Production als möglichst totales und universelles Gesellschaftsproduct – (denn um nach vielen Seiten hin zu geniessen, muß er genußfähig, also zu einem hohen Grad cultivirt sein) (322).

Als das rastlose Streben nach der allgemeinen Form des Reichthums treibt aber das Capital die Arbeit über die Grenzen seiner [des Arbeiters] Naturbedürftigkeit hinaus und schafft so die materiellen Elemente für die Entwicklung der reichen Individualität, die ebenso allseitig in ihrer Production als Consumtion ist und deren Arbeit daher auch nicht mehr als Arbeit, sondern als volle Entwicklung der Thätigkeit selbst erscheint, in der die Naturnothwendigkeit in ihrer unmittelbaren Form verschwunden ist; weil an die Stelle des Naturbedürfnisses ein geschichtlich erzeugtes getreten ist (241).

Parallel zur ‚objektiven' Weiterentwicklung des materiellen Produktionsprozesses zur Herstellung immer neuer Waren findet also eine ‚subjektive' Entwicklung oder Transformation der Warentauschenden statt. Subjektive und objektive Seite sind freilich nicht getrennt voneinander zu denken: Die Entwicklung neuer Bedürfnisse auf Seiten der Individuen wird bestimmt durch die Entwicklung neuer Waren mit neuen Gebrauchswerten: „ein neuer, qualitativ verschiedner Productionszweig [...], der neues Bedürfniß befriedigt und hervorbringt" (321). Die Erklärung hierfür bietet die Theorie der Produktion im Allgemeinen (siehe Abschnitt 2.2.1), dergemäß durch den produktiven Umgang der Menschen mit der Natur neue menschliche Attribute – zu denen auch Bedürfnisse zählen – entstehen; entsprechend stellen die Bedürfnisse der Menschen keine anthropologische Konstante dar, sondern entwickeln sich historisch durch Entwicklung der Produktivkräfte als Transformationen des Verhältnisses der Produzierenden zur Natur und zueinander. Das vermeintlich ‚objektive' – der materielle Produktionsprozess – ist zugleich nichts anderes als die produktive Tätigkeit der menschlichen Subjekte; die Menschen werden nicht durch einen wie auch immer gearteten autonomen Produktionsprozess gestaltet, sondern gestalten sich selbst durch ihre produktive Tätigkeit.[286]

---

[286] Die Entwicklung neuer Waren zur Befriedigung bislang überhaupt noch nicht existenter Bedürfnisse setzt voraus, dass diese Bedürfnisse auch tatsächlich entwickelt werden. Geschähe dies nicht, dann würden zwar kontinuierlich neue Produkte mit neuen Eigenschaften entwickelt werden, nach denen aber kein Bedarf bestünde, die also über keinen Gebrauchswert verfügten und somit – zum Schaden der Kapitalverwertung – unverkäuflich wären. Dieser Befund ist zunächst unproblematisch, da, wie im Haupttext dargestellt, mit steigender Produktivkraft ja eine ihr entsprechende Entwicklung der Bedürfnisstruktur einhergeht, so dass ein Gleichbleiben der Bedürfnisse unter der Bedingung steigender Produktivkraft nicht möglich ist. Freilich muss das Kapital im Allgemeinen Anstrengungen unternehmen, damit die Bedürfnisse der Warentauschenden sich in diejenige Richtung entwickeln, in welcher sie entsprechend den Kapitalbestimmungen befriedigt zu werden vermögen (ein Bedürfnis nach Muße und Zeit zur Reflexion bspw. verträgt sich mit der kapitalistischen Produktionsweise schlechter als eines nach neuer, industriell erzeugter Unterhaltungselektronik). Die Bedürfnisse der Subjekte erweisen sich somit als durch das Kapital geformt. Zudem müssen die Einzelkapitalien mannigfaltige Anstrengungen unternehmen (z. B. Werbung, Aufbau von bestimmten Produktmarken, ...), um zu erreichen, dass sich die Bedürfnisse genau so entwickeln, dass ihre spezifischen Produkte

Resultat dieses Entwicklungsprozesses der *Universalisierung der Bedürfnisstruktur* sind Individuen, die über eine *universelle* Bedürfnisstruktur verfügen. ‚Universell' meint hier erstens, dass die Individuen über eine vielfältig ausgebildete Bedürfnisstruktur verfügen: Sie verfügen über mannigfaltige, intellektuelle *und* materielle Bedürfnisse, also beispielsweise *zugleich* nach Kultur, Kunst und Wissenschaft, nach sportlicher Betätigung, Speisen und leiblichen Annehmlichkeiten, nach Reisen und Unterhaltung. Zweitens meint ‚universell', dass die einzelnen Bedürfnisse – beispielsweise nach Speisen – ausdifferenziert sind und weit über das ‚Naturnotwendige' (siehe Abschnitt 2.2.1) hinausgehen: Bedürfnisse nach einer Vielzahl wohlschmeckender Speisen, die nicht nur bloße Sättigung und Ernährung des Körpers bieten, sondern beispielsweise auch Abwechslung und (immer wieder anderen, neu zu entdeckenden, ...) Genuss ermöglichen.

Mit der qualitativen Expansion der Warenwelt und der Gebrauchswerte geht nicht nur auf Seite des Konsums der Prozess der Universalisierung der Bedürfnisstruktur einher, sondern zudem – wie das letzte eingerückte Zitat zeigt – der Prozess der *Universalisierung menschlicher Arbeit*. Die Erzeugung einer Mannigfaltigkeit besonderer Waren mit spezifischen stofflichen Eigenschaften und spezifischen Gebrauchswerten erfordert eine ihr korrespondierende Mannigfaltigkeit konkreter Arbeitsarten. Je vielfältiger die Waren sind, desto vielfältiger müssen auch die Arbeiten sein, die diese Waren produzieren. Entsprechend werden mannigfaltige körperliche und intellektuelle Tätigkeiten des Menschen ausgebildet; menschliche Arbeit ist nicht mehr beschränkt auf die Erzeugung von Gütern zur Befriedigung naturnotwendiger Bedürfnisse, sondern umfasst eine sich stets weiter ausdifferenzierende mannigfaltige Palette produktiver Tätigkeiten. Durch die stetige Fortentwicklung des materiellen Produktionsprozesses müssen die produzierenden Subjekte zudem fähig sein, verschiedene Arbeiten zu verausgaben und sich in neue produktive Tätigkeiten rasch einzufinden.

Resultat dieses Prozesses sind Individuen, die *universell* zu arbeiten imstande sind. ‚Universell' meint auch hier, dass erstens das Individuum nicht auf einige wenige Arbeitsarten beschränkt ist, sondern eine Vielzahl körperlicher und geistiger Arbeiten zu verausgaben vermag; und die einzelnen Arbeiten zweitens in mannigfaltige Tätigkeiten ausdifferenziert sind, die weit über diejenigen Tätigkeiten hinausgehen, die als naturnotwendige zur Sicherstellung des bloßen physischen Überlebens notwendig sind. ‚Universell' meint hier zudem drittens, dass die Arbeit selbst ihren naturnotwendigen Charakter verloren hat und das universelle und selbstbestimmte Tätigsein dem Individuum ein Bedürfnis geworden ist (vgl. 241) – eine Freude an der produktiven Tätigkeit, wodurch Arbeit nicht mehr als Last oder Mühsal empfunden wird, sondern als kreative und autonom verrichtete Verwirklichung der eigenen menschli-

---

sie zu befriedigen vermögen. Aus diesen beiden Gründen spricht Marx davon, das Kapital erstrebe, den Warentauschenden „neue Bedürfnisse [...] anzuschwatzen" (210).

chen Anlagen.[287] Das bedeutet auch, dass Arbeit über die eigenen Bedürfnisse hinaus – also das Verausgaben von Mehrarbeit – zum Bedürfnis wird (vgl. 241); und das wiederum bedeutet, dass (vorausgesetzt, das Mehrprodukt wird nicht von anderen Personen einfach unproduktiv verzehrt) das stetige Steigern der Produktivkraft zum Bedürfnis wird.[288]

Individuen, die über eine universelle Bedürfnisstruktur verfügen und universell zu arbeiten imstande sind – deren produktive und konsumtive Tätigkeit also universell ist – sind durch eine „reiche[] Individualität" (241) charakterisiert. In vorkapitalistischen Produktionsweisen entwickelte sich zwar die Produktivkraft ebenfalls, aber lediglich mit geringer Geschwindigkeit (siehe Abschnitt 2.2.2); erst in der kapitalistischen Produktionsweise wird die Produktivkraftsteigerung zum ökonomischen Imperativ (welcher durch den Konkurrenzmechanismus in der gesellschaftlichen Realität durchgesetzt wird) und nimmt die Produktivkraftsteigerung daher historisch nicht gekannte Ausmaße an. Und damit ist auch erst in dieser Produktionsweise die Herausbildung einer solchen reichen Individualität praktisch möglich. Anders als in – in vorkapitalistischen Gesellschaften durchaus möglichen – literarischen und schwärmerischen Spekulationen, die eine solche reiche Individualität (im umgangssprachlichen Sinne) idealistisch postulieren, schafft die kapitalistische Produktionsweise „die materiellen Elemente für die Entwicklung der reichen Individualität" (241):

> Resultat ist: die ihrer Tendenz und δυνάμει nach allgemeine Entwicklung der Productivkräfte – des Reichthums überhaupt – als Basis, ebenso die Universalität des Verkehrs, daher der Weltmarkt als Basis. Die Basis als Möglichkeit der universellen Entwicklung des Individuums, und die wirkliche Entwicklung der Individuen von dieser Basis aus als beständige Aufhebung ihrer *Schranke*, die als Schranke gewußt ist, nicht als *heilige Grenze* gilt. Die Universalität des Individuums nicht als gedachte oder eingebildete, sondern als Universalität seiner realen und ideellen Beziehungen (440).

---

[287] In der Marxforschung wird zwischen einem biologischen und einem teleologischen Arbeitsbegriff unterschieden (vgl. Leist 1986, 60 f., 77): „Unter dem biologischen Aspekt ist Arbeit eine instrumentelle Tätigkeit mit dem Zweck, die durch eine lebensfeindliche Umwelt gefährdete Existenz des Menschen zu sichern. Unter dem teleologischen hingegen ist Arbeit Zweck an sich. Der Mensch arbeitet nicht nur aus seiner Not heraus, sondern verwirklicht in der Arbeit sein Wesen, nämlich dann, wenn er ‚universell', ‚allseitig' oder ‚frei' produziert" (Leist 1986, 60).

[288] Objektive und subjektive Seite der Entwicklung der kapitalistischen Produktionsweise sind auch dadurch verbunden, dass die erstgenannte die materiellen Bedingungen für die zweitgenannte schafft und diese wiederum die Entwicklung der erstgenannten verstärkt. Der dritte Aspekt der Universalisierung menschlicher Arbeit bspw. wird allererst möglich, ja überhaupt erst denkbar durch die wachsende Produktivkraft und Maschinisierung des Produktionsprozesses, wodurch stumpfsinnige, gefährliche, kräftezehrende und schädigende Arbeiten sukzessive durch Maschinen übernommen werden – und zugleich trägt, wie im Haupttext gezeigt, die Universalisierung der Arbeit, erneut im Sinne einer positiven Rückkopplung, zur Steigerung der Produktivkraft bei.

Die in diesem Abschnitt dargestellte Dynamik der Expansion und Universalisierung, die die Statik vorkapitalistischer Verhältnisse überwindet und gleichsam verflüssigt, fasst Marx emphatisch unter dem Begriff der *Zivilisierung* zusammen:

> Hence the great civilising influence of capital; seine Production einer Gesellschaftsstufe, gegen die alle frühren nur als lokale Entwicklungen der Menschheit und als Naturidolatrie erscheinen. Die Natur wird erst rein Gegenstand für den Menschen, rein Sache der Nützlichkeit; hört auf als Macht für sich anerkannt zu werden; und die theoretische Erkenntniß ihrer selbstständigen Gesetze erscheint selbst nur als List um sie den menschlichen Bedürfnissen, [...] zu unterwerfen. Das Capital treibt dieser seiner Tendenz nach ebenso sehr hinaus über nationale Schranken und Vorurtheile, wie über Naturvergötterung, und überlieferte, in bestimmten Grenzen selbstgenügsam eingepfählte Befriedigung vorhandner Bedürfnisse und Reproduction alter Lebensweise. Es ist destructiv gegen alles dieß und beständig revolutionirend, alle Schranken niederreissend, die die Entwicklung der Productivkräfte, die Erweiterung der Bedürfnisse, die Mannigfaltigkeit der Production, und die Exploitation und den Austausch der Natur- und Geisteskräfte hemmen (322; vgl. auch 430, 519 sowie die Nachweise in der zweiten Fußnote dieses Abschnitts).

Der Begriff ‚Zivilisierung' kann einerseits deskriptiv im Sinne der Konstatierung einer zunehmenden Ausdehnung der bürgerlichen Gesellschaft – der *civil society* – und der ihr entsprechenden kapitalistischen Produktionsweise verstanden werden. Der Begriff der Zivilisierung hat jedoch andererseits einen wertenden Aspekt: Zivilisierung bezeichnet einen als positiv bewerteten gesellschaftlichen Prozess, durch welchen die gesellschaftlichen Verhältnisse (in welchem präzisen Sinne auch immer) ‚gut' beziehungsweise ‚besser' werden und der einen historischen Fortschritt darstellt.[289] Wieso aber bewertet Marx die Dynamik der kapitalistischen Produktionsweise positiv? Wieso ist für ihn der expandierende und universalisierende Prozess des Kapitalismus gleichbedeutend mit Zivilisierung – und nicht etwa, wie im Kontext von oberflächlichen Kapitalismuskritiken häufig zu vernehmen, mit einer zu bedauernden globalen Ausdehnung ausbeuterischer Verhältnisse und einer kulturellen ‚Barbarei'? Die folgenden Punkte geben eine Begründung für die marxsche Bewertung der kapitalistischen Dynamik als Zivilisierung:
- Die Expansion der kapitalistischen Produktionsweise impliziert die fortschreitende Zerschlagung noch bestehender vorkapitalistischer gesellschaftlicher Verhältnisse, die einen kollektivistischen, autoritären und nonegalitären Charakter besitzen. Diesen vorkapitalistischen Gesellschaften gegenüber stellen die kapitalistische Produktionsweise und die ihr entsprechende moderne Gesellschaft einen Fortschritt dar – wenn auch in ambivalenter, dialektisch umschlagender Form (siehe Abschnitt 2.2.3.5).[290]

---

[289] S. exemplarisch den französischen Diskurs der Aufklärung: Condorcet versteht unter Zivilisierung „Expansion der Aufklärung und ihrer Prinzipien von Freiheit, Gleichheit und Tugendhaftigkeit" (Breuer 2010, 3110).
[290] In der Literatur zur marxschen Theorie werden – mit durchaus ‚markigen' Worten – häufig die negativen Folgen der Expansion des Kapitalismus herausgestellt wie etwa das damit implizierte unbegrenzte Wachstum der Produktenmenge und des Materialverbrauchs, das insbesondere in ökolo-

- Durch die Bildung des Weltmarktes, eines globalen Kapitalismus und die damit einhergehenden grenz- und kulturüberschreitenden (Handels-)Kontakte werden – siehe das letzte Zitat – ‚nationale Schranken und Vorurteile' überwunden, worunter nationalistische und rassistische Ideologien, Unkenntnis oder Verachtung fremder Kulturen, Chauvinismus, ‚Kleingeistigkeit' und Intoleranz zu verstehen sind. Freilich ist auch diese Entwicklung dialektisch gebrochen: Dem Kapital ist es gleichgültig, beispielsweise welcher Religion ein Mensch angehört oder welche Hautfarbe er hat, denn nur die Kapitalverwertung – und der Beitrag des einzelnen arbeitenden Menschen zu dieser – zählt. Mit anderen Worten: Wenn Personen für das Kapital ‚nützlich' sind, sind alle anderen – auch die in ‚nationalen Vorurteilen' als negativ angesehenen – Eigenschaften gleichgültig. Die Abkehr von ‚nationalen Schranken und Vorurteilen' vollzieht sich im Medium der Verwandlung *aller* Menschen in ein bloßes Mittel zur Kapitalgenerierung – hier liegt, so könnte man sagen, ein antihumanistischer Egalitarismus vor. Nichtsdestotrotz wird durch die Expansion des Kapitalismus historisch erstmals, wenn auch in dialektisch gebrochener Form, die Gleichheit aller Menschen denk- und sichtbar, der gegenüber alle unterscheidenden Merkmale sich als bloße Akzidenzien erweisen – und dies nicht zuletzt auch dadurch, dass Menschen beispielsweise verschiedener Kulturen, Nationalitäten und Religionen sich praktisch im Kontext der globalen Ökonomie begegnen und schätzen lernen.
- Die Steigerung der Produktivkraft impliziert nicht nur eine Expansion der Kapitalverwertung, sondern – auf Ebene des Gebrauchswerts – ebenso, „daß der Besitz und die Erhaltung des allgemeinen Reichthums [...] eine geringre Arbeitszeit für die ganze Gesellschaft erfordert" und „die Arbeit, wo der Mensch in ihr thut, was er Sachen für sich thun lassen kann, aufgehört hat" (241). Marx hebt die humanen Folgen der Produktivkraftentwicklung hervor; sie erlaubt die Befreiung von stumpfsinnigen, gefährlichen, kräftezehrenden und schädigenden Arbeiten sowie die Reduktion der Arbeitszeit oder eine umfassendere Bedürfnisbefriedigung. Freilich ist auch diese zivilisatorische Entwicklung im Kontext der kapitalistischen Produktionsweise durch einen dialektischen Widerspruch charakterisiert (siehe Abschnitt 2.2.3.7).
- Im Kontext der kapitalistischen Produktionsweise ist kein Platz für ‚Naturvergötterung' (siehe das letzte eingerückte Zitat oben). Natur wird einzig unter dem

---

gischer Hinsicht sich als destruktiv erweist. Wood (2013) schreibt etwa: „It is a disease, a cancerous growth. It destroys the social fabric just as it destroys nature" (166). Dieses Urteil ist (wie in Abschnitt 3.1.3 deutlich werden wird) durchaus sachlich gerechtfertigt, da in der Tat eine nicht-wachsende Ökonomie im Rahmen der kapitalistischen Produktionsweise und einer auf dem Warentausch basierenden Gesellschaft nicht möglich ist. Das Urteil leidet freilich an dem Mangel der Einseitigkeit: Anders als eine bösartige Wucherung, die für den betreffenden Organismus ausschließlich schädliche Folgen hat, besitzt der Kapitalismus eben auch positive Wirkungen, indem er vormoderne gesellschaftliche Verhältnisse auflöst. Eine unreflektiert metaphorische Rede (‚Krebs') vermag diese Doppelseitigkeit gedanklich nicht zu erfassen.

Aspekt ihrer Nützlichkeit – für die Kapitalverwertung – und nicht als für sich selbst wertvolle oder gar heilige Entität aufgefasst. Das Kapital vollbringt es durch sein Streben nach grenzenloser Verwertung, die Natur objektiv und (natur-)wissenschaftlich zu erforschen und diese Forschung durch keine wie auch immer gearteten metaphysischen oder religiösen Normen aufhalten zu lassen; denn jede Rücksichtnahme, jeder ‚Respekt' und jede Scheu vor der Natur könnte ja technische Entwicklungen verhindern und somit die Mehrwertgenerierung gefährden. Indem diese unbeschränkte Naturforschung nicht nur die Kapitalverwertung fördert, sondern auch die produktivere Herstellung von über Gebrauchswert verfügenden Gütern zum Resultat hat, trägt sie zu den im letzten Punkt dargestellten humanen, freilich im Kapitalismus dialektisch gebrochenen Folgen der Produktivkraftentwicklung bei. Dass die Auffassung der Natur als an sich wertloses Objekt menschlicher Praxis und das Wachsen der Produktivkräfte (aufgrund des beständig wachsenden Ressourcenverbrauchs) im ökologischen Sinne negativ-destruktiv sein könnten, reflektiert Marx nicht.

- Offenbar hält Marx – ohne dies näher zu begründen – auch die Universalisierung der Individuen für einen historischen Fortschritt und begrüßt aus diesem Grund die Entwicklung der kapitalistischen Produktionsweise.[291] So schildert er, das Kapital wende

> daher alle Mittel auf, um sie [die Arbeiter:innen] zum Consum anzuspornen, neue Reize seinen Waaren zu geben, neue Bedürfnisse ihnen anzuschwatzen etc. Es ist grade diese Seite des Verhältnisses von Capital und Arbeit, die ein wesentliches Civilisationsmoment ist, und worauf die historische Berechtigung, aber auch die gegenwärtige Macht des Capitals beruht (210; vgl. auch 321).

Auch die Universalisierung der Individuen ist freilich in der kapitalistischen Produktionsweise nur in widersprüchlicher Form realisiert (siehe Abschnitt 2.2.3.7).
- Durch die dargestellten Entwicklungen – und ausschließlich durch diese – wird die Grundlage geschaffen für die Herausbildung einer neuen, den Kapitalismus aufhebenden Gesellschaftsform:[292]

> Obgleich seiner Natur nach selbst bornirt, strebt es [das Kapital] nach universeller Entwicklung der Productivkräfte und wird so die Voraussetzung neuer Productionsweise, die gegründet ist nicht auf die Entwicklung der Productivkräfte, um einen bestimmten Zustand zu reproduciren und höchstens auszuweiten, sondern wo die – freie, ungehemmte, progressive, und universelle Entwicklung der Productivkräfte selbst die Voraussetzung der Gesellschaft und daher ihrer Reproduction bildet; wo die einzige Voraussetzung das Hinausgehn über den Ausgangspunkt (438).

---

[291] Vgl. Grundmann (1991, 54) sowie Bayertz und Quante (2013, 91). – Hier ist Marx wohl beeinflusst von humanistischen Entwürfen, wie ein ‚gutes Leben' des Menschen beschaffen sei, etwa von der Renaissance-Vorstellung des *uomo universale* oder der Weimarer Klassik (vgl. Salamun 2012, 50 f.). Auch durch die antike Philosophie mag Marx in diesem Punkt beeinflusst sein (vgl. Haug 2001, 295).
[292] Vgl. Fetscher (1991, 112) und Bayertz und Quante (2013, 91).

Die grosse geschichtliche Seite des Capitals ist diese *Surplusarbeit*, überflüssige Arbeit vom Standpunkt des blosen Gebrauchswerths, der blosen Subsistenz aus zu *schaffen*, und seine historische Bestimmung ist erfüllt, sobald einerseits die Bedürfnisse so weit entwickelt sind, daß die Surplusarbeit über das Nothwendige hinaus selbst allgemeines Bedürfniß ist, aus den individuellen Bedürfnissen selbst hervorgeht – andrerseits die allgemeine Arbeitsamkeit durch die strenge Disciplin des Capitals, wodurch die sich folgenden Geschlechter durchgegangen sind, entwickelt ist als allgemeiner Besitz des neuen Geschlechts – endlich durch die Entwicklung der Productivkräfte der Arbeit (241).[293]

Auch dies wird im folgenden Abschnitt thematisiert werden.

Die Zivilisierung findet im Kontext der kapitalistischen Produktionsweise in nur widersprüchlicher Form statt. Aus diesem Grund spricht Marx von der „propagandistische[n] (civilisirende[n]) Tendenz" (440) der kapitalistischen Produktionsweise: Es ist eine Richtung, in die sie sich entwickelt, der aber gegenläufige, widersprechende Tendenzen entgegenstehen. Sie vermag es nicht, die Zivilisierung der Menschen und ihrer Gesellschaft in Gänze zu realisieren. Sie stellt aber die dafür notwendigen Mittel bereit und setzt den Zivilisierungsprozess in Gang. Daher stellt sie einen historischen Fortschritt gegenüber früheren Produktionsweisen dar.

Zunächst aber sei noch auf eine besondere Charakteristik der kapitalistischen Produktionsweise hingewiesen. Trotz ihrer Dynamik ist sie durch eine eigentümliche *Stationarität* gekennzeichnet: Die gesellschaftliche Struktur kapitalistischer Produktionsweise wandelt sich – trotz und gerade aufgrund der Dynamik – *nicht*. Stets ist der Zweck des Produktionsprozesses die Generierung von Mehrwert, stets entspricht das ökonomische Geschehen der Formel G – W – W – G'. Dies gilt auch für die dargestellten Entwicklungen: Auch sie dienen einzig der Kapitalverwertung und modifizieren lediglich die materielle Ausgestaltung des Schemas G – W – W – G',[294] ohne seine Form aufzuheben. Somit bleibt trotz dynamischer Entwicklung in der kapitalistischen Produktionsweise letztlich ‚alles beim Alten'.[295]

---

293 Hier zeigt sich die marxsche Einsicht in den dialektischen (und zu Recht als tragisch zu bezeichnenden) Verlauf der Geschichte: Dass erst die durch das Kapital induzierte Zwangsarbeit der Arbeitenden die Bedingungen für eine wahrhaft freie Gesellschaft schafft – denn die Arbeitenden werden durch das Kapital gezwungen, über die Befriedigung ihrer (Grund-)Bedürfnisse hinaus durch das Kapital anzueignende Mehrarbeit zu leisten, die wiederum die Grundlage für die Entwicklung der Produktivkraft ist (vgl. 241). Gäbe es diesen Zwang nicht, wäre also der Arbeiter tatsächlich frei, so hätte er – wenn die notwendige Arbeitszeit bspw. einen halben Tag betrüge –, „um seine Existenz als Arbeiter zu fristen, nur einen halben Tag zu arbeiten" (241). Der Arbeiter könnte also die zweite Tageshälfte nicht-arbeitend verbringen und dennoch seinen Lebensunterhalt erwirtschaften – freilich um den Preis, dass aufgrund der nicht geleisteten Mehrarbeit und somit nicht massiv gesteigerter Produktivkraft die Entwicklung der Individuen zur ‚reichen Individualität' und der Voraussetzungen einer freien Gesellschaft nicht stattfände.

294 Bspw. die Dauer und räumliche Erstreckung des Schrittes W – G'.

295 Zu derselben Erkenntnis gelangt auch Postone (2008): „The dynamic outlined by Marx in *Capital* is characterized, on the one hand, by ongoing transformations of production and, more generally of social life; on the other hand, this historical dynamic entails the ongoing reconstitution of its own fundamental condition as an unchanging feature of social life [...]. Capitalism ceaselessly generates the

2.2.3.7 Widersprüche der Entwicklung der kapitalistischen Produktionsweise und die Aufhebung der auf dem Warentausch beruhenden Gesellschaft

Die im vorherigen Abschnitt dargestellte Dynamik der zugleich durch Stationarität charakterisierten kapitalistischen Produktionsweise ist nicht als harmonische, friktionslose Entwicklung zu verstehen. Vielmehr weist sie Widerspruchscharakter auf. Die grundlegende Widersprüchlichkeit der modernen, auf dem Warentausch als dominantem ökonomischen Verhältnis beruhenden Gesellschaft – der begriffliche Widerspruch zwischen Gebrauchs- und Tauschwert – holt somit die als Expansion und Universalisierung charakterisierte Entwicklung des Kapitalismus gleichsam ein: „Die Schranke des *Capitals* ist, daß diese ganze Entwicklung gegensätzlich vor sich geht" (439).

Durch die Steigerung der Produktivkraft steigt die Mehrwertrate (das Verhältnis des generierten Mehrwerts zum ausgelegten variablen Kapital), die Profitrate (das Verhältnis des generierten Mehrwerts zum ausgelegten Gesamtkapital) jedoch sinkt, da durch die Maschinisierung des Produktionsprozesses das konstante Kapital in stärkerem Maße zunimmt als die Summe des generierten Mehrwerts (vgl. 460 und 619–626).[296] Da die Steigerung der Produktivkraft und die mit ihr einhergehende Maschinisierung des Produktionsprozesses eine ins Unendliche gehende, zu keinem Endpunkt gelangende Entwicklung des Kapitals darstellt, nimmt die Profitrate im historischen Verlauf der kapitalistischen Produktionsweise sukzessive ab: „Je breiter die Existenz die das Capital schon gewonnen, um so schmaler das Verhältniß des neugeschaffnen Werths zum vorausgesezten Werth (reproducirten Werth)" (621).

Das *Sinken der Profitrate* stellt insofern für das Kapital ein problematisches Phänomen dar, als aus der Kapitalperspektive der Profit – und nicht der Mehrwert – die relevante Größe darstellt (siehe Abschnitt 2.2.3.4) und eine sinkende Profitrate somit trotz zunehmender Mehrwertrate die Durchführung von Produktionsprozessen für das Kapital als immer unproduktiver, immer weniger ökonomisch lohnend er-

---

new while constantly reconstituting the same" (133). – Und diese Stationarität kapitalistischer Produktionsweise ist der Grund dafür, dass die marxsche Theorie heute noch relevant und zur theoretischen Erfassung gegenwärtiger gesellschaftlich-ökonomischer Phänomene tauglich ist: Auch wenn heute vieles anders ist als zu Marx' Lebzeiten, so sind die Grundstrukturen kapitalistischer Produktionsweise – um deren Darstellung und Erklärung es der marxschen Theorie geht – doch dieselben geblieben (s. auch Abschnitt 1.1).

296 Durch die Kapitalverwertung wachsen absolut sowohl der variable als auch der konstante Kapitalbestandteil. Der konstante Kapitalbestandteil wächst jedoch stärker als der variable, da durch die zunehmende Maschinisierung und Produktivität des Produktionsprozesses bei identischer Anzahl an Arbeitenden und identischem Arbeitslohn der Tauschwert der eingesetzten Produktionsinstrumente und verbrauchten Arbeitsmaterialien (aufgrund steigender Produktenmenge) steigt (vgl. 265, 290, 293, 296 f., 460, 472). Der Tauschwert des variablen Kapitals nimmt also *relativ* zum Tauschwert des konstanten Kapitals ab. Da nur das variable Kapital – also nur das Arbeitsvermögen – tauschwertgenerierend ist, wächst trotz der Steigerung der Produktivkraft und der Reduktion der notwendigen Arbeit die generierte Mehrwertsumme langsamer als das Gesamtkapital, was sich in sinkender Profitrate ausdrückt.

scheinen lässt. Die Steigerung der Produktivkraft, mittels welcher das Kapital seine Verwertung in größtmöglichem Grade intendiert, führt somit dazu, dass die Durchführung des Produktionsprozesses aus Kapitalperspektive beständig unlukrativer erscheint – also die Selbstverwertung des Kapitals (aus seiner eigenen, einzig die Profitrate ‚sehenden' Perspektive betrachtet) kontinuierlich einschränkt. Deutlich wird damit, dass die

> durch das Capital selbst in seiner historischen Entwicklung herbeigeführte Entwicklung der Productivkräfte auf einem gewissen Punkt angelangt die Selbstverwerthung des Capitals aufhebt, statt sie zu setzen. Ueber einen gewissen Punkt hinaus wird die Entwicklung der Productivkräfte eine Schranke für das Capital; also das Capitalverhältniß eine Schranke für {die} Entwicklung der Productivkräfte der Arbeit (623).

Es liegt hier also ein *Widerspruch zwischen der Expansion der Produktivkraft und dem Streben des Kapitals nach Selbstverwertung in Form des Profits* vor.[297] Dieser Widerspruch drückt sich in „schneidenden [...] Crisen, Krämpfen" (623) aus; die ökonomische Krise, die bereits bezüglich des Geldes Ausdruck des Widerspruchs zwischen dem Gebrauchs- und dem Tauschwert war (siehe Abschnitt 2.1.5), erscheint auch hier in der Sphäre der kapitalistisch organisierten Produktion als Ausdruck eben dieses Widerspruchs. Folge dieses Widerspruchcharakters und der ihm entsprechenden Krisenhaftigkeit ist, dass *ab einem bestimmten Zeitpunkt* das der Entwicklung der Produktivkräfte hinderlich gewordene Kapital „als Fessel nothwendig abgestreift" und „abgehäutet [wird] und diese Abhäutung selbst ist das Resultat der dem Capital entsprechenden Productionsweise" (623).

Die kursivierte Wendung ‚ab einem bestimmten Zeitpunkt' weist darauf hin, dass der Zeitpunkt dieser ‚Abhäutung' unbestimmt ist. Das Sinken der Profitrate nämlich ist nicht als linearer Prozess zu verstehen, als sänke sie kontinuierlich mit identischer Geschwindigkeit und als könnte daher präzise der Zeitpunkt berechnet werden, an welchem sie (in asymptotischer Form) dem Wert null so nahekommt, dass die Durchführung weiterer Produktionsprozesse für das Kapital als nicht mehr lohnend erscheint. Das Sinken der Profitrate wird stattdessen durch gegenläufige Tendenzen verlangsamt, ausgeglichen oder in die gegenteilige Richtung verkehrt:

---

297 Alle in diesem Abschnitt aufgeführten Widersprüche entspringen erinnerlich dem Grundwiderspruch zwischen dem Gebrauchs- und Tauschwert. Das soll an dem hier vorliegenden Widerspruch exemplarisch aufgezeigt werden: Die Steigerung der Generierung von Tauschwert setzt über Gebrauchswert verfügende Gegenstände, also spezifische Stofflichkeit in Gestalt von Maschinerie voraus, und zur Erzeugung dieser brauchbaren, stofflichen Gegenstände ist die Verausgabung von Arbeit erforderlich. Dies führt zu einem höheren Tauschwert des konstanten Kapitalteils und widerspricht dadurch der Kapitalbestimmung der *unbegrenzten quantitativen Vervielfältigung* (in Form des Profits). Die Ausdehnung der Generierung von Tauschwert ist also nicht im von jedem Gebrauchswert und von jeder Stofflichkeit abstrahierten ‚luftleeren Raum' möglich, sondern setzt über Gebrauchswert verfügende Gegenstände voraus, deren Stoff allererst geformt und dadurch brauchbar gemacht werden muss; und die dazu erforderliche Arbeit konfligiert mit der Selbstverwertung des Kapitals in Form des Profits.

- *Erstens* geschieht dies durch „Vernichtung von [konstantem] Capital" (623), indem Produktionsstätten beispielsweise aufgrund wirtschaftlicher Schwierigkeiten des jeweiligen Einzelkapitals geschlossen werden oder durch die Entwicklung der Produktivkraft an sich noch brauchbare Produktionsmittel veralten, somit unter den Bedingungen der Konkurrenz nicht mehr ökonomisch zu verwenden sind und das in ihnen angelegte Kapital entwertet ist. Die Vernichtung von Kapital erfolgt zum einen kontinuierlich, zum anderen in besonders großem Ausmaß während einer ökonomischen Krise:

    crises, in which by [...] annihilation of a great portion of capital the latter is violently reduced to the point, where it can go on fully employing its productive powers without committing suicide (624).

    Die ökonomische Krise ist somit nicht nur Ausdruck der sinkenden Profitrate und der ihr entsprechenden Widersprüchlichkeit, sondern stellt zugleich ein Gegenmittel gegen das Sinken der Profitrate dar.
- Gegenläufig zur sinkenden Profitrate wirkt *zweitens* die „Schöpfung neuer Productionszweige, worin mehr unmittelbare Arbeit im Verhältniß zum Capital nöthig ist, oder wo die Productivkraft der Arbeit noch nicht entwickelt ist" (624). Dies ist im Zusammenhang mit den im vorangegangenen Abschnitt dargestellten Prozessen der *qualitativen Expansion der Warenwelt und der Gebrauchswerte* sowie der *Expansion des Warentauschs und der kapitalistischen Produktionsweise in nicht warenförmig organisierte und nicht-kapitalistisch produzierende Bereiche der Ökonomie sowie in bislang außerhalb der Ökonomie stehende Gesellschaftsbereiche* zu sehen. Wenn gänzlich neue Gegenstände mit neuen Gebrauchswerten entwickelt werden, wird in zumindest einigen Fällen die entsprechende (ebenfalls neue) Produktionstechnologie zunächst noch nicht die Produktivität lange etablierter Produktionstechnologien erreichen; und ebenso ist davon auszugehen, dass bislang nicht kapitalistisch organisierte Produktionsprozesse nicht über die hohe, dem Kapitalismus eigene Produktivkraft verfügen wie Produktionsprozesse, die bereits längere Zeit kapitalistisch organisiert sind. Beide Expansionsprozesse wirken somit als ein Gegenmittel zur sinkenden Profitrate.
- Eine weitere dem Sinken der Profitrate gegenläufige Tendenz ist *drittens* das Absenken des Arbeitslohnes durch das Kapital. Dadurch nimmt zum einen die Größe des Gesamtkapitals ab (nämlich dessen variabler Teil); zum anderen wird die notwendige Arbeit reduziert, wodurch (bei identischer Länge des Arbeitstages) die verausgabte Mehrarbeit und somit der generierte Mehrwert wachsen (vgl. 623 f.).

Deutlich wird, dass dem Sinken der Profitrate mehrere gegenläufige Faktoren gegenüberstehen; es erweist sich somit als Tendenz, die durch Gegentendenzen verlangsamt, ausgeglichen oder in die gegenteilige Richtung verkehrt zu werden vermag. Diese Gegentendenzen stabilisieren die kapitalistische Produktionsweise und weisen sie als eine belastbare und gerade durch ihren Krisencharakter an Stabilität gewinnende soziale Formation aus.

Letztendlich jedoch wird die kapitalistische Produktionsweise an der sinkenden Profitrate scheitern; die der warentauschenden Ökonomie inhärenten und periodisch auftretenden Krisen nehmen sukzessive an Umfang und Tiefe zu und zersprengen letztlich diese soziale Form gleichsam statt weiterhin zu ihrer Stabilität beizutragen: „Yet, these regularly recurring catastrophes lead to their repetition on a higher scale, and finally to its violent overthrow" (624).[298] Offenbar liegt hier die marxsche Einschätzung zugrunde, dass trotz der gegenläufigen Tendenzen die Profitrate langfristig sinkt – was sich in zunehmenden Krisenphänomenen manifestiert – und somit ab einem nicht näher bestimmbaren Zeitpunkt gleichsam der ‚Umschlagpunkt' erreicht ist.[299] Freilich handelt es sich um eine bloße *Behauptung* Marx' – er gibt keine theoretische Begründung für seine Thesen,

- trotz der gegenläufigen Tendenzen nehme die Profitrate langfristig ab,
- die ökonomischen Krisen nähmen entsprechend im Zeitverlauf an Intensität und Ausdehnung zu und
- ab einem bestimmten Punkt sei die Profitrate so niedrig, dass die ökonomischen Krisen eskalierten und nicht mehr zur Stabilität des Kapitalismus, sondern umgekehrt zu dessen Zusammenbruch beitrügen.[300]

---

[298] Die Entstehung der *Grundrisse* ist mit der Weltwirtschaftskrise verbunden, die im Jahre 1857 ihren Ausgang nahm. Marx erwartete soziale Unruhen und revolutionäre Erhebungen als Folge dieser Krise, die schließlich zur Aufhebung der kapitalistischen Produktionsweise führen würden. Die *Grundrisse* sollten die erwarteten revolutionären Bestrebungen theoretisch unterstützen, und Marx fürchtete, er käme mit seinem Werk zu spät und die Revolution geschähe vor Publikation der *Grundrisse*. Freilich erfüllte sich diese Erwartung nicht: Weder kam es zu revolutionären Unruhen noch zum Zusammenbruch des Kapitalismus, vielmehr erholte sich die kapitalistische Ökonomie schnell von dieser Krise (vgl. Heinrich 2013, 202, 209; Heinrich 2014, 346, 351; Musto 2013, 6f.).

[299] Vgl. Thomas und Reuten (2013, 313–315).

[300] Thomas und Reuten (2013, 316–322) stellen die marxsche Theorie der fallenden Profitrate in werkgeschichtlicher Hinsicht dar. Marx habe zunächst die Theoretisierung der fallenden Profitrate übernommen, wie sie in der Politischen Ökonomie geleistet worden sei und dort eine gewisse ‚Binsenweisheit' dargestellt habe: „In both Smith and Ricardo, the rate of profit is conceived as an originary quantity, which is subsequently corrupted and depleted by the development of capitalist production. Just as the fertility of soil is conceived as a natural ‚given' quantity, so the ‚fructiferous' nature of capital [...] can be exhausted by the decline of the profit-rate to an absolute minimum" (Thomas und Reuten, 317). Marx habe also zunächst diese Vorstellung eines sukzessiven und quasi-naturgesetzlichen Verfalls der Profitrate und mit ihr der kapitalistischen Produktionsweise übernommen. In seiner weiteren denkerischen Entwicklung (nachweisbar in den *Manuskripten von 1861–1863* und *1864–1865*) sei Marx jedoch zu einer anderen theoretischen Erfassung der fallenden Profitrate gelangt, indem das Fallen der Profitrate nicht mehr als quasi-naturgesetzlich determiniert, sondern als eine Tendenz verstanden werde, die durch gegenläufige Tendenzen auch langfristig aufgehalten werden könne – so dass die kapitalistische Produktionsweise auch langfristig nicht durch das Fallen der Profitrate scheitern werde (vgl. Thomas und Reuten 2013, 318–321): „the law of the fall of the profit-rate and its crisis do not issue in the overthrow of the capitalist mode of production. On the contrary, we have a cycle of decrease and increase (‚restoration') of the rate of profit. Given that this ‚vicious circle' thereby

Durch das *Absenken des Arbeitslohnes* als Gegenmaße zur sinkenden Profitrate verschlechtern sich die Lebensbedingungen der Arbeitenden:

> Hence the highest development of productive power together with the greatest expansion of existing wealth will coincide with [...] degradation of the labourer, and a most straightened exhaustion of his vital powers (624).

Um dem Sinken der Profitrate entgegenzuwirken, wird der Arbeitslohn letztlich so weit abgesenkt, dass mittels seiner nur noch das bloße physische Überleben, nicht aber die Befriedigung darüber hinausgehender Bedürfnisse gesichert ist. Diese Entwicklung bezeichnet Marx pointiert als „Verthierung" (209):

> der Antheil den der Arbeiter an höheren, auch geistigen Genüssen nimmt; die Agitation für seine eignen Interessen, Zeitungen halten, Vorlesungen hören, Kinder erziehen, Geschmack entwickeln etc, sein einziger Antheil an der Civilisation, der ihn vom Sklaven scheidet (209),

wird durch das Absenken des Arbeitslohns verunmöglicht. Hier zeigt sich, dass die Arbeiter:innen nur ein *Mittel* sind zur Generierung von Mehrwert; sie stellen für das Kapital nichts anderes dar „als reine Arbeitsmaschinen" (209): Die Arbeiter:innen und ihr (gutes) Leben sind für das Kapital nicht Zweck der Produktion, und somit sind ihre Lebensbedingungen dem Kapital gleichgültig.[301] Zugleich ist an dieser Stelle erneut ein Widerspruch zu konstatieren: Während die Menge und Vielfalt der hergestellten Waren stetig zunimmt und mannigfaltige neue Bedürfnisse entstehen, können die Arbeiter:innen aufgrund der Absenkung des Arbeitslohnes auf das Niveau der Sicherstellung bloßen physischen Überlebens die stetig größer werdende Menge der von ihnen produzierten Waren nicht kaufen und ihre universellen Bedürfnisse nicht be-

---

increases the productivity of labour, it is a means by which the future potential capacity for the exploitation of labour is strengthened. [...], therefore, the naturalistic and unilinear paradigm of classical political economy has been decisively left behind. The profit-rate is no longer viewed as an originary quantity doomed to progressive exhaustion as it passes through time, following a secular-trend fall within and across conjunctures. Instead, its cyclical rise and fall within a given economic conjuncture is theorised as a qualitative intensification of the contradictory articulation within the capitalist mode of production of increases in productivity, the exploitation of labour and the growth of capital by means of the expropriation of surplus-value. Economic crises do not signify the capitalist mode of productions's automatic end, but rather, only one of the possible conjunctural resolutions of its recurring immanent contradictions" (Thomas und Reuten, 323f.). Das *Manuskript von 1864–1865* stelle die Vorlage dar für den späteren, von Engels edierten dritten *Kapital*-Band; interessanterweise habe Engels in diesen Band die Bemerkung eingefügt, dass die Profitrate langfristig falle – was freilich durch das marxsche Manuskript nicht gedeckt sei und der theoretischen Einsicht von Marx widerspreche (vgl. Thomas und Reuten 2013, 321 f.). Die *Grundrisse* stellten gleichsam das Produkt des Übergangs von der erstgenannten zur zweitgenannten Auffassung dar: Während Marx hier noch vom unausweichlichen Fall der Profitrate und somit vom ebenso unausweichlichen Zerfall der kapitalistischen Produktionsweise ausgehe, entwickele er zugleich das Verständnis gegenläufiger Tendenzen wie etwa der Vernichtung von konstantem Kapital (vgl. Thomas und Reuten 2013, 312).
301 Vgl. Heinrich (2014, 326).

friedigen beziehungsweise solche überhaupt nicht ausbilden (vgl. 207–210, 334 f. und 353). Hier liegt also ein *Widerspruch zwischen dem Absenken des Arbeitslohnes einer- und der qualitativen Expansion der Warenwelt und der Gebrauchswerte und der Universalisierung der Bedürfnisstruktur andererseits* vor.[302] Dadurch wird die Verkäuflichkeit der durch das Kapital produzierten Waren – und mit ihr die Realisierung des generierten Mehrwerts – eingeschränkt; dieser Einschränkung laufen freilich einige der im letzten Abschnitt dargestellten Entwicklungen wie die *räumliche Expansion der Zirkulationssphäre* entgegen.[303]

Marx konstatiert einen weiteren Widerspruch der kapitalistischen Dynamik: Zwischen der – im vorangegangenen Abschnitt dargelegten – „Tendenz [...], die *Productivkräfte ins Maaßlose zu steigern*", und der Tendenz, „die Productivkräfte zu beschränken", indem das Kapital „*die Hauptproductivkraft, den Menschen* selbst, vereinseitigt, limitirt, etc" (335). Darunter ist *erstens* die dargestellte ‚Vertierung' zu verstehen: Die Reduktion des materiellen Lebensniveaus der Arbeitenden auf das bloße physische Überleben hat zur Folge, dass sowohl ihre körperliche als auch geistige Arbeitsfähigkeit reduziert, ihr Arbeitsvermögen also – ihre Fähigkeit zur Verausgabung von Arbeit und Mehrarbeit – eingeschränkt wird. Hier liegt also ein *Widerspruch zwischen der Expansion der Produktivkraft und dem Absenken des Arbeitslohnes* vor.

Zweitens rekurriert das marxsche Zitat auf *Einseitigkeit* und *Heteronomie* als Charakteristika der Verausgabung konkreter Arbeit im Kapitalismus. Marx beschreibt instruktiv den kapitalistischen, maschinisierten Produktionsprozess:

> Die Thätigkeit des Arbeiters, [...], ist nach allen Seiten hin bestimmt und geregelt durch die Bewegung der Maschinerie, nicht umgekehrt. Die Wissenschaft, die die unbelebten Glieder der Maschinerie zwingt durch ihre Construction zweckgemäß als Automat zu wirken, existirt nicht im Bewußtsein des Arbeiters, sondern wirkt durch die Maschine als fremde Macht auf ihn, als Macht der Maschine selbst. [...] Der Productionsprocess hat aufgehört Arbeitsprocess in dem Sinn zu sein, daß die Arbeit als die ihn beherrschende Einheit über ihn übergriffe. Sie erscheint vielmehr nur als bewußtes Organ, an vielen Punkten des mechanischen Systems in einzelnen lebendigen

---

[302] Vgl. auch Heinrich (2014, 348). – Freilich hat sich die Lebenssituation der Arbeitenden in den westlichen Industrieländern seit dem Entstehen der marxschen Theorie stark zum Positiven gewandelt. Nach wie vor herrschen in den Ländern des Globalen Südens aber katastrophale Arbeitsbedingungen, unter denen auch Waren für westliche Unternehmen und Konsument:innen hergestellt werden. Phänomene wie ‚Burn-Out' und der äquivalente ‚Bore-Out', massiv steigende Mieten, befristete Arbeitsverträge und die (häufig unausgesprochene) Pflicht von Arbeitnehmer:innen zu unbezahlten Überstunden und permanenter Erreichbarkeit zeigen zudem, dass auch in westlichen Industrieländern schlechte Lebens- und Arbeitsbedingungen nicht der Vergangenheit angehören.

[303] Herbert Marcuse (2009, 157–176) bietet in seinen nachgelassenen Schriften eine ökomarxistische Auseinandersetzung mit der spezifischen Bedürfnisstruktur der Mitglieder kapitalistischer Gesellschaft und ihrer notwendigen Transformation für eine Gesellschaft, die das gestörte Menschen-Natur-Verhältnis zu überwinden imstande ist; diese Auseinandersetzung geht freilich, wenn sie auch deutlich durch Marx beeinflusst ist, weit über die marxsche Theorie hinaus (daher auch ihre Charakterisierung als ‚ökomarxistisch').

Arbeitern zerstreut, subsumirt unter den Gesammtprocess der Maschinerie selbst, selbst nur ein Glied des Systems, dessen Einheit nicht in den lebendigen Arbeitern, sondern in der lebendigen (activen) Maschinerie existirt, die seinem einzelnen, unbedeutenden Thun gegenüber als gewaltiger Organismus ihm gegenüber erscheint (572).

In fact, in dem Productionsprocess des Capitals, [...] ist die Arbeit eine Totalität – eine Combination von Arbeiten – wovon die einzelnen Bestandtheile sich fremd sind, so daß die Gesammtarbeit als Totalität *nicht* das *Werk* des einzelnen Arbeiters und auch das Werk der verschiednen Arbeiter zusammen nur ist, soweit sie combinirt sind, nicht sich als Combinirende zu einander verhalten. In ihrer Combination erscheint diese Arbeit ebenso sehr einem fremden Willen und einer fremden Intelligenz dienend, und von ihr geleitet [...] wie in ihrer materiellen Einheit untergeordnet unter die *Gegenständliche Einheit* der *Maschinerie*, des capital fixe, das [...] den wissenschaftlichen Gedanken objektivirt und faktisch das Zusammenfassende ist, keineswegs als Instrument zum einzelnen Arbeiter sich verhält, vielmehr er als beseelte einzelne Punktualität, lebendiges isolirtes Zubehör an ihm existirt. Die combinirte Arbeit ist so nach doppelter Seite hin *an sich* Combination; nicht Combination als Beziehung der zusammenarbeitenden Individuen auf einander, noch als ihr Uebergreifen sei es über ihre besondre oder vereinzelte Funktion, sei es über das Instrument der Arbeit (377f.; vgl. auch 476).

Die Arbeitenden üben im Rahmen des an sich vielschrittigen Produktionsprozesses jeweils einzelne und einseitige Tätigkeiten aus.[304] In diesem Zusammenhang ist auch eine Trennung zwischen körperlicher und intellektueller Arbeit zu konstatieren (angedeutet auf 581f.): Die technische Planung des Produktionsprozesses und der Zweck hinter der Kombination verschiedener Produktionsmittel ist den körperlich Arbeitenden fremd, die wissenschaftlich nicht gebildet sind und daher die technische Ausgestaltung des Prozesses nicht zu verstehen vermögen; die intellektuell Arbeitenden vermögen hingegen die Produktionsmittel nach wissenschaftlichen Gesichtspunkten zu entwerfen, ohne freilich die Praxis und Perspektive der konkreten körperlichen Arbeit in diesem System der Maschinerie zu kennen.[305] Dem Produktionsprozess stehen die Arbeitenden zudem fremd gegenüber: Er wird durch das Kapital gemäß dessen Verwertungsbedürfnissen organisiert, ohne Einflussmög-

---

304 Die Arbeitenden sind etwa auf wenige Schritte des Produktionsprozesses spezialisiert (bis hin zur Einschränkung der Tätigkeit auf einzelne Handgriffe) oder ihr Arbeitstag besteht aus der Ausübung nur einer einzigen konkreten Tätigkeit (z. B. das Zusammennähen von Kleidungsstücken). Dazu zählt natürlich auch die einseitige Ausübung intellektueller Tätigkeiten. – Auch diesbezüglich haben sich in den westlichen Industrieländern die Arbeitsbedingungen geändert, während im Globalen Süden häufig noch dieselben Verhältnisse wie im Kapitalismus des 19. Jahrhunderts anzutreffen sind. Und auch in den Industrieländern sind Arbeiten häufig noch durch Einseitigkeit und Heteronomie gekennzeichnet (man denke etwa an die Tätigkeit in Fast-Food-Restaurants, bei welcher die Arbeitenden einseitige und von anderen Personen standardisierte Handgriffe auszuführen haben mit dem Ziel, ebenso standardisierte Speisen möglichst schnell – und man könnte sagen: möglichst lieblos – zu erzeugen).
305 Starosta (2013, 251–253) weist zu Recht darauf hin, dass der Begriff ‚Arbeiter' in der marxschen Kapitaltheorie nicht nur die im engeren Sinne körperlich, sondern auch die intellektuell (entwerfend, forschend, ...) Tätigen umfasse: Marx konstatiere, dass – wenn auch das Kapital formal als das Subjekt der Wissenschaft erscheine – die Wissenschaft Produkt der Arbeit und der Arbeitenden sei.

lichkeit der Arbeitenden, so dass die produktive Tätigkeit als Zwang und Arbeit unter fremder Herrschaft erscheint. Und ebenso fremd stehen sich die Arbeitenden gegenüber, die nicht zum Zwecke der Produktion sich zusammengeschlossen haben, sondern durch das Kapital zum Zwecke der Verwertung zusammengeschlossen wurden.

Hier liegt insofern ein *Widerspruch zwischen der (die expandierende Produktivkraft ermöglichenden) Maschinisierung des kapitalistisch betriebenen Produktionsprozesses und der Universalisierung menschlicher Arbeit* vor, als dass

- die Individuen im Rahmen des Produktionsprozesses nicht universell zu arbeiten vermögen, sondern auf partikulare Tätigkeiten beschränkt sind;
- die Tätigkeit der Individuen nicht ihrem eigenen Bedürfnis nach produktivem Tätigsein entspringt und nicht selbstbestimmt ausgeübt wird, sondern in einem Kontext der heteronomen Bestimmung durch das Kapital und vermeintliche ‚Sachzwänge'[306] des maschinisierten Produktionsprozesses stattfindet.

Was bedeutet es aber, dass die Praxis der Verausgabung von Arbeit im kapitalistisch organisierten, maschinisierten Produktionsprozess der im letzten Abschnitt dargestellten Universalisierung menschlicher Arbeit widerspricht? Es bedeutet, dass in der gesellschaftlichen Realität der kapitalistischen Produktionsweise dieser Prozess der Universalisierung der Arbeit zwar existiert, aber durch die konkrete Arbeitsrealität als gegenläufigem Faktor konterkariert wird – ähnlich dem Fall der Profitrate. Die Universalisierung der Arbeit erweist sich somit als bloße *Tendenz*. Tendenz heißt hier:

- Die Universalisierung menschlicher Arbeit im Sinne des ersten und zweiten Aspekts vollzieht sich auf gesellschaftlicher Ebene: In der Tat entsteht im Verlauf der Entwicklung der kapitalistischen Produktionsweise eine stetig zunehmende Vielfalt an produktiven Tätigkeiten, die immer weiter die Gruppe der naturnotwendigen Tätigkeiten transzendieren.
- Die Universalisierung menschlicher Arbeit führt nur in einigen Fällen zu dem Resultat, dass Individuen fähig sind, im Sinne des ersten Aspekts universell zu arbeiten: Einige Individuen der modernen Gesellschaft mögen beispielsweise

---

306 Diese Sachzwänge technischer Natur (z. B. ‚Maschinen müssen aufgrund ihrer hohen Anschaffungskosten Tag und Nacht betrieben werden, weshalb Schichtarbeit erforderlich ist') existieren nur aus unkritischer Perspektive (diese unkritische Perspektive nimmt bspw. Gloy [1995] ein: „Denn der einmal initiierte Wissenschafts- und Technikprozeß mit seinen Folgen läßt sich nicht rückgängig machen. Er untersteht immanenten Sachzwängen, die von der Art sind, daß sie zwar einerseits durch Entwicklung und Bereitstellung neuer Technologien zur Lösung von Problemen beitragen, andererseits aber neue Probleme schaffen" [14 f.]). Tatsächlich aber sind es die historisch spezifischen sozialen Verhältnisse, die allererst bestimmen, was als ‚Sachzwang' erscheint: Das Kapital ist es, das in seinem Streben nach maximaler Verwertung die ununterbrochene Produktion intendiert, und erst aus der Perspektive des Kapitals stellt diese ununterbrochene Produktion einen ‚Sachzwang' dar, damit sich die Kosten der Produktionsmittel in möglichst kurzer Zeitspanne ‚rentieren'. In einer anderen Gesellschaftsform mag darüber anders gedacht werden. Die sozialen (und so lässt sich ergänzen: auch die ökologischen) Folgen des Einsatzes technischer Gegenstände werden also nicht bedingt durch diese Gegenstände selbst, sondern durch ihre Verwendung im Kontext spezifischer sozialer Verhältnisse. Vgl. dazu Bayertz und Quante (2013, insbesondere 91 f.).

2.2 Materieller Produktionsprozess und Verwertungsprozess des Kapitals — 199

aufgrund ihrer besonderen sozialen Position oder ihrer ökonomischen Ressourcen fähig sein, universell zu arbeiten. Auf den Großteil – auch denjenigen der ‚Kopfarbeiter', auch der gut bezahlten – trifft dies aber nicht zu. Dies bedeutet, dass der Prozess der Universalisierung der Arbeit bezüglich der meisten Gesellschaftsmitglieder in nur fragmentierter Form stattfindet, indem sie jeweils nur eine (kleine) Teilmenge der Mannigfaltigkeit in der Gesellschaft existierender Tätigkeiten auszuführen imstande sind und daher als Individuen gerade nicht universell (im Sinne des ersten Aspekts) zu arbeiten vermögen. Diese Feststellung gilt zudem auch hinsichtlich des dritten Aspekts: Während für einige Individuen der modernen Gesellschaft vielfältiges Tätigsein ein Bedürfnis ist, von ihnen als Selbstverwirklichung der eigenen Fähigkeiten und Anlagen verstanden wird und sie selbstbestimmt tätig zu sein vermögen, ist für die meisten Gesellschaftsmitglieder Arbeit noch immer mit Mühsal und Zwang in fremdbestimmten Kontexten verbunden.

- Die kapitalistische Produktionsweise erzeugt – beispielsweise durch die Steigerung der Produktivkraft – die materiellen Voraussetzungen („materiellen Elemente" [241]) dafür, dass alle Gesellschaftsmitglieder universell arbeiten *könnten*; und steht der Realisierung dieser Voraussetzungen aufgrund ihrer gesellschaftlichen Verhältnisse selbst im Wege.[307]

Von dieser Erkenntnis der Universalisierung menschlicher Arbeit als bloßer Tendenz ausgehend wird deutlich, dass auch die *Universalisierung der Bedürfnisstruktur* eine Tendenz darstellt, die *nicht* zu dem Resultat führt, dass alle Gesellschaftsmitglieder über eine universelle Bedürfnisstruktur verfügen. Auch hier ist auf gesellschaftlicher Ebene eine Ausdifferenzierung der Bedürfnisstruktur in vielfältige intellektuelle und materielle Bedürfnisse zu konstatieren, die weit über das Naturnotwendige hinausgehen. Zugleich ist auf Ebene des einzelnen Individuums festzustellen, dass der Großteil der Gesellschaftsmitglieder nur wenige Bedürfnisse zu befriedigen und entsprechend nur eine beschränkte Bedürfnisstruktur auszuprägen vermag.[308] Zugleich ist zu konstatieren, dass aufgrund der expandierenden Produk-

---

[307] Vgl. Postone (2008): „Marx's analysis distinguishes between the *actuality* of the form of production constituted by value, and its *potential* – a potential that grounds the possibility of a new form of production. [...] the Marxian contradiction should be understood as a growing contradiction between the sort of labour people perform under capitalism and the sort of labour they could perform if value were abolished and the productive potential developed under capitalism were reflexively used to liberate people from the sway of the alienated structures constituted by their own labour" (127 f.).
[308] Ein Grund hierfür mag geringer Arbeitslohn sein. Aber auch andere Aspekte der sozialen Verhältnisse, in denen die Gesellschaftsmitglieder leben, führen zu diesem Resultat. Bspw. schätzen aus subjektiver Perspektive einige Individuen intellektuelle Bedürfnisse (und die ihnen entsprechenden intellektuellen Tätigkeiten und Fähigkeiten) aufgrund ihrer Lebensumstände und (Bildungs-)Biographie gering, so dass sie sie nicht auszuprägen vermögen und subjektiv auch nicht ausprägen möchten. Erzeugnisse der gegenwärtigen kapitalistischen Produktionsweise wie ‚Trash-TV' sorgen dafür, dass die Gesellschaftsmitglieder ihrer eigenen mangelhaften intellektuellen Entfaltung nicht gewahr werden. Sicherlich ist der Mangel an Bildung des Denkens und an Fähigkeit zur Reflexion aber auch in

tivkraft die kapitalistische Produktionsweise die materiellen Voraussetzungen dafür schafft, dass wahrlich alle Individuen eine universelle Bedürfnisstruktur ausbilden könnten – aber wiederum aufgrund ihrer spezifischen gesellschaftlichen Verhältnisse die Realisierung dieser Voraussetzungen verhindert.

Im vorangegangenen Abschnitt wurde die *räumliche Expansion der Zirkulationssphäre* und die als Ausgleich dazu verlaufende *Kontraktion der Zirkulationszeit* im Sinne einer zeitlich kürzeren Durchquerung des sich stetig ausdehnenden ‚Marktraumes' dargestellt. Da während der Zirkulationszeit kein Tauschwert generiert wird, wäre es für die Kapitalverwertung das Optimum, wenn die Zirkulation keinerlei Zeit in Anspruch nehmen, also das fertige Produkt sich sofort in Geld und dieses sich in neue Produktionsmittel austauschen, der Produktions- und Verwertungsprozess somit ohne Unterbrechungen weitergeführt würde (vgl. 514–516 und 543). Entsprechend ist es

> die nothwendige Tendenz des Capitals danach zu streben, die Circulationszeit = 0 zu setzen, d. h. sich selbst aufzuheben, [...]. Es ist dasselbe als die Nothwendigkeit des Austauschs, des Gelds, und der auf ihnen beruhnden Theilung der Arbeit, also das Capital selbst aufheben (515; vgl. auch 445 f.).

Die Reduktion der Zirkulationszeit auf null widerspricht der begrifflichen Bestimmung des Tauschwerts: Dieser ist ja nichts anderes als der Ausdruck des Warentauschs als des dominanten ökonomischen Verhältnisses – was bedeutet, dass Tauschwert nur in einer Gesellschaft existiert, in welcher Güter zumeist (neben anderen marginalen Formen) arbeitsteilig produziert werden, die Form der Ware annehmen und ihre Distribution mittels Warentauschs erfolgt (siehe Abschnitte 2.1.2 und 2.1.3). Warentausch erfordert – da es keine vorgängige soziale Koordination zwischen den Tauschpartner:innen gibt – Zeit.[309] Wenn die Zirkulationszeit einer Gesellschaft auf null reduziert würde, fände in dieser Gesellschaft kein Warentausch statt; eine auf Arbeitsteilung basierende Produktionsweise, in der die Zirkulationszeit auf null gesetzt wäre, erforderte vielmehr eine – wie auch immer beschaffene – vorgängige gesellschaftliche Entscheidung über den durchzuführenden Produktionsprozess, in dessen Anschluss die produzierten Gegenstände dann lediglich plangemäß – ohne weitere Verhandlung oder Überlegung der Individuen – zu verteilen wären. In einer solchen Gesellschaft würde es keines Tauschwerts bedürfen (und er könnte in ihr auch

---

‚höheren' Gesellschaftsschichten vorhanden (die dann andere, höherpreisige Konsumartikel zur ‚Betäubung' verwenden). Vgl. dazu auch Lebowitz (2013): „In short, in addition to producing commodities and capital itself, capitalism produces a fragmented, crippled human being, whose enjoyment consists in possessing and consuming things. Indeed, consumerism is another way that capitalism deforms people" (63).

309 Käufer:innen holen verschiedene Angebote ein und vergleichen Preis und Warenqualität verschiedener Anbieter:innen, es finden Verhandlungen zwischen den Tauschenden statt, beide Seiten benötigen Bedenkzeit. Das gilt auch bei neueren Formen des Warentauschs – man bedenke nur, wie zeitaufwändig und mühsam das ‚Online-Shopping' bei einer schier unüberblickbaren Fülle an Waren und Händler:innen ist.

nicht existieren); denn er dient ja nur dazu, die im Vorfeld miteinander unkoordinierten ökonomischen Aktivitäten nach Abschluss der Produktion zu koordinieren. Zusammengefasst bedeutet das hinsichtlich des Kapitals, das erinnerlich eine Entwicklungsform des Werts als Einheit von Gebrauchs- und Tauschwert darstellt, also den Tauschwert notwendig voraussetzt: Es ist Ausdruck einer Gesellschaft, deren ökonomische Aktivitäten durch den Warentausch koordiniert werden, und es besitzt zugleich die *Tendenz*, die ökonomischen Verhältnisse so zu transformieren, dass die arbeitsteilige Produktion nicht nachträglich über den Warentausch, sondern vorgängig durch gesellschaftliche Entscheidung koordiniert wird. Das Kapital hat also die *Tendenz*, seine eigene Existenzvoraussetzung zu unterminieren. Entsprechend gelangt Marx auch hier zu dem Schluss: „Die aus der Natur des Capitals selbst hervorgehnden Bedingungen seiner Production widersprechen sich also" (446). Präziser gesprochen liegt hier ein *Widerspruch zwischen der Kontraktion der Zirkulationszeit und dem Warentausch als Grundlage des Kapitals* vor.

Der im obigen Absatz kursivierte Terminus ‚Tendenz' soll auf einen wichtigen Umstand hinweisen, der in einer allzu ‚euphorischen' Lektüre dieses marxschen Argumentes leicht übersehen werden kann. Marx stellt „die nothwendige Tendenz des Capitals [dar,] danach zu streben, die Circulationszeit = 0 zu setzen, d. h. sich selbst aufzuheben" (515). Das Kapital hat zum Zwecke der Maximierung seiner Selbstverwertung die *Tendenz*, die Zirkulationszeit gleich null zu setzen und sich dadurch selbst aufzuheben. Wovon Marx hier spricht, ist gleichsam eine grundlegende Richtung der Entwicklung der kapitalistischen Produktionsweise: die sukzessive Reduktion der Zirkulationszeit. Das impliziert *nicht*, dass diese Tendenz ihr Ziel – die vollständige Reduktion der Zirkulationszeit auf null – je erreichen wird. Die Tendenz des Kapitals festzustellen – und genau dies tut Marx hier –, ist nicht gleichbedeutend mit der Feststellung, das Kapital realisiere eines Tages seine Tendenz tatsächlich vollständig und hebe sich damit zugleich selbst auf. Marx entwickelt hier keine ‚Zusammenbruchstheorie': Er deduziert aus dieser Tendenz des Kapitals nicht den Zusammenbruch der auf dem Warentausch basierenden Gesellschaft.

In der Tat entwickelt das Kapital eine ökonomische Form, welche den konstatierten Widerspruch aufhebt: den *Kredit* (vgl. 434). Durch diesen wird „*fictitious Capital*" (543) generiert, welches – entsprechend der zweiten Geldbestimmung (siehe Abschnitt 2.1.5) – über keinen oder nur geringen Tauschwert verfügt und eine bestimmte (höhere) Summe Tauschwert symbolisiert. Mittels des Kredits ist das Kapital imstande, den zur Produktion ausgelegten Tauschwert und den generierten Mehrwert sofort nach Produktionsende in Geld zu verwandeln; es muss also nicht darauf warten, bis das Produkt tatsächlich verkauft wurde, und kann dadurch den Produktions- und Verwertungsprozess ohne Unterbrechung unmittelbar von Neuem beginnen. Durch den Kredit erscheint es für das Kapital so, *als ob* die Zirkulationszeit auf null gesenkt wäre; er stellt ein Instrument dar, womit das Kapital „die Circulationszeit *künstlich* abkürzt" (440). Zugleich jedoch wird *tatsächlich* die Zirkulationszeit nicht auf null gesenkt, denn die Waren werden nach wie vor im Verlauf einer gewissen Zeitspanne auf den ‚Markt' gebracht, zum Verkauf angeboten und verkauft; das durch den Verkauf der hergestellten Waren erhaltene Geld dient dann dazu, den Kredit zurückzuzahlen (vgl. 543 f.). Der Kredit ist somit ein Mittel, die Kapitalverwertung zu steigern, als ob die Zirkulationszeit gleich null wäre, ohne den Warentausch faktisch aufzuheben.

Freilich ist durch den Kredit der Widerspruchscharakter der kapitalistischen Produktionsweise nicht gänzlich aufgelöst; der Kredit, ein Instrument zur Ermöglichung ununterbrochener Kapitalverwertung, ist selbst potentieller Auslöser von Störungen der Kapitalverwertung (vgl. 510). Das Kreditwesen ‚funktioniert' nämlich nur, solange die hergestellten Waren auch tatsächlich verkauft und der Kredit zurückgezahlt werden können:

> Das Höchste, was der Credit thun kann, nach dieser Seite hin – die die *blose* Circulation betrifft – die Continuität des Productionsprocesses aufrechtzuerhalten, *wenn* alle andren Bedingungen vorhanden sind für diese Continuität, d. h. wirklich das Capital existirt, wogegen ausgetauscht werden soll etc. (443; vgl. auch 510).

Sobald die Waren sich als unverkäuflich (oder nur unter den Produktionskosten verkäuflich) herausstellen, gerät der ökonomische Prozess ins Stocken: Der Kredit kann nicht zurückgezahlt werden und es wird Kapital vernichtet.[310] Somit trägt der Kredit zu der krisenhaften Entwicklung bei, die einerseits durch Kapitalvernichtung die Stabilität der kapitalistischen Produktionsweise fördert, auf lange Sicht jedoch – wie Marx behauptet, ohne es argumentativ zu belegen – zu immer umfänglicheren Krisen und letztlich zum Zusammenbruch der kapitalistischen Produktionsweise führt.

Hinsichtlich der Entwicklung der Produktivkraft arbeitet Marx einen weiteren Widerspruch heraus. Durch die Produktivkraftsteigerung wird erinnerlich bei gleichbleibender verausgabter Arbeitszeit eine stetig zunehmende Menge an Produkten hergestellt. Zur Produktion eines einzelnen über Gebrauchswert verfügenden Produkts ist entsprechend immer weniger Arbeitszeit vonnöten; entsprechend verfügt das einzelne Produkt über einen immer kleiner werdenden Tauschwert. Die im Produktionsprozess verausgabte Arbeit ist zudem aufgrund der steigenden Produktivkraft in immer geringerem Ausmaß *unmittelbare Arbeit*, sondern in stetig zunehmendem Ausmaß *regulative Arbeit* (siehe Abschnitte 2.2.1 und 2.2.3.6). Die unmittelbare Arbeit wird im Produktionsprozess mehr und mehr irrelevant (vgl. 580 f.): Es

> verschwindet die unmittelbare Arbeit und ihre Quantität als das bestimmende Princip der Production – der Schöpfung von Gebrauchswerthen und wird sowohl quantitativ zu einer geringern Proportion herabgesezt, wie qualitativ als ein zwar unentbehrliches, aber subalternes Moment gegen die allgemeine wissenschaftliche Arbeit, technologische Anwendung der Naturwissenschaften nach der einen Seite, wie {gegen die} aus der gesellschaftlichen Gliederung in der Gesammtproduction hervorgehende allgemeine Productivkraft (577).

---

[310] Hier liegt erneut und immer noch der *Widerspruch zwischen bedingter (quantitativ begrenzter) und unbedingter (quantitativ unbegrenzter) Austauschbarkeit* vor (s. Abschnitte 2.1.4 und 2.2.3.3).

2.2 Materieller Produktionsprozess und Verwertungsprozess des Kapitals — 203

Zur Produktion eines über Gebrauchswert verfügenden Gutes ist in quantitativer Hinsicht sukzessiv geringere Verausgabung unmittelbarer Arbeit notwendig; auch in qualitativer Hinsicht nimmt die unmittelbare Arbeit nicht mehr die den Produktionsprozess bestimmende Position ein:

> In dieser Umwandlung ist es weder die unmittelbare Arbeit, die der Mensch selbst verrichtet, noch die Zeit, die er arbeitet, sondern die Aneignung seiner eignen allgemeinen Productivkraft, sein Verständniß der Natur, und die Beherrschung derselben durch sein Dasein als Gesellschaftskörper – [...] die als der grosse Grundpfeiler der Production und des Reichthums erscheint (581).

Diese Entwicklung steht laut Marx im Widerspruch zum Begriff des Tauschwerts, in dessen Bestimmung die Arbeitszeit „als einziges werthbestimmendes Element gesezt" (577) ist:

> Ihre Voraussetzung [der kapitalistischen Produktionsweise] ist und bleibt – die Masse unmittelbarer Arbeitszeit, das Quantum angewandter Arbeit als der entscheidende Factor der Production des Reichthums. In dem Maasse aber, wie die grosse Industrie sich entwickelt, wird die Schöpfung des wirklichen Reichthums abhängig weniger von der Arbeitszeit und dem Quantum angewandter Arbeit, als von der Macht der Agentien, die während der Arbeitszeit in Bewegung gesezt werden [...]. Das Capital ist selbst der processirende Widerspruch {dadurch}, daß es die Arbeitszeit auf ein Minimum zu reduciren strebt, während es andrerseits die Arbeitszeit als einziges Maaß und Quelle des Reichthums sezt. [...] Nach der einen Seite hin ruft es also alle Mächte der Wissenschaft und der Natur, wie der gesellschaftlichen Combination und des gesellschaftlichen Verkehrs ins Leben, um die Schöpfung des Reichthums unabhängig (relativ) zu machen von der auf sie angewandten Arbeitszeit. Nach der andren Seite will es diese so geschaffnen riesigen Gesellschaftskräfte messen an der Arbeitszeit (580 – 582).

Indem das Kapital die stetige Entwicklung der Produktivkräfte vorantreibt, unterminiert es die Gültigkeit seiner eigenen begrifflichen Bestimmung und „arbeitet so an seiner eignen Auflösung als die Production beherrschende Form" (577). Der konstatierte Widerspruch führt also zum Zusammenbruch der kapitalistischen Produktionsweise und der ihr entsprechenden Gesellschaft:

> Sobald die Arbeit in unmittelbarer Form aufgehört hat, die grosse Quelle des Reichthums zu sein, hört und muß aufhören die Arbeitszeit sein Maaß zu sein und daher der Tauschwerth {das Maaß} des Gebrauchswerths. [...] Damit bricht die auf dem Tauschwerth ruhnde Production zusammen (581 f.).

Den Wert von Produkten allein an der für sie verausgabten Arbeitszeit zu messen, mag aus Perspektive der Warentauschenden sinnvoll erscheinen, solange (unmittelbare) Arbeit den für den Produktionsprozess qualitativ und quantitativ bedeutendsten Faktor darstellt. Aufgrund der Entwicklung der Produktivkräfte und dem hieraus folgenden kontinuierlichen Bedeutungsverlust (unmittelbarer) Arbeit stellt die Arbeitszeit aber kein aussagekräftiges Maß mehr dar, den Wert von Gütern zu bestimmen: Der Begriff des Tauschwerts ist somit nicht kompatibel zu einer entwickelten industriellen Gesellschaft und Produktionsweise. Und aus diesem *Widerspruch zwi-*

schen der begrifflichen Grundlage der kapitalistischen Produktionsweise und der realen Beschaffenheit der materiellen Produktion unter Bedingung gesteigerter Produktivkraft schlussfolgert Marx den Zusammenbruch der kapitalistischen Produktionsweise – ihr wird gleichsam durch ihre eigene Entwicklung der ‚begriffliche Boden unter den Füßen weggezogen'.[311] Argumentationsziel Marx' ist hier – wie auch bereits hinsichtlich der sinkenden Profitrate –, aufzuzeigen, dass die kapitalistische Produktionsweise trotz der Kapitalbestimmung der *unbegrenzten quantitativen Vervielfältigung* durch Endlichkeit und Begrenztheit charakterisiert ist. Letztlich stößt auch das Kapital an Grenzen, die es – entgegen seiner Intention – nicht als Schranken zu überwinden vermag: „Daraus aber daß das Capital jede solche Grenze als Schranke sezt und daher *ideell* darüber weg ist, folgt keineswegs, daß es sie *real* überwunden hat" (322f.).

Fraglich ist jedoch, ob Marx das Argumentationsziel tatsächlich erreicht. Zur Beurteilung dieses – in der Forschungsliteratur als logisch ungültig behaupteten[312] – Arguments sollen seine einzelnen Schritte zunächst schematisch dargestellt werden:[313]

1. Tauschwert wird durch Arbeit konstituiert; entsprechend ist die Arbeitszeit das Maß des Tauschwerts: Die zur Produktion notwendige Arbeitszeit bestimmt die Größe des Tauschwerts.
2. In der modernen Gesellschaft drückt der Tauschwert den Wert einer Sache aus; wie wertvoll also eine Sache ist, wird durch ihren Tauschwert – und somit durch die zu ihrer Produktion notwendige Arbeitszeit – bestimmt.
3. Der in Nr. 2 dargestellte Sachverhalt ist nur deshalb möglich, da in der kapitalistischen Produktionsweise aus Perspektive der Warentauschenden „die unmittelbare Arbeit und ihre Quantität als das bestimmende Princip der Production – der Schöpfung von Gebrauchswerthen" (577) erscheint (siehe Abschnitt 2.1.2).[314]

---

311 Da der Tauschwert Ausdruck des Warentauschs als des dominanten ökonomischen Verhältnisses ist, bedeutet der Widerspruch zugleich: Der Warentausch erweist sich als ungeeignetes ökonomisches Verhältnis für eine entwickelte industrielle Gesellschaft und Produktionsweise.
312 Diese Auffassung vertritt Heinrich (2013).
313 Eine ähnliche – nicht identische – Darstellung der Argumentation bietet Heinrich (2013, 207). – Heinrich (2013) ist zuzustimmen, wenn er fordert, die Marxforschung möge nicht nur die marxschen Argumente (unkritisch) darstellen, sondern sie auch auf ihre Gültigkeit hin prüfen. Ein Beispiel für eine unkritische Darstellung dieses Arguments bietet der Beitrag von Postone (2008, 124–126).
314 Und es müssen natürlich die weiteren Voraussetzungen einer warentauschbasierten und kapitalistisch produzierenden Gesellschaft gegeben sein (s. Abschnitte 2.1.2 und 2.2.3.2). Von diesen kann im Kontext des hier analysierten Arguments aber abstrahiert werden. – Heinrich (2013) bemerkt zu diesem Schritt der Argumentation, zu keinem historischen Zeitpunkt – auch nicht vor der durch das Kapital induzierten Machinisierung – sei Arbeit „the ‚great' source of wealth" gewesen, denn „besides concrete-useful labour, the natural productive forces (like, for example, fertility of the land) [...] would be equally great sources of wealth" (208). Aus Warte der Theorie allgemeiner Produktion (s. Abschnitt 2.2.1) ist die Feststellung Heinrichs (2013) zutreffend, sind doch zur Produktion von Gütern neben der Verausgabung von Arbeit naturale Bedingungen notwendig. M. E. ist es jedoch gar nicht Stoßrichtung des marxschen Arguments, was der Sache nach zur Produktion von Gütern notwendig ist, sondern was a) aus Perspektive der Warentauschenden (und nicht des die warentauschende Gesell-

4. Durch die Maschinisierung des Produktionsprozesses
   a. wird in quantitativer Hinsicht im Kontext des Produktionsprozesses stetig weniger unmittelbare Arbeit verausgabt und
   b. verliert die unmittelbare Arbeit in qualitativer Hinsicht ihre Position als bestimmendes Prinzip der Produktion (diese Position nehmen die regulative Arbeit und Produktivkräfte wie beispielsweise wissenschaftliche Kenntnisse ein).
5. Aus Nr. 3. und 4 folgt: Der Tauschwert kann unter der Bedingung eines maschinisierten Produktionsprozesses nicht Ausdruck des Werts einer Sache sein; wie wertvoll eine Sache ist, kann nicht daran festgemacht werden, wie hoch ihr Tauschwert ist, wie viel Arbeitszeit also zu ihrer Produktion notwendig ist.
6. Daraus folgt: Der Tauschwert taugt nicht mehr zur Koordination der ökonomischen Aktivitäten der Mitglieder der modernen Gesellschaft. Er erweist sich für diese als eine unzulängliche begriffliche Grundlage.
7. Daraus folgt: Die kapitalistische, begrifflich auf dem Tauschwert basierende Produktionsweise wird aufgehoben.

In *logischer Hinsicht* ist im Argument eine Konfusion zwischen nicht näher bestimmter Arbeit (im Sinne eines Oberbegriffs) einerseits und unmittelbarer Arbeit (im Sinne eines Unterbegriffs)[315] andererseits zu konstatieren. Die ersten beiden Punkten beziehen sich auf die Arbeit als Oberbegriff und geben korrekt die marxsche Werttheorie wieder (siehe Abschnitt 2.1.3). Im Übergang zum dritten Punkt ist jedoch ein logischer Bruch festzustellen: Die Rede ist nicht mehr allgemein von Arbeit, sondern im spezifischen Sinne von unmittelbarer Arbeit. Entsprechend ist es nicht einsichtig, wieso die Tatsache, dass der durch *Arbeit* konstituierte Tauschwert den gesellschaftlichen Wert einer Sache ausdrückt (Nr. 2), davon abhängig sein sollte, dass die *unmittelbare Arbeit* in dieser Gesellschaft das bestimmende Prinzip der Produktion darstellt (Nr. 3). Wäre die regulative Arbeit das bestimmende Prinzip der Produktion, so wäre es für die Warentauschenden nicht weniger plausibel anzunehmen, der durch Arbeit konstituierte Tauschwert drücke den Wert einer Sache aus, denn ‚regulative Arbeit' ist ebenso ein Unterbegriff zu ‚Arbeit' wie ‚unmittelbare Arbeit'. Mit anderen Worten: Dass eine qualitativ andere Art der Arbeit im maschinisierten Produktionsprozess verausgabt wird, führt nicht dazu, dass der Tauschwert nicht mehr den Wert einer Sache auszudrücken vermag, weil der durch Arbeit im nicht weiter differenzierten Sinne konstituierte Tauschwert gerade unabhängig davon ist, ob unmittelbare oder regulative Arbeit verausgabt wird. Punkt 3 erweist sich somit als falsch. Daraus folgt, dass auch der fünfte Punkt nicht zutreffend ist: Die marxsche Beobachtung, dass die unmittelbare Arbeit im Rahmen des Produktionsprozesses ihre dominante Position verliert und quantitativ in stetig geringerem Ausmaß verausgabt wird (Nr. 4),

---

schaft kritisierenden Wissenschaftlers!) b) der bestimmende (nicht der einzige!) Faktor der Produktion ist: und das ist eben die Arbeit.

315 Unmittelbare und regulative Arbeit bilden die beiden Unterbegriffe zu Arbeit als Obergriff.

desavouiert nicht den Tauschwert, da dieser nicht durch unmittelbare Arbeit, sondern durch Arbeit allgemein (also sowohl durch unmittelbare als auch regulative Arbeit) konstituiert wird. Folglich sind auch die Punkte 6 und 7 unbegründet.

In *sachlicher Hinsicht* ist das Argument ebenfalls zu kritisieren. Die Feststellung, die unmittelbare Arbeit werde quantitativ in stetig geringerem Ausmaß verausgabt und werde mehr und mehr durch regulative Arbeit ersetzt, ist in ihrer Allgemeinheit fragwürdig. Insbesondere die im letzten Abschnitt dargestellte *Expansion des Warentauschs und der kapitalistischen Produktionsweise in nicht warenförmig organisierte und nicht-kapitalistisch produzierende Bereiche der Ökonomie sowie in bislang außerhalb der Ökonomie stehende Gesellschaftsbereiche,* zu der auch die warenförmig-kapitalistische Umgestaltung von ehemals im familiären Kontext ausgeübten Tätigkeiten (Raum- und Gebäudereinigung, Pflege, ...) zählt, führt zu einer quantitativen Expansion der unmittelbaren Arbeit, da in diesen kapitalistisch umgestalteten Bereichen kein industrieller, maschinisierter Produktionsprozess vorliegt, sondern vornehmlich durch unmittelbare (Hand-)Arbeit Dienstleistungen verrichtet werden.[316]

Um das Argument zu ‚retten', könnte man – entgegen dem Wortlaut des marxschen Textes – die These vertreten, Arbeit im allgemeinen Sinne werde aus Perspektive der Warentauschenden sowohl quantitativ als auch qualitativ im Produktionsprozess gegenüber Produktivkräften wie etwa wissenschaftlichen Erkenntnissen und Maschinen zunehmend irrelevant. Das ist bezüglich der einzelnen Ware auch korrekt: Zu deren Produktion ist durch die sich entwickelnde Produktivkraft stetig weniger Arbeitszeit – bezogen sowohl auf unmittelbare als auch regulative Arbeit – notwendig. Die Tatsache, dass zur Produktion einer einzelnen Ware stetig weniger Arbeit erforderlich ist, heißt jedoch nicht, dass auf gesellschaftlicher und personaler Ebene weniger Arbeit im kapitalistischen Produktionsprozess verausgabt würde. Wie in Abschnitt 2.2.3.6 dargestellt, wird die Steigerung der Produktivkraft nicht zur Verkürzung des Arbeitstages verwendet, sondern zur Herstellung einer größeren Produktenmenge. Wenn nicht die Produktion einer einzelnen Ware, sondern die gesamte kapitalistisch organisierte Produktion einer Gesellschaft betrachtet wird, kann von einer quantitativ geringeren Verausgabung von Arbeit nicht die Rede sein – und auch der einzelne Arbeiter verausgabt trotz maschinisiertem Produktionsprozess nicht weniger Arbeitszeit als zuvor. Auch von einer qualitativen Irrelevanz der Arbeit im maschinisierten Produktionsprozess kann nicht die Rede sein: Auch in diesem würden ohne Arbeit sprichwörtlich ‚alle Räder stillstehen'; die Maschinen produzieren nur dann zweckmäßig, wenn sie von arbeitenden Menschen kontrolliert und gesteuert werden. Nach wie vor stellt auch im maschinisierten Produktionsprozess die Arbeit denjenigen Faktor dar, der alle anderen zur Produktion notwendigen – und an sich unverbunden nebeneinander stehenden – Faktoren in einen Zusammenhang bringt. Es gibt demgemäß keinen Grund anzunehmen, aufgrund der Maschinisierung wäre Arbeit im allgemeinen Sinne aus Sicht der Warentauschenden nicht mehr bestimmendes Prin-

---

316 Vgl. Starosta (2013, 258 f.).

zip der Schöpfung von über Gebrauchswert verfügenden Gegenständen. Auch durch eine solche Umformulierung erhält das marxsche Argument also keine Gültigkeit.

Zusammengefasst ist zu konstatieren, dass dieses Argument Marx' nicht gültig ist: Aus der Beobachtung der abnehmenden Relevanz unmittelbarer Arbeit im industriellen Produktionsprozess (und nur in diesem!) aus Sicht der Warentauschenden folgt *nicht*, dass Arbeit nicht mehr der konstituierende Faktor von Wert und Arbeitszeit nicht mehr dessen Maß zu sein vermag. Die marxsche Prognose des Zusammenbruchs moderner, kapitalistisch produzierender Gesellschaft erweist sich somit als theoretisch unbegründet.

Marx ergänzt das betrachtete Argument um die These, die kapitalistische Produktionsweise negiere durch ihre Entwicklung *zwei* ihrer eigenen gesellschaftlichen Bedingungen. Die eine Bedingung stelle die bereits dargestellte Relevanz der unmittelbaren Arbeit im Produktionsprozess dar; die andere Bedingung sei die Existenz voneinander unabhängiger Privatproduzent:innen (siehe Abschnitt 2.1.2): Der Warentausch und der Tauschwert als dessen Ausdruck setzen voraus, dass Güter in Privatproduktion hergestellt werden und der unhintergehbar gesellschaftliche Charakter der Produktion erst *nach* Abschluss des Produktionsprozesses durch Tauschhandlungen zwischen den selbstständigen Produzent:innen gesetzt wird. Diese Voraussetzung wird laut Marx durch die maschinisierte Produktion unterminiert, indem im industriellen Produktionsprozess

> das Product aufhört Product der vereinzelten unmittelbaren Arbeit zu sein und vielmehr die *Combination* der gesellschaftlichen Thätigkeit als der Producent erscheint. [...] Im unmittelbaren Austausch erscheint die vereinzelte unmittelbare Arbeit als realisirt in einem besondren Product oder Theil des Products und ihr gemeinschaftlicher gesellschaftlicher Charakter – ihr Charakter als Vergegenständlichung der allgemeinen Arbeit und Befriedigung des allgemeinen Bedürfnisses – nur gesetzt durch den Austausch. Dagegen in dem Productionsprocess der grossen Industrie, [...] [ist] *die Arbeit des einzelnen in ihrem unmittelbaren Dasein gesetzt als aufgehobne einzelne, d. h. als gesellschaftliche Arbeit. So fällt die andre Basis dieser Productionsweise weg* (585).

Während der Warentausch (und der Tauschwert als sein Ausdruck) eine Gesellschaft voraussetzt, in welcher während des Produktionsprozesses der gesellschaftliche Charakter des Produzierens nicht gesetzt wird – sondern diese Setzung erst durch den anschließenden Austausch erfolgt –, setzt die durch das Kapital induzierte Entwicklung des Produktionsprozesses und die mit ihr einhergehende Konzentration vieler Arbeiter:innen an einem Ort, ihre Kooperation im Arbeitsprozess und die Kombination der verschiedenen Arbeitsarten die Gesellschaftlichkeit der Produktion bereits im Akt des Produzierens. Zusammengefasst ist dies als *Widerspruch zwischen der Privatproduktion als Voraussetzung des Warentauschs und der realen Beschaffenheit der materiellen Produktion unter Bedingung gesteigerter Produktivkraft* zu bezeichnen.

Auch die Gültigkeit dieses Arguments ist fraglich. Denn in der kapitalistisch organisierten Produktion sind nicht die Arbeiter:innen die Privatproduzent:innen; sondern die Einzelkapitalien produzieren – besser: lassen produzieren – unabhängig voneinander und erweisen sich somit als Privatproduzierende. In der kapitalistischen

Produktionsweise existiert keine Absprache der Einzelkapitalien vor der Produktion, sondern die Frage nach der gesellschaftlichen Nützlichkeit der hergestellten Waren (und nach der davon abhängigen Realisierung des in der Produktion generierten Mehrwerts) entscheidet sich erst nach Abschluss des Produktionsprozesses, wenn die hergestellten Waren zum Verkauf angeboten werden. Dies gilt auch für den maschinisierten Produktionsprozess: Auch dessen gesellschaftlicher Charakter wird in der kapitalistischen Produktionsweise erst nach Abschluss gesetzt. Auch der maschinisierte kapitalistische Produktionsprozess findet also in Privatproduktion statt. Die Rolle des Privatproduzierenden nimmt freilich auch hier nicht der einzelne Arbeiter ein, sondern das jeweilige Einzelkapital – so wie auch die produktive Kraft des Arbeitsvermögens während des Produktionsprozesses als Kraft des Kapitals erscheint.

An der Kritik der beiden maxschen Argumente wird deutlich, dass der ‚selbstzerstörerische' Charakter der kapitalistischen Dynamik leicht überschätzt zu werden vermag. Der Kapitalismus ist – und dies hat seine Entwicklung in den letzten 150 Jahren bewiesen – robuster als er aufgrund seiner dynamischen und mit Krisen verbundenen Wandlungsprozesse erscheinen mag. Dies hatte Marx im Rahmen seiner Theorie der Profitrate partiell erkannt: Die sinkende Profitrate ist eine Tendenz, der gegenläufige und den Kapitalismus stabilisierende Entwicklungen entgegenstehen; die zyklisch auftretenden Krisen erweisen sich gerade nicht als ‚Totengräber' der kapitalistischen Produktionsweise, sondern tragen zu ihrer Dauerhaftigkeit bei. Freilich ergänzte Marx diese Einsicht um die Aussage, die in ihrer Intensität im Zeitverlauf stetig zunehmenden Krisen führten ‚eines Tages' zum Untergang der kapitalistischen Produktionsweise – ohne diese Aussage freilich argumentativ begründen zu können.

Wie die Ausführungen in diesem Abschnitt zeigten, erweist sich die These, *objektive Faktoren* – wie etwa eine sinkende Profitrate oder die abnehmende Quantität und veränderte Rolle der unmittelbaren Arbeit – führten gleich einem Mechanismus (‚automatisch') zum Zusammenbruch der kapitalistischen Produktionsweise, als argumentativ nicht begründet.[317] Freilich könnte versucht werden, die marxsche Ar-

---

317 In verschiedenen seiner Schriften – wie etwa dem ersten Band des *Kapital* – vertritt Marx freilich einen Geschichtsdeterminismus, dem gemäß die Aufhebung der kapitalistischen Produktionsweise notwendig sei (vgl. MEGA II.5, 609; vgl. auch Heinrich 1997, insbesondere 132, 135f.). Heinrich (1997, 137f.) konstatiert diesbezüglich (wie auch in der hier vorliegenden Arbeit hinsichtlich der *Grundrisse* bereits festgestellt wurde), dass diese geschichtsdeterministischen Thesen sich im Rahmen der marxschen Theorie nicht begründen lassen, sie also keine logisch gültige Schlussfolgerung aus der Analyse der kapitalistischen Gesellschaft darstellen, sondern gleichsam argumentativ ungedeckt über sie hinausgehen (vgl. ebenso auch Blumentritt 1997, 146). Dieser Einschätzung konträr gegenüber steht die Auffassung von Schweier (1997, 165), der eine Äußerung Marx' wiedergibt, dergemäß die notwendige Aufhebung der kapitalistischen Produktionsweise die Schlussfolgerung aus dem gesamten argumentativen Gang des ersten *Kapital*-Bandes darstelle. Auf dieser marxschen Äußerung aufbauend gelangt Schweier (1997) zu dem Schluss: „Es kann sich also, nach Marx, nicht um irgendein geschichtsphilosophisches Einsprengsel oder politischen, aus Revolutionshoffnungen gespeisten Überschuß handeln, sondern die Rede von der Negation [der kapitalistischen Produktionsweise] wird

gumentation zu verbessern, um diese These vom gleichsam automatischen Zusammenbruch des Kapitalismus zu begründen.[318] Für die marxsche Theorie wäre durch diese Konjektur freilich nicht viel gewonnen: Argumentationsziel Marxens ist nicht der Nachweis der objektiven Notwendigkeit des nicht näher bestimmten ‚Zusammenbruchs' der kapitalistischen Produktionsweise und der ihr entsprechenden Gesellschaft, als wäre die bloße Auflösung dieser gesellschaftlichen Verhältnisse das Relevante. Sein Argumentationsziel besteht vielmehr in der Aufdeckung der Bedingungen dafür, dass der Kapitalismus und die ihm entsprechende moderne Gesellschaft im dreifachen hegelschen Sinne *aufgehoben* werden; mit anderen Worten, dass durch die Auflösung der auf dem Warentausch basierenden gesellschaftlichen Verhältnisse eine ‚höhere', also bessere, humanere und gerechtere Gesellschaft entsteht, die die im Verlauf der hier vorliegenden Arbeit aufgezeigten Widersprüche des Kapitalismus und der modernen Gesellschaft überwindet und zugleich deren Vorzüge gegenüber vorkapitalistischen Gesellschaftsformationen erhält.

---

zurückverwiesen bis ins erste Kapitel über Ware und Geld. Die Negation, seine eigene, ist dem Kapital inhärent und Marx versucht sie durch seine Darstellungsweise aufzuzeigen. Wer dies nicht akzeptiert, dem bleibt nur die Möglichkeit, das *Kapital* in einen theoretischen Steinbruch zu verwandeln" (165). Schweier (1997) geht freilich m. E. an der von Heinrich (1997) vorgebrachten These, die marxsche Behauptung eines notwendigen Zusammenbruchs des Kapitalismus sei argumentativ ungedeckt, vorbei. Zu unterscheiden ist nämlich zwischen dem argumentativen Gehalt der marxschen Theorie und der Auffassung, die Marx selbst von diesem argumentativen Gehalt hat. Schweier (1997) belegt in der Tat, dass Marx (zu einem Zeitpunkt nach der Niederschrift des ersten *Kapital*-Bandes) die Auffassung besaß, seine deterministische Theorie des kapitalistischen Zusammenbruchs lasse sich logisch aus der Theorie der kapitalistischen Produktionsweise ableiten – damit ist aber noch nichts darüber gesagt, ob dies tatsächlich der Fall ist (es sei denn, man hinge dem naiven Glauben an, die Urteile eines Autors über seine Theorie seien in allen Fällen korrekt). Diesen Unterschied bedenkt Schweier (1997) offenbar nicht, so dass er zu dem Schluss gelangt, der Rekurs auf eine marxsche Selbstauskunft wäre ein Argument gegen die These Heinrichs (und diejenige der hier vorliegenden Arbeit).
318 Bspw. weist Wood (2013) auf einen für diesen Zusammenhang wichtigen Umstand hin: Die Stabilität der kapitalistischen Produktionsweise ergebe sich vornehmlich durch ihre Expansion in nicht-kapitalistische Sphären: die räumliche Erweiterung der Zirkulation, um produzierte Güter verkaufen zu können, die Ausdehnung des Warentauschs und der Warenproduktion in bislang nicht austauschförmig strukturierte Gesellschaftsbereiche und die räumliche Ausdehnung der kapitalistischen Produktionsweise in bislang nicht-kapitalistische Gesellschaften. Diese Expansionsbewegungen sicherten die Kapitalverwertung, seien aber nur möglich, solange es nicht-kapitalistische Sphären – gleichsam weiße Flecken auf der Landkarte des Kapitals – gebe. Sobald auch die letzte Volkswirtschaft der Erde in das globale kapitalistische System eingebunden sei und alle Güter der Menschen Warenform angenommen hätten, existiere kein Expansionsspielraum mehr für das Kapital, mittels dessen sich die Verwertung sicherstellen ließe: „Now, capitalism has no more escape routes, no more safety valves or corrective mechanisms outside its own internal logic. [...] Now, having more or less reached its geographic limits and ended the spatial expansion that supported its earlier successes, it can only feed on itself" (Wood 2013, 166). Dieser Argumentation ist freilich entgegenzuhalten, dass das Kapital über mindestens eine weitere, oben im Haupttext erwähnte Option zur Sicherstellung seiner Verwertung verfügt: die kontinuierliche oder im Rahmen zyklisch auftretender Krisen stattfindende Entwertung von konstantem Kapital.

In den *Grundrissen* findet sich eine – freilich von Marx kaum ausgearbeitete – Theorie der Aufhebung der kapitalistischen Produktionsweise durch die *subjektive Aktivität* der Arbeiter:innen auf Basis der Resultate der kapitalistischen Dynamik.[319] In diesem Kontext stellen die im letzten Abschnitt dargestellten Entwicklungen „die materiellen Bedingungen [dar], um sie [die kapitalistische Produktionsweise] in die Luft zu sprengen" (582; vgl. auch 417). Die Entwicklungen führen also nicht durch sich selbst – durch eine objektiv Gesetzmäßigkeit – zur Aufhebung, sondern stellen lediglich deren ‚materielle Bedingung' – im Sinne einer notwendigen, aber nicht hinreichenden Bedingung – dar.[320] Auf Basis dieser materiellen Bedingungen muss die Aufhebung der kapitalistischen Produktionsweise durch das Handeln der Gesellschaftsmitglieder, durch (im weitesten Sinne) politische Aktion realisiert (und man kann sagen: erkämpft) werden. Durch die Steigerung der Produktivkraft beispielsweise ist die materielle Grundlage für eine Gesellschaft geschaffen, in der kein einziges ihrer Mitglieder in einem Zustand der ‚Vertierung' zu leben gezwungen ist, sondern die allen ihren Mitgliedern die materiellen Güter für ein ‚gutes Leben' zu bieten imstande ist. *Dass* eine solche Gesellschaftsform tatsächlich konstituiert wird, ist dann freilich nicht Resultat der Produktivkraftsteigerung, sondern des gemeinschaftlichen Handelns der Individuen.

Dieser die Aufhebung allererst konstituierende subjektive Faktor ist freilich nicht durch Zufälligkeit charakterisiert, sondern selbst bestimmt durch das Kapital.[321] Dass die Individuen, die als Arbeiter:innen dem Kapital gegenüberstehen, eine Einsicht in den widersprüchlichen (und als solchen defizitären) Charakter der kapitalistischen Produktionsweise entwickeln und diese durch ihr Handeln aufzuheben trachten, ist selbst eine Folge der kapitalistischen Produktionsweise: Die ‚Vertierung' der Arbeitenden beispielsweise mag zu der Einsicht führen, dass durch den entwickelten materiellen Produktionsprozess eine universelle Bedürfnisstruktur und umfassende Bedürfnisbefriedigung möglich wären, diese aber durch die gegebenen ökonomischen Verhältnisse verunmöglicht werden; und ebenso kann die Einsicht in das vielfältige Potenzial des eigenen Arbeitsvermögens und die ihm diametral entgegenstehende, fragmentierte und heteronom bestimmte Arbeitsrealität zu einer Unzufriedenheit mit den bestehenden (Arbeits-)Verhältnissen führen. Auch die Entwicklung von Kommunikationsmitteln, wissenschaftliche Erkenntnisse und die im materiellen Produk-

---

319 Vgl. Lebowitz (2013, 62).
320 Postone (2008, 126) weist ebenfalls darauf hin, dass die Aufhebung des Kapitalismus nicht gleichsam automatisch aus seiner eigenen Entwicklungsdynamik erfolge, sondern diese Dynamik nur die Möglichkeit der Aufhebung schaffe: „Marx shows that capitalism is characterized by an intrinsic developmental dynamic. That dynamic, however, remains bound to capitalism; it is not self-overcoming. [...] Capitalism *does* give rise to the possibility of its own negation, but it *does not* automatically evolve into something else" (126 f.). Vgl. auch Thomas und Reuten (2013): „capitalism will not reach its end via automatic internal forces (economism of breakdown), but rather via a political movement of the exploited that seeks to confront the foundations of this vicious circle" (326). Vgl. ebenso Blumentritt (1997, 145), Heinrich (2014, 345) und Löwy (2015, 36 f.).
321 Vgl. Starosta (2013, 234 f.).

tionsprozess durch das Kapital vollzogene Vergesellschaftung der Arbeitenden vermögen zur sozialen Diffusion der Auffassung zu führen, die kapitalistische Produktionsweise sei ob ihrer Mängel aufzuheben. Marx vertritt diesbezüglich die These, ein solches ‚kapitalismuskritisches' Bewusstsein und das auf diesem basierende Handeln der Arbeitenden sei eine *notwendige* Folge der kapitalistischen Produktionsweise: Entsprechend spricht er an einer Stelle der *Grundrisse* – im Kontext der Auseinandersetzung mit den Auffassungen der Politischen Ökonomie über den Arbeitslohn – vom „Kampf der beiden Klassen – der sich bei Entwicklung der Arbeiterklasse nothwendig einstellt" (487).

Bezüglich der *Entstehung* (‚sich einstellen') dieses Klassenkampfes vertritt Marx also eine deterministische Auffassung. Aus dieser Feststellung lässt sich freilich nicht die Schlussfolgerung ziehen, das *Ergebnis* dieses ‚Kampfes' wäre ebenso notwendig vorgezeichnet; wie viele Individuen an diesem ‚Kampf' (auf beiden Seiten) mit welcher Intensität und welchen konkreten Handlungen teilnehmen – und somit auch sein Verlauf und Ergebnis –, ist nicht deterministisch bestimmt und somit durch Theorie im Vorfeld nicht zu prognostizieren.[322] Dies lässt sich mittels der marxschen Theorie vom Wesen des Menschen begründen (siehe Abschnitt 2.2.1): Der Mensch als ein Wesen, das zwar der Natur entstammt, irreduzibel auf sie angewiesen und von ihr abhängig ist, zugleich aber über den deterministischen Kausalzusammenhang der Natur hinauszugehen vermag und über die Fähigkeit zur Setzung und Realisierung eigener Zwecke verfügt – und somit über Freiheit. Entsprechend vermögen die Individuen der modernen Gesellschaft, sich frei zu entscheiden, wie sie sich im Klassenkampf positionieren und verhalten, und gemäß dieser Entscheidung zu handeln.[323] Da diese freie Entscheidung und das darauf basierende freie Handeln gemäß selbstgesetzter Zwecke theoretisch nicht vorhergesagt werden können – andernfalls wären sie keine freien –, vermag auf theoretischer Ebene auch das Resultat des Klassenkampfes nicht vorhergesagt zu werden.[324] Hier eröffnet sich also die Möglichkeit eines Verständnisses

---

322 Mit anderen Worten: Es lässt sich zwar abstrakt aussagen, dass ein ‚Klassenkampf' entsteht; seine konkrete Beschaffenheit (die Anzahl sich beteiligender Individuen, ...) kann freilich nicht theoretisch deduziert werden.
323 Engagieren sie sich bspw. mit aller Energie für die Überwindung des Kapitalismus – oder beobachten sie die gesellschaftlichen Kämpfe lediglich, vielleicht mit Sympathie, aber ohne selbst sich aktiv zu beteiligen? Schlagen sich Arbeiter:innen gar auf die Seite des Kapitals – weil ihnen die kapitalistische Produktionsweise am meisten Konsummöglichkeiten zu bieten scheint oder sie das Paradigma von der Vorzugswürdigkeit des ‚freien Marktes' gleichsam religiös verinnerlicht haben – oder unterstützen Eigentümer:innen von Einzelkapitalien gar die Forderung nach einer anderen Gesellschaft und tragen ideell und materiell zur Aufhebung der kapitalistischen Produktionsweise bei? Oder treten die Gesellschaftsmitglieder gar für eine Auflösung der kapitalistischen Verhältnisse ein, erstreben aber regressiv die Restauration vorkapitalistischer Verhältnisse? Zu bedenken sind hier auch außer-ökonomische Sphären der Gesellschaft, wie (politische) Kultur, Werte und Ideologien, die Einfluss auf den Klassenkampf und seinen Ausgang nehmen.
324 Mit Löwy (2015, 36 f.) und gegen Lebowitz (2013, 62); Letzterer hält aufgrund einer von ihm nicht ausgearbeiteten Theorie des menschlichen Handelns den Sieg des Proletariats im Klassenkampf für unvermeidlich.

der marxschen Theorie jenseits objektiv bedingter Notwendigkeit. Der Fortgang der Geschichte ist offen – ob die kapitalistische Produktionsweise aufgehoben werden wird, das bestimmen die in ihr lebenden Menschen durch ihre freie Entscheidung und ihr Handeln selbst. Die objektive Möglichkeit – die materielle Grundlage – der Aufhebung der kapitalistischen Produktionsweise ist freilich durch die immanente Entwicklung dieser Produktionsweise selbst gegeben. Der Erfolg des Kampfes zu ihrer Aufhebung ist ungewiss, aber möglich.[325]

---

[325] Hier ist dann auch der Platz der Theorie: Um den Erfolg des ‚Kampfes' und somit die Aufhebung der kapitalistischen Produktionsweise zu fördern, klärt sie über die Verhältnisse der modernen Gesellschaft und über die Natur des Kapitals auf – darüber, dass das Kapital als mächtig erscheint, aber seine Macht nichts anderes ist als die Macht der Menschen, die durch ihre Arbeit die Verwertung ermöglichen, und darüber, dass der Kapitalismus keine ‚natürliche' und somit auch nicht die einzig mögliche Gesellschaftsform ist (vgl. Lebowitz 2013, 64). Dazu ist die theoretische Erarbeitung der Grundzüge – der ‚Vision' – einer den Kapitalismus aufhebenden, anderen und neuen Gesellschaftsform notwendig, ohne die die Darstellung der Widersprüche und Mängel des Kapitalismus fruchtlos auf das Negative allein beschränkt bliebe (vgl. Lebowitz 2013, 64 f., 69). – Zugegeben sei jedoch, dass die im Haupttext dargestellte Rekonstruktion – so sehr sie sich auch in den von Marx entwickelten theoretischen Rahmen einfügen mag – sich kaum am Text der *Grundrisse* belegen lässt (daher nur wenige Zitate im Haupttext) und zudem dem marxschen Wortlaut in anderen (vorher zitierten) Partien der *Grundrisse* widerspricht: Marx spricht ja explizit davon, die kapitalistische Produktionsweise werde aufgrund der ihr inhärenten Widersprüchlichkeit, also allein durch objektive Faktoren bedingt notwendig zusammenbrechen (s. etwa die oben zitierten Formulierungen im Kontext der abnehmenden Relevanz der Arbeit im Produktionsprozess). Somit handelt es sich bei dem im Haupttext Geschriebenen durchaus um Konjektur – eine Konjektur jedoch, welche meiner Auffassung nach die theoretische Unentschiedenheit und Widersprüchlichkeit Marx' zwischen dem notwendigen Zusammenbruch des Kapitalismus und den dazu gegenläufigen Tendenzen aufzulösen vermag.

3 Die marxsche Theorie im Dialog mit dem ökologischen Diskurs

Im vorangegangenen zweiten Hauptabschnitt der hier vorliegenden Studie erfolgte eine Rekonstruktion der Theorie der modernen Gesellschaft, wie sie Marx in den *Grundrissen* entwickelte. Einen Bezug zur ökologischen Krise stellt Marx im Kontext dieses Manuskripts nicht her; er erkennt keinen Zusammenhang zwischen ökologischen Problemen und einer Gesellschaftsform, die auf dem Warentausch als dominantem ökonomischen Verhältnis beruht. Freilich ist Natur in der in den *Grundrissen* entwickelten Theorie nicht absent; im Rahmen seiner Auseinandersetzung mit der Produktion im Allgemeinen, vorkapitalistischen Produktionsweisen und der modernen, kapitalistischen Produktionsweise arbeitet Marx das allgemeine Verhältnis der Menschen zur Natur und dessen historisch spezifische Konfigurationen heraus. Und in seiner Darstellung der dialektischen Entwicklung des Wertbegriffs als einer Theorie des Warentauschs weist Marx nach, dass der Warentausch durch ein widersprüchliches Verhältnis zur Natur charakterisiert ist, insofern die stofflichen Attribute von Gütern berücksichtigt werden (ausgedrückt im Gebrauchswert) und zugleich von ihnen abstrahiert wird (ausgedrückt im Tauschwert). Auch ohne Bezug zur ökologischen Krise und ökologischen Problemen erweist sich die in den *Grundrissen* entwickelte Theorie also als für den ökologischen Diskurs relevant (siehe Abschnitt 1.3). Ausgehend von dieser Erkenntnis soll sie nun in konfrontativen Dialog mit dem ökologischen Diskurs treten.

3.1 Natur in der Wirtschaftswissenschaft

3.1.1 Natur in der neoklassischen Wirtschaftswissenschaft

3.1.1.1 Die Kritik des ökologischen Diskurses an der neoklassischen Wirtschaftstheorie

Die Ökonomie im Sinne der Produktion, Distribution und Konsum von Gütern als Grundlage der leiblichen Existenz der Menschen und ihres ‚guten Lebens' ist abhängig von und gebunden an Natur. Die Erzeugung von Nahrungsmitteln beispielsweise ist an die Existenz eines Landwirtschaft ermöglichenden Klimas gebunden; die Produktion jedweder Gegenstände setzt die Existenz von Rohstoffen und die Verfügbarkeit von Energie voraus. Die Ökonomie hängt, so lässt sich sagen, nicht als autarkes System gleichsam ‚in der Luft', sondern ist stets auf Natur angewiesen und in sie eingebettet; „alles Wirtschaften beginnt mit der aktiven Umwandlung von Bedingungen, die vor aller Verfügungsmacht der Menschen bereits existieren" (Faber und Manstetten 2007, 280), und endet damit, dass bestimmte Produkte dieses Umwandlungsprozesses wiederum an die Natur abgegeben werden (vgl. Faber und Manstetten 2007, 208):

> Das ökonomische System bleibt immer in seiner Eigenschaft als offenes Sub-System in das übergreifende ökologische System der Erde eingebunden und daher letztlich von den ökologischen Funktionsbedingungen abhängig. Es kann dem ökologischen System nicht seine – sozial erzeugte – Entwicklungslogik aufzwingen (Leipert 1994, 64).

Zugleich ist auch die Natur nicht unbeeinflusst durch das ökonomische Handeln der Menschen: Dieses transformiert das natürlich Gegebene, und der Einfluss der Menschen auf die Natur nimmt durch ausgeweitete technische Möglichkeiten tendenziell zu (siehe die Ausführungen zum Anthropozän in Abschnitt 2.2.1).

Um so überraschender ist es festzustellen, dass – *zum einen* – im Rahmen der *Neoklassik*, des in der Gegenwart dominierenden, den *Mainstream* darstellenden Paradigmas der Wirtschaftswissenschaft,[326] das Verhältnis der Ökonomie zur Natur nicht reflektiert wird (vgl. Georgescu-Roegen 1973; Biervert und Held 1994, 7). Exemplarisch wird dies deutlich anhand des volkswirtschaftlichen Lehrbuchs des US-Ökonomen Gregory Mankiw (2017), das aufgrund seiner internationalen Verbreitung getrost als Standardwerk bezeichnet werden kann:

> Als *Produktionsfaktoren* bezeichnet man die Inputs, die für die Produktion von Waren und Dienstleistungen benötigt werden. Die beiden wichtigsten Produktionsfaktoren sind Kapital und Arbeit. Unter *Kapital* versteht man alle produzierten Produktionsmittel, die bei der Gütererzeugung eingesetzt werden: den Kran des Bauarbeiters, den Taschenrechner des Buchhalters und den PC des Autors dieses Buches. Unter *Arbeit* wird die Zeit verstanden, die der Einzelne arbeitend verbringt (56).

Die natürlichen Grundlagen der Ökonomie werden hier nicht einmal erwähnt. Die ‚beiden wichtigsten' Bedingungen der Güterproduktion stellen das (dinglich verstandene) Kapital und die menschliche Arbeit dar; welche anderen, offenbar als weniger wichtig erachteten ‚Produktionsfaktoren' existieren, wird nicht genannt. Ähnlich ist die Darstellung in dem Lehrbuch von Wagner (2003):

> Die Güterproduktion einer Volkswirtschaft kann man sich schematisch wie eine große Maschine oder Black Box vorstellen, in die Produktionsfaktoren als Inputs einfließen und der Güteroutput sich nach Durchlaufen des Prozesses ergibt. Als **Produktionsfaktoren** werden das geleistete Arbeitsvolumen N und der in der Periode bestehende Kapitalstock K verwendet. Diesen Kapitalstock kann man sich als Ausstattung der Arbeitsplätze mit Maschinen und Werkzeugen vorstellen. In einem weiter gefassten Begriff von ‚Kapital' kann man auch weitere Komponenten erfasst sehen, wie das vorhandene Bildungsniveau, oder den Faktor ‚Boden', welcher in den ersten ökonomischen Modellen in der Volkswirtschaftslehre noch explizit betrachtet wurde. Von solchen Differenzierungen sehen wir jedoch der Einfachheit halber ab (41 f.).

---

326 Dieses Paradigma verfügt über einen Grundbestand von Prämissen und Forschungsmethoden, die im Folgenden nur selektiv dargestellt werden. Für eine umfassende Darstellung der Spezifika der Neoklassik vgl. Hampicke (1992, 20–38) und Schlaudt (2016, 43–49).

Unter dem Terminus ‚Boden' wird Natur zwar erwähnt,[327] sie wird jedoch aus Gründen der ‚Einfachheit' in der wirtschaftswissenschaftlichen Modellbildung, wie sie in diesem Lehrbuch vorliegt, nicht berücksichtigt. Festzustellen ist also: Während der Sache nach wirtschaftliches Handeln auf Natur irreduzibel angewiesen ist, wird diese Angewiesenheit in der ökonomischen Theorie durch die Beschränkung auf Kapital und Arbeit als Produktionsfaktoren nicht reflektiert. Aufgrund dieser Feststellung bescheinigt Schlaudt (2016) der neoklassischen Theorie „ein *ökologisches Defizit*" (34). Da Kapital und Arbeit als die einzig relevanten Produktionsfaktoren aufgefasst werden, fehle der Theorie schon von ihren Grundbegriffen her die Möglichkeit, „die Abhängigkeit des Wirtschaftsprozesses vom natürlichen Außenraum" (Schlaudt 2016, 133f.) zu thematisieren: „Produktion geschieht [in diesem theoretischen Ansatz] allein durch Kapital und Arbeit [...], aber ohne Ressourcen an Material und Energie" (Schlaudt 2016, 134).[328]

Im ökologischen Diskurs werden zwei Erklärungen für diese ‚Ausklammerung' des Verhältnisses der Ökonomie zur Natur aus der wirtschaftswissenschaftlichen Theorie angeführt: Die *erste Erklärungsfigur* rekurriert auf die *Prämissen der neoklassischen Theorie*, die es verhinderten, das Verhältnis der Ökonomie zur Natur in ihrem Rahmen zu reflektieren. Diese mangelnde Reflexion sei also Folge der grundlegenden Perspektive, unter der die Ökonomie in der neoklassischen Ökonomik verstanden und theoretisiert werde. Eine dafür relevante Prämisse stelle die Auffassung der Ökonomie als *autonomer* Prozess dar, der sich allein aus der postulierten anthropologischen Grundverfassung des Menschen – dem als *homo oeconomicus* bezeichneten Menschenbild der neoklassischen Ökonomik – quasi-naturgesetzlich deduzieren lasse und keine Abhängigkeit besitze zu anderen sozialen (Machtstrukturen, Traditionen, Familienverhältnisse, ...) oder natürlichen Gegebenheiten und Prozessen (vgl. Schlaudt 2016, 44, 47 und 148). Eine andere relevante Prämisse sei die Annahme der tendenziell unbegrenzten *Substituierbarkeit* von Naturgütern durch Güter anderer Art (zum Beispiel Maschinen). Durch diese Prämisse würden augenfällige natürliche Grenzen – wie beispielsweise beschränkte Rohstoffvorräte der Erde – theoretisch gleichsam wegerklärt:

> In der Tat ist es meist schon auf theoretischer Ebene vorprogrammiert, dass ökologische Belange in den ökonomischen Modellen schlichtweg nicht vorkommen: [...] die Frage nach der Knappheit der Ressourcen wird durch die Grundannahmen des technologischen Fortschritts und der Substituierbarkeit von Gütern verdunkelt (Schlaudt 2016, 138).

> daß [in der neoklassischen Theorie] eine *beliebige oder zumindest limitationale Substituierbarkeit aller Produktionsfaktoren* [...] angenommen wurde. Damit wird endgültig die Bedeutung der Produktivkraft Natur gleichsam aus der Ökonomik ‚hinausdefiniert' (Biervert und Held 1994, 12).

---

327 Wie Döring (2009, 126f.) ausführt, wurde in der Theoriegeschichte der Wirtschaftswissenschaft unter dem Produktionsfaktor ‚Boden' sowohl im engen Sinne der landwirtschaftlich nutzbare Ackerboden als auch in einem weiten Sinne die Natur verstanden.
328 Vgl. auch Skourtos (1994), Faber und Manstetten (2007, 281), Randers (2012, 348), Luks (2013, 176, 204), Neumayer (2013, 50f.), von Egan-Krieger (2016, 336).

Da alle ‚Dienste', die die Natur für die Ökonomie leiste (Bereitstellung von Ressourcen, ...), auch durch Kapital oder Arbeit geleistet werden könnten, Natur also durch Kapital und Arbeit ersetzt werden könne, stelle sie einen redundanten Faktor dar, der daher in der Theoriebildung nicht weiter zu berücksichtigen sei. Dadurch werde der ökonomische Prozess nicht nur als autonomer, sondern auch als unendlicher modelliert, als „ein sich selbst erhaltender Prozess im geschichtslosen Gleichgewicht, der sich immerdar erhalten wird" (Schlaudt 2016, 46): Kein äußeres Geschehen könne die Ökonomie gemäß dieser Auffassung beschränken, keine ihr äußerliche Entwicklung könne ihr ‚gefährlich' werden, da jede scheinbare naturale Grenze zu überwinden sei. Die fehlende Reflexion naturaler Faktoren in der neoklassischen Theorie wird also im Rahmen dieser Erklärungsfigur durch die Prämissen dieser Theorie selbst erklärt: *Weil* die neoklassische Theorie die Ökonomie als autonom begreife und *weil* die Produktionsfaktoren als substituierbar verstanden würden, werde das Verhältnis der Ökonomie zur Natur im Rahmen der neoklassischen Ökonomik nicht reflektiert. Auch eine weitere vorgebrachte Begründung rekurriert auf die Prämissen der neoklassischen Theorie:

> Die Ökonomik bildete sich als *Gesellschaftswissenschaft* aus. Die damit verbundene Abhebung von den natürlichen Grundlagen des Wirtschaftens war mit eine Ursache für die zunehmende Zurückdrängung der Behandlung der physischen Grundlagen des Wirtschaftens (Biervert und Held 1994, 12).

Weil die Ökonomik sich *per definitionem* als Wissenschaft sozialer Verhältnisse verstehe, ihren Gegenstandsbereich also auf spezifische Art bestimme und damit einschränke, werde das Verhältnis der Ökonomie zur Natur im Rahmen der neoklassischen Ökonomik nicht reflektiert (ähnlich von Egan-Krieger 2016, 336).

Die *zweite Erklärungsfigur* verweist nicht auf die Prämissen der neoklassischen Theorie, sondern auf die *ökonomische Praxis: Weil* aus der subjektiven Perspektive der ökonomischen Akteure Natur für den ökonomischen Prozess als irrelevant erscheine, anderen Produktionsfaktoren hingegen eine hohe Relevanz zugesprochen werde, werde das Verhältnis der Ökonomie zur Natur im Rahmen der neoklassischen Ökonomik nicht reflektiert:

> Während der Aristotelismus des 17. Jhs. die Hauswirtschaft (*oikonomiké*) noch als naturale Produktion, Verarbeitung und Konsum auffasste und auch die Physiokraten im 18. Jh. Natur, zumindest in Form des Bodens, als unverzichtbaren Produktionsfaktor ansahen, ließ die gegen Ende des 19. Jh.s aufkommende neoklassische Wirtschaftstheorie die Natur bald nahezu völlig außer Acht. Im Zuge der Industrialisierung und Intensivierung der Landwirtschaft verlor der Faktor Boden immer weiter an Bedeutung. Sachkapital wurde nun als der limitierende Faktor wahrgenommen. Naturkapital schien hingegen unbegrenzt zur Verfügung zu stehen (von Egan-Krieger 2016, 336).

Döring (2009) führt dies auf die Entwicklung des Kunstdüngers zurück, wodurch die landwirtschaftliche Produktion als unabhängig von der Bodenfruchtbarkeit angesehen worden sei:

This made possible a decoupling of economic development from ‚land' as a determining production factor. As consequence the importance of the physical side of production diminished (126).

Während in den vorindustriellen Agrargesellschaften also die Angewiesenheit auf die Natur unmittelbar ersichtlich war, scheinen mit dem Beginn der Industrialisierung naturale Faktoren für die Produktion von Gütern irrelevant zu werden. Zugleich erscheint das verfügbare ‚Sachkapital' die eigentlich relevante Größe für die ökonomische Praxis zu sein: Gleich, wie beschaffen beispielsweise die Bodenfruchtbarkeit ist, durch den Einsatz von Sachkapital (Dünger, Maschinen, ...) lässt sich die produzierte Gütermenge vervielfachen, so dass für die ökonomischen Akteure das Sachkapital handgreiflich als relevanter Produktionsfaktor erscheint und die Abhängigkeit der Produktion von naturalen Faktoren dadurch gleichsam verdeckt wird. Zur industriellen Produktion waren insbesondere in der Anfangsphase der Industrialisierung ebenso auch Arbeitskräfte im großen Maßstab notwendig – mit identischem Ergebnis (vgl. Schlaudt 2016, 33, für weiterführende Literaturhinweise): Während die Bedeutung der Arbeit für die Produktion unmittelbar einsichtig war – bei einem Streik beispielsweise standen sprichwörtlich ‚die Räder still' –, wurde der Beitrag der Natur zur Produktion verdeckt. Parallel dazu wurde die Natur als unerschöpflich wahrgenommen: Im 20. Jahrhundert, der Phase der Ausarbeitung der neoklassischen Wirtschaftstheorie, waren die Preise für Rohstoffe und Energie verhältnismäßig niedrig, wodurch ihnen durch die ökonomischen Akteure eine nur geringe Bedeutung beigemessen wurde.[329] Diese Wahrnehmung der Bedeutung der Natur für die ökonomische Praxis durch die handelnden Personen führte – gemäß der hier dargestellten Erklärungsfigur – dazu, dass Arbeit und Kapital in der neoklassischen Ökonomik als einzige relevante Produktionsfaktoren modelliert wurden und nach wie vor werden (vgl. Schlaudt 2016, 33).[330]

---

[329] Vgl. Randers (2012): „In the first decades after the End of World War II, resource constraints were not central in politics. What was missing was capital, real and financial. [...] Similarly, pollution of the environment was not seen as a significant factor [...]. The world was still regarded as being infinitely big, for all practical purposes. Typical for the era, the historical resource limitation (L for Land) was deleted from the equations of classical macroeconomics. As a result the intellectual underpinning of much economic policy making in the second half of the twentieth century was blind to the fact that the world is finite" (348).

[330] Die zweite Erklärungsfigur (ökonomische Praxis) könnte als Begründung der ersten Erklärungsfigur (Prämissen der neoklassischen Ökonomik) aufgefasst werden: *Weil* im realen ökonomischen Prozess die Natur aus subjektiver Sicht der ökonomisch Handelnden keine relevante Rolle (mehr) spielte, wurde die neoklassische Theorie als Sozialwissenschaft begründet, der ökonomische Prozess als autonomer verstanden und die Substituierbarkeit der Produktionsfaktoren angenommen. Dieses Begründungsverhältnis ist allerdings ein nur mögliches, aber kein notwendiges: Die Prämissen der neoklassischen Theorie können durchaus durch andere Aspekte als die subjektiv wahrgenommene Irrelevanz der Natur für den realen ökonomischen Prozess bestimmt worden sein – bspw. macht die Annahme der Substituierbarkeit der Produktionsfaktoren die mathematische Modellierung ökonomischer Prozesse einfacher und ‚eleganter'. Aus diesem Grund werden die beiden gegebenen Erklä-

Die konstatierte fehlende Berücksichtigung des Verhältnisses der Ökonomie zur Natur in der neoklassischen Ökonomik ist freilich um ein gegenläufiges Phänomen zu ergänzen und entsprechend zu relativieren: *Zum anderen* nämlich wird das Verhältnis der Ökonomie zur Natur auf spezifische Weise in die neoklassische Theoriebildung einbezogen. Es bleibt in der neoklassischen Theorie nur solange und soweit unbedacht, wie natürliche Prozesse und Gegebenheiten – aus Perspektive der ökonomischen Praxis oder der neoklassischen Theorie – keine Auswirkung auf den ökonomischen Prozess zu besitzen scheinen: „Innerhalb der Wirtschaftswissenschaften gerät Natur erst dann in den Blick, wenn ihr im Zusammenhang mit unserem Wirtschaften eine Bedeutung zugeschrieben wird" (von Egan-Krieger 2016, 335). Entsprechend stellen Biervert und Held (1994) fest, dass einerseits die „Geschichte der ökonomischen Theoriebildung *zugleich ein Zurückdrängen der Bedeutung der Natur* für das *Wirtschaften* und damit die *Ökonomik*" (11) sei; andererseits gelte jedoch: „Die von Kritikern vielfach behauptete *Naturvergessenheit* in der [...] Entwicklung der [neoklassischen] Ökonomik *stimmt in dieser vereinfachten Form nicht*" (10). Angesichts augenfälliger ökologischer Probleme werden nämlich „die aus dem Gegenstandsbereich der Ökonomik ausgeklammerten Fragestellungen und Sachverhalte" (Biervert und Held 1994, 8) seit Ende der 1960er-Jahre wieder in die neoklassische Ökonomik aufgenommen und – im Paradigma der Neoklassik verbleibend, also ohne dessen Prämissen aufzugeben – im Rahmen der sogenannten *Ressourcen- und Umweltökonomik* diskutiert.[331] Offenbar wird im Rahmen des neoklassischen Diskurses einigen ökologischen Problemen – wie etwa den als endlich erkannten Ressourcenvorräten, die sich in steigenden Ölpreisen ausdrücken – eine (potenziell) negative Auswirkung auf den Wirtschaftsprozess zugesprochen, wodurch natürliche Faktoren

---

rungen für das ‚Ausklammern' der Natur aus der neoklassischen Ökonomik hier voneinander getrennt behandelt.

331 Dies schlägt sich in einschlägigen volkswirtschaftlichen Lehrbüchern nieder. In dem Lehrbuch von Samuelson und Nordhaus (2016) heißt es bspw.: „Die Produktionsfaktoren lassen sich in drei Hauptkategorien unterteilen: Grund und Boden, Arbeit und Kapital" (32). Zu erstgenanntem Produktionsfaktor wird erläutert: „*Grund und Boden* – oder ganz allgemein natürliche Ressourcen – sind ein Geschenk der Natur an die Gesellschaften dieser Erde. Zum Produktionsfaktor Boden gehören die Felder, auf denen wir unsere Landwirtschaft betreiben, oder die Grundstücke für unsere Häuser, Fabriken und Straßen; in diese Kategorie fallen aber auch Energieressourcen für unsere Autos, Heizungen oder Haushalte sowie Bodenschätze wie Kupfer, Erz oder Sand. In einer immer dichter besiedelten Welt müssen wir die Palette natürlicher Ressourcen um Umweltressourcen wie saubere Luft und Trinkwasser erweitern" (Samuelson und Nordhaus 2016, 32). Auch Baßeler, Heinrich und Utecht (2010, 18) nennen Arbeit, Kapital und Boden als Produktionsfaktoren. Hier wird deutlich, dass die neoklassische Theorie keine einheitliche ist, sondern in verschiedenen Publikationen das Verhältnis der Ökonomie zur Natur in manchen Fällen reflektiert, in anderen Fällen hingegen nicht reflektiert wird. So können dann bzgl. der Neoklassik als Abstraktum beide, als miteinander unvereinbar und widersprüchlich erscheinende Aussagen gleichzeitig wahr sein: Das Verhältnis der Ökonomie zur Natur findet in der Neoklassik keine Berücksichtigung *und* es findet, wiewohl in partieller und okkasioneller Form, Berücksichtigung. Es gibt konkrete neoklassische Theorien, auf die erste Aussage zutrifft, und solche, auf die die zweite Aussage zutrifft.

für die Wirtschaftstheorie Relevanz erhalten (vgl. Biervert und Held 1994, 15; Leipert 1994, 54f.; Grunwald und Kopfmüller 2012, 19–22; Neumayer 2013, 51f.; von Egan-Krieger 2016, 336). Deutlich wird, dass das Verhältnis der Ökonomie zur Natur zwar nicht systematisch, wohl aber *okkasionell* in der neoklassischen Ökonomik Berücksichtigung erfährt – nämlich dann, wenn aus Perspektive der neoklassischen Ökonomik oder der ökonomischen Praxis ökologische Probleme drohen, die Ökonomie negativ zu beeinflussen.

Dem fügt Immler (1985) eine weitere Feststellung hinzu:

> Selbstverständlich bedeutet die weitreichende Vernachlässigung der Natur als ökonomische Kategorie in den Wirtschaftswissenschaften keineswegs, daß die einzelnen Elemente und produktiven Kräfte dieser Natur im realen Produktionsprozeß und auch in seiner wissenschaftlichen Erfassung und Erklärung schlechthin unberücksichtigt bleiben. Ganz im Gegenteil, es kennzeichnet die industrielle Produktionsweise mehr als alle ihre Vorläufer, daß sie eine virtuose Fähigkeit entwickelt hat, die Produktivkräfte der Natur wissenschaftlich-technisch extrem zu nutzen. Aller wissenschaftlich-technische Fortschritt der Industriegesellschaft ist letztlich der Tatsache zu verdanken, daß mittels der menschlichen Arbeit die Kräfte und Potentiale der Natur erschlossen und angeeignet werden. Nun ist selbstverständlich, daß einzelne Bestandteile dieser kombinierten Arbeits- und Naturprozesse auch wesentliche Bestandteile der praktischen und wissenschaftlichen Ökonomie ausmachen, so als Produktionsmittel, Werkzeuge, Rohstoffe, Standorte, Energieträger, Erfindungen etc. (17f.).

Das Verhältnis der Ökonomie zur Natur werde nicht nur angesichts der ökologischen Krise als einer extraordinären historischen Situation, sondern ‚immer schon' in der neoklassischen Wirtschaftstheorie reflektiert.[332] Diese Reflexion erfolge jedoch stets *partiell*; nicht alle der Sache nach ökonomisch relevanten naturalen Faktoren würden im Rahmen der neoklassischen Theoriebildung berücksichtigt:

> Der entscheidende Aspekt in dem hier aufgeworfenen Zusammenhang ist zu zeigen, aus welchen Gründen bestimmte Naturkräfte ökonomisch bewertet werden, andere dagegen nicht, obwohl sie doch beide reale Faktoren der Produktion bedeuten. Das Problem der Ökonomie gegenüber der physischen Natur besteht doch darin, daß in Produktion und Konsumtion durch die Menschen zwar die *ganze* Natur genutzt wird, in die gesellschaftlich-ökonomische Bewertung jedoch nur Teile eingehen, und dies nach Selektionskriterien, die mit einem Verständnis der Natur nichts zu tun haben (Immler 1985, 18).

Hampicke (1992) präzisiert diese Beobachtung wie folgt:

> Der [neoklassische] Mainstream widmet sich den natürlichen Ressourcen in sehr selektiver Weise. Die Bedeutung von Ölquellen und Fischgründen [die in der neoklassischen Ökonomik Berücksichtigung finden] ist zwar nicht zu leugnen, in ihnen erschöpft sich die Naturproblematik jedoch

---

[332] Immler (1985) ist freilich dahingehend zu ergänzen, dass der Produktionsprozess nicht die einzige ökonomische Sphäre darstellt, in welcher die Natur Bedeutung gewinnt für die ökonomische Theorie; auch im Rahmen der Zirkulation, bspw. bezüglich neuer Transporttechnologien, wird Natur für die neoklassische Wirtschaftstheorie relevant.

> nicht. Die Bewirtschaftung räumlich ausgedehnter, komplexer und fragiler Ressourcen mehr qualitativen Charakters, welche nicht unmittelbar ‚vermarktet' werden können und deren schleichende Auszehrung oftmals lange Zeit ökonomisch unbemerkt bleibt, findet ebenso wie die Bedrängung von Tier- und Pflanzenarten, der Böden, globalen Stoffkreisläufe und des Klimas nur das Interesse der relativ wenigen Ökonomen, [...]. Dies liegt gewiß daran, daß sich diese Probleme einer überwiegend markt-, preis- und gleichgewichtsorientierten ‚naiv-neoklassischen' Behandlung methodisch widersetzen (134).

Erklärt wird der Befund, das Verhältnis der Ökonomie zur Natur werde nur partiell in der neoklassischen Ökonomik reflektiert, also damit, dass nur jene naturalen Faktoren theoretische Berücksichtigung finden, die sich problemlos in das neoklassische Theoriegebäude und die ihm entsprechende Methodik integrieren lassen.

Zusammengefasst wird durch die Beiträge des ökologischen Diskurses herausgearbeitet, dass die neoklassische Ökonomik die Angewiesenheit der Ökonomie auf die Natur nicht *systematisch* reflektiert und daher die allumfassende und existenzielle Bedeutung der Natur für die Menschen nicht zu erkennen vermag beziehungsweise unterschätzt; vielmehr finden jeweils nur einzelne der ökonomisch relevanten Naturfaktoren Berücksichtigung (partielle Reflexion des Verhältnisses der Ökonomie zur Natur) oder wird das Verhältnis der Ökonomie zur Natur nur okkasionell, unter besonderen Bedingungen – angesichts ökologischer, die Ökonomie schädigender Probleme – berücksichtigt. Partielle und okkasionelle Reflexion des Verhältnisses der Ökonomie zur Natur sind freilich zusammenzudenken: Auch dann, wenn dieses Verhältnis aufgrund zunehmender ökologischer Probleme in den Fokus der neoklassischen Wirtschaftstheorie gelangt, geschieht dies in partieller Art und Weise.

Warum aber beschäftigt sich der ökologische Diskurs überhaupt mit der neoklassischen Ökonomik? Die mangelnde systematische Reflexion des Verhältnisses der Ökonomie zur Natur in der neoklassischen Ökonomik wird als eine Ursache für die spezifische Konfiguration des modernen Menschen-Natur-Verhältnisses und der aus diesem entspringenden ökologischen Krise verstanden: Natur habe, so stellt Immler (1985) fest,

> begrifflich seit Beginn der wissenschaftlichen Ökonomie bis heute außerhalb der ökonomischen Theorie gestanden. [...] Die ökologische Krise, [...], ist lediglich die späte Frucht einer vor über zweihundert Jahren ausgelegten Saat (17).

Und zur Lösung dieser Krise vermag die Reform der Ökonomik, dergemäß das Verhältnis der Ökonomie zur Natur systematisch in die Theoriebildung einzubeziehen sei, und ein dadurch neu gewonnenes Menschen-Natur-Verhältnis beizutragen:

> Sollen die Erscheinungsformen der ökologischen Krise systematisch verhindert bzw. beseitigt werden, dann bedeutet dies notwendigerweise, daß ökonomische Praxis und Theorie ihr Verhältnis zur Natur radikal ändern müssen (Immler 1985, 17).

In welchem Verhältnis zueinander ökonomische Praxis und neoklassische Theorie stehen, wird hier von Immler (1985) freilich nicht näher bestimmt.

3.1.1.2 Die argumentative Weiterentwicklung der ökologischen Kritik an der neoklassischen Ökonomik durch die marxsche Theorie

Marx kommt bezüglich der Politischen Ökonomie zu demselben Ergebnis wie der ökologische Diskurs bezüglich der neoklassischen Ökonomik: Das Verhältnis der Ökonomie zur Natur wird in der ökonomischen Theorie systematisch nicht erfasst, sondern lediglich partiell und okkasionell thematisiert. Zwar drückt Marx dies mit einer abweichenden Begrifflichkeit aus, indem er davon spricht, der Gebrauchswert werde in der Politischen Ökonomie nicht systematisch reflektiert; da jedoch der Gebrauchswert durch die stofflichen Eigenschaften der Gegenstände und die Bedürfnisse der Individuen konstituiert wird und somit „die Beziehung des Individuums zur Natur" (109) ausdrückt, ist die marxsche Aussage äquivalent zu derjenigen des ökologischen Diskurses, das Verhältnis der Ökonomie zur Natur erfahre im Kontext der neoklassischen Ökonomik keine systematische Reflexion.[333]

Die festgestellte Äquivalenz der Aussagen Marxens und des ökologischen Diskurses weist auf einen bedeutenden Umstand hin: Politische Ökonomie – die heute theoriegeschichtlich als *Klassik* bezeichnet wird – und neoklassische Ökonomik besitzen eine strukturelle Ähnlichkeit. In der Tat gilt die neoklassische Ökonomik wissenschaftsgeschichtlich als Nachfolgerin der Politischen Ökonomie: Wenn im Rahmen der Neoklassik auch die Arbeitswertlehre der Politischen Ökonomie (auf welcher ja auch die marxsche Theorie basiert) zugunsten einer subjektiven Wertlehre aufgegeben wurde und die ökonomischen Modelle – in Anlehnung an die klassische Physik – mathematisch formalisiert wurden, so übernahm die Neoklassik von der Politischen Ökonomie doch ein entscheidendes Charakteristikum: Sie stellen beide die *bürgerliche* Wirtschaftswissenschaft ihrer Epoche dar, insofern sie die kapitalistische Ökonomie jeweils aus Sicht des über Eigentum an den Produktionsmitteln und entsprechende ökonomische Macht verfügenden Teils der Gesellschaft theoretisch erfassen und in einem affirmativen Verhältnis zur kapitalistischen Ökonomie stehen, die als

---

[333] Das Argumentationsziel der marxschen Aussage ist freilich ein anderes als dasjenige des ökologischen Diskurses: Während der ökologische Diskurs mittels der Kritik an der Neoklassik die Genese und mögliche Lösung der ökologischen Krise aufzudecken intendiert, geht es Marx in seiner Kritik der Politischen Ökonomie darum, anhand des Widerspruchs zwischen Gebrauchs- und Tauschwert und der daraus entspringenden dialektischen Ableitung ökonomischer Grundbegriffe den Widerspruchscharakter der modernen Ökonomie aufzudecken. – Wie Luks (2013, 101, 190) zeigt, wurde Natur in der Form des ‚Bodens' als Produktionsfaktor explizit in der Theoriebildung der Politischen Ökonomie berücksichtigt; interessanterweise war die Politische Ökonomie also in dieser Hinsicht durchaus ‚ökologisch sensibler' als die gegenwärtige Neoklassik (zur Kritik am Konzept des Produktionsfaktors ‚Boden' s. weiter unten im Haupttext). In wissenschaftsgeschichtlich der Politischen Ökonomie vorhergehenden ökonomischen Paradigmen wurde der Natur eine wichtige, wenn nicht gar – wie bspw. in der Theorie der sog. Physiokraten – zentrale Rolle im ökonomischen Prozess zugeschrieben (vgl. Döring 2009, 124–126, 138; Luks 2013, 97 f.). Dies belegt, dass ökonomisches Denken nicht *per se* sich auf gesellschaftliche Verhältnisse beschränken und den Bezug der ökonomisch tätigen Menschen zur Natur ‚ausklammern' muss, sondern dass dies lediglich eine Konfiguration einer historisch spezifischen ökonomischen Theorie- und Denktradition ist.

‚harmonisch' verstanden wird.[334] Aus Warte der marxschen Theorie heißt dies, dass die Neoklassik – wie auch die Politische Ökonomie – die Interessen und Perspektive des Kapitals (und der ‚hinter' diesem stehenden Kapitalist:innen) ausdrückt und die Widersprüche der kapitalistischen Produktionsweise weder erkennt noch herausarbeitet. Aus der Feststellung, die neoklassische Ökonomik sei Ausdruck der Interessen und Perspektive des Kapitals, folgt, dass sie die theoretische Reflexion des Kapitalstrebens nach grenzenloser Verwertung ist: Das, was in ihrem Kontext ‚zählt', also theoretische Relevanz besitzt, ist der (monetär ausgedrückte) Tauschwert und seine Verwertung; er stellt ihr Erkenntnisobjekt dar. Es geht ihr folglich um den (monetär ausgedrückten) Tauschwert der getauschten, verbrauchten und produzierten Gegenstände unter Abstraktion von ihren spezifischen stofflichen Eigenschaften und Gebrauchswerten. Der Gebrauchswert wird nur okkasionell und partiell bedacht; also nur dann, insofern und insoweit er aus Perspektive des Kapitals in einem erkennbaren Verhältnis zum Tauschwert steht, also für das Kapital wahrnehmbar die Verwertung affiziert.

Aufgrund des gemeinsamen *bürgerlichen Charakters* von Politischer Ökonomie und neoklassischer Ökonomik kann die marxsche Kritik der Politischen Ökonomie fruchtbar gemacht werden auch für eine *Kritik der neoklassischen Ökonomik*. Von dieser Erkenntnis ausgehend ist zu fragen, was die marxsche Theorie für die argumentative Weiterentwicklung der im vorangegangenen Abschnitt dargestellten Kritik des ökologischen Diskurses an der Neoklassik zu leisten vermag.

Die marxsche Kritik am fehlenden systematischen Einbezug des Verhältnisses der Ökonomie zur Natur in die ökonomische Theorie ist *erstens* geistesgeschichtlich von Interesse und vermag zu der Einsicht zu führen, dass die bürgerliche Wirtschaftswissenschaft sich seit dem 19. Jahrhundert in ökologischer Hinsicht nicht weiterentwickelt hat: Sowohl die Politische Ökonomie als auch die neoklassische Wirtschaftswissenschaft vermögen über die bloß partielle und okkasionelle Berücksichtigung des Verhältnisses der Ökonomie zur Natur nicht hinauszugehen und verfehlen damit das Erfordernis, dieses Verhältnis systematisch zu reflektieren und die kategorische Angewiesenheit der menschlichen Ökonomie auf naturale Faktoren in ganzheitlicher Perspektive zu erkennen. Davon ausgehend vermag auch der ‚Neuigkeitswert' der Einsichten und Argumente des ökologischen Diskurses, welcher oft als ein Kind des (zumal späten) 20. Jahrhunderts wahrgenommen wird und sich als solches gebiert, relativiert zu werden: Das, was der ökologische Diskurs hinsichtlich der Neoklassik herausarbeitete und kritisierte, erkannte Marx bereits über einhundert Jahre zuvor bezüglich der Politischen Ökonomie.

Zweitens stellt die marxsche Theorie eine argumentative Hintergrundfolie für die Kritik des ökologischen Diskurses an der neoklassischen Ökonomik bereit, indem sie die kategorische Angewiesenheit der menschlichen Ökonomie auf die Natur einsichtig macht. Mittels ihrer kann, mit anderen Worten, erklärt werden, wieso die weitgehende

---

334 Zum Verhältnis von Klassik und Neoklassik vgl. Hampicke (1992, 23f.).

‚Ausklammerung' der Natur in der ökonomischen Theorie das reale Verhältnis der ökonomisch handelnden Menschen zur Natur nicht adäquat zu erfassen vermag. Marx entwirft nämlich eine Theorie der Produktion im Allgemeinen (siehe Abschnitt 2.1.1), in deren Kontext er detailliert begründet, dass ohne das gleichzeitige Vorhandensein dreier Kategorien naturaler Faktoren die Produktion über Gebrauchswert verfügender Gegenstände nicht möglich ist: objektive Bedingungen der Arbeit (welche wiederum in Arbeitsinstrument und -material zu differenzieren sind), Naturprozess und Naturumgebung. Ebenso sind zur Verausgabung von Arbeit – in neoklassischer Terminologie: für den Produktionsfaktor Arbeit – als vierte Produktionsbedingung Lebensmittel vorausgesetzt, welche selbst materielle Güter sind und zu deren Herstellung das Gegebensein der drei Kategorien naturaler Faktoren vorausgesetzt ist. Marx weist also die systematisch-grundlegende Naturgebundenheit der Produktion – und somit der Ökonomie an sich, da ohne Produktion keine zu distribuierenden und zu konsumierenden Güter existieren – nach und entwickelt somit die argumentative Grundlage einer Kritik an der neoklassischen Wirtschaftstheorie, die eben diese kategorische Naturgebundenheit theoretisch nicht nachvollzieht. Zugleich lässt sich durch seine Theorie der Produktion im Allgemeinen die Rede von der Abhängigkeit der Ökonomie von der Natur konkretisieren. Während im Rahmen der ökologischen Kritik an der neoklassischen Ökonomik häufig nur abstrakt auf die Angewiesenheit der Menschen und ihrer Ökonomie auf ‚die Natur' oder auf die Einbettung ökonomischer Prozesse in ökologische verwiesen wird und allenfalls exemplarisch einige ökonomisch relevante Naturgüter genannt werden, spezifiziert Marx, von welchen spezifischen Kategorien naturaler Güter genau die produzierenden Menschen abhängig sind,[335] und vermag dadurch das Menschen-Natur-Verhältnis präzise(r) zu bestimmen (siehe auch unten). Über die Angewiesenheit der Produktion auf naturale Faktoren hinaus zeigt Marx im Rahmen seiner Theorie der Produktion im Allgemeinen zudem auf, dass der produktive Umgang der Gesellschaft mit der Natur sowohl diese als auch die gesellschaftlichen Verhältnisse modifizierend bestimmt. Natur und Gesellschaft (und somit auch die Ökonomie einer Gesellschaft) stehen also in einem wechselseitigen Bestimmungsverhältnis, so dass beispielsweise die Extraktion von Rohstoffen sowohl auf die Natur als auch auf die gesellschaftlichen Verhältnisse (zurück-)wirkt.

Auch die spezifisch kapitalistische Produktionsweise – das ‚Funktionieren' des Kapitalismus – erweist sich im Spiegel der marxschen Theorie als unhintergehbar auf das Vorhandensein spezifischer naturaler Grundlagen angewiesen. Der Tauschwert ist Ausdruck des Warentauschs als des dominanten ökonomischen Verhältnisses; Tauschwert existiert also nur in einer Gesellschaft, deren Ökonomie weitestgehend auf dem Warentausch beruht, und umgekehrt setzt eine solche Gesellschaft die Existenz von Tauschwert voraus. Tauschwert existiert jedoch nur als Wert und somit als (widersprüchliche) Einheit von Gebrauchs- und Tauschwert; über Tauschwert verfügen

---

335 Nämlich von den drei erwähnten Kategorien objektive Bedingungen der Arbeit, Naturprozess und Naturumgebung.

Gegenstände also nur dann, wenn sie zugleich auch über Gebrauchswert verfügen. Der Tauschwert ist somit im Gebrauchswert fundiert, welcher die „Beziehung des Individuums zur Natur" (109) ausdrückt und durch die stofflichen Eigenschaften eines Gegenstandes (in Kombination mit den Bedürfnissen der Austauschenden) konstituiert wird. Daraus folgt: Zwar wird durch den Tauschwert von den spezifischen stofflichen Eigenschaften von Gegenständen abstrahiert, so dass es so *scheint*, als könnte er ohne diese Eigenschaften existieren; tatsächlich aber basiert der Tauschwert auf diesen Eigenschaften und dem durch diese konstituierten Gebrauchswert. Nie steht der Tauschwert gleichsam isoliert für sich, sondern ist stets auf Natur – auf spezifische Stofflichkeit – angewiesen, ohne welche er gleichsam zu Nichts zerfiele (siehe Abschnitt 2.1.3). Und auch hier gilt das oben bereits für die Produktion im Allgemeinen Gesagte: Die ökonomischen Verhältnisse der kapitalistischen Produktionsweise – deren Ausdruck der Tauschwert ist – stehen mit der Natur in einem wechselseitigen Bestimmungsverhältnis, so dass die ökonomischen Verhältnisse auf die Natur modifizierend einwirken und die (in kapitalistischer Epoche immer schon gesellschaftlich modifizierte) Natur auf jene. Auch hieran zeigt sich der unhintergehbare Zusammenhang zwischen kapitalistischer Ökonomie und Natur.

Da Geld und Kapital Entwicklungsformen des Werts darstellen, gilt auch für sie die Fundierung des Tauschwerts im Gebrauchswert, sind auch sie widersprüchliche Einheit von Gebrauchs- und Tauschwert (siehe die Abschnitte 2.1.4 – 2.1.7). Auch wenn im Verlauf der dialektischen Entwicklung vom Wert zu Geld und Kapital der Tauschwert sich vom Gebrauchswert zu emanzipieren strebt, bleibt auch in der Geld- und Kapitalform der Tauschwert unhintergehbar im Gebrauchswert fundiert. Dies lässt sich anhand zweier Punkte exemplarisch belegen:

– Die Verwertung des Kapitals als Bedingung seiner Existenz setzt materielle Produktion voraus: Tauschwert wird nur dann generiert, wenn Menschen durch Verausgabung ihrer Arbeit und unter Verwendung naturaler Faktoren (spezifische objektive Bedingungen der Arbeit, Naturprozesse und Naturumgebungen) brauchbare Gegenstände mit spezifischen stofflichen Eigenschaften herstellen. Naturale Bedingungen der Produktion müssen also auch in der kapitalistischen Gesellschaft gegeben sein.
– Die Generierung von Mehrwert setzt voraus, dass mehr Produkte im Produktionsprozess hergestellt als von den Arbeitenden zur Reproduktion ihres Arbeitsvermögens benötigt werden. Vorausgesetzt ist somit eine bestimmte Höhe der Produktivkraft. Diese umfasst neben anderen Faktoren die Naturumgebung sowie das Vorhandensein spezifischer Rohstoffe. Die Existenz des Kapitals setzt also naturale Bedingungen voraus, welche nicht nur Produktion an sich, sondern die Produktion eines Mehrprodukts erlauben.

Aus dem Gesagten ist die Schlussfolgerung zu ziehen, dass eine adäquate Erkenntnis der ökonomischen Verhältnisse der modernen Gesellschaft nur dann möglich ist, wenn der Gebrauchswert – und somit das Verhältnis der Ökonomie zur Natur – *systematisch* in die wirtschaftswissenschaftliche Theoriebildung einbezogen wird. Somit ist die neoklassische Ökonomik nicht nur dahingehend zu kritisieren, dass sie das allgemeine Verhältnis der Ökonomie zur Natur, sondern auch die Angewiesenheit der spezifisch modernen, kapitalistischen Ökonomie auf die Natur und somit die ‚Funktionsweise' des Kapitalismus nicht adäquat gedanklich zu erfassen imstande ist.[336]

---

[336] Immler (2011) kritisiert die marxsche Theorie dafür, den Beitrag der Natur zur Wertgenerierung ebenso wenig reflektiert zu haben wie die Politische Ökonomie: „Im Mittelpunkt der Marxschen Analyse der ökonomischen Basis aber steht die Analyse des gesellschaftlichen Werts als Tauschwert, weil in ihm das regelnde Prinzip und die bewegende Kraft der Gesellschaft zum Ausdruck kommt. Indem Marx nachweist, dass im Wert und damit auch im Kapital ausschließlich abstrakte Arbeitsquanten enthalten sind und diese allein im Gebrauch der Arbeitskraft ihre wertbildende Quelle haben, kann er von der Basis seiner Arbeitswertlehre zur Mehrwert- und Ausbeutungstheorie gelangen. Da demnach kein Atom an physischer Natur im Tauschwert enthalten ist, scheint in der Tat die Wertanalyse, auch die kritische, der falsche Platz zu sein, um die Natur aufzuspüren bzw. das Naturproblem aufzurollen. [...] Auf der Grundlage dieser These dürfte der Ansatzpunkt meiner Marx-Kritik unmittelbar deutlich werden. Wenn es zutrifft, dass der bürgerliche Wertbegriff gerade nicht unabhängig von der Natur als Natur ist, sondern ein mystifizierter innerer Zusammenhang zwischen ihnen besteht, dann hätte die *Kritik der politischen Ökonomie* die Aufgabe gehabt, dieses Geheimnis der nur vermeintlichen Unabhängigkeit von Wert und Physis aufzudecken, das heißt, sie hätte zeigen müssen, worin die Beteiligung der Natur an der Wertbildung und an der Verwertung von Wert besteht und welche Folgen dies für die gesellschaftliche Praxis und Theorie hat. [...] Er [Marx] hat eindringlich davor gewarnt, die Natur selbst als die andere Säule, d. h. als spezifische Produktionsbedingung und als spezifische Wertbildnerin, zu sehen. Meine These beinhaltet aber, dass die Natur doch eine spezifische Mitwirkung an der gesellschaftlichen Wertbildung und Wertbestimmung hat, wenn auch in anderer Weise als die Arbeit. Präziser: Dass die implizite Bedingung, gemäß der die bürgerliche Ökonomie – insbesondere Ricardo – die Natur vom Wertgeschehen ausschließen durfte und die Marx innerhalb der Kritik der bürgerlichen Wertverhältnisse übernahm, erstens einen logischen Widerspruch enthält und zweitens historisch zu einem Auseinanderfallen von Ökonomie und Natur – sowohl bürgerlicher als auch sozialistischer Ökonomie – führt" (38 f.). Diese Kritik an der marxschen Theorie fußt, so scheint mir, auf einem doppelten Missverständnis. *Erstens* verwechselt Immler (2011) den spezifischen Wertbegriff der Politischen Ökonomie (wobei im Sinne der *Grundrisse* zutreffender von Tauschwert die Rede sein müsste) mit einem eher allgemeinen Wertbegriff im Sinne des marxschen Gebrauchswerts. Der (Tausch-)Wert der Politischen Ökonomie wird *per definitionem* durch Verausgabung menschlicher Arbeit allein konstituiert, unabhängig davon, ob zur Erzeugung brauchbarer Gegenstände tatsächlich mehr als menschliche Arbeit erforderlich ist. Wenn Immler (2011) davon spricht, die Natur sei ebenso wie die Verausgabung von Arbeit wertkonstituierend, dann meint er offenbar nicht den (Tausch-)Wertbegrifff der Politischen Ökonomie, sondern eine Art von allgemein-ökonomischem Wertbegriff im Sinne des Gebrauchswerts. Wenn Marx von (Tausch-)Wert spricht, dann bezieht er sich immer und ausschließlich auf den (Tausch-)Wertbegriff der Politischen Ökonomie, und wenn er in diesem Zusammenhang erklärt, dass dieser so verstandene (Tausch-)Wert durch die Verausgabung von Arbeit allein konstituiert wird, ist er dafür nicht zu kritisieren, da er nur die Begriffsbestimmung der Politischen Ökonomie wiedergibt. Hätte Marx, wie Immler (2011) sich das wünscht, tatsächlich behauptet, der (Tausch-)Wert werde auch durch Natur konstituiert, dann wäre dies eine nicht zutreffende Behauptung gewesen – eben weil die in der Politischen Ökonomie entwickelte Begriffsbestimmung eine andere ist. *Zweitens* fußt die Kritik Immlers (2011) auf einer Nichtkenntnis dessen, was Marx in seiner Kritik der Politischen Ökonomie leistet. Durchaus zu Recht behauptet Immler (2011), die Aufgabe Marx' habe darin bestanden, das „Geheimnis der nur vermeintlichen Unabhängigkeit von Wert und Physis aufzudecken" – aber er nimmt nicht zur Kenntnis, dass genau dies die marxsche Theorie leistet! Marx weist in verschiedenen Partien seiner Theorie –

Mittels der marxschen Theorie lässt sich *drittens* eine in die Irre gehende ökologische Kritik an der neoklassischen Ökonomik erkennen und eine theoretische Alternative ausarbeiten. Es läge nahe, aus ökologischer Perspektive die neoklassische Ökonomik für die Tilgung des Produktionsfaktors Boden zu kritisieren und dessen Wiedereingang in das Theoriegebäude zu fordern. Die marxsche Theorie der Produktion im Allgemeinen zeigt freilich auf, dass zu einer sachlich adäquaten gedanklichen Erfassung des Verhältnisses der Ökonomie zur Natur der Einbezug eines Produktionsfaktors Boden in die ökonomische Theorie nicht ausreichend ist. Als Produktionsfaktor Boden wird Natur in einer homogenen Form verstanden, als ließen sich ihre mannigfaltigen ‚Dienste' zur Produktion in einer einzigen Kategorie erfassen.[337] Die marxsche Produktionstheorie stellt demgegenüber die drei erwähnten Aspekte heraus, unter welchen Natur notwendig für die Durchführung von Produktionsprozessen ist. Da jeder naturale Aspekt (und zudem auch das Vorhandensein von Lebensmitteln) jeweils eine *notwendige* Bedingung der Produktion darstellt und die drei naturalen Aspekte nicht im Sinne einer gegenseitigen ‚Verrechnung' miteinander substituierbar sind, können sie nicht zu *einem* Produktionsfaktor Boden zusammengefasst werden; Produktion wird erst möglich, wenn *alle drei naturalen Bedingungen*

---

wie die Ausführungen im Haupttext belegen – nach, dass der Tauschwert im Gebrauchswert fundiert ist; dass also die Existenz von Tauschwert (und einer auf dem Warentausch basierenden Gesellschaft) spezifische stoffliche Eigenschaften von Gegenständen und spezifische naturale Produktionsfaktoren voraussetzt sowie Natur und (kapitalistische) gesellschaftliche Verhältnisse in einem Verhältnis der wechselseitigen Bestimmung stehen, so dass die Annahme einer Unabhängigkeit der kapitalistischen Ökonomie von der Natur nicht aufrechtzuerhalten ist (vgl. die erwähnte Hauptthese von Saito 2016). Das Ergebnis dieser marxschen Überlegungen schlägt sich jedoch nicht (wie von Immler [2011] gewünscht) in einer Neubestimmung des (Tausch-)Wertbegriffs nieder, dergemäß die Natur einen relevanten Faktor der Generierung von (Tausch-)Wert darstellte; sondern vielmehr in dem Nachweis, dass der durch Verausgabung von Arbeit allein konstituierte (Tausch-)Wert sachlich nicht ohne Natur bzw. Gebrauchswert zu denken und daher widersprüchlich ist. Damit umgeht Marx die bei Immler (2011) zu konstatierende begriffliche Konfusion zwischen dem (Tausch-)Wertbegriff der Politischen Ökonomie und einem allgemein-ökonomischen (Gebrauchs-)Wertbegriff. Außerdem konnte Marx den (Tausch-)Wertbegriff der Politischen Ökonomie nicht einfach ‚umdefinieren', weil dieser Begriff tatsächlich erfasst, wie die kapitalistische Ökonomie ‚funktioniert': Im Kapitalismus wird Reichtum tatsächlich als die universelle Verfügungsgewalt über fremde Gebrauchswerte und somit als Tauschwert verstanden, und die Generierung von Tauschwert im möglichst großen Umfang ist praktischer Zweck ökonomischen Handelns; und Waren werden in der Tat primär unter der Hinsicht betrachtet, wie viel durch Arbeit allein konstituierten (Tausch-)Wert sie besitzen – so absurd es aus der Außenperspektive der Kritiker:innen erscheinen mag. *Summa summarum* ist die Kritik Immlers (2011) an Marx verfehlt: Fern davon, die naturalen Grundlagen der modernen Ökonomie nicht zu bedenken, ist gerade das Verhältnis der Ökonomie zur Natur ein grundlegendes Thema der in den *Grundrissen* entwickelten Theorie. – Die von mir vertretene Auffassung wird auch von Burkett (2014, 79–83) und Foster (2000, 167 f.) gegenüber ähnlichen Kritiken an Marx eingenommen (vgl. die Literaturhinweise dort).

337 Wird der ‚Boden' im engeren Sinne als landwirtschaftlich nutzbare Fläche verstanden, wird anhand der marxschen Lehre von den Bedingungen der Produktion deutlich, dass damit nur ein Bruchteil des Beitrages erfasst wird, den Natur zur Produktion leistet.

vorliegen. Diese Einsicht wird freilich verdeckt, wenn von *einem* Produktionsfaktor Boden die Rede ist; dadurch wird vielmehr der falschen Sichtweise Vorschub geleistet, Natur müsste zur Produktion in einem nicht näher bestimmten Sinne ‚einfach irgendwie vorhanden' sein oder die quantitative Zunahme beispielsweise der objektiven Bedingungen der Arbeit könnte den Verlust einer Produktion allererst ermöglichenden Naturumgebung substituieren. Zu einer ‚ökologischen Reform' der wirtschaftswissenschaftlichen Theorie reicht es daher nicht aus, den nicht näher spezifizierten Produktionsfaktor Boden in die Theoriebildung einzubeziehen.

Viertens ermöglicht die marxsche Theorie, die Diagnose des ökologischen Diskurses hinsichtlich der neoklassischen Ökonomik – das Verhältnis der Ökonomie zur Natur werde nur partiell und okkasionell, nicht aber systematisch erfasst – zu erklären sowie die für dieses Phänomen vorgebrachten Erklärungen argumentativ zu begründen und weiterzuentwickeln. Durch die marxsche Theorie lässt sich, mit anderen Worten, eine (bessere) Antwort auf die Frage geben, *wieso* die neoklassische Ökonomik das Verhältnis der Ökonomie zur Natur systematisch nicht reflektiert, obwohl dieses Vorgehen vor dem Hintergrund der irreduziblen Angewiesenheit der Menschen auf die Natur und des wechselseitig bestimmten Menschen-Natur-Verhältnisses als absurd zu betrachten ist. Ausgangspunkt hierzu ist der marxsche Begriff der Ware (beziehungsweise des Werts) als widersprüchlicher Einheit von Gebrauchs- und Tauschwert.

Werden Waren hinsichtlich ihres Tauschwerts betrachtet,[338] dann erscheinen sie – gemäß den Tauschwertbestimmungen der *Kommensurabilität*, *Abstraktion*, *Homogenität*, *Unvergänglichkeit* und *Totalität*[339] – als qualitativ homogene und dadurch miteinander vergleichbare, sich nur quantitativ (gemäß der zu ihrer Herstellung gesellschaftlich notwendigen Arbeitszeit) unterscheidende Vergegenständlichungen abstrakter Arbeit, die in beliebiger Kombination und beliebig häufig gegeneinander austauschbar sind. In dieser Betrachtungsweise wird von den spezifischen Gebrauchswerten und den diesen zugrunde liegenden spezifischen stofflichen Eigenschaften der Waren abstrahiert. Zudem wird von der Modalität der materiellen Genese der Waren abstrahiert: Zu ihrer Produktion scheint einzig eine bestimmte Zeitspanne (ebenso qualitativ homogener) abstrakter Arbeit notwendig zu sein. Da alleiniger Untersuchungsgegenstand der neoklassischen Ökonomik der Tauschwert ist, ist es weder unplausibel noch überraschend, dass die neoklassische Theorie – einerseits – das Verhältnis der Ökonomie zur Natur gleichsam ausblendet, also nicht thematisiert: Unter der Hinsicht des Tauschwerts scheinen Waren in der Tat über keinerlei naturale Eigenschaften zu verfügen; sowohl der Warentausch als auch die Warenproduktion können gemäß dieser Betrachtungsweise in der ökonomischen Theorie ohne Rekurs

---

338 Aus Sicht der ökonomisch Handelnden und der neoklassischen Wirtschaftswissenschaft, die beide den Tauschwertbegriff nicht kennen, erscheint der Tauschwert in seiner Form als Geld und Preis.
339 Die weitere Bestimmung der *Labilität* ist hier nicht von Belang.

auf naturale Faktoren erklärt werden und scheinen tatsächlich ohne diese Faktoren möglich zu sein.

Von dieser Erkenntnis ausgehend wird es möglich, die im ökologischen Diskurs vorgebrachten Erklärungen für die (freilich nie vollständige) ‚Ausklammerung' der Natur aus der ökonomischen Theorie argumentativ zu prüfen und abzusichern. Dies wird im Folgenden exemplarisch anhand einer der beiden vorgebrachten Erklärungsfiguren – anhand des Rekurses auf die Prämissen der neoklassischen Theorie – gezeigt werden.[340]

Diese Erklärungsfigur besitzt, so ist als erster Schritt festzustellen, argumentative Schwächen: Die Erklärung ‚*Weil* die neoklassische Theorie die Ökonomie als autonom begreift und *weil* die Produktionsfaktoren als substituierbar verstanden werden, wird das Verhältnis der Ökonomie zur Natur im Rahmen der neoklassischen Ökonomik nicht reflektiert', begründet nicht, *wieso* im Kontext der neoklassischen Theorie wirtschaftliches Handeln überhaupt als autonom und die Produktionsfaktoren als substituierbar betrachtet werden. Ebenso begründungsbedürftig ist die Erklärung ‚*Weil* die Ökonomik sich *per definitionem* als Wissenschaft sozialer Verhältnisse versteht, ihren Gegenstandsbereich also auf spezifische Art bestimmt und damit einschränkt, wird das Verhältnis der Ökonomie zur Natur im Rahmen der neoklassischen Ökonomik nicht reflektiert', da hier die Frage offen bleibt, *wieso* die neoklassische Ökonomik über einen solcherart bestimmten Gegenstandsbereich verfügt. Die Frage nach der Begründung dieser Annahmen eines autonomen ökonomischen Prozesses, der Substituierbarkeit der Produktionsfaktoren und der Beschränkung des Gegenstandsbereichs der Ökonomik auf soziale Verhältnisse stellt sich insbesondere vor dem Hintergrund ihrer ausgesprochenen *Kontraintuitivität*. Ausgehend von alltäglichen Phänomenen ist die Angewiesenheit der Ökonomie auf die Natur unmittelbar einsichtig: Dass beispielsweise zur Herstellung von Unterhaltungselektronik spezifische Materialien wie Seltene Erden erforderlich sind, die nicht durch zusätzliche Verausgabung von Arbeit schlechthin substituiert werden können, und die Ökonomie daher nicht losgelöst von jeder naturalen Materialität ‚in der Luft hängt', darf als *common sense* betrachtet werden. Kritisch könnte also gegen die im ökologischen Diskurs vorgebrachten Erklärungen eingewendet werden, dass mittels ihrer ein absurdes Phänomen (die fehlende systematische Berücksichtigung des Verhältnisses der Ökonomie zur Natur in der ökonomischen Theorie) durch ebenso absurde Prämissen der ökonomischen Theorie (Autonomie der Ökonomie, Substituierbarkeit, Begrenzung des Gegenstandsbereichs der Theorie) erklärt wird, ohne zu erklären, wie die ökonomische Theorie zu diesen absurden Prämissen gelangt.

Die marxsche Theorie vermag in Anbetracht dieses Befundes einen argumentativen Beitrag zum ökologischen Diskurs zu leisten, indem sich mittels ihrer die (als

---

340 Es wäre theoretisch reizvoll und ertragreich zugleich, auch die zweite Erklärungsfigur – die aus der subjektiven Perspektive der ökonomisch Handelnden schwindende Rolle der Natur im realen ökonomischen Prozess – zu analysieren. Dies kann hier aber aus forschungsökonomischen Gründen nicht geleistet werden.

Erklärung dienenden) Prämissen der neoklassischen Theorie ihrerseits begründen lassen:
- Wie oben dargestellt, führt die Betrachtungsweise von Waren hinsichtlich ihres Tauschwerts logisch zu der *Annahme, der ökonomische Prozess sei ein von naturalen Faktoren autonomer.* Da Erkenntnisgegenstand der neoklassischen Ökonomik aufgrund ihrer Charakterisierung als theoretischer Ausdruck der Kapitalperspektive einzig der Tauschwert ist, nimmt sie genau diese Betrachtungsweise ein. Waren werden im Rahmen der neoklassischen Ökonomik mit anderen Worten nicht als über spezifische stoffliche Eigenschaften und spezifischen Gebrauchswert verfügende Gegenstände verstanden, sondern hinsichtlich dessen betrachtet, wie hoch ihr (monetär ausgedrückter) Tauschwert ist. Die Prämisse, der ökonomische Prozess sei ein autonomer, lässt sich also durch Rekurs auf den spezifischen Charakter der Neoklassik als bürgerliche Wirtschaftswissenschaft und den Begriff des Tauschwerts als einen Aspekt des Warenbegriffs begründen: *Wenn* von der Betrachtungsweise der Waren als Träger von Tauschwert unter Abstraktion ihrer spezifisch naturalen Eigenschaften ausgegangen wird – und genau dies entspricht dem Charakter der Neoklassik als bürgerliche Wirtschaftswissenschaft –, *dann* erscheint die Auffassung der Ökonomie als autonomer Prozess nicht als kontraintuitiv oder absurd, sondern als unmittelbar plausibel.[341]
- Auch die *Prämisse der Substituierbarkeit der Produktionsfaktoren* ist eine logische Folge der Betrachtung aller Waren unter der Hinsicht, Träger von Tauschwert zu sein. *Wenn* Waren nicht als qualitativ besondere, also mit spezifischen stofflichen Eigenschaften ausgestattete und über spezifischen Gebrauchswert verfügende Gegenstände aufgefasst, sondern unter Abstraktion von jeglicher Spezifität als qualitativ homogene, sich lediglich in ihrer Quantität unterscheidende Tauschwerte und somit als beliebig miteinander austausch- und verrechenbar verstanden werden, *dann* erscheint es als plausibel, auch die Produktionsfaktoren Arbeit, Kapital und Natur – also Güter wie etwa Rohstoffe, fruchtbarer Ackerboden und Industrieanlagen – als qualitativ homogen und somit miteinander austausch- und verrechenbar aufzufassen. Die Substituierbarkeit der Produktionsfaktoren entspricht in dieser Auffassungsweise einer Tauschhandlung: So wie im Warentausch die Ware a durch die Ware b ersetzt werden kann, wenn beide Waren den identischen Tauschwert besitzen, so können Produktionsfaktoren bei gleichem

---

[341] Entwickeltester Ausdruck dieser Betrachtungsweise der Waren als Träger von Tauschwert ist der Profitbegriff, demgemäß eine Tauschwertsumme (in ihrer Form als Kapital) als durch sich selbst tauschwertgenerierend aufgefasst wird (s. Abschnitt 2.2.3.4): Im Profitbegriff erscheint der Tauschwert als von allen spezifischen Bedingungen – auch noch von der tauschwertgenerierenden Eigenschaft des Arbeitsvermögens – autonom. Indem das Hervorgehen des Profitbegriffs aus demjenigen des Werts notwendig ist, wird ersichtlich, dass die warentauschende Gesellschaft notwendig die Auffassung eines von allen (nicht nur naturalen) Bedingungsfaktoren unabhängigen ökonomischen Prozesses erzeugt.

Tauschwert miteinander substituiert werden.³⁴² Indem die neoklassische Ökonomik Waren unter der Hinsicht ihres Tauschwerts betrachtet, ist es aus dieser Perspektive *eine plausibel und ‚natürlich' erscheinende Tatsache*, dass auch qualitativ sehr verschiedene Gegenstände – wie beispielsweise das Erdklima und Produktionsanlagen – miteinander substituierbar sind, da von ihrer qualitativen Verschiedenheit gerade abstrahiert wird.³⁴³ Die Annahme der Substituierbarkeit der Produktionsfaktoren lässt sich also ebenfalls durch Rekurs auf den spezifischen Charakter der Neoklassik als bürgerliche Wirtschaftswissenschaft und den Begriff des Tauschwerts begründen.

---

342 Der neoklassischen Ökonomik geht es nicht darum, schlechthin festzustellen, die Produktionsfaktoren seien miteinander substituierbar; vielmehr stellen die quantitativen Verhältnisse, in welchen die Produktionsfaktoren miteinander substituierbar sind, eines der Erkenntnisziele der neoklassischen Ökonomik dar, da erst davon ausgehend die Beantwortung der umwelt- und wirtschaftspolitischen Frage möglich ist, wie viel ‚Arbeit' und ‚Kapital' denn benötigt werden, um einen bestimmten quantitativen Verlust von ‚Boden' wettzumachen. Das Maß des Substitutionsverhältnisses verschiedener Produktionsfaktoren stellt – analog dem Maß der Austauschrelationen von Waren – das Geld dar. Die Produktionsfaktoren werden demgemäß im Rahmen der Neoklassik monetär bewertet, also mit Preisen versehen, was als *Monetarisierung* bezeichnet wird (vgl. Leipert 1994, 57–61; Muraca 2010, 38; Schlaudt 2016, 138–147). Monetarisierung meint die monetäre Bewertung von Naturgütern in der Theorie; der Prozess, dass Naturgüter in der ökonomischen Wirklichkeit Warenform erhalten, also in von Privateigentümer:innen besessene und austauschbare Waren verwandelt werden, wird als *Kommodifizierung* bezeichnet und in Abschnitt 3.1.3.3 näher thematisiert.

343 Heinrich (2004) beschreibt das (von der traditionell-orthodoxen Marxlektüre nicht verstandene) Spezifikum der marxschen Theorie: „In the ‚traditional view', Marx was seen as a great economist presenting an alternative model of political economy. [...] In this view Marx seems to give *different answers*, but asks roughly the *same questions* as Adam Smith, David Ricardo and the subsequent 20th century economists. [...] The subtitle to *Capital* is ‚Critique of Political Economy' and with this subtitle Marx did not only mean the critique of certain theories or certain economists. Of course, we can find such types of criticisms in *Capital*, but criticizing other authors is quite a normal practice in science. If Marx had only this type of criticism in mind, the subtitle would be a bit of an overstatement. But it is not by accident that the subtitle ‚Critique of Political Economy' reminds us of a very famous title of European philosophical literature: Immanuel Kant's *Critique of Pure Reason*. This was a critique of not only specific persons or schools, but also a critique of philosophical thinking – what was seen as ‚philosophy' in the time before Kant – in general. In a similar way, Marx intended to criticize the *foundations* of the science of political economy. He did not only criticize single theories or results which were reached by others. He tried to criticize the forms of thinking, the conceptual foundations, which were accepted by different economic schools. [...] Marx criticized not only the answers; above all *he criticized the questions* of political economy" (85 f.). Dass dieses Urteil Heinrichs (2004) zutrifft, belegen die Ausführungen im Haupttext: Mittels der marxschen Theorie können grundlegende theoretische Prämissen und ‚Denkformen' der neoklassischen Theorie bezüglich der Natur – wie die Substituierbarkeit der Natur durch andere Produktionsfaktoren – analysiert, erklärt und kritisiert werden. Nicht neue Antworten auf alte Fragen (etwa eine neu berechnete Antwort auf die Frage, in welchem Verhältnis sich bestimmte menschlich erzeugte und naturale Güter miteinander substituieren lassen), sondern die Kritik dieser Fragen (im Sinne der Herleitung der Frage nach der Substituierbarkeit von Produktionsfaktoren aus der Tauschwertlogik) ist das Verdienst der marxsche Theorie.

– Auch die Erkärung ‚*Weil* die Ökonomik sich *per definitionem* als Wissenschaft sozialer Verhältnisse versteht, ihren Gegenstandsbereich also auf spezifische Art bestimmt und damit einschränkt, wird das Verhältnis der Ökonomie zur Natur im Rahmen der neoklassischen Ökonomik nicht reflektiert' kann mittels der marxschen Theorie ihrerseits begründet werden. Die Begründung der Prämisse der *Ökonomik als Wissenschaft sozialer Verhältnisse* rekurriert erneut darauf, dass Erkenntnisgegenstand der neoklassischen Ökonomik der Tauschwert ist. Dieser ist keine stoffliche Eigenschaft der Gegenstände, sondern eine Reflexion des sozialen Verhältnisses, in welchem Personen als Warentauschende zueinander stehen. *Weil* die neoklassische Ökonomik nach dem von allen naturalen Faktoren abstrahierenden Tauschwert fragt und dieser nichts anderes ist als der Ausdruck des Warentauschs als des dominanten ökonomischen Verhältnisses der modernen Gesellschaft, *folgt daraus*, dass sie Wissenschaft sozialer Verhältnisse – beziehungsweise *des* sozialen Verhältnisses warentauschender Personen – ist und das Verhältnis der Gesellschaft zur Natur außerhalb ihres Gegenstandsbereiches liegt. Die fragliche Annahme wird also erneut durch Rekurs auf den bürgerlichen Charakter der Neoklassik und den Begriff des Tauschwerts begründet.

Begründet wird also mittels der marxschen Theorie, wieso das Verhältnis der Ökonomie zur Natur in der Neoklassik nicht systematisch reflektiert wird. Diese Begründung rekurriert nicht auf die Prämissen der neoklassischen Theorie, sondern begründet – auf einer theoretisch grundlegenderen oder ‚tieferen' Ebene als der ökologische Diskurs – allererst die spezifische Beschaffenheit dieser Prämissen durch Verweis auf den bürgerlichen Charakter der neoklassischen Theorie und auf den Begriff des Tauschwerts.

Anhand des Warenbegriffs kann freilich nicht nur – überzeugender als im ökologischen Diskurs – erklärt werden, wieso der Naturbezug der Ökonomie in der neoklassischen Theorie nicht systematisch reflektiert wird, sondern auch, wieso in einigen Fällen und hinsichtlich bestimmter Aspekte dieser Naturbezug dann doch Reflexion erfährt. Die marxsche Theorie erweist sich in diesem Zusammenhang als Untersuchung der Bedingungen der Möglichkeit des Zugleich der Naturabstraktion und -beachtung in der bürgerlichen Ökonomik. Der Begriff der Ware ist erinnerlich die widersprüchliche Einheit aus Gebrauchs- und Tauschwert. Aufgrund dieser begrifflichen Einheit werden Waren durch das Kapital – und somit auch im Rahmen der neoklassischen Ökonomik, die die Perspektive des Kapitals ausdrückt – immer *auch* hinsichtlich ihres Gebrauchswerts betrachtet. In dieser Betrachtungsweise findet der qualitative Unterschied der Waren, also ihre spezifischen Gebrauchswerte und die diese konstituierenden spezifischen stofflichen Eigenschaften Beachtung. Zudem werden Waren in dieser Betrachtungsweise nicht als Produkte qualitativ homogener abstrakter Arbeit, sondern als Gegenstände aufgefasst, die durch einen spezifischen materiellen Produktionsprozess – durch Verausgabung konkreter Arbeit und unter Verwendung spezifischer naturaler Faktoren – entstanden sind. Dass das Kapital Waren *auch* hinsichtlich ihres Gebrauchswerts und ihrer entsprechenden stofflichen Eigenschaften betrachtet, zeigt sich anhand seines Strebens, den materiellen Produktionsprozess stetig zu transformieren und stetig Produkte mit neuen (-entwickelten, -entdeckten) Gebrauchswerten und stofflichen Eigenschaften zu schaffen (siehe Abschnitt 2.2.3.6). Fern davon, einzig auf den von aller naturalen Grundlage abstrahierenden Tauschwert fixiert und ‚naturvergessen' zu sein, ist es gerade das Kapital, das den Gebrauchswert und somit das Verhältnis der gesellschaftlichen Menschen zur Natur bedenkt. Aufgrund dieser Relevanz des Gebrauchswerts für das Kapital aus seiner Eigenperspektive findet der Gebrauchswert auch Berücksichtigung in der neoklassischen Ökonomik.

Freilich ist Zweck des Kapitals einzig seine Selbstverwertung und das Bedenken des Gebrauchswerts für das Kapital nur ein Mittel, diesen Zweck zu realisieren. Die Transformation des materiellen Produktionsprozesses erfolgt erinnerlich aus genau diesem Grund: die Produktivkraft zu steigern und die Verkäuflichkeit der wachsenden Produktenmenge zu gewährleisten, um die Verwertung zu sichern und auszuweiten. Daher wird das Verhältnis der Ökonomie zur Natur in der neoklassischen Ökonomik nur reflektiert, insofern es eine aus Kapitalperspektive wahrnehmbare Relevanz für die Verwertung besitzt. Auf welche Art auch immer die Gesellschaft auf Natur angewiesen sein mag und wie auch immer gesellschaftliche Verhältnisse und Natur sich wechselseitig bestimmen mögen – all dies wird nur dann für das Kapital relevant und entsprechend in der neoklassischen Theoriebildung berücksichtigt, wenn die Verwertung dadurch für das Kapital unmittelbar wahrnehmbar affiziert wird. Das Kapital besitzt gleichsam eine ‚selektive Wahrnehmung', durch welche es Natur nur dann wahrzunehmen vermag, wenn sie in einem unmittelbaren Zusammenhang mit seiner Selbstverwertung steht – und genau dies ist der Grund dafür, dass das Verhältnis der Ökonomie zur Natur in der Neoklassik nicht systematisch, sondern stets nur partiell und okkasionell reflektiert wird. Die Aussage des ökologischen Diskurses, das Verhältnis der Ökonomie zur Natur werde in der Neoklassik immer dann thematisiert, wenn der Natur „im Zusammenhang mit unserem Wirtschaften eine Bedeutung zugeschrieben wird" (von Egan-Krieger 2016, 335), lässt sich demgemäß präzisieren: dann, wenn Natur aus Perspektive des Kapitals eine Bedeutung für seine Selbstverwertung zugeschrieben wird.[344]

Unklar ist jedoch, was präzise unter der ‚Bedeutung' zu verstehen ist, die Natur für das Kapital hinsichtlich seiner Verwertung besitzen muss, soll sie in der neoklassischen Ökonomik Berücksichtigung finden.[345] Da sachlich gesehen Natur *per se* über

---

[344] Wenn also bspw. ökologische Probleme unmittelbar die Verwertung einschränken (etwa aufgrund der Zerstörung von Produktionsanlagen durch Überschwemmungen infolge großflächiger Rodungen) oder materielle Produktions- und Zirkulationsprozesse durch spezifische naturwissenschaftliche Kenntnisse und technische Erfindungen optimiert werden, wodurch die Verwertung ausgeweitet zu werden vermag.

[345] Diese fehlende theoretische Durchdringung des Phänomens manifestiert sich in unpräzisen Formulierungen, wie sie etwa bei Grunwald und Kopfmüller (2012) zu finden sind: „In der dominierenden neoklassischen Wirtschaftstheorie [...] blieb der Faktor Natur in der Analyse des Wirtschaftsprozesses allerdings weitgehend ausgeblendet oder wurde zumindest nicht seinen Knappheiten ent-

Bedeutung für die Kapitalverwertung verfügt (siehe oben), ist zu klären, wie diese Relevanz gleichsam ‚gefiltert' wird, so dass Natur aus Perspektive des Kapitals in einigen Fällen als bedeutungslos, in anderen Fällen hingegen als bedeutungsvoll erscheint.

Durch die Frage, für welchen Zweck das Kapital Natur benötigt, kann zunächst negativ bestimmt werden, in welchem Sinne Natur keine Bedeutung für das Kapital hat. Natur wird zur Durchführung materieller Produktionsprozesse benötigt, damit in deren Rahmen Arbeit verausgabt und Mehrwert generiert werden kann; Natur stellt für das Kapital also ein Mittel zur Verwertung dar, ebenso wie die Arbeitenden und ihre Ware Arbeitsvermögen ein solches Mittel sind. Das heißt umgekehrt, dass Natur, sofern sie keine Verwendung im Produktionsprozess findet und somit nicht als Mittel der Verwertung dient, für das Kapital *keine* Bedeutung besitzt.[346] Natur *kann* also mit anderen Worten nur dann Bedeutung für das Kapital besitzen, wenn sie in der Form eines naturalen Produktionsfaktors eine Bedingung für die Durchführung des materiellen Produktionsprozesses und für die mit diesem verbundene Verwertung darstellt, also *verwertungsrelevant* ist.[347]

Freilich besitzt Natur nicht in allen Fällen, in denen sie als naturaler Produktionsfaktor ein Mittel der Verwertung darstellt, auch tatsächlich Bedeutung für das Kapital (man bedenke das kursivierte Modalverb ‚kann' im vorangegangenen Absatz). In der marxschen Analyse des Profitbegriffs wurde deutlich, dass das Kapital aufgrund seiner begrifflichen Bestimmungen nur Sachverhalte wahrnimmt, die ihm Kosten verursachen und somit – indem sie die Summe vor der Produktion auszulegenden Tauschwerts erhöhen – seine Verwertung einschränken. Hieraus wurde die Entstehung der im Profitbegriff zum Ausdruck kommenden Charakteristik des Kapitals erklärt, die tauschwertgenerierende Eigenschaft der Ware Arbeitsvermögen nicht zu erkennen: Da es die von den Arbeitenden geleistete Mehrarbeit nicht bezahlt, sondern kostenlos durch den Ankauf des Arbeitsvermögens dazu erhält, und da es aufgrund seiner Begriffsbestimmungen ihm keine Kosten verursachende und somit seine Verwertung nicht einschränkende Faktoren nicht wahrnehmen kann, ‚übersieht' das Kapital *notwendig* die tauschwertgenerierende Kraft des Arbeitsvermögens (siehe Abschnitt 2.2.3.4). Dieses Resultat der Herleitung des Profitbegriffs kann genutzt werden, um die hier gestellte Frage zu beantworten, welche der naturalen Produkti-

---

sprechend behandelt" (19f.). Was unter dieser ‚weitgehenden' Ausblendung der naturalen Grundlagen menschlichen Wirtschaftens präzise und theoretisch fundiert zu verstehen ist, bleibt unausgearbeitet.
346 Der Haupttext fokussiert auf die Produktion; das Gesagte ist um die Zirkulation zu erweitern: Natur besitzt für das Kapital auch dann Bedeutung, wenn naturale Faktoren zu (optimiertem) Warentransport und Kommunikation beitragen, mittels derer die durch das Kapital hergestellten Güter zirkuliert werden und der in ihnen enthaltene Mehrwert realisiert wird.
347 Gefährdete Pflanzenarten sind bspw. nur dann für das Kapital von Bedeutung, wenn mittels ihrer die Verwertung ausgeweitet zu werden vermag, z. B. indem sie zur Entwicklung neuer pharmazeutischer Wirkstoffe verwendet werden. Andernfalls sind diese Pflanzenarten für das Kapital bedeutungslos.

onsfaktoren für das Kapital Bedeutung haben: Es sind nur diejenigen, die Kosten für das Kapital verursachen und seine Verwertung einschränken. Um dies genauer zu explizieren, sind zwei Formen zu unterscheiden, die naturale Produktionsfaktoren im kapitalistischen Produktions- und Verwertungsprozess annehmen können:
- Die Form besonderer, über Tauschwert verfügender Waren oder
- die Form nicht-warenförmiger Naturgüter, die entsprechend über keinen Tauschwert verfügen.

Die Verwendung *warenförmiger naturaler Faktoren* im Produktionsprozess verursacht für das Kapital Kosten: Jede Ware, die zur Durchführung des Produktionsprozesses notwendig ist, muss vor Produktionsbeginn zunächst durch das Kapital angekauft werden, und dazu ist die Auslage einer bestimmten Summe Tauschwert notwendig – je höher der Tauschwert dieser Ware ist, desto weniger kann mittels eines bestimmten Kapitalwerts produziert und Mehrwert generiert werden. Höhere Kosten für warenförmige naturale Produktionsbedingungen schränken somit die Verwertung des Kapitals ein. Warenförmige naturale Faktoren haben also Bedeutung als ‚Kostenverursacher'. Dies führt dazu, dass das Kapital möglichst sparsam mit diesen Faktoren umgeht, also beispielsweise danach strebt, zur Erzeugung einer bestimmten Menge an Gebrauchswerten möglichst wenige Rohstoffe zu verbrauchen oder einen Rohstoff durch andere, günstigere Rohstoffe zu ersetzen. Daraus folgt: Wenn ökologische Probleme die Zunahme des Tauschwerts warenförmiger naturaler Faktoren der Produktion verursachen, dann werden diese ökologischen Probleme durch das Kapital wahrgenommen.[348] Es stellt somit keinen Zufall dar, dass ausgerechnet die steigenden Ressourcenpreise (zum Beispiel von Erdöl) dazu beitrugen, das ökologische Problem der sinkenden globalen Rohstoffvorräte in der neoklassischen Theorie zu reflektieren; denn diese erhöhten Preise schränken unmittelbar die Verwertung des Kapitals ein und führen hierdurch allererst zu einem ‚ökologischen Problembewusstsein' des Kapitals und der seine Perspektive als Theorie reflektierenden Neoklassik.

Die Bedeutung warenförmiger naturaler Faktoren für den Produktionsprozess aus Perspektive des Kapitals ist freilich vermittelt durch die Bestimmungen des Tauschwertbegriffs. Indem entsprechend dieser Bestimmungen von den spezifischen stofflichen Eigenschaften und Gebrauchswerten der einzelnen naturalen Faktoren abstrahiert wird und sie als qualitativ homogen aufgefasst werden, erscheinen aus Perspektive des Kapitals die einzelnen naturalen Faktoren *an sich* als ersetzbar durch andere naturale Faktoren oder durch die Produktionsfaktoren Arbeit und Produktionsmittel (,Kapital' im Sinne der Neoklassik) – unabhängig davon, ob dies sachlich tatsächlich der Fall ist.[349] Hieraus ist auf einen *kurzen Zeithorizont* der Kapitalperspektive zu schlussfolgern: Das Kapital nimmt zwar wahr, dass höhere Kosten wa-

---

[348] Der Tauschwert von Rohstoffen bspw. nimmt unter anderem dann zu, wenn zu ihrer Gewinnung aufgrund zunehmender Knappheit mehr Arbeitszeit erforderlich ist.
[349] S. die Ausführungen zur Annahme der Substituierbarkeit der Produktionsfaktoren oben. – Vgl. auch Schlaudt (2016, 146).

renförmiger naturaler Faktoren zur Einschränkung seiner Verwertung führen; dies wird jedoch von ihm als lediglich temporäres Problem aufgefasst, das mittels der Substitution der entsprechenden spezifischen naturalen Faktoren durch andere Faktoren gelöst werden könnte. Dass gewisse naturale Faktoren *nicht* ersetzbar sind und somit der Kapitalverwertung eine dauerhafte Einschränkung bis hin zur Verunmöglichung droht, ist der Perspektive des Kapitals fremd.

Der Einbezug *nicht-warenförmiger naturaler Produktionsbedingungen* verursacht *im Normalfall* für das Kapital *keine* Kosten. Daraus folgt: Sie besitzen für das Kapital *in diesem Fall* keine Bedeutung; ihr (übermäßiger, über ihre natürliche Reproduktionsfähigkeit hinausgehender) Verbrauch oder ihre Beschädigung werden durch das Kapital nicht wahrgenommen. Einen sparsamen (,ökonomischen') Umgang mit ihnen pflegt das Kapital nicht, da jede noch so große Verschwendung keine höheren Kosten verursacht; die Entwicklung von Produktionsmitteln, die einen geringeren Verbrauch von nicht-warenförmigen naturalen Faktoren der Produktion ermöglichen, ist für das Kapital nicht rational, da durch diesen geringeren Verbrauch keine Kosten eingespart werden, umgekehrt jedoch Kosten durch die neuen Produktionsmittel entstehen.[350] Dieser ,Normalfall' gilt freilich nur, solange nicht-warenförmige Produktionsbedingungen zur Durchführung des Produktionsprozesses brauchbar sind: Bedeutung für das Kapital erhält Natur in Form nicht-warenförmiger naturaler Faktoren der Produktion genau dann, wenn diese Faktoren soweit verbraucht oder beschädigt sind, dass die Durchführung des Produktionsprozesses und somit auch die Verwertung gestört oder gar verunmöglicht sind. In diesem Fall entstehen für das Kapital Kosten – nämlich *Kosten in Form eines gestörten oder verunmöglichten Verwertungsprozesses*. Entsprechend nimmt das Kapital erst in diesem Fall – also mit erheblicher Zeitverzögerung und dann, wenn es sprichwörtlich ,bereits zu spät ist' – ökologische Probleme wahr, die mit nicht-warenförmigen naturalen Faktoren der Produktion in Verbindung stehen. Hier ist also dem Kapital – analog zu seinem oben dargestellten kurzen Zeithorizont – eine *verzögerte Reaktionszeit* zu attestieren.[351]

Anhand der vorangegangenen Erörterungen wird zusammenfassend präzise nachvollziehbar, wann Natur für das Kapital Bedeutung besitzt. Und da die neoklas-

---

[350] Schlaudt (2016) stellt (ohne Bezug zu Marx) ebenfalls fest, dass „in der ökonomischen Analyse Stoff- und Energieströme nur dann wahrgenommen werden, wenn sie auch eine ökonomische Wertdimension aufweisen" (125), so dass nicht-warenförmige Naturgüter in der neoklassischen Ökonomik „ungehört bleiben" (139), also nicht in ihre Theoriebildung einbezogen werden.

[351] Angenommen, zur Durchführung eines konkreten Produktionsprozesses wird Wasser benötigt, und dieses Wasser wird einem nicht-warenförmigen Grundwasservorrat entnommen. Das Kapital kann somit kostenlos Wasser entnehmen und ist aufgrund dessen nicht bestrebt, den Wasserverbrauch zu minimieren. Angenommen, es wird daher mehr Wasser entnommen als durch natürliche Prozesse reproduziert wird, so dass der Grundwasserspiegel sinkt. Dieser Prozess des abnehmenden Grundwasserspiegels wird durch das Kapital solange nicht wahrgenommen, wie überhaupt noch Wasser vorhanden ist und der Produktionsprozess nicht gestört wird. Erst dann, wenn das Wasser aufgebraucht ist und der Produktionsprozess zum Erliegen kommt, wird das selbst verursachte ökologische Problem durch das Kapital wahrgenommen.

sische Wirtschaftswissenschaft nichts anderes ist als die gleichsam in theoretische Form gegossene Perspektive des Kapitals, wird Natur ausschließlich in diesen Fällen Bedeutung im Rahmen der neoklassischen Theorie zugesprochen und entsprechend in der Theoriebildung berücksichtigt. Erklärbar wird durch die marxsche Theorie also die nur partielle und okkasionelle Berücksichtigung der Natur in der neoklassischen Ökonomik; zudem wird präzisiert, was genau unter dieser ‚partiellen' und ‚okkasionellen' Berücksichtigung zu verstehen ist. Es zeigt sich außerdem der – auf den Wertbegriff zurückgehende – widersprüchliche Charakter das Kapitals, einerseits die gesamte, sowohl warenförmige als auch nicht-warenförmige Natur zum Zwecke seiner Verwertung zu erforschen und produktiv zu nutzen (siehe Abschnitt 2.2.3.6), andererseits aber nur unter besonderen Umständen und nur einem bestimmten Ausschnitt der Natur Bedeutung zuzusprechen.

In den vorangegangenen Ausführungen wurde mehrfach auf das Verhältnis der neoklassischen Ökonomik zum Kapital beziehungsweise zu den realen ökonomischen Verhältnissen rekurriert. Anhand der marxschen Theorie kann *fünftens* der sachliche Zusammenhang zwischen der bürgerlichen Wirtschaftswissenschaft – dem Gegenstand der durch den ökologischen Diskurs vorgebrachten Kritik – und den realen ökonomischen Verhältnissen begründet werden. Marx weist nach, dass der die bürgerliche Wirtschaftswissenschaft auszeichnende ‚zwieschlächtige' Charakter, einerseits allein die Verwertung des Tauschwerts zu intendieren, andererseits aber – wenn auch nur partiell und okkasionell – auf den Gebrauchswert zu reflektieren, auch die ökonomischen Verhältnisse der modernen Gesellschaft auszeichnet, deren (freilich parteiische) Reflexion die bürgerliche Wirtschaftswissenschaft ist: Der von Marx herausgearbeitete ‚Grundwiderspruch' zwischen dem Gebrauchs- und Tauschwert bezieht sich nicht allein auf die wissenschaftliche Theoriebildung, sondern charakterisiert ebenso die realen ökonomischen Verhältnisse des Kapitalismus. Die mangelnde systematische Berücksichtigung des Verhältnisses der Ökonomie zur Natur in der neoklassischen Ökonomik stellt somit weder eine Zufälligkeit noch eine Folge intellektueller Versäumnisse der beteiligten Wirtschaftswissenschaftler:innen dar, sondern entspringt den realen ökonomischen Verhältnissen und ist aus diesen rational erklärbar. Die marxsche Theorie geht also über die präsentierten Untersuchungen des ökologischen Diskurses hinaus, indem mittels ihrer die mangelnde systematische Berücksichtigung des Verhältnisses der Natur zur Ökonomie auf die Grundstruktur der modernen, kapitalistischen Gesellschaft zurückgeführt wird.

Möglich wird somit die Bestimmung des Verhältnisses zwischen der ökonomischen Theorie und der ökonomischen Praxis, das im ökologischen Diskurs unbestimmt geblieben war: Die realen ökonomischen Verhältnisse bestimmen die bürgerliche Wirtschaftswissenschaft, ebenso wie sie die ökonomische Praxis der Individuen bestimmen (siehe Abschnitt 2.2.3.1). Zwischen bürgerlicher Wirtschaftswissenschaft und realen ökonomischen Verhältnissen ist somit ein Abhängigkeitsverhältnis zu konstatieren, insofern die neoklassische Wissenschaft die theoretische Reflexion – der ‚ideale Ausdruck' – der realen ökonomischen Verhältnisse aus Perspektive der über Eigentum und Macht verfügenden Personen der modernen Gesellschaft ist. Entsprechend ist es das Charakteristikum der neoklassischen Ökonomik, die Widersprüche der realen ökonomischen Verhältnisse in ihrer Theoriebildung zu reproduzieren und zugleich zu verschleiern.

Aus dem Dargestellten ist zu schlussfolgern, dass eine ökologische Kritik, die allein die wirtschaftswissenschaftliche Theoriebildung fokussiert, zu kurz greift: Da die bürgerliche Wirtschaftswissenschaft nichts anderes ist als die affirmative Reflexion der realen ökonomischen Verhältnisse, sind *diese* es, denen die ökologische Kritik eines widersprüchlichen Verhältnisses zur Natur zu gelten hat. Denn es ist nicht der Fall, dass die ökonomisch Handelnden aufgrund einer durch die bürgerliche Ökonomik vermittelten, sachlich inadäquaten Erkenntnis der Bedeutung der Natur für die Ökonomie Handlungen ausführen, die ökologische Probleme verursachen; nicht wirtschaftswissenschaftliche Theorien und Aussagen sind handlungsleitend für die Handelnden, sondern die realen ökonomischen Verhältnisse. Damit leistet die marxsche Theorie eine berichtigende Weiterentwicklung des ökologischen Diskurses, in dessen Kontext – wie oben dargestellt – die Auffassung vertreten wird, eine ‚ökologische Reform' der neoklassischen Theorie vermöge zu einer Lösung der ökologischen Krise beizutragen. Die marxsche Theorie lässt demgegenüber zu dem Schluss gelangen, die realen ökonomischen Verhältnisse seien einer Transformation zu unterziehen; erst durch diese Transformation ist ein neues Menschen-Natur-Verhältnis und davon ausgehend die Lösung der ökologischen Krise möglich. Mit anderen Worten: Keine wirtschaftswissenschaftliche ‚Belehrung' der Gesellschaftsmitglieder über die Unverzichtbarkeit der Natur für die Ökonomie, sondern eine Veränderung desjenigen ökonomischen Verhältnisses, welches im Widerspruch zu dieser unhintergehbaren Angewiesenheit steht, ermöglicht eine Lösung der ökologischen Krise. Ist dieses Ziel erreicht, wird sich auch die Stellung der Natur in der (dann nicht mehr bürgerlichen) Wirtschaftswissenschaft ändern.

Wie die vorangegangenen Ausführungen belegen, ist die marxsche Theorie der modernen Gesellschaft imstande, einen substantiellen Beitrag zur argumentativen Weiterentwicklung des ökologischen Diskurses zu leisten. Dieser Beitrag setzt nicht voraus, dass Marx sich explizit mit ökologischen Fragestellungen auseinandersetzt. Vielmehr ermöglicht die – an die ökologische Thematik nicht gebundene – marxsche Theoretisierung des Warentauschs als des dominanten ökonomischen Verhältnisses der modernen Gesellschaft, Frage- und Problemstellungen des ökologischen Diskurses bearbeiten zu können. Deutlich wird an dieser Stelle die ungebrochene *Relevanz der marxschen Theorie* zur Erfassung und Lösung die Gegenwart umtreibender Probleme.

Deutlich wird zudem ein auszeichnender Zug der marxschen Theorie hinsichtlich des ökologischen Diskurses: Sie erlaubt es, die im ökologischen Diskurs vorgebrachten Thesen, Annahmen und Argumente durch Rekurs auf eben jenes dominante ökonomische Verhältnis zu begründen, weiterzuentwickeln oder zu berichtigen. Die marxsche Theorie erweist sich solcherart als *argumentative Tiefentheorie* des ökologischen Diskurses: Dessen Positionen, so wurde im Vorangegangenen deutlich, beziehen sich gleichsam auf die phänomenale Oberfläche der modernen Gesellschaft, also etwa auf die nur partielle und okkasionelle Reflexion des Verhältnisses der Ökonomie zur Natur in der neoklassischen Theorie oder auf deren Prämissen wie die Annahme unbegrenzter Substituierbarkeit der Produktionsfaktoren. Diese Phänomene vermögen unter Hinzuziehung der marxschen Theorie auf das dominante ökonomische Verhältnis als ihren Grund zurückgeführt und dadurch erklärt zu werden. Und genau hierdurch ermöglicht es die marxsche Theorie, die Positionen des ökologischen Diskurses argumentativ abzusichern, weiterzuentwickeln oder zu berichtigen.

3.1.2 Theorie(n) der Nachhaltigkeit

3.1.2.1 Schwache und starke Nachhaltigkeit

Der Begriff der Nachhaltigkeit kann in der Tat als ‚schillernd' bezeichnet werden, denn das mit ihm Gemeinte wird einerseits als unzweifelhaft positiv angesehen und – ähnlich wie ‚Freiheit' oder ‚Frieden' – offenbar von allen rationalen Menschen als erstrebenswert bewertet (vgl. Neumayer 2013, 1). Andererseits ist in zahlreichen Debatten nicht eindeutig geklärt, welche Bedeutung dieser Begriff überhaupt besitzt; verschiedene Akteure verweisen, häufig auch ihren jeweiligen Interessen und Motiven entsprechend, mit dem Terminus ‚Nachhaltigkeit' auf divergierende Konzepte, weshalb dem Begriff von einigen Kritiker:innen Inhaltsleere vorgeworfen wird (vgl. Muraca 2010, 28; Ott 2010, 164).

Um eine solche Inhaltsleere zu verhindern und den Begriff für den ökologischen Diskurs fruchtbar zu machen, muss er eine fest umrissene Bedeutung erhalten und darf keine ‚Theorie über alles' sein (vgl. Muraca 2010, 20). Während der Begriff historisch der Forstwirtschaft und -wissenschaft entstammt und einen Waldbau bezeichnet, in dessen Rahmen nicht mehr Holz geschlagen wird als im gleichen Zeitraum nachwächst (vgl. Muraca 2010, 25f.), hat sich in der neueren Diskussion das Verständnis von Nachhaltigkeit als „Konjunktion von inter- *und* intragenerationeller Gerechtigkeit" (Klauer et al. 2013, 43) etabliert. Entsprechend umfasst der Nachhaltigkeitsbegriff zwei Aspekte:

1. In Bezug auf die Gegenwart besteht

   die Zielsetzung [...] in der Sicherstellung der Versorgung aller Menschen mit existenznotwendigen Grundgütern in ausreichender Menge und Qualität bzw. in deren gerechter Verteilung (Grunwald und Kopfmüller 2012, 107).

2. In Bezug auf die Zukunft impliziert – im Sinne einer Verantwortung für zukünftige Generationen – der Nachhaltigkeitsbegriff die Erhaltung der natürlichen, sozialen und wirtschaftlichen Grundlagen menschlichen (Über-)Lebens, Zivilisation und Gesellschaft (vgl. Grunwald und Kopfmüller 2012, 11f. und 31). Hintergrund dafür ist die Feststellung, dass zukünftige Generationen existenziell abhängig von

Entscheidungen und Handlungen der gegenwärtigen Generation sind (vgl. Ott 2009b, 52).³⁵²

---

352 In den *Grundrissen* schreibt Marx: „die extractive Industrie (Minenindustrie die hauptsächliche) eine Industrie sui generis, weil in ihr gar kein Reproductionsprocess, wenigstens kein unter unsrer Controlle befindlicher, oder uns bekannter stattfindet. (Fischfang, Jagd etc kann mit Reproductionsprocess verbunden sein; ebenso Waldbenutzung; ist also nicht nothwendig rein extractive Industrie.)" (602). Hier erkennt Marx den Umstand, dass landwirtschaftliche Tätigkeiten wie Forstwirtschaft und Fischfang entweder nachhaltig (in dem Sinne, das die Abbaurate einer Ressource kleiner oder gleich ihrer Reproduktionsrate ist und somit die Ressource für zukünftige Nutzung erhalten bleibt) oder nicht-nachhaltig (im Sinne, dass die Abbaurate die Reproduktionsrate der Ressource übersteigt und die Ressource somit in der Zukunft nicht mehr existieren wird) ausgeführt werden können. Er entwickelt an dieser Stelle aber weder den Zusammenhang nachhaltigen bzw. nicht-nachhaltigen Wirtschaftens mit spezifischen ökonomischen Verhältnissen noch die Einsicht, dass nachhaltiges Wirtschaften in einem normativen Sinne vorzugswürdig ist. Es findet sich in den *Grundrissen* somit keine entwickelte Theorie der Nachhaltigkeit. Erst in späteren Jahren erkannte Marx, angeregt durch ein intensives Literaturstudium, den Zusammenhang zwischen einem nicht-nachhaltigen Umgang mit (natürlichen) Gütern und der kapitalistischen Produktionsweise (vgl. Saito 2016). Bspw. exzerpiert er in dem sog. ‚Großheft 1865/1866' (eines der vier *Hefte zur Agrikultur*) den Reisebericht von Hermann Maron über dessen Japanreise; Maron stellt die auf nachhaltigen Erhalt der Bodenfruchtbarkeit ausgerichtete japanische Landwirtschaft der europäischen entgegen, die auf kurzfristige hohe Erträge unter kontinuierlicher Auszehrung der Bodenfruchtbarkeit ziele. Marx exzerpiert aus Marons Reisebericht wie folgt: „Wenn unter ‚Cultur' die Fähigkeit des Bodens verstanden wird, hohe Erträgnisse nachhaltig, d. h. als einen wirklichen *Zins des Bodencapitals* zu erzeugen, so leugne ich, daß unsre Güter in Cultur sind. Wir haben sie aber durch gute Bearbeitung u. besondre Methode der Düngung in einen Zustand versetzt, der die ganze Bodenkraft disponibel gemacht hat, u. der uns deshalb augenblicklich hohe Erträge giebt; aber es sind nicht die Zinsen, die wir v. unsrer Bodenkraft einsammeln, es ist das Capital selbst. Je flüssiger wir dasselbe machen, je schneller werden wir es bei unsrem Wirthschaftssysteme erschöpft sehn. Wir nennen das nur fälschlich Cultur" (MEGA IV.18, 186). Die durch das Literaturstudium gewonnenen Einsichten integriert Marx dann in die erste Auflage des ersten *Kapital*-Bandes: „Und jeder Fortschritt der kapitalistischen Agrikultur ist nicht nur ein Fortschritt in der Kunst den *Arbeiter*, sondern zugleich in der Kunst *den Boden zu berauben*, jeder Fortschritt in Steigerung seiner Fruchtbarkeit für eine gegebne Zeitfrist zugleich ein Fortschritt im Ruin der dauernden Quellen dieser Fruchtbarkeit. [...] Die kapitalistische Produktion entwickelt daher nur die Technik und Kombination des gesellschaftlichen Produktionsprozesses, indem sie zugleich die Springquellen allen Reichthums untergräbt: *Die Erde und den Arbeiter*" (MEGA II.5, 410 f.). Den normativen Standpunkt, dass zukünftige Generationen ein Recht auf Erhaltung von Naturgütern besitzen, drückt Marx im *Manuskript von 1863– 1865* zum dritten Band des *Kapital* aus: „Von dem Standpunkt einer höhern ökonomischen Gesellschaftsformation wird das Privateigenthum einzelner Individuen an dem Erdball ganz so abgeschmackt erscheinen wie das Privateigenthum eines Menschen auf einen andern Menschen. Selbst eine Gesellschaft, eine Nation, ja alle gleichzeitigen Gesellschaften zusammengenommen sind nicht *Eigenthümer* der Erde. Sie sind nur ihre *Besitzer*, ihre *usefruitiers* und haben sie als boni patres familias den nachfolgenden Generationen verbessert zu hinterlassen" (MEGA II.4/2, 718). Die zwei zuletzt genannten Zitate werden in der ökologischen Marxlektüre und im Ökomarxismus ausgesprochen häufig zitiert (vgl. bspw. Parsons 1977, 83 f.; Fetscher 1988, 43; Fetscher 1991, 121–123; Schmieder 2010, 8; Engel 2014, 313; Heinrich 2014, 326; Saito 2016, 197). Die hinter diesen Zitaten stehende Theorie Marx', die er nach der Niederschrift der *Grundrisse* entwickelte, wird in ihrem historischen Kontext trefflich von Saito (2016) dargestellt.

Die beiden Aspekte werden in der vielzitierten Definition nachhaltiger Entwicklung des sog. Brundtland-Berichts der *UN-Kommission für Umwelt und Entwicklung* (WCED) miteinander verbunden:

> Sustainable Development is development that meets the needs of the present without compromising the ability of future generations to meet their own needs (zitiert nach Muraca 2010, 26).[353]

Beide Aspekte beziehen sich – in differierender zeitlicher Ausrichtung – auf die Frage nach der gerechten Verteilung von Gütern und Fähigkeiten (vgl. Muraca 2010, 32) und bilden somit einen kohärenten Begriff von Nachhaltigkeit, insofern durch diesen „eine Theorie *distributiver Gerechtigkeit*" (Muraca 2010, 32) bezeichnet wird. Hieran wird deutlich, dass der Nachhaltigkeitsbegriff normativ gehaltvoll ist, also nicht empirisch-deskriptiv beschreibt, was der Fall ist, sondern eine normative Kritik an den bestehenden gesellschaftlichen Verhältnissen und ein normatives Ziel- und Leitbild zu ihrer zukünftigen Gestaltung darstellt (vgl. Grunwald und Kopfmüller 2012, 11–15, 31 und 42).

Unterschiedlich wird in diesem Zusammenhang die Frage beantwortet, wie die Verteilung von Gütern und Fähigkeiten beschaffen sein muss, um als nachhaltig qualifiziert werden zu können: Während in intragenerationeller Hinsicht einige Autor:innen die Sicherstellung der Befriedigung von Grundbedürfnissen (*basic needs*) für ausreichend halten, fordern andere, darüber hinausgehend die Möglichkeit zu gewährleisten, im Sinne von Martha Nussbaums (2007) *capability approach* genuin menschliche Fähigkeiten auszubilden, die über bloße existenzerhaltende Grundbedürfnisse hinausgehend ‚menschenwürdiges' beziehungsweise ‚gutes' Leben garantieren (vgl. Muraca 2010, 32f.). In Bezug auf den zweiten Aspekt des Begriffs wird analog von einigen Diskursteilnehmenden gefordert, nicht nur die Befriedigung von Grundbedürfnissen zukünftiger Generationen im Sinne eines Mindeststandards zu gewährleisten, sondern sicherzustellen, dass zukünftige Generationen hinsichtlich der Ausbildung von Fähigkeiten und der Befriedigung von Bedürfnissen mindestens gleich gut gestellt sind wie die heutige Generation (vgl. Muraca 2010, 33f.). Diese Forderung lässt sich in wirtschaftswissenschaftlicher Terminologie als „*the capacity to provide non-declining per capita utility for infinity*" (Neumayer 2013, 8; vgl. auch 12f.) ausdrücken und stellt das in der Wirtschaftswissenschaft übliche Nachhaltigkeitsverständnis[354] dar.

Gleich, wie die genaue konzeptionelle Ausgestaltung der beiden Aspekte in verschiedenen Nachhaltigkeitstheorien geschieht, stets bezieht sich Nachhaltigkeit nicht

---

[353] Diese Definition „repräsentiert jedoch einen Kompromiss zwischen den verschiedenen Anforderungen von Umwelt- und Naturschutz einerseits und Wirtschaftswachstum und der damit in Verbindung gesehenen Armutsbekämpfung andererseits. [...] In etwa zwei Jahrzehnten nach der wachstumskritischen Bewegung wurde somit Wachstum im Sinne des westlichen Kapitalismus zum alleinigen Lösungspfad für die Armutsbekämpfung auf globaler Ebene gekrönt" (Muraca 2010, 27).
[354] Laut Neumayer (2013) ist das Verständnis, Nachhaltigkeit sei ‚the capacity to provide non-declining per capita utility for infinity', „a definition most proponents of an *economic* concept of SD [Sustainable Development] would be likely to accept" (8).

auf eine einzelne Nation oder einen bestimmten Kulturraum, sondern umfasst global die gesamte Menschheit, so „dass in allen Nachhaltigkeitsüberlegungen, auch wenn sie sich regional oder sektoral auf nur kleine Ausschnitte der Weltgesellschaft beziehen, die globale Perspektive mitgedacht werden muss" (Grunwald und Kopfmüller 2012, 39; vgl. auch Klauer et al. 2013, 54 f.). Der Nachhaltigkeitsbegriff impliziert somit eine Theorie globaler Gerechtigkeit.

Da hier der Bezug der Wirtschaftswissenschaft zur Natur Thema der Untersuchung ist, wird im Folgenden das Kriterium der ‚non-declining per capita utility for infinity' – und somit der intergenerationelle Aspekt des Nachhaltigkeitsbegriffs – näher untersucht. Kontrovers diskutiert wird, wie dieses abstrakte Kriterium zu operationalisieren ist, anhand welcher Kriterien also festgestellt werden kann, dass das Ziel eines im Zeitverlauf quantitativ nicht abnehmenden Nutzens pro Person erreicht oder eben nicht erreicht ist.[355] In dem – der neoklassischen Ökonomik entlehnten – Verständnis des Nachhaltigkeitsdiskurses wird ‚Nutzen' durch ‚Kapital' generiert; der Kapitalbegriff umfasst also „alle Bestände bzw. Produktionsmittel i. w. S., die einen *Nutzenstrom* generieren" (Muraca 2010, 36; vgl. auch Neumayer 2013, 9). Davon ausgehend kann die Frage nach der Bedingung der Möglichkeit von im Zeitverlauf quantitativ konstantem Nutzen in die Frage umgewandelt werden, wie das Kapital beschaffen sein muss, das einen solchen konstanten Nutzen generiert. *Zunächst* kann die These aufgestellt werden, dass ein im Zeitverlauf quantitativ konstantes Kapital es vermag, einen im Zeitverlauf quantitativ konstanten Nutzen zu generieren. Um das Kapital in quantitativer Hinsicht erfassen (‚messen') zu können, wird es monetär bewertet, so dass die entsprechend umformulierte These lautet: Ein Kapital mit im Zeitverlauf konstantem monetären Wert vermag es, einen im Zeitverlauf quantitativ konstanten Nutzen zu generieren.

Zu bedenken ist in diesem Zusammenhang jedoch, dass ‚Kapital' ein Oberbegriff verschiedenartiger Kapitalarten ist:

> Traditionell wird in den ökonomischen Theorien zwischen verschiedenen Kapitalarten unterschieden, darunter *Sachkapital, Naturkapital, kultiviertes Naturkapital, Humankapital, Sozialkapital* und *Wissenskapital* (Muraca 2010, 37).

Während Sachkapital beispielsweise gegenständliche Produktions- und Konsummittel wie Maschinen oder Klimaanlagen bezeichnet, das Sozialkapital nutzenbringende gesellschaftliche Strukturen umfasst und Human- und Wissenskapital auf das Wissen

---

[355] Grunwald und Kopfmüller (2012, 53) weisen darauf hin, dass es Kennzeichen aller im Haupttext dargestellten Explikationen des Nachhaltigkeitsbegriffs ist, keine hinreichend konkrete Anleitung der (ökonomischen, politischen) Praxis zu bieten. Es bleibt dadurch unklar, welche Maßnahmen individuell und auf gesellschaftlicher Ebene zu ergreifen sind, um die jeweiligen Kriterien der Nachhaltigkeit zu realisieren. Daher muss der Nachhaltigkeitsbegriff zum Zwecke seiner praktischen Realisierung ergänzt werden um konkrete Ziele, Maßnahmen und Instrumente; diese lassen sich freilich nicht deduktiv aus ihm ableiten, sondern setzen zusätzliche – und diskursiven Dissens provozierende – Annahmen, Wertungen und Prioritätensetzungen voraus.

und die Kompetenzen der Gesellschaftsmitglieder rekurriert, bezeichnet Naturkapital „the totality of nature – non-renewable and renewable resources, plants, species, ecosystems and so on – that is capable of providing human beings with material and non-material utility" (Neumayer 2013, 9). Im ökologischen Diskurs wird in Anbetracht dieser Diversität der Kapitalarten und der Fragilität und Gefährdung des Naturkapitals aufgrund ökologisch destruktiver ökonomischer Prozesse die Frage gestellt, ob ein im Zeitverlauf quantitativ konstanter Nutzen

- lediglich den im Zeitverlauf konstanten monetären Wert des Gesamtkapitals als Summe der monetären Werte der Einzelkapitalien voraussetzt, so dass eine Verringerung des Werts des Naturkapitals durch eine entsprechende Zunahme des Werts einer anderen Kapitalart ausgeglichen werden könnte; oder
- *sowohl* den im Zeitverlauf konstanten monetären Wert des Gesamtkapitals *als auch* den im Zeitverlauf konstanten monetären Wert des Naturkapitals voraussetzt, so dass ein Verlust von Naturkapital nicht durch das Wachstum anderer Kapitalarten ausgeglichen werden könnte.[356]

Gefragt wird also nach der wechselseitigen *Substituierbarkeit der Kapitalarten* (vgl. Muraca 2010, 37): Kann Naturkapital durch andere Kapitalarten substituiert werden, so dass trotz des Verlustes von Naturkapital bei proportionaler Zunahme anderer Kapitalarten langfristig der Nutzen konstant bleibt? Mit anderen Worten: Ist Naturkapital wie beispielsweise Ökosysteme, das Weltklima oder Ressourcenbestände für eine nachhaltige gesellschaftliche Entwicklung unabdingbar oder ist diese vereinbar mit der Zerstörung von Naturkapital, solange quantitativ proportional andere Kapitalarten ausgeweitet werden?

Als *schwache Nachhaltigkeit* wird die der ersten Position entsprechende Nachhaltigkeitskonzeption bezeichnet, die eine generelle Substituierbarkeit der Kapitalarten untereinander postuliert und insofern die verschiedenen Kapitalarten „unter der Kategorie ‚Kapital' subsumiert und homogenisiert" (Muraca 2010, 37). Entsprechend

---

[356] Die Formulierung der zweiten Position ist als vorläufig zu erachten (s. die Darstellung der Konzeption starker Nachhaltigkeit weiter unten in diesem Abschnitt). – Häufig wird in Publikationen zur starken Nachhaltigkeit (also zur zweiten Position) der Eindruck erweckt, diese Konzeption erfordere allein ein konstantes Naturkapital. Diese Fokussierung auf das Naturkapital ist m. E. dem argumentativen Kontext geschuldet, in dem es spezifisch um die Frage nach der Substituierbarkeit des Naturkapitals geht. Sachlich wäre aber eine Gesellschaft, in der das Naturkapital zwar konstant erhalten wird, aber das Gesamtkapital (und somit auch der Nutzen) abnimmt, nicht nachhaltig: Dies würde ja bedeuten, dass nicht nur die materielle Produktion schrumpfen würde (was im ökologischen Diskurs häufig in der Tat gefordert wird), sondern bspw. auch menschliches Wissen und Kompetenzen (Wissenskapital) oder nutzenstiftende soziale Verhältnisse (Sozialkapital) quantitativ abnehmen oder zumindest nicht proportional wachsen würden. Als nachhaltig auch im starken Sinne ist m. E. nur eine Gesellschaft zu bezeichnen, die das Nutzenniveau (philosophisch ausgedrückt: der Umfang, in dem die Gesellschaftsmitglieder ein ‚gutes Leben' zu realisieren vermögen) dauerhaft mindestens konstant erhält. Dies setzt – wenn aus ökologischen Gründen das Sachkapital reduziert und die materielle Produktion entsprechend verringert wird – voraus, dass sich die Gesellschaft in immaterieller Hinsicht (bspw. bezüglich politischer Freiheit, sozialer Sicherheit, ...) weiterentwickelt, also das Human-, Sozial- und Wissenskapital proportional wächst, so dass das Gesamtkapital konstant erhalten wird.

wird ausschließlich die Konstanthaltung des monetären Werts des Gesamtkapitals als Kriterium für eine nachhaltige Entwicklung betrachtet und damit die Möglichkeit offengelassen, im Rahmen nachhaltiger Entwicklung Naturkapital zu zerstören, wenn dessen Wert in proportionalem Umfang durch andere Kapitalarten ersetzt wird (vgl. Neumayer 2013, 1, 10 f. und 22 f.). Dieser Auffassung gemäß kann „die Welt auch ohne natürliche Ressourcen weiter existieren" (Muraca 2010, 39):

> If investment in man-made and human capital is big enough to compensate for the depreciation of natural capital, an explicit policy of sustainable development is not even necessary for then sustainability is guaranteed quasi-automatically (Neumayer 2013, 23).

Im Rahmen der Konzeption schwacher Nachhaltigkeit wird somit eine spezifische Auffassung intergenerationeller Gerechtigkeit vertreten:

> According to Solow's interpretation of intergenerational equity, earlier generations are entitled to draw down the pool of a non-renewable natural resource in an optimally (i.e., intertemporally efficient) manner so long as they invest (in an optimal manner) in the stock of reproducible capital [...]. This implies the savings-investment rule – known as the *Hartwick rule* – which calls society to invest in reproducible capital, such as machines, precisely the current returns (rents) from the use of flows of non-renewable resources in order to maintain per-capita consumption constant (Hedinger 2009, 29).[357]

Der Verzicht auf Umweltschutzmaßnahmen ist – sofern der Wert des Gesamtkapitals im Zeitverlauf konstant bleibt – also ethisch erlaubt und sogar geboten, um für Bemühungen des Naturschutzes keine ökonomischen Mittel gleichsam zu verschwenden (vgl. Neumayer 2013, 29 f. und 38–40).

Die Konzeption der schwachen Nachhaltigkeit entstammt dem Rahmen neoklassischer Ökonomik (vgl. Muraca 2010, 37) und stellt somit ein Beispiel für die oben (siehe Abschnitt 3.1.1.1) eher abstrakt diskutierte Weise dar, wie Natur in der neoklassischen Ökonomik thematisiert wird. Oben wurde bereits dargelegt, dass (potenzielle) ökologische Probleme in der Neoklassik häufig gleichsam wegerklärt werden durch die Postulierung von Annahmen – wie etwa der Substituierbarkeit von Produktionsfaktoren –, durch welche sie in der Theorie nicht entstehen beziehungsweise unmittelbar gelöst werden können. Dieses Verfahren wird hier anhand der Konzeption schwacher Nachhaltigkeit exemplarisch deutlich: Wenn vor dem Hintergrund zunehmender ökologischer Probleme in der neoklassischen Nachhaltigkeitstheorie nach dem Naturkapital gefragt und somit *expressis verbis* das Verhältnis der Ökonomie zur Natur thematisiert wird, wird dieses Verhältnis sogleich wieder aus der

---

[357] Die Konzeption schwacher Nachhaltigkeit geht theoriegeschichtlich auf Solow (1974a, 1974b) zurück. Für eine kritische Würdigung Solows (1974a) vgl. Hampicke (1992, 109–120).

Theorie ausgeblendet, indem die Substituierbarkeit der Kapitalarten behauptet wird und somit das schwindende Naturkapital kein Problem mehr darstellt.[358]

Der Substituierbarkeitshypothese, wie sie in der schwachen Nachhaltigkeit vertreten wird, steht die Konzeption *starker Nachhaltigkeit* ablehnend gegenüber. Die starke Nachhaltigkeit entstammt der Ökologischen Ökonomik, die als ‚heterodoxes' wirtschaftswissenschaftliches Paradigma die Grundannahmen der neoklassischen Ökonomik nicht teilt (vgl. Döring 2009, 123).[359] Im Rahmen der starken Nachhaltigkeit wird Naturkapital nicht als generell ersetzbar durch andere Kapitalarten aufgefasst, so dass – entsprechend der zweiten Position – die Zerstörung von Naturkapital tendenziell nicht durch proportionales Wachstum anderer Kapitalarten ausgeglichen werden kann (vgl. Ott 2010, 170 und 176f.; Neumayer 2013, 25).[360] Da die monetäre

---

[358] Hampicke (1992) stellt ähnlich fest: „Überall dort, wo die neoklassische Theorie begründeterweise der Verharmlosung ökologischer Zukunftsgefahren geziehen werden kann, zeigt ein näheres Hinsehen, daß dies auf ‚substitution worship' zurückzuführen ist" (134). Freilich spielt die Substituierbarkeit der Produktionsfaktoren nicht in allen neoklassischen Theorien, die Natur thematisieren, eine so zentrale Rolle wie in der Konzeption schwacher Nachhaltigkeit. Entsprechend ist das Ergebnis des Haupttextes, die neoklassische Theorie könne auch dort, wo sie *expressis verbis* vom Verhältnis der Ökonomie zur Natur spricht, dieses nicht als eigenständigen Gegenstand auffassen, zu relativieren; es fasst lediglich zusammen, wie Natur in der Konzeption der schwachen Nachhaltigkeit thematisiert wird, die in der hier vorliegenden Arbeit *exemplarisch* als neoklassische Theorie des Natur-Ökonomie-Verhältnisses gewählt wurde. Die obige Feststellung darf nicht ohne Prüfung weiterer Theorien – die hier nicht geleistet werden kann – auf *alle* neoklassischen Theorien des Natur-Ökonomie-Verhältnisses verallgemeinert werden, und schon gar nicht darf die Schlussfolgerung gezogen werden, die neoklassische Thematisierung der Natur sei in allen Fällen theoretisch fruchtlos. Hampicke (1992, 75–132) stellt in seiner hervorragenden Studie über die Behandlung der Natur in der Neoklassik einige neoklassische Theorien vor, die die Natur in der Form als Ressource explizit bedenken. In seinem daran anschließenden Zwischenfazit (vgl. Hampicke 1992, 132–135) stellt er fest, dass die neoklassische Theorie zwar – wie auch in der hier vorliegenden Arbeit deutlich wurde – fundamentale Schwächen besitze, aber auch zu wichtigen Einsichten gelange (vgl. auch Hampicke 1992, 423f.), wovon einige – erneut exemplarisch – hier erwähnt seien: „Die Ressourcenökonomie trifft insbesondere auf mikroökonomischem Gebiet *empirische Aussagen*. Sie prognostizieren das Verhalten der im Forst-, Fischerei-, Walfang-, Ölfördergeschäft und in vergleichbaren Wirtschaftszweigen engagierten Subjekte. In zahlreichen Fällen kann sie plausibel erklären, warum sich bestimmte Nutzungsprofile entwickelt haben, die gesellschaftlich und ökologisch erwünscht oder auch sehr unerwünscht sein können. Sie klärt die Rolle des Zinses und die Bedeutung klarer Eigentumszuweisungen, auf Grund derer die Bewirtschafter zur nachhaltigen Nutzungsweise in ihrem eigenen Interesse angehalten werden können. Ressourcenpolitische Eingriffe, wie Besteuerungen, Vorschriften über die Beschaffenheit von Nutzungstechnologien (Fangzeiten, Fanggeräte u. a. m.) werden auf ihre Eignung untersucht, und es können Empfehlungen gegeben werden. Der geläufige Vorwurf an die [neoklassische] Ökonomie, der Verharmlosung ökologischer Gefahren zu dienen, ist auf diesen Gebieten unberechtigt" (Hampicke 1992, 132 f.).
[359] ‚Heterodoxe' ökonomische Theorien „hinterfragen [...] die [neoklassische] Grundannahme, dass der Wirtschaftsprozess ein *autonomer* Prozess sei"; stattdessen sei er „in andere Prozesse eingebettet, mit welchen er also Grenzflächen ausbildet" (Schlaudt 2016, 13). – Zur Ökologischen Ökonomik s. auch die Ausführungen zum Ansatz von Georgescu-Roegen in Abschnitt 3.1.31.
[360] Wie Ott (2010, 176f.) darlegt, seien einige Elemente des Naturkapitals (also einzelne Naturgüter) durchaus als ersetzbar durch andere Kapitalarten anzusehen. Dies gelte aber keineswegs in allen

Bewertung der Kapitalarten ihre Substituierbarkeit impliziert, wird auf sie im Rahmen der Konzeption starker Nachhaltigkeit verzichtet (vgl. Döring 2009, 130f.). In Abwandlung der oben dargestellten zweiten Position ist es daher nicht Ziel der Konzeption starker Nachhaltigkeit, den monetären Wert des Naturkapitals im Zeitverlauf konstant zu halten, sondern „the preservation of the *physical* stock" (Neumayer 2013, 26; vgl. auch 128) des Naturkapitals (vgl. Ott 2010, 177). Dieses Ziel wird als ‚Constant Natural Capital Rule' (CNCR) bezeichnet (vgl. Ott 2009b, 51–54).[361]

Wenn die Annahme genereller Substituierbarkeit von Naturkapital durch andere Kapitalarten als der Wirklichkeit nicht adäquat abgelehnt wird, impliziert dies, dass auch die Annahme der gegenseitigen generellen Substituierbarkeit verschiedener Naturgüter – die unter den Begriff des Naturkapitals subsumiert werden – abzulehnen ist:

> it would be strange to assume that more man-made capital cannot substitute for a bigger hole in the ozone layer, but an increased number of whales can. Clearly, substitutability within natural capital needs to be constrained as well (Neumayer 2013, 26).[362]

Es darf also nicht von *dem* Naturkapital die Rede sein, da in dieser homogenen Entität gerade die spezifischen Eigenschaften verschiedener Naturgüter aus dem Blick geraten würden (vgl. Döring 2009, 130). Vielmehr müssen verschiedene Naturkapital*ien* mit jeweils spezifischen Eigenschaften unterschieden werden, die tendenziell nicht miteinander substituierbar sind (vgl. Ott 2010, 177f.). Entsprechend fordert die CNCR, die physischen Bestände nicht substituierbarer Naturkapitalien jeweils für sich zu erhalten und einen Verlust im Einzelfall substituierbarer Naturkapitalien durch Ausweitung des physischen Bestandes anderer Naturkapitalien auszugleichen.[363]

Fällen, so dass allgemein keine Substituierbarkeit des Naturkapitals durch andere Kapitalarten bestehe.
[361] Diese Regel sollte um eine Investitionsregelung erweitert werden für diejenigen Länder, in welchen Naturkapital stark zerstört wurde; in diesen Fällen sollte Naturkapital nicht nur (auf dem niedrigen Niveau) erhalten bleiben, sondern durch Investitionen vergrößert werden (vgl. Ott 2009b, 69).
[362] Dies gilt im Übrigen auch für das menschengemachte Kapital: „The assumption of an aggregated capital is also problematic for man made capital which cannot be seen properly as a single stock valued in a numeraire. [...], since man-made capital consists of heterogeneous entities, ‚capital' cannot simply be removed and re-invested at any time" (Döring 2009, 130).
[363] Nicht-regenerierbare Naturgüter wie fossile Brennstoffe bspw. dürfen im Rahmen der CNCR ausgebeutet und dadurch vernichtet werden; dieser Vorgang ist aber durch den Aufbau des physischen Bestandes anderer Naturgüter zu ergänzen, so dass das Naturkapital in aggregierter Sicht nicht abnimmt (vgl. Ott 2010, 183f.).

3.1.2.2 Kritik der Substituierbarkeitshypothese: Die marxsche Theorie im Dialog mit der Konzeption schwacher Nachhaltigkeit

In der Auseinandersetzung mit der Thematisierung des Verhältnisses der Ökonomie zur Natur in der neoklassischen Theorie und der hieran geäußerten Kritik des ökologischen Diskurses (siehe Abschnitt 3.1.1.2) wurde gezeigt, dass die Substituierbarkeitshypothese logische Folge einer Auffassungsweise von Gegenständen ist, derzufolge sie qualitativ homogene, sich lediglich in ihrer quantitativen Dimension voneinander unterscheidende Tauschwerte sind. Und diese Auffassungsweise wurde auf den Warentausch als das dominante ökonomische Verhältnis der modernen Gesellschaft zurückgeführt: In der warentauschenden Gesellschaft, in welcher die Verwertung des Kapitals den Zweck ökonomischen Handelns darstellt und Waren daher primär hinsichtlich ihres Tauschwerts betrachtet werden, erscheint die Annahme der generellen Substituierbarkeit verschiedener Produktionsfaktoren als plausibel und ‚ganz natürlich'. Die neoklassische Wirtschaftswissenschaft integriert diese Annahme – so wurde ebenfalls festgestellt – in Form einer Prämisse in ihre Theoriebildung aufgrund ihres bürgerlichen, also der kapitalistischen Produktionsweise affirmativ gegenüberstehenden und deren inhärente Widersprüchlichkeit gleichsam ‚übersehenden' Charakters.

Diese Erkenntnisse vermögen auf die Konzeption der schwachen Nachhaltigkeit als einer dem neoklassischen Paradigma verpflichteten Theorie übertragen zu werden: In einer Gesellschaft – und *einzig* in einer solchen –, deren dominantes ökonomisches Verhältnis der Warentausch darstellt, die daher Gegenstände primär hinsichtlich ihres Tauschwerts betrachtet und entsprechend monetär bewertet, erscheint es als plausibel, die gegenseitige Substituierbarkeit verschiedener Kapitalarten zu postulieren. Aufgrund dieser durch das ökonomische Grundverhältnis der Gesellschaft bedingten Plausibilität der Substituierbarkeitshypothese erscheint den Mitgliedern der modernen Gesellschaft auch die Konzeption schwacher Nachhaltigkeit als plausibel, die ja auf eben dieser Substituierbarkeitshypothese aufbaut. Entsprechend besitzt die Konzeption schwacher Nachhaltigkeit in der Nachhaltigkeitsdebatte eine prominente Stellung, wird von zahlreichen Wissenschaftler:innen vertreten und dient in wirtschaftspolitischen Fragen oftmals als theoretischer Bezugspunkt, so dass

> die Implikationen des Modells – nämlich dass Wachstum des Wohlstandes auch bei abnehmender Ressourcenverfügbarkeit möglich ist – nicht selten explizit oder implizit als Argumente in wirtschaftspolitischen Diskussionen verwendet (Klauer et al. 2013, 49),

werden. Die marxsche Theorie erlaubt es also, die *Genese* der Konzeption schwacher Nachhaltigkeit als einer wissenschaftlich und politisch bedeutenden Nachhaltigkeitstheorie zu erklären: Nur in einer Gesellschaft, die auf dem Warentausch basiert, vermag eine solche – sachlich das Verhältnis der Ökonomie zur Natur inadäquat erfassende – Theorie entworfen und von zahlreichen Gesellschaftsmitgliedern für zutreffend und plausibel erachtet zu werden. Die Konzeption schwacher Nachhaltigkeit ist, mit anderen Worten, die Reflexion – der theoretische Ausdruck – des Warentauschs.

Die neoklassische Wirtschaftstheorie war in Abschnitt 3.1.1 Gegenstand der Kritik des ökologischen Diskurses. In der Form der Konzeption schwacher Nachhaltigkeit ist die neoklassische Wirtschaftstheorie freilich selbst Element des ökologischen Diskurses, indem jene eine theoretische Auseinandersetzung mit der ökologischen Krise darstellt und ein normatives Kriterium für eine nachhaltige Gesellschaft – im Sinne einer Gesellschaft, in der die ökologische Krise gelöst ist beziehungsweise ihr Entstehen dauerhaft verhindert ist – bietet. Mittels der marxschen Theorie also
– vermögen nicht nur (wie in Abschnitt 3.1.1.2 gezeigt) die vorgebrachten Argumente desjenigen Teils des ökologischen Diskurses, in welchem eine ökologische Kritik an der Neoklassik entwickelt wird, abgesichert, weiterentwickelt oder berichtigt zu werden;

sondern auch
– vermag die Genese der neoklassischen Konzeption schwacher Nachhaltigkeit als eines anderen Teils des ökologischen Diskurses erklärt zu werden.

Die marxsche Theorie erweist sich somit in einem *doppelten* Sinne als *Tiefentheorie des ökologischen Diskurses:*
– Einerseits erlaubt sie es als *argumentative Tiefentheorie* des ökologischen Diskurses, die gleichsam auf die phänomenale Oberfläche der modernen Gesellschaft gerichteten Argumente des ökologischen Diskurses durch Rekurs auf den Warentausch als den Grund dieser Phänomene argumentationslogisch abzusichern, weiterzuentwickeln oder zu berichtigen;
– andererseits erlaubt sie es, die Genese ökologischer Theorien durch Rekurs auf den Warentausch als den sie bestimmenden gesellschaftlichen Entstehungskontext zu erklären, und stellt somit eine *genetische Tiefentheorie* des ökologischen Diskurses dar.

Anhand der marxschen Theorie vermag nicht nur die Genese der Konzeption schwacher Nachhaltigkeit, sondern auch ein eigentümlicher Zug dieser Konzeption erklärt zu werden: Die in ihrem Rahmen entworfene Vorstellung der Substitution der Kapitalarten ist durch eine sonderbare *Gerichtetheit* charakterisiert. An sich impliziert die Annahme der Substituierbarkeit der Kapitalarten Austauschbarkeit in beide Richtungen: So wie Naturkapital durch andere Kapitalarten wie etwa Sachkapital ersetzt werden kann, so vermögen auch Sachkapital und die übrigen Kapitalarten durch Naturkapital substituiert zu werden.[364] Tatsächlich aber wird im Rahmen der Konzeption schwacher Nachhaltigkeit nur die erstgenannte Richtung – Substitution von Naturkapital durch Sachkapital – thematisiert. Dies zeigt sich bereits anhand der Studie von Solow (1974a), die gleichsam den Beginn der ‚Denktradition' der schwa-

---

364 Die folgende Darstellung wird sich auf die beiden Kapitalarten Naturkapital und Sachkapital fokussieren; die übrigen Kapitalarten werden aus der Argumentation ausgeklammert. Dies ist einerseits und zunächst Gründen der argumentativen Einfachheit geschuldet; andererseits wird sich im Folgenden zeigen, dass gerade dem Sachkapital eine sachliche Schlüsselposition zukommt.

chen Nachhaltigkeit darstellt und der – so fasst Hampicke (1992) zusammen – die Fragestellung zugrunde liegt,

> unter welchen Bedingungen es möglich oder nicht möglich ist, in Gegenwart einer sich erschöpfenden natürlichen Ressource ein bestimmtes, insbesondere ein konstantes Sozialprodukt [= Nutzen] zu erzeugen (Hampicke 1992, 111).

Ausgangspunkt der Studie ist also ein kontinuierlich schwindendes Naturkapital (‚eine sich erschöpfende Ressource') und die Frage, wie unter dieser Bedingung das Nachhaltigkeitskriterium eines im Zeitverlauf nicht abnehmenden Nutzens erfüllt werden kann. Die Antwort auf diese Frage lautet: Das Nachhaltigkeitskriterium wird erfüllt, indem das Naturkapital durch Sachkapital vollständig substituiert wird und somit trotz schwindenden Naturkapitals das gesellschaftliche Gesamtkapital konstant bleibt. In einer anderen Publikation schreibt Solow (1974b):

> As you would expect, the degree of substitutability is also a key factor. If it is very easy to substitute other factors for natural resources, then there is in principle no ‚problem.' The world can, in effect, get along without natural resources, so exhaustion is just an event, not a catastrophe (11).

Auch hier ist Naturkapital also das, was durch Sachkapital zu ersetzen ist, soll das Nachhaltigkeitskriterium nicht verletzt werden. Das umgekehrte Szenario – das Wachstum des Naturkapitals, welches schwindendes Sachkapital zu ersetzen vermag – wird nicht einmal erwähnt geschweige denn theoretisch untersucht. Deutlich wird hieran, dass im Kontext der Konzeption schwacher Nachhaltigkeit Substitution monodirektional – im Sinne der sprichwörtlichen ‚Einbahnstraße' – als die Substitution von Naturkapital durch Sachkapital gedacht wird.[365]

Diese Einseitigkeit wird in der Konzeption schwacher Nachhaltigkeit – soweit ich sehe – weder *expressis verbis* konstatiert noch begründet. Ebenso wenig hinterfragen die Vertreter:innen der starken Nachhaltigkeit, wieso die Konzeption schwacher Nachhaltigkeit stets die Ersetzung von Natur- durch Sachkapital, nicht hingegen die umgekehrte Substitutionsrichtung thematisiert. Hiervon ausgehend erscheint es als lohnenswert, auf dieses Phänomen einen Blick aus Perspektive der marxschen Theorie zu werfen.

---

365 Konrad Ott (2010) als ein Hauptvertreter der Konzeption starker Nachhaltigkeit schreibt im Kontext einer kurzen Darstellung der schwachen Nachhaltigkeit, diese „impliziert, dass Naturkapitalien abgebaut werden dürfen, wenn im Gegenzug ausreichend in andere nutzenstiftende Kapitalien (Fabriken, Infrastrukturen, Technologien) investiert wird. Der Verlust von Naturkapitalien ist dann kein Übel und stellt keine Ungerechtigkeit gegenüber zukünftigen Personen dar" (169). Die gegenteilige, durch die Substituierbarkeitshypothese nicht weniger implizierte Aussage, Sachkapital dürfe bedenkenlos demontiert werden, solange proportional das Naturkapital ausgeweitet werde, erwähnt Ott (2010) hingegen nicht – m. E. aus dem naheliegenden Grund, dass die Vertreter:innen der schwachen Nachhaltigkeit einzig an der ersten Implikation theoretisch interessiert sind.

Die Existenz des Tauschwerts – und somit die Existenz der auf dem Warentausch basierenden Gesellschaft – setzt seine Verwertung in der Form des Kapitals voraus. Verwertung ist jedoch nur möglich durch materielle Produktion, weil nur im Rahmen dieser durch Verausgabung menschlicher Arbeit Mehrwert generiert werden kann. Materielle Produktion hat einen Einfluss auf das Naturkapital, insofern sie
- die Transformation von Naturumgebung,
- die Formung von Rohstoffen zu fertigen Produkten, sowie
- das Vorhandensein von Produktionsinstrumenten, die selbst Produkte vorgängiger Produktionsprozesse sind und als solche die vorgängige Transformation von Naturumgebung und Formung von Rohstoffen voraussetzen,

impliziert. Durch materielle Produktion wird, mit anderen Worten, Naturkapital durch Verausgabung von Arbeit entsprechend menschlichen Zwecksetzungen transformiert.[366] Diese produktive Transformation von Naturkapital meint freilich nicht zwangsläufig seine Zerstörung: Notwendig zerstört werden durch den Produktionsprozess nicht-erneuerbare Naturkapitalien, während regenerierbare Naturkapitalien nicht vernichtet werden, solange ihr produktionsbedingter Verbrauch ihre Regenerationsfähigkeit nicht überschreitet.[367] Auch Naturkapital in Form einer menschliche Produktion ermöglichenden Naturumgebung wird nicht zwangsläufig durch die Durchführung materieller Produktionsprozesse vernichtet. Denkbar ist beispielsweise eine Gesellschaft, die ihre Produktionsräume und -anlagen nicht ausweitet und – etwa durch wissenschaftliche Forschung und entsprechende Einrichtung der Produktionsprozesse – die naturale Umgebung durch ihre produktive Tätigkeit nicht destruktiv modifiziert. Ebenso wenig geht Produktion notwendig mit der Zunahme des Sachkapitals einher, denn parallel zur Produktion wird Sachkapital durch Konsum, Verschleiß und andere Prozesse dezimiert.

Die kapitalistische Produktionsweise ist freilich durch eine expansive Dynamik charakterisiert (siehe Abschnitt 2.2.3.6); das Kapital gestaltet den materiellen Produktionsprozess so um, dass dieser der Kapitalbestimmung der *unbegrenzten quantitativen Vervielfältigung* zunehmend adäquat wird. Entsprechend ist die kapitalisti-

---

366 Bspw. werden Waldgebiete zum Zwecke der Erschaffung von Produktionsanlagen und ‚Gewerbegebieten' gerodet und das Holz zu Möbeln verarbeitet, Erdöl in Plastik verwandelt, aus Metallen Produktionsanlagen, Klimaanlagen und Unterhaltungselektronik hergestellt. Natur wird durch Produktion teils auch ganz handgreiflich geformt und ‚abgepackt': Früchte werden in Plantagen angebaut, geerntet und als ‚Dosenobst' verkauft.

367 Bspw. werden die Naturkapitalien Kohle und Öl durch Verbrennungsprozesse vernichtet, der Bestand an Naturkapital nimmt also ab. Fischbestände werden hingegen durch Fischfang und das ‚Eindosen' des Fischs in der Lebensmittelindustrie nicht ‚aufgebraucht', solange in einem Zeitraum nicht mehr Fisch gefangen wird als sich zu regenerieren vermag; in diesem Fall nimmt das Naturkapital also trotz materieller Produktion nicht ab. – Die hier getroffene Unterscheidung ist analog zu der von Malte Faber und Reiner Manstetten (1998) entwickelten Konzeption, in deren Kontext zwischen naturalen Fonds (potenziell dauerhaft nutzbare, sich reproduzierende oder reproduziert werdende Naturgüter) und Vorräten (nicht-erneuerbare Naturgüter) unterschieden wird (zit. n. von Egan-Krieger 2009, 163–166).

sche Produktionsweise durch eine *Expansion der Produktivkraft* und eine ihr entsprechende *Expansion der Mehrwertrate* charakterisiert; und in Verbindung mit der *Expansion des Kapitalwerts* ist als Ergebnis dieser expansiven Entwicklungen die *Expansion der Produktenmenge und des Materialverbrauchs* sowie die *Expansion der modifizierenden Einwirkung auf die Natur* zu konstatieren. Relevant ist hier, dass diese Expansionsprozesse nicht zeitlich beschränkt – beispielsweise in einer bestimmten Entwicklungsepoche des Kapitalismus oder bis zum Erreichen eines bestimmten Niveaus des materiellen Lebensstandards der Gesellschaftsmitglieder –, sondern kontinuierlich und notwendig kontinuierlich stattfinden: Die kapitalistische Produktionsweise weitet während der ganzen zeitlichen Spanne ihrer Existenz die Produktenmenge, den Materialverbrauch und die modifizierende Einwirkung auf die Natur aus und muss dies tun, da dies der Kapitalbestimmung der *unbegrenzten quantitativen Vervielfältigung* entspricht. Aufgrund dieser expansiven Dynamik werden regenerative Naturkapitalien ab einem bestimmten Punkt in der Entwicklung in einem Umfang in den materiellen Produktionsprozess einbezogen, der ihre Regenerationsfähigkeit übersteigt. Aufgrund des expansiven Charakters des Kapitals wird auch die Naturumgebung immer weiter ‚bebaut' und letztlich destruktiv modifiziert.[368] Hieraus folgt, dass durch die spezifisch kapitalistisch betriebene materielle Produktion und ihre dem Kapitalbegriff adäquate, expansive Umgestaltung *notwendig* eine stetige Vernichtung von Naturkapital stattfindet. Zugleich findet in der kapitalistischen Produktionsweise *notwendig* eine stetige Zunahme des Sachkapitals statt durch die stetig wachsende Produktenmenge und die stetige Maschinisierung des Produktionsprozesses, letztere als Bedingung der Expansion der Kapitalverwertung.

Deutlich wird also, dass in der ökonomischen Praxis der kapitalistischen Produktionsweise kontinuierlich Naturkapital durch Sachkapital substituiert wird. Ihre Entwicklung entspricht somit schon von sich aus, ohne dass weitere gesellschaftliche Maßnahmen notwendig wären, dem schwachen Nachhaltigkeitskriterium. Die praktische Substitution von Sach- durch Naturkapital ist hingegen unter der Bedingung der im Zeitverlauf sich ausweitenden Kapitalverwertung als Zweck der materiellen Produktion nicht möglich. Die Konzeption schwacher Nachhaltigkeit, die der neoklassisch-bürgerlichen Wirtschaftswissenschaft entstammt, reflektiert diese Gerichtetheit der kapitalistischen Praxis, indem sie in ihrer Theoriebildung einzig die Substitution von Natur- durch Sachkapital bedenkt – und *kann* als theoretischer Ausdruck der Kapitalperspektive die umgekehrte Substitutionsrichtung *nicht* bedenken:

– Indem die Konzeption schwacher Nachhaltigkeit versucht, die gesellschaftliche Entwicklung trotz der stetigen Vernichtung von Naturkapital als nachhaltig zu

---

368 Zusätzlich ist auf die Tatsache hinzuweisen, dass auch die für den Produktionsprozess relevante Natur nicht zwangsläufig Bedeutung hat für das Kapital (siehe Abschnitt 3.1.1.2). Dies trägt – zusätzlich zum expansiven Charakter des Kapitals und der ihm entsprechenden Produktionsweise – dazu bei, dass Naturkapital in der kapitalistischen Produktionsweise vernichtet wird, da das Kapital einige Naturgüter gleichsam nicht wahrnimmt und daher mit ihnen nicht schonend umgeht.

erweisen, soll die kapitalistische Produktionsweise affirmiert und vor dem Hintergrund zunehmender ökologischer Probleme legitimiert werden.
- Würde umgekehrt die Substitution von Sach- durch Naturkapital durch die Konzeption schwacher Nachhaltigkeit bedacht werden, hieße das, im Rahmen wissenschaftlicher Theoriebildung den Kontext und ‚Sachzwang' der Kapitalverwertung zu verlassen und die Möglichkeit der Existenz einer Gesellschaftsform einzuräumen, die nicht auf dem Warentausch als derjenigen ökonomischen Form basiert, die die kontinuierliche Ersetzung von Natur- durch Sachkapital als notwendig setzt. Es würde, mit anderen Worten, das Bewusstsein dafür geschaffen werden, dass die Substitution von Natur- durch Sachkapital nicht die ‚natürliche' und überhistorische Verlaufsrichtung jeder gesellschaftlichen Entwicklung darstellt. Und eben dazu ist die neoklassische Konzeption schwacher Nachhaltigkeit als Ausdruck der Kapitalperspektive nicht bereit – und kann es nicht sein.

3.1.2.3 Naturkapital: Die marxsche Theorie im Dialog mit der Konzeption starker Nachhaltigkeit

Im ökologischen Diskurs wird eine Reihe von Argumenten vorgebracht, um die Vorzugswürdigkeit der Konzeption starker Nachhaltigkeit gegenüber derjenigen schwacher Nachhaltigkeit zu belegen. Drei davon seien hier exemplarisch wiedergegeben:[369]
- Einige Naturkapitalien verfügten über die als „multifunctional" (Neumayer 2013, 103) bezeichnete Eigenschaft, mehrere nutzengenerierende Funktionen zugleich auszuführen. Diese Eigenschaft basiere auf der komplexen Beschaffenheit der Naturkapitalien, und genau diese Komplexität könne trotz enormer und stetig wachsender natur- und ingenieurwissenschaftlicher Erkenntnisse nicht – und erst recht nicht mit beschränkten ökonomischen Mitteln – durch Sachkapital imitiert werden; entsprechend sei die Annahme einer generellen Substituierbarkeit der Naturkapitalien durch Sachkapital abzulehnen (vgl. Ott 2009b, 60; Neumayer 2013, 103 und 118).[370]
- Die Zerstörung oder der Verbrauch von Naturkapital sei irreversibel (vgl. Neumayer 2013, 104), insofern Naturkapitalien nach Zerstörung oder Verbrauch nicht schlicht ‚wiederaufgebaut' werden könnten. In Anbetracht dieser Irreversibilität

---

[369] Im Folgenden wird nur eine Auswahl an Argumenten wiedergegeben; für eine vollständigere Argumentation zugunsten der Konzeption starker Nachhaltigkeit vgl. Ott (2009b, 56–69; 2010, 172–187).

[370] Ein simples Beispiel mag dies verdeutlichen: Eine Maschine kann in der Regel eine nutzengenerierende Funktion ausüben, bspw. die Temperatur der Umgebung verringern (Kühlfunktion). Eine Schädigung des globalen Klimasystems würde aber nicht nur zu höheren Durchschnittstemperaturen führen (die durch Kühlgeräte vielleicht ‚aufgefangen' werden könnten), sondern auch die Niederschlagsmenge verändern (häufigere Dürren oder Überschwemmungen) und zu extremen und schädlichen Wetterereignissen führen. D. h., um die Funktionen der *einen* Naturkapitalie ‚Klimasystem' zu ersetzen, müssten *mehrere* Sachkapitalien entwickelt werden, die jeweils eine – freilich extrem komplexe – Funktion (wie die Regulierung der globalen Niederschläge) zu verrichten hätten.

gelte ein Vorsichtsprinzip, demzufolge *sicherheitshalber* Naturkapitalien zu konservieren seien (vgl. Ott 2009b, 62).
– Darüber hinaus wird von Seiten der Konzeption starker Nachhaltigkeit argumentiert, „that the dichotomy of man-made capital versus resources [= Naturkapital] is an artificial and flawed one since man-made capital consists partly of resources" (Neumayer 2013, 72). Auch wenn mittels Sachkapitals anderes Sachkapital hergestellt werde, seien zu diesem Herstellungsprozess naturale Faktoren notwendig. Sachkapital vermöge also niemals autark (re-)produziert zu werden:

> Diese fundamentale Komplementarität von Natur- und Sachkapital wird von Ökologischen Ökonomen häufig mit den Zusammenhängen begründet, die von den Gesetzen der Thermodynamik beschrieben werden. Der erste Hauptsatz der Thermodynamik besagt, dass Materie und Energie zwar ineinander umgewandelt, nicht jedoch zerstört oder neu erschaffen werden können. Übertragen auf die Ökonomie besagt er [...], dass letztlich jede ökonomische Produktion auf dem Einsatz natürlicher Ressourcen beruhe. Wir können nicht etwas aus nichts erzeugen (von Egan-Krieger 2016, 340).

Ökonomische Aktivitäten seien also irreduzibel auf die Natur angewiesen. Entsprechend sei die Substituierbarkeitshypothese abzulehnen (vgl. Ott 2009b, 56–61).

Ohne diese Argumente hier einer näheren Prüfung unterziehen zu können, dürfte deutlich sein, dass der Konzeption starker Nachhaltigkeit der Vorrang gegenüber derjenigen schwacher Nachhaltigkeit einzuräumen ist. Mittels der marxschen Theorie lässt sich diese Einschätzung stützen, da sie die Abhängigkeit des ökonomischen Prozesses von der Natur und das wechselseitige Verhältnis zwischen Menschen und Natur *en detail* gedanklich erfasst (siehe Abschnitt 3.1.1.2) und somit dem dritten hier referierten Argument eine ausgearbeitete theoretische Grundlage zur Verfügung stellt. Zu schlussfolgern ist somit, dass die Annahme der generellen Substituierbarkeit von Naturkapitalien durch Sachkapital zurückzuweisen und es im Zeichen einer generationenübergreifenden Gerechtigkeit geboten ist, Naturkapitalien zu erhalten unabhängig davon, ob der (monetär ausgedrückte) quantitative Umfang anderer Kapitalarten zunimmt oder nicht.

Freilich vermag durch die marxsche Theorie nicht nur die Vorzugswürdigkeit der Konzeption starker Nachhaltigkeit gegenüber der Konzeption schwacher Nachhaltigkeit argumentativ gestützt, sondern ebenso auch eine Kritik der starken Nachhaltigkeit selbst entwickelt zu werden. Wird aus ihrer Perspektive ein Blick auf die Konzeption starker Nachhaltigkeit und den Disput zwischen dieser und derjenigen schwacher Nachhaltigkeit geworfen, erscheint insbesondere die verwendete Begrifflichkeit als fragwürdig: Was beide Nachhaltigkeitskonzeptionen – trotz der Ablehnung der Substituierbarkeitshypothese vonseiten der starken Nachhaltigkeit – miteinander verbindet, ist die Verwendung des *Begriffs des Naturkapitals* (vgl. Holland 1997, 127f.). Zwar spricht die starke Nachhaltigkeitskonzeption im Plural von Naturkapit*alien*, um die Spezifität und ihr entsprechende nicht-Substituierbarkeit einzelner

Naturgüter auszudrücken; aber sie subsumiert einzelne Naturgüter nichtsdestotrotz unter den Begriff des Naturkapitals:

> Da die Ökologische Ökonomie [in deren Kontext die Konzeption starker Nachhaltigkeit entwickelt wurde] ihr besonderes Augenmerk auf die Interaktionen zwischen der Natur und der Ökonomie legt, rückte der Begriff Naturkapital ins Zentrum der Theorie. [...] Bemerkenswerterweise wird Natur*kapital* in der Ökologischen Ökonomie in der Regel entlang des neoklassischen Kapitalbegriffs konzipiert. Die Rede von Naturkapital ist somit nicht nur formaler, sondern auch inhaltlicher Art. Die Hickssche Kapitaldefinition, nach der Kapital ein Bestand sei, der einen Nutzen oder Einkommensstrom erzeugt [...], gilt auch für große Teile der Ökologischen Ökonomie (von Egan-Krieger 2016, 339).

Die Verwendung des Begriffs des Naturkapitals in der Theorie starker Nachhaltigkeit erfuhr im ökologischen Diskurs freilich Kritik (vgl. von Egan-Krieger 2016, 339):
- Victor (1991) erblickt in der Verwendung des Naturkapitalbegriffs die Gefahr,

   > that, since an essential feature of capital is that it is reproducible by human action, there is a danger in the use of this term to describe the environment. In referring to the environment as capital, there is an implicit assumption that it can be substituted by other forms of capital, [and] that it is reproducible (210).

   Victor (1991) kritisiert die Verwendung des Naturkapitalbegriffs zum einen, weil dieser fälschlich die Wiederherstellbarkeit von Naturgütern impliziere: Sachkapital wie beispielsweise eine Maschine ist Produkt menschlicher Tätigkeit und kann nach seiner Vernichtung beliebig (vorausgesetzt, die benötigten natürlichen Ressourcen sind vorhanden) neu produziert werden. Vernichtete Naturgüter wie etwa ausgestorbene Tierarten oder zerstörte Ökosysteme können jedoch nicht neu produziert werden – aber die Vorstellung genau dieser Wiederherstellbarkeit werde erweckt, wenn Naturgüter als Kapital aufgefasst würden. Zum anderen bestehe die Gefahr, dass durch die begriffliche Fassung der Natur als Kapital ihre – von der Konzeption starker Nachhaltigkeit gerade abgelehnte – Substituierbarkeit durch andere Kapitalarten impliziert werde.
- Nach Ansicht anderer Kritiker:innen impliziere der Begriff des Naturkapitals, dass Natur auf ihre Rolle als Rohstoff im Produktionsprozess reduziert werde; so wie Sachkapital ebenfalls ein Produktionsmittel sei, werde auch die begrifflich als Naturkapital gefasste Natur einseitig und ausschließlich als Mittel zur Produktion verstanden:

   > I have been persuaded, [...], that however clear we make the distinctions between different types of natural capital, the bringing of ‚nature' under the sign of ‚capital', ‚is to look at it {‚nature'} in a certain light, as an economic asset of some description' [...]. As Marx wrote, ‚Capital consists of raw materials, new instruments of labour and new means of subsistence' (*Wage Labour and Capital*) (Dobson 1998, 40).

   Deshalb sei zu konstatieren, „‚nature' *is* largely regarded as ‚raw material'" (Dobson 1998, 41). Der Naturkapitalbegriff lasse daher keinen Raum dafür, Natur *nicht* als bloßes Produktionsmaterial zu verstehen; der einzige Zweck und Nutzen der Natur in dieser Betrachtungsweise sei es, im Produktionsprozess aufgezehrt zu werden. Dies führe letztlich dazu, dass Natur – anders als von der starken Nachhaltigkeit gefordert – nicht erhalten, sondern verbraucht werde:

> insofar as there is a distinctively *environmental* crisis, it lies in the fact that the natural *world* is disappearing, not in the fact that natural *capital* – i.e. the natural world construed as a source of benefit streams – is disappearing. [...] Indeed, we may well have to face up to the fact that if we wish to increase the level of natural *capital,* more of the natural *world* may need to disappear. [...] the very conception of nature as capital, which provides little protection for the natural *world*. Indeed, so far as the environment as a factor in production is concerned, there is arguably a deep incoherence in the notion of ‚natural capital'. Unlike the paradigm of monetary capital which yields interest while maintaining its own integrity, for so long as so-called ‚natural capital' is functioning as capital (i.e. as yielding ‚interest'), it can no longer remain natural, and while it remains natural, it cannot function as capital (Holland 1997, 127 f.).

Der Naturkapitalbegriff erweise sich also letztlich als widersprüchlich, da er einerseits die Verwendung der Natur im Produktionsprozess impliziere, andererseits aber Natur gerade durch ihre produktive Verwendung vernichtet werde.

Diese Kritiken am Naturkapitalbegriff blieben freilich selbst nicht unkritisiert. Dem zweiten referierten Kritikpunkt wird entgegnet, dass – zumindest in der Konzeption starker Nachhaltigkeit – mit ‚Naturkapital' terminologisch nicht nur die als Rohstoff fungierende Natur, sondern darüber hinaus alle Aspekte der Natur gemeint seien, die für Menschen – sowohl in materieller als auch immaterieller Hinsicht – nützlich seien:

> In the context of our analysis, however, the term capital is not simply interpreted as a stock of resources yielding interests over time, or as a mere input to commodity production and consumption. Our use of the term ‚capital' for natural systems is meant to embrace also those functions (and values) of nature which are more intangible, and less directly ascribable to economic mechanisms of production and consumption activities, but which – we believe – are as much as critical for the well being and the sustainability of human society (Chiesura und de Groot 2003, 221).

Entsprechend differenzieren Ekins et al. (2003) vier Funktionen des Naturkapitals, von denen zwei außerhalb des Produktionsprozesses liegen:

> Ecological capital is a complex category which performs four distinct types of environmental functions [...]. The first is the provision of resources for production, the raw materials that become food, fuels, metals, timber, etc. The second is the absorption of wastes from production, both from the production process and from the disposal of consumption goods. [...] The third type of environmental function does not contribute directly to production, but in many ways is the most important type because it provides the basic context and conditions within which production is possible at all. It comprises basic life-support functions, such as those producing climate and ecosystem stability and shielding of ultraviolet radiation by the ozone layer. The fourth type of environmental function contributes to human welfare through what may be called ‚amenity services', such as the beauty of wilderness and other natural areas. Both life-support functions

and amenity services are produced directly by ecological capital independently of human activity, but human activity can certainly have an (often negative) effect on the responsible capital and therefore, on these functions produced by it (167; vgl. auch Pearce[371] 1988, 599).

Implizit kann in dieser weiten Fassung des Naturkapitalbegriffs auch der Versuch erblickt werden, einen Aspekt des erstgenannten Kritikpunkts zu entkräften: Indem die dritte und vierte Funktion unabhängig von menschlicher Aktivität ist und durch menschliches Eingreifen eher geschädigt denn gefördert wird, wird der Eindruck abgewehrt, der Begriff des Naturkapitals impliziere die Annahme der Wiederherstellbarkeit von Naturgütern. Dieser weiten Fassung des Naturkapitalbegriffs korrespondiert ein ebenso weites Verständnis des Nutzenbegriffs, der nicht auf ökonomischen Nutzen im Sinne des Einkommens oder Sozialprodukts beschränkt ist: ‚Nutzen' wird stattdessen im utilitaristischen Sinne als Differenz aus ‚positivem Nutzen' („alles, woraus Menschen irgendeine Befriedigung gewinnen") und ‚negativem Nutzen' („unangenehme Erlebnisse aller Art, die von leichten Frustrationen bis hin zu intensiv erlebtem Schmerz und Leid reichen können" [Ott 2010, 168]) verstanden (vgl. Ott 2010, 168 f.).[372]

Meiner Auffassung nach ist das Unbehagen am Begriff des Naturkapitals, wie es von den referierten Kritiken ausgedrückt wird, berechtigt. Diese Kritiken erweisen sich jedoch als argumentativ nicht hinreichend ausgearbeitet; sie sind daher theoretisch zu fundieren, einer eigenen Kritik und entsprechenden argumentativen Weiterentwicklung zu unterziehen und gegen die dargestellte Entgegnung, die den Naturkapitalbegriff zu rehabilitieren versucht, zu verteidigen. Dies ist möglich auf Basis der marxschen Theorie, in der der Kapitalbegriff eine zentrale Rolle spielt und die für dieses theoretische Programm daher ausgezeichnet geeignet ist.

Ein referierter Kritikpunkt am Begriff des Naturkapitals ist der Vorwurf, das Verständnis der Natur als Kapital impliziere die Substituierbarkeit von Naturgütern durch menschengemachte Güter und widerspreche somit der Ablehnung der Substituierbarkeitshypothese in der Konzeption starker Nachhaltigkeit. Unklar blieb freilich die Begründung für dieser Aussage: Wie lässt es sich begründen, dass der Begriff des Kapitals die gegenseitige Substituierbarkeit derjenigen Gegenstände impliziert, die unter ihn subsumiert werden? Mit anderen Worten: Was *ist* Kapital überhaupt, dass

---

[371] Theoriegeschichtlich ist der Beitrag von Pearce (1988) derjenige, der den Begriff des Naturkapitals in die Theorie der Nachhaltigkeit einbrachte; der Begriff selbst – ohne Bezug zur Nachhaltigkeitsdiskussion – ist freilich in der Wirtschaftswissenschaft älteren Ursprungs und wurde von Pearce (1988) lediglich wiederentdeckt sowie für die Nachhaltigkeitsdebatte fruchtbar gemacht (vgl. Döring 2009, 128; von Egan-Krieger 2016, 336.).
[372] Von Egan-Krieger (2009) versteht ‚Nutzen' ähnlich weit, verweist dabei aber nicht auf eine utilitaristisch-hedonistische ‚Nutzenbilanz', sondern auf den *capability approach* von Martha Nussbaum (2007): „Alles, was den Menschen bei der Ausübung bestimmter Fähigkeiten zu Gute kommt, stiftet ihnen danach einen Nutzen" (von Egan-Krieger 2009, 160). Naturkapital sind dann alle naturalen Gegenstände, die die Ausübung menschlicher Fähigkeiten ermöglichen und fördern.

sein Begriff diese Substituierbarkeit zu implizieren vermag?[373] Eine Antwort auf diese Fragen kann durch die marxsche Theorie gegeben werden. Kapital erweist sich in ihrem Kontext als eine Entwicklungsform des Werts: Der Begriff des Werts als Einheit von Gebrauchs- und Tauschwert entwickelt sich aufgrund der ihm inhärenten Widersprüchlichkeit zu den Begriffen des Geldes und des Kapitals (siehe die dialektische Begriffsentwicklung in Abschnitt 2.1). Gegenstände verfügen folglich über Wert und sind – was das Gleiche ist – Waren, wenn sie Gebrauchswert und Tauschwert besitzen. Über Gebrauchswert verfügen Gegenstände, sofern sie aufgrund ihrer spezifischen stofflichen Eigenschaften brauchbar sind zur Befriedigung ebenso spezifischer menschlicher Bedürfnisse; über Tauschwert verfügen Gegenstände, sofern sie austauschbar *und* in einer Gesellschaft verortet sind, in der der Warentausch das dominante ökonomische Verhältnis darstellt. Natur als Kapital – also als eine Entwicklungsform des Werts – zu verstehen bedeutet dann, sie als ein Ensemble mannigfaltiger Waren, also austauschbarer Gegenstände aufzufassen. Diesen Waren wird sowohl Gebrauchs- als auch Tauschwert zugesprochen, wobei Letzteres heißt, sie mit einem monetär ausgedrückten Preis zu belegen.

Insofern diese ‚Naturwaren' hinsichtlich ihrer jeweiligen spezifischen Gebrauchswerte betrachtet werden, erscheinen sie – gemäß den Gebrauchswertbestimmungen der *Spezifität, Inkommensurabilität* und *Vergänglichkeit* – als mit spezifischen stofflichen Eigenschaften ausgestattete Gegenstände, die nicht anhand eines Maßes verglichen und ‚verrechnet' werden können. Werden sie hingegen hinsichtlich ihres Tauschwerts betrachtet, erscheinen sie – entsprechend den Tauschwertbestimmungen der *Abstraktion, Homogenität* und *Kommensurabilität* – unter Abstraktion von ihren spezifischen stofflichen Eigenschaften und Gebrauchswerten als homogene ‚Massen' vergegenständlichter Arbeitszeit, die sich lediglich in ihrer quantitativen Dimension unterscheiden und dadurch sowohl miteinander als auch mit anderen Kapitalarten ‚verrechenbar' und in beliebiger Kombination austauschbar sind. Diese beiden Betrachtungsweisen der Naturwaren stehen freilich nicht ‚gleichberechtigt' nebeneinander: Die Selbstzweckhaftigkeit des Tauschwerts und der Charakter des Gebrauchswerts als bloßes Mittel zur Aufbewahrung und Generierung von Tauschwert sind ein Ergebnis der dialektischen Entwicklung des Wertbegriffs zu Geld und Kapital. Naturgüter als Kapital aufzufassen bedeutet demgemäß, sie primär hinsichtlich ihres Tauschwerts zu betrachten und ihren Gebrauchswert nur dann zu berücksichtigen,

---

[373] Die Subsumption verschiedener Gegenstände unter einen Begriff impliziert nicht *eo ipso* die gegenseitige Substituierbarkeit dieser Gegenstände. Dass bspw. Hammer, Säge und Schere unter den Begriff des Werkzeugs subsumiert werden, heißt nicht, dass diese Gegenstände sich gegenseitig zu substituieren vermögen, also mit einer Schere dieselben Tätigkeiten vollzogen werden können wie mit einem Hammer. Aus diesem Grund muss der Kapitalbegriff also eine besondere Bestimmung umfassen, die diese Substituierbarkeit impliziert.

insofern und insoweit dies für die Verwertung des Kapitals als unmittelbar relevant erscheint.[374]

Wenn Naturgüter als Naturkapitalien aufgefasst und entsprechend hinsichtlich ihres Tauschwerts betrachtet werden, werden sie als austauschbar sowohl miteinander als auch mit anderen Kapitalarten verstanden; sie werden gerade nicht als inkommensurable Güter aufgefasst, sondern als Waren, die entsprechend ihrem monetär ausgedrückten Tauschwert ausgetauscht und ‚verrechnet' werden können. Wie bereits dargestellt, entspricht die Substitution einem solchen Tausch zweier Waren entsprechend ihrem jeweiligen Tauschwert (siehe Abschnitt 3.1.1.2). Die Betrachtung von Gegenständen hinsichtlich ihres Tauschwerts impliziert somit ihre Substituierbarkeit.[375] An dieser Stelle wird die Widersprüchlichkeit der Konzeption starker Nachhaltigkeit sichtbar: Einerseits lehnt sie programmatisch die Substituierbarkeitshypothese ab; andererseits verwendet sie den Begriff des Naturkapitals, der die Substituierbarkeit der Kapitalarten impliziert. Das Argumentationsziel der Konzeption starker Nachhaltigkeit, Naturgüter als besondere und für Menschen unverzichtbare Gegenstände auszuweisen, die deshalb in ihrem Bestand zu erhalten seien, wird somit konterkariert, indem Naturgüter als Naturkapitalien aufgefasst werden. Die von Victor (1991) geäußerte Kritik, die Auffassung der Naturgüter als Kapital impliziere die Annahme ihrer generellen Substituierbarkeit mit anderen Kapitalien, erweist sich somit als berechtigt und erfährt mittels der marxschen Theorie eine argumentative, auf den Warentausch als das dominante ökonomische Verhältnis der modernen Gesellschaft rekurrierende Begründung.[376]

---

[374] Das Verhältnis von Tausch- und Gebrauchswert wurde bereits in den Abschnitten 2.1.3, 2.2.3.4 sowie 3.1.1.2 detailliert dargestellt und wird daher hier nicht nochmals wiedergegeben.

[375] Auch die Kapitalbestimmung der *Prozessualität* impliziert die Substituierbarkeit der als Naturkapital gedachten Naturgüter: Kapital im marxschen Sinne ist weder ein besonderes Naturgut noch ein besonderes Produktionsmittel oder eine bestimmte Summe Geld, sondern ist der Prozess G – W – G' – W – .... Das heißt, dass der Kapitalwert sich in verschiedenen Waren mit verschiedenen Gebrauchswerten materialisieren kann; der Tauschwert als Kapital ist an Gebrauchswert (und somit an Gegenständlichkeit) an sich gebunden, aber nicht an einen besonderen Gebrauchswert (nicht an eine besondere Ware). Aus der Bestimmung der *Prozessualität* des Kapitalbegriffs folgt die Substituierbarkeit des Naturkapitals: Naturkapital (W) wird im Kapitalprozess gegen eine Summe Geld (G) ausgetauscht, und diese wiederum gegen eine andere besondere Ware, z. B. ein Produktionsinstrument (W). Werden Güter als Kapital aufgefasst, dann erscheinen sie also als besondere Waren mit spezifischen Gebrauchswerten und spezifischen stofflichen Eigenschaften gerade nicht relevant zu sein, da der Kapitalwert – sich selbst erhaltend und verwertend – beständig eine andere Gestalt annimmt.

[376] Auch die von Victor (1991) geäußerte Befürchtung, Natur könne durch den Naturkapitalbegriff als reproduzierbar aufgefasst werden, lässt sich mittels der marxschen Theorie begründen. Da Kapital eine entwickelte Form des Tauschwerts ist und dieser durch die Verausgabung menschlicher Arbeit konstituiert wird, kann nur dasjenige die Form des (Natur-)Kapitals annehmen, das (aus Perspektive der ökonomisch Handelnden oder der bürgerlichen Ökonom:innen) Produkt menschlicher Arbeit ist und somit – sollte es vernichtet worden sein – durch menschliche Arbeit auch wiederhergestellt werden kann. In der Tat impliziert die Auffassung der Natur als Kapital also ihre Reproduzierbarkeit. Diese Argumentation kann hier freilich nicht *en detail* dargestellt werden.

Auch der zweite am Naturkapitalbegriff vorgetragene Kritikpunkt lässt sich durch die marxsche Theorie argumentativ stärken. Marx weist im Rahmen seiner Darstellung der dialektischen Entwicklung des Wertbegriffs nach, dass das Kapital durch die Bestimmung der *unbegrenzten quantitativen Vervielfältigung* charakterisiert ist. Das bedeutet, dass die Verwertung – die quantitative Zunahme des Kapitalwerts – die Bedingung der Möglichkeit der Existenz von Kapital ist; Kapital kann nicht anders existieren denn als wachsendes (siehe Abschnitt 2.1.7). Zur Kapitalverwertung ist materielle Produktion notwendig; während in der Zirkulation lediglich identische Wertquanta ausgetauscht werden, wird erst in der Produktion durch den spezifischen Gebrauchswert der Ware Arbeitsvermögen Mehrwert generiert (siehe Abschnitt 2.2.3.3). Zur Durchführung der Produktion nimmt das zunächst als Geld existierende Kapital die Gestalt derjenigen besonderen Waren an, die zur Produktion notwendig sind: Arbeitsvermögen, Arbeitsinstrument und Rohstoff. Indem diese besonderen Waren durch das Kapital aufgekauft werden und somit in sein Eigentum übergehen, vermag es, sie seinen eigenen Zwecken gemäß zu verwenden; sie werden durch das Kapital in derjenigen Weise im Produktionsprozess eingesetzt, dass mittels ihrer die Kapitalverwertung möglichst optimal geschieht. Hierdurch verleibt sich das Kapital die zur Produktion benötigten besonderen Waren gleichsam ein: Es erscheint so, als wären sie Elemente des Kapitals; keine distinkten und an sich vom Kapital unabhängigen Entitäten, sondern gleichsam seine untrennbar mit ihm verwobenen Organe, und als wären ihre spezifischen Gebrauchswerte die Gebrauchswerte des Kapitals. Dies kulminiert in der Auffassung, das Kapital wäre aus sich heraus produktiv und wertgenerierend (siehe Abschnitt 2.2.3.4). In diesem Sinne erscheint – um freilich über die von Marx selbst verwendete Begrifflichkeit hinauszugehen – das in das Kapital einverleibte und dessen Zwecksetzung unterworfene Arbeitsvermögen als Human*kapital* und die Produktionsinstrumente als Sach*kapital*; und die für den Produktionsprozess notwendigen und daher durch das Kapital aufgekauften naturalen Produktionsbedingungen – also die Rohstoffe[377] – erscheinen als Natur*kapital*. Naturkapital sind also warenförmige Naturgüter, die durch das Kapital zum Zwecke der Durchführung des Produktionsprozesses und der dadurch ermöglichten Verwertung aufgekauft, der Zwecksetzung des Kapitals unterworfen werden und daher als Element des Kapitals erscheinen.

Der von Holland (1997) und Dobson (1998) formulierten Kritik am Naturkapitalbegriff ist somit zuzustimmen: Natur wird in ihrer begrifflichen Fassung als Naturkapital auf ihre Funktion im materiellen Produktionsprozess reduziert, da Kapitalform nur diejenigen naturalen Güter annehmen, die zur materiellen Produktion als Voraussetzung der Verwertung notwendig sind. Zugleich sorgt die Verwendung von Naturgütern im spezifisch kapitalistisch betriebenen Produktionsprozess dafür, dass

---

377 Sofern die Naturumgebung warenförmigen Charakter besitzt, wird auch sie durch das Kapital zum Zwecke der Durchführung des Produktionsprozesses aufgekauft und erscheint somit ebenfalls als Naturkapital.

diese Naturgüter – zumindest ab einem bestimmten Zeitpunkt in der Entwicklung der kapitalistischen Produktionsweise – generell vernichtet werden (siehe Abschnitt 3.1.2.2); auch diesbezüglich erweist sich also die Kritik von Holland (1997), das Verständnis von Naturgütern als Naturkapital impliziere ihren ‚Verbrauch', als stichhaltig. Zusammengefasst erweist sich also auch bezüglich des zweiten Kritikpunktes die marxsche Theorie als eine argumentative Hintergrundfolie, die die Kritik am Naturkapitalbegriff durch Rekurs auf den Warentausch begründungslogisch stützt und allererst einsichtig macht.

Umgekehrt kann mittels der marxschen Theorie den Erwiderungen, die gegen die Kritik am Naturkapitalbegriff vorgebracht wurden, ihrerseits entgegnet werden. Der von Ekins et al. (2003) entwickelte Ansatz stellt eine gelungene Theorie der Funktionen dar, die Natur*güter* für das Überleben und ‚gute Leben' der Menschen erfüllen (siehe weiter unten in diesem Abschnitt). Anders als von Ekins et al. (2003) behauptet, stellen diese Funktionen aber keine Funktionen von Naturgütern in ihrer Form als Natur*kapital* dar. Wenn Naturgüter als Naturkapital gefasst werden, werden die von Ekins et al. (2003) dargestellten vierfachen Funktionen auf ihren Beitrag zum Verwertungsprozess des Kapitals und somit auf ihre Rolle im materiellen Produktionsprozess reduziert; denn Kapital ist die gesellschaftliche Form, die (nicht nur naturale) warenförmige Güter annehmen, wenn sie zum Zwecke der Verwertung im spezifisch kapitalistischen Produktionsprozess verwendet und diesem Zweck unterworfen werden.[378]

Die Verteidiger:innen des Naturkapitalbegriffs verfolgen die argumentative Strategie, den *Terminus* ‚Naturkapital' schlichtweg neu zu *definieren*, um der Kritik zu entgegnen, als Naturkapital werde Natur auf ihre Funktion als Produktionsinput reduziert: Alle naturalen Gegenstände, die die dargestellten vier Funktionen erfüllen oder Menschen einen (weit verstandenen, nicht auf das im engeren Sinne Ökonomische beschränkten) ‚Nutzen' bringen, sollen – so postulieren sie – terminologisch als ‚Naturkapital' bezeichnet werden. Wenn man konventionalistisch davon ausgeht, dass die Bedeutung wissenschaftlicher Termini auf nichts anderem als der Übereinkunft der beteiligten Personen beruht und Definitionen somit letztlich immer willkürlich sind, jeder Terminus also – die Übereinkunft der Beteiligten vorausgesetzt – mit gleicher Berechtigung auch ganz anders definiert werden könnte, ist dieses Verfahren gerechtfertigt. Man muss dann nur hoffen, dass der ökologische Diskurs diese Definition des Terminus ‚Naturkapital' übernimmt – und schon hätte man sich der Kritik am Naturkapital entledigt. Folge dieses Vorgehens ist freilich eine von der gesellschaftlichen Realität enthobene Terminologie, die nicht das sprachlich und gedank-

---

[378] Und ebenso wenig ist Naturkapital die Gesamtheit aller naturalen Gegenstände, die die Ausübung menschlicher Fähigkeiten ermöglichen und fördern, wie dies von Egan-Krieger (2009) vertritt. Naturkapital ist vielmehr die Gesamtheit derjenigen naturalen Gegenstände, die zur Verwertung des Werts brauchbar sind und zu diesem Zwecke verwendet werden. Alle Naturgüter, die zwar brauchbar für Menschen sein mögen, aber keinen Nutzen für den kapitalistischen Produktions- und Verwertungsprozess besitzen, sind somit kein Naturkapital.

lich zu erfassen imstande ist, was Naturkapital tatsächlich – und das meint: außerhalb von gesellschaftlicher Praxis entfremdeter Modellwelten – ist. Marx geht demgegenüber einen anderen Weg: Ihm geht es nicht darum, beliebig zu definieren, was er unter Kapital – und somit auch unter Naturkapital – versteht; sondern darum, ausgehend vom Warentausch als dem dominanten ökonomischen Verhältnis der modernen Gesellschaft und von der ihm innewohnenden Widersprüchlichkeit abzuleiten, was Kapital in der gesellschaftlichen Realität *ist*. Ihm geht es mit anderen Worten darum, den – von allen konventionellen Definitionen unabhängigen – *Begriff* des Kapitals zu bestimmen und eine Theorie zu entwickeln, die die realen gesellschaftlichen Verhältnisse adäquat gedanklich zu erfassen vermag. Und in dieser gesellschaftlichen Realität, das zeigt Marx durch seine Darstellung der dialektischen Entwicklung des Wertbegriffs logisch nachvollziehbar, ist Kapital Wert, der zum Zwecke seiner Verwertung materielle Produktionsprozesse initiiert und dazu die Gestalt der für die Produktion notwendigen besonderen Waren annimmt. Dass die gesellschaftliche Realität solchermaßen beschaffen ist, lässt sich nicht ändern, indem man den Terminus ‚(Natur-)Kapital' einfach umdefiniert.[379]

Anhand der marxschen Theorie moderner gesellschaftlicher Verhältnisse lässt sich eine über die beiden oben referierten Punkte hinausgehende Kritik des Naturkapitalbegriffs und der Konzeption starker Nachhaltigkeit entwickeln. Diese betrifft *zum einen* das dingliche Verständnis von (Natur-)Kapital. Der Nachhaltigkeitsdiskurs versteht unter ‚Kapital' die Gesamtheit aller nutzengenerierenden Gegenstände. Ein nutzengenerierender Gegenstand ist – so lässt sich die Begrifflichkeit des Nachhaltigkeitsdiskurses in diejenige der marxschen Theorie übersetzen – ein solcher, der ein menschliches Bedürfnis befriedigt und somit über Gebrauchswert verfügt. Der Nachhaltigkeitsdiskurs versteht unter ‚Kapital' also die Gesamtheit der über Gebrauchswert verfügenden Gegenstände; in diesem Verständnis ist der Zweck des Kapitals die Nutzengenerierung im Sinne der Befriedigung menschlicher Bedürfnisse. Entgegen diesem dinglichen Verständnis weist Marx nach, dass Kapital kein Gegenstand, sondern ein *historisch spezifisches soziales Verhältnis* ist. Wer Kapital als Ensemble über Gebrauchswert verfügender Gegenstände auffasst, verwechselt Naturgüter mit der gesellschaftlichen Form, die diese Naturgüter im Kapitalismus annehmen; er hat, mit anderen Worten, gerade das Spezifische des Kapitals – sein Wesen – nicht verstanden: dass Kapital sich selbst verwertender Wert und als solcher die historisch spezifische Form ist, die Naturgüter in der modernen Gesellschaft als Mittel zur Verwertung annehmen. Indem die Konzeption starker Nachhaltigkeit das

---

[379] Und vom Warentausch ausgehend leitet Marx in Form der Tauschwertbestimmungen ab, dass in der gesellschaftlichen Realität verschiedene Kapitalarten als miteinander substituierbar aufgefasst werden. Auch wenn die Konzeption starker Nachhaltigkeit also postuliert, Naturkapital sei nicht durch andere Kapitalarten substituierbar, so läuft die gesellschaftliche Realität diesem Postulat zuwider – Naturgüter, die die Form von Naturkapital annehmen und als solches verstanden werden, erscheinen in der gesellschaftlichen Realität als miteinander substituierbar, allen Beteuerungen der Konzeption starker Nachhaltigkeit zum Trotz.

dingliche Kapitalverständnis von der Konzeption schwacher Nachhaltigkeit und der neoklassischen Ökonomik übernimmt, geht sie von vornherein fehl darin, was Kapital – und somit auch Naturkapital – tatsächlich ist.

Zum anderen – und aus dem ersten Kritikpunkt folgend – betrifft diese Kritik das überhistorische Verständnis von Kapital und Naturkapital. ‚Naturgut' mit ‚Naturkapital' zu identifizieren, wie dies das dingliche Kapitalverständnis impliziert, heißt, die *gesellschaftliche Form,* die Naturgüter in ihrer Funktion als Produktionsinput in der modernen Gesellschaft annehmen und die Ausdruck des Warentauschs als des dominanten ökonomischen Verhältnisses ist, mit den Naturgütern selbst zu verwechseln: In diesem Verständnis *sind* sie Naturkapital so wie sie über bestimmte stoffliche Eigenschaften verfügende Gegenstände sind. Diesen Fetischismus, das ökonomische Verhältnis der Individuen in der modernen Gesellschaft in die Gegenstände gleichsam ‚hineinzuprojizieren' und als deren überhistorische Eigenschaft zu verstehen, kritisiert Marx an der bürgerlichen Ökonomik[380]: Dadurch werde die historisch spezifische – historisch entstandene und vergängliche – Gesellschaftsform des Kapitalismus als ‚ewige' und ‚natürliche' aufgefasst und jeder Gedanke an eine Transformation der gesellschaftlichen Verhältnisse als unmöglich oder bloße Phantasterei gebrandmarkt. Absurderweise übernimmt die Konzeption starker Nachhaltigkeit, die sich von der neoklassisch-bürgerlichen Ökonomik abzuheben intendiert, dieses fetischistische Kapitalverständnis, wenn sie Naturgüter mit Naturkapital identifiziert.[381] Damit leistet auch die Konzeption starker Nachhaltigkeit der Vorstellung von der Unabänderlichkeit der kapitalistischen Gesellschaft Vorschub: Indem Naturkapital im fetischistischen Sinne als die Gesamtheit nutzengenerierender, also über Gebrauchswert verfügender naturaler Gegenstände verstanden wird, wird der historisch spezifische Charakter der kapitalistischen Produktionsweise verdeckt und das historisch spezifische Verhältnis des Warentauschs, dessen Ausdruck Tauschwert und Kapital sind, fälschlich als überhistorisches und unabänderliches Verhältnis aufgefasst. Die Konzeption starker Nachhaltigkeit ist daher nicht fähig, die kapitalistische Produktionsweise gedanklich zu transzendieren, sondern bleibt ihr – auch wenn sie sich ‚rebellisch' gegen die neoklassische Ökonomik oder den ‚Profitzwang' der modernen Ökonomie gebären mag – aufgrund ihrer begrifflichen Grundstruktur verhaftet. Die kapitalistische Produktionsweise aber ist es, die notwendig den Schein der Substituierbarkeit der Naturgüter durch andere brauchbare Gegenstände hervorbringt und in deren Rahmen Naturgüter zum Zwecke der Kapitalverwertung – aufgrund ihrer expansiven Dynamik in stetig wachsendem Ausmaß – vernichtet werden. Hieraus ist zu folgen, dass die Zielsetzung der starken Nachhaltigkeit, den (terminologisch als ‚Naturkapital' gefassten) Bestand der Naturgüter nicht weiter zu dezimieren, unter der

---

[380] Und diese ist der gleichsam in Theorie gegossene Ausdruck des fetischistischen Bewusstseins der Warentauschenden.
[381] Offenbar vermögen die Protagonist:innen der Konzeption starker Nachhaltigkeit – trotz ihrer Kritik an Neoklassik und schwacher Nachhaltigkeit – also das fetischistische Bewusstsein der Warentauschenden nicht zu transzendieren.

Voraussetzung der Existenz der kapitalistischen Produktionsweise nicht möglich ist. Die Konzeption starker Nachhaltigkeit erweist sich somit als widersprüchlich, indem sie einerseits ihre Zielsetzung in der kapitalistischen Produktionsweise nicht zu realisieren vermag, andererseits aber diese Produktionsweise als überhistorisch-unabänderliche auffasst und damit die Einsicht verdeckt, dass veränderte ökonomische Verhältnisse und somit die Realisierung ihrer Zielsetzung möglich sind.

Freilich erweisen sich die dem ökologischen Diskurs entstammenden Kritikpunkte an der Verwendung des Naturkapitalbegriffs aus der Warte der marxschen Theorie selbst als kritikwürdig:

- Die oben ausgeführte Kritik am dinglichen (Natur-)Kapitalverständnis des Nachhaltigkeitsdiskurses gilt ebenso für die Kritik des Naturkapitalbegriffs: Auch Dobson (1998) hat ein offenbar dingliches Verständnis des Kapitals, da er das Kapital ohne weitere Erläuterung mit den Inputfaktoren des Produktionsprozesses (Rohstoffe, Arbeitsinstrumente und Lebensmittel für die Arbeitenden) identifiziert – ohne zu reflektieren, dass das Kapital Ausdruck eines gesellschaftlichen Verhältnisses ist und nur zum Zwecke der Selbstverwertung temporär die Gestalt von Inputfaktoren annimmt, ohne mit diesen identisch zu sein. Die Kritik am Naturkapitalbegriff ist also hinsichtlich ihres Kapitalverständnisses zu korrigieren.
- Anders als Holland (1997) und Dobson (1998) es darstellen, nehmen die im Produktionsprozess verwendeten Rohstoffe gerade nicht *per se* die Form des Naturkapitals an. Rohstoffe erscheinen nur dann in der Form des Naturkapitals, wenn das Kapital sie im Vorfeld der Produktion gemäß dem Schema G – W erwirbt und somit ihre Gestalt annimmt. Dies setzt jedoch voraus, dass die Rohstoffe selbst über warenförmigen Charakter und somit über Tauschwert verfügen. Umgekehrt heißt dies: Alle nicht-warenförmigen Rohstoffe, deren Gebrauchswerte das Kapital sich kostenlos aneignet, nehmen gerade *nicht* die Form des Naturkapitals an (siehe dazu Abschnitt 3.1.1.2). Zudem nehmen auch Naturgüter, die nicht unmittelbar als Rohstoff im Produktionsprozess verwendet werden, aber zu dessen Durchführung notwendig sind und warenförmigen Charakter besitzen – dem Kapital also Kosten verursachen –, die Form des Naturkapitals an; dies kann beispielsweise eine für den Produktionsprozess geeignete und sich in Privatbesitz befindliche Naturumgebung sein. Der Rekurs von Holland (1997) und Dobson (1998) allein auf Rohstoffe greift also in zweifacher Hinsicht zu kurz; zum einen nehmen nicht alle als Rohstoffe in den Produktionsprozess eingehende Naturgüter die Form von Naturkapital an, zum anderen umfasst das Naturkapital mehr als nur Rohstoffe.[382]

---

[382] Erweitert man die marxsche allgemeine Produktionstheorie um die Senkenfunktion der Natur (s. unten in diesem Abschnitt), ergibt sich ein abermals erweitertes Bild: Wenn die diese Senkenfunktion ermöglichenden Naturgüter warenförmigen Charakter besitzen, stellen sie ebenfalls Naturkapital dar (bspw. das globale Klimasystem in Form von handelbaren und dem Kapital Kosten verursachenden Zertifikaten zur Treibhausgasemission).

– Ebenso ist das von Holland (1997) gegen den Naturkapitalbegriff ins Feld geführte Naturverständnis einer Kritik zu unterziehen: Dass Natur durch den materiellen Produktionsprozess ‚verschwindet' (‚disappear'), ist nur unter der Voraussetzung richtig, dass unter Natur das durch menschliches Handeln gänzlich Unberührte verstanden wird. Marx hingegen gelangt im Rahmen seiner allgemeinen Produktionstheorie (siehe Abschnitt 2.2.1) zu der Einsicht, dass Natur und Menschen in einem Verhältnis der wechselseitigen Bestimmung beziehungsweise ‚Ko-Evolution' stehen und so etwas wie unberührte Natur in der Moderne nicht mehr existiert. Dies bedeutet jedoch nicht, dass Natur nicht mehr existiert, sondern sie als etwas zu verstehen ist, das trotz Formung durch den Menschen seine Eigengesetzlichkeit bewahrt und deshalb nicht gänzlich in der Kategorie des Menschengeschaffenen aufgeht. Die Wirkung der Einbindung von Naturgütern in den Produktionsprozess besteht dann – anders als der Beitrag von Holland (1997) impliziert – nicht darin, dass Natur sukzessive verschwindet, sondern dass sie sukzessive verändert wird und dadurch auch ihre Gebrauchswerte transformiert und unter Umständen geschädigt oder zerstört werden.

Anhand der Auseinandersetzung mit dem Begriff des Naturkapitals wird deutlich, dass der Beitrag der marxschen Theorie zum Nachhaltigkeitsdiskurs nicht allein und wohl auch nicht in erster Linie in der Beantwortung der Frage besteht, welche der beiden vorgestellten Nachhaltigkeitskonzeptionen zu bevorzugen ist. Es wird im Lichte der marxschen Theorie nämlich deutlich, dass auch die Konzeption starker Nachhaltigkeit, die aus guten Gründen derjenigen der schwachen Nachhaltigkeit gegenüber zu bevorzugen ist, in ihrer Fundierung im Begriff des Naturkapitals eine massive theoretische Schwachstelle besitzt, wegen der sie in dieser Form kein Instrument zur adäquaten gedanklichen Erfassung der ökologischen Krise, ihrer Ursache und ihrer möglichen Lösung darstellt.[383] Kritik am Begriff des Naturkapitals wurde in der Tat auch von anderen Theoretiker:innen geübt; jedoch konnte erst mittels der marxschen Theorie diese Kritik durch Rekurs auf den Warentausch als das den Grund der ökonomischen Phänomene bildende gesellschaftliche Verhältnis theoretisch begründet und somit argumentativ gesichert, berichtigt und ausgeweitet werden. Auch hier erweist sich die marxsche Theorie als *argumentative Tiefentheorie* des ökologischen Diskurses.

---

383 Ausgehend von einer Kritik am Begriff des Naturkapitals entwickeln Hinterberger, Luks und Schmidt-Bleek (1997) eine neue Auffassung starker Nachhaltigkeit: Nicht mehr das Naturkapital steht im Zentrum, sondern der Verbrauch materieller Ressourcen in Form des Kriteriums ‚Material Input Per unit of Service' (MIPS); und nicht die quantitative Konstanthaltung des Naturkapitals ist Ziel von Bemühungen um Nachhaltigkeit, sondern die Senkung des MIPS-Werts bei gleichzeitig konstantem Lebensstandard bzw. Wohlbefinden (*well-being*), was eine ‚Dematerialisierung' der Ökonomie, also einen geringeren Ressourcenverbrauch impliziert. Dieses Konzept kann hier nicht weiter untersucht werden; wichtig ist jedoch die Einsicht, dass die Theorie starker Nachhaltigkeit den Begriff des Naturkapitals nicht zwangsläufig voraussetzt.

Entsprechend der in der hier vorliegenden Studie verfolgten Methode des ‚konfrontativen Dialogs' (siehe Abschnitt 1.4.1) ist nicht nur nach dem Beitrag der marxschen Theorie zur Weiterentwicklung des ökologischen Diskurses, sondern umgekehrt auch nach einer Weiterentwicklung der marxschen Theorie auf Basis der Beiträge des ökologischen Diskurses zu fragen. Für die zweitgenannte Aufgabe erweist sich die Theorie der Funktionen des Naturkapitals von Ekins et al. (2003) – die hier als Theorie der Funktionen der Naturgüter verstanden wird – als fruchtbar.

Erinnerlich benennt Marx im Rahmen seiner allgemeinen Produktionstheorie drei naturale Voraussetzungen der Produktion: objektive Bedingungen der Arbeit (Rohstoff und Arbeitsinstrument), Naturprozess und Naturumgebung. Die von Ekins et al. (2003) genannten ‚resources for production' entsprechen den marxschen objektiven Bedingungen der Arbeit; die dritte von Ekins et al. (2003) genannte Funktion ist mit der Naturumgebung zu identifizieren, während die vierte außerhalb des Kontextes der materiellen Produktion steht und somit für die Weiterentwicklung der marxschen allgemeinen Produktionstheorie nicht relevant ist. Die zweite von Ekins et al. (2003) genannte Funktion – „the absorption of wastes from production, both from the production process and from the disposal of consumption goods" (167) – wird im ökologischen Diskurs als ‚Senke(-nfunktion)' bezeichnet;[384] sie bezieht sich zwar auf den Produktionsprozess, besitzt aber keine Entsprechung in der marxschen Produktionstheorie. Einerseits ist dies insofern nicht verwunderlich, als es ja Marx um die naturalen *Voraussetzungen* der Produktion geht, die also *vor* Durchführung des Produktionsprozesses vorhanden sein müssen. Marx entwickelt im Rahmen seiner allgemeinen Produktionstheorie jedoch andererseits auch ein Verständnis der Produktions*folgen:* Seiner Auffassung nach ist das intendierte Produkt die Folge des Produktionsprozesses, ebenso wie der Konsum der objektiven Bedingungen der Arbeit und des Arbeitsvermögens sowie die Modifikation der (als modifizierte auf die Menschen und ihre gesellschaftlichen Verhältnisse zurückwirkenden) Natur. *Anekdotisch*

---

384 Mit dem Terminus ‚Senke' werden die Absorptionskapazitäten der Natur für aus Produktion und Konsum stammende Abfallstoffe bezeichnet. Die Atmosphäre ist bspw. die Senke für bei Produktion und Konsum entstehende gasförmige Abfallstoffe; aber auch andere Bereiche der Natur können als Senken fungieren, z. B. der Boden als Mülldeponie. Die Absorptionskapazitäten der Natur sind, so wie auch die Ressourcen, begrenzt. – Luks (2013) stellt dar, dass im ökologischen Diskurs der Gegenwart die ‚überlastete' Senkenfunktion der Natur als „das entscheidende Problem für die Nicht-Nachhaltigkeit wirtschaftlicher Aktivitäten" (36) aufgefasst werde, während etwa im ökologischen Diskurs der 1970er-Jahre die Knappheit von Ressourcen als Input im Produktionsprozess fokussiert worden sei. Während Ressourcen sich jedoch rückblickend hätten substituieren lassen (z. B. Kohle durch Erdöl), zeige sich – etwa hinsichtlich von Treibhausgasen – die beschränkte Senkenfunktion der Natur als die ökologisch relevante Variable (und im Verhältnis zur begrenzten Senkenfunktion erweise sich der Vorrat an fossilen Energieträgern eher als zu groß denn als zu klein; vgl. Helm 2011, 238–240; Neumayer 2013, 121 f.). Die Thematisierung der Senkenfunktion der Natur sei also ein recht neues Phänomen des ökologischen Diskurses und eine der beiden Bestimmungen, die den ‚älteren' ökologischen Diskurs vom ‚neueren' unterschieden (s. auch Abschnitt 3.1.3.1).

erwähnt Marx zwar, dass Abfälle bei der Produktion entstehen, die in anderen Produktionsprozessen als Rohstoff verwendet werden können;[385] aber
- die Entstehung von Abfällen als Folge der Durchführung von Produktionsprozessen wird von Marx nicht *systematisch* in seine Theorie der Produktion im Allgemeinen integriert;[386]
- er erkennt nicht die thermodynamisch begründete *Notwendigkeit* der Entstehung von Abfällen in jedweden materiellen Produktionsprozessen;[387] und
- er erkennt zwar, dass die durch Produktion entstandenen Abfälle in einigen Fällen in anderen Produktionsprozessen als Rohstoffe verwendet werden können, jedoch nicht, dass in anderen Fällen die entstehenden Abfälle ohne weitere produktive Nutzung an die Natur (zum Beispiel in der Form von Abwässern, Emissionen, ...) abgegeben werden.

Hieraus ist zu schlussfolgern: Marx erkennt zwar die Bedeutung der Natur als Voraussetzung der Produktion, nicht aber ihre Bedeutung als Senke für die im Produktionsprozess notwendig entstehenden Abfallprodukte. Da mannigfaltige ökologische Probleme dadurch entstehen, dass das quantitative Ausmaß der durch Produktionsprozesse entstandenen Abfallstoffe die ‚Aufnahmekapazität' der Natur übersteigt,[388] stellt die Senkenfunktion der Natur eine wichtige Kategorie einer allgemeinen und ökologisch informierten Produktionstheorie dar. Sie ist daher in eine *ökologisch weiterentwickelte marxsche Theorie* zu integrieren.

---

[385] „Die Bestimmungen von Rohstoff, Product, Productionsinstrument wechseln nach der Bestimmung, die die Gebrauchswerthe im Process der Production selbst einnehmen. Was als bloser Rohstoff betrachtet werden kann [...], ist selbst Product der Arbeit. Das Product der einen Industrie ist der Rohstoff der andren et vice versa. [...] Der Abfall der einen Industrie das Rohmaterial der andren. [...] Endlich die in die direkte Consumtion eingehnden Producte gehn aus der Consumtion selbst wieder als Rohstoffe für Production heraus, Dünger im Naturprocess etc Papier aus Lumpen etc" (593). – Die Wiederverwendung von Abfallstoffen behandelt Marx, unter dem Blickwinkel des Kapitalstrebens nach Kostenreduktion, ausführlich in den Manuskripten zum dritten Band des *Kapital*; vgl. dazu Fiehler (2010, 150).
[386] Aus diesem Grund wurde die Entstehung von Abfällen auch nicht in die Darstellung der marxschen Theorie der Produktion im Allgemeinen (siehe Abschnitt 2.2.1) aufgenommen.
[387] Diese als *Kuppelproduktion* (*joint production*) bezeichnete Naturgesetzlichkeit untersuchen *en detail* Baumgärtner (2000) sowie Baumgärtner, Faber und Schiller (2006). S. dazu auch Abschnitt 3.1.3.3.1.
[388] Bspw. die Verschmutzung von Gewässern und Flüssen. Bis zu einem gewissen Punkt kann die Verschmutzung durch die Wassermassen verdünnt und somit ohne (größere) Schäden ausgeglichen werden; nimmt die Menge der in Gewässer geleiteten Abfälle jedoch zu, entstehen ökologische Probleme, bspw. Fischsterben. Auch der anthropogene Klimawandel ist Folge davon, dass deutlich mehr klimaschädliche Emissionen in die Erdatmosphäre abgegeben werden, als das globale Klimasystem ohne (größere) Veränderungen bzw. Schädigungen aufnehmen kann.

3.1.3 Wirtschaftswachstum und Wachstumskritik

Einen der prominentesten und am häufigsten diskutierten Stränge des ökologischen Diskurses stellt die *Wachstumskritik*[389] dar, die auf die *Grenzen des Wachstums* hinweist und davon ausgehend das kontinuierliche *Wirtschaftswachstum* moderner Ökonomien infrage stellt (vgl. Grunwald und Kopfmüller 2012, 68 f.).

Das *Bruttoinlandsprodukt* (BIP) drückt in der Ökonomik die monetär bewertete wirtschaftliche Leistung eines Wirtschaftsgebietes in einem bestimmten Zeitraum aus, gibt also Auskunft über den monetären Wert der in einem bestimmten Zeitraum in einem bestimmten Wirtschaftsgebiet produzierten Waren[390] (vgl. Alisch, Arentzen und Winter 2004, 525; Baßeler, Heinrich und Utecht 2010, 239; Mankiw und Taylor 2012, 600). Der Terminus ‚Wirtschaftswachstum' ist definiert als die Zunahme des Bruttoinlandsprodukts im Zeitverlauf, beschreibt also die Zunahme des monetären Werts der in einem bestimmten Zeitraum in einem bestimmten Wirtschaftsgebiet produzierten Waren im Vergleich zu einem früheren gleichlangen Zeitraum. Da für die hier verfolgte Fragestellung das Wachstum des monetären Werts einer nicht wachsenden Warenmenge aufgrund von Inflation *(nominales Wachstum)* irrelevant ist, wird im Folgenden unter ‚Wirtschaftswachstum' nur das Wachstum der in einem bestimmten Zeitraum in einem bestimmten Wirtschaftsgebiet produzierten Warenmenge im Vergleich zu einem früheren gleichlangen Zeitraum verstanden, dem eine proportionale Zunahme des monetären Werts dieser Warenmenge entspricht *(reales Wachstum)* (vgl. Mankiw und Taylor 2012, 14 und 607–610).[391]

Ökologische Probleme entstehen nicht durch eine größere Menge hergestellter Waren, sondern durch Verbrauch und destruktive Modifikation naturaler Faktoren. Aus ökologischer Perspektive ist daher die Frage zentral, inwiefern das Wachstum der Warenmenge kausal das Wachstum des Material- und Energieverbrauchs und der Menge entstandener Abfallstoffe (zusammengefasst als ‚Umweltverbrauch' oder

---

[389] Dieser Terminus verfügt über zwei Bedeutungen: einerseits die wirtschaftswissenschaftliche Kritik an der Berechnungsmethode von Wirtschaftsleistung und -wachstum, andererseits unabhängig von der technischen Frage der Berechnung die gegenständliche Kritik am Wirtschaftswachstum selbst (vgl. Baßeler, Heinrich und Utecht 2010, 844). Im Folgenden geht es ausschließlich um den *zweiten Aspekt*. Bezüglich des hier nicht weiter thematisierten *ersten Aspekts* vgl. Grunwald und Kopfmüller (2012, 88–91).

[390] Mit dem Terminus ‚Ware' (ebenso wie mit dem Terminus ‚Produkt') werden hier sowohl materielle als auch immaterielle Güter verstanden; Letztere werden als ‚Dienstleistungen' bezeichnet.

[391] Wenn im Folgenden Wirtschaftswachstum als zunehmende Warenmenge verstanden wird, sei zugegebenermaßen darauf hingewiesen, dass diese ‚gütermäßige Betrachtung' volkswirtschaftlich problematisch ist; denn auch bei Betrachtung des realen Wachstums kann aus methodischen Gründen nicht auf eine monetäre Bewertung der Warenmenge verzichtet werden (vgl. Baßeler, Heinrich und Utecht 2010, 282f.). Der Anschaulichkeit und ‚Greifbarkeit' der Argumentation (besonders in ökologischer Hinsicht) wegen abstrahiert die hier vorliegende Studie aber von diesen Erwägungen und versteht Wirtschaftswachstum als wachsende Warenmenge.

‚Scale' bezeichnet) bedingt (vgl. Luks 2013, 23–26 und 41–45.[392] Diese Frage wird im ökologischen Diskurs kontrovers diskutiert. Die sich polar gegenüberstehenden Positionen,
- zwischen dem Wachstum der Warenmenge und demjenigen des Umweltverbrauchs bestehe eine direkte Kopplung, so dass der Umweltverbrauch proportional zur Warenmenge wachse, und
- zwischen dem Wachstum der Warenmenge und demjenigen des Umweltverbrauchs bestehe keine Kopplung, so dass der Umweltverbrauch bei wachsender Warenmenge konstant bleiben oder sinken könne,

erwiesen sich als einseitig.[393] Empirisch ist auf aggregierter Ebene eine *relative Entkopplung* des Umweltverbrauchs vom Wirtschaftswachstum zu konstatieren; das bedeutet, dass der Umweltverbrauch langsamer als die Warenmenge wächst (vgl. Luks 2013, 25, 77 f. und 80; Neumayer 2013, 74–77 und 85).

Daraus lässt sich für die ökologische Problematik die Schlussfolgerung ziehen: Bei kontinuierlichem Wirtschaftswachstum wächst – wenn auch mit geringerer Geschwindigkeit – der Umweltverbrauch ebenso kontinuierlich.[394] Hieran entzündete sich die *Wachstumskritik* des ökologischen Diskurses: Wenn andauerndes Wirtschaftswachstum zu einem stetig zunehmenden Umweltverbrauch führt, dann ist ein solches andauerndes Wirtschaftswachstum langfristig unmöglich
- aufgrund der Endlichkeit der für die Generierung des Wirtschaftswachstums notwendigen naturalen Faktoren, und

---

392 Der Umweltverbrauch wird bedingt sowohl durch den Produktionsprozess der Waren (zur Produktion der Waren notwendige Rohstoffe, Instrumente, Energie, ...) als auch durch ihren Konsum (etwa dazu notwendige Energie) und ihre Entsorgung, wobei sich die Kategorien Produktion-Konsum-Entsorgung durchaus überschneiden (die Erzeugung von elektrischer Energie dient dem Konsum von Elektroprodukten; Müllpressen werden produziert, um andere Produkte vernichten zu können, ...). Zusammengefasst wird in dieser Studie die Produktion, konsumptive Verwendung und Entsorgung der gesellschaftlichen Warenmenge als ‚ökonomischer Prozess' bezeichnet.
393 Die erstgenannte Position wird häufig im Kontext der Ökologischen Ökonomik – etwa von Herman Daly, dessen Konzeption in Abschnitt 3.1.3.2 dargestellt werden wird – vertreten; die zweite Position wird vorwiegend im Rahmen der Neoklassik vertreten. Ein diskutierter Punkt stellt die Entwicklung der Informationstechnologie und der gesellschaftliche Wandel von der Industrie- zur Dienstleistungs- und Wissensgesellschaft dar; diese Dynamik bietet einerseits Potential für eine ‚Dematerialisierung' der Ökonomie, setzt andererseits aber selbst eine bestimmte Stofflichkeit voraus, so dass es als fraglich erscheint, ob aus ihr ein geringerer Umweltverbrauch resultiert. Man bedenke beispielhaft die Rohstoffe und Energie, die für den Aufbau und Betrieb eines universitären Rechenzentrums notwendig sind, das E-Books ‚hostet' – liegt hier wirklich in materieller und energetischer Hinsicht eine Ersparnis gegenüber einem klassisch gedruckten und in einer traditionellen Bibliothek verwahrten Buch vor (für eine Nachzeichnung der von beiden Positionen vertretenen Argumente vgl. Luks 2013, 24 f., 44 f., 66–82; vgl. auch Sarkar 2001, 201 f.)?
394 Zu konstatieren ist also, „dass bei fortgesetztem gesamtwirtschaftlichem Wachstum punktuelle Effizienzgewinne weder Entlastung für die Umwelt noch Ressourcenschonung bewirken können" (Sarkar 2001, 196); unter der Bedingung eines kontinuierlichen Wirtschaftswachstums mag zwar der relative Materialverbrauch pro hergestelltem Gut sinken, der absolute Materialverbrauch zur Herstellung der gesamten gesellschaftlichen Produktenmenge steigt jedoch dennoch.

- weil der kontinuierlich zunehmende Umweltverbrauch – bereits vor dem Erreichen absoluter Wachstumsgrenzen aufgrund aufgebrauchter naturaler Faktoren – massive und sich intensivierende ökologische Probleme verursacht (vgl. Grunwald und Kopfmüller 2012, 71; Neumayer 2013, 52).

Ein *grenzenloses Wachstum* ist, so lautet die These der Wachstumskritik, aus ökologischen Gründen also unmöglich; die Endlichkeit der Naturgüter impliziert *Grenzen des Wachstums*.

Der ökologische Diskurs um die Grenzen des Wirtschaftswachstums besitzt freilich in wirtschaftlicher und gesellschaftlicher Hinsicht eine besondere Brisanz: Das (reale) Wachstum des BIP stellt keine beliebige makroökonomische Variable, sondern die wichtigste Zielgröße der neoklassischen Wirtschaftswissenschaft und der auf dieser beruhenden Wirtschaftspolitik (nahezu) aller Staaten der Welt und einflussreicher globaler Institutionen (Weltbank, …) dar (vgl. Luks 2013, 23). Außerhalb des wachstumskritischen ökologischen Diskurses wird Wirtschaftswachstum als *per se* ‚gut' aufgefasst und mit zunehmenden und hohen Steuereinnahmen, sinkender und geringer Arbeitslosenquote, hohem und steigendem materiellen Wohlstand, Lebensqualität und gesellschaftlichem Fortschritt verknüpft (vgl. Grunwald und Kopfmüller 2012, 68 f.); ein hohes und langanhaltendes Wirtschaftswachstum stellt dementsprechend in den größten Teilen sowohl der wissenschaftlichen als auch öffentlichen Meinung *das* Zeichen guter Wirtschaftspolitik einer Regierung dar.[395] Außerhalb der ökologischen Wachstumskritik ist die moderne Gesellschaft daher von der Überzeugung getragen, das Wirtschaftswachstum sei ohne Endpunkt ins Unendliche hinein fortzusetzen, um seine positiven Wirkungen dauerhaft zu entfalten.[396]

---

[395] Daly (1973) bezeichnet die diesem Phänomen zugrunde liegende Denkfigur als ‚growthmania': „‚Growthmania' is an insufficiently pejorative term for the paradigm or mind-set that always puts growth in the first place – the attitude that there is no such thing as enough, that cannot conceive of too much of a good thing. […] Growthmania is the paradigm upon which stand the models and policies of our current political economy. The answer to every problem is growth" (149–152). In ökologischer Hinsicht werde Wachstum als Bedingung für Umweltschutz genannt – damit man sich Umweltschutz ‚leisten' könne, sei Wirtschaftswachstum erforderlich. – Rulff (2009) macht darauf aufmerksam, dass sowohl das traditionelle rechte (bürgerliche) als auch das traditionelle linke (sozialdemokratische) politischer Lager wachstumsfixiert seien, diese ‚Wachstumsfixierung' also keineswegs Kennzeichen einer ‚neoliberalen' (eher gemäßigt rechts stehenden) Politik allein sei.

[396] Fetscher (1991) weist darauf hin, dass der Konsens der Bundesrepublik eben darin bestehe, „daß Wirtschaftswachstum die Voraussetzung des Fortschritts und ein damit verbundener ständig wachsender Wohlstand Sinn des Daseins ist" (181), so dass allenfalls gestritten werde, ob das Wachstum am besten keynesianisch oder neoliberal ‚anzukurbeln' sei (vgl. 181 f.). Dies macht die ökologische Frage nach dem Wirtschaftswachstum so komplex: Es geht nicht nur um ein ökonomisches Phänomen, sondern um das Selbstverständnis der Gesellschaft.

3.1.3.1 Die mangelnde Berücksichtigung historisch spezifischer gesellschaftlicher Verhältnisse im Diskurs um die Grenzen des Wachstums

Im Folgenden werden drei der Wirtschaftswissenschaft entstammende, ‚klassische' wachstumskritische Konzeptionen der 1960er- und 1970er-Jahre vorgestellt und in konfrontativen Dialog mit der marxschen Theorie gesetzt. Danach finden neuere Ansätze Erwähnung, die im Vergleich zu den klassischen Ansätzen eine andere theoretische Perspektive vertreten, aus der Warte der marxschen Theorie sich jedoch als nicht weniger kritikwürdig erweisen.[397]

In der Studie *The Limits to Growth* von Meadows et al. (1972) werden die ökologischen Folgen dauerhaften Wirtschaftswachstums herausgearbeitet. Die Autor:innen entwickeln mittels der Systemtheorie, empirischer Daten und den ihrerzeit revolutionären Methoden der EDV ein formal-quantitatives ‚Weltmodell', das anhand der interdependenten Verknüpfung von fünf Variablen – Bevölkerungsgröße, landwirtschaftliche Produktion, Verbrauch natürlicher Ressourcen, Menge produzierter Güter und Menge freigesetzter Abfallstoffe – die Entwicklung menschlicher Gesellschaft in den letzten Jahrhunderten nachzeichnet und Langzeitprognosen über mögliche[398] zukünftige Entwicklungswege der Menschheit erlaubt (vgl. Meadows et al. 1972, 11 f. und 31). Mittels dieses Weltmodells soll Kenntnis über die Ursachen der vielfältigen Probleme moderner Gesellschaften – wie Ressourcenverknappung, Unterernährung, ökologische Degradation – erlangt werden.[399]

---

[397] Eine geistesgeschichtliche Darstellung theoretischer Konzeptionen, die sich mit den Grenzen ökonomischen Wachstums auseinandersetzen, bietet Luks (2013). Deutlich in dieser Untersuchung wird, dass die (nicht zwangsläufig ökologisch begründete) Einsicht in die Grenzen des Wachstums keine Eigenart der zweiten Hälfte des 20. Jahrhunderts darstellt, sondern bereits in der klassischen Politischen Ökonomie auffindbar ist. – Der wachstumskritische Diskurs ab der zweiten Hälfte des 20. Jahrhunderts ist überaus vielschichtig. Die im Folgenden dargestellten wachstumskritischen Ansätze stellen daher nur einen (wenn auch theoretisch und rezeptionsgeschichtlich bedeutsamen) Ausschnitt aus diesem Diskurs dar. Einen Überblick über den wachstumskritischen Diskurs bietet Ott (2011), der die verschiedenen Ansätze entsprechend der in ihnen konzipierten Entwürfe einer nichtwachsenden Gesellschaft in vier Kategorien (Konservatismus, Technikoptimismus, Gesellschaftsvertrag, Anti-Kapitalismus) einteilt.

[398] Meadows et al. (1972) stellen also keine endgültige Prognose über die Entwicklung der modernen Gesellschaft auf, sondern bieten mehrere mögliche Szenarien zukünftiger Entwicklungswege: „We will examine several alternatives, each dependent on a different set of assumptions about how human society will respond to problems arising from the various limits to growth" (122). Die Reflexion dieses hypothetischen Charakters der Schrift ist umso notwendiger, als von Gegner:innen des Natur- und Umweltschutzes häufig angeführt wird, *die* Prognose (Singular!) der Studie hätte sich bislang nicht bewahrheitet, und daher wäre nichts auf die Warnungen der Umweltschutzbewegung zu geben. Dieses Argument der Gegner:innen, welches wohl darauf basiert, dass ihnen wenig mehr als der Titel der Studie bekannt ist, ist also ungültig (davon abgesehen, dass der Zeithorizont der Studie ein sehr langer ist, weshalb die Tatsache, dass im Jahr 2022 noch kein globaler Kollaps der sozioökonomischen Strukturen eingetreten ist, das Weltmodell der Studie nicht falsifiziert).

[399] Eine graphische Darstellung des in seiner Komplexität imposanten Weltmodells findet sich in Meadows et al. (1972, 102 f.).

Meadows et al. (1972, 25) stellen fest, dass bei Betrachtung des gesellschaftlich-ökonomischen *Status quo* in globaler Perspektive alle fünf Variablen *exponentiell* wüchsen. Exponentielles Wachstum liegt dann vor, wenn eine Menge in einem definierten Zeitraum stets um denselben Faktor zunimmt, wodurch sich von einem kleinen Anfangsniveau ausgehend nach wenigen Perioden eine extrem gewachsene Menge ergibt.[400] Dieses exponentielle Wachstum der fünf Variablen lasse sich jedoch langfristig nicht aufrechterhalten:

> If the present growth trends in world population, industrialization, pollution, food production, and resource depletion continue unchanged, the limits to growth on this planet will be reached sometime within the next one hundred years. The most probable result will be a rather sudden and uncontrollable decline in both population and industrial capacity (Meadows et al. 1972, 23; vgl. auch 86 f. und 125 f.).[401]

Die Begründung für die These, exponentielles[402] Wirtschaftswachstum sei langfristig nicht möglich, liege in der Endlichkeit der natural-materiellen Faktoren, die zur Herstellung von Gütern notwendig seien. Diese „*physical* necessities" umfassten jene Gegenstände,

> that support all physiological and industrial activity – food, raw materials, fossil and nuclear fuels, and the ecological systems of the planet which absorb wastes and recycle important basic chemical substances (Meadows et al. 1972, 45).

---

[400] Als Beispiel könnte man eine fiktive Wirtschaft nennen, die zunächst im ersten betrachteten Jahr 1.000 Güter produziert und jährlich eine – *prima facie* nicht allzu hoch erscheinende – Wachstumsrate von 2 % aufweist. Nach 10 Jahren würden 1.219 Waren produziert werden – eine verhältnismäßig moderate Steigerung –, nach weiteren 10 Jahren (also insgesamt nach 20 Jahren) 1.486 Waren, nach weiteren 10 Jahren (also insgesamt 30 Jahren) dann 1.811 Waren; nach insgesamt 40 Jahren würden 2.208 Waren und nach insgesamt 50 Jahren 2.692 Waren produziert werden. Nach insgesamt 100 Jahren wären es sogar 7.245 Waren. Während also nach den ersten 10 Jahren 219 Waren mehr produziert wurden, betrug die Zunahme der Warenmenge zwischen dem 10. und dem 20. Jahr bereits 267 und zwischen dem 20. und dem 30. Jahr bereits 325; und während in den ersten 50 Jahren die Warenmenge insgesamt um 1.692 Waren zunahm, nahm sie in den zweiten 50 Jahren um 4.553 Waren zu. An diesem Beispiel wird deutlich, dass bei exponentiellem Wachstum zwar der – zumeist als Prozentangabe ausgedrückte – Wachstumsfaktor konstant bleibt, die Anzahl der in einem Zeitraum hinzutretenden Elemente (hier: der Waren) jedoch kontinuierlich zunimmt.
[401] Im Folgenden soll die Studie von Meadows et al. (1972) allein hinsichtlich ihrer Aussagen zum Wirtschaftswachstum im oben definierten Sinne als Wachstum der produzierten Warenmenge (und zum dadurch implizierten Wachstum der Menge verbrauchter naturaler Ressourcen und entstandener Abfallstoffe) dargestellt werden. Die Frage nach dem globalen Bevölkerungswachstum wird im Folgenden nicht weiter erörtert.
[402] M. E. ist die folgende Argumentation für jede Art des Wachstums gültig, nicht nur für exponentielles; freilich sind die naturalen Ressourcen bei exponentiellem Wachstum umso schneller erschöpft, bleibt umso weniger Zeit für gesellschaftliche Gegenmaßnahmen und ist eine Steigerung der Ressourcenproduktivität umso wirkungsloser.

Aufgrund ihrer begrenzten quantitativen Vorhandenheit stellten sie „the ultimate determinants of the limits to growth on this earth" (Meadows et al. 1972, 45) dar. Die Menge der produzierten Güter könne also aufgrund beschränkter Mengen von Energie- und Rohstoffen und der beschränkten Senkenfunktion der Ökosysteme nicht dauerhaft exponentiell wachsen (vgl. Meadows et al. 1972, 51, 66f., 69–74 und 81). Letztendlich sei Ursache der Unmöglichkeit langfristigen exponentiellen Wirtschaftswachstums „one simple fact – the earth is finite" (Meadows et al. 1972, 86).

Neben den materiellen Voraussetzungen des Wirtschaftswachstums existierten *soziale* Voraussetzungen:

> Even if the earth's physical systems are capable of supporting a [...] more economically developed population, the actual growth of the economy [...] will depend on such factors as peace and social stability, education and employment, and steady technological progress (Meadows et al. 1972, 45f.).

Da sich diese Faktoren jedoch nur mit größeren Problemen in ein quantitatives Prognosemodell integrieren ließen, werden sie – mit Ausnahme des technischen Fortschritts – in der Studie von Meadows et al. (1972) nicht weiter berücksichtigt:

> Neither this book nor our world model at this stage in its development can deal explicitly with these social factors, except insofar as our information about the quantity and distribution of physical supplies can indicate possible future social problems. [...] Let us assume for the moment, [...], that the best possible social conditions will prevail. How much growth will the physical system then support? (45f.; vgl. auch 142).

Aufgrund der Endlichkeit der natural-materiellen Grundlagen der Ökonomie sei es notwendig, global das Wachstum der Wirtschaft zu stoppen und in einen globalen ökonomischen Gleichgewichtszustand (*global equilibrium*) überzugehen, der durch ein quantitativ konstantes, weder zu- noch abnehmendes Niveau der Produktion gekennzeichnet sei (vgl. Meadows et al. 1972, 171–174).[403] Nur dadurch könne ein so-

---

[403] Zugleich setze der Zustand des *Global Equilibrium* voraus, dass auch die Bevölkerungsgröße auf einem konstanten, weder zu- noch abnehmenden Niveau gehalten werde (vgl. Meadows et al. 1972, 171–174). – Eine nicht wachsende Ökonomie ist freilich, auch wenn sie im ökologischen Diskurs häufig als stationäre Ökonomie (*Steady-State*) bezeichnet wird, nicht mit einem ökonomischen und gesellschaftlichen Stillstand zu verwechseln. Der Umweltverbrauch bliebe gleich; welche konkreten Produkte aber hergestellt würden, könnte sich im Zeitverlauf verändern, und genauso würden sich die Produktivkräfte weiterentwickeln. Auch eine nicht wachsende Ökonomie ist somit durch Dynamik gekennzeichnet, freilich innerhalb eines gegebenen Rahmens quantitativ begrenzten Umweltverbrauchs: „In einem Steady-State wird der Durchsatz des industriellen Metabolismus auf einem möglichst nachhaltigen Niveau stabilisiert, sonst aber gar nichts. Daly betont, daß in einer solchen Wirtschaft kein Wachstum, wohl aber Entwicklung stattfinde: [...]. Die Struktur der Wirtschaft wäre auch in einem Steady-State intra- und intersektoralem Strukturwandel unterworfen. [...] Innovationen werden selbstverständlich auch in Zukunft die Wirtschaft umwandeln, ebenso wie Veränderungen in der Bedürfnis- und Nachfragestruktur wirtschaftliche Veränderungen nach sich ziehen werden" (Luks 2013, 208f., 220f.).

zioökonomischer Kollaps – in Form des ungewollten, plötzlichen, unkontrollierbaren Absinkens der fünf Variablenwerte unter massiver Zunahme der Sterblichkeit und gesellschaftlich-politischer Konflikte – verhindert werden. Der Übergang in das *Global Equilibrium* sei freilich nicht nur notwendig, sondern auch möglich; und möglich sei auch die Vereinbarung dieses Zustands mit egalitären, humanistischen Werten:

> It is possible to alter these growth trends and to establish a condition of ecological and economic stability that is sustainable far into the future. The state of global equilibrium could be designed so that the basic material needs of each person on earth are satisfied and each person has an equal opportunity to realize his individual human potential (Meadows et al. 1972, 24).

Der Übergang in diesen Zustand setze „*a self-imposed restriction on growth*" (Meadows et al. 1972, 151), also das *bewusste* und *planvolle* Stoppen des Wirtschaftswachstums, voraus:

> The story of the whaling industry [...] demonstrates, for one small system, the ultimate result of the attempt to grow forever in a limited environment. Whalers have systematically reached one limit after another and have attempted to overcome each one by increases in power and technology. As a result, they have wiped out one species after another. The outcome of this particular grow-forever policy can only be the final extinction of both whales and whalers. The alternative policy is the imposition of a *man-determined limit* on the number of whales taken each year, set so that the whale population is maintained at a steady-state level. The self-imposed limit on whaling would be an unpleasant pressure that would prevent the growth of the industry. But perhaps it would be preferable to the gradual disappearance of both whales and whaling industry. [...] For the last several hundred years human society has followed the second course so consistently and successfully that the first choice has been all but forgotten. [...] At this point in man's history, the choice posed above is still available in almost every sphere of human activity. Man can still choose his limits and stop when he pleases [...]. The alternative is to wait until the price of technology becomes more than society can pay, or until the side-effects of technology suppress growth themselves, or until problems arise that have no technical solutions. At any of those points the choice of limits will be gone. Growth will be stopped by pressures that are not of human choosing, and that, as the world model suggests, may be very much worse than those which society might choose for itself (Meadows et al. 1972, 151 und 153 f.).

Die Menschheit (*man*) könne also den sozioökonomischen Kollaps verhindern, wenn bewusst und planvoll auf weiteres Wirtschaftswachstum verzichtet werde. Vielleicht erscheine dieser Verzicht als bedauerungswürdig oder unpopulär, aber letztlich seien die gesellschaftlichen und ökonomischen Folgen des Kollapses viel negativer als diejenigen des Verzichts.

Die in der Studie von Meadows et al. (1972) vertretene
- systematische Anerkennung der naturalen Grundlagen der Ökonomie und
- Einsicht in die Endlichkeit dieser naturalen Grundlagen, welche mit dem Anspruch unendlichen Wirtschaftswachstums konfligiert,

ist zentral für den wachstumskritischen Diskurs. Hier ist somit in der Tat ein theoretischer Fortschritt über die neoklassische Ökonomik hinaus zu konstatieren, die die naturalen Grundlagen menschlichen Wirtschaftens – und, wenn überhaupt, auch deren Endlichkeit – lediglich okkasionell und partiell zu reflektieren imstande ist.

Eine weitere als klassisch zu bezeichnende Theorie der Wachstumskritik stammt von Nicholas Georgescu-Roegen (1973), einem der ‚Väter' der Ökologischen Ökonomik: Ökonomische Prozesse werden im Kontext dieses Paradigmas als physikalische Umwandlungsprozesse von Materie und Energie aufgefasst; wirtschaftliche Handlungen werden also durch naturwissenschaftliche Begriffe theoretisch beschrieben und die Ökonomik somit zu einer Spezialdisziplin der Physik (vgl. Schlaudt 2016, 152).[404]

Zentral in diesem theoretischen Kontext ist der physikalische Begriff der *Entropie*. Der Entropiebegriff stellt sowohl das Maß der Unordnung als auch dasjenige der nicht (mehr) verfügbaren[405] Energie in einem thermodynamischen System dar:

> Energy exists in two qualitative states – *available* or *free* energy, over which man has almost complete command, and *unavailable* or *bound* energy, which man cannot possibly use. The chemical energy contained in a piece of coal is free energy because man can transform it into heat or, if he wants, into mechanical work. [...] When a piece of coal is burned, its chemical energy is neither decreased nor increased. But the initial free energy has become so dissipated in the form of heat, smoke and ashes that man can no longer use it. It has been degraded into bound energy. Free energy means energy that displays a differential level, as exemplified most simply by the difference of temperatures between the inside and the outside of a boiler. Bound energy is, on the contrary, chaotically dissipated energy. [...] Free energy implies some ordered structure, comparable with that of a store in which all meat is on one counter, vegetables on another, and so on. Bound energy is energy dissipated in disorder, like the same store after being struck by a tornado. This is why entropy is also defined as a measure of disorder (Georgescu-Roegen 1973, 39 f.).

Der ökonomische Prozess könne entsprechend dieser physikalischen – präziser: thermodynamischen – Betrachtungsweise beschrieben werden als ein Prozess, der – freilich nicht grundlos, sondern zum Zwecke des „enjoyment of life" – „only transforms valuable natural resources (low entropy) into waste (high entropy)" (Georgescu-Roegen 1973, 42; vgl. auch 39).[406]

---

[404] Das Paradigma der Ökologischen Ökonomik stellt gleichsam das Gegenstück zur Monetarisierung der neoklassischen Ökonomik dar (s. Abschnitt 3.1.1.2): Während im Kontext dieser Natur monetär bewertet und somit in die Ökonomik integriert wird, werden – ausgehend von den Arbeiten Georgescu-Roegens – in der Ökologischen Ökonomik ökonomische Handlungen naturwissenschaftlich verstanden und somit in die Physik integriert (vgl. Leipert 1994, 55, 61–63; Schlaudt 2016, 147–156).
[405] Umgangssprachlich könnte man auch sagen: das Maß der *verbrauchten* Energie. Da im physikalischen Sinne gemäß dem 1. Hauptsatz der Thermodynamik jedoch Energie und Materie weder erzeugt noch vernichtet bzw. verbraucht werden können (vgl. Georgescu-Roegen 1973, 38), ist es sachlich adäquater, von zwar nach wie vor existenter, aber nicht mehr (für die Menschen bzw. für ökonomisch-technische Prozesse) verfügbarer Energie zu sprechen.
[406] In der ökologischen Marxlektüre wird die Rezeption thermodynamischer Ansätze durch Marx (und Engels) sowie die Frage nach der Kompatibilität der Thermodynamik mit der marxschen Theorie diskutiert. Für einen Überblick über relevante Positionen in dieser Diskussion, die hier nicht näher

Der Erkenntnisgewinn aus dieser thermodynamischen Sicht auf die Ökonomie, wie sie von Georgescu-Roegen (1973) erarbeitet wird, besteht in der Einsicht, dass
- aufgrund der quantitativ begrenzten Vorhandenheit verfügbarer Energie (*available energy*) und ihrer unvermeidlichen Umwandlung in unverfügbare Energie (*unavailable energy*) durch den ökonomischen Prozess unendliches Wirtschaftswachstum nicht möglich ist;[407]
- diese Beschränkung ökonomischen Tätigseins nicht aus technischen Defiziten der Produktionsmittel resultiert, sondern naturgesetzlicher – und somit unhintergehbarer – Art ist und daher nicht durch technische Neuerungen ‚gelöst' werden kann;
- jeder Akt der Produktion von Gütern auch immer ein Akt der Erzeugung von Abfall in Form hoch-entropischer Stoffe ist.[408]

Auf diesen Einsichten aufbauend entwickelte Kenneth Boulding (1973)[409] die den ökologischen Diskurs bis in die Gegenwart prägende Metaphorik einer nach unendlichem Wachstum strebenden *Cowboy Economy* und einer in diametralem Gegensatz dazu stehenden *Spaceman Economy*, die die physische Endlichkeit des *Spaceship Earth* anerkenne. Während Menschen in früheren Zeiten angenommen hätten, sie lebten auf einer letztlich unbegrenzten Ebene *(open earth)*, da es hinter jeder Sied-

---

referiert oder kritisiert werden kann, vgl. Foster und Burket (2004), Burkett und Foster (2006, 2008) sowie Gehrig (2011).

407 Auffällig ist in Georgescu-Roegens Werk ein gewisser melancholischer Pessimismus ob der naturgesetzlich gegebenen Beschränktheit und Endlichkeit der Welt und somit der menschlichen Produktions-, Konsum- und Entfaltungsmöglichkeiten: „Every time we produce a Cadillac, we irrevocably destroy an amount of low entropy that could otherwise be used for producing a plow or a spade. In other words, every time we produce a Cadillac, we do it at the cost of decreasing the number of human lives in the future. Economic development through industrial abundance may be a blessing for us now and for those who will be able to enjoy it in the near future, but it is definitely against the interest of the human species as a whole, if its interest is to have a lifespan as long as is compatible with its dowry of low entropy" (Georgescu-Roegen 1973, 46 f.). Dieser Pessimismus ist jedoch sachlich nicht haltbar: Zwar ist die Quantität verfügbarer Energie auf der Erde bezüglich nicht-regenerativer Energiequellen (Kohle, Öl, Uran, ...) absolut begrenzt, so dass in der Tat jede gegenwärtige Nutzung dieser Energiequellen ihre Nutzung in der Zukunft einschränkt; durch die Sonne erhält die Erde jedoch einen kontinuierlichen Strom ‚neuer' verfügbarer Energie, so dass die Quantität verfügbarer Energie auf der Erde nicht absolut, sondern nur relativ zu einem bestimmten Zeitraum beschränkt ist (es kann nach Verbrauch aller nicht-regenerativen Energiequellen in einem bestimmten Zeitraum nicht mehr verfügbare Energie verwendet werden als im selben Zeitraum durch die Sonne ‚geliefert' wird). Die Nutzung von Sonnenenergie in der Gegenwart konfligiert also *nicht* mit der Nutzung dieser Energiequelle durch zukünftige Generationen (vgl. Muraca 2010, 41–45, 315–318). Wohl aber ist damit die Möglichkeit unendlichen Wirtschaftswachstums negiert: Ab einem bestimmten Punkt – nämlich dann, wenn ebenso viel verfügbare Energie für den ökonomischen Prozess verwendet wie durch die Sonne ‚geliefert' wird – ist weiteres Wachstum nicht mehr möglich.

408 Für eine kritische Würdigung des Ansatzes von Georgescu-Roegen (1971, 1973) vgl. Muraca (2010, 292–353) und Schlaudt (2016, 155 f.). Eine Weiterentwicklung des thermodynamisches Ansatzes bieten Baumgärtner (2000) sowie Baumgärtner, Faber und Schiller (2006).

409 Dieser Artikel von Boulding erschien erstmals 1966.

lungsgrenze weitere unerschlossene Orte gegeben habe, verstünden wir in der Gegenwart *theoretisch* die Erde als Kugel und somit als eine begrenzt-geschlossene Sphäre menschlicher Aktivität (*closed earth*) – praktisch jedoch akzeptiere die Menschheit besonders in ökonomischen Belangen die Implikationen dieser Auffassung noch immer nicht (vgl. Boulding 1973, 121 f.). Aufgrund der Begrenztheit der für den ökonomischen Prozess notwendigen naturalen Güter müsse aber gerade in ökonomischen Belangen ein handlungsleitendes Umdenken zur *closed earth* und somit eine Abkehr vom Paradigma des Wirtschaftswachstums als Kriterium einer als ‚gut' zu bewertenden wirtschaftlichen Entwicklung erfolgen:

> The closed earth of the future requires economic principles which are somewhat different from those of the open earth of the past. For the sake of picturesqueness, I am tempted to call the open economy the ‚cowboy economy', the cowboy being symbolic of the illimitable plains and also associated with reckless, exploitative, romantic, and violent behavior, which is characteristic of open societies. The closed economy of the future might similarly be called the ‚spaceman economy', in which the earth has become a single spaceship, without unlimited reservoirs of anything, either for extraction or for pollution, and in which, therefore, man must find his place in a cyclical ecological system which is capable of continuous reproduction of material form even though it cannot escape having inputs of energy. The difference between the two types of economy becomes most apparent in the attitude towards consumption. In the cowboy economy, consumption is regarded as a good thing and production likewise; and the success of the economy is measured by the amount of the throughput from the ‚factors of production', a part of which, at any rate, is extracted from the reservoirs of raw materials and non-economic objects, and another part of which is output into the reservoirs of pollution. If [and only if] there are infinite reservoirs from which material can be obtained and into which effluvia can be deposited, then the throughput is at least a plausible measure of the success of the economy (Boulding 1973, 127).

Diese Bedingung unendlicher naturaler Güter sei jedoch nicht erfüllt, so dass die *Cowboy Economy* und der ihr entsprechende Glaube, Wirtschaftswachstum sei *per se* positiv, langfristig nicht aufrecht zu erhalten seien:

> By contrast, in the spaceman economy, throughput is by no means a desideratum, and is indeed to be regarded as something to be minimized rather than maximized. The essential measure of the success of the economy is not production and consumption at all, but the nature, extent, quality, and complexity of the total capital stock, including in this the state of the human bodies and minds included in the system. In the spaceman economy, what we are primarily concerned with is stock maintenance, and any technological change which results in the maintenance of a given total stock with a lessened throughput (that is, less production and consumption) is clearly a gain. This idea that both production and consumption are bad things rather than good things is very strange to economists (Boulding 1973, 127).

Die *Spaceman Economy* ist *cum grano salis* identisch mit demjenigen Gesellschaftszustand, den Meadows et al. (1972) als *Global Equilibrium* bezeichnen: Eine Gesellschaft, die die Quantität der von ihr produzierten Güter – und den entsprechenden Umweltverbrauch – nicht erweitert, sondern auf einem gegebenen, die Tragfähigkeit der natürlichen Grundlagen nicht überschreitenden Level konstant hält.

Der Diskurs über die *Grenzen des Wachstums* gewinnt, wie im Vorangegangenen dargestellt, Einsichten
- in die Endlichkeit der naturalen Grundlagen der Ökonomie,
- in die kategorische, naturgesetzlich konstituierte Unmöglichkeit dauerhaften Wirtschaftswachstums – das ob seiner naturgesetzlichen Unmöglichkeit auch nicht durch technische Entwicklungen ermöglicht zu werden vermag – und
- in die ebenso naturgesetzlich notwendige Entstehung von Abfallstoffen in Produktionsprozessen.

Dadurch vermag er entscheidend zu einer adäquaten gedanklichen Erfassung des Verhältnisses der menschlichen Gesellschaft zur Natur beizutragen. Da die vorgestellten wachstumskritischen Konzeptionen der Wirtschaftswissenschaft entstammen, stellen sie zugleich auch einen theoretischen Fortschritt der Wirtschaftswissenschaft über die neoklassische Schule hinaus dar.

Trotz dieser Verdienste des wachstumskritischen Diskurses lohnt sich, wie im Folgenden belegt werden wird, sein in-Bezug-Setzen mit der marxschen Kritik der Politischen Ökonomie. Hierbei geht es nicht um die Etablierung einer Gegenposition zum wachstumskritischen Diskurs im Sinne des Versuchs, die Möglichkeit unendlichen Wirtschaftswachstums zu beweisen. Vielmehr erweisen sich die wachstumskritischen Konzeptionen *trotz* der Anerkennung ihrer dargestellten theoretischen Einsichten aus marxscher Perspektive als kritikwürdig.

Betrachtet man die wachstumskritischen Konzeptionen aus marxscher Perspektive, so zeigt sich, dass in ihnen die konkrete, historisch spezifische Produktionsweise nicht reflektiert wird, in deren Kontext allererst das untersuchte und kritisierte exponentielle Wirtschaftswachstum stattfindet. Die Konstruktion eines quantitativ-formalen Weltmodells durch interdependente Vernetzung technisch-ökonomischer Variablen wie dem Verbrauch natürlicher Ressourcen, der Menge produzierter Güter und der Menge freigesetzter Abfallstoffe unter methodischer Ausblendung sozialer Faktoren, wie dies in der Studie von Meadows et al. (1972) geschieht, erweckt den Eindruck, als geschähen Produktionsprozesse unabhängig von den historisch spezifischen Verhältnissen, in denen die Menschen als Produzierende und anderweitig ökonomisch Tätige zueinander stehen. Zentrale Einsichten der marxschen Theorie hingegen sind die Feststellungen, dass
- Menschen in ökonomischen Verhältnissen zueinander stehen und diese Verhältnisse den materiellen Produktionsprozess bestimmen; sie bestimmen, wie die Produktion organisiert ist, welcher Zweck mit ihr verfolgt wird, welche Produkte in welcher Quantität unter Verwendung welcher Produktivkräfte hergestellt werden und welche Aspekte des Produktionsprozesses (beispielsweise die Art und Menge der entstehenden Abfallstoffe) für die Produzierenden relevant oder irrelevant sind, und
- diese ökonomischen Verhältnisse historisch variabel sind, insofern sie im historischen Verlauf verschiedene spezifische Formen annehmen, so dass auch der Produktionsprozess historisch spezifische Gestalt besitzt.

Hieraus folgt, dass Kenntnis der spezifischen Beschaffenheit der ökonomischen Verhältnisse unabdingbar ist, um überhaupt adäquate und als wissenschaftlich zu qualifizierende Aussagen über ökonomische Phänomene treffen zu können. Man mag ohne Rekurs auf die ökonomischen Verhältnisse den äußerlichen Anschein der Produktion – die verwendete Produktionstechnologie oder bestimmte problematische Tendenzen wie einen immer weiter zunehmenden Umweltverbrauch – beobachten können; der Grund dieser Phänomene bleibt aber unbekannt, denn dieser sind gerade die spezifischen ökonomischen Verhältnisse.

Von dieser marxschen Einsicht ausgehend bleibt die Ursache des von Meadows et al. (1972) konstatierten exponentiellen Wirtschaftswachstums merkwürdig unterbelichtet. Es scheint so, als besäßen die Menschen bestimmte leistungsfähige und von ihnen stetig weiterentwickelte Produktionstechnologien und andere Produktivkräfte, mittels derer sie ‚einfach so' in einem steigenden quantitativen Ausmaß Waren produzierten, welches die ökologische Tragfähigkeit der Erde immer weiter übersteigt. Warum aber die Produktivkraft trotz augenfälliger ökologischer Probleme überhaupt stetig gesteigert und diese Steigerung zudem dazu verwendet wird, die Menge der hergestellten Güter zu erhöhen – und nicht etwa, wie Marx als zweite Option des Umgangs mit steigender Produktivkraft anführt, den Arbeitstag zu verkürzen (siehe Abschnitt 2.2.3.6) –, wird nicht erklärt. Vielleicht nehmen Meadows et al. (1972) an, die Menschen produzierten stetig mehr, um durch zunehmende Konsummöglichkeiten ihre Bedürfnisse immer umfänglicher befriedigen zu können, und empfänden deshalb ein *Global Equilibrium* als konsumptive Einschränkung (‚unpleasant pressure') – so legt es das oben zitierte Beispiel des Walfangs nahe. Damit einher geht vielleicht auch ihre Auffassung, die produzierenden Menschen seien nur ungenügend über die ökologisch destruktiven, letztlich katastrophalen Folgen fortgesetzten Wirtschaftswachstums aufgeklärt; wenn die Menschen wüssten, dass sie auf den gesellschaftlichen Kollaps zusteuerten, dann nähmen sie das kleinere Übel in Form des *Global Equilibrium* in Kauf.[410] Das alles bleibt aber in der Studie von Meadows et al. (1972) nur angedeutet; während das Prognosemodell *en detail* expliziert wird, bleibt der Grund des exponentiellen Wachstums im Vagen.

Dieser Grund vermag durch die marxsche Theorie erkannt zu werden: Es sind der Warentausch als dominantes ökonomisches Verhältnis der modernen Gesellschaft, der von ihm abgeleitete Begriff des Kapitals und die diesem entsprechende kapitalistische Produktionsweise. Der durch den Widerspruch zwischen Gebrauchs- und Tauschwert charakterisierte Kapitalbegriff besitzt die Bestimmung der *unbegrenzten quantitativen Vervielfältigung,* und aufgrund dieser ist die kapitalistische Produktionsweise notwendig durch einen stetigen Expansionsprozess gekennzeichnet; dies bedeutet ein kontinuierliches Wachstum unter anderem der *Produktenmenge,* des *Materialverbrauchs* und der *modifizierenden Einwirkung auf die Natur* (siehe Ab-

---

[410] Und die Vermittlung dieses Wissens stellte wohl auch das Motiv von Meadows et al. (1972) dar, ihre Studie zu verfassen.

schnitt 2.2.3.6). Das historisch spezifische Verhältnis des Warentauschs also ist es, das allererst kontinuierliches und exponentielles Wachstum bedingt und von dem dann auch ideologische Formen wie eine ‚Konsumorientierung' der in diesem Verhältnis zueinander stehenden Menschen und ihr nicht-wahr-haben-Wollen der ökologisch destruktiven Folgen ihres Handelns allererst abgeleitet und erklärt zu werden vermögen.[411]

Unterbelichtet bleibt in der Studie von Meadows et al. (1972) auch die Frage nach der Bedingung der Möglichkeit eines *Global Equilibriums* als Mittel zur Lösung der ökologischen Krise. Auch hier erfolgt kein Rekurs auf die spezifischen ökonomischen Verhältnisse der modernen Gesellschaft; in obigem Zitat, das exemplarisch auf den Walfang verweist, rekurrieren Meadows et al. (1972) stattdessen abstrakt auf die menschliche Gesellschaft beziehungsweise die Menschheit („Man can still choose his limits and stop when he pleases", „human society", „human choosing"). Die marxsche Theorie macht demgegenüber aber deutlich, dass es *die* Menschheit, *den* Menschen und *die* menschliche Gesellschaft nicht gibt, sondern Menschen stets in spezifischen, historisch variablen gesellschaftlichen Verhältnissen zusammenleben und aus der Menge gesellschaftlicher Verhältnisse es die spezifisch ökonomischen Verhältnisse sind, die die übrigen gesellschaftlichen Verhältnisse (freilich nicht in deterministischem Sinne) bestimmen. Die historisch spezifischen ökonomischen Verhältnisse – und die ihnen entsprechenden Gesellschaften – besitzen jeweils bestimmte spezifische Charakteristika, die gleichsam ihr jeweiliges Wesen bilden und sie von anderen historisch spezifischen ökonomischen Verhältnissen – und den ihnen entsprechenden Gesellschaften – unterscheiden; sie sind, mit anderen Worten, durch jeweils eine spezifische Logik gekennzeichnet und besitzen spezifische Existenzbedingungen, Entwicklungstendenzen und Zwecksetzungen. Marx arbeitet im Kontext seiner Theorie diese Charakteristika der spezifisch kapitalistischen ökonomischen Verhältnisse und der entsprechenden modernen Gesellschaft heraus und gelangt

---

[411] Müller (2011) verweist ebenfalls auf die gesellschaftlichen Ursachen der ‚Wachstumsabhängigkeit' moderner Gesellschaft, rekurriert dabei aber nicht – in marxscher Tradition – auf den Warentausch und die ökonomischen Verhältnisse, sondern – im Sinne der Theorie John Lockes – auf Freiheit und Gleichheit als grundlegendes Verhältnis der Gesellschaftsmitglieder zueinander: „Locke leitete das Ziel der Freiheit von der Gleichheit ab. Sie erst verbürge Demokratie und Freiheit. Zu den unabdingbaren Grundlagen gehöre das Recht auf Besitz, vor allem auf Mehrung des Besitzes. Diese Vorstellung von menschlicher Freiheit kann man auch als Besitz ergreifende Vernunft bezeichnen. Von daher kann die Wachstumsfrage nicht losgelöst von der jeweiligen gesellschaftlichen und wirtschaftlichen Ordnung gesehen werden" (49), insofern Besitz ein niemals endendes ‚Immer mehr' und somit Wirtschaftswachstum impliziere (vgl. 49). Ohne hier eine nähere Auseinandersetzung mit dem Ansatz von Müller (2011) und der Theorie Lockes bieten zu können, ist aber zumindest festzustellen, dass es – aus marxscher Sicht – Aufgabe der Aufhebung des Kapitalismus und der Etablierung einer post-kapitalistischen (‚sozialistischen') Gesellschaft sein wird, eine ökonomisch stationäre und somit nachhaltige Gesellschaft mit der (dann nicht mehr dialektisch gebrochenen) Freiheit und Gleichheit ihrer Mitglieder zu vereinbaren. Insofern sollte der Ansatz, Wirtschaftswachstum auf Freiheit und Gleichheit (und nicht auf den Warentausch) zurückzuführen, einer gründlichen Kritik unterzogen werden.

dabei zu dem Resultat, dass das Kapital nicht anderes als eine Entwicklungsform des Werts und als solche durch die Bestimmung der *unbegrenzten quantitativen Vervielfältigung* charakterisiert ist, weshalb es die kontinuierliche Ausweitung der gesellschaftlich hergestellten Produktenmenge als seine Existenzbedingung voraussetzt (siehe Abschnitte 2.1.7 und 2.2.3.6). Kontinuierliches Wirtschaftswachstum stellt, mit anderen Worten, die *conditio sine qua non* der spezifisch kapitalistischen ökonomischen Verhältnisse, ihre Existenzbedingung dar.[412] Die kapitalistische Produktionsweise induziert also notwendig Wirtschaftswachstum, gleichgültig ob der auftretenden und sich verstärkenden ökologischen Probleme, bis zu einem Punkt der ökologischen Degradation, an dem die Verausgabung von Mehrarbeit und somit die Kapitalverwertung (und wohl auch menschliches Überleben und ‚gutes Leben') nicht mehr möglich sind.[413] Dies ist für die Wachstumskritik eine überaus wichtige Einsicht:

---

[412] Diese begriffliche Bestimmung zeigt sich in der gesellschaftlich-ökonomischen Realität phänomenal darin, dass bei ausbleibendem Wirtschaftswachstum kapitalistische Gesellschaften in Krisen geraten, die bspw. mit Armut und Arbeitslosigkeit einhergehen (s. dazu die marxsche Analyse in Abschnitt 2.2.3.7 sowie Abschnitt 3.1.3.2).

[413] Eine Auseinandersetzung mit Ansätzen, die die Annahme der Notwendigkeit des Wirtschaftswachstums ablehnen, für die also eine nicht-wachsende Ökonomie grundsätzlich mit der kapitalistischen Produktionsweise vereinbar ist, erfolgt im nächsten Abschnitt. Hier kann das Resultat dieser Auseinandersetzung – dass nämlich diese Ansätze letztlich theoretisch nicht haltbar sind – vorausgesetzt werden. – Die Notwendigkeit wirtschaftlichen Wachstums im Kapitalismus – und die daraus folgende Notwendigkeit seiner Aufhebung zum Zwecke einer ökologisch nachhaltigen Gesellschaft – wird auch in anderen Studien zur marxschen Theorie herausgearbeitet (s. auch das Zitat von Fetscher [1991] in der nächsten Fußnote). So schreibt etwa Postone (2008): „Marx's key concept of surplus-value not only indicates, as traditional interpretations emphasize, that the surplus is produced by the working class, but that capitalism is characterized by a determinate, runaway form of growth. The problem of economic growth in capitalism, within this framework, is not only that it is crisis-ridden, as has been emphasized frequently and correctly by traditional Marxist approaches. Rather, the form of growth itself, which entails the accelerating destruction of the natural environment for smaller and smaller increases in surplus value, is itself problematic" (133). Auch Lebowitz (2013, 59–61) gelangt zu der Erkenntnis, dass ökologisch motivierte ökonomische Reformen unter Beibehaltung des kapitalistischen Systems zum Scheitern verurteilt seien; denn das Streben nach unendlichem Wachstum sei die Charakteristik des Kapitals, die durch keine wirtschaftspolitische ‚Regulation' unterdrückt werden könne. Entscheidend sei für eine Lösung der ökologischen Krise also die Erkenntnis des Wesens der kapitalistischen Produktionsweise und daraus folgend die Einsicht in ihre Inkompatibilität mit einer ökologisch nachhaltigen Gesellschaft und einer entsprechend nicht wachsenden Ökonomie: „The common element is the failure to understand the system, the failure to grasp the very nature of capital and capitalism. It is the failure to recognize that the logic of capital is the logic of cancer – the tendency to expand without limits. [...] Rather than a steady-state system, capitalism by its nature requires expanded reproduction. Inherent in the logic of capital, Marx argued, is its ‚ceaseless striving' to go beyond its quantitative barrier" (Lebowitz 2013, 59f.). Zu dieser Erkenntnis gelangen auch Foster, Clark und York (2009, 1087, 1091–1095). Auch Thie (2013, 22, 128f.), der keine Studie zur marxschen Theorie im engeren Sinne bietet, dessen Auffassung aber durchaus von der marxschen Theorie beeinflusst ist, verweist darauf, dass eine rein stoffliche Perspektive – das Insistieren auf einer Verringerung des Umweltverbrauchs – aufgrund des „Systemproblem[s]" (129) des Kapitalismus zu kurz greife, womit die „auf Expansion getrimmten [ökonomischen] Verhältnisse" (129) gemeint seien, die ein bloßes

Daraus folgt nämlich, dass das Urteil von Meadows et al. (1972), die Abkehr vom Wirtschaftswachstum und die Konstituierung des *Global Equilibrium* seien möglich, unter Abstraktion von ökonomischen Verhältnissen nicht korrekt ist; unter der Voraussetzung der Existenz spezifisch kapitalistischer Verhältnisse ist dies gerade *nicht* möglich. Das *Global Equilibrium* vermag nur unter der Bedingung der Aufhebung der kapitalistischen Produktionsweise und der Konstituierung einer neuen Gesellschaftsform etabliert zu werden, deren dominantes ökonomisches Verhältnis nicht der Warentausch ist; in ihrem Kontext wäre der Zweck des Produzierens dann nicht mehr die Generierung von Mehrwert entsprechend der Kapitalbestimmung, sondern die Ermöglichung eines ‚guten Lebens' der jetzigen und kommender Generationen und das Verfügbarmachen der dazu notwendigen, über Gebrauchswert verfügenden Güter. Erst in einer solchen Gesellschaftsform wäre es dann möglich, die Entwicklung der Produktivkraft in eine Richtung zu lenken, die die ökologisch schädlichen Folgen der Produktion im naturgesetzlich möglichen Rahmen minimiert, und den Arbeitstag zu verkürzen statt die Entwicklung der Produktivkraft zur stetigen Ausweitung der Produktenmenge zu verwenden.[414]

Die Gesellschaft des *Global Equilibrium* soll in der Konzeption von Meadows et al. (1972) nicht nur durch eine im Zeitverlauf konstante Menge hergestellter Produkte, sondern auch durch grundlegend egalitäre Verhältnisse im Sinne der Befriedigung der materiellen Grundbedürfnisse und der Möglichkeit zur Realisierung der eigenen Entfaltungsmöglichkeiten aller Menschen in globaler Perspektive gekennzeichnet

---

‚Abstellen' des Wachstums (und eine damit verbundene Verringerung des Umweltverbrauchs) nicht erlaubten.

414 Vgl. hierzu Fetscher (1991): „Es kann kaum geleugnet werden, daß es irreparable Formen von Umweltzerstörung schon lange vor Entstehung des Christentums und in Gesellschaften gab, die nicht von der europäischen Zivilisation beeinflußt waren. [...] Auf der anderen Seite gab es auch schon sehr früh Versuche, durch Sitte und Gesetz der Umweltzerstörung Einhalt zu gebieten (z. B. das religiös sanktionierte Verbot der Fällung von Bäumen usw.). Was das neuzeitliche Abendland zu einer so umfassenden Bedrohung der Umwelt gemacht hat, ist einerseits die gewaltige Steigerung der Mittel der Naturbeherrschung und anderseits der in der Sozialstruktur angelegte Expansionsdrang. Erst die Kombination dieser beiden Faktoren führte zum Verhängnis. Eine Abkehr von dem wissenschaftlich-technischen Potential wäre eine, aber kaum die rationale Lösung des Problems, zumal mindestens einige Schäden, die die Technik angerichtet hat, nur technisch behoben werden können und für umweltschädliche Techniken umweltfreundlichere substituiert werden könnten. Ausschlaggebend scheint mir daher die Überwindung des strukturell bedingten Expansionsdranges zu sein, durch die allererst eine andere Art von Technik möglich gemacht würde. [...] Marx ist sich also durchaus darüber im klaren, daß die Gestalt der industriellen Produktion und damit auch der Produktionstechnik durch das Kapitalverhältnis bestimmt wird. Er hat es freilich unterlassen anzugeben, welche Veränderungen in der Art und Weise des Produzierens (wie der Produkte) von den assoziierten Produzenten vorgenommen werden müssen, damit die Produktion den Produzenten selbst zugute kommt und die Produkte den optimalen Gebrauchswert erhalten. Fest dürfte jedoch stehen, daß der Zweck einer Steigerung des relativen Mehrwerts, der als treibende Kraft hinter der reellen Subsumtion der Arbeit unter das Kapital und seiner Verwandlung steht, notwendig eine andre Gestalt der Produktionstechnik wie der Produkte zum Resultat haben mußte als eine künftig von den assoziierten Produzenten bewußt zu planende Produktion von Gebrauchswerten" (105, 115 f.).

sein. Die marxsche Theorie zeigt diesbezüglich auf, dass solche gesellschaftliche Verhältnisse nicht im Kontext der kapitalistischen Produktionsweise konstituiert werden können. Resultat des kapitalistisch betriebenen Produktionsprozesses nämlich ist, dass das produzierte Mehrprodukt und der diesem entsprechende Mehrwert in das Eigentum des Kapitals übergehen und somit das Kapital – also die dieses repräsentierenden Kapitalist:innen – stetig an Reichtum gewinnt; während die Lohnarbeitenden trotz der Schaffung von Produkt und Mehrprodukt durch ihre Arbeitsverausgabung nach Produktionsende nicht an Eigentum gewonnen, sondern ihren Lohn zur Aufrechterhaltung ihres Lebens verzehrt haben und daher ihr Arbeitsvermögen in der nächsten Produktionsperiode zur Sicherstellung ihrer Existenz erneut verkaufen müssen. Dieser (dialektisch beschaffene) Zwangscharakter der kapitalistischen Produktionsweise ist die Voraussetzung der Kapitalverwertung und somit der Existenz der kapitalistischen Produktionsweise selbst (siehe die Abschnitte 2.2.3.3 und 2.2.3.5). Marx beschreibt im Rahmen seiner Produktionstheorie also eine wachsende ökonomische Ungleichheit zwischen den Eigentümer:innen der Produktionsmittel und den Lohnarbeitenden. Darüber hinaus schildert er, als eine notwendige Folge des Kapitalstrebens nach maximaler Verwertung, die stetige ‚Herabdrückung' der Arbeitenden auf ein niedriges ökonomisches Niveau im Sinne ihrer ‚Vertierung' (siehe Abschnitt 2.2.3.7). Mit der Befriedigung der materiellen Grundbedürfnisse aller auf der Erde lebenden Menschen und ihrer gleichberechtigten Möglichkeit zur Realisierung der eigenen Fähigkeiten ist die kapitalistische Produktionsweise somit nicht vereinbar.

Die marxsche Theorie eröffnet also die Sicht auf eine theoretische Leerstelle der Wachstumskritik: Meadows et al. (1972) fragen nicht nach der spezifischen Beschaffenheit der gegenwärtigen Wirtschafts- und Gesellschaftsform, und ebenso wenig danach, ob eine nicht-wachsende Ökonomie und die egalitäre Gesellschaftsvision des *Global Equilibrium* in ihrem Rahmen überhaupt möglich sind – sie erkennen nicht, dass die historisch spezifischen ökonomischen Verhältnisse überhaupt eine Relevanz für die Problematik des Wirtschaftswachstums besitzen. Dadurch werden entscheidende Einsichten in das Phänomen des Wirtschaftswachstums, in seinen Grund und in seine mögliche Überwindung in Form eines *Global Equilibrium* verfehlt. Indem gerade von den die materielle Produktion und somit auch die Produktenmenge bestimmenden ökonomischen Verhältnissen methodisch abstrahiert wird, erweist sich das quantitativ-formale Weltmodell von Meadows et al. (1972) – trotz des hinter ihm stehenden enormen theoretischen, mathematischen und empirischen Aufwandes – als unterkomplex.

Die gleiche Kritik ist auch an die Beiträge von Georgescu-Roegen (1973) und Boulding (1973) zu richten. Auch Georgescu-Roegens (1973) Theorie erweist sich – trotz ihrer für den ökologischen Diskurs so zentralen Einsichten – als unterkomplex, insofern Produktionsprozesse *nicht* hinreichend durch physikalische Gesetzmäßigkeiten erklärt werden können; sie sind nämlich – und diese Erkenntnis vermittelt die marxsche Theorie – nicht nur (aber eben *auch*) naturgesetzlich determiniert, sondern zugleich gesellschaftlich durch die historisch spezifische Produktionsweise bestimmt, in die sie eingebettet sind. Um die aus dem stetigen Wirtschaftswachstum entspringenden ökologischen Probleme zu lösen beziehungsweise die Entstehung neuer ökologischer Probleme zu verhindern, reicht es somit nicht aus, die materielle Produktion als naturgesetzlich verlaufenden physikalischen Prozess zu verstehen und begrifflich zu erfassen; sondern es sind zugleich die ökonomischen Verhältnisse zu analysieren, die eine Konstanthaltung der hergestellten Produktenmenge – und diese Konstanthaltung ist gerade die aus dem naturwissenschaftlichen Verständnis der Ökonomie folgende Forderung – nicht erlauben, und die Frage zu stellen, welche gesellschaftlichen Veränderungen notwendig sind, um die Realisierung dieser Forderung und ein ihr entsprechendes neues Menschen-Natur-Verhältnis zu ermöglichen.

Auch Bouldings (1973) metaphorisch formulierte Differenzierung zweier Wirtschaftsformen kommt ein theoretisches Verdienst zu, insofern sie die Unterschiede zwischen einer wachsenden und einer stationären Wirtschaft verdeutlicht, die irrationale ‚Wachstumssucht' moderner Gesellschaften gedanklich erfasst und ihr das Gegenbild einer ökologisch nachhaltigen ökonomischen Praxis entgegenstellt. Boulding (1973) versäumt es jedoch, die beiden Wirtschaftsformen in ökonomischen Verhältnissen zu fundieren: Er gelangt nicht zu der Erkenntnis, dass die spezifischen ökonomischen Verhältnisse, in denen die Mitglieder einer Gesellschaft zueinander stehen, der Grund der spezifischen Wirtschaftsform dieser Gesellschaft sind. Dadurch erkennt er auch nicht, auf Grund welcher ökonomischer Verhältnisse die *Cowboy Economy* entstand und wie sie zu modifizieren sind, um so etwas wie eine *Spaceman Economy* überhaupt erst konstituieren zu können. Mit anderen Worten: *Cowboy Economy* und *Spaceman Economy* erscheinen bei Boulding (1973) als gesellschaftlich gleichsam ‚in der Luft schwebende' Wirtschaftsformen. Somit erweist sich auch Boulding (1973) als gleichsam blind gegenüber der Frage nach historisch spezifischen ökonomischen Verhältnissen. Vielmehr scheint er – dieser Eindruck drängt sich bei der Lektüre seines Aufsatzes auf – die Wirtschaftsform einer Gesellschaft auf das Weltbild der Gesellschaftsmitglieder – *Open Earth* oder *Closed Earth* – zurückzuführen. Somit erklärt Boulding (1973) ökonomische Phänomene letztlich durch ideologische Formen, ohne zu erklären – und es überhaupt als erklärungsbedürftig zu erkennen –, woher diese ideologischen Formen ihrerseits stammen.

Zu konstatieren ist also, dass der Diskurs um die Grenzen des Wachstums von den historisch spezifischen ökonomischen Verhältnissen abstrahiert. Folge dieser theoretischen Schwäche ist ein überbordender Pessimismus *oder* Optimismus wachstumskritischer Theorien bezüglich der Lage der Menschheit und der Frage nach der Realisierbarkeit einer nicht-wachsenden Ökonomie. Georgescu-Roegen (1973) vertritt eine pessimistische Auffassung, indem er das Phänomen des Wirtschaftswachstums auf anthropologische und somit historisch nicht wandelbare Eigenschaften des Menschen zurückführt; entsprechend sieht er keine Hoffnung, das Ziel einer nicht-wachsenden und somit ökologisch nachhaltigen Wirtschaft zu realisieren:

> Once man expanded his biological powers by means of industrial artefacts, he became *ipso facto* not only dependent on a very scarce source of life support but also addicted to industrial luxuries.

> It is as if the human species were determined to have a short but exciting life. Let the less ambitious species have a long but uneventful existence (47).

Da Georgescu-Roegen (1973) die historische Variabilität ökonomischer Verhältnisse nicht erfasst, erscheint ihm das Phänomen des Wirtschaftswachstums als unveränderlich und unvermeidlich. Die meisten übrigen Teilnehmer:innen des wachstumskritischen Diskurses der 1960er- und 1970er-Jahre teilen diese pessimistische Sichtweise jedoch nicht, sondern sind durch einen – wie sich im historischen Rückblick zeigt: naiven – Optimismus geprägt. In *technokratischer* Manier vertreten sie die Auffassung, der ökonomische Prozess könne – unter Abstraktion von den ökonomischen Verhältnissen – wie eine Maschine von wissenschaftlich-politischer Seite rational und bewusst geplant, gesteuert und ‚umprogrammiert' werden.[415] Diese von Luks (2013) als „Steuerungsoptimus" im Sinne einer „Planbarkeit der Gesellschaft" (32) bezeichnete Auffassung basiert auf der Prämisse, Wirtschaftswachstum könne ‚einfach so', ohne Transformation der ökonomischen Verhältnisse durch die Politik begrenzt oder gestoppt beziehungsweise es könnten beliebige Wachstumsraten festgelegt werden. Zu diesem optimistischen Strang des wachstumskritischen Diskurses zählen Meadows et al. (1972), deren Studie die implizite Auffassung zugrunde liegt, das Wachstum könne – sobald durch wissenschaftliche Forschung seine ökologische und letztlich auch sozial-ökonomische Destruktivität erwiesen sei – schlicht ‚ausgeschaltet' werden. Dabei wird, wie Luks (2013) einwendet, freilich vergessen, dass das Wirtschaftswachstum kein „von politischen Entscheidungsträgern beschlossenes Phänomen" (33) ist und deshalb auch nicht durch eine bloße politische Entscheidung abgeschafft zu werden vermag. Zu ergänzen aus marxscher Sicht ist hier: Das Stoppen des Wirtschaftswachstums kann in die gegenwärtigen ökonomischen Verhältnisse nicht einfach induziert werden, da sie Wirtschaftswachstum als Bedingung ihrer Existenz voraussetzen; notwendig für eine ökologische Gesellschaft ist daher, diese ökonomischen Verhältnisse selbst aufzuheben.

Der konstatierte ‚Steuerungsoptimismus' ist das zweite Unterscheidungsmerkmal des ökologischen Diskurses der 1960er- und 1970er-Jahre von demjenigen der Gegenwart (vgl. Luks 2013, 32f.).[416] Die Abkehr von der ‚steuerungsoptimistischen' Auffassung in der Gegenwart reflektiert sich im Kontext der Wachstumskritik in dem Ansatz von Niko Paech (2012).[417] Paech (2012, 10) vertritt – der Grundeinsicht der Wachstumskritik folgend – die Auffassung, das Wirtschaftswachstum und die mit ihm einhergehende Steigerung des materiellen Wohlstandes seien aufgrund der Endlichkeit naturaler Faktoren dauerhaft nicht aufrechtzuerhalten und die Ursache massiver ökologischer Probleme bereits in der Gegenwart. Diese Einsicht stellt für Paech (2012,

---

[415] O'Connor (1988) spricht instruktiv von „Club of Rome technocratism" (13).
[416] Die andere differenzierende Bestimmung ist die herausgehobene Stellung der ökologischen Senkenfunktion, welche sich erst im neueren ökologischen Diskurs der Gegenwart findet (s. Abschnitt 3.1.2.3).
[417] Für eine Kritik dieses Ansatzes vgl. Luks (2013, XIIf.).

11 und 128 f.) freilich keine ‚schlechte Nachricht' dar, als wäre der Traum von einem guten Leben in stetig steigendem materiellen Wohlstand für die Menschen gleichsam ‚ausgeträumt'; vielmehr erweise sich die kontinuierlich wachsende Produktenmenge gerade als etwas, das ein gelingendes, ‚gutes' Leben unmöglich mache:

> Derzeit verzetteln wir uns in einer reizüberfluteten Konsumsphäre, die unsere knappste Ressource aufzehrt, nämlich Zeit [...]. Wir kommen nicht mehr zur Ruhe, denn wo wir stehen, gehen oder auf ein Display schauen, ereilen uns neue Angebote der Selbstverwirklichung, die zur Kenntnis genommen und genutzt werden wollen. Unter dem Regime der Zeitknappheit hat das Wachstum der individuellen Möglichkeiten einen verheerenden Preis, nämlich Oberflächlichkeit – und die macht niemanden glücklich, sondern befördert den Burnout. Viele Verheißungen des modernen Zeitalters sind verwirklicht: Wir sind frei, haben Geld und dürfen ständig darüber entscheiden, wie wir aus unserem Leben das Beste machen. Und ausgerechnet all dies wird nun zum Stressfaktor – was für eine Ironie. [...] Hilfe verspricht die Konzentration auf eine überschaubare Anzahl von Optionen, sodass Zeit und Aufmerksamkeit reichen, um diese Dinge lustvoll genießen zu können. Wer sich elegant eines ausufernden Konsum- und Mobilitätballastes entledigt, ist davor geschützt, im Hamsterrad der käuflichen Selbstverwirklichung orientierungslos zu werden (Paech 2012, 11).

Somit eröffnet sich für Paech (2012, 126) ein Weg, die Abkehr von Wirtschaftswachstum und der ihm entsprechenden zunehmenden Produktenmenge nicht als *Einschränkung*, sondern umgekehrt als *Ermöglichung* eines ‚guten Lebens' zu verstehen. Geboten aus strebensethischen, das eigene gelingende Leben betreffenden Gründen sei daher, „sich von Wohlstandsschrott zu befreien, der nur unser Leben verstopft" (Paech 2012, 130):

> Wer in materieller Optionenvielfalt zu versinken droht, verzichtet nicht durch Reduktion, sondern befreit sich von Überflüssigem. Sich klug jener Last zu entledigen, die viel Zeit kostet, aber nur minimalen Nutzen stiftet, führt im Übrigen zu mehr Unabhängigkeit vom volatilen Marktgeschehen, von Geld und Erwerbsarbeit. Die Kunst der Reduktion bedeutet auch Angstfreiheit (Paech 2012, 130).

Es liege in der Eigenverantwortung und dem individuellen Handeln jeder Person selbst, zugunsten des eigenen ‚guten Lebens' sich eines stetig zunehmenden Übermaßes an materiellen Gütern – ‚Wohlstandsschrott' – zu entledigen. Somit liege auch der Schlüssel zur Lösung der durch das Wirtschaftswachstum verursachten ökologischen Krise und zur Sicherstellung einer nachhaltigen sozioökonomischen Entwicklung in Form einer *Postwachstumsgesellschaft*[418] in einer *Reform der individuellen Lebensführung*. Zwar seien abstrakt betrachtet politische Maßnahmen und Instrumente denkbar, mit denen der Übergang in eine Postwachstumsgesellschaft realisiert werden könnte (vgl. Paech 2012, 134–138), aber es

---

418 Dies ist der Terminus von Paech (2012) für diejenige Gesellschafts- und Wirtschaftsform, die von Meadows et al. (1972) als *Global Equilibrium* bezeichnet wird.

dürfte eine Postwachstumsökonomie ohnehin jeden politischen Akteur überfordern, solange die Systemlogik zeitgenössischer Konsumdemokratien durch einen Überbietungswettbewerb in Bezug auf weitere Freiheits- und Wohlstandsversprechungen gekennzeichnet ist (Paech 2012, 139f.).

Die individuellen Handlungen von Einzelpersonen und die ihnen zugrunde liegenden Entscheidungen für die Abkehr von einem material- und energieintensiven Lebensstil seien unter den gesellschaftlichen Bedingungen einer ‚Konsumdemokratie' das allein viable Instrument zur Lösung der Wachstumsproblematik und der ökologischen Krise; erst wenn die Gesellschaftsmitglieder eine eigene ökologisch nachhaltige und wachstumsneutrale Lebensführung pflegten, würden politische Maßnahmen zur Konstituierung der Postwachstumsgesellschaft möglich (vgl. Paech 2012, 140f.). In dieser Abkehr von makrogesellschaftlichen Strategien im Umgang mit den ‚Grenzen des Wachstums' drückt sich der Verlust jenes ‚Steuerungsoptimismus' aus, der die früheren wachstumskritischen Entwürfe auszeichnet.

Jene anhand von Paechs (2012) Theorie exemplarisch dargestellte Tendenz des gegenwärtigen ökologischen Diskurses, zur Lösung der ökologischen Krise auf die individuelle Lebensführung von Einzelpersonen zu rekurrieren, bezeichnet Grunwald (2010, 2011) als *Privatisierung der Nachhaltigkeit.* Er führt dieses Phänomen kausal auf das Scheitern politischer Versuche zur Lösung der ökologischen Krise – wie etwa der UN-Klimakonferenzen – zurück; da diese ‚großen' Lösungen gescheitert seien, werde nun ‚im Kleinen', also in der Sphäre individueller Lebensführung – durch Stromsparen oder Verzicht auf Fernreisen und Privat-PKW – versucht, die ökologische Krise zu lösen (vgl. Grunwald 2010, 178):

> Privates Nachhaltigkeitshandeln richtet den Umgang mit Konsumartikeln, Umweltgütern und Dienstleistungen an Nachhaltigkeitsaspekten aus. Spreche ich von einer Privatisierung der Nachhaltigkeit, meine ich eine Verschiebung der Erwartungen, weg von der politischen Ebene hin zum privaten Handeln. Zunehmend wird, [...], der Schlüssel zur Lösung der Nachhaltigkeitsprobleme im privaten Handeln gesehen (Grunwald 2010, 178).

Diese Tendenz kritisiert Grunwald (2010) mit zwei Argumenten:
- Privatpersonen verfügten nicht über das erforderliche Wissen, um durch eigenes Handeln und Entscheiden tatsächlich ökologische Probleme lösen zu können. Ob beispielsweise ein materielles Produkt die natürliche Umwelt weniger belaste als ein anderes, werde durch alle relevanten Vorgänge in seinem gesamten Lebenszyklus (Produktion, Nutzung, Entsorgung) entschieden, aber eine solche ‚Lebenszyklusbilanz' lasse sich ohne fundiertes natur- und ingenieurwissenschaftliches Fachwissen nicht aufstellen (vgl. Grunwald 2010, 179).
- Auch Handlungen, die *prima facie* unmittelbar zur Lösung ökologischer Probleme beitrügen und daher keine Lebenszyklusbilanz erforderten – wie etwa Wasser- und Energiesparen –, trügen *faktisch* nicht notwendig zur Lösung ökologischer Probleme bei:

Denn zwischen das private Handeln und dessen Folgen für die Umwelt können gesellschaftliche intermediäre Ebenen zwischengeschaltet sein, die durch systemische Effekte die intendierten Folgen individuellen Umwelthandelns transformieren, konterkarieren oder sogar in ihr Gegenteil verkehren können [...]. Ein Beispiel ist das Stromsparen. Durch das System des Zertifikathandels führt eine Verringerung des Stromverbrauchs bei privaten Verbraucher(inne)n keineswegs *automatisch* zu verringerten CO_2-Emissionen. Da die Gesamtzahl der Zertifikate gleich bleibt, können die durch einen reduzierten privaten Stromverbrauch frei werdenden Emissionsrechte von anderen Emittenten, beispielsweise aus der Stahl- und Aluminiumproduktion, genutzt werden, um entsprechend mehr zu emittieren (Grunwald 2010, 179 f.).

Anhand dieser Argumente werde deutlich, „dass Nachhaltigkeit eben keine private Angelegenheit ist und sich nicht privatisieren lässt" (Grunwald 2010, 180), sich durch individuelles Handeln allein die ökologische Krise also nicht lösen lasse, sondern häufig bloße Scheinlösungen hervorgebracht würden (vgl. Grunwald 2010, 182).

Als Alternative schlägt Grunwald (2010, 2011) eine *Politisierung der Nachhaltigkeit* vor.[419] Diese sei nicht so zu verstehen, als könnten die Personen der modernen Gesellschaft sich gleichsam ‚zurücklehnen' und die Lösung der ökologischen Krise dem politischen System überlassen, welches autark und ohne ihre Mitwirkung funktioniere. Vielmehr komme es in der Tat auf das Entscheiden und Handeln der einzelnen Personen an, aber nicht bezüglich ihrer individuellen Lebensführung, sondern in Hinblick auf „die politische Dimension des individuellen Handelns" (Grunwald 2010, 181):

> Die Individuen sind nicht nur Konsument(inn)en oder privat mit umweltrelevanten Handlungen Befasste, sondern auch politische Akteure als Bürger(innen) ihrer Gemeinwesen und als Mitglieder der Zivilgesellschaft. [...] Den Individuen kommt die Aufgabe zu, im Rahmen ihrer Beteiligung an für die Lösung der Nachhaltigkeitsprobleme relevanten Teilsystemen so zu handeln, dass das entsprechende Teilsystem in eine ökologische Richtung ‚gedrängt' wird. Dies betrifft primär das Handeln im politischen System, da dort die verbindlichen und legitimationspflichtigen Rahmenbedingungen für andere Systeme, also etwa auch für das Wirtschaftssystem, festgelegt werden. Individuelles Nachhaltigkeitshandeln bestünde in dieser Wendung darin, sich in den politischen Debatten, in denen über nachhaltigkeitsrelevante Ziele oder Maßnahmen gesprochen wird, zu engagieren und dazu beizutragen, dass nicht kurzfristige Interessen ohne Rücksicht auf Nachhaltigkeitsbelange dominieren (Grunwald 2010, 181).

> Ich habe weniger das politische *System* im Blick als die Individuen als *Bürger(innen)* und deren Möglichkeiten, das politische System in Richtung nachhaltiger Entwicklung zu drängen. [...] Ich meine eine *Politisierung* der Nachhaltigkeit im Sinne des politischen Engagements der Bürger(innen), aber keine *Verstaatlichung!* Die Unterscheidung zwischen dem politischen Handeln der Bürger(innen), die in einer Polis über den weiteren Gang der Dinge debattieren und durch ihr politisches Engagement genau diesen Gang beeinflussen, und einem mehr oder weniger gut funktionierenden System von Institutionen und Strukturen, ist hier wesentlich (Grunwald 2011, 18).

---

419 In der Theorie *gesellschaftlicher Naturverhältnisse* (vgl. Böhme 2003, Görg 2004b und Karathanassis 2010) wird ebenso nicht das Interesse auf das individuelle Handeln von Personen gelenkt, sondern das Verhältnis spezifischer Gesellschaftsformen zur Natur untersucht.

Die Mitglieder der modernen Gesellschaft als Bürger:innen, also als politisch Handelnde, seien somit diejenige Instanz, die die ökologische Krise zu bewältigen sowohl verantwortlich als auch imstande sei. Übertragen auf die Frage nach dem Wirtschaftswachstum heißt das: Eine Postwachstumsgesellschaft vermag realisiert zu werden, indem die Gesellschaftsmitglieder jeweils durch ihr individuelles politisches Engagement das politische System (im Sinne der Gesetzgebung, wirtschaftspolitischer Maßnahmen, ...) weiterentwickeln und ‚formen'. Die Konzeption von Grunwald (2010, 2011) bietet somit eine theoretische Ergänzung zu den ‚steuerungsoptimistischen' wachstumskritischen Ansätzen der 1960er- und 1970er-Jahre: Während in diesen unklar bleibt, *wie* der Übergang zu einer nicht-wachsenden Wirtschaft gestaltet werden kann – Meadows et al. (1972) verweisen nur abstrakt auf die ‚Menschheit', ohne zu klären, welche konkreten Akteure den ökonomischen Wandel vollziehen sollen –, nennt Grunwald (2010, 2011) das Subjekt dieser politischen Konstituierung einer Postwachstumsgesellschaft: die einzelnen Gesellschaftsmitglieder als politisch Handelnde.

Die von Grunwald (2010, 2011) vorgebrachten Argumente gegen ökologische Theorien, die auf die individuelle Lebensführung als Lösung der ökologischen Krise rekurrieren, sind sicherlich überzeugend. Die marxsche Theorie erlaubt es freilich, über diese Argumente hinausgehend eine grundlegende Kritik der Konzeption von Paech (2012) zu entwerfen. Paech (2012) begründet erinnerlich seine These, der Übergang zur Postwachstumsgesellschaft könne einzig durch eine Reform der individuellen Lebensführung ermöglicht werden, mit der „Systemlogik zeitgenössischer Konsumdemokratien" (139), deren beständiges Versprechen auf wachsenden materiellen Wohlstand jeden auf demokratischer Basis agierenden und die Etablierung einer Postwachstumsgesellschaft intendierenden politischen Akteur überfordere.[420]

Paech (2012) ist aus marxscher Perspektive *erstens* insofern Recht zu geben, als dass politische Maßnahmen – ergänze: unter Beibehaltung der bestehenden ökonomischen Verhältnisse – nicht zur Etablierung einer Postwachstumsgesellschaft zu führen vermögen. Wie im Verlauf dieser Arbeit bereits gezeigt wurde, stellt eine kontinuierliche Expansion, die unter anderem ein kontinuierliches Wachstum der hergestellten Produktenmenge umfasst, die Existenzbedingung der kapitalistischen Produktionsweise dar. Die kapitalistische Produktionsweise ist, da Expansion zu ihrem Wesen gehört, nur unter der Voraussetzung stetigen Wirtschaftswachstums stabil; ohne Wirtschaftswachstum kommt es zur ökonomischen Krise beispielsweise in Form massiver und zunehmender Arbeitslosigkeit (siehe dazu Abschnitt 3.1.3.2). Diese krisenhafte Reaktion der kapitalistischen Produktionsweise auf ausbleibendes Wirtschaftswachstum ist Folge des Warentauschs als des ihr zugrunde liegenden ökono-

---

420 Interessanterweise eröffnet Paech (2012) hier die Möglichkeit, zugunsten der Etablierung einer diktatorischen politischen Ordnung zu argumentieren: Wenn die Politik aufgrund der konsumistischen Systemlogik der Demokratie die ökologische Krise nicht zu lösen vermöge, dann bleibe immer noch ein politischer Akteur, der auf solche Systemlogiken und die hinter ihnen stehenden Mehrheiten keine Rücksicht nehme. Diese Schlussfolgerung liegt sicherlich aber nicht in der Intention von Paech (2012).

mischen Verhältnisses (und des daraus entspringenden Widerspruchs zwischen Gebrauchs- und Tauschwert), ist ihr also gleichsam als eine Systemlogik eingeschrieben und vermag daher durch politische Maßnahmen nicht verhindert – wenn auch wohl gemildert – zu werden. Daraus ist zu schlussfolgern: Eine demokratische Regierungsform vorausgesetzt, ist der politisch induzierte Übergang zu einer Postwachstumsgesellschaft auf Basis der kapitalistischen Produktionsweise nicht möglich, da dieser Übergang aufgrund des wesenhaft expansiven Charakters der kapitalistischen Produktionsweise für die Gesellschaftsmitglieder massive negative Folgen mit sich führt und daher nicht mehrheitsfähig ist.[421] Das liegt freilich nicht allein in einem übermäßig konsumistischen Lebensstil der Gesellschaftsmitglieder begründet – was Paech (2012) offenbar impliziert –, sondern ebenso auch darin, dass sie ohne Wirtschaftswachstum aufgrund der ökonomischen Krisenentwicklung Gefahr laufen, nicht einmal ihre grundlegenden Bedürfnisse befriedigen zu können.

Die Bedürfnisse der Gesellschaftsmitglieder nach einem kontinuierlich zunehmenden materiellen Konsum und somit nach einer stetig wachsenden Produktenmenge – darauf rekurriert ja die Rede Paechs (2012) von der ‚Konsumdemokratie' und ihren immer ‚weiteren Freiheits- und Wohlstandsversprechungen' – sind *zweitens* selbst Produkt der kapitalistischen Produktionsweise. In der Tat ist eine überhistorische Gesetzmäßigkeit feststellbar, insofern im historischen Verlauf die Produktivkraft – wenn auch mit historisch variabler Geschwindigkeit – zunimmt und ihr entsprechend sich die Bedürfnisse beständig ausweiten und immer weiter vom schlechthin Naturnotwendigen entfernen. Die *spezifische* Beschaffenheit und *spezifische* Ausweitung der Bedürfnisstruktur der Mitglieder der kapitalistischen Gesellschaft sind jedoch Resultat der *spezifischen* Formung durch die kapitalistische Produktionsweise. In dieser wird nämlich die Ausbildung und Ausweitung derjenigen Bedürfnisse fokussiert, die durch warenförmige Güter befriedigt zu werden und dadurch zur Kapitalverwertung beizutragen vermögen, während andere Bedürfnisse – etwa nach zweckfreier, ökonomisch im Sinne der Kapitalverwertung nicht brauchbarer intellektueller Betätigung oder nach eigenständiger Reparatur von Produkten anstelle des zyklischen ‚Wegwerfens und Neukaufens' – unterentwickelt bleiben oder verkümmern. Paech (2012) ist also mittels der marxschen Theorie dahingehend zu ergänzen, dass die konsumistische Bedürfnisstruktur der Mitglieder kapitalistischer Gesellschaft spezifisches Resultat der kapitalistischen Produktionsweise ist; sie kann somit durch – und *einzig* durch – Aufhebung dieser Produktionsweise modifiziert werden.

Die Rede Paechs (2012) von der ‚Konsumdemokratie' erweckt den Anschein, als wäre der Zweck der materiellen Produktion in der modernen Gesellschaft die Herstellung von Konsumgütern, als ginge es in der modernen Ökonomie also darum, eine möglichst umfangreiche und breitgefächerte Warenmenge für die Gesellschaftsmit-

---

[421] Eben hieran zeigt sich, dass die Politik – wie jede andere gesellschaftliche Sphäre auch – durch die Ökonomie, also durch die ökonomischen Verhältnisse (freilich nicht in deterministischer Form) bestimmt ist (s. Abschnitt 2.1.1).

glieder zu produzieren, um diesen einen ebenso umfangreichen und breitgefächerten Konsum zu ermöglichen. Paech (2012) ist vor dem Hintergrund der marxschen Theorie jedoch *drittens* dahingehend zu berichtigen, dass in der modernen Gesellschaft und der ihr entsprechenden Produktionsweise nicht die Herstellung von über Gebrauchswert verfügenden Gegenständen, sondern die Generierung von Mehrwert Zweck der materiellen Produktion ist. Hier liegt auf Paechs (2012) Seite offenbar ein grundlegender Irrtum hinsichtlich der Grundstruktur der modernen Ökonomie vor: Das Wirtschaftswachstum ist überhaupt nicht Folge des Versuchs, die gleichsam unersättlichen Gesellschaftsmitglieder mit ihren immer weiter und weiter zunehmenden Bedürfnissen mit Konsumgütern zu versorgen, wie Paech (2012) sich das offenbar vorstellt; sondern Folge des unersättlichen und aus seiner begrifflichen Grundstruktur notwendig hervorgehenden Expansionsdranges des Kapitals (siehe Abschnitt 2.2.3.6). Da der Zweck der kapitalistisch betriebenen Produktion einzig in der Wertgenerierung liegt, werden auch ökologisch destruktive Folgen der Produktion, solange sie keine für das Kapital unmittelbar wahrnehmbare negative Folgen hinsichtlich seiner Verwertung haben, nicht weiter berücksichtigt (siehe Abschnitt 3.1.1.2). Das anhaltende Insistieren auf der Fortsetzung des Wirtschaftswachstums trotz der von ihm ausgehenden ökologischen Probleme ist somit ebenso wenig auf überbordende und unersättliche Bedürfnisse der Gesellschaftsmitglieder, sondern auf den Kapitalbegriff und somit auf die ökonomischen Verhältnisse der modernen Gesellschaft als seinen Grund zurückzuführen.

Aus dem Dargestellten folgt *viertens*, dass – entgegen der Auffassung von Paech (2012) – eine Lösung für die Wachstumsproblematik auf gesellschaftlicher Ebene existiert: Die Konstituierung einer Postwachstumsgesellschaft ist möglich durch Aufhebung der auf dem Warentausch basierenden ökonomischen Verhältnisse, der ihnen entsprechenden Gesellschaft und den dadurch induzierten Übergang zu einer anderen, postkapitalistischen Produktionsweise. In einer solchen postkapitalistischen Gesellschaft und Produktionsweise wäre es dann möglich[422], den Produktionszweck in die Herstellung von über Gebrauchswert verfügenden Gegenständen zu setzen. Es gäbe somit keine gesellschaftlich-ökonomische Notwendigkeit zum Wirtschaftswachstum mehr, sondern die Gesellschaftsmitglieder könnten frei darüber entscheiden, in welchem quantitativen Umfang mit welchen Produktivkräften sie brauchbare Gegenständen herstellen. Hierdurch würden dann auch politische, demokratisch legitimierte Maßnahmen und Reformen zur Beschränkung des maximalen Umweltverbrauchs und der daraus resultierenden maximalen Produktenmenge möglich werden, die im Kontext der kapitalistischen Produktionsweise nicht möglich waren. Ebenso möglich wäre die Ausbildung einer neuen Bedürfnisstruktur der Gesellschaftsmitglieder, die ganzheitlich die Fokussierung auf warenförmige Konsumgüter hinter sich ließe und tatsächlich durch Universalität gekennzeichnet wäre. Zu-

---

422 *Möglich,* nicht *notwendig:* Eine postkapitalistische Gesellschaft ist nicht notwendigerweise ökologisch nachhaltig; sie bietet aber ihren Mitgliedern die Möglichkeit, sie so zu gestalten (s. Abschnitt 4).

sammengefasst wäre durch die Aufhebung der ökonomischen Verhältnisse und der ihnen entsprechenden Gesellschaft die Konstituierung einer ökologisch nachhaltigen Postwachstumsgesellschaft möglich. Diese Aufhebung stellt zugleich – aufgrund der inhärenten Expansionsdynamik des Kapitals – die *notwendige Bedingung* der Konstituierung der Postwachstumsgesellschaft dar.

Umgekehrt ist *fünftens* aus dem Vorangegangenen die Schlussfolgerung zu ziehen, dass die individuelle Lebensführung allein – ohne Aufhebung der ökonomischen Verhältnisse auf gesellschaftlicher Ebene – entgegen der Auffassung von Paech (2012) nicht die Konstituierung einer Postwachstumsgesellschaft zu ermöglichen vermag:
– Zwar können die Gesellschaftsmitglieder ihre jeweils eigene individuelle Lebensführung ökologisch umzugestalten intendieren. Dies wird aber im Kontext der kapitalistischen Produktionsweise durch verschiedene Aspekte erschwert, indem ökologisch und wachstumskritisch motiviertes individuelles Handeln immer in der Gefahr steht, durch das Kapital und seine Selbstverwertung gleichsam vereinnahmt zu werden: So erhalten im Rahmen der kapitalistischen Produktionsweise Tätigkeiten wie die Reparatur von Gebrauchsgegenständen, die der wachstumskritischen Parole ‚Reparieren statt Wegwerfen!' entsprechen und oftmals zunächst in Selbst- oder ‚Nachbarschaftsarbeit' durchgeführt werden, aufgrund der expansiven Dynamik des Kapitals[423] häufig warenförmigen Charakter. Das bedeutet, dass sie von profitorientierten Unternehmen angeboten werden, denen gegenüber sich die Handelnden als Warenbesitzende beziehungsweise Marktteilnehmende verhalten, also sich von den angebotenen, aus Warentauschlogik ‚attraktiven' ‚Serviceleistungen' (hinsichtlich Zeitersparnis, Bequemlichkeit, …) überzeugen lassen und für die angebotenen Dienstleistungen den entsprechenden, monetär bewerteten Tauschwert bezahlen. Diese Unternehmen unterliegen als Einzelkapitalien dem ‚Zwangsgesetz' der Konkurrenz, das die begrifflichen Kapitalbestimmungen in konkrete gesellschaftliche Realität übersetzt, so dass die kapitalistische Expansionsdynamik durch das Agieren der Unternehmen realisiert wird.[424] Hieran zeigt sich, dass den Handelnden ihr Beitrag zur Realisierung der Kapitalbestimmungen durch ihr eigenes Handeln nicht bewusst sein muss, sondern diese Realisierung – sofern sie als Warenbesitzende beziehungsweise Marktteilnehmende handeln – gleichsam ‚hinter ihrem Rücken' vorgehen kann, so dass ihre subjektiven Zwecke ganz andere als die der Kapitalverwertung sein mögen. Hinzu kommt, dass viele in der kapitalistischen Produktionsweise hergestellte Waren nicht zur Reparatur – und erst recht nicht zur

---

[423] Es handelt sich hier genauer gesagt um die *Expansion des Warentauschs und der kapitalistischen Produktionsweise in bislang nicht austauschförmig organisierte und nicht kapitalistisch produzierende Bereiche der Ökonomie sowie in bislang außerhalb der Ökonomie stehende Gesellschaftsbereiche* (s. Abschnitt 2.2.3.6).

[424] Bspw. werden Ersatzteile häufiger als nötig gewechselt, um Profit zu generieren, was zugleich – entgegen der ursprünglichen Intention der Handelnden – das Wirtschaftswachstum und den Ressourcenverbrauch befördert. Das ließe sich durch unzählige weitere Beispiele ergänzen.

eigenhändigen – geeignet sind, so dass auch für wachstumskritische Personen aufgrund des vorhandenen, entsprechend dem Verwertungsstreben des Kapitals geformten Warenangebots häufig nichts anderes übrig bleibt, als defekte Gegenstände letztlich durch neue zu ersetzen. Diese exemplarischen Erörterungen zeigen, dass die ökologisch-wachstumskritische Ausrichtung der individuellen Lebensführung unter der Bedingung kapitalistischer ökonomischer Verhältnisse nicht (oder kaum) möglich ist.

– Und selbst wenn eine ökologisch und wachstumskritisch orientierte individuelle Lebensführung abstrakt möglich sein sollte, wäre für die Frage des Wirtschaftswachstums und der Verhinderung ökologischer Probleme kaum etwas gewonnen. Aufgrund der dargestellten spezifisch kapitalistischen Formung der Bedürfnisstruktur der Gesellschaftsmitglieder wird wachstumskritisches Denken und Handeln in gesamtgesellschaftlicher Perspektive gedämpft;[425] zugleich und umgekehrt wird durch den – mit dem Tauschwertbegriff einhergehenden – Fetischismus die ideologische Auffassung befördert, Wirtschaftswachstum sei gleichsam naturnotwendig und eine nicht-wachsende Ökonomie könne quasi-naturgesetzlich nicht existieren. In diesem gesellschaftlichen und ideologischen Umfeld wird somit die Konstanthaltung der Produktenmenge auf gesellschaftlicher Ebene verunmöglicht.

Aus diesen Gründen stellt die individuelle Lebensführung unter Beibehaltung der gegebenen ökonomischen Verhältnisse kein viables Mittel dar, das Wirtschaftswachstum ‚auszustellen' und den Übergang in eine Postwachstumsgesellschaft einzuleiten.

Aus dem Dargestellten folgt auch, dass einerseits Grunwald (2010, 2011) in seiner Kritik an der *Privatisierung der Nachhaltigkeit* zuzustimmen ist. Andererseits ist aber auch er – ähnlich wie die wachstumskritischen Ansätze der 1960er- und 1970er-Jahre – dafür zu kritisieren, dass er einseitig auf politische Maßnahmen rekurriert, ohne die Notwendigkeit der Aufhebung der ökonomischen Verhältnisse der modernen Gesellschaft zu erkennen; ein politisches Engagement zugunsten der ökologischen Umgestaltung der Gesellschaft – so lobenswert es auch sein mag –, das die ökonomischen Verhältnisse unangetastet belässt und im Rahmen dieser gegebenen Verhältnisse gesellschaftliche Veränderungen in ökologischer Hinsicht zu erzielen intendiert, vermag zur Lösung der ökologischen Krise nicht beizutragen. Grunwald (2010, 2011) scheint dies ansatzweise zu erkennen, wenn er – wie oben schon zitiert – schreibt,

> zwischen das private Handeln und dessen Folgen für die Umwelt können gesellschaftliche intermediäre Ebenen zwischengeschaltet sein, die durch systemische Effekte die intendierten Fol-

---

425 Dies gilt nicht nur für diejenigen Mitglieder der modernen Gesellschaft, die ihr Handeln nicht an wachstumskritischen und ökologischen Prinzipien auszurichten intendieren. Auch Personen, die dies tun, sind immer wieder gefährdet, zu dezidert unökologischem Konsum gleichsam ‚angeheizt' zu werden – bspw. durch neue und in der Werbung ‚verführerisch' präsentierte Produkte oder durch das soziale Umfeld.

gen individuellen Umwelthandelns transformieren, konterkarieren oder sogar in ihr Gegenteil verkehren können (Grunwald 2010, 179).

Er gibt jedoch nicht näher an, was diese ‚gesellschaftlichen intermediären Ebenen' sind. Genau dies vermag auf Basis der marxschen Theorie präzisiert zu werden: Es handelt sich dabei um die ökonomischen Verhältnisse der modernen Gesellschaft, deren Ausdruck der Kapitalbegriff ist. Und sie sind es, die politische Handlungsräume definieren und somit politische Gestaltungsmöglichkeiten hin zu einer Postwachstumsgesellschaft, die mit dem Selbstverwertungstrieb des Kapitals unvereinbar ist, beschränken; diese Verhältnisse sind daher allererst aufzuheben.[426]

Paech (2012) und Grunwald (2010, 2011) kommt freilich – bei aller Kritik – ein entscheidendes Verdienst zu: Sie haben durch ihre theoretischen Ausarbeitungen die Relevanz bewussten, auf ökologische Veränderung zielenden subjektiven Handelns für die Lösung der ökologischen Krise aufgezeigt. Auch wenn der jeweilige konkrete Bezugspunkt dieses individuellen Handelns – zum einen die individuelle Lebensführung, zum anderen das politische Handeln in der bürgerlichen Gesellschaft – sich als machtlos zur Lösung der ökologischen Krise erwies, so bleibt doch die Einsicht, dass diese Lösung subjektiven Handelns bedarf – das freilich auf einen anderen Bezugspunkt auszurichten ist. Eben dies ist ja die Einsicht der marxschen Theorie der Aufhebung der kapitalistischen Produktionsweise (siehe Abschnitt 2.2.3.7): Diese schafft – so viel vermag theoretisch erkannt zu werden –, durch einen objektiven, gleichsam ‚automatisch' entsprechend der Kapitallogik verlaufenden Prozess,[427] not-

---

[426] Die in diesem Abschnitt dargestellte Kontroverse zwischen verschiedenen wachstumskritischen Ansätzen ließ einen im ökologischen Diskurs häufig diskutierten Aspekt außen vor: die Technik. Der ‚Steuerungsoptimismus' wird auch vor dem Hintergrund einer technischen Entwicklung, die als unsteuerbar und autonom verlaufend wahrgenommen wird, abgelehnt: „Gegenüber soziozentrischen Ansätzen, die von einer gesellschaftlichen Steuerungsmöglichkeit der Technik ausgehen, betont die technozentrische Perspektive die Eigendynamik technischer Entwicklungen und die Tiefenumformung der Gesellschaft nach technischen Imperativen" (Zimmer 2011, 39). In einer solchen technozentrischen Auffassung könnte zur Lösung der ökologischen Krise nicht auf politische Steuerungsmöglichkeiten, ebenso wenig aber auf die individuelle Lebensführung rekurriert werden. Fetscher (1991) entgegnet – aus der Warte der marxschen Theorie – der technozentrischen Perspektive zu Recht, dass die technische Entwicklung durch die ökonomischen und gesellschaftlichen Verhältnisse allererst bestimmt werde und somit gerade nicht als autonom zu verstehen sei: „Es ist nicht die Technik ‚schlechthin', der wir ‚ausgesetzt' sind, sondern eine zum ‚technischen System' verdinglichte Wirtschaftsordnung, [...]. In Gestalt solcher ‚Systeme' herrscht in der Tat kein Mensch, sondern das in der Technologie verdinglichte Kapital" (9). Dies deckt sich mit der Darstellung der marxschen Theorie in der hier vorliegenden Studie insofern, als dass das Kapital den vorkapitalistischen Produktionsprozess nicht bloß übernimmt, sondern diesen im Verlauf seiner historischen Entwicklung *seinen eigenen Begriffsbestimmungen gemäß formt* (s. Abschnitt 2.2.3.6). Von diesem Ausgangspunkt erweist es sich dann auch als „Irrtum, die vorhandene Gestalt der Technik als deren ‚einzig mögliche' und nicht als historisch gewordenes Produkt der kapitalistischen Entwicklung aufzufassen" (Fetscher 1991, 14). Eine analoge Argumentation wie Fetscher (1991) bietet auch Adler (1964, 31–37).

[427] Der aber immer noch vermittelt ist durch die subjektive Tätigkeit der Gesellschaftsmitglieder.

wendig die materiellen Voraussetzungen ihrer eigenen Aufhebung. Ob diese Voraussetzungen aber praktisch genutzt und die Aufhebung tatsächlich gesellschaftlich vollzogen wird, hängt von der subjektiven Willensbestimmung und dem subjektiven Handeln der Gesellschaftsmitglieder ab, die beide jenseits der Notwendigkeit der Kapitallogik liegen und somit theoretisch nicht prognostiziert zu werden vermögen. Die Aufhebung der kapitalistischen Produktionsweise vollzieht sich, mit anderen Worten, nicht von selbst durch einen objektiven Mechanismus, sondern erfordert den aktiven Entschluss und das konkrete Handeln der Gesellschaftsmitglieder. Übertragen auf die Frage nach der Lösung der ökologischen Krise bedeutet das: Die Aufhebung der ökonomischen Verhältnisse der modernen Gesellschaft – und diese Aufhebung ist für die Lösung der ökologischen Krise eine notwendige Voraussetzung – geschieht nicht ‚einfach so', ‚automatisch' oder gemäß einem objektiven Mechanismus aufgrund ihrer inhärenten (ökonomischen und ökologischen) Widersprüche, sondern muss durch die Gesellschaftsmitglieder tätig realisiert und gleichsam erkämpft werden. Das Insistieren auf der Bedeutung dieses subjektiven Faktors ist – trotz ihrer Schwächen – das Verdienst der Ansätze von Paech (2012) und Grunwald (2010, 2011) für den ökologischen Diskurs. Freilich kann es aufgrund der dargestellten Kritik nicht darum gehen, das eigene Handeln auf die ökologische Umgestaltung der eigenen individuellen Lebensführung oder auf politische Veränderungen auf Basis der gegebenen ökonomischen Verhältnisse zu richten; stattdessen sind die ökologisch und wachstumskritisch bewussten Mitglieder der modernen Gesellschaft dazu aufgerufen, gemeinsam an der Aufhebung dieser gegebenen ökonomischen Verhältnisse zu arbeiten. Es kommt darauf an, den Warentausch als dominantes ökonomisches Verhältnis zu transzendieren, indem die Gesellschaftsmitglieder nicht mehr gemäß seiner Logik – nicht mehr als Warentauschende beziehungsweise Marktteilnehmende – handeln, sondern andere Formen des Zusammenlebens, -arbeitens und -produzierens entwickeln.[428]

Unter der Voraussetzung, dass die eigene Tätigkeit auf die Aufhebung der gegebenen ökonomischen Verhältnisse gerichtet ist, ist eine ökologische Reform der eigenen Lebensführung natürlich für die Lösung der ökologischen Krise relevant, soll die Forderung nach einer postkapitalistischen, nachhaltigen Gesellschaft auch gelebte Realität werden und nicht zur Bigotterie verkommen. Dies erkannt zu haben, ist ein weiteres Verdienst von Paech (2012).

In der in diesem Abschnitt gebotenen Auseinandersetzung mit älteren und neueren Konzepten der Wachstumskritik und einer zu formierenden Gesellschaft

---

[428] Dies kann, um beim oben genannten Beispiel zu bleiben, etwa darin bestehen, bewusst nicht die Dienstleistungen profitorientierter Unternehmen zur Produktreparatur in Anspruch zu nehmen, sondern auf genossenschaftlich betriebene Reparaturwerkstätten zurückzugreifen oder die Gründung einer solchen zu initiieren. Ebenso kann – um weitere Beispiele zu nennen – aber auch sozialer Protest sowie politisches Handeln gegen ‚Privatisierungen', zur Wiedervergesellschaftung kommodifizierter Naturgüter und zur Einschränkung der politischen Einflussnahme profitorientierter Unternehmen dazu führen, die Kapitallogik sukzessive zurückzudrängen.

jenseits des Wirtschaftswachstums erwies sich die marxsche Theorie erneut als *argumentative Tiefentheorie des ökologischen Diskurses,* indem mittels ihrer die analysierten ökologischen Theorien zu den grundlegenden ökonomischen Verhältnissen – die den Grund des Phänomens des Wirtschaftswachstums bilden – in Bezug gesetzt werden konnten. Dadurch wurde es möglich, die ökologischen Theorien argumentativ abzusichern, zu ergänzen und zu berichtigen.

Bei Betrachtung der Konzeption von Paech (2012) erweist sich die marxsche Theorie zugleich auch als *genetische Tiefentheorie des ökologischen Diskurses:* Paechs (2012) Konzeption, die Postwachstumsgesellschaft sei durch eine ökologisch modifizierte individuelle Lebensführung herbeizuführen, erweist sich aus Perspektive der marxschen Theorie als Reflexion der kapitalistischen Produktionsweise und ihrer Grundlage, des Warentauschs als des dominanten ökonomischen Verhältnisses. Voraussetzung des Warentauschs ist die Privatproduktion (siehe Abschnitt 2.1.2), die zugleich die phänomenale Oberfläche der kapitalistischen Produktionsweise und modernen Gesellschaft (‚Marktwirtschaft') prägt. Paech (2012) überträgt dieses gesellschaftliche Bild der Privatproduktion nun auf den wachstumskritischen Diskurs: Die einzelnen Gesellschaftsmitglieder sollen durch ihre jeweils individuelle Lebensführung – gleichsam als Privatproduzent:innen einer ökologisch nachhaltigen Gesellschaft – unabhängig voneinander das ökologische Zielbild einer Gesellschaft ohne Wirtschaftswachstum realisieren. Diese Denkfigur, so lässt sich durch die marxsche Theorie erkennen, ist das genaue Spiegelbild der auf Privatproduktion beruhenden kapitalistischen Produktionsweise. So sehr auch Paech (2012) gerne einen ‚rebellischen' Habitus pflegt, so erweist sich seine Konzeption letztlich doch als gebunden an den Kapitalismus.

3.1.3.2 Die These von der Notwendigkeit des Wirtschaftswachstum in der kapitalistisch organisierten Gesellschaft und ihre Begründung

Ein weiterer klassischer wachstumskritischer Ansatz ist derjenige von Herman Daly. Daly (1973) entwickelt ein wirtschaftswissenschaftliches Kriterium, ab wann weiteres Wirtschaftswachstum irrational und daher abzulehnen sei. Dies sei genau dann der Fall, wenn die durch das Wachstum verursachten Kosten den durch das Wachstum generierten Nutzen überwögen:

> This occurs when decreasing marginal benefit of extra GNP becomes less than the increasing marginal cost. The marginal benefit is measured by the market value of extra goods and services – i.e., the increment in GNP itself in value units (Daly 1973, 150).

Während der durch das Wachstum generierte Nutzen als Bruttoinlandsprodukt (englisch: GNP) im Rahmen der neoklassischen Wirtschaftswissenschaft gemessen werde, würden die entstehenden Kosten nicht erfasst – dies sei ein deutliches Zeichen für das undifferenzierte Vorgehen der neoklassischen Wirtschaftswissenschaft, einseitig die Vorteile des Wachstums, nicht aber dessen Nachteile zu bedenken.[429] Daly (1973, 151) schätzt, dass bereits in der Gegenwart der Punkt überschritten sei, an dem die Kosten des Wachstums seinen Nutzen überstiegen. Gleichgültig, ob diese Einschätzung korrekt ist oder nicht: Mittels dieses Kriteriums zeigt Daly (1973), dass Wirtschaftswachstum nicht *per se* ökonomisch vorteilhaft ist, sondern ein ökonomisch schädliches Wirtschaftswachstum – und somit letztlich ein ökonomisch irrationales Wachstumsstreben – denkbar und möglich ist; Wachstumskritik ist, so lässt sich aus seinem Ansatz schlussfolgern, nicht nur eine Sache der Ethik (für zukünftige Generationen oder die Natur), sondern begründbar aus einem gleichsam ‚harten' ökonomischen Kriterium. Zudem wird – einer der Grundannahmen der Wachstumskritik entsprechend (siehe Abschnitt 3.1.3) – deutlich, dass die Problematik des Wachstums nicht erst in der Zukunft virulent wird, wenn die zu seiner Fortsetzung notwendigen naturalen Faktoren nicht mehr existieren, sondern bereits in der Gegenwart wachstumsinduzierte ökologische Probleme entstehen; diese nehmen hier die Form durch das Wirtschaftswachstum verursachter ökonomischer Kosten an (vgl. auch Lawn 2011, 13).

Wenn das Wirtschaftswachstum ab einem bestimmten, vielleicht schon erreichten Zeitpunkt ökonomische Schäden verursacht, seine Kosten also höher sind als sein Nutzen – wieso wird es dann, sowohl in weiten Teilen der Politik als auch der (neoklassischen) Wirtschaftswissenschaft, kategorisch als positiv und als gesamtgesellschaftliches Ziel aufgefasst? Wieso haben die Erkenntnisse der Wachstumskritik, obgleich schon seit vielen Jahrzehnten vorgetragen, in der öffentlichen und wissenschaftlichen Diskussion bislang noch immer einen marginalen Status? Die Antwort auf diese Fragen liegt in einer bestimmten Auffassung, die implizit oder explizit in weiten Teilen sowohl des wissenschaftlichen als auch des nicht-wissenschaftlichen Diskurses geteilt wird und aus zwei Propositionen besteht:
– Die kapitalistische Produktionsweise sei die einzig mögliche oder bestmögliche Produktionsweise;[430]
– Wachstum sei notwendig für die kapitalistische Produktionsweise.

Die Schlussfolgerung daraus lautet: Es gebe keine Alternative zum Wirtschaftswachstum, und seien dessen von der Wachstumskritik aufgezeigte Schäden noch so hoch.

---

429 Diese fehlende Berücksichtigung der durch das Wirtschaftswachstum entstehenden Kosten besitzt eine Analogie mit dem – von Marx in seiner Darstellung des Profitbegriffs analysierten (s. Abschnitt 2.2.3.4) – Vorgehen des Kapitals, nur jene Kosten zu berücksichtigen, die es selbst tragen muss, die also eine Einschränkung seiner Verwertung bedeuten; sofern entsprechend die Zerstörung von Naturgütern ihm nichts kostet, solange die ökologischen Kosten also von anderen in Form der Schädigung ihrer Lebensqualität, Gesundheit, … getragen werden, ist jene Zerstörung für das Kapital nicht von Interesse (s. auch Abschnitt 3.1.1.2). Dem Zusammenhang dieser marxschen Einsicht mit der Konzeption von Daly (1973) kann hier freilich nicht näher nachgegangen werden.

430 Sowohl die Auffassung, die kapitalistische Produktionsweise sei die einzig mögliche, als auch, sie sei die bestmögliche Produktionsweise, erweist sich in Anbetracht der marxschen Theorie als unhaltbar; dies soll hier jedoch nicht weiter verfolgt werden.

Jenseits des im letzten Abschnitt dargestellten Erklärungsansatzes der marxschen Theorie wird das Postulat der *Notwendigkeit des Wirtschaftswachstums* in der wirtschaftswissenschaftlichen Literatur durch eine Reihe von Argumenten begründet:[431]
- Wachstum führe zur „Erhöhung des wirtschaftlichen Wohlstands der Menschen in Form von privatem und/oder öffentlichem Konsum" (Baßeler, Heinrich und Utecht 2010, 843); durch die Herstellung größerer Produktenmengen könnten die bestehenden Bedürfnisse der Menschen umfänglicher oder gänzlich neue Bedürfnisse befriedigt werden (vgl. Baßeler, Heinrich und Utecht 2010, 843).[432] Aus diesem Grund sei Wirtschaftswachstum als *erwünscht* zu betrachten. Der steigende wirtschaftliche Wohlstand sei aber zugleich auch *notwendig* für eine kapitalistische Ökonomie, da nur unter der Bedingung seiner Existenz die Gesellschaftsmitglieder die kapitalistische Wirtschaftsordnung und die mit ihr einhergehenden massiven ökonomischen Ungleichheiten akzeptierten – denn in Anbetracht eines steigenden wirtschaftlichen Wohlstands und der damit einhergehenden Verbesserung der eigenen ökonomischen Situation ließen sich für die Gesellschaftsmitglieder die ökonomischen Ungleichheiten gleichsam besser ‚ertragen' (vgl. Schlaudt 2016, 136 f.).
- Wachstum mache ökonomische Ungleichheiten nicht nur erträglicher, sondern sei zugleich ein Mittel, um diese ökonomischen Ungleichheiten (partiell) auszugleichen (vgl. Baßeler, Heinrich und Utecht 2010, 843; Binswanger 2011, 94 f.; Luks 2013, IX). Wenn die Produktenmenge wachse, könnten wirtschaftlich schlechtergestellte Menschen ökonomisch bessergestellt werden, ohne dass wirtschaftlich Bessergestellte etwas abgeben müssten; in diesem Fall seien die gesellschaftlichen Widerstände gegen einen Abbau ökonomischer Ungleichheit geringer, als wenn ökonomisch bessergestellte Personen zum Zwecke der Umverteilung Einkommen oder Vermögen abgeben müssten.[433] Dieser *wünschenswerte* Effekt des

---

[431] Grunwald und Kopfmüller (2012, 69 f.) sowie Schlaudt (2016) bieten weiterführende Literaturverweise zu den im Folgenden vorgebrachten Argumenten sowie weitere hier nicht angeführte Argumente. – Es sei darauf hingewiesen, dass nicht alle der im Folgenden zitierten Autor:innen selbst die beiden im Haupttext formulierten Propositionen für wahr halten.

[432] ‚Wirtschaftlicher Wohlstand' meint hier die Menge der von Menschen im Rahmen kapitalistisch organisierter Produktionsprozesse hergestellten Güter. Der durch Wirtschaftswachstum steigende ‚wirtschaftliche Wohlstand' ist also vereinbar mit der Feststellung Dalys (1973) vom sinkenden Gesamtwohlstand durch Wirtschaftswachstum – insofern nämlich, dass durch das Wirtschaftswachstum naturale Gebrauchswerte (wie etwa unbebaute Landschaften) zerstört werden und der dadurch entstehende Schaden höher ist als der durch den ‚wirtschaftlichen Wohlstand' generierte Nutzen.

[433] Wie Baßeler, Heinrich und Utecht (2010) anmerken, erweise sich diese Begründung jedoch „bei näherer Betrachtung als ‚zweischneidiges Schwert': Sicher ist es richtig, dass Wachstum eine Umverteilung erleichtert, weil Widerstände gegen eine Umverteilung **von Zuwächsen** erfahrungsgemäß kleiner sind als Widerstände gegen eine Umverteilung **bestehender Einkommen und Vermögen** [...]. Auf der anderen Seite ist die Ungleichheit in der Verteilung im Wesentlichen mit dem Argument des Leistungsanreizes begründet: Eine kapitalistische Marktwirtschaft benötigt den Leistungsanreiz unterschiedlicher Einkommen, um Wachstum herbeizuführen" (Baßeler, Heinrich und Utecht 2010, 844).

Wachstums sei dann *notwendig*, wenn die Gesellschaftsmitglieder die – tendenziell zu massiven ökonomischen Ungleichheiten führende – kapitalistische Form der Ökonomie nur unter der Bedingung akzeptierten, dass a) die ökonomische Ungleichheit im Zeitverlauf abnehme, b) sie als ökonomisch Schlechtergestellte wirtschaftlichen Wohlstand hinzugewännen und c) sie als ökonomisch Bessergestellte keinen wirtschaftlichen Wohlstand abgeben müssten.
- Wachstum ermögliche die „Sicherung oder Steigerung des Arbeitsplatzangebotes" (Baßeler, Heinrich und Utecht 2010, 843; vgl. auch Binswanger 2011, 95; Luks 2013, V und 243 f.). Bezüglich der Entstehung von Arbeitslosigkeit in modernen Gesellschaften sei zu konstatieren, dass – unter der Bedingung gleichbleibender Bevölkerungsgröße – „ein **mittel- und langfristig unzureichendes Wachstum der Güternachfrage** den Anstieg der Arbeitslosenquote begründet" (Baßeler, Heinrich und Utecht 2010, 835).[434] Da „sich aufgrund des technischen Fortschritts die Arbeitsproduktivität [...] im Zeitablauf [...] erhöht" (Baßeler, Heinrich und Utecht 2010, 836), würden zur Herstellung einer bestimmten Produktenmenge kontinuierlich weniger Arbeitszeit und somit weniger Arbeitskräfte benötigt:

> Der technische Fortschritt wirkt hier also als Arbeitsplatzvernichter, der Einsatz des Produktionsfaktors ‚Beschäftigte' kann dank der verbesserten Technik bei gleichem Output und sogar bei gestiegenem Output verringert werden (**Freisetzungshypothese**) (Baßeler, Heinrich und Utecht 2010, 836).

Arbeitslosigkeit könne unter der Bedingung technischen Fortschritts nur verhindert werden, wenn „die Wachstumsrate des Inlandsproduktes hinter der Wachstumsrate der Arbeitsproduktivität" (Baßeler, Heinrich und Utecht 2010, 836) nicht zurückbleibe; die gesteigerte Arbeitsproduktivität müsse durch Wirtschaftswachstum also gleichsam ‚aufgefangen', ausgeglichen werden. Aufgrund der gesellschaftlich negativen Folgen von Arbeitslosigkeit sei Wirtschaftswachstum nicht nur wünschenswert, sondern notwendig für die dauerhafte soziale Stabilität moderner Gesellschaft.[435]
- Eine andere Erklärung verweist auf den Zins als Grund der Wachstumsnotwendigkeit: Da Unternehmen (in der Regel) kreditfinanziert tätig seien, also Schulden zur Durchführung ihrer Geschäftstätigkeit aufnähmen, und diese Schulden verzinst zurückgezahlt werden müssten – also eine größere Summe als die geliehene zu zahlen sei –, müsse die Produktion kontinuierlich ausgeweitet werden (vgl. Schlaudt 2016, 136):

D. h., durch Wachstum wird die bestehende Ungleichverteilung zwar einerseits ausgleichbar, andererseits setzt (weiteres) Wachstum faktisch Ungleichverteilung voraus.

434 Es existieren freilich mehrere konträre Erklärungsansätze für die Entstehung von Arbeitslosigkeit in modernen Gesellschaften (einen Überblick geben Baßeler, Heinrich und Utecht 2010, 820–838).

435 Deutlich wird hier eine gewisse Verkehrung: Während im ersten Argument die durch Wirtschaftswachstum ermöglichte Ausweitung der Produktenmenge den *Zweck* des Wirtschaftswachstums darstellt, ist sie hier *Mittel* zur Sicherung von Arbeitsplätzen (vgl. Ekardt 2011, 32–34).

es gibt einen strukturellen Nachfrageüberschuss auf dem Geldmarkt. Er resultiert daraus, dass wenn ein *Darlehen plus Zins* zurückgezahlt wird, mehr Geld erforderlich ist, um die Schuld einzulösen als zuerst ausgeliehen worden ist. [...] bei einer gleichgewichtigen Zinsrate von Null schaltet sich der Wachstumsmotor ab. [...] In der Vertragswirtschaft sind Profit und Nutzen der Anreiz, Produktion aufzunehmen, aber es sind die Schuldverpflichtung und der moralische Druck, sie zu honorieren, die die Menschen dazu zwingen, den Reichtum beständig auszuweiten und immer mehr zu produzieren. [...] Damit ein Kreditnehmer seinen Kredit plus Zinsen zurückzahlen kann, muss er einen Überschuss generieren, d. h. er braucht ein Einkommen, das höher ist als sein unmittelbarer Verbrauch. [...] In diesem Fall ist es notwendig, dass zusätzliche Produktion gegen Geld verkauft wird, um die Schuldverpflichtung bedienen zu können (Collignon 2009, 8f.; vgl. auch Binswanger 2011, 95f.).

- Des Weiteren wird der Profit als Grund der Notwendigkeit von Wirtschaftswachstum genannt: „Wenn man immer mehr erwirtschaften will, muss die Wirtschaft dann nicht in der Tat wachsen?" (Schlaudt 2016, 136). Schlaudt (2016) weist jedoch darauf hin, dass Profit nicht *per se* impliziere, dass ‚immer mehr' erwirtschaftet werde; wenn Profit a) eine im Zeitverlauf konstante und b) nach Entstehung vollständig konsumierte Größe sei, sei seine Existenz mit einer nichtwachsenden Ökonomie vereinbar (vgl. Schlaudt 2016, 136). Hinsichtlich b) wird argumentiert, dass der Konkurrenzmechanismus kapitalistischer Ökonomie dazu führe, dass der Profit nicht (vollständig) durch privaten Konsum aufgezehrt, sondern (partiell) in den Produktionsprozess reinvestiert werde:

When producers come to market they're not free to sell their particular commodity at whatever price they wish because they find other producers selling the same commodity. They therefore have to ‚meet or beat' the competition to sell their product and stay in business. Competition thus forces producers to *reinvest much of their profit* back into productivity-enhancing technologies and processes (instead of spending it on conspicuous consumption or warfare without developing the forces of production as ruling classes did for example under feudalism): Producers must constantly strive to *increase the efficiency* of their units of production by *cutting the cost of inputs*, seeking cheaper sources of raw materials and labor, by *bringing in more advanced labor-saving machinery and technology* to boost productivity, or by *increasing their scale of production* to take advantage of economies of scale, and in other ways, to *develop the forces of production* (Smith 2010, 31).

Aufgrund der Konkurrenz werde der Profit also nicht unproduktiv konsumiert, sondern als Mittel zur Entwicklung der Produktivkraft in den Produktionsprozess zurückgeführt. Aber ist er deshalb auch notwendig als wachsende Summe zu denken? Hinsichtlich a) verweist Smith (2010) darauf, dass Unternehmen aufgrund der Konkurrenzbedingung Wachstum anstreben müssten (‚bigger is better'):

competition compels producers to seek to expand their market share, to defend their position against competitors. Bigger is safer because, *ceteris paribus*, bigger producers can take advantage of economies of scale and can use their greater resources to invest in technological development, so can more effectively dominate markets. Marginal competitors tend to be crushed or bought out by larger firms (Chrysler, Volvo, etc.) (31).

Nur durch Wachstum seien die Unternehmen unter Konkurrenzbedingungen ‚sicher(er)' vor einer Auslöschung durch die Konkurrenten, und dieses Wachstum umfasse ein Wachstum des Marktanteils, der vom Unternehmen hergestellten und verkauften Produktenmenge sowie des Profits (vgl. Smith 2010, 31 und 33 f.; vgl. auch Binswanger 2009, 25). In diesem Argument stellt also die Konkurrenz die Ursache der reinvestiert-wachsenden Profitsumme und somit auch den Grund der Notwendigkeit des Wirtschaftswachstums im Kapitalismus dar (dieses Argument wird im Folgenden daher als ‚Konkurrenzargument' bezeichnet).[436]

– Eine weitere Erklärung rekurriert auf eine spezifische Eigenschaft der handelnden Kapitalist:innen: ihre Gier. Diese sieht Sarkar (2001) als einen der Gründe dafür an, wieso die kapitalistische Wirtschaft notwendig wachse:

> Erstens sind Unternehmer nicht damit zufrieden, nur genug zum Leben zu verdienen. Sie wollen viel mehr verdienen. Darum sind sie bereit, Risiken einzugehen, ihr Geld zu investieren und hart zu arbeiten. Zweitens können oder wollen sie nicht ihren ganzen Gewinn verbrauchen; auf jeden Fall tun sie es nicht. Dennoch wollen sie im nächsten Jahr noch mehr Gewinn erwirtschaften (Gier). Deshalb investieren sie den größeren Teil ihres Gewinns in die Expansion des Unternehmens (240 f.).

Während im letzten Argument die Reinvestition des Profits und das Wachstum der Profitsumme durch ökonomische Systemzwänge erklärt wurde, wird hier auf menschliche Charaktereigenschaften rekurriert.

Mittels der vorgestellten Argumente wird begründet, dass Wirtschaftswachstum in der kapitalistischen Produktionsweise nicht nur wünschenswert sei, sondern „dass

---

[436] Ein anderes Argument rekurriert auf die Eigentümer:innenstruktur der Aktiengesellschaft als einer häufig vorkommenden Unternehmensform, um zu erklären bzw. zu begründen, wieso der Profit als stetig wachsende Summe (und somit Wirtschaftswachstum im Kapitalismus als notwendig) zu denken sei: Aktiengesellschaften seien nicht Eigentum der Angestellten (auch nicht der leitenden), sondern Eigentum der Aktionär:innen; selbst wenn (leitende) Unternehmensangestellte (etwa aus ökologischen Gründen) auf wachsenden Profit verzichten wollten, sei ihnen dies nicht möglich, da sich die unternehmerischen Entscheidungen an den Erwartungen der Aktionär:innen orientierten. Und diese seien bestrebt, ihr durch den Aktienkauf im Unternehmen investiertes Geldkapital zu vervielfältigen, denn nur unter dieser Prämisse gingen sie überhaupt den – potenziell verlustreichen – Kauf von Aktien ein. Der Kurs von Unternehmensaktien richte sich nach den erwarteten zukünftigen Profiten der Unternehmen; durch Profitsteigerung des Unternehmens steige also der Aktienkurs, wodurch der Verkauf der Aktien zu einem höheren Preis als dem ursprünglich bezahlten möglich werde (vgl. Binswanger 2009, 25): „the modern corporate form of ownership adds irresistible and unrelenting pressures to grow from owners (shareholders). Corporate CEOs do not have the freedom to choose not to grow or to subordinate profit-making to ecological concerns because they don't own their firms even if they own substantial shares. Corporations are owned by masses of shareholders. And the shareholders are not looking for ‚stasis'; they are looking to maximize portfolio gains, so they drive their CEOs forward" (Smith 2010, 31).

im Kapitalismus ein struktureller Wachstumszwang herrscht. Ausbleibendes Wachstum müsste demnach in eine Krise führen" (Schlaudt 2016, 135):[437]

> Of course there are times when capitalist economies do slow down, and grind along in a sort of stasis – but that's even worse. Since the fall of 2008 when the world economy suddenly ground to a halt, we've been treated to a preview of what a no-growth stasis economy would look like *under capitalism*. It's not a pretty sight: capital destruction, mass unemployment, devastated communities, foreclosures, spreading poverty and homelessness, school closures, and environmental considerations shunted aside in the all-out effort to restore growth (Smith 2010, 34; vgl. auch Sarkar 2001, 260–270; Binswanger 2011, 95f.).

Notwendigkeit des Wirtschaftswachstums in der kapitalistischen Ökonomie heiße also: Eine nicht-wachsende kapitalistische Ökonomie sei möglich, aber sie ‚funktioniere' unter dieser Bedingung nicht, was sich in einer krisenhaften ökonomischen und gesellschaftlichen Entwicklung – ökologische Probleme und eine Verletzung des ‚guten Lebens' der Gesellschaftsmitglieder – ausdrücke.[438]

---

[437] Vielleicht liegt in der hier aufgezeigten Notwendigkeit des Wirtschaftswachstums in einer kapitalistischen Wirtschaft ein weiterer Grund für die Annahme der Substituierbarkeit von Natur- durch Sachkapital (s. Abschnitte 3.1.1 und 3.1.2): Erst diese Annahme ermöglicht „ein Festhalten am Wachstumsparadigma" (von Egan-Krieger 2016, 339) als der Bedingung der Möglichkeit kapitalistischer Ökonomie (s. auch die Darstellung des marxschen Profitbegriffs und die Vorstellung eines ‚perpetuum mobile' in Abschnitt 2.2.3.4).

[438] Bringt man die grundlegenden Einsichten der Wachstumskritik – a) die Ökonomie setzt bestimmte naturale Grundlagen voraus, die durch Endlichkeit charakterisiert sind; b) da die Endlichkeit der naturalen Grundlagen mit dem Anspruch kontinuierlichen Wirtschaftswachstums konfligiert, existieren absolute Grenzen des Wirtschaftswachstums; c) schon vor dem Erreichen dieser Grenzen verursacht das kontinuierliche Wirtschaftswachstum sich intensivierende ökologische Probleme – zusammen mit der hier dargestellten Erkenntnis über die Notwendigkeit des Wirtschaftswachstums im Rahmen kapitalistischer Produktionsweise, gelangt man auch ohne Rekurs auf die marxsche Theorie zu den Erkenntnissen: 1) Das Projekt einer nicht-wachsenden Ökonomie kann im Rahmen der kapitalistischen Produktionsweise nicht verwirklicht werden. 2) Um zu verhindern, dass mit dem Wirtschaftswachstum einhergehende ökologische Probleme weiterhin entstehen und es bei Erreichen der absoluten Wachstumsgrenzen zu einem sozioökonomischen Kollaps kommt, muss die kapitalistische Produktionsweise aufgehoben und eine neue, nicht-kapitalistische Produktionsweise konstituiert werden. Diese Auffassung wird von Smith (2010) vertreten: „We can't stop consuming more and more because if we stop racing, the [capitalist] system collapses into crisis. So it follows that we need a completely different kind of economic system, a non-capitalist economic system based on human needs, environmental needs, and a completely different value system, not on profit. Ecological economists from Herman Daly to Tim Jackson have called for a ‚new macro-economic model' a ‚new vision,' a ‚new paradigm,' a ‚new central organizing principle.' But all they actually offer us are unworkable, warm and fuzzy capitalist utopias, [...]. But if the engine of capitalist growth and consumption can't be stopped, or even throttled back, and if the logic of capitalist efficiency and capitalist rationality is killing us, what choice to [sic] we have but to rethink the theory? [...], it's time to abandon the fantasy of a steady-state capitalism, go back to the drawing boards and come up with a *real* ‚new macro-economic model,' a practical, workable post-capitalist ecological economy, an economy by the people, for the people, that is geared to production for need, not for profit. ‚Socialism?', ‚Economic democracy'? Call it what you like. But what other choice do we have? Either we save ca-

Aus der marxschen Theorie wurde bereits im vorangegangenen Abschnitt die Erkenntnis der Notwendigkeit des Wirtschaftswachstums im Rahmen kapitalistischer Ökonomie und der Unvereinbarkeit dieser mit der von der Wachstumskritik geforderten Postwachstumsgesellschaft gewonnen. Insofern gelangen eine ökologische Marxlektüre und die referierten Positionen des wirtschaftswissenschaftlichen Diskurses zur gleichen Einsicht in das Verhältnis des Kapitalismus zum Wirtschaftswachstum. Der argumentative Weg zu dieser Einsicht ist freilich verschieden: Während die Notwendigkeit des Wirtschaftswachstums im Rahmen der ökologischen Marxlektüre durch Rekurs auf den – dem Warentausch als dominantem ökonomischen Verhältnis entspringenden – Kapitalbegriff begründet wurde, werden in der wirtschaftswissenschaftlichen Literatur verschiedene, mehr oder weniger unverbunden nebeneinander stehende Begründungen gegeben, die auf verschiedene ökonomische beziehungsweise gesellschaftliche Phänomene Bezug nehmen. Mittels der marxschen Theorie lassen sich

- diese partikularen Phänomene auf *einen* Grund, nämlich auf den Warentausch als das dominante ökonomische Verhältnis der modernen Gesellschaft, zurückführen und dadurch theoretisch erklären, sowie
- die im wirtschaftswissenschaftlichen Diskurs gegebenen partikularen Begründungen ihrerseits in *einer* kohärenten Makrotheorie der modernen Ökonomie und Gesellschaft begründen.

Dies soll im Folgenden exemplarisch an zwei der oben referierten Argumente des wirtschaftswissenschaftlichen Diskurses gezeigt werden.[439]

Eines der genannten Argumente für die Notwendigkeit von Wirtschaftswachstum im Kapitalismus rekurriert auf die Gier als ein besonderes Charaktermerkmal der Kapitalist:innen: Weil diese gierig seien nach immer mehr Geld, gäben sie sich nicht mit einer bestimmten Profitsumme zufrieden, sondern weiteten die materielle Produktion kontinuierlich aus, um immer mehr und mehr zu verdienen. Der argumentative Rekurs auf diese Charaktereigenschaft, um die These von der kapitalistischen Wachstumsnotwendigkeit zu begründen, erweist sich freilich bei näherem Hinsehen als selbst begründungsbedürftig: Handelt es sich bei der erwähnten Gier um eine anthropologische Eigenschaft? Wohl kaum, denn ausdrücklich sollen einzig die Kapitalist:innen diese Eigenschaft besitzen. Wie aber kommt es, dass eine spezifische Gruppe von Personen der modernen Gesellschaft über diese Charaktereigenschaft verfügt? Eben hier kann mittels der marxschen Theorie angesetzt werden: Die Handlungen der Warenbesitzenden – und somit auch der Kapitalist:innen – sind bestimmt durch den Kapitalbegriff; und das Kapital treibt aufgrund seiner Bestimmung der *unbegrenzten quantitativen Vervielfältigung* unaufhörlich zur größtmögli-

---

pitalism or we save ourselves. We can't save both" (42). Dieselbe Auffassung bezüglich der Unvereinbarkeit von Kapitalismus und *Steady-State* vertritt – freilich unter Anwendung der marxschen Reproduktionsschemata – Blauwhof (2012).
439 Das Konkurrenzargument von Smith (2010) wird zudem weiter unten in diesem Abschnitt einer Kritik unterzogen.

chen Generierung von Mehrwert, der auf der phänomenalen Oberfläche der Ökonomie als Profit erscheint. Hiervon ausgehend wird der Grund des als gierig qualifizierten Handelns der Kapitalist:innen deutlich: Es ist Resultat der historisch spezifischen ökonomischen Verhältnisse, in denen sie miteinander und mit den anderen Gesellschaftsmitgliedern stehen. Die Gier der Kapitalist:innen ist nichts anderes als Reflexion der – im nicht-personalen Sinne zu verstehenden – Gier des Kapitals nach weiterem Mehrwert, seiner tendenziell ins Unendliche fortgesetzten Einverleibung vergegenständlichter Arbeit als Realisation seiner begrifflichen Bestimmung; dieser Selbstverwertungsimperativ des Kapitals *erscheint* auf der phänomenalen Oberfläche der Ökonomie als Gier der Kapitalist:innen.[440] Die auf die Gier der Kapitalist:innen rekurrierende Begründung der These, Wirtschaftswachstum sei im Kapitalismus notwendig, wird mittels der marxschen Theorie somit ihrerseits durch Rekurs auf das ökonomische Verhältnis der modernen Gesellschaft begründet.[441]

Ein weiteres dargestelltes Argument rekurriert darauf, dass durch die sich im Zeitverlauf entwickelnde Produktivkraft die Anzahl der Arbeitskräfte abnehme, die zur Herstellung einer bestimmten Produktenmenge erforderlich seien, und daher bei gleichbleibender Produktenmenge die Arbeitslosigkeit im Zeitverlauf zunehme; um dieses gesellschaftlich destruktive Ergebnis zu verhindern, müsse die Produktenmenge wachsen – Arbeitslosigkeit könne also nur durch Wirtschaftswachstum verhindert werden. So plausibel diese Erklärung auch *prima facie* erscheinen mag – bei näherer Betrachtung aus Warte der marxschen Theorie zeigt sich, dass ein Glied in der Argumentationskette fehlt: Wie in den Ausführungen zur Entwicklung der Produktivkraft gezeigt, existieren zwei Optionen im Umgang mit dieser, nämlich die Verkürzung des Arbeitstags bei gleichbleibender Produktenmenge und die Ausweitung der Produktenmenge bei gleichbleibender Länge des Arbeitstages (siehe Abschnitt 2.2.3.6). Auch bei zunehmender Produktivkraft und bei gleichbleibender Produktenmenge könnte also die Entstehung von Arbeitslosigkeit verhindert werden durch entsprechende Verkürzung des Arbeitstags; dadurch würde die tägliche ‚Arbeitslast' aller reduziert, aber niemand entlassen werden. Hieran wird deutlich: Dem referierten Argument liegt – unausgesprochen – die Prämisse zugrunde, dass die Länge des Arbeitstags konstant ist.[442] Diese Prämisse ist, wie die marxsche Theorie

---

[440] Hieraus lässt sich ableiten, dass die Gier der Kapitalist:innen einen *vermittelnden Mechanismus* darstellt: Sie übersetzt – ähnlich der Konkurrenz – die Kapitalbestimmung in gesellschaftliche Wirklichkeit, insofern durch diesen psychischen Zustand das Wirtschaftswachstum gleichsam ‚angeheizt' wird; zugleich verfügt sie aber, wiederum ähnlich der Konkurrenz, über keine eigene, darüber hinausgehende Gesetzmäßigkeit oder Eigenlogik.

[441] Zudem wird eine Korrektur des Arguments möglich: Da die Kapitalbestimmungen das Handeln aller Warenbesitzenden bestimmen, ist auch das Handeln der Lohnarbeitenden durch eine analoge Charaktereigenschaft – das als *Konsumismus* bezeichnete unersättliche Streben nach immer mehr warenförmigen Konsumgütern – geprägt. Es ist also nicht korrekt zu behaupten, einzig die Kapitalist:innen handelten gemäß der Maxime eines ‚immer mehr'.

[442] Es wird nämlich, ohne dies weiter zu begründen oder auch nur zu hinterfragen, ein zwingender kausaler Zusammenhang zwischen der steigenden Produktivkraft bei gleichbleibender Produkten-

lehrt, hinsichtlich der kapitalistischen Produktionsweise nicht falsch; in ihrem Kontext resultiert – aufgrund der Bestimmungen des Kapitalbegriffs – eine steigende Produktivkraft bei gleichbleibender Produktenmenge in der Tat zwingend in steigender Arbeitslosigkeit (siehe erneut Abschnitt 2.2.3.6).[443] Mit anderen Worten: Erst aufgrund der historisch spezifischen ökonomischen Verhältnisse der modernen Gesellschaft stellt es die einzige Antwort auf steigende Produktivkraft bei gleichbleibender Produktenmenge dar, Menschen in die Arbeitslosigkeit zu entlassen. Durch die marxsche Theorie wird also das fragliche Phänomen – zunehmende Arbeitslosigkeit durch steigende Produktivkraft bei fehlendem Wirtschaftswachstum – auf den Warentausch als seinen Grund zurückführbar. Und zugleich damit lässt sich die auf jenes Phänomen rekurrierende Begründung der These, Wirtschaftswachstum sei in der kapitalistischen Produktionsweise notwendig, ihrerseits durch Rekurs auf das ökonomische Verhältnis des Warentauschs begründen: Erst dadurch wird einsichtig, wieso der Arbeitstag im Zeitverlauf trotz zunehmender Produktivkraft konstant bleibt und es deshalb bei fehlendem Wirtschaftswachstum notwendig zu einer kontinuierlich steigenden Arbeitslosigkeit kommen muss.

Anhand der marxschen Theorie wird also deutlich: Die Phänomene, auf welche die Begründungen der These von der kapitalistischen Wachstumsnotwendigkeit rekurrieren, besitzen *einen* gemeinsamen Grund: den Warentausch als das dominante ökonomische Verhältnis der modernen Gesellschaft. So unverbunden diese Phänomene und Begründungen nebeneinander stehen mögen, wenn sie aus der wirtschaftswissenschaftlichen Literatur referiert werden – mittels der marxschen Theorie zeigt sich, dass letztlich jenes ökonomische Verhältnis, welches Wirtschaftswachstum als seine Existenzbedingung voraussetzt, der vereinigende Grund dieser Phänomene und somit der argumentative Bezugspunkt der wirtschaftswissenschaftlichen Begründungen ist, welcher diese Begründungen ihrerseits zu begründen vermag. Dadurch erweisen sich diese Begründungen als theoretisch defizitär: Sie begründen die Notwendigkeit des Wirtschaftswachstums mit partikularen ökonomischen Phänomenen, ohne den Zusammenhang dieser Phänomene mit der gesellschaftlichen Grundstruktur – und somit auch den Zusammenhang der Phänomene untereinander – sowie die theoretische Erklärungsbedürftigkeit dieser Phänomene selbst zu erkennen. Die Erkenntnis dieses Zusammenhangs und damit die Erklärung der Phänomene ermöglicht die marxsche Theorie, welche somit die in der wirtschaftswissenschaftlichen Literatur entworfene Theorie des notwendigen Zusammenhangs der kapitalistischen Produktionsweise mit dem Wirtschaftswachstum argumentativ weiterzuent-

---

menge und steigender Arbeitslosigkeit hergestellt; ein solcher Zusammenhang liegt aber einzig bei konstanter Länge des Arbeitstags vor.
443 Weiter unten in diesem Abschnitt erfolgt eine detailliertere Auseinandersetzung mit der Frage, welche Folgen eine – der Entwicklung der Produktivkraft proportionale – Verkürzung des Arbeitstags in der kapitalistischen Produktionsweise hätte.

wickeln vermag. Die marxsche Theorie erweist sich, so ist zusammenfassend festzustellen, hier erneut als *argumentative Tiefentheorie*.[444]

Exkurs: Die Theorie des *Steady-State* von Herman Daly und die Kritik an ihr
Den gesellschaftlich-ökonomischen Zustand, in welchem weder Wirtschaftswachstum noch Wirtschaftsrückgang stattfinden, bezeichnet Daly (1973, 152) als *Steady-State*.[445] Die auch im *Steady-State* im Zeitverlauf zunehmende Produktivkraft sei in dieser Gesellschaftsform entsprechend – anders als gegenwärtig – nicht zu einer Erhöhung der Produktenmenge, sondern zu einer Verkürzung des Arbeitstages zu verwenden:

> the focus of technological efficiency must shift from increasing output per constant period of labour time to decreasing labor time per constant quantity of output. The fruits of technological progress must be taken in the nonphysical form of increased leisure time (Daly 1973, 157).

Daly (1973) schlägt vor, zur Konstituierung und Aufrechterhaltung des *Steady-State* drei gesellschaftliche Institutionen einzurichten. Eine davon habe die Aufgabe, die Menge der erneuerbaren und nicht-erneuerbaren Ressourcen zu bestimmen, die während eines bestimmten Zeitraums im Produktionsprozess verwendet werden dürften, und davon ausgehend an die ökonomischen Akteure warenförmige ‚Zertifikate zur Ressourcenverwendung' zu verkaufen:

> The legal right to deplete the amount of the quota for each resource would be auctioned off by the government at the beginning of each time period, in conveniently divisible units, to private firms, individuals, and public enterprises. After purchase from the government the quota rights would be freely transferable by sale or gift (Daly 1973, 160).

Da durch dieses Verfahren ressourcenintensive Produkte teurer würden, werde ein Anreiz zu ressourcensparenden Technologien und Konsummustern gesetzt (vgl. Daly 1973, 161). Daly intendiert mit dieser Institution, die Radikalität des *Steady-State* durch Beibehaltung der ökonomischen Grundstruktur der modernen Gesellschaft zu lindern:

> Such a policy is radical, but less radical than attempting the impossible, i.e., growing forever. It does not expropriate land and capital, but does further restrict their use at an across-the-board level. It provides the necessary macroeconomic control with a minimum sacrifice of microeco-

---

[444] Freilich nicht zwangsläufig als Tiefentheorie des ökologischen Diskurses im engeren Sinne, weil nicht alle referierten Literaturtitel sich diesem zuordnen lassen; man könnte hier besser von einer argumentativen Tiefentheorie der Wirtschaftswissenschaft sprechen. Insofern dem Wirtschaftswachstum eine – im ökologischen Diskurs immer wieder betonte – Relevanz für die ökologische Krise zukommt, könnte man freilich in einem weiteren Sinne doch von einer Tiefentheorie des ökologischen Diskurses sprechen.
[445] In den im Vorangegangenen vorgestellten Konzeptionen wurde dieser Zustand auch als *Postwachstumsgesellschaft*, *Global Equilibrium* oder *Spaceman Economy* bezeichnet.

nomic freedom. It minimizes centralized, quantitative planning and maximizes reliance on decentralized, market decision-making (Daly 1973, 163).

Daly (1973) hält, so lässt sich schlussfolgern, eine Lösung der Wachstumsproblematik und den dauerhaften Übergang zu einem *Steady-State* im Rahmen der bürgerlichen, also warentauschenden Gesellschaft für möglich. Daly (1973) ist somit *einerseits* nicht das Ausblenden der ökonomischen Verhältnisse wie anderen wachstumskritischen Ansätzen (siehe Abschnitt 3.1.3.1) vorzuwerfen: Er erkennt, dass die Mitglieder einer Gesellschaft in verschiedenen ökonomischen Verhältnissen zueinander stehen können, und expliziert, auf welchem spezifischen ökonomischen Verhältnis seine Konzeption einer nicht-wachsenden Gesellschaft basiert.

Andererseits ist Daly (1973) aus Perspektive der marxschen Theorie dafür zu kritisieren, dass er seiner Konzeption den Warentausch als ökonomisches Verhältnis zugrunde legt, dass er also die Auffassung vertritt, eine Gesellschaft ohne Wirtschaftswachstum könnte unter Beibehaltung der gegenwärtigen ökonomischen Verhältnisse etabliert und aufrechterhalten werden. Denn die warentauschende Gesellschaft setzt notwendig die kapitalistische Produktionsweise voraus: Marx weist im Rahmen seiner Theorie nach, dass

- der Tauschwertbegriff Ausdruck des Warentauschs als des dominanten ökonomischen Verhältnisses einer Gesellschaft ist,
- der Wertbegriff die widersprüchliche Einheit der Begriffe von Tauschwert und Gebrauchswert ist,
- der Begriff des Werts dialektisch in denjenigen des Kapitals übergeht,
- der Begriff des Kapitals durch die Bestimmung der *unbegrenzten quantitativen Vervielfältigung* charakterisiert ist und
- der Begriff des Kapitals zu seiner Existenz in der gesellschaftlichen Realität eine ihm adäquate Produktionsweise voraussetzt, eine Produktionsweise also, die durch eine expansive Dynamik unter anderem in Form einer stetig wachsenden Produktenmenge charakterisiert ist.

Daly (1973) selbst behauptet zwar, der von ihm entworfene *Steady-State* sei „neither capitalist nor socialist" (169); aber diese Aussage ist nur vor dem Hintergrund der Verkennung des begrifflich-logischen Zusammenhangs zwischen Warentausch und kapitalistischer Produktionsweise möglich, welchen Marx im Rahmen seiner Theorie herausarbeitet. Die quantitative Bestimmung der materiellen Ausdehnung der Ökonomie durch die von Daly (1973) konzipierte gesellschaftliche Institution ist somit im Rahmen der warentauschenden Gesellschaft gerade *nicht* dauerhaft möglich, da fehlendes Wirtschaftswachstum in einer solchen Gesellschaft zu den schon erwähnten krisenhaften Entwicklungen führt. Daraus ist die Schlussfolgerung zu ziehen, dass Daly (1973) das Wesen derjenigen ökonomischen Verhältnisse nicht erkennt, auf welchen er seine Konzeption aufbaut; ja, er fragt nicht nach diesem Wesen, sondern setzt – naiv – die Fähigkeit der warentauschenden Ökonomie, ohne Wirtschaftswachstum dauerhaft und stabil existieren zu können, schlichtweg voraus.[446]

Diese Kritik an Dalys (1973) Ansatz äußert prägnant Richard Smith (2010):

> But despite his ‚radical' break with the mainstream's fetish of growth, Daly did not at all break with his colleagues' fetish of the market organization of production, the capitalist market economy. On the contrary. [...] So in his Steady-State model, Daly embraces capitalism but he rejects the *consequences* of market-driven economic development, especially overconsumption and environmental destruction (33).
>
> Daly does see a role for government – to make the macro-decisions. [...] But how could any capitalist government deliberately reduce overall consumption to a ‚sustainable level' and/or impose steep cuts on particular industries? Reducing consumption means reducing production. But as we noted, under capitalism that just means recession, unemployment, falling revenues, or worse. So right now, no capitalist government on the planet is looking to do anything but *restore and accelerate* growth (35f.).
>
> pro-market but anti-growth economists [like Daly] don't understand capitalist economics (29).[447]

Die in diesem Exkurs dargestellte Kritik an Daly (1973) geht somit nicht über den bereits erreichten Forschungsstand des ökologischen Diskurses hinaus.

* * *

Das oben herausgestellte Urteil über die Unvereinbarkeit des Kapitalismus mit einer nicht- wachsenden Wirtschaft stellt im ökologischen Diskurs freilich keinen Konsens dar.[448] Lawn (2011) etwa versucht, in einer Entgegnung auf den Ansatz von Smith

---

[446] Letztlich scheint Daly (1973) sich aber doch nicht sicher bezüglich der Umsetzbarkeit eines *Steady-States* unter der Bedingung der warentauschend-kapitalistischen Gesellschaft zu sein; mehr oder weniger unbewusst scheint er zumindest Zweifel daran gehegt zu haben. So setzt die Realisierung des *Steady-States* seiner Auffassung nach „moral growth beyond the present level" (Daly 1973, 170) voraus (die geistesgeschichtlichen Quellen dafür erblickt er in der biblischen Bergpredigt und der marxschen Entfremdungskritik). Moralisches Bewusstsein und Handeln sind gleichsam der Rettungsanker, zu welchem Daly (1973) flieht, weil er wohl an die Umsetzbarkeit seiner eigenen Konzeption eines warentauschend-kapitalistischen *Steady-States* nicht so recht glaubt; die Moral soll letztlich den Kapitalismus ‚zähmen' und ihn gleichsam im Zaum einer nicht-wachsenden Gesellschaft halten.

[447] Vgl. auch Thie (2013): „Daly selbst hat sein Plädoyer für eine nicht mehr wachsende, stationäre Wirtschaft nicht mit systematischen Empfehlungen für den Umbau von Wirtschaft und Gesellschaft verbunden. Seine Ratschläge beschränken sich auf einige wenige Reformen. Daly hat sich nicht hinreichend die Frage gestellt, wie denn eine Wirtschaft mit Kredit, Zins und Profit, aber ohne Wachstum funktionieren soll? [...] Aber seine [Dalys] Analysen und Empfehlungen haben auch den eklatanten Fehler, dass die Wirtschaftsordnung selbst nicht zum Gegenstand seines Scharfsinns wird. Obwohl er [...] eine stationäre, nicht mehr wachsende Wirtschaft als einzig noch sinnvolle Option empfiehlt, glaubt er, dass jenes System privatwirtschaftlicher Mechanismen und Institutionen in Kraft bleiben darf" (138f.).

[448] Einen Überblick über die im ökologischen Diskurs vertretenen Positionen, die den Kapitalismus mit einer nicht wachsenden und somit ökologisch nachhaltigen Gesellschaft für vereinbar halten, als

(2010) dieses Unvereinbarkeitsurteil zu widerlegen. Zwar unterliegen für Lawn (2011, 4 und 7) die gegenwärtigen kapitalistischen Ökonomien in ihrer *spezifischen* institutionellen Konfiguration tatsächlich einem Wachstumszwang, aber dies bedeute nicht, dass eine kapitalistische Ökonomie *per se* notwendig wachsen müsse; vielmehr könne sie durch entsprechende gesellschaftliche Institutionen so gestaltet werden, dass zu ihrem ‚Funktionieren' kein Wachstum erforderlich sei. Um diese These zu belegen, verwendet Lawn (2011) zwei Argumentationsstrategien.

Erstens intendiert Lawn (2011), das oben vorgebrachte Argument, nur durch Wirtschaftswachstum könne die Entstehung von Arbeitslosigkeit verhindert werden, mit der Überlegung zu entkräften, die mit dem technischen Fortschritt einhergehende steigende Produktivkraft könne bei gleichbleibender Produktenmenge zur Verkürzung des Arbeitstages aller Arbeitenden verwendet werden; durch die Verkürzung des Arbeitstages aller könne die Entlassung einiger Arbeitenden verhindert und somit die wachstumskritische Forderung nach einer konstanten Produktenmenge mit der Verhinderung von Arbeitslosigkeit kombiniert werden:

> workers would be in a position to reduce their work hours, increase their leisure time, and ultimately choose a work-leisure mix that increases their well-being. The consequent reduction in work hours would enable the total work required to produce a given real GDP to be better shared among the labor force, thereby helping to reduce unemployment (4).

Zweitens kritisiert Lawn (2011, 9) das von Smith (2010) vorgebrachte Konkurrenzargument: Der Konkurrenzmechanismus kapitalistischer Ökonomie impliziere in der Tat das stetige Streben der Unternehmen nach Steigerung des Profits; um ihre Marktposition aufrechtzuerhalten oder zu verbessern, sich gegen konkurrierende Unternehmen ‚durchzusetzen' und langfristig das eigene ‚Überleben' zu sichern, intendierten Unternehmen unter Konkurrenzbedingungen, ihren Profit kontinuierlich und in größtmöglichem Umfang zu erhöhen. Profitsteigerung von Einzelunternehmen sei aber nicht identisch mit dem Wachstum der gesellschaftlich hergestellten Produktenmenge; daher sei die einzelunternehmerische Profitmaximierung grundsätzlich mit einem ökonomischen *Steady-State* zu vereinbaren. Um diese Behauptung zu belegen, differenziert Lawn (2011) in einem ersten Argument drei Weisen der Profitsteigerung:

> They are (1) increase output and sell more; (2) produce better quality goods and sell the same quantity of output at a higher price (revenue rises and costs remain unchanged); and (3) produce the same quantity of output more efficiently (revenue remains unchanged and costs decline). Of these three main categories of profit making, only the first involves growth (10).[449]

---

auch über Positionen, die diese Möglichkeit gerade als nicht gegeben ansehen, bieten Adler und Schachtschneider (2010), besonders auf den Seiten 275–277. Weitere Literatur bietet auch Luks (2013, 237).

449 Die dritte Art der Profitgenerierung steht unter der Bedingung, dass „the profits derived from the lowering of costs reflects a genuine increase in the efficiency of resource use, not the utilization of

Da zusätzlicher Profit nicht allein durch das Produzieren und Verkaufen einer zunehmenden Produktenmenge, sondern auch unter der Bedingung einer quantitativ konstant bleibenden Produktenmenge generiert werden könne, sei das – unter Konkurrenzbedingungen notwendige – Streben der Einzelunternehmen nach stetig steigendem Profit vereinbar mit einem ökonomischen *Steady-State*.

In einem zweiten Argument differenziert Lawn (2011) das Wachstum der von einem Einzelunternehmen hergestellten Produktenmenge von der in einer Gesellschaft hergestellten Gesamtmenge an Produkten:

> the expansion of output by any one firm need not constitute growth at the macro level if, [...], the rise in output merely displaces the output of another firm in the same industry or the output of another industry (10).[450]

Das Wachstum der Menge produzierter Waren eines Unternehmens impliziere nicht notwendig auch Wachstum der gesellschaftlichen Produktenmenge, da das Wachstum der hergestellten Produktenmenge des einen Unternehmens durch eine geschrumpfte Produktenmenge eines anderen Unternehmens ausgeglichen werden könne.[451] Zwar strebten alle Unternehmen nach Profitsteigerung, und ein Mittel dazu sei die Ausweitung der materiellen Produktion; aber die Realisierung dieses Strebens glücke nicht allen Unternehmen, so dass einige von ihnen aufgrund unternehmerischen Misserfolgs und der Konkurrenz ihre Produktion verkleinern oder ihren Betrieb ganz einstellen müssten. Daher stehe keine der drei Arten der Profitsteigerung auf Ebene des Einzelunternehmens – auch nicht die Profitsteigerung durch Herstellung einer wachsenden Produktenmenge – in notwendigem Zusammenhang mit Wirtschaftswachstum im Sinne einer wachsenden Produktenmenge auf gesellschaftlicher Ebene.

Zusammengefasst gelangt Lawn (2011, 10 f.) in der zweiten Argumentationsstrategie – die die beiden genannten Argumente umfasst – also zu folgendem Urteil: Das durch den kapitalistischen Konkurrenzmechanismus notwendige Streben der Einzelunternehmen nach Profitsteigerung konfligiere nicht mit der wachstumskritischen Forderung nach einer im Zeitverlauf quantitativ konstanten Produktenmenge auf gesamtgesellschaftlicher Ebene.

---

underpaid labor or the use of natural resources rendered cheaper through the unsustainable exploitation of natural capital" (Lawn 2011, 10).

450 Und genau dies übersehe Smith (2010): Sein Konkurrenzargument adressiere lediglich die Ebene der Einzelunternehmen und das Wachstum der von ihnen hergestellten Produktenmengen; davon ausgehend könne aber gerade nicht auf das Wachstum der gesellschaftlichen Gesamtmenge hergestellter Güter geschlossen werden.

451 Vgl. dazu auch Schlaudt (2016): „Unter dem Konkurrenzdruck mag sich zwar ein Zwang zur Produktivitätserhöhung ergeben, dies jedoch nur mikroökonomisch auf der Ebene des einzelnen Unternehmens. Ein gesamtwirtschaftliches Wachstum ergibt sich daraus nicht zwingend, da die Konkurrenz auch die Form eines Verteilungskampfs um eine konstante Summe annehmen kann" (136).

Die Vereinbarung von *Steady-State* mit einer kapitalistisch organisierten Ökonomie sei also möglich. Um diese Möglichkeit aber zu realisieren, um also tatsächlich zu gewährleisten, dass das Profitstreben der Einzelunternehmen nicht zu einem Wachstum der gesamtgesellschaftlichen Produktenmenge führe, seien die von Daly (1973) konzipierten Institutionen aufzubauen; mittels ihrer sei der Arbeitstag proportional zur zunehmenden Produktivkraft zu verkürzen und seien die Handlungsoptionen der Unternehmen so einzuschränken, dass sie Profit nur unter gleichzeitiger Wahrung eines gesamtwirtschaftlichen *Steady-States* generieren könnten:

> Assuming the existence of competitive markets, the need to ‚profit or die' compels producers to engage in whatever they can do legally to maintain a profitable advantage over competitors. If there are numerous ways in which a firm can increase profits, it will be obliged to exploit them since failure to do so will put it at a competitive disadvantage. Importantly, whatever avenues exist to maintain or increase profits depend not just on the various means by which a firm can improve its performance, but by the institutional framework that supports and shapes the capitalist system within which it operates. If, for example, the institutions of a capitalist economy allow producers to pay workers very low wages and avoid having to provide a safe and comfortable workplace, managers of firms will have difficulty going beyond their legal obligations to employees without being seriously cost-disadvantaged (Lawn 2011, 9; vgl. auch 12).

Die von Daly (1973) konzipierten gesellschaftlichen Institutionen definierten gleichsam den ökologischen Rahmen, innerhalb dessen das Profitstreben der miteinander konkurrierenden Unternehmen stattfinden könnte. Ergebnis sei eine Ökonomie, die durch einen im Zeitverlauf konstanten Level der materiellen Produktion und zugleich durch eine kapitalistische Organisationsweise charakterisiert sei.

Aus Perspektive der marxschen Theorie erweisen sich beide Argumentationsstrategien von Lawn (2011) als nicht überzeugend. Oben wurde bereits festgestellt, dass eine Reduktion des Arbeitstages bei gleichbleibender (gesellschaftlicher) Produktenmenge aufgrund zunehmender Produktivkraft grundsätzlich – in einem überhistorischen Sinne – möglich ist, allerdings nicht im Kontext der spezifisch kapitalistischen Produktionsweise. Dies soll hier weiter erläutert werden. Da das Kapital durch die Bestimmung der *unbegrenzten quantitativen Vervielfältigung* gekennzeichnet ist, setzt seine Existenz seine Verwertung in zunehmendem Ausmaß – und somit die Generierung einer kontinuierlich wachsenden Mehrwertsumme – voraus. Dies ist der Grund für das – durch die Konkurrenz in sozioökonomische Realität übersetzte – gleichsam unersättliche Streben des Kapitals nach immer mehr Mehrwert. Marx unterscheidet zwei Formen der Generierung zusätzlichen Mehrwerts, also zwei Methoden zur Steigerung der in einer Produktionsperiode generierten Mehrwertsumme: absoluten und relativen Mehrwert (siehe Abschnitt 2.2.3.6). Relativer Mehrwert wird generiert, wenn durch eine Steigerung der Produktivkraft die zur Reproduktion des Arbeitsvermögens notwendigen Produkte in kürzerer Zeit hergestellt werden können, so dass die notwendige Arbeit abnimmt und – bei konstanter Länge des Arbeitstages – entsprechend mehr Mehrarbeit verausgabt wird. Die Reduktion der notwendigen Arbeit und die ihr proportionale Erhöhung der Mehrarbeit zur Steigerung der pro Produktionsperiode generierten Mehrwertsumme ist gerade der Zweck, weshalb das Kapital die Produktivkraft mit allen Mitteln zu steigern intendiert. Mit der Steigerung der Produktivkraft bei konstanter Länge des Arbeitstages zum Zwecke der Generierung von relativem Mehrwert geht aber auch ein Wachstum der Produktenmenge einher.

Die von Daly (1973) und Lawn (2011) vorgeschlagenen gesellschaftlichen Institutionen sollen nun dieses Wachstum der Produktenmenge verhindern, indem proportional zur Steigerung der Produktivkraft der Arbeitstag verkürzt wird. Dadurch würde aber die Generierung von relativem Mehrwert unmöglich: Die durch die gesteigerte Produktivkraft freigewordene Arbeitszeit würde nicht in Mehrarbeit, sondern in freie Zeit der Arbeitenden übersetzt werden. Mindestens zwei Optionen sind in diesem Fall denkbar:

– Die Konstituierung dieser dalyschen Institutionen könnte dazu führen, dass diese Institutionen durch das Kapital gleichsam umgangen würden. Denkbar sind hier Formen wie Korruption oder informelle Arbeitsverhältnisse über die gesetzlich festgelegte tägliche Arbeitszeit hinaus, die es dem Kapital erlauben würden, trotz der konstituierten Institutionen entsprechend seiner begrifflichen Bestimmung relativen Mehrwert zu generieren. Dies hätte entweder eine wachsende gesellschaftliche Produktenmenge oder eine steigende Arbeitslosigkeit zur Folge – beides Resultate, die durch die Konstituierung der Institutionen gerade verhindert werden sollen. Die Institutionen erwiesen sich in diesem Fall also als machtlos zur Regulierung der Ökonomie.

– Würden sich die Institutionen als mächtig genug erweisen, die der Produktivkraft proportionale Verkürzung des Arbeitstages durchzusetzen, dann wäre die Generierung von relativem Mehrwert nicht mehr möglich. Dadurch gäbe es für das Kapital kein Motiv zur Steigerung der Produktivkraft mehr; die enorme Steigerung der Produktivkraft innerhalb einer kurzen historischen Zeitspanne, die die kapitalistische Produktionsweise gerade charakterisiert, käme zum Erliegen. Da die Länge des Arbeitstages limitiert wäre, gäbe es für das Kapital auch keine Möglichkeit zur Generierung von absolutem Mehrwert, von Mehrwert also, der bei konstanter Produktivkraft durch Verlängerung des Arbeitstages entsteht. Somit wäre die Steigerung der generierten Mehrwertsumme – die Ausweitung der Verwertung – dem Kapital gänzlich unmöglich. Dieses Resultat widerspricht aber seiner begrifflichen Bestimmung – die Folge wäre, wie oben schon dargestellt, eine ökonomische und gesellschaftliche Krise mit destruktiven Auswirkungen auf das Menschen-Natur-Verhältnis und das ‚gute Leben' der Gesellschaftsmitglieder (und vielleicht, auch trotz konstanter Produktenmenge, auf die Natur).[452]

---

[452] Die durch das Kapital induzierte enorme Steigerung der Produktivkraft schafft die materiellen Grundlagen für eine zunehmende Universalisierung der Arbeit und Bedürfnisstruktur der Gesellschaftsmitglieder sowie für die Aufhebung der kapitalistischen Produktionsweise und der ihr entsprechenden Gesellschaft (s. Abschnitte 2.2.3.6 und 2.2.3.7). Sie ist somit, indem sie über sich selbst hinausweist, als eine positive Entwicklung zu verstehen. Würde sie durch die gesellschaftlichen Institutionen nun gleichsam ‚angehalten', ergäbe sich eine absurde Situation: Die kapitalistische Pro-

Welche Entwicklungsrichtung eine kapitalistisch organisierte Ökonomie unter den Bedingungen eines *Steady-State* auch immer einschlagen mag – deutlich wird, dass die erste Argumentationsstrategie von Lawn (2011) sich als gescheitert erweist. Die kapitalistische Produktionsweise, der *Steady-State* und eine nicht-steigende Arbeitslosigkeit sind nicht miteinander vereinbar.

Als nicht überzeugend erweist sich auch die zweite Argumentationsstrategie von Lawn (2011). Zunächst ist jedoch zu konstatieren, dass das zweite Argument der zweiten Argumentationsstrategie hinsichtlich der Widerlegung des Konkurrenzarguments von Smith (2010) korrekt ist: Die Konkurrenz mag zwar das Streben der Einzelunternehmen nach Profitsteigerung und – als Mittel dazu – nach Wachstum der Produktenmenge induzieren, aber daraus kann logisch nicht auf das Wachstum der *gesellschaftlichen* Produktenmenge geschlossen werden; denn wenn auch alle Einzelunternehmen nach Profitsteigerung streben mögen, so vermögen gerade unter Konkurrenzbedingungen nur einige von ihnen dieses Streben zu realisieren, während andere ökonomisch stagnieren, ihre Produktenmenge reduzieren oder gar vom Markt verschwinden. Daraus folgt, dass trotz einer wachsenden Produktenmenge auf Ebene einiger Einzelunternehmen die Produktenmenge auf gesellschaftlicher Ebene nicht notwendig wächst.

Marx weist in seiner Theorie der kapitalistischen Produktionsweise nach, dass die Konkurrenz ein abgeleitetes ökonomisches Phänomen darstellt, dessen Grund der Begriff des Kapitals ist; die Konkurrenz ist nichts anderes als die Realisation der Bestimmungen des Kapitalbegriffs, gleichsam ihre Übersetzung in konkrete gesellschaftliche Realität. Die Konkurrenz vermag daher selbst keinen Aufschluss über ökonomische Zusammenhänge – wie etwa die Frage nach der Notwendigkeit des Wirtschaftswachstums – zu geben; um zu diesbezüglichen Erkenntnissen zu gelangen, ist vielmehr das Kapital im Allgemeinen (respektive der Begriff des Kapitals) zu untersuchen (siehe Abschnitt 2.2.3.1). Erinnerlich ist das Kapital im Allgemeinen durch die Bestimmung der *unbegrenzten quantitativen Vervielfältigung* charakterisiert; die stetige Ausdehnung seiner Verwertung und als ihr Mittel das stetige Wachstum der *gesellschaftlichen* Produktenmenge sind die Bedingung der Möglichkeit seiner Existenz (siehe Abschnitte 2.1.7 und 2.2.3.6). Denn mit dem Kapital im Allgemeinen ist gerade kein besonderes Einzelkapital und somit auch kein Einzelunternehmen gemeint, sondern die in begrifflicher Form ausgedrückten ökonomischen Verhältnisse der spezifischen (,kapitalistischen') Produktionsweise der modernen Gesellschaft; angesprochen ist damit also die gesamtgesellschaftliche, volkswirtschaftliche Ebene. Und das bedeutet: Das Kapital im Allgemeinen setzt zu seiner Existenz das Wachstum der im Kontext der gesamten kapitalistischen Produktionsweise hergestellten Produktenmenge voraus – und eben nicht das Wachstum der von einem Einzelkapital

---

duktionsweise würde im *Steady-State* beibehalten, aber in eine massive Krise geraten – und zugleich wären die materiellen Bedingungen für ihre Aufhebung vielleicht nicht in ausreichendem Maße geschaffen.

hergestellten Produktenmenge, das durch Schrumpfung der Produktenmenge eines anderen Einzelkapitals wieder ausgeglichen werden könnte. Ausgehend von der Ebene des Kapitals im Allgemeinen lässt sich das nachweisen, was durch Rekurs auf die Konkurrenz nicht möglich war: dass die kapitalistische Produktionsweise nicht das Wachstum der Produktenmenge einiger Einzelunternehmen unter der Möglichkeit einer gesellschaftlich konstanten Produktenmenge impliziert; sondern dass ihre Existenz das Wachstum der gesellschaftlichen Produktenmenge – also Wirtschaftswachstum – voraussetzt. Die Konklusion des Arguments von Smith (2010) ist also korrekt; seine auf die Konkurrenz rekurrierende Argumentation jedoch nicht schlüssig. Die Kritik von Lawn (2011) an der Argumentation von Smith (2010) ist somit gerechtfertigt; anhand der Konkurrenz lässt sich nicht die Notwendigkeit des Wirtschaftswachstums begründen. Nichtsdestotrotz erweist sich das Argument von Lawn (2011) als verfehlt: Nimmt man die marxsche Theorie zur Argumentationshilfe – rekurriert man also argumentativ nicht auf die Konkurrenz, sondern auf den Kapitalbegriff –, zeigt sich, dass die kapitalistische Produktionsweise in der Tat ein Wachstum der gesellschaftlichen Produktenmenge impliziert.

Auch das erste Argument der zweiten Argumentationsstrategie von Lawn (2011) erweist sich als nicht überzeugend. Die von Lawn (2011) vertretene Auffassung, es gebe drei Weisen der Profitgenerierung, aber nur eine davon impliziere eine wachsende Produktenmenge, *erscheint* zwar korrekt zu sein. Bei genauerer Analyse aus der marxschen Perspektive zeigt sich jedoch, dass beide wachstumsneutrale Weisen der Profitgenerierung im Rahmen der kapitalistischen Produktionsweise nicht in allen Fällen möglich sind. Die Generierung von zusätzlichem Profit durch ressourceneffizientere Produktionsverfahren erweist sich nämlich unter der Bedingung einer gleichbleibenden Produktenmenge – aus Perspektive des Kapitals – unter bestimmten Umständen als unökonomisch. Es ist nämlich keineswegs so, wie Lawn (2011) behauptet, dass durch ressourceneffizientere Produktion „revenue remains unchanged and costs decline" (10). Denn um ressourceneffizienter produzieren zu können, sind Produktivkräfte wie beispielsweise die Entwicklung entsprechender Produktionsverfahren durch natur- und ingenieurwissenschaftliche Forschung oder die Produktion entsprechender effizienterer Produktionsmittel notwendig – und dies verursacht Kosten, insofern zur Entwicklung dieser Produktivkräfte Arbeit aufzuwenden und vom Kapital zu bezahlen ist. Diese Kosten müssen im *Steady-State* auf eine konstante Produktenmenge aufgeteilt werden statt – wie in einer unregulierten kapitalistischen Ökonomie – auf eine zunehmende Produktenmenge. Die Erhöhung der Ressourceneffizienz lohnt sich für das Kapital nur, solange die Einsparung an Kosten für Ressourcen höher ist als die für die Ressourceneffizienz notwendigen Auslagen – und da die Auslagen nur auf eine gegebene, und nicht auf eine wachsende Produktenmenge umgelegt werden können, ergibt sich für das Kapital im Kontext eines *Steady-State* ein geringerer Anreiz zur Erhöhung der Ressourceneffizienz als in einer wachsenden kapitalistischen Ökonomie. Hinzu kommt, dass sich Investitionen in die Ressourceneffizienz nur für diejenigen naturalen Ressourcen lohnen, die warenförmigen Charakter haben und somit dem Kapital überhaupt Kosten verursachen; nur die effizientere Verwendung *dieser* Ressourcen ermöglicht dem Kapital eine monetäre Ersparnis. Die Möglichkeit zur Generierung von zusätzlichem Profit unter der Bedingung einer quantitativ konstanten Produktenmenge sind somit eingeschränkt.

Dies ist ebenso zu konstatieren für die andere von Lawn (2011) genannte Weise, wachstumsneutral Zusatzprofit zu generieren: die Produktion qualitativ besserer Güter und ihr Verkauf zu höheren Preisen. Wieder ist die Aussage Lawns (2011) bezüglich der Produktionskosten unzutreffend („revenue rises and costs remain unchanged"); diese bleiben, anders als von ihm behauptet, nicht gleich. Denn zur Produktion qualitativ besserer Güter ist mehr Arbeitszeit notwendig; ihr höherer Preis – und der Preis ist eine Form des Tauschwerts – basiert ja auf nichts anderem als einer gesteigerten Verausgabung von Arbeit. Das bedeutet, dass im Produktionsprozess entweder unmittelbar mehr Arbeit verausgabt wird oder bestimmte Produktivkräfte angewendet werden, deren Entwicklung Verausgabung von Arbeit erfordert. Die Produktionskosten und somit auch der (im Preis ausgedrückte) Tauschwert qualitativ besserer Güter sind also höher als diejenigen qualitativ schlechterer Güter. Daraus folgt aber: Hinsichtlich der für die Reproduktion des Arbeitsvermögens notwendigen Güter ist die Erhöhung ihrer Qualität identisch mit der Erhöhung der notwendigen Arbeit – zur Produktion der für den Lebensunterhalt der Arbeitenden notwendigen Waren muss aufgrund der Qualitätssteigerung ein größerer Anteil des Arbeitstages aufgewendet werden als zuvor. Die Erhöhung der notwendigen Arbeit ist identisch mit der Senkung der Mehrarbeit und somit des pro Arbeitstag generierten Mehrwerts. Bezogen auf Güter, die zur Reproduktion des Arbeitsvermögens notwendig sind, erweist sich das von Lawn (2011) vorgeschlagene mutmaßliche Verfahren zur Steigerung des Profits durch die Produktion besserer und teurerer Waren als ein Mittel, die Mehrwertgenerierung – und somit auch die Generierung von Profit als der phänomenalen Erscheinungsform des Mehrwerts – einzuschränken. Allenfalls bezüglich der partikularen Güter, die nicht von den Arbeitenden, sondern ausschließlich von Kapitalist:innen konsumiert werden, vermag die kostenintensive Steigerung ihrer Qualität eine zielführende Strategie von Einzelkapitalien zu sein, um eine Produktionssphäre zur Kapitalinvestition zu finden und Mehrwert zu generieren. Eine allgemeine Methode zur Generierung von Profit, ohne Wachstum der Produktenmenge zu induzieren, stellt die Produktion von Gütern höherer Qualität allerdings nicht dar.

Betrachtet man also die drei von Lawn (2011) genannten Weisen, zusätzlichen Profit zu generieren, erweist sich allein die erste Weise – Profitsteigerung durch Erhöhung der Produktenmenge – als in allen Fällen möglich. Das von Lawn (2011) verfolgte Argumentationsziel, die allgemeine Möglichkeit der Profitsteigerung bei quantitativ konstanter Produktenmenge zu beweisen, erweist sich somit als verfehlt: Das Kapital vermag einzig durch eine stetig zunehmende Produktenmenge seine Verwertung im Allgemeinen – unabhängig von besonderen und einschränkenden Bedingungen – zu sichern und auszuweiten. Dieses Ergebnis, das an der Auseinandersetzung mit den Argumenten Lawns (2011) gewonnen wurde, ist äquivalent zu den Einsichten Marx' im Rahmen seiner Auseinandersetzung mit der kapitalistischen

Dynamik (siehe Abschnitt 2.2.3.6): Die kapitalistische Produktionsweise impliziert notwendig ein Wachstum der Produktenmenge.

Zusammenfassend erweist sich der Versuch von Lawn (2011), Kapitalismus und Wachstumskritik miteinander zu vereinbaren, als gescheitert. Zu dieser Erkenntnis vermag die marxsche Theorie zu verhelfen, die sich hier erneut als *argumentative Tiefentheorie* des ökologischen Diskurses erweist.[453]

3.1.3.3 Wachstum über das Wirtschaftswachstum hinaus: Kommodifizierung, Ökonomischer und Ökologischer Imperialismus

In den letzten Abschnitten wurde das Wirtschaftswachstum – verstanden als die Zunahme der von einer Gesellschaft in einem bestimmten Zeitraum hergestellten Produktenmenge – diskutiert. Bei Betrachtung der modernen Ökonomie und Ökonomik sind freilich weitere Phänomene zu beobachten, in denen die Wirtschaft und die sie reflektierende Wissenschaft – auf die ein oder andere Weise – wachsen, ohne dass es sich dabei um Wirtschaftswachstum im definierten Sinne handeln würde.

Als *Kommodifizierung* wird der Prozess bezeichnet, dass bislang nicht-warenförmige Güter die gesellschaftliche Form der Ware annehmen (vgl. Schlaudt 2016, 94–96):

---

[453] In diesem und dem vorangegangenen Abschnitt wurden Positionen dargestellt, die zur Lösung der ökologischen Krise (und der Vermeidung ihrer Ausweitung in der Zukunft) eine Ökonomie ohne Wachstum fordern. In diesem Zusammenhang ist zu bemerken, dass dem im ökologischen Diskurs freilich nicht unwidersprochen bleibt. Einige Autor:innen postulieren, dass Wirtschaftswachstum und eine Lösung der ökologischen Krise – etwa durch Effizienzsteigerungen oder eine Ausweitung des (mutmaßlich weniger materialintensiven) Digital- und Dienstleistungssektors – miteinander vereinbar seien oder dass zur Lösung der ökologischen Krise ein kontinuierliches Wirtschaftswachstum auch in der Zukunft notwendig sei (für weitere Informationen zu diesen Ansätzen vgl. Sarkar 2001, 193; Hausknost 2011). Eine Auseinandersetzung mit diesen Ansätzen kann hier nicht geschehen. Exemplarisch für eine apologetische Haltung einem fortgesetzten Wirtschaftswachstum gegenüber ist die Schrift von Paqué (2010). Anstelle einer detaillierten Auseinandersetzung mit ihr kann hier nur ein Punkt kritisch beleuchtet werden: Paqué (2010, 6) intendiert, die letzten 200 Jahre der Wirtschaftsgeschichte zu betrachten, um die Folgen des Wachstums zu erkennen und daraus Schlussfolgerungen zu ziehen, ob die Wachstumskritik gerechtfertigt sei. Er gelangt zu dem Resultat, dass das Wachstum zu einer enormen Steigerung des Wohlstandes beigetragen habe – woraus er offenbar die Schlussfolgerung ableitet, dass auf Wachstum daher auch in der Zukunft nicht verzichtet werden dürfe. Dass in der Vergangenheit Wirtschaftswachstum den materiellen Wohlstand breiter Schichten vergrößerte, ist freilich gar nicht zu bestreiten. Aber daraus kann logisch eben *nicht* geschlussfolgert werden, dass Wachstum auch in der Zukunft wohlstandsgenerierend sein wird (man denke an das ‚unökonomische Wachstum' Dalys [1973] im Sinne der Folgekosten ökologischer Probleme). Mit anderen Worten: Nur weil das vergangene Wirtschaftswachstum als ‚gut' zu bewerten ist, heißt dies logisch nicht, dass ein in der Zukunft unbegrenztes Wachstum als ‚gut' zu bewerten ist. Dies ist ja eben die marxsche Erkenntnis: dass der (die Produktivkraft und materielle Produktion steigernde) Kapitalismus eine notwendige Stufe der menschlichen Geschichte ist, die aber – wenn sie gleichsam ihre historische ‚Mission' erfüllt hat – nichtsdestotrotz durch eine andere Gesellschaftsformation abzulösen ist.

Wir haben es grosso modo mit einem Prozess zu tun, durch welchen ein zuvor von allen gleichermaßen zugängliches Gut in eines überführt wird, welches nur noch durch Kauf (und somit nach Maßgabe der Kaufkraft) zugänglich ist. Der Markt dehnt sich dabei in zuvor nicht nach seinen Regeln organisierte Gebiete aus (Schlaudt 2016, 96).[454]

Die Kommodifizierung stellt also das Wachstum der auf dem Warentausch basierenden Ökonomie in gesellschaftliche Sphären dar, die bislang noch nicht warenförmig organisiert waren.[455] In Beiträgen zum ökologischen Diskurs, die der neoklassischen Ökonomik nahestehen beziehungsweise der neoklassischen Umweltökonomik entstammen, wird die Kommodifizierung als ein Mittel zur Lösung der ökologischen Krise aufgefasst.[456] Dieser Auffassung nach entstünden ökologische Probleme genau dann, wenn Naturgüter keine Warenform besäßen; in diesem Fall koste ihr Verbrauch den produzierenden Unternehmen und konsumierenden Personen nichts, und dies animiere zu einem verschwenderischen Umgang mit ihnen. Besäßen sie aber Warenform, sei ihr Verbrauch mit Kosten verbunden, so dass ein ökonomischer Anreiz zu sparsamem Umgang mit ihnen bestehe (vgl. Fiehler 2010, 137–141).[457] Dieses als ‚Internalisierung externer Effekte' bezeichnete Verfahren basiert also auf der Prämisse, „das ‚Marktversagen' gegenüber der Umwelt, [...], [könne] durch ihre marktwirtschaftliche Inwertsetzung gelöst werden" (Fiehler 2010, 140).[458] Andere Beiträge des

---

454 Das klassische historische Beispiel des Prozesses der Kommodifizierung stellt die *Einhegung der Allmende* ab dem 15. Jahrhundert dar: Landwirtschaftliche Flächen wurden der gemeinschaftlichen Nutzung zunehmend entzogen (vgl. Schlaudt 2016, 94 f.).
455 Für eine differenzierte Beschreibung des Prozesses der Kommodifizierung vgl. Schlaudt (2016, 97), der ‚fünf Etappen der Kommodifizierung' analytisch unterscheidet. – Kommodifizierung bezeichnet die Verwandlung von Gütern in Waren in der gesellschaftlichen Realität, während die preisliche Bewertung von Gütern in der wirtschaftswissenschaftlichen Theorie – als ob sie Waren wären – als Monetarisierung bezeichnet wird (s. Abschnitte 3.1.1.2 und 3.1.3.1). Während im Nachhaltigkeitsdiskurs Naturgüter in theoretischer Hinsicht als Naturkapital verstanden werden (s. Abschnitt 3.1.2), also monetarisiert werden, nehmen sie als kommodifizierte in der gesellschaftlichen Realität tatsächlich die Form des Naturkapitals an: Naturgüter werden zum Anlagefeld bzw. Investitionsobjekt, können gekauft und verkauft werden und können – oder müssen – für ihre Eigentümer:innen Profit abwerfen (angedeutet in Foster, Clark und York 2009, 1089). Sowohl Monetarisierung als auch Kommodifizierung entspringen derselben Denkfigur (und derselben Gesellschaftsform, die diese Denkfigur allererst induziert): inkommensurable Güter durch ihre monetäre Bewertung (vorgeblich) miteinander vergleichbar und somit miteinander substituierbar zu machen.
456 Wissenschaftsgeschichtlich stellt der Aufsatz von Hardin (1968) den *locus classicus* für die Auffassung dar, durch Kommodifizierung – aber ebenso auch durch staatlich-gesetzliche Regulierung bzw. Zwang – könnten ökologische Probleme gelöst werden (vgl. auch Schlaudt 2016, 100–102).
457 Anders ausgedrückt müsse derjenige, der naturale Güter verbrauche und aus diesem Verbrauch einen ökonomischen Nutzen ziehe, durch Kommodifizierung auch die mit dem Verbrauch einhergehenden ökologischen Kosten (im Sinne Dalys [1973]) tragen. Ohne Kommodifizierung hingegen komme ihm zwar exklusiv der Nutzen zu, die ökologischen Kosten hingegen würden auf die gesamte Gesellschaft gleichsam ‚abgewälzt'. – Fiehler (2010) selbst ist kein Anhänger der Kommodifizierung als Mittel zur Lösung der ökologischen Krise.
458 Ein Beispiel für Kommodifizierung stellt der Handel mit Zertifikaten zur CO_2-Emission dar (*cap and trade-System*): Politisch wird in einem ersten Schritt die Gesamtmenge des CO_2 festgelegt, die in

ökologischen Diskurses hingegen wenden gegen die Kommodifizierung ein, dass durch diese der ökologisch eigentlich relevante Faktor – nämlich die historisch spezifischen ökonomischen Verhältnisse des Kapitalismus – nicht angetastet werde; da unter Beibehaltung dieser Verhältnisse eine Lösung der ökologischen Krise nicht möglich sei, erweise sich die Kommodifizierung von Naturgütern im besten Fall als wirkungslos oder trage sogar – indem Naturgüter dem Verwertungsimperativ des Kapitals unterworfen würden – zur Vertiefung der ökologischen Krise bei.[459]

---

einem bestimmten Zeitraum emittiert werden darf, und in einem zweiten Schritt werden an Unternehmen warenförmige, also handelbare Zertifikate vergeben, die ihrem Inhaber das (juristische) Recht zur Emission eines bestimmten Bruchteils der Gesamtmenge verleihen. Unternehmen, die weniger emittieren, können ihre Zertifikate verkaufen und somit zu Geld machen, während andere Unternehmen, die größere Mengen emittieren, zusätzliche Zertifikate aufkaufen müssen (vgl. Caney und Hepburn 2011, 201 f.). Ohne ein solches Zertifikatssystem, so seine Befürworter Caney und Hepburn (2011, 202–206), könnten Unternehmen CO_2 in unbegrenzter Menge emittieren; die Menge der Emissionen sei aus unternehmerischer Sicht irrelevant, da keine Kosten für sie anfielen. Mit einem solchen System hingegen hätten die Unternehmen einen ökonomischen Anreiz, ihre Emissionen zu senken. Es habe zudem den Vorteil, dass es die quantitative Limitierung von emittiertem CO_2 – und somit die Limitierung destruktiven Einflusses auf die Natur – mit marktwirtschaftlicher Effizienz (die Art und Weise der Emissionseinsparung werde dezentral von Unternehmen entschieden, die über präziseres Wissen diesbezüglich als zentrale staatliche Institutionen verfügten) und wirtschaftlicher Freiheit (Unternehmen könnten frei entscheiden, ob sie Emissionen reduzierten oder zusätzliche Zertifikate aufkauften, ohne von staatlichen Verfahren bevormundet zu werden) kombiniere (vgl. Caney und Hepburn 2011, 202–206). – Dieses Modell einer institutionellen Kommodifizierung von Naturgütern entspricht exakt der Idee Dalys (1973) von den gesellschaftlichen Institutionen zur Konstituierung eines *Steady-State* (s. Abschnitt 3.1.3.2).

459 Döring (2009, 127 f., 138) argumentiert etwa, dass warenförmige Naturgüter zum Anlage- bzw. Investitionsobjekt würden und als solches ebenso Profit ‚abwerfen' müssten wie andere Investitionsobjekte (z. B. Unternehmen, Produktionsanlagen, ...). Ein schonender Umgang mit diesen Naturgütern – etwa der Verzicht auf intensive landwirtschaftliche Bewirtschaftung – sei dann aus unternehmerischer Sicht irrational (vgl. ähnlich Foster, Clark und York 2009, 1090). Grünewald (2010) stellt zwei Stränge des gegenwärtigen ökologischen Diskurses – den angelsächsischen Ansatz der ‚Neoliberalisierung der Natur' und den deutschen Ansatz der ‚gesellschaftlichen Naturverhältnisse' – vor, welche die Kommodifizierung kritisieren (siehe dort für weiterführende Literaturhinweise). Interessanterweise sind beide Stränge durch die marxsche Theorie beeinflusst; sie weisen nach, dass der tatsächliche Zweck der Kommodifizierung von Naturgütern nicht in der Lösung ökologischer Probleme liegt, sondern „im Wesentlichen durch die Kapitallogik angetrieben" (Grünewald 2010, 92) wird, insofern nämlich das Kapital auf der Suche nach neuen Anlage- und Verwertungsmöglichkeiten die Natur kommodifiziert. Die ökologischen Theorien, die die Kommodifizierung als probates Mittel zur Lösung der ökologischen Krise sehen, blendeten diese Kapitallogik aber gerade aus; sie fragten nicht, „wie der Kapitalismus das krisenhafte Verhältnis von Natur und Gesellschaft prägt [...]. Folgerichtig werden Macht- und Herrschaftsverhältnisse, die sich in Hunger- und Naturkatastrophen ebenso wie in alle Formen der Naturaneignung und aktuellen Krisenbearbeitung einschreiben, nur selten in den Blick genommen. Eine tiefergehende Analyse des Verhältnisses von Natur und Gesellschaft und der es prägenden Einflussfaktoren bleibt aus" (Grünewald 2010, 79 f.). Es ist bezüglich dieser ökologischen Theorien also dasselbe zu konstatieren wie hinsichtlich der dargestellten wachstumskritischen Theorien (s. Abschnitt 3.1.3.1): Sie blenden die historisch spezifischen ökonomischen Verhältnisse, die eine Lösung der ökologischen Krise gerade verunmöglichen, systematisch aus. Da eine weitergehende

Gleichsam das theoretische Pendant zur Ausdehnung der auf dem Warentausch basierenden Ökonomie in bislang nicht warenförmig organisierte Sphären stellt der *Ökonomische Imperialismus* der neoklassischen Wirtschaftswissenschaft dar.[460] Dieser liegt dann vor, wenn die Neoklassik aus ihrer Eigenperspektive ihre Methodik als überlegen auffasst und davon ausgehend sich selbst eine Vorrangstellung sowohl allen anderen wirtschaftswissenschaftlichen als auch allen übrigen sozialwissenschaftlichen Paradigmen gegenüber zuspricht und einen „Universalitätsanspruch" (Aretz 1997, 79) vertritt (vgl. Rothschild 2008, 723f. und 729).[461] Die neoklassische Methode basiert auf der Prämisse, dass Menschen *in Marktkontexten* – also bei Austauschhandlungen warenförmiger Güter – bestimmte Zwecke verfolgen, ihnen zur Realisierung dieser Zwecke aber nur endliche (monetäre) Mittel zur Verfügung stehen (‚Knappheit'), so dass sie nicht alle Zwecke vollumfänglich realisieren können. Davon ausgehend untersucht die Neoklassik die Fragestellung, wie durch den Handelnden die Zweckrealisierung optimiert zu werden vermag, wie mit anderen Worten der Handelnde einen größtmöglichen Nutzen erzielen kann. Das theoretische Handlungsmodell zur Beantwortung dieser Frage stellt der *Homo Oeconomicus* dar: „the rational and informed individual who aims at and usually achieves an optimal result from his market-based actions ('maximization of utility' and 'maximization of profits')" (Rothschild 2008, 727). Wichtig hierbei ist, dass
- sich der Weg zu einer optimalen Zweckrealisierung durch einen Kosten-Nutzen-Vergleich berechnen lässt und

---

Auseinandersetzung mit ihnen zu weitreichenden Wiederholungen führen würde, wird sie hier nicht geboten. Weitere Kritiken an der Kommodifizierung bieten Leipert (1994, 60f.), Fiehler (2010), Zeller (2010) und Fraser (2014a, b). – Wissenschaftsgeschichtlich stellen die Werke Polanyis (1944) und Ostroms (1990) die *loci classici* der Kritik an der Kommodifizierung naturaler Ressourcen dar. Ostrom (1990) schlägt als Alternative die gemeinschaftlich-kooperativ organisierte Bewirtschaftung von Naturgütern vor, die in dieser gesellschaftlichen Form als *Commons* oder *Gemeingüter* bezeichnet werden (vgl. dazu die Darstellung in Thie 2013, 143f.; Schlaudt 2016, 103–105). Für eine kritische Würdigung Polanyis vgl. Fraser (2014b).

460 Der Terminus ‚Ökonomischer Imperialismus' ist, gerade auch in marxistischen Kontexten, doppeldeutig und bezeichnet neben der im Haupttext referierten Bedeutung noch die wirtschaftliche Ausbeutung von Kolonien und vorkapitalistisch organisierten Gesellschaften durch kapitalistische Staaten (vgl. Rothschild 2008, 723; ähnlich Mäki 2009, 352). Diese Bedeutung wird hier nicht weiter verfolgt.

461 Zur Differenzierung der vielfältigen Formen, in denen dieser Überlegenheitsanspruch der Neoklassik vertreten wird, vgl. Rothschild (2008): „In fact one can distinguish between two forms of Economic Imperialism (EI). A milder form, sometimes called the ‚economic approach', which recommends the application of the neoclassical method in all social sciences but admits that other basic methods may be useful too, and ‚economic imperialism' in a narrower sense which looks at the economic method as the only or at least most dominant path for scientific discovery. In the latter case neoclassical economic methods are regarded as the standard to be adopted by all. But what the milder ‚economic approach' and the more ‚aggressive economic imperialism' have usually in common is their belief in the superiority of the ‚economic method'. It is regarded as the only method applicable to all social sciences" (723f.). Für eine ähnliche Differenzierung vgl. Mäki (2009, 10, 374).

– die verfolgten Zwecke als gesetzt vorausgesetzt, also theoretisch ihrerseits nicht erklärt, sondern als gegebene Bedingungen beziehungsweise Beschränkungen aufgefasst werden (vgl. Rothschild 2008, 724 und 727).

Die neoklassische Methode lässt sich hiervon ausgehend wie folgt zusammenfassen:

> the rational actors base their actions in the market sphere (i.e. their purchases and sales in the widest sense) on the common aim of optimising their given individual preferences. In doing this they are constrained by the budgets at their disposal. Any expenditure to obtain preference-satisficing goods or services involves a reduction of some purchases of other goods or services, i.e. the ‚benefits' obtained by the purchase involve ‚costs' (‚opportunity costs') of renouncing some other possibilities. The assumption of optimising behaviour involves for all market actions the weighing of such benefits in relation to costs and this calculus is dependent on the ruling market prices of all goods and services (Rothschild 2008, 727).

Das Erklärungspotential der neoklassischen Methode sei laut Auffassung einiger ihrer Befürworter:innen freilich nicht auf menschliches Handeln in Marktkontexten beschränkt, sondern mittels der neoklassischen Methode könne menschliches Handeln auch in anderen Kontexten erklärt werden. Das Handlungsmodell des *Homo Oeconomicus* wird demgemäß von ihnen als die axiomatische Basis zur Erklärung *jedes* menschlichen Handelns verstanden (vgl. Aretz 1997, 84; Kliemt 2010, 2014). Vertreten wird also die

> These, dass menschliches Verhalten in allen Kontexten, seien diese nun wirtschaftlicher oder nicht-wirtschaftlicher (z. B politischer oder familiärer) Natur, immer menschliches Verhalten bleibt. Eigentlich hätte diese Sichtweise es nahe gelegt, alle Erklärungen menschlichen Verhaltens auf Individual- und Sozialpsychologie und die dort entwickelten Gesetzmäßigkeiten zurückzuführen (Kliemt 2010, 2014),

aber die neoklassischen Ökonom:innen gehen gerade

> von nicht-psychologischen individuellen Verhaltensgesetzmäßigkeiten aus. Diese ergeben sich aus der Annahme, dass alles menschliche Verhalten zukunftsgerichtet rational aus dem Streben der Individuen nach einer verbesserten Erreichung ihrer Ziele zu erklären sei. Ob es darum geht, Normen einzuhalten oder Güter zu kaufen, ist belanglos. Jedes Individuum optimiert in jedem Augenblick zweckrational seinen Zielfunktion (Kliemt 2010, 2014).

Aufgrund dieser behaupteten Tauglichkeit des neoklassischen Handlungsmodells zur Analyse jedes menschlichen Handelns wird der Neoklassik von einigen ihrer Befürworter:innen

> nicht nur ein überlegenes Erklärungspotential zugesprochen, sondern damit verbunden auch die implizite oder explizite Forderung erhoben, das [neoklassische] ökonomische Modell als Basis sozialwissenschaftlicher Theoriebildung zu nehmen (Aretz 1997, 79).

Die neoklassische Theoriebildung wird von ihnen entsprechend auf gesellschaftsbezogene Gegenstandsbereiche und Fragestellungen, die außerhalb der Marktsphäre liegen, ausgeweitet (vgl. Aretz 1997, 79; Mäki 2009, 352f.).[462] Und genau diese ‚Inbesitznahme' ursprünglich fremder Wissenschaftsgebiete durch die neoklassische Ökonomik ist das, was als ‚Ökonomischer Imperialismus' bezeichnet wird:

> a form of [neoclassical] economics expansionism where the new types of explanandum phenomena are located in territories that are occupied by disciplines other than [neoclassical] economics, and where [neoclasscial] economics presents itself hegemonically as being in possession of superior theories and methods, thereby excluding rival theories and approaches from consideration (Mäki 2009, 374).[463]

Zu konstatieren ist also gleichsam eine expansive Tendenz der neoklassischen Wirtschaftswissenschaft.[464]

Der Ökonomische Imperialismus wird im ökologischen Diskurs in einen doppelten – und gegenläufigen – Zusammenhang mit der ökologischen Krise gestellt. Einerseits sehen einige, ihm affirmativ gegenüberstehende ökologische Theorien die Möglichkeit, mittels einer neoklassischen Betrachtung des Naturschutzes diesen praktisch befördern zu können. Vertreter:innen der *New Economy of Nature* intendieren, wie Fatheuer (2014, 15f.) in seiner kritischen Analyse dieser Denkrichtung aufzeigt, den Naturschutz monetär profitabel zu gestalten, ihn also mit dem nutzenmaximierenden Handeln des *Homo Oeconomicus* zu versöhnen:

---

[462] Beispielhafte sozialwissenschaftliche Fragestellungen, auf welche die neoklassische Methode übertragen wird, finden sich in Mäki 2009 (352, 358).

[463] Wissenschaftsgeschichtlich ist der Ökonomische Imperialismus insbesondere mit dem Namen Gary Beckers (1978) verbunden, der instruktiv schreibt: „I have come to the position that the economic approach is a comprehensive one that is applicable to all human behavior, be it behavior involving money prices or imputed shadow prices, repeated or infrequent decisions, large or minor decisions, emotional or mechanical ends, rich or poor persons, men or woman, adults or children, brilliant or stupid persons, patients or therapists, businessmen or politicians, teachers or students" (8).

[464] Trotz der von zahlreichen neoklassischen Ökonom:innen geteilten Auffassung, die neoklassische Methodik sei anderen (sozial-)wissenschaftlichen Ansätzen überlegen, wird der Ökonomische Imperialismus außerhalb der Neoklassik abgelehnt und deren vorgebliche methodische Überlegenheit zurückgewiesen. Aretz (1997, 79–82) bspw. unterscheidet aus soziologischer Perspektive vier Handlungslogiken (instrumentelles Handeln, strategisches Handeln, Gemeinschaftshandeln und diskursives Handeln), von welchen die neoklassische Methodik und das ihr zugrunde liegende Handlungsmodell nur *eine* – das instrumentelle Handeln – berücksichtige. Aus diesem Grund könne die neoklassische Ökonomik das Handeln von Personen in Gänze nicht adäquat erfassen und tauge nicht zur Übertragung auf andere Gegenstandsbereiche. Ähnlich weist Rothschild (2008, 728–732) darauf hin, dass die neoklassische Theorie ihren ursprünglichen Gegenstandsbereich – „the description and analysis of market processes" (725) – zwar durchaus adäquat zu erfassen vermöge, aber aufgrund ihres abstrakten und reduktionistischen *Homo Oeconomicus*-Modells untauglich zur Analyse sowohl von nicht-marktförmigen ökonomischen als auch anderen gesellschaftsbezogenen Sachverhalten sei. Darüber hinaus kritisiert Mäki (2009) den Ökonomischen Imperialismus aus wissenschaftstheoretischer Perspektive und erarbeitet (schwer zu erfüllende) Bedingungen, unter denen die Übertragung der neoklassischen Methodik auf andere Gegenstandsbereiche und Fragestellungen zulässig sei.

> Es geht [...] darum, die Natur selbst zu einer Quelle von Profit zu machen. Aber nicht die Ausbeutung bzw. Zerstörung der Natur oder natürlicher Ressourcen soll Grundlage oder Ziel ökonomischer Aktivitäten sein, sondern die Erhaltung der Natur. [...] einer vielfältigen wissenschaftlichen und politischen Bewegung, die in den letzten Jahrzehnten die Begründung des Naturschutzes und seiner Strategien fundamental verändert haben. Wie könnte aus der kostspieligen Erhaltung der Natur eine Profitquelle werden? (Fatheuer 2014, 16).[465]

Andererseits wird im Kontext anderer ökologischer Theorien die Befürchtung geäußert, eine rein neoklassische theoretische Modellierung des Verhältnisses der Menschen zur Natur stelle eine sachliche Verkürzung dar, durch welche Natur einseitig als Mittel zur individuellen Nutzenmaximierung und naturschützerisches Handeln ebenso einseitig als nutzenmaximierendes Handeln von *Homines Oeconomici* verstanden werde:

> Im [neoklassischen] Verstehen und Interpretieren von wirtschaftlichen und vermehrt auch sozialen Prozessen ist damit die Gefahr verbunden, dass alternative Deutungsmuster ausgeblendet werden. [...] Die Annahme, alle menschlichen Tätigkeiten unterlägen derselben ökonomischen Logik, verkürzt jedoch soziale Realitäten und schränkt damit menschliche Handlungsoptionen wesentlich ein (Bader, Bieri und Schmidt 2019, 14).

Auch könne, so wird in anderen ökologischen Theorien die Befürchtung geäußert, der Ökonomische Imperialismus der – als ökologisch destruktiv bewerteten – Kommodifizierung und einem nur monetäre Werte einbeziehenden Nützlichkeitsdenken gleichsam theoretische Rückendeckung geben und somit zu ihrer Fortsetzung beziehungsweise Ausbreitung beitragen:

> Wissenschaft eröffnet neue oder dekonstruiert bestehende ‚Sinnhorizonte', das heißt grundsätzliche Orientierungen für die Handlungen von Akteuren. [...]. Sie eröffnen neue Denkräume für den politischen, gesellschaftlichen und unternehmensbezogenen Diskurs. Allgemeiner gesagt hat in den letzten Jahrzehnten insbesondere der ökonomische Imperialismus grundlegende Deutungsmuster für die Ökonomisierung unterschiedlicher Lebenswelten geschaffen (Schneidewind 2016, 31).

Bezüglich eines anderen im ökologischen Diskurs als ‚imperialistisch' qualifizierten Phänomens ist der Bezug zur ökologischen Krise offenkundig: Der Terminus *Ökologischer Imperialismus* bezeichnet „the growth of the centre of the [capitalist] system at unsustainable rates, through the more thoroughgoing ecological degradation of the periphery" (Foster und Clark 2004, 198). Während der Ökonomische Imperialismus eine Expansion auf theoretischer Ebene bezeichnet, rekurriert der Ökologische Imperialismus auf ein realgesellschaftliches Phänomen: die Verwendung der naturalen Ressourcen des Globalen Südens (‚Entwicklungsländer' als der Peripherie des Kapitalismus) durch die Länder des Globalen Nordens (‚Industrienationen' als Zentrum der kapitalistischen Entwicklung) zum Zwecke der Ausweitung der eigenen

---

465 Literatur von Vertreter:innen der *New Economy of Nature* findet sich in Fatheuer (2014, 16).

Kapitalverwertung und der dazu notwendigen Produktionsprozesse unter Ausblendung der damit einhergehenden ökologisch und sozial destruktiven Folgen für die Länder des Globalen Südens (vgl. Foster und Clark 2004).[466] Dabei kann der Ökologische Imperialismus unterschiedliche konkrete Formen annehmen:

> Ecological imperialism thus presents itself most obviously in the following ways: the pillage of the resources of some countries by others and the transformation of whole ecosystems upon which states and nations depend; massive movements of population and labour that are interconnected with the extraction and transfer of resources; the exploitation of ecological vulnerabilities of societies to promote imperialist control; the dumping of ecological wastes in ways that widen the chasm between centre and periphery; and overall, the creation of a global ‚metabolic rift' that characterizes the relation of capitalism to the environment (Foster und Clark 2004, 187).[467]

In jedem Fall bedeutet Ökologischer Imperialismus „the social-ecological destruction and exploitation" (Foster und Clark 2004, 193) der imperialisierten Länder; fern davon, ‚nur' die Natur in einem exklusiven Sinne zu schädigen, gehen mit den ökologischen Problemen auch negative gesellschaftliche Effekte (beispielsweise gesundheitliche Probleme durch die Freisetzung giftiger Chemikalien im Trinkwasser) einher.[468]

Ökologischer Imperialismus liegt beispielsweise dann vor, wenn ökonomisch relevante Ressourcen wie Erdöl oder Seltene Erden in Ländern des Globalen Südens unter destruktiven ökologischen und sozialen Bedingungen abgebaut werden, um von aus Ländern des Globalen Nordens stammenden Unternehmen zur Profitgenerierung verwendet zu werden, während die Länder des Globalen Südens keinen oder nur

---

466 Görg (2004a) verweist darauf, dass diese monolithische Entgegensetzung zwischen Globalem Süden und Norden den realen und komplexen sozialen Verhältnissen nicht gerecht werde: „Ökologische Degradationen betreffen nämlich keineswegs alle gleichermaßen, sondern verschärfen hierarchische gesellschaftliche Verhältnisse und generieren neue Dimensionen von Ungleichheit. So gilt die Beobachtung der alltäglichen Relevanz ökologischer Probleme nicht in gleicher Weise für die städtische Mittel- und Oberschicht südlicher Länder, die oft in Verhältnissen leben, die viel mehr gemeinsam haben mit der Lebensweise in den nördlichen Industriegesellschaften, während sich diese umgekehrt als mehr oder weniger homogene Gesellschaften ebenfalls aufzulösen beginnen. Sozialökologische Spaltungen folgen nicht so einfach der geographischen Nord-Süd-Ausrichtung, sondern durchziehen südliche wie nördliche Länder mit alten und neuen Gegensätzen" (99 f.). Die von Foster und Clark (2004) entwickelte Theorie des Ökologischen Imperialismus ist also durch eine präzisere Reflexion der gesellschaftlichen Binnenstrukturen des Globalen Südens und Nordens und ihrer globalen Interdependenzen zu ergänzen.
467 Für den Terminus ‚metabolic rift' s. Abschnitt 1.3; vgl. auch Foster und Clark (2004, 187–193).
468 Der Terminus ‚Ökologischer Imperialismus' (‚Ecological Imperialism') geht auf das gleichnamige Buch von Crosby (1986) zurück. Anders als der im Haupttext vorgestellte Begriff bezieht sich derjenige Crosbys (1986) allerdings auf die Expansion aus Europa stammender biologischer Arten über die ganze Welt im Zuge des Kolonialismus ohne Reflexion des Zusammenhangs dieser biologischen Expansion mit gesellschaftlichen Verhältnissen und gesellschaftlich-ökonomischen Expansionsprozessen (vgl. dazu Foster und Clark 2004, 186 f.).

geringen Nutzen aus ihren naturalen Schätzen zu ziehen vermögen.[469] Nicht selten werden in diesem Zusammenhang Kriege geführt oder anderweitige außenpolitisch-militärische Interventionen unternommen, damit Länder des Globalen Nordens Zugriff auf diese Ressourcen erhalten; Mittel zur Durchsetzung dieser imperialen Bestrebungen kann aber auch ökonomisch-monetärer Zwang sein (siehe die vielfältigen Beispiele in Foster und Clark 2004). Das Verhältnis der Menschen zur Natur wird somit zu einem Feld der kapitalistisch bestimmten Machtausübung und -erleidung in globaler Perspektive:

> Die globalen Macht- und Herrschaftsformen artikulieren sich dann dadurch, wie die verschiedenen Akteure ihre Naturverhältnisse zu gestalten vermögen und inwieweit sie dabei von anderen abhängig sind oder umgekehrt diese zu kontrollieren vermögen (Görg 2004a, 101).
>
> dass sich die globalen Machtverhältnisse in die gesellschaftlichen Naturverhältnisse einschreiben und dass die Kontrolle über die Gestaltung der Naturverhältnisse anderer Regionen ein wesentlicher Faktor in den imperialistischen Strategien darstellt (Görg 2004a, 103).

Der Ökologische Imperialismus umfasst mehrere und interdependente Wachstumsdynamiken:
- Die Expansion der Verwertung in den Zentren des Kapitalismus,
- die ihr entsprechende und für sie notwendige Ausweitung der materiellen Produktion,
- die zur Durchführung der ausgeweiteten Produktion notwendige Ausweitung der in den Produktionsprozess einbezogenen naturalen Gütermenge,
- der ihr entsprechende Ausgriff der kapitalistischen Produktionsweise auf immer mehr und immer räumlich entfernter liegende Ressourcenbestände außerhalb des Globalen Nordens als des Zentrums kapitalistischer Entwicklung,
- der mit diesem geographischen Ausgriff der kapitalistischen Produktionsweise einhergehende Prozess, „die kapitalistische Akkumulationsdynamik zu exportieren und andere Regionen ihr zu unterwerfen" (Görg 2004a, 103),
- die damit verbundene Verstärkung ökonomischer Ungleichheit sowohl zwischen Globalem Norden und Süden als auch innerhalb der jeweiligen Einzelgesellschaften,
- die Ausweitung des machtpolitischen Zwangscharakters des Verhältnisses des Globalen Nordens zum Globalen Süden,
- die Zunahme der gesellschaftlichen Destruktion (insbesondere, aber nicht nur im Globalen Süden) sowie

---

469 Als konkretes Beispiel sei auch das Verlagern ‚schmutziger' Industrien aus den Ländern des Globalen Nordens, die i. d. R. über eine verhältnismäßig strikte Umweltgesetzgebung verfügen, in Länder des Globalen Südens zu nennen, in denen sich häufig ‚unkomplizierter' ökologisch schädlich produzieren lässt (vgl. dazu Helm 2011, 242f., 251; Luks 2013, 75–77).

- die Zunahme ökologischer Probleme (insbesondere, aber nicht nur im Globalen Süden) bis hin zur Entstehung und Verschärfung der ökologischen Krise in einem globalen Maßstab.[470]

Kommodifizierung, Ökonomischer und Ökologischer Imperialismus bezeichnen verschiedenartige, ökologisch relevante Expansionsphänomene der modernen Ökonomie und der sie reflektierenden neoklassischen Wirtschaftswissenschaft, die über das Konzept des Wirtschaftswachstums im Sinne einer zunehmenden gesellschaftlichen Produktenmenge hinausgehen. Im Rahmen seiner Theorie der kapitalistischen Produktionsweise entwickelt Marx ein Verständnis der expansiven Entwicklung dieser Produktionsweise (siehe Abschnitt 2.2.3.6), durch welches Kommodifizierung, Ökonomischer und Ökologischer Imperialismus erklärt und auf *einen* Grund zurückgeführt werden können. Die expansive Entwicklung der kapitalistischen Produktionsweise ist für Marx notwendige Folge der Kapitalbestimmung der *unbegrenzten quantitativen Vervielfältigung* und der davon abgeleiteten Intention des Kapitals zur Generierung einer möglichst großen Mehrwertsumme und ihrer anschließenden Reinvestition als Kapitalbestandteil. Infolge dieses Bestrebens kommt es zu einer *Expansion der Mehrwertrate* auf Basis der *Expansion der Produktivkraft* sowie zu einer *Expansion des Kapitalwerts*. Sowohl die *Expansion der Mehrwertrate* als auch diejenige des *Kapitalwerts* verursachen die *Expansion der Produktenmenge, des Materialverbrauchs* und der *modifizierenden Einwirkung auf die Natur*. Mit diesem kausalen Zusammenhang wurde bereits das Phänomen des Wirtschaftswachstums aus den Grundbedingungen der kapitalistischen Produktionsweise abgeleitet und erklärt.

Die marxsche Theorie der kapitalistischen Entwicklungsdynamik ist freilich umfassender als die wirtschaftswissenschaftliche Theorie des Wirtschaftswachstums und die Wachstumskritik des ökologischen Diskurses. Marx leitet nämlich aus der *Expansion der Produktenmenge* vier weitere expansive Entwicklungen ab, mittels derer die Verkäuflichkeit der wachsenden Produktenmenge und somit die Realisierbarkeit des im Produktionsprozess generierten Mehrwerts – und dadurch letztlich die Kapitalverwertung – sichergestellt werden: Hierbei handelt es sich um die

- *räumliche Expansion der Zirkulationssphäre,*
- *qualitative Expansion der Warenwelt und der Gebrauchswerte,*
- *Expansion des Warentauschs und der kapitalistischen Produktionsweise in bislang nicht austauschförmig organisierte und nicht kapitalistisch produzierende Bereiche*

---

[470] Vgl. Foster und Clark (2004): „At the planetary level, ecological imperialism has resulted in the appropriation of the global commons (i.e. the atmosphere and oceans) and the carbon absorption capacity of the biosphere, primarily to the benefit of a relatively small number of countries at the centre of the capitalist world economy. The North rose to wealth and power in part through high fossil-fuel consumption, which is now culminating in a climate crisis due to the dumping of ecological wastes into the atmosphere. Climate change is already occurring due to the increased concentrations of carbon dioxide and other minor greenhouse gases, warming the earth 0.6 °C during the last hundred years. [...] Ecological imperialism [...] is now generating a planetary-scale set of ecological contradictions, imperiling the entire biosphere" (194, 198).

der Ökonomie sowie in bislang außerhalb der Ökonomie stehende Gesellschaftsbereiche, sowie die
- *räumliche Expansion der kapitalistischen Produktionsweise in nicht-kapitalistische Gesellschaften.*

Die *Expansion des Warentauschs und der kapitalistischen Produktionsweise in bislang nicht austauschförmig organisierte und nicht kapitalistisch produzierende Bereiche der Ökonomie sowie in bislang außerhalb der Ökonomie stehende Gesellschaftsbereiche* ist nun genau derjenige expansive Prozess, der im ökologischen Diskurs als Kommodifizierung bezeichnet wird. Die Kommodifizierung erweist sich somit als ein Mittel zur Realisierung der Kapitalverwertung als des Zwecks der kapitalistisch organisierten Produktion. Die im Rahmen einiger ökologischer Theorien vorgetragene Begründung, die Kommodifizierung sei ein Mittel zu Umweltschutz, Generationengerechtigkeit und Nachhaltigkeit, erweist sich somit als – von den Handelnden durchschauter oder nicht durchschauter – Schein: Das Wesen der Kommodifizierung liegt nicht in ihrem ‚ökologischen Charakter', sondern in der durch sie ermöglichten Gewährleistung stetig ausgeweiteter Kapitalverwertung. Diese ist aus Sicht des Kapitals ihr einziger Existenzgrund.[471]

Auch der Ökologische Imperialismus erweist sich aus Warte der marxschen Theorie als expansiver Prozess, der notwendiges Resultat der stetigen Kapitalakkumulation und des Kapitalstrebens nach Gewährleistung seiner Verwertung ist. Der Begriff des Ökologischen Imperialismus umfasst ein komplexes Zusammenspiel verschiedener expansiver Prozesse. Diese Prozesse sind teilweise identisch mit denjenigen, die Marx im Rahmen seiner Theorie analysiert; beispielsweise stellen die im Kontext des Diskurses um den Ökologischen Imperialismus diskutierte Ausweitung

---

[471] Zu dieser Einsicht gelangt auch – sich bewegend in einem von Marx geprägten Theorierahmen, diesen aber zugleich übertragend auf neu entstandene, gegenwärtige ökonomische Phänomene – Zeller (2010), der die Kommodifizierungspraxis als Ausdruck einer „Überakkumulationskrise" (103) versteht, einer Krise also, die durch Kapitalüberfluss und einen Mangel an Möglichkeiten zur Anlage und Verwertung des Kapitals charakterisiert sei. Die Kommodifizierung von Naturgütern biete „neue Möglichkeiten, überschüssiges Kapital zu platzieren" (Zeller 2010, 103), indem Natur in eine Ware verwandelt werde und dadurch Rentenerträge abwerfe (vgl. Zeller 2010, 103): „Die stoffliche Natur wird nicht nur im Produktionsprozess transformiert, sie wird vermehrt zur profitablen Anlagesphäre für liquides Kapital hergerichtet. Die aktuelle Konfiguration des Kapitalismus ist durch eine Machtsteigerung des finanziellen Anlagekapitals in Form von Pensions- und Investmentfonds gekennzeichnet. [...] Angesichts der unbefriedigenden Verwertungsmöglichkeiten durch eine Erweiterung der Produktionskapazitäten sucht sich das Kapital neue Anlagefelder. Ich argumentiere, dass die Unterwerfung weiterer, bislang nicht oder nicht vollständig kapitalistisch organisierter, gesellschaftlicher Bereiche unter den kapitalistischen Verwertungsprozess eine zentrale Rolle in den gegenwärtigen Bestrebungen zur Steigerung der Profitabilität einnimmt. Dazu zählen Einhegung *(enclosure)*, Aneignung und Inwertsetzung natürlicher Ressourcen und ihre künstliche Verknappung, zum Beispiel durch die Schaffung von Emissionszertifikaten. [...] Die Verwertung dieser eingehegten natürlichen [...] Ressourcen erfolgt vorwiegend durch die Erzielung von Renten, also von Einkommen auf der Grundlage von Eigentumsrechten. [...] Die Aneignung von Renteneinkommen ist eine Form, den verkürzten Kapitalkreislauf von Geld zu mehr Geld (G – G') durchzusetzen" (Zeller 2010, 104, 126).

der materiellen Produktion und die Ausweitung der in den Produktionsprozess einbezogenen naturalen Gütermenge genau jene Prozesse dar, die in der marxschen Theorie als *Expansion der Produktenmenge* sowie *Expansion des Materialverbrauchs* herausgearbeitet wurden. Auch der im Diskurs um den Ökologischen Imperialismus herausgestellte Ausgriff der kapitalistischen Produktionsweise auf immer mehr und immer räumlich entfernter liegende Ressourcenbestände außerhalb des Globalen Nordens sowie der Prozess, „die kapitalistische Akkumulationsdynamik zu exportieren und andere Regionen ihr zu unterwerfen" (Görg 2004a, 103), finden sich in der marxschen Theorie wieder: Es handelt sich um die von Marx analysierte *räumliche Expansion der Zirkulationssphäre* und *räumliche Expansion der kapitalistischen Produktionsweise in nicht-kapitalistische Gesellschaften*. Diese interdependenten Expansionsprozesse, wie sie im Diskurs um den Ökologischen Imperialismus thematisiert werden, vermögen also durch die marxsche Theorie unmittelbar auf den Kapitalbegriff und somit auf den Warentausch als die ökonomische Grundverfassung der modernen Gesellschaft zurückgeführt zu werden.

Der Begriff des Ökologischen Imperialismus verweist freilich auf weitere expansive Prozesse, die über die von Marx analysierten kapitalistischen Dynamiken hinausgehen. Exemplarisch analysiert sei die mittels Macht und Gewalt erfolgende Aneignung naturaler Ressourcen fremder Erdteile durch die geografischen Zentren des Kapitalismus, um über die zur Durchführung der stetig ausgedehnten Produktionsprozesse notwendigen objektiven Bedingungen der Arbeit zu verfügen und somit allererst Mehrwert generieren zu können. Diese Dynamik, die oben als die *Ausweitung des machtpolitischen Zwangscharakters des Verhältnisses des Globalen Nordens zum Globalen Süden* bezeichnet wurde, wird von Marx im Rahmen seiner Theorie nicht bedacht; sie lässt sich jedoch in diese ohne Revision anderer marxscher Theorieelemente integrieren, da sie
- wie im Diskurs zum Ökologischen Imperialismus herausgearbeitet, notwendiges Resultat der Ausdehnung des kapitalistischen Verwertungs- und Produktionsprozesses ist,[472] und
- Ausdruck und Entwicklungsform des dem kapitalistischen Produktionsprozess inhärenten (und dialektisch zu verstehenden) Zwangscharakters ist, wie er von Marx herausgearbeitet wird (siehe Abschnitt 2.2.3.5).

Die Theorie des Ökologischen Imperialismus ermöglicht somit eine organische Weiterentwicklung der marxschen Theorie in ökologischer Hinsicht.

Die als Ökonomischer Imperialismus bezeichnete Expansion der neoklassischen Ökonomik wird von Marx im Rahmen seiner Theorie der expansiven Dynamik kapitalistischer Produktionsweise nicht *expressis verbis* bedacht. Sie ist jedoch anschlussfähig an die marxsche Theorie und ihre Prämissen: Die realen ökonomischen

---

[472] Das Herausarbeiten dieses notwendigen Zusammenhangs leisten Foster und Clark (2004) sowie Görg (2004a), die sich somit wohltuend von vielen anderen ökologischen Theorien abheben, die nicht auf die historisch spezifischen ökonomischen Verhältnisse des Kapitalismus rekurrieren.

Verhältnisse werden durch die bürgerliche Wirtschaftswissenschaft – und das heißt in der Gegenwart: durch die neoklassische Ökonomik – ideal und zugleich parteiisch aus Perspektive der über Eigentum und Macht verfügenden Personen der modernen Gesellschaft dargestellt (siehe Abschnitt 2.1.1). Das Phänomen, dass sich parallel zur Expansionsdynamik der kapitalistischen Produktionsweise auf theoretischer Ebene die neoklassische Wirtschaftswissenschaft ausdehnt, lässt sich durch diesen von Marx erkannten Zusammenhang zwischen ökonomischer Realität und bürgerlicher Ökonomik erklären: So wie die reale kapitalistische Ökonomie zunehmend alle gesellschaftlichen Bereiche sich unterwirft und global ausbreitet, so breitet sich auch die neoklassische Ökonomik in ihr originär fremde Gegenstandsbereiche aus und überträgt sie ihre Methode, die ursprünglich zur Analyse von Markt-Tausch-Handlungen entwickelt wurde, auf das menschliche Handeln und Zusammenleben insgesamt – denn die bürgerliche Wirtschaftswissenschaft als theoretische Reflexion der realen ökonomischen Verhältnisse bildet die expansive Dynamik der kapitalistischen Produktionsweise im Feld der Theoriebildung gleichsam nach. Da die kapitalistische Produktionsweise auf dem Warentausch als dem dominanten ökonomischen Verhältnis der modernen Gesellschaft beruht, ist letztlich der Warentausch bestimmender Grund des Ökonomischen Imperialismus. Dass dabei die Mechanismen des Warentauschs verkürzend und sachlich inadäquat auf das menschliche Handeln und Zusammenleben an sich übertragen werden, ist Folge des parteiischen Charakters der Neoklassik: Der Warentausch soll als überhistorisches und ubiquitäres gesellschaftliches Verhältnis nachgewiesen und die Herrschaft des Kapitals – und der hinter ihm stehenden Kapitalist:innen – somit perpetuiert werden. Während die marxsche Theorie das Phänomen des Ökonomischen Imperialismus also zu erklären vermag, indem es mittels ihrer auf den Warentausch als seinen Grund zurückgeführt wird, bieten dieses Phänomen – das, wie oben dargestellt, ökologische Implikationen besitzt – und die mit ihm verbundenen Theorien eine Möglichkeit, den marxschen Theorieansatz um eine weitere expansive Tendenz der kapitalistischen Produktionsweise zu ergänzen sowie in ökologischer Hinsicht und ohne Aufgabe seiner theoretischen Prämissen weiterzuentwickeln.[473]

---

[473] Rothschild (2008, 732) stellt die Frage, warum sich der Ökonomische Imperialismus überhaupt entwickelte und – trotz anhaltender Kritik – weiterhin von vielen Ökonom:innen vertreten wird. Die von ihm vertretene Erklärung „rests probably on a fact that has already been mentioned in connection with the discussion of the methodological divisions within the economic community. There are problems and constellations in many spheres of human relations which suggest similarities and analogies to situations met in market processes and which permit – without being forced to bring in outlandish assumptions – the use of some sort of Cost-Benefit-Analysis" (732). Dass menschliches Handeln auch in Zusammenhängen außerhalb des Marktgeschehens als Tauschakt interpretiert werden kann (wobei dann je nach Einzelfall größere oder kleinere theoretische ‚Verrenkung' notwendig ist), mag sicherlich korrekt sein – so wie es bspw. auch in tiefenpsychologischer Hinsicht als Ausdruck kindlicher Prägungen oder aus machtsoziologischer Perspektive als Ausüben und Erleiden von Macht und Gewalt verstanden werden kann. Dies erklärt aber nicht, wieso der Warentausch als ein so relevantes Phänomen erscheint, dass er von vielen Ökonom:innen im Sinne des Ökonomischen Imperialismus als

Die marxsche Theorie bietet, so lässt sich aus dem Dargestellten folgern, die Möglichkeit, verschiedene Phänomene ökonomischen Wachstums, die im ökologischen Diskurs häufig in unterschiedlichen Diskurssträngen thematisiert werden, in *einen* theoretischen Rahmen erklärend einzuordnen und auf *einen* Grund, nämlich den Warentausch als das dominante ökonomische Verhältnis der modernen Gesellschaft, zurückzuführen. Der ausgezeichnete Charakter der marxschen Theorie liegt mit anderen Worten darin begründet, eine kohärente und umfassende Theorie der kapitalistischen Gesellschaft darzustellen, in welche sich verschiedene, *prima facie* miteinander unverbundene ökologisch relevante Phänomene und die ihnen entsprechenden Stränge des ökologischen Diskurses integrieren lassen, so dass diese Phänomene theoretisch fundiert erklärt und die ihnen entsprechenden ökologischen Theorien miteinander in Beziehung gesetzt werden.[474] Die marxsche Theorie stellt somit eine *universale Grundlagentheorie der ökologischen Probleme moderner Gesellschaft* und als solche eine *Metatheorie des ökologischen Diskurses* dar, die auf verschiedene Phänomene bezugnehmende ökologische Theorien vor *einem* theoretischen Hintergrund zusammenzuführen vermag.[475]

3.1.3.4 Erweiterung der marxschen Theorie: Die Begrenztheit naturaler Ressourcen und Senken

Marx erkennt im Rahmen seiner Theorie
- die Notwendigkeit naturaler Faktoren für den Produktionsprozess (siehe Abschnitt 2.2.1) und somit auch für den Verwertungsprozess des Kapitals (siehe Abschnitt 2.2.3.3), sowie
- die Notwendigkeit der kontinuierlichen Expansion des kapitalistischen Produktions- und Verwertungsprozesses (siehe Abschnitt 2.2.3.6).

---

einzige und *einzig vernünftige* Perspektive auf das menschliche Handeln verstanden wird. Dies erkennt Rothschild (2008, 732f.) auch selbst, ohne freilich auf diese Frage eine Antwort geben zu können. Eben dies vermag, wie im Haupttext dargestellt, die marxsche Theorie.

474 Zu einer ähnlichen Auffassung gelangt Fetscher (1991), der die These vertritt, ökologische Schäden, Kolonialismus, Patriarchat und militärisches Wettrüsten könnten „auf eine einzige Wurzel: die industriekapitalistische Zivilisation und ihre grenzenlose Dynamik, zurückgeführt werden" (12).

475 Die Ausführungen dieses Abschnitts belegen auch die in den vorangegangenen Partien gewonnenen Erkenntnisse, die marxsche Theorie sei eine *argumentative* und *genetische Tiefentheorie des ökologischen Diskurses*. So lässt sich hinsichtlich letztgenannter Dimension die Auffassung, die ökologische Krise könne durch Kommodifizierung von Naturgütern gelöst werden, auf die Tauschwertlogik und somit auf den Warentausch als dominantes ökonomisches Verhältnis zurückführen, wie dies bereits in Abschnitt 3.1.2.2 hinsichtlich der Konzeption schwacher Nachhaltigkeit geschah. Die Leistung der marxschen Theorie, als Metatheorie des ökologischen Diskurses verschiedene ökologische Theorien in einem ‚großen' Theorieentwurf der kapitalistischen Gesellschaft zu fundieren, zeichnet sie zudem auch als *argumentative Tiefentheorie des ökologischen Diskurses* aus, insofern die einzelnen ökologischen Theorien durch ihre Rückbindung an die marxsche Theorie der modernen Gesellschaft argumentativ gestützt und ggf. weiterentwickelt werden.

Er gelangt in den *Grundrissen* jedoch *nicht* zur Erkenntnis der Endlichkeit der naturalen Faktoren. Diese Erkenntnis ist jedoch zentral, um die langfristige Unvereinbarkeit der kapitalistischen Produktionsweise mit ihren naturalen Grundlagen und somit das notwendige Scheitern des Kapitalismus aus ökologischen Gründen zu belegen.[476] Aus diesem Grund ist die von Marx entworfene Theorie um diese Grundeinsicht des wachstumskritischen Diskurses zu ergänzen, um ihre Fähigkeit zur adäquaten Analyse der ökologischen Krise und möglicher Wege zu deren Lösung zu gewährleisten. Insofern vermag die marxsche Theorie durch den konfrontativen Dialog mit den wachstumskritisch-ökologischen Theorien weiterentwickelt zu werden.

Die Einsicht in die Unvereinbarkeit der Notwendigkeit kontinuierlichen ökonomischen Wachstums mit der Endlichkeit naturaler Güter ermöglicht die Konstatierung des *ökologischen Widerspruchs der kapitalistischen Produktionsweise*.[477] Insofern kann durch die Integration der Endlichkeit naturaler Güter in die marxsche Theorie die Lehre von den Widersprüchen kapitalistischer Produktionsweise (siehe Abschnitt 2.2.3.7) um diesen ökologischen Widerspruch erweitert werden. Dieser fügt sich in den marxschen Theorierahmen ein, da er – wie auch die übrigen Widersprüche – aufgrund des grenzenlosen Selbstverwertungsdranges des Kapitals (in Verbindung mit der Endlichkeit naturaler Güter) notwendig auftritt und Folge der Kapitalbestimmung ist.[478] Die Erkenntnis des ökologischen Widerspruchs erlaubt es, das Ende be-

---

[476] Der ökologische Widerspruch führt also in der Tat notwendig zum Scheitern der kapitalistischen Produktionsweise, während dies für die von Marx selbst analysierten Widersprüche des Kapitalismus nicht festgestellt werden konnte (s. Abschnitt 2.2.3.7).

[477] Eine Theorie des ökologischen Widerspruchs wurde von O'Connor (1988) entwickelt. Er stellt der klassischen marxistischen Krisentheorie – Krise als Resultat des zunehmenden Widerspruchs zwischen der sich entwickelnden Produktivkraft und der kapitalistischen Produktionsweise – eine zweite, ökologische Krise gegenüber, die aus dem zunehmenden Widerspruch zwischen der kapitalistischen Produktionsweise und den Produktivkräften einer- und den Produktionsbedingungen andererseits (wie sie in Abschnitt 2.2.1 dargestellt wurden) resultiere. Die Existenz dieses Widerspruchs habe Marx, so O'Connor (1988), selbst nicht erkannt, er könne aber aus der marxschen Theorie stringent abgeleitet werden („put two and two together" [15]). Die Ausführungen von O'Connor (1988) gehen, wenn auch marxsche Schriften zitiert werden, häufig über die im eigentlichen Sinne marxsche Theorie hinaus und sind eher als ‚ökomarxistisch' zu bezeichnen (für eine Kritik seiner Theorie vgl. Borgnäs [2015, 19–21]). – Die theoretische Erarbeitung eines ökologischen Widerspruchs der kapitalistischen Produktionsweise auf Basis der marxschen Theorie – und zugleich über den Wortlaut Marxens hinaus – bietet auch Fraser (2014a), die diesen ökologischen mit einem sozialen und politischen Widerspruch kombiniert.

[478] Vgl. Fraser (2014a, 70f.). – Es wäre, was hier nicht geleistet zu werden vermag, nachzudenken darüber, ob die von Marx konstatierte Besonderheit des Gebrauchswerts (s. Abschnitt 2.1.4) logisch seine Endlichkeit impliziert. Wäre dies zu bejahen, dann wäre der ökologische Widerspruch als logische Folge des Grundwiderspruchs der warentauschenden Gesellschaft zwischen Gebrauchs- und Tauschwert aufzufassen, insofern der über keine inhärente Grenze verfügende Tauschwert mit der Begrenztheit des Gebrauchswerts konfligierte. In diesem Fall wäre die Endlichkeit naturaler Ressourcen zwar von Marx nicht explizit erwähnt, aber im Rahmen seiner Theorie bereits begrifflich angelegt und würde durch die Wachstumskritik lediglich expliziert, gleichsam ausbuchstabiert. Die Antwort auf die Frage, ob die Anerkennung der Endlichkeit naturaler Ressourcen in der marxschen Theorie schon impliziert oder zumindest mit ihr vereinbar ist, hängt auch von Marxens Kritik an der

ziehungsweise das Scheitern der kapitalistischen Produktionsweise auf andere Weise zu denken: Als Folge der ökologischen Krise, so dass aufgrund des Überschreitens der naturalen Wachstumsgrenzen – oder bereits zuvor aufgrund sich verschärfender ökologischer Probleme – eine weitere Expansion der materiellen Produktion und entsprechend der Mehrwertrate und des Kapitalwerts nicht mehr möglich ist.

Dieses Scheitern der kapitalistischen Produktionsweise durch den ökologischen Widerspruch ist freilich vor dem Hintergrund der Vorbehalte zu denken, die bezüglich der Widersprüchlichkeit des Kapitalismus bereits entwickelt wurden (siehe Abschnitt 2.2.3.7):

- Die kapitalistische Produktionsweise könnte sich auch hinsichtlich des ökologischen Widerspruchs als stabiler und zeitlich andauernder erweisen als dies *prima facie* erscheinen mag, beispielsweise durch das Auffinden und technische Nutzbarmachen bislang nicht bekannter oder nicht produktiv verwendeter Rohstoffe.[479]

Bevölkerungstheorie von Thomas Robert Malthus ab. Ohne dies hier näher begründen zu können, ist bezüglich dieser Kritik festzustellen, a) dass Marx sich in der Tat gegen naturale Grenzen des Wachstums (präziser: der Lebensmittelproduktion) ausspricht; b) dass sein eigentliches Argumentationsziel aber darin besteht, den von Malthus vertretenen Naturalismus und Fetischismus argumentativ zu widerlegen, und c) dass dieses Argumentationsziel (wenn auch weniger polemisch als von Marx intendiert) sich auch auf Basis einer Anerkennung der Endlichkeit naturaler Ressourcen erreichen lässt. Die marxsche Theorie ist somit auch hinsichtlich Marxens Auseinandersetzung mit Malthus mit der Anerkennung der Endlichkeit naturaler Ressourcen vereinbar.

479 Dies stellt Saito (2016, 106 f.) unter dem Begriff der *Elastizität des Kapitals* heraus, welche dem Kapital erlaube, flexibel auf stoffliche Beschränkungen zu reagieren, indem bspw. versiegende Rohstoffe im Produktionsprozess durch andere und in größerer Menge vorhandene Rohstoffe ersetzt würden. Die Elastizität des Kapitals basiere „auf den mannigfaltigen elastischen Eigenschaften der stofflichen Welt, die sich nach dem Bedürfnis des Kapitals intensiv und extensiv exploitieren lässt" (Saito 2016, 107); sie basiere also auf der Eigenschaft der Natur, dass Produkte mittels vielfältiger Verfahren und unter Verwendung verschiedener Rohstoffe hergestellt werden könnten. Bezug nehmend auf die *Grundrisse* schreibt Saito (2016): „Das Kapital exploriert die ganze Welt auf der Suche nach nützlichen und günstigeren Rohstoffen und neuen Märkten und entwickelt neue Naturwissenschaften, damit ihm weder Missernte noch Ressourcenknappheit gefährlich werden können. Dem Kapital ist es dabei wesentlich, alle stofflichen Schranken in der Natur durch deren technologische und naturwissenschaftliche Beherrschung zu überwinden. Auf dieser Exploitation aller Nützlichkeit beruht seine enorme Elastizität, wie es in seiner Geschichte stets große und kleine Störungen der Produktion und Zirkulation erträgt und sich über diese hinaus entwickelt. [...] Jedoch argumentiert Marx zugleich, dass diese Überwindung aller Schranken durch die Naturherrschaft ‚ideell', aber nicht ‚real' sein kann: ‚Daraus aber daß das Capital jede solche Grenze als Schranke sezt und ideell daher darüber weg ist, folgt keineswegs, daß es sie real überwunden hat, und da jede solche Schranke seiner Bestimmung widerspricht, bewegt sich seine Production in Widersprüchen, die beständig überwunden, aber ebenso beständig gesezt werden' [Zitat aus den *Grundrissen*, S. 322 f.] [...]. Sofern die stoffliche Elastizität nicht unendlich ist, bleibt die stoffliche Grenze, die das Kapital nicht überwinden kann" (107 f.). Dem Urteil Saitos (2016), das Kapital und die ihm entsprechende Produktionsweise seien aufgrund der Eigenschaft der Elastizität stabiler als dies angesichts der Konstatierung ihrer Widersprüchlichkeit erscheinen mag, ist – wie in der hier vorliegenden Arbeit mehrfach deutlich wurde – zuzustimmen. Zuzustimmen ist auch, dass diese Elastizität nicht mit der unbegrenzten Dauerhaftigkeit des Kapitals –

– Das Scheitern der kapitalistischen Produktionsweise ist nicht notwendig mit ihrer Aufhebung im dreifachen hegelschen Sinne identisch. Es darf, wenn der Kapitalismus aufgrund sich verschärfender ökologischer Probleme zusammenbricht, nicht davon ausgegangen werden, dass als Folge daraus ‚automatisch' eine Gesellschaft freier und gleicher Menschen entsteht. Diese muss vielmehr allererst durch freien Entschluss und Handeln der Gesellschaftsmitglieder hergestellt werden – andernfalls droht die Rückkehr in vorkapitalistische Gesellschaftsformationen.

Die marxsche Theorie ist zusammengefasst um die Endlichkeit naturaler Faktoren und den daraus entspringenden ökologischen Widerspruch zu ergänzen; diese Ergänzungen können aber ohne Revision ihrer Prämissen und ihrer grundlegenden Erkenntnisse vorgenommen werden. Zudem ermöglicht die marxsche Theorie, wie hinsichtlich der beiden Vorbehalte dargestellt, ein adäquates Verständnis des ökologischen Widerspruchs und seiner Folgen.

3.2 Die Naturethik und ihre widerstreitenden axiologischen Grundlagen

3.2.1 Anthropozentrismus und Physiozentrismus

3.2.1.1 Grundzüge des naturethischen Diskurses

Die Naturethik[480] entstand – freilich aufbauend auf philosophiegeschichtlich älteren Vorarbeiten (vgl. Potthast 2011, 292 f.) – Anfang der 1970er-Jahre im Kontext der gesellschaftlichen Umweltschutzdebatte und -bewegung, wobei sowohl „die Berufung auf die Autorität wissenschaftlicher Expertisen zum Artensterben, zur Zerstörung ökologischer Systeme und von Ressourcen" als auch die *„Kritik* der auf Wissenschaft basierenden technischen Zivilisation, z. B. hinsichtlich Atomenergie und Gentechnik" (Potthast 2011, 293), ihren argumentativen Ausgangspunkt bilden. Im Zentrum der

---

gleichsam seiner Unverwundbarkeit – verwechselt werden darf. Es ist zugleich zu konstatieren, dass Marx selbst in den *Grundrissen* nicht zur Erkenntnis des ökologischen Widerspruchs gelangt. Saito (2016) neigt dazu, diesen (vor dem Hintergrund späterer marxscher Schriften) in die *Grundrisse* gleichsam ‚hineinzulesen'.

[480] Oftmals wird diese Disziplin der Praktischen Philosophie auch als ‚Umweltethik' oder ‚Ökologische Ethik' bezeichnet. Die Wahl der Bezeichnung ist freilich keineswegs trivial, da sie „inhaltliche Vorentscheidungen" (Potthast 2011, 292) impliziert. Die Bezeichnung ‚Ökologische Ethik' impliziert einen Bezug auf die naturwissenschaftliche Disziplin der Ökologie, was jedoch problematisch ist, da ethische Bestimmungen nicht durch naturwissenschaftliches Wissen allein determiniert werden (vgl. Taylor 1997, 90 f.; Gorke 2010, 14; Potthast 2011, 292). Der Begriff ‚Umweltethik' impliziert hingegen die (anthropozentrische) Sichtweise, man beschäftige sich allein mit der „für Menschen bedeutsame[n] Natur als *deren* Umwelt" (Potthast 2011, 292). Um diesen Implikationen zu entgehen und die im Folgenden referierte ethische Diskussion nicht durch die Begriffswahl bereits auf eine bestimmte Position festzulegen, wird hier der neutralere Ausdruck ‚Naturethik' gebraucht (vgl. Potthast 2011, 292 f.).

Naturethik steht die Frage nach dem ethischen Wert der Natur beziehungsweise einzelner nicht-menschlicher Naturentitäten[481], von deren Beantwortung aus sich die Beschaffenheit eines ethisch gerechtfertigten praktischen Umgangs mit der Natur beziehungsweise einzelnen nicht-menschlichen Naturentitäten bestimmen lässt (vgl. Hampicke 1996, 135; Krebs 1996, 31; Potthast 2011, 292f.).

Unstrittig ist in der naturethischen Debatte zunächst[482], dass Menschen über *Eigenwert* verfügen. Der Terminus ‚Eigenwert' „bedeutet, dass eine Entität nicht nur aufgrund ihres materiellen oder immateriellen Nutzens [für andere Entitäten] rücksichtsvoll behandelt werden soll, sondern um ihrer selbst willen" (Gorke 2010, 21), so dass mit der Zuschreibung von Eigenwert eine Entität nicht ausschließlich als Mittel behandelt werden darf, sondern auch als Selbstzweck berücksichtigt werden muss (vgl. Gorke 2010, 33; Ott 2010, 101). Ebenso unstrittig ist, dass mindestens einige nicht-menschliche Naturentitäten über *instrumentellen* Wert für Menschen verfügen, also deshalb zu schützen und sorgsam zu behandeln sind, weil ihre Schädigung oder Zerstörung ein ökologisches Problem verursachen, also entweder die leibliche Existenz oder das ‚gute Leben' eines oder mehrerer Menschen schädigen, einschränken oder verunmöglichen würde. Kontrovers diskutiert wird jedoch die Frage, „ob der Natur über ihren instrumentellen Wert hinaus auch ein *Eigenwert* zugeschrieben werden könne" (Gorke 2010, 16; vgl. auch Potthast 2011, 294), ob also nicht-menschliche Naturentitäten aus ethischer Sicht auch dann schützenswert seien, wenn sie keinen wie auch immer gearteten Nutzen für Menschen haben.[483] Umstritten ist im Kontext des naturethischen Diskurses also die Frage nach der *axiologischen Grundlegung der Naturethik* (vgl. Ott 2010, 72). Je nach Antwort auf diese axiologische Grundsatzfrage können anthropozentrische von physiozentrischen naturethischen

---

481 Im Folgenden wird mit dem Begriff ‚Naturwesen' naturales, individuelles Seiendes bezeichnet, wie z. B. ein einzelnes Exemplar der Tiergattung ‚Schmetterling' oder der Baum vor meinem Fenster. Unter dem Begriff ‚naturale Systemganzheit' (in Anlehnung an Gorke [2010, 22f.]) werden naturale Systeme oder Kollektive wie bspw. ein bestimmtes Ökosystem (etwa der tropische Regenwald Südamerikas), eine bestimmte Gattung eines Lebewesens oder das globale Klimasystem bezeichnet. Der Begriff ‚Naturentität' bildet den Oberbegriff zu ‚Naturwesen' und ‚naturale Systemganzheit'; mit ihm wird also sowohl der Baum vor meinem Haus als auch der tropische Regenwald bezeichnet.
482 ‚Zunächst' bedeutet, dass diese Position in großen Teilen der naturethischen Literatur als gemeinsame Prämisse aller naturethischen Ansätze genannt wird, einige radikale naturethische Diskussionsstränge jedoch – wie sich in Abschnitt 3.2.1.3 zeigen wird – diesen Konsens implizit oder explizit infrage stellen.
483 Die Unterscheidung zwischen instrumentellem und Eigenwert wird in der naturethischen Debatte häufig terminologisch mit der kantischen Unterscheidung von direkten Pflichten (‚Pflichten gegenüber') und indirekten Pflichten (‚Pflichten in Ansehung von') dargestellt. Während direkte Pflichten ausschließlich und notwendig Naturentitäten mit Eigenwert gegenüber bestehen (vgl. Gorke 2010, 21), bestehen indirekte Pflichten bezüglich Naturentitäten ohne Eigenwert, wenn durch die Schädigung dieser Naturentitäten zugleich Naturentitäten mit Eigenwert geschädigt würden (vgl. Potthast 2011, 294). Wird bspw. einer bestimmten Pflanzengattung kein Eigenwert zugesprochen, dann ist sie dennoch vor dem Aussterben zu bewahren (indirekte Pflicht), wenn durch ihr Aussterben Menschen geschädigt würden (z. B. aufgrund der Nutzbarkeit dieser Gattung zu pharmazeutischen Zwecken).

Ansätzen unterschieden werden, wobei Letztere sich weiter in pathozentrische, biozentrische und holistische Ansätze differenzieren lassen (vgl. Gorke 2010, 16 und 21; Ott 2010, 102).[484]

In der *anthropozentrischen Naturethik* besitzen alle Menschen – und nur diese – Eigenwert. Begründet wird dies damit, dass der Mensch

> das einzige vernunftbegabte und moralfähige Wesen ist. Das Verhältnis zur außermenschlichen Natur ist stets ein indirektes: Ob ein Eingriff in die Natur gerechtfertigt werden kann oder nicht, hängt allein davon ab, ob und inwieweit Menschen dadurch beeinträchtigt werden (Gorke 2010, 21; vgl. auch Taylor 1997, 78).[485]

Die anthropozentrische Naturethik verfährt also indirekt bei der Begründung der Schutzwürdigkeit nicht-menschlicher Naturentitäten (vgl. Gorke 2010, 22), insofern ihre Schutzwürdigkeit damit begründet wird, dass sie „jeweils in irgendeiner Weise zur Erfüllung menschlicher Wünsche und Bedürfnisse beitragen" (Gorke 2010, 30). Die Berücksichtigung einer nicht-menschlichen Naturentität ist aus anthropozentrischer Sicht also dann und nur dann ethisch geboten, wenn entweder die leibliche Existenz oder das ‚gute Leben' mindestens eines Menschen durch die Beschädigung

---

[484] Die Unterteilung der anthropozentrischen Naturethik in Personalismus, Humanismus und intergenerationeller Humanismus (vgl. Ott 2010, 102) wird im Folgenden nicht näher betrachtet. – Einen Überblick über einschlägige naturethische Konzeptionen, die ihnen zugrunde liegenden Argumente sowie klassische Autor:innen und Texte bietet Krebs (1999, 2002).

[485] *Locus classicus* anthropozentrischer Naturethik stellt Immanuel Kants *Metaphysik der Sitten* dar (vgl. Gorke 2010, 21): „In Ansehung des Schönen, obgleich Leblosen in der Natur ist ein Hang zum bloßen Zerstören (*spiritus destructionis*) der Pflicht des Menschen gegen sich selbst zuwider: weil es dasjenige Gefühl im Menschen schwächt oder vertilgt, was zwar nicht für sich allein schon moralisch ist, aber doch diejenige Stimmung der Sinnlichkeit, welche die Moralität sehr befördert, wenigstens dazu vorbereitet, nämlich etwas auch ohne Absicht auf Nutzen zu lieben (z. B. die schönen Krystallisationen, das unbeschreiblich Schöne des Gewächsreichs). In Ansehung des lebenden, obgleich vernunftlosen Theils der Geschöpfe ist die gewaltsame und zugleich grausame Behandlung der Thiere der Pflicht des Menschen gegen sich selbst weit inniglicher entgegengesetzt, weil dadurch das Mitgefühl an ihrem Leiden im Menschen abgestumpft und dadurch eine der Moralität im Verhältnisse zu anderen Menschen sehr diensame natürliche Anlage geschwächt und nach und nach ausgetilgt wird; obgleich ihre behende (ohne Qual verrichtete) Tödtung, oder auch ihre, nur nicht bis über Vermögen angestrengte Arbeit (dergleichen auch wohl Menschen sich gefallen lassen müssen) unter die Befugnisse des Menschen gehören; dahingegen die martervolle physische Versuche zum bloßen Behuf der Speculation, wenn auch ohne sie der Zweck erreicht werden könnte, zu verabscheuen sind. – Selbst Dankbarkeit für lang geleistete Dienste eines alten Pferdes oder Hundes (gleich als ob sie Hausgenossen gewesen wären) gehört *indirect* zur Pflicht des Menschen, nämlich in Ansehung dieser Thiere, *direkt* aber betrachtet ist sie immer nur Pflicht des Menschen *gegen* sich selbst" (Kant 1968b, 443). – Für neuere Vertreter einer anthropozentrischen Ethik vgl. Passmore (1974), Tugendhat (1994) und Meyer (2002).

oder Zerstörung dieser nicht-menschlichen Naturentität geschädigt, eingeschränkt oder verunmöglicht würde.[486]

Gegenstücke zur anthropozentrischen Naturethik stellen *physiozentrische naturethische Ansätze* dar, in deren Rahmen *auch* nicht-menschlichen Naturentitäten Eigenwert zugesprochen wird. Verschiedene physiozentrische Ansätze geben verschiedene Antworten auf die Frage, welchen nicht-menschlichen Naturentitäten Eigenwert zuzusprechen sei. Im Kontext einer *pathozentrischen Naturethik* wird „allen *leidensfähigen Naturwesen* ein Eigenwert" (Gorke 2010, 22) zugesprochen, wobei ‚leidensfähig' die Fähigkeit zum bewussten Empfinden meint (vgl. Gorke 2010, 22):

> Das Kriterium der bewussten Empfindungsfähigkeit verleiht damit neben dem Menschen auch den ‚höheren Tieren', also im Wesentlichen den Wirbeltieren, einen moralischen Status, während ‚niedere Tiere' (wie Insekten, Spinnen und Würmer) sowie Pflanzen, Pilze und die unbelebte Materie aus dem Bereich *direkter* menschlicher Verantwortung ausgeklammert bleiben (Gorke 2010, 22).

Als Argument für eine pathozentrische Naturethik dient die Überlegung, dass Moral „etwas mit dem gleichen Respekt vor oder der gleichen Sorge um das gute Leben (die Empfindungen, die Zwecke) aller zu tun hat" (Gorke 2010, 41); davon ausgehend

> kann man argumentieren, daß ein gutes Leben, zumindest im Sinne von Empfindungswohl, auch Tiere führen können und es daher nicht einleuchtet, wieso sich der moralische Mensch nur um das gute Leben von anderen Menschen kümmern soll und nicht auch um das von Tieren (Gorke 2010, 41).[487]

---

[486] Der der hier vorliegenden Arbeit zugrunde gelegte Begriff des ökologischen Problems (s. Abschnitt 1) ist anthropozentrisch fundiert, insofern er sich ausschließlich auf die physische Existenz und das ‚gute Leben' *von Menschen* bezieht; die Schädigung von Naturwesen oder naturalen Systemganzheiten, die keine negative Auswirkung auf Menschen zeitigt, stellt somit im Sinne der verwendeten Definition kein ökologisches Problem dar. Dies ist jedoch nicht so zu verstehen, als verträte ich selbst eine anthropozentrische Auffassung; die anthropozentrische Definition des Terminus ‚ökologisches Problem' wurde stattdessen im Sinne einer Minimaldefinition gewählt: Alle naturethisch Denkenden können darin übereinstimmen, dass die Klasse der ökologisch problematischen Fälle mindestens diejenigen Fälle umfasst, die durch den Terminus ‚ökologisches Problem' bezeichnet werden (und, würden die Physiozentriker:innen sagen, noch viele weitere Fälle darüber hinaus).

[487] Aufgrund der Leidensfähigkeit als Moralkriterium ist es nicht verwunderlich, dass die Gründerväter des Utilitarismus pathozentrische Positionen vertreten (vgl. Birnbacher 1996, 49, 52): „According to the Greatest Happiness Principle, [...] the ultimate end, with reference to and for the sake of which all other things are desirable [...], is an existence exempt as far as possible from pain, and as rich as possible in enjoyments, both in point of quantity and quality; [...]. This, being, according to the utilitarian opinion, the end of human action, is necessarily also the standard of morality; which may accordingly be defined, the rules and precepts for human conduct, by the observance of which an existence such as has been described might be, to the greatest extent possible, secured to all mankind; and not to them only, but, so far as the nature of things admits, to the whole sentient creation" (Mill 2006, 36, 38). – In der gegenwärtigen Naturethik vertritt bspw. Krebs (2002) eine pathozentrische Position.

Die Zuschreibung von Eigenwert an empfindungsfähige Naturwesen schließt auch den Menschen ein, so dass „das menschliche Recht auf Selbsterhalt und Existenzsicherung" (Gorke 2010, 54) nicht bestritten und Menschen Eigenwert nicht abgesprochen wird aufgrund ökologischer Überlegungen. In einer pathozentrischen Ethik ist also – ebenso wie auch in anderen physiozentrischen Ansätzen – die Schädigung oder Tötung von Menschen ethisch verboten, denn

> die Verantwortlichkeiten gegenüber den Mitmenschen [werden] durch die Erweiterung des Verantwortungskreises nicht außer Kraft gesetzt, sondern durch die hinzukommenden Verantwortlichkeiten gegenüber der Natur ergänzt und dadurch neu gewichtet (Gorke 2010, 33).

Freilich wird gegen den Pathozentrismus eingewandt, dass durch ihn die Gruppe über Eigenwert verfügender Naturentitäten kaum erweitert werde, „da nicht einmal drei Prozent aller Arten zum Stamm der bewusst empfindungsfähigen Wirbeltiere gehören" (Gorke 2010, 26). Demgemäß stellt die *biozentrische Naturethik* eine Erweiterung dieser Konzeption dar, insofern in ihrem Kontext *„allen Lebewesen,* unabhängig von ihrer ‚Organisationshöhe'" (Gorke 2010, 22), Eigenwert zugesprochen wird:

> Dies wird in der Regel über einen erweiterten Interessenbegriff begründet, der auch den unbewussten Lebensdrang von Pflanzen und niederen Organismen umfasst [...]. Deren ‚Streben' wird als Beleg dafür gesehen, dass auch nicht bewusst empfindende Organismen Subjekte von Zwecken und damit um ihrer selbst willen da sind (Gorke 2010, 22; vgl. auch Taylor 1997, 110f.).

Aufgrund dieser Überlegung[488] besitzen Menschen direkte Pflichten gegenüber allen lebenden Naturwesen, so dass wir „moralisch verpflichtet [sind] – ceteris paribus –, ihr Wohl um *ihretwillen* zu schützen oder zu fördern" (Taylor 1997, 79). Eine solche biozentrische Haltung bezeichnet Taylor (1997, 77) als ‚Achtung für die Natur'[489], sie „entspricht der Haltung der Achtung für Personen in der menschlichen Ethik" (Taylor 1997, 85).

---

[488] Krebs (1996) kritisiert diese physiozentrische Argumentation: „Das Problem bei diesem Argument ist der Zweckbegriff. Man kann nämlich zwischen funktionalen und praktischen Zwecken unterscheiden. Einen funktionalen Zweck verfolgt z. B. ein Thermostat, wenn er eine bestimmte Raumtemperatur anstrebt. Einen praktischen Zweck verfolge z. B. ich jetzt, wenn ich diese Unterscheidung vortrage und hoffe, Sie damit zu überzeugen. Während mir daran liegt, meinen Zweck zu erreichen, ist es dem Thermostat – anthropomorph gesprochen – ‚egal', ob er seinen Zweck erreicht. Ist die sog. Zwecktätigkeit der Natur im wesentlichen funktionaler Art – Krankheitserregern liegt ja z. B. nicht daran, daß sie Menschen und Tiere krank machen –, dann fällt sie nicht in den Bereich subjektiven guten Lebens, den Moral schützen will" (42). – Taylor (1997) nennt weitere Argumente zugunsten einer biozentrischen Position, die nicht durch Krebs' Einwand entkräftet werden; diese Argumente können hier freilich nicht wiedergegeben werden.

[489] Der prominenteste Vertreter einer biozentrischen Ethik, Albert Schweitzer (1966), spricht ähnlich von ‚Ehrfurcht vor dem Leben'.

Die weiteste Ausdehnung der Klasse von Naturentitäten, denen Eigenwert zugesprochen wird, bietet die *holistische Naturethik*, und dies auf zweifache Weise.[490] *Erstens* bezieht die holistische Naturethik „nicht nur alles Lebendige, sondern auch die *unbelebte Materie*" (Gorke 2010, 22f.) in die Gruppe der Naturwesen mit Eigenwert ein. Es könne zwischen ‚unbelebter' und ‚belebter' Materie, zwischen ‚Lebewesen' und ‚nicht lebendem Objekt' kein ethisch relevanter Unterschied konstatiert werden, sondern alle Arten des Seienden besäßen grundlegende Gemeinsamkeiten, aufgrund derer ihnen Eigenwert zuzuschreiben sei:

> Selbst mit einer Sternschnuppe teilen wir noch Gemeinsames, wie etwa die Herkunft der schweren Elemente (Metalle) in unserem Körper [...], die Eingebundenheit in dieselben kosmischen Kreisläufe des Werdens und Vergehens sowie eine einzigartige Geschichte in Raum und Zeit (Gorke 2010, 61).

Es handele sich bei unbelebten Objekten keineswegs um bloße ‚tote Materie', sondern sie besäßen eine ebenso zu schützende, geschichtlich gewordene und sich entwickelnde Individualität wie Menschen oder andere Lebewesen:

> Spätestens seit den Erkundungsflügen amerikanischer Raumsonden zu den Planeten Jupiter und Saturn und ihren insgesamt über hundert Monden im Laufe der letzten Jahrzehnte ist offenkundig geworden, dass diese Himmelskörper keine gesichtslosen Gesteinsbrocken, sondern vielgestaltige Welten mit ausgeprägter geologischer und historischer Individualität sind [...]. Führt man sich die Reichhaltigkeit und Einzigartigkeit jeder einzelnen dieser (vermutlich) unbelebten Welten vor Augen, kann man meines Erachtens kaum umhin, auch in ihnen [...] ‚Entwürfe der Natur' zu sehen, deren individueller Existenz und spontaner Fortentwicklung mit Respekt und Wohlwollen begegnet werden kann und sollte (Gorke 2010, 108).[491]

---

490 Gorke (2010) vertritt eine holistische Naturethik.
491 Gorke (2010) nennt zudem eine begriffliche Begründung für eine holistische Naturethik: Nur diese entspreche dem Begriff der Moral, während die übrigen naturethischen Ansätze in Widerspruch zu ihm stünden. Moral sei begrifflich durch einen „universalen Charakter" bestimmt, demgemäß sie „sich auf ‚alle' beziehe" (Gorke 2010, 36f.). Ebenso wie historisch frühere Kriterien der Zuschreibung von Eigenwert (‚männliches Geschlecht', ‚Aristokrat', ‚weiße Hautfarbe') sich aufgrund dieses universalen Charakters der Moral nicht rational begründen ließen, widerspreche auch eine anthropozentrische, pathozentrische oder biozentrische Naturethik dem Moralbegriff und sei somit logisch inkonsistent: „Nimmt man deren [der Moral] universalen Charakter ernst, [...], verbietet es sich, Grenzen der moralischen Berücksichtigungswürdigkeit zu ziehen. Jeder Ausschluss aus der Moralgemeinschaft stellt letztlich einen Akt der Willkür dar und ist mit der Einnahme des moralischen Standpunktes unvereinbar" (Gorke 2010, 19; vgl. auch 52f., 58–61). – Der holistische Ansatz geht letztlich über eine Naturethik hinaus, indem allen Entitäten, auch menschengemachten Artefakten, Eigenwert zugesprochen wird, denn a) zwischen naturalen Entitäten und Artefakten zu unterscheiden, wäre erneut das Ziehen einer Grenze der moralischen Berücksichtigungswürdigkeit, und b) Artefakte und naturale Entitäten können nicht strikt voneinander unterschieden werden, da jedes Artefakt einen natürlichen Anteil besitzt und es zumindest auf der Erde keine naturalen Entitäten gibt, die nicht menschlich beeinflusst oder modifiziert wären (vgl. Gorke 2010, 62–67; zu Punkt b) s. auch Abschnitte 1. und 2.2.1).

Anthropozentrischen, pathozentrischen und biozentrischen Ansätzen ist gemein, dass es ausschließlich Individuen – also Naturwesen – sind, denen Eigenwert zugesprochen wird, so dass es sich bei diesen Naturethiken um *individualistische* Ethiken handelt (vgl. Taylor 1997, 77 f.; Gorke 2010, 26). Demgegenüber wird *zweitens* in der holistischen Naturethik zusätzlich naturalen Systemganzheiten wie Ökosystemen oder Arten von Lebewesen Eigenwert zugesprochen, so dass die holistische Naturethik *auch* – neben der Zuschreibung von Eigenwert an alle Naturwesen – eine *kollektivistische* Ethik darstellt. In der holistischen Naturethik wird also im individualistischen *und* kollektivistischen Sinne „sowohl Individuen als auch Gesamtsystemen" (Gorke 2010, 23) Eigenwert zugeschrieben.[492]

Die naturethischen Ansätze unterscheiden sich darin – so ist resümierend festzustellen –, welche Sachverhalte aus ihrer Perspektive als ökologisch problematisch aufzufassen sind: Sowohl Anthropozentrismus als auch Physiozentrismus erachten diejenigen Sachverhalte als ökologisch problematisch, bei denen die leibliche Existenz oder das ‚gute Leben' von Menschen durch die menschlich bedingte Schädigung oder Zerstörung nicht-menschlicher Naturentitäten geschädigt, eingeschränkt oder verunmöglicht wird. Dies ist gleichsam der Kernbestand ökologisch problematischer Sachverhalte. Der Anthropozentrismus erkennt keine anderen Sachverhalte als ökologisch problematisch an, während physiozentrische Ansätze – unterschiedlich weit – darüber hinaus gehen: Der Biozentrismus beispielsweise fasst zusätzlich alle Sachverhalte als ökologisch problematisch auf, bei denen die leibliche Existenz oder das (jeweils artspezifisch zu verstehende) ‚gute Leben' nicht-menschlicher Lebewesen durch menschliches Handeln geschädigt, eingeschränkt oder verunmöglicht wird.

3.2.1.2 Der physiozentrische Vorwurf an die marxsche Theorie

In den *Grundrissen* denkt Marx weder explizit über den ethisch gerechtfertigten Umgang mit der Natur nach noch spricht er nicht-menschlichen Lebewesen explizit Eigenwert zu oder ab. Es handelt sich bei der marxschen Theorie also um keine Naturethik. Die im letzten Abschnitt dargestellte Kontroverse zwischen den verschiedenen naturethischen Ansätzen reicht jedoch über das engere Feld der Naturethik hinaus, insofern im ökologischen Diskurs auch andere, nicht der Naturethik oder der Ethik überhaupt entstammende Theorien daraufhin befragt werden, welche naturethische Axiologie ihnen explizit oder (zumeist) implizit zugrunde liege. Hampicke (1992, 132) beispielsweise attestiert der neoklassischen Ökonomik eine anthropozentrische Axiologie. Hiervon ausgehend eröffnet sich die Frage, auf welcher Axiologie die marxsche Theorie basiere. In der Marxforschung wird hierzu häufig die

---

[492] Präziser wird diese naturethische Konzeption, dergemäß sowohl Individuen als auch Systemganzheiten über Eigenwert verfügen, als ‚pluralistischer Holismus' bezeichnet, um ihn vom ‚monistischen Holismus' abzugrenzen, demgemäß ausschließlich Systemganzheiten Eigenwert zukommt.

Meinung vertreten, der marxschen Theorie liege eine anthropozentrische Axiologie zugrunde.[493]

Die Frage nach der axiologischen Grundlage einer nicht-ethischen Theorie ist freilich im Kontext des ökologischen Diskurses keine triviale. Anlass der Entwicklung physiozentrischer Naturethiken war die Auffassung, eine anthropozentrische Naturethik stelle keine tragfähige Begründung für einen umfassenden und langfristigen Naturschutz dar (vgl. Attfield 2011, 29 f.). Zwar sei im Rahmen anthropozentrischer Naturethik die ethische Begründung der Schutzwürdigkeit *einiger* nicht-menschlicher Naturentitäten möglich, nämlich derjenigen, durch deren Schutz menschliches Wohl gefördert beziehungsweise durch deren Schädigung oder Zerstörung menschliches Wohl eingeschränkt werde, die also für Menschen instrumentellen besäßen. Da jedoch nicht *alle* nicht-menschlichen Naturentitäten, ja nicht einmal *alle* Lebewesen oder *alle* empfindungsfähigen Lebewesen für Menschen instrumentellen Wert besäßen und nicht-menschliche Naturentitäten ihren instrumentellen Wert im Zeitverlauf einbüßen könnten – beispielsweise aufgrund veränderter menschlicher Präferenzen –, sei mittels einer anthropozentrischen Naturethik keine Begründung für einen langfristigen und umfassenden Naturschutz möglich (vgl. Birnbacher 1996, 63–65; Gorke 2010, 19).[494] Darüber hinausgehend betrachten Vertreter:innen physiozentrischer Naturethiken den Anthropozentrismus sogar als eine Legitimationsgrundlage für eine umfassende *Schädigung* der Natur. Indem die anthropozentrische Naturethik die Auffassung impliziere, dass „human beings are the only intrinsically worthwile things on earth, and that everything else exists to service our wants and needs" (Brennan und Lo 2010, 8), werde damit die Wertlosigkeit der gesamten Natur postuliert und diese zu einer bloßen Ressourcenansammlung degradiert, deren rücksichtslose Ausbeutung und Vernichtung durch die Menschen ethisch gerechtfertigt sei. Entsprechend sei „aus anthropozentrischer Sicht die *Einschränkung* einer prinzipiell unbegrenzten Verfügung über die Natur zu rechtfertigen" (Gorke 2010, 151); den

---

[493] Bezüglich Marxens axiologischer Grundannahme schreibt Grundmann (1991): „I think it is plain that Marx had an anthropocentric world-view and did not set up moral barriers to the investigation of nature" (58). Ähnlich lautet Ottmanns (1985) Einschätzung: „Marx' Begriff der Natur, betrachtet unter ökologischen Gesichtspunkten, läßt sich unterschiedlich beurteilen. Er ist ein auch heute ökologisch relevanter, wenn man die Probleme der Naturbeherrschung durch einen rationellen, geplanten, haushälterischen Umgang mit der Natur für lösbar hält. Wer mehr fordern will, ein Eigenrecht der Natur auch gegen die Zwecke des Menschen, kann sich auf Marx nicht berufen. Seine Lehre ist anthropozentrisch, soziozentrisch und prometheisch. Immer ist die Natur Mittel, nie Zweck an sich" (227). Auch Schmidt (1993) schreibt: „Natur erscheint bei Marx immer schon im Horizont geschichtlich wechselnder Formen ihrer gesellschaftlichen Aneignung", es zeige sich der *„Anthropozentrismus der Marxschen Naturkonzeption* [...], in der sich die Rolle des modernen, die Welt umgestaltenden Subjekts reflektiert" (XI).
[494] Exemplarisch sei hier der Artenschutz zu nennen: Auf Basis einer anthropozentrischen Axiologie könne, so die physiozentrische Kritik, die Ausrottung zahlreicher Arten – nämlich die aus menschlicher Sicht wertlosen, da nicht zur menschlichen Bedürfnisbefriedigung beitragenden – ethisch gerechtfertigt werden. Gorke (1999) vertritt entsprechend die These, ein umfassender Artenschutz sei auf Basis einer anthropozentrischen Naturethik nicht begründbar.

,Normalzustand' stelle also das unbegrenzte menschliche Verfügen über die gesamte Natur dar, welches nur in ethisch begründungsbedürftigen ‚Ausnahmefällen' eingeschränkt werden dürfe.[495]

Diese physiozentrische Kritik an der anthropozentrischen Naturethik lässt sich auf nicht-ethische Theorien übertragen, denen eine anthropozentrische Axiologie zugrunde liegt: Diese Theorien seien, so die physiozentrische Kritik, in ökologischer Hinsicht als verfehlt zu betrachten, könnten also entweder – im besten Fall – keinen Beitrag leisten zur Lösung der mannigfaltigen ökologischen Probleme der Gegenwart (wie etwa der schwindenden biologischen Diversität) oder seien sogar als theoretische Legitimationsversuche der fortschreitenden Destruktion der Natur zu verstehen. Solchermaßen wurde von einigen Interpret:innen auch die – mutmaßlich auf einer anthropozentrischen Axiologie basierende – marxsche Theorie kritisiert: „Many ecological critics have condemned Marx's human-social perspective on nature as being overly ‚anthropocentric' and thereby anti-ecological" (Burkett 2014, 10).

Dieser Vorwurf an die marxsche Theorie kann auf dem hier erreichten Stand der Untersuchung lediglich *konstatiert* werden. Auf Grundlage des folgenden konfrontativen Dialogs der marxschen Theorie mit der Naturethik wird es freilich möglich werden, ihn seinerseits zu kritisieren. Zuvor soll jedoch ein besonderer argumentativer Strang der physiozentrischen Naturethik detailliert vorgestellt werden, um die Grundlage für diesen konfrontativen Dialog auszubauen.

3.2.1.3 Extremer Physiozentrismus: Die *Deep Ecology*

Der als *Deep Ecology*[496] bezeichnete und von Arne Naess[497] in den 1970er-Jahren begründete Strang des ökologischen Diskurses vertritt die – der physiozentrischen Na-

---

[495] Demgegenüber zeichne es die physiozentrische Naturethik aus, dass „Eingriffe in die Natur nun prinzipiell unter Begründungslast stehen. Im Gegensatz zur anthropozentrischen Ethik bedürfen Beeinträchtigungen nicht-menschlicher Lebewesen und Gesamtsysteme [...] *grundsätzlich* der Rechtfertigung" (Gorke 2010, 151).

[496] Eine ähnlich bis identisch argumentierende Position stellt die *Radical Ecology* dar, die nicht trennscharf von der *Deep Ecology* zu unterscheiden ist: Laut Taylor (2005, 1326) bilde *Radical Ecology* den Oberbegriff für eine Reihe verschiedener ökologischer Denkrichtungen, die nach den Ursachen – den Wurzeln – der ökologischen Krise fragten und zu denen neben der *Deep Ecology* weitere Strömungen wie etwa der Ökofeminismus zählten. In einem anderen Verständnis wird die *Deep Ecology* als eine philosophische Theorie aufgefasst, während die *Radical Ecology* eine politisch-aktivistische Bewegung darstelle, die durch oftmals demonstrative, aufmerksamkeitswirksame und teilweise illegale, ja sogar Gewalt gegen Personen nicht ausschließende Aktionen hervortrete und die theoretischen Ansätze der *Deep Ecology* politisch zu realisieren intendiere (vgl. Taylor 2005, 1326, 1332; Taylor und Zimmerman 2005, 457). Keller (2009, 206) weist jedoch daraufhin, dass unter dem Terminus *Deep Ecology* nicht nur theoretische Positionen, sondern ebenso auch die Praxis öffentlichkeitswirksamer politischer Aktionen verstanden würden. Aufgrund dieser begrifflichen Schwierigkeiten wird in der hier vorliegenden Studie nicht zwischen *Deep* und *Radical Ecology* unterschieden.

[497] Für weiterführende Literaturangaben zu den Werken von Naess und weiterer Exponent:innen der *Deep Ecology* vgl. Taylor und Zimmerman (2005, 456) sowie Keller (2009, 206).

turethik analoge – Position, „that nature has intrinsic value, namely, value apart from its usefulness to human beings, and that all life forms should be allowed to flourish and fulfill their evolutionary destinies" (Taylor und Zimmerman 2005, 456; vgl. auch Keller 2009, 206). Während ein als ‚seicht' (*shallow*) verstandenes ökologisches Denken Naturschutz lediglich dann für relevant erachte, wenn er menschlichen Belangen und Interessen diene, zeichne sich eine ‚tiefe' Ökologie gerade durch die Anerkennung des Werts allen Lebens aus – auch dann, wenn der Schutz dieses Lebens keinen menschlichen Interessen diene oder sie sogar konterkariere (vgl. Taylor und Zimmerman 2005, 456; Keller 2009, 206):

> The shallow worldview, which he [= Naess] finds to be typical of mainstream environmentalism, is merely an extension of European and North American anthropocentrism – its reasons for conserving wilderness and preserving biodiversity are invariably tied to human welfare, and it prizes nonhuman nature mainly for its *use*-value. The deep ecological worldview, in contrast, questions the fundamental assumptions of European and North American anthropocentrism – that is, it digs conceptually deeper (Keller 2009, 206).

Folge des ‚seichten' ökologischen Denkens und Handelns sei die kontinuierlich fortschreitende Destruktion der Natur (vgl. Taylor und Zimmerman 2005, 456); Naturschutz sei mit anderen Worten also nur möglich durch Abkehr von der anthropozentrischen Axiologie und durch die Etablierung eines ‚tiefenökologischen' Denkens.

Die *Deep Ecology* basiert auf zwei Axiologien (vgl. Taylor und Zimmerman 2005, 456). Dies ist *einerseits* ein sogenannter *egalitärer Biozentrismus*, demzufolge allen Lebewesen nicht nur Eigenwert, sondern *gleicher* Eigenwert zugesprochen wird. Mit der Insistenz auf der Gleichwertigkeit des allen Lebewesen zugesprochenen Eigenwerts – und somit auch auf der Gleichwertigkeit aller Lebewesen selbst – soll die Gefahr gebannt werden, dass im Kontext einer biozentrischen Axiologie eine Hierarchisierung von Lebewesen stattfindet, indem zwar allen Lebewesen Eigenwert, dem Menschen aber der ‚größte' Eigenwert zugesprochen wird, weshalb der Mensch in ethischen Dilemmata zu bevorzugen sei (vgl. Keller 2009, 206 f.); durch diese Hierarchisierung werde letztlich eine – wenn auch unter biozentrischem Vokabular versteckte – anthropozentrische Axiologie vertreten. Die auch in biozentrischen Diskurszusammenhängen (explizit oder implizit) anzutreffende Vorstellung einer Sonderstellung des Menschen, dergemäß er trotz des Eigenwerts aller Lebewesen auf die ein oder andere Weise ‚besser' sei als andere Lebewesen, sei also aufzugeben: „By denying humans special moral consideration, Deep Ecology is not just nonanthropocentric, but *anti*-anthropocentric" (Keller 2009, 207). *Andererseits* basiert die *Deep Ecology* auf einem *Ökozentrismus*, demgemäß Ökosystemen als einer spezifischen Art naturaler Systemganzheiten Eigenwert zugesprochen wird (vgl. Taylor 2005, 1330; Taylor und Zimmerman 2005, 456).

Gleichsam das theoretische Bindeglied zwischen egalitärem Biozentrismus und Ökozentrismus bildet der *ontologische Holismus* als metaphysische Grundlage der *Deep Ecology*. Er besagt, dass „the biosphere does not consist of discrete entities but rather internally related individuals that make up an ontologically unbroken whole"

(Keller 2009, 207). Menschliche Individuen und nicht-menschliche Lebewesen werden nicht als abgegrenzte und eigenständige Entitäten verstanden, die lediglich akzidentiell Verbindungen mit anderen Entitäten eingingen. Vielmehr wird die Auffassung vertreten, dass „the ontological boundaries of the self extend outward, incorporating more and more of the lifeworld into the self. This insight discloses that there is in reality only one big Self, the lifeworld" (Keller 2009, 207). Weil menschliche Individuen und nicht-menschliche Lebewesen keine eigenständigen Entitäten, sondern nicht-distinkte Elemente eines Ökosystems als eines größeren Ganzen seien, dem sie organisch angehörten, sei das *wohlverstandene* Interesse menschlicher Individuen identisch mit den Interessen anderer Lebewesen und des Ökosystems:

> Once ontological boundaries between living beings are recognized as illusory, one realizes that biospherical interests are one's own. Devall and Sessions assert that ‚if we harm the rest of Nature then we are harming ourselves. There are no boundaries and everything is interrelated' […]. In the words of the environmental activist John Seed, the statement ‚I am protecting the rain forest' develops into ‚I am part of the rain forest protecting myself.' […]. Because the rainforest is part of the activist Seed, he is inherently obliged to look after its welfare. The rainforest's well-being and needs are indistinguishable from Seed's (Keller 2009, 207).

Die Einsicht in die ontologische Verbundenheit alles Lebendigen mit einem größeren Ganzen sei freilich nicht rational zu vermitteln, sondern werde intuitiv durch unmittelbares Wahrnehmen und Erleben der Natureinheit gewonnen (vgl. Keller 2009, 206; kritisch Birnbacher 1996, 50 f. und 55):

> Naess and most deep ecologists, however, trace their perspective to personal experiences of connection to and wholeness in wild nature, experiences which are the ground of their intuitive, affective perception of the sacredness and interconnection of all life. Those who have experienced such a transformation of consciousness (experiencing what is sometimes called one's ‚ecological self' in these movements) view the self not as separate from and superior to all else, but rather as a small part of the entire cosmos. From such experience flows the conclusion that all life and even ecosystems themselves have inherent or intrinsic value – that is, value independently of whether they are useful to humans (Taylor und Zimmerman 2005, 456; vgl. auch Taylor und Zimmerman 2005, 458; Taylor 2005, 1326).

Wem diese intuitive Einsicht gelungen sei, der könne nicht anders, als in seinem Handeln die Gleichrangigkeit und den identischen Eigenwert aller Lebewesen und Ökosysteme zu berücksichtigen; naturethische Pflichten, Verbote oder Handlungsregeln, an denen sich der Handelnde orientieren *soll*, seien nicht (mehr) nötig aufgrund der Erkenntnis, dass alle Lebewesen untrennbar miteinander verbunden *sind:* „the psychological realization of metaphysical holism makes ethics superfluous. […] Deep Ecology is above all an ontology and incidentally an ethic" (Keller 2009, 207 f.). Das bedeutet im Umkehrschluss: *Ohne* diese Einsicht könnten Menschen ihre wohlverstandenen Interessen nicht erkennen; das, was sie für ihre Interessen hielten und für nützlich erachteten – das Roden von Wäldern, Verschmutzen von Flüssen und Ausrotten von Tierarten zugunsten beispielsweise höherer Konsummöglichkeiten –, widerspreche vielmehr ihren wohlverstandenen, tatsächlichen Interessen und ihrem wahrhaftigen Wohl.[498]

Der *Deep Ecology* wird im ökologischen Diskus vorgeworfen, sie tendiere zu *Misanthropie* (vgl. Taylor und Zimmerman 2005, 458; Keller 2009, 209; Ott 2010, 36 f.). Ein drastisches Beispiel für diese misanthropische Tendenz stellen zwei kurze Artikel dar, welche in der – der *Deep Ecology*-Bewegung zugehörigen – Zeitschrift *Earth first!* unter dem sprechenden Pseudonym ‚Miss Ann Thropy' publiziert wurden (vgl. Miss Ann Thropy 1987a, 1987b). Ausgangspunkt der Artikel ist die – der malthusianischen Denktradition entstammende – Prämisse, die seit der Industrialisierung stark gewachsene Weltbevölkerung überschreite die ökologische ‚Tragekapazität' der Erde; aus diesem Grund sei es nicht nur unmöglich, alle Menschen auf Dauer mit Nahrungsmitteln zu versorgen, sondern durch die zu hohe Bevölkerungszahl würden zudem die Ökosysteme der Erde geschädigt.[499] Notwendig zur Erhaltung der Ökosysteme sei daher die massive Reduktion der Anzahl der auf der Erde lebenden Menschen:

> I take it as axiomatic that the only real hope for the continuation of diverse ecosystems on this planet is an enormous decline in human population. Conservation, social justice, appropriate technology, etc., are great to discuss and even laudable, but they simply don't address the problem (Miss Ann Thropy 1987b).

Hiervon ausgehend wird die Frage diskutiert, mit welchen Mitteln der anvisierte Zweck – die Reduktion der Weltbevölkerung – zu realisieren sei:

> Through nuclear war or mass starvation due to desertification or some other environmental cataclysm, human overpopulation *will* succumb to ecological limits. But in such cases, we would inherit a barren, ravaged world, devoid of otters and redwoods, Blue Whales and butterflies, tigers and orchids (Miss Ann Thropy 1987b).

Diesen Mitteln zur Bevölkerungsreduktion sei das – zur Erscheinungszeit der Artikel verhältnismäßig neu entdeckte und in seinem Potenzial, die Weltbevölkerung zu reduzieren, überschätzte – HI-Virus jedoch überlegen; denn mittels seiner könne die menschliche Bevölkerung ohne negative Auswirkungen auf die Ökosysteme stark reduziert werden, da keine effektive Therapie existiere und das Virus nur Menschen

---

[498] Bei dieser Rekonstruktion der theoretischen Grundlagen der *Deep Ecology* ist freilich zu bedenken, dass es sich bei ihr weniger um eine stringent ausgearbeitete Theorie, sondern vielmehr um eine Art ökologisch-philosophisch-politischer Bewegung vielfältiger Akteur:innen handelt, deren gemeinsames Band die Ablehnung des Anthropozentrismus ist, die aber darüber hinausgehend durchaus divergierende Theorieansätze vertreten (vgl. Keller 2009, 206). Zu bedenken ist hier also, dass Vertreter:innen der *Deep Ecology* durchaus auch andere Auffassungen vertreten können als im Haupttext dargestellt.
[499] Indem bspw. immer mehr naturbelassene Flächen zur Nahrungserzeugung gerodet und urbar gemacht oder in Produktionsprozessen erzeugte Schadstoffe in einem Umfang an die Natur abgegeben werden, der ihre Aufnahmekapazität als Senke übersteigt.

(und einige wenige Affenarten) infiziere, für andere Lebewesen jedoch ungefährlich sei: „AIDS has the potential to significantly reduce human population without harming other life forms" (Miss Ann Thropy 1987b). Diese „ecological perspective on the disease" (Miss Ann Thropy 1978b) – dergemäß „the AIDS epidemic, rather than being a scourge, is a welcome development in the inevitable reduction of human population" (Miss Ann Thropy 1978a) – wird mit den Worten zusammengefasst:

> None of this is intended to disregard or discount the suffering of AIDS victims. But one way or another there will be victims of overpopulation – through war, famine, humiliating poverty. As radical environmentalists, we can see AIDS not as a problem, but a necessary solution (one you probably don't want to try for yourself). To paraphrase Voltaire: if the AIDS epidemic didn't exist, radical environmentalists would have to invent one (Miss Ann Thropy 1987b).

Der vorzeitige Tod zahlloser Menschen wird also als Möglichkeit begrüßt, die Weltbevölkerung zu reduzieren, um die globalen Ökosysteme vor den Folgen menschlicher Überbevölkerung zu bewahren. Das, was als schützenswert erachtet wird, sind Ökosysteme, während es als ethisch gerechtfertigt, ja sogar als verpflichtend betrachtet wird, Menschen[500] gleichsam zu opfern, wenn es dem Erhalt der Ökosysteme dient. Im Rahmen des ontologischen Holismus wird diese ‚Opferung' menschlicher Individuen zugunsten eines größeren Ganzen freilich nicht einmal als solche verstanden: Wenn es menschliche Individuen als distinkte Entitäten nicht gibt, sondern lediglich „one big Self, the lifeworld" (Keller 2009, 207) existiert, dann ist der massenhafte Tod von Menschen nichts anderes als gleichsam die ‚Selbstheilung' dieses naturalen ‚one big Self'. Das wohlverstandene Interesse der menschlichen Individuen, zu dessen Erkenntnis sie durch die Einsicht in ihre ontologische Verbundenheit mit der Natur gelangen, besteht dann darin, für das Wohl der globalen Ökosysteme zu sterben. Das faktische Interesse der Menschen – ihr Bestreben zu überleben, weil sie ihre ontologische Verbundenheit mit der Natur nicht intuitiv erkannt haben – mag freilich davon abweichen.

Sichtbar wird hier die *Abwägungsregel* der *Deep Ecology*, die den Umgang mit ethischen Konflikten beziehungsweise Dilemmata bestimmt: Wie ist in einer Situation zu handeln, in der die faktischen Interessen einzelner Lebewesen (Eigenwert entsprechend dem egalitären Biozentrismus) nicht mit den Interessen von Ökosystemen (Eigenwert entsprechend dem Ökozentrismus) zu vereinbaren sind? Die Antwort der *Deep Ecology* lautet hier: „the good of whole ecosystems and well-being of habitats must take precedence over the lives or well-being of individual sentient animals" (Taylor 2005, 1330). Im Konfliktfall müssen die (faktischen)[501] Ansprüche einzelner

---

500 Und andere Lebewesen, wenn diese eine Gefahr für das Wohl eines Ökosystems darstellen.
501 Die wohlverstandenen Ansprüche von Lebewesen sind, wie oben im Haupttext erörtert, freilich mit denjenigen von Ökosystemen identisch. Aufgrund des ontologischen Holismus können keine ‚wahrhaftigen' Interessenskonflikte entstehen; Konflikte (und ihnen entsprechende ethische Dilemmata) entstehen erst dann, wenn Lebewesen faktisch entgegen ihren wohlverstandenen eigenen Interessen handeln (was sie offenbar zumeist tun).

Lebewesen also gegenüber dem Wohl von Ökosystemen zurückstehen.[502] Daher wurde der *Deep Ecology* und der ökozentrischen Naturethik der Vorwurf des *Ökofaschismus* gemacht (vgl. Taylor und Zimmerman 2005, 458; Brennan und Lo 2010, 94; Gorke 2010, 23 f.): Das Individuum werde dem (ökologischen) Kollektiv untergeordnet und seine ‚Opferung' zum Wohle dieses (ökologischen) Kollektivs sei ethisch gerechtfertigt beziehungsweise geboten.

Die Abwägungsregel und die Auffassung, dass die Existenz von (zu vielen) Menschen die globalen Ökosysteme schädige und zerstöre, führen zur erwähnten *Misanthropie:*

> Im Kontext der Ökologiebewegung wird ‚der' Mensch nicht selten als ‚Krebsgeschwür', ‚Schmarotzer', ‚Parasit' und ‚Schädling' der Natur bezeichnet [...]. Schädlingsmetaphorik, [...] und Misanthropie ergeben ein eher pessimistisches Menschenbild. Der Mensch hat hier durchaus eine Sonderstellung inne; diese aber ist negativ bestimmt, da der Mensch den Naturzusammenhang stört oder zerstört (Ott 2010, 36 f.).[503]

In einem journalistisch publizierten Gespräch zwischen zwei prominenten Protagonisten der *Deep Ecology*, David Foreman und Bill Devall, äußert sich Foreman bezüglich einer in Äthiopien herrschenden Hungersnot folgendermaßen: „the worst thing we could do in Ethiopia is to give aid – the best thing would be to just let nature seek its own balance, to let the people there just starve" (zitiert nach Bookchin 1987). Allgemein vertritt er die Ansicht, „that humanity is some kind of cancer in the world of life" (Bookchin 1987).

Sichtbar wird gleichsam ein dialektischer Umschlag in der *Deep Ecology* als einer physiozentrischen Naturethik: Einst war diese entwickelt worden, um die einseitig menschenbezogene Orientierung des anthropozentrischen ökologischen Diskurses zu überwinden, diesen im Sinne der ethischen Berücksichtigung nicht-menschlicher Lebewesen und naturaler Systemganzheiten zu erweitern und dadurch eine Gleichrangigkeit und -wertigkeit aller Lebewesen und naturaler Systemganzheiten zu realisieren. Faktisch jedoch wird im Kontext der *Deep Ecology* dieses egalitäre Verhältnis verfehlt; es wird eine Ungleichheit der Naturentitäten unter veränderten Vorzeichen postuliert, indem Menschen – und andere Lebewesen – *in allen Fällen* hierarchisch unter Ökosystemen als spezifischen naturalen Systemganzheiten stehen und sie deren Wohl gegebenenfalls zu opfern sind. Diese Verfehlung der Zielsetzung, wegen der die

---

502 Dass dies nicht auf jede physiozentrische Ethik zutrifft, zeigt Gorke (2010): Mittels der Abwägungsregeln der von ihm entworfenen holistischen Naturethik kann bezüglich eines konkreten ethischen Dilemmas bestimmt werden, welche Ansprüche bzw. Pflichten als die wichtigeren aufzufassen sind, und daraus fallbezogen das kleinere moralische Übel bestimmt werden – und es ist hierbei möglich, dass die Schädigung naturaler Systemganzheiten durch menschliches Handeln ethisch gerechtfertigt ist (vgl. Gorke 2010, 55, 127 f., 148 f., 155, 164, 168 f.). Die Ethik Gorkes (2010) ermöglicht somit ein wesentlich differenzierteres Vorgehen als die *Deep Ecology*.
503 Diese misanthrope Auffassung wird also, wie Ott (2010, 36 f.) zeigt, nicht nur im Rahmen der *Deep Ecology,* sondern auch in anderen Zirkeln des ökologischen Diskurses vertreten.

physiozentrische Ethik und *Deep Ecology* allererst entwickelt wurden, wird insbesondere von Murray Bookchin[504] im Rahmen seiner Kritik an der *Deep Ecology* und ihren misanthropen Implikationen herausgearbeitet (vgl. Taylor und Zimmerman 2005, 457 f.; Keller 2009, 209).

Bookchin (1987, 1988a, 1988b) weist nach, dass im Rahmen der *Deep Ecology* nicht nur das Verhältnis der Menschen (und anderer Lebewesen) zu Ökosystemen von einer kategorischen Ungleichheit geprägt ist, sondern auch dasjenige der Menschen zu anderen Lebewesen. Zwar postuliert der egalitäre Biozentrismus die Gleichheit aller Lebewesen; im Konfliktfall jedoch stehen Menschen hierarchisch unter anderen Lebewesen. Im Rahmen des egalitären Biozentrismus verfügen auch für Menschen pathogene Mikroorganismen wie der Pocken- oder Choleraerreger über denselben Eigenwert wie Menschen, sind daher nicht weniger wertvoll als diese und ebenso zu schützen; ein totes Bakterium sei ein ebenso großer Verlust wie ein toter Mensch, kein Leben sei schützenswerter als ein anderes. Hier tut sich freilich ein ethisches Dilemma auf, insofern das Leben der Menschen nicht mit demjenigen der pathogenen Mikroorganismen zu vereinbaren ist. In dieser Dilemmasituation gilt für die *Deep Ecology* erneut eine undifferenzierte und kategorisch geltende Abwägungsregel: Im Konfliktfall zwischen Menschen und nicht-menschlichen Lebewesen seien Letztere zu bevorzugen, wögen die Interessen und Ansprüche Letzterer also schwerer. Deshalb sei es nicht gerechtfertigt, so die *Deep Ecology*, zum Zwecke der Rettung menschlicher Leben diese pathogenen Krankheitserreger durch Impfungen, Medikamente oder gesteigerte Hygiene zu dezimieren oder gar zum Aussterben zu bringen; um den Tod der Erreger zu verhindern und ihnen zu ermöglichen, weiterhin in ihrem ‚natürlichen Lebensraum', dem menschlichen Körper zu existieren, werden Infektionen und menschliche Todesopfer befürwortet beziehungsweise in Kauf genommen. Hier zeigt sich erneut der ‚Umschlag' von Gleichheit zu einseitiger Hierarchisierung: Im Fall widerstreitender Interessen erhalten nicht-menschliche Lebewesen *kategorisch* Vorrang vor den Menschen (vgl. Bookchin 1987, 1988a, 1988b).

Im Sinne des ontologischen Holismus – so kann aus dem Vorausgegangenen geschlussfolgert werden – sind es freilich die faktischen Interessen von Menschen, die ihre Verbundenheit mit dem Naturganzen noch nicht intuitiv erkannt haben, die mit denjenigen anderer Lebewesen konfligieren. Die wohlverstandenen Interessen von Menschen und von anderen Lebewesen sind hingegen identisch; es ist das wohlverstandene Interesse der Menschen, auch pathogenen Mikroorganismen ein Leben zu ermöglichen (und ihnen dafür einen geeigneten Lebensraum, den eigenen Menschenkörper, zu bieten).

Es wird also im Rahmen der *Deep Ecology* die Auffassung vertreten, Menschen übten aufgrund ihrer fehlenden Einsicht, nur ein organischer Teil eines größeren naturalen Ganzen zu sein, einen destruktiven Einfluss auf andere Lebewesen und Ökosysteme aus. Daher gleiche, wie bereits dargestellt wurde, ihr faktisches Verhältnis

---

[504] Bookchin ist Begründer der *Social Ecology* als eines Gegenentwurfs zur *Deep Ecology*.

3.2 Die Naturethik und ihre widerstreitenden axiologischen Grundlagen — 345

zur Natur demjenigen eines ‚Krebsgeschwürs' oder eines ‚Parasiten' zum jeweiligen ‚Wirtsorganismus': Die Menschen seien – wenn auch aus naturalen Stoffen, aus Fleisch und Blut bestehend – kein Teil der (‚gesunden') Natur, sondern gleichsam ein Fremdkörper in ihr. Hieraus lässt sich schlussfolgern, dass der *Depp Ecology* ein Verständnis der Menschen als *faktisch außerhalb der Natur stehend* zugrunde liegt – ein Verhältnis, das man terminologisch als *Menschen-Natur-Spaltung* bezeichnen kann:

> Deep ecologists see this vague and undifferentiated humanity essentially as an ugly ‚anthropocentric' thing – presumably a malignant product of natural evolution – that is ‚overpopulating' the planet, ‚devouring' its resources, and destroying its wildlife and the biosphere – as though some vague domain of ‚nature' stands opposed to a constellation of nonnatural human beings, with their technology, minds, society, etc (Bookchin 1987).[505]

Solange (die meisten) Menschen ihre ontologische Verbundenheit mit dem Naturganzen – und somit auch ihre wohlverstandenen Interessen – nicht intuitiv erkennten, solange stünden sie faktisch – wenn sie auch ihrem Wesen gemäß ein Teil des großen Naturganzen sein mögen – außerhalb der Natur.[506]

Einher mit diesem Verständnis, die Menschen stünden außerhalb der Natur, geht eine zweite Bestimmung des Verhältnisses der Menschen zur Natur, die in der *Deep Ecology* vertreten wird. Erinnerlich besagt der ontologische Holismus, dass das eigentlich Existierende das Naturganze sei, dem die Menschen als ein Element angehörten. Wie gezeigt impliziert diese Auffassung, dass zwischen Menschen und Natur ein harmonisches Verhältnis besteht: Die Interessen der Natur seien identisch mit den *wohlverstandenen* Interessen der Menschen – was gut für die Natur sei, sei es auch für die Menschen. Freilich fehle den meisten Menschen die intuitive Einsicht, dass sie einen Teil des Naturganzen bildeten, und so handelten sie entgegen ihrer eigenen wohlverstandenen Interessen und hielten faktisch das für nützlich, was anderen

---

505 Schlaudt (2016) merkt an, dass die den Menschen exkludierende Auffassung von Natur in naturschützerischer Hinsicht impliziere, „dass sich der Mensch letztendlich alles Handeln in der Natur untersagen, ja recht eigentlich sich zugunsten der Natur abschaffen müsste" (158). Und dies ist es ja in der Tat, was die *Deep Ecology* fordert.

506 Deutlich wird eine theoretische Parallele zwischen der neoklassischen Ökonomik (s. Abschnitt 3.1.1) und der der *Deep Ecology* (vgl. Schlaudt 2016, 148): Während in der neoklassischen Ökonomik das menschliche ökonomische Handeln als unabhängig von der Natur und ihr gleichsam enthoben verstanden wird, wird in der *Deep Ecology* die Natur als (faktisch, aber nicht ontologisch) separiert von den Menschen verstanden. Somit teilen – unter umgekehrten Vorzeichen – sowohl neoklassische Ökonomik als auch *Deep Ecology* dasselbe Verständnis des Verhältnisses von Mensch und Natur: ‚Natur' und ‚Mensch' werden als sich ausschließende, konträre Begriffe verstanden – der Mensch ist kein Teil der Natur und die Natur stellt weder Bedingung noch Beschränkung menschlichen Handelns dar. Es handelt sich gleichsam um ‚zwei Welten' – die die menschliche Welt erforschende Ökonomik blendet die den Wirtschaftsprozess nicht tangierende Natur theoretisch aus, und die programmatisch Naturschutz fordernde *Deep Ecology* fasst die Menschen als außerhalb der Natur stehende Wesen auf.

Naturentitäten – und letztlich auch ihnen selbst – schade; die faktischen Interessen der Menschen stünden denjenigen der Natur diametral entgegen. Das faktische Verhältnis zwischen den ihren untrennbaren Zusammenhang mit der Natur nicht erkennenden Menschen und der Natur wird in der *Deep Ecology*, so ist aus den vorangegangenen Ausführungen zu schlussfolgern, als durch *Konflikt und Trennung* charakterisiert vorgestellt: *Auf der einen Seite* stehe die Natur, *auf der anderen Seite* befänden sich die die Natur schädigenden und zerstörenden Menschen, welche zum Wohle der Natur ‚auszumerzen' seien. Die *Deep Ecology* impliziert somit ein Verständnis des Verhältnisses von Natur und Menschen, demgemäß sprichwörtlich ‚nur einer gewinnen kann': Entweder die Natur ‚siegt' und erhält sich selbst ‚auf Kosten' der Menschen – oder die Menschen setzen sich gegen die Natur durch und realisieren ihre faktischen Zwecke ‚auf Kosten' der Natur. Das faktische Menschen-Natur-Verhältnis ist aus Perspektive der *Deep Ecology* somit ein *konkurrenzförmiges*.

Der ontologische Holismus schlägt somit dialektisch in sein Gegenteil um: Aufgrund der fehlenden Einsicht in ihre organische Verbundenheit mit dem Naturganzen stehen die Menschen faktisch in einem Verhältnis zur Natur, das durch die Bestimmungen *Menschen-Natur-Spaltung* und *Konkurrenzförmigkeit* charakterisiert ist.

Exkurs: Das Verständnis des Menschen-Natur-Verhältnisses als eines konkurrenzförmigen im ökologischen Diskurs

Die Auffassung, Menschen und Natur stünden in einem konkurrenzförmigen Verhältnis zueinander, wird nicht nur in der *Deep Ecolgy*, sondern auch in anderen Strängen des ökologischen Diskurses vertreten. Exemplarisch hierfür steht der den programmatischen Titel *Menschenrechte kontra Naturschutz* tragende Diskursbeitrag von Haimo Schulz Meinen (2000), der einer ökologisch motivierten Politischen Philosophie zugehört:

> Naturschutz fordert, an Ort und Stelle solche Handlungen einzuschränken oder ganz zu unterlassen, die zum künstlichen, technisch gestützten Stoffwechsel von Menschen beitragen. Menschenrechte fordern demgegenüber auf, diesen Stoffwechsel überall dort sicherzustellen, wo Menschen leben, weil nur so die Einzelnen in den Genuß staatlicher Errungenschaften kommen können. [...] Der moderne Staat stützt sich in einer religiösen Weise auf ein Normengefüge. Dessen Kern bilden Menschenrechte und Menschenwürde. Seine Befürworterinnen *legen* dadurch sämtliche Untertanen auf ein Handeln *fest*, das ungestaltete Natur *unaufhaltsam* und bewußt zerstört. Insbesondere werden künstliche Lebensräume für Menschen geschaffen, die naturbestimmten Räumen den Platz rauben. Menschenwürde steht dabei als individuelle Chiffre eines Handlungsauftrages: Schaffe Künstliches, vernichte Natürliches! (13 f.).[507]

---

[507] Es fällt schwer, den Diskursbeitrag Schulz Meinens (2000) anders als verfehlt zu bezeichnen. Bereits der von ihm verwendete Begriff des Naturschutzes als Basis seiner Argumentation ist fragwürdig: Schulz Meinen (2000) erweckt den Eindruck, als gäbe es im ökologischen Diskurs genau dieses eine, seiner Studie zugrunde gelegte Verständnis von Naturschutz. Wie die hier vorliegende Arbeit zeigt, ist dies aber eine mehr als naive und letztendlich Unkenntnis des ökologischen Diskurses of-

Menschliche Ansprüche (Menschenrechte) konfligierten mit denjenigen der Natur (Naturschutz); Naturschutz und die Achtung der Würde und Rechte von Menschen schlössen sich gegenseitig aus und könnten nicht gleichzeitig realisiert werden:

> Betriebe jemand Naturschutz im Rahmen des modernen [normativ auf den Menschenrechten basierenden] Staates, so die Folgerung, täuschte sich diejenige selbst wie auch andere über den möglichen Erfolg. [...] Die Conclusion lautete entsprechend, daß die Orientierung an Menschenrechten oder aber am Naturschutz denkbar ist (Schulz Meinen 2000, 14),

weshalb der „ständig wachsenden Neigung innerhalb von Oppositionellenkreisen und Nichtregierungsorganisationen, die *Forderungen* nach Menschenrechten und Umweltschutz miteinander zu verbinden" (14), zu widersprechen sei.[508] Hier wird also die identische Auffassung wie in der *Deep Ecology* vertreten: Menschen und Natur stünden in einem konkurrenzförmigen Verhältnis zueinander; *entweder* Naturschutz *oder* Menschenrechte, die Vereinbarung beider sei nicht möglich.

In ökonomisch ausgerichteten Strängen des ökologischen Diskurses wird ebenfalls häufig ein Konkurrenzverhältnis zwischen Menschen und Natur postuliert: ‚Wir', so die dort vertretene Auffassung, könnten ‚uns' einen Schutz nicht-menschlicher Naturwesen oder naturaler Systemganzheiten zu ihrem eigenen Wohl nicht ‚leisten'. Beispielsweise wird die Forderung, die Anforderungen des Tierschutzes seien bei der Tieraufzucht (sprich, Fleischproduktion) zu berücksichtigen, häufig mit dem Argument zurückgewiesen, dass ‚wir' Menschen oder zumindest bestimmte soziale Gruppen die dabei entstehenden Mehrkosten nicht tragen könnten (vgl. Meyer-Abich 2005, 4). Auch hier zeigt sich eine Konkurrenzkonstellation: Auf der einen Seite die Interessen der Menschen, auf der anderen Seite diejenigen nicht-menschlicher Na-

---

fenbarende Annahme: Was Naturschutz ist, ist nämlich im ökologischen Diskurs umstritten. Die Opposition zwischen Naturschutz und Menschenrechten, die scheinbar in der Sache selbst liegt, wird vor allem durch Schulz Meinen (2000) selbst konstruiert, indem er von einer bestimmten radikalen Naturschutzkonzeption ausgeht. Dies ist aber nur *eine* Auffassung, was Naturschutz ist; im Rahmen einer anthropozentrischen Naturethik etwa ließe sich ein wesentlich moderaterer Naturschutzbegriff entwickeln, der nicht jeden technisch vermittelten Eingriff der Menschen in die Natur (‚künstlicher, technisch gestützter Stoffwechsel von Menschen') verbietet. – Auch in anderen Aspekten besitzt die Studie Schulz Meinens (2000) krasse Schwächen: Die Themenwechsel geschehen oft unvermittelt und ohne sachlich-argumentativen Zusammenhang. Oftmals gleicht der Text einer Zusammenstellung von Zitaten, ohne dass ersichtlich wäre, wie Schulz Meinen (2000) von diesen Zitaten ausgehend ausgerechnet zu seinen (weitreichenden) Schlussfolgerungen gelangt. Vor allem aber: Die Prämissen seiner Argumentation sind identisch mit den Thesen, die er allererst argumentativ zu belegen versucht. Die Menschenrechte bspw. seien seiner Auffassung nach – zumindest als universaler Ordnungsrahmen – abzulehnen; zugleich setzt er diese Ablehnung der Menschenrechte von Anfang an voraus, indem er sie etwa in recht flacher (Pseudo-)Kritik als Machtinstrument darstellt (vgl. bspw. S. 31). Daraus resultiert ein merkwürdiger Sog des Buches: Der Autor hat immer recht mit dem, was er behauptet – aber nicht, weil es tatsächlich so wäre, sondern weil er immer schon voraussetzt, was er dann vorgibt zu ‚belegen'.
508 Schulz Meinen (2000) spricht sich für die zweite Option – die Abkehr von der Norm der Menschenrechte zugunsten des Naturschutzes – aus.

turwesen und naturaler Systemganzheiten – und beide Seiten schlössen sich aufgrund ökonomischer Sachverhalte gegenseitig aus. Anders als in der von Schulz Meinen (2000) eingenommenen Position werden hier freilich nicht die Ansprüche der Menschen, sondern diejenigen der Natur zurückgewiesen.

Die im Kontext der *Deep Ecology* vertretenen Positionen werden also auch in anderen Zirkeln des ökologischen Diskurses vertreten;[509] sie stellen einige der grundlegenden ökologischen Gedankenfiguren dar, die freilich in anderen Diskurssträngen nur selten in der Radikalität verbalisiert werden, die der *Deep Ecology* zu eigen ist. Die *Deep Ecology* steht somit repräsentativ für zahlreiche weitere Stränge des ökologischen Diskurses. Die im Folgenden stattfindende Auseinandersetzung mit den im Kontext der *Deep Ecology* vertretenen Positionen ist somit auch als eine Auseinandersetzung mit diesen weiteren Strängen des ökologischen Diskurses zu verstehen.

3.2.2 Die marxsche Theorie im Dialog mit dem naturethischen Diskurs

3.2.2.1 Der Selbstzweckcharakter des Tauschwerts in der modernen Ökonomie

Marx gelangt in seiner Darstellung der dialektischen Entwicklung des Wertbegriffs zu der Erkenntnis, dass in einer auf dem Warentausch basierenden Ökonomie der Tauschwert Selbstzweckcharakter besitzt: Der Tauschwert erscheint in der Form des Geldes in seiner dritten Bestimmung nicht – wie in der ersten und zweiten Bestimmung – als Mittel, um den Tauschwert besonderer Waren auszudrücken oder diese vereinfacht austauschen zu können, sondern „als Selbstzweck, zu dessen bloser Realisation der Waarenhandel und Austausch dient" (131; siehe Abschnitt 2.1.5). In der Form des Geldes ist der Tauschwert zwar *auch* ein Mittel, um den Tauschwert besonderer Waren auszudrücken (erste Geldbestimmung) und Tauschakte (effizient) durchzuführen (zweite Geldbestimmung), er stellt aber darüber hinaus den Zweck dar, weshalb überhaupt Austauschhandlungen ausgeführt werden (dritte Geldbestimmung). Dieser *Selbstzweckcharakter* des Tauschwerts ist gegenüber seinem Mittelcharakter der dominante, denn durch ihn ist auch der aus dem Geldbegriff sich dialektisch entwickelnde Kapitalbegriff bestimmt: Als Kapital ist der Tauschwert – und zugleich dessen stetige Verwertung als Bedingung seiner Existenz – Selbstzweck. Der Kapitalbegriff als die höchste Entwicklung des Wertbegriffs drückt das Wesen des Warentauschs aus und erweist die vorangegangenen Begriffe als aufgehobene Ent-

---

[509] S. auch der obige Verweis, dass misanthrope Positionen nicht nur in der *Deep Ecology* vertreten werden. Auch die Auffassung, der Mensch sei kein Teil der Natur, wird in verschiedenen Strängen des ökologischen Diskurses vertreten; bspw. versteht die klassische naturwissenschaftliche Ökologie unter Natur all dasjenige, was nicht menschlich ist: „Dem traditionellen Paradigma der Ökologie entsprechend würde als reines Ökosystem ein solches *ohne M*enschen betrachtet. Letztere treten immer nur als *externe Störung* hinzu" (Schlaudt 2016, 148). Auch der umgangssprachliche *Common Sense* tendiert in diese Richtung, indem unter ‚Naturschutz' der Schutz der nicht-menschlichen Natur verstanden wird, auch hier also der Mensch als außerhalb der Natur stehend aufgefasst wird.

wicklungsstufen. Daraus folgt: Das Geld mag in seiner ersten und zweiten Bestimmung bloßes Mittel sein, diese Bestimmung trifft aber nicht den ‚Kern' des Warentauschs; sein Wesen besteht vielmehr darin, dass der Tauschwert in Form des Kapitals Selbstzweckcharakter besitzt. Der (subjektiv nicht immer gewusste) Zweck, weshalb Waren getauscht werden, ist also kein anderer als die Vermehrung (und damit zugleich: die Erhaltung) des Kapitalwerts: G – W – W – G' (siehe Abschnitt 2.1.7), und zu *diesem* Zweck dient auch das Geld als Mittel. Entsprechend ist der Tauschwert dasjenige, was in der auf dem Warentausch basierenden Ökonomie als Reichtum verstanden wird (siehe Abschnitt 2.1.3). Der Gebrauchswert der Ware hingegen ist in einer solchen Ökonomie relevant einzig als materielle Basis ihres Tauschwerts und somit gleichsam als ‚notwendiges Übel' zu verstehen, welches instrumentell die Existenzgrundlage des Tauschwerts bildet, darüber hinaus aber keine weitere Bedeutung besitzt.

Analog dem Selbstzweckcharakter des Tauschwerts in der auf dem Warentausch basierenden Ökonomie wird der Tauschwert auch in der Politischen Ökonomie – als der diese Ökonomie affirmativ reflektierenden und als solche bürgerlichen Wirtschaftswissenschaft – als Selbstzweck und als dasjenige aufgefasst, was Reichtum ist. Die Politische Ökonomie fragt dann nach dem Wesen und der Entstehung dieses so verstandenen Reichtums.[510] Aus diesem Grund wird in der Theoriebildung der Politischen Ökonomie der Gebrauchswert lediglich okkasionell und partiell, nie aber systematisch berücksichtigt: Da der Tauschwert Selbstzweck ist, wird auch nur er systematisch thematisiert; der Gebrauchswert hingegen erscheint nur als Mittel zum Erhalt und zur Generierung von Tauschwert, das immer dann, wenn Erhalt und Generierung des Tauschwerts aus Perspektive der Politischen Ökonomie als unproblematisch wahrgenommen werden, aus der Theoriebildung ausgeblendet wird.

Um das Kapital zu verwerten, werden materielle Produktionsprozesse durchgeführt. Zweck der Produktion in der kapitalistischen Produktionsweise ist daher – anders als in vorkapitalistischen Produktionsweisen – nicht die Produktion von über Gebrauchswert verfügenden Gegenständen, sondern die Verwertung des Tauschwerts durch Generierung von Mehrwert, indem im Rahmen der Produktion die Arbeitenden Mehrarbeit verausgaben (siehe Abschnitte 2.2.2, 2.2.3.2 und 2.2.3.3). Die materielle Produktion – die Herstellung brauchbarer Güter – ist also lediglich Vehikel zur Verwertung. Entsprechend ist auch ihre kontinuierliche und dynamische Weiterentwicklung, die die kapitalistische Produktionsweise auszeichnet (siehe Abschnitt 2.2.3.6), nichts anderes als ein Mittel zur (Ausweitung der) Kapitalverwertung. Auch die Zirkulation der hergestellten Güter dient dem Zweck, den generierten Mehrwert zu realisieren. Zusammenfassend ist somit festzustellen, dass in der kapitalistisch organisierten Warenzirkulation und -produktion der Tauschwert Selbst-

---

[510] Dies findet Ausdruck im Titel von Adam Smiths (1976) ökonomischem Hauptwerk *An inquiry into the nature and causes of the wealth of nations,* auf den schon zu Beginn des Abschnitts 2.1.2 Bezug genommen wurde.

zweck ist; mit anderen Worten ist er überall dort Selbstzweck, wo Menschen als Warentauschende und Privatproduzierende – also gemäß der von Tauschwert, Geld und Kapital implizierten Handlungslogik – agieren.

Die Kapitalverwertung setzt eine besondere Ware und ihren spezifischen Gebrauchswert voraus: Das Arbeitsvermögen, denn Tauschwert wird nur durch die Verausgabung von Arbeit generiert. Aus diesem Grund stellen Menschen als die leiblichen ‚Träger:innen' und Eigentümer:innen der Ware Arbeitsvermögen ein unverzichtbares Mittel zur Kapitalverwertung dar. Und nicht nur als Produzierende, die im Kontext der materiellen Produktion ihr Arbeitsvermögen gebrauchen, auch als Konsumierende sind Menschen ein unverzichtbares Mittel der Kapitalverwertung: Die produzierten Waren müssen von den Konsument:innen aufgekauft werden, um den generierten Mehrwert zu realisieren und die investierte Tauschwertsumme zurückzuerhalten. Aus diesem Grund initiiert das Kapital die Entwicklung der menschlichen Bedürfnisse (siehe Abschnitt 2.2.3.6): Sie werden spezifisch ausgeweitet, damit die Menschen mehr und verschiedenartigere Waren nachfragen, um die Realisierung des Mehrwerts auch unter der Bedingung stetig zunehmender Produktivkraft und entsprechend wachsender Produktenmenge zu gewährleisten. Zusammengefasst kommt den Menschen in der auf dem Warentausch basierenden Ökonomie also *Mittelcharakter* zu.

Um die zur Verwertung notwendigen materiellen Produktionsprozesse durchführen zu können, sind neben der Verausgabung von Arbeit naturale Voraussetzungen wie entsprechende objektive Bedingungen der Arbeit und eine für den Produktionsprozess adäquate Naturumgebung notwendig. So wie die Menschen ist auch die Natur ein unverzichtbares Mittel der Kapitalverwertung. Dies gilt auch hinsichtlich der Zirkulationssphäre: Flüsse beispielsweise erscheinen im Rahmen der Warenzirkulation als Mittel für den Warentransport und damit für die Realisation des generierten Mehrwerts. In der auf dem Warentausch basierenden Ökonomie kommt also auch der Natur Mittelcharakter zu.

Im Rahmen der auf dem Warentausch basierenden Ökonomie also verfügen *sowohl* die Menschen *als auch* die Natur *notwendig* über Mittelcharakter.[511] Das bedeutet auch: Insofern Menschen und Natur nicht nützlich sind zur Generierung von Mehrwert, kommt ihnen in der modernen Ökonomie keine Bedeutung zu, sind sie wertlos. Entsprechend betrachtet auch die Politische Ökonomie Menschen und Natur allein hinsichtlich ihres instrumentellen Nutzens zur Wertgenerierung; als Selbstzwecke können Menschen und Natur daher in der bürgerlich-wirtschaftswissenschaftlichen Theoriebildung nicht gedacht werden.

Diese Feststellung ist für den naturethischen Diskurs relevant: Sie lässt ihn in einer bestimmten Hinsicht als defizitär erscheinen. Ausgangspunkt der naturethischen Diskussion ist erinnerlich die Frage, welche Naturentitäten über Eigenwert verfügen, also als Selbstzwecke geachtet werden *sollen*. Während anthropozentrische

---

[511] Vgl. Parsons (1977, 26).

Ansätze allein den Menschen Eigenwert zusprechen, also postulieren, Menschen allein seien als Selbstzweck zu achten, sprechen physiozentrische Ansätze sowohl den Menschen als auch – in unterschiedlichem Umfang – nicht-menschlichen Naturentitäten Eigenwert zu, so dass neben den Menschen auch andere Naturentitäten als Selbstzweck berücksichtigt werden sollen. Extreme physiozentrische Positionen wie die *Deep Ecology* gehen programmatisch vom gleichwertigen Eigenwert aller Lebewesen und dem Eigenwert von Ökosystemen aus, aber benachteiligen – offenbar als eine Art ‚Ausgleich' gegen die anthropozentrische Vorherrschaft der Menschen – in ethischen Konfliktfällen die Menschen zugunsten anderer Lebewesen und Ökosysteme. Die marxsche Theorie weist dieser normativen Diskussion gegenüber darauf hin, dass im Kontext der auf dem Warentausch basierenden Ökonomie Menschen *und* Natur *faktisch* als Mittel zur Realisierung eines außer ihnen liegenden Zwecks erscheinen, sie als Selbstzweck also weder theoretisch verstanden noch praktisch berücksichtigt werden. Eigenwert hingegen besitzt allein der Tauschwert – eine Entität, die im naturethischen Diskus nicht bedacht wird. Unabhängig von der normativen, naturethischen Diskussion, ob Menschen allein oder auch (bestimmte) nicht-menschliche Naturentitäten über Eigenwert verfügen, *kommt in der ökonomischen Realität des Kapitalismus weder den Menschen noch der Natur Selbstzweckcharakter zu*. Menschen und vielleicht auch andere Naturentitäten mögen mit anderen Worten aus normativer Sicht über Eigenwert verfügen, dieser wird aber in der auf dem Warentausch basierenden Ökonomie praktisch nicht berücksichtigt, sondern Menschen und Natur dienen allein als Mittel zur Kapitalverwertung. In naturethischer Terminologie ausgedrückt wird Menschen und Natur im Rahmen der auf dem Warentausch basierenden Ökonomie also allein instrumenteller Wert zugesprochen – instrumenteller Wert freilich für das Kapital, nicht für die Menschen. Die marxsche Theorie stellt zusammengefasst
– der normativen Sicht der Naturethik (welche Entitäten *sollen* als Selbstzwecke geachtet werden?) die ökonomische Realität (welche Entitäten *werden* als Selbstzwecke geachtet?) gegenüber, und
– erweitert die naturethische Ontologie, die Menschen, nicht-menschliche Naturwesen und naturale Systemganzheiten umfasst, um den Tauschwert.

Der Mittelcharakter von Menschen und Natur in der modernen Ökonomie manifestiert sich in der ökonomischen Realität einerseits in der von Marx *expressis verbis* konstatierten *Vertierung* der Arbeiter:innen (siehe Abschnitt 2.2.3.7). Ziel der modernen Ökonomie ist die (größtmögliche) Kapitalverwertung, und dieses Ziel wird umso umfassender realisiert, einen je geringeren Anteil am Arbeitstag die notwendige Arbeit einnimmt, je geringer also der Lohn ist; Ziel ist es hingegen nicht, das ‚gute Leben' – ja nicht einmal das physische Überleben[512] – der im Produktionsprozess tätigen

---

[512] Das Kapital ist zwar darauf angewiesen, dass die Arbeiten*denklasse* existiert, nicht aber darauf, dass einzelne Individuen aus dieser Klasse leben; es ist daher bspw. durchaus im Interesse des Kapitals, auf Maßnahmen zur Arbeitssicherheit zu verzichten, entsprechende Kosten (Abzüge vom Mehrwert) einzusparen und dafür gelegentliche Todesopfer in Kauf zu nehmen.

Menschen zu sichern respektive zu fördern, denn dies wäre aus Perspektive des Kapitals Verschwendung im Sinne einer Verminderung des generierten Mehrwerts.[513] Andererseits manifestiert sich der Mittelcharakter in der rücksichtslosen Schädigung und Zerstörung nicht-menschlicher Naturentitäten zum Zwecke der Verwertung, was freilich von Marx in den *Grundrissen* nicht reflektiert wird. Beispielsweise wird der tropische Regenwald gerodet – was mit der Vernichtung zahlloser Lebewesen und gegebenenfalls auch mit dem Aussterben von Arten einhergeht –, um auf seiner Fläche profitträchtige Landwirtschaft (insbesondere zum Export in den Globalen Norden) zu betreiben. Die daraus resultierenden ökologischen Probleme, also die aus dem destruktiven Umgang mit der Natur resultierenden negativen Konsequenzen für Menschen, sind für das Kapital unerheblich, da ja auch Menschen als bloße Mittel erscheinen.

Die von der physiozentrischen Naturethik geäußerte Kritik, die Menschen nähmen eine Vorrangstellung vor der Natur ein, und die daran festgemachte Forderung, nicht-menschlichen Naturentitäten *auch* Eigenwert zuzusprechen, erweisen sich vor diesem Hintergrund als Abstraktion von den realen ökonomischen Verhältnissen der modernen Gesellschaft und somit als verfehlt. Denn diese Kritik und Forderung basieren auf der Prämisse, Menschen besäßen bereits Eigenwert und würden bereits als Selbstzwecke geachtet. Die marxsche Theorie erlaubt aber die Erkenntnis, dass Menschen – unbeschadet dessen, dass sie in normativ-theoretischer Hinsicht über Eigenwert verfügen – in der ökonomischen Sphäre der modernen Gesellschaft nicht als Selbstzwecke geachtet werden, so dass hier Menschen und Natur – in einem negativen Sinne – gleichgestellt sind. Die physiozentrische Forderung, den Kreis der als Selbstzweck geachteten Entitäten über den Menschen hinaus auszuweiten, ist somit gleichsam blind den ökonomischen Verhältnissen gegenüber, die bereits die ethischen Forderungen des Anthropozentrismus nicht zu erfüllen vermögen.[514] Auch das von der *Deep Ecology* postulierte Konkurrenzverhältnis zwischen Menschen und Natur, demgemäß nur die Ansprüche einer Seite gewahrt werden könnten und dies ‚auf Kosten' der jeweils anderen Seite erfolge, erweist sich als Abstraktion von den realen

---

513 Besonders im ersten Band des *Kapital* zeigt Marx anhand eindrücklicher Schilderungen und Beschreibungen das Elend der Arbeiterinnen und Arbeiter seiner Zeit (vgl. besonders die Kapitel 8 und 13 [MEGA II.6]).

514 Vgl. Krebs (2002), die die Auffassung vertritt, dass in der gesellschaftlichen Realität die moralischen Implikationen des Anthropozentrismus keineswegs erfüllt seien: „Die, die nach einer radikalen Umkehr, nach einem Paradigmenwechsel in unserem Verhältnis zur Natur rufen und den Anthropozentrismus als die Wurzel alles ökologischen Übels brandmarken, sind somit im Unrecht. Wenn sie die ‚Herrschaft', die ‚Ausbeutung', die ‚Vergewaltigung' der Natur anklagen, benutzen sie eine Sprache, die fehl am Platze ist. Es hat nichts Anstößiges an sich, wenn wir unseren Umgang mit der Natur am Wohl all derer ausrichten, die ein subjektiv gutes Leben haben und die heute und in Zukunft auf der Erde leben werden. Die Weise, wie unsere Welt derzeit geführt wird, entspricht diesem Standard nicht. Die moralische Herausforderung, die die Naturethik an das Recht, die Politik, die Wirtschaft stellt, ist, daß sie diesem Standard besser entsprechen mögen und nicht, daß sie diesen Standard übersteigen" (189). Vgl. ähnlich auch Sarkar (2001, 30 f.).

ökonomischen Verhältnissen: In der modernen Ökonomie werden *weder* die Ansprüche der Natur *noch* diejenigen der Menschen gewahrt – es gibt nicht *genau einen* ‚Sieger' und *genau einen* ‚Verlierer', sondern Menschen und Natur sind *beide* ‚Verlierer' gegenüber dem Kapital, welches allein Selbstzweck und somit ‚Sieger' ist. Ebenso erweist sich das Insistieren der Befürworter:innen anthropozentrischer Naturethik, einzig Menschen verfügten über Eigenwert – ihre Abwehr der Achtung nicht-menschlicher Naturentitäten als Selbstzweck –, als abstrakte Feststellung vor dem Hintergrund der realen ökonomischen Verhältnisse, in denen nicht einmal Menschen als Selbstzwecke geachtet werden. Und aus denselben Gründen erweist sich auch die Grundfrage der Naturethik – die Frage danach, ob neben dem Menschen nicht-menschlichen Naturwesen und naturalen Systemganzheiten auch Eigenwert zuzusprechen sei, und wenn ja, welchen – als eine Frage, die an der ökonomischen Wirklichkeit der modernen Gesellschaft vorbeigeht.

Konrad Ott (2010) berichtet, in der Naturethik mache sich „eine gewisse resignative Skepsis dahingehend breit, ob das Selbstwertproblem überhaupt gelöst werden kann" (117). Vielleicht ist diese resignative Skepsis aber nicht nur Folge des Zweifels an der Lösbarkeit der naturethischen Grundfrage; vielleicht ist sie auch Folge der – mittels der marxschen Theorie artikulierbar und begründbar werdenden – Ahnung der Naturethiker:innen, dass sowohl eine anthropozentrische als auch eine physiozentrische Antwort auf diese Grundfrage als Abstraktion sich zu den realen ökonomischen Verhältnissen der modernen Gesellschaft verhält, die gerade das Wesentliche dieser Verhältnisse – den ausschließlichen Mittelcharakter von Mensch und Natur – gedanklich nicht zu fassen vermag und sich ihnen gegenüber letztlich als ohnmächtig erweist. Diese Ohnmacht ist Resultat der Tatsache, dass im Kontext der auf dem Warentausch basierenden Ökonomie *notwendig* Menschen und Natur Mittelcharakter und der Tauschwert Selbstzweckcharakter besitzen; dass also in einer solchen Ökonomie das (anthropozentrisch oder physiozentrisch orientierte) naturethische Sollen niemals realisiert zu werden vermag.

Vor diesem Hintergrund stellte es einen theoretischen Fortschritt der Naturethik dar, würde sie ihre Grundfrage zunächst hintanstellen und stattdessen die ökonomischen Verhältnisse der modernen Gesellschaft aus naturethischer Perspektive reflektieren: Deutlich würde, dass – sowohl aus einem anthropozentrischen als auch physiozentrischen Ansatz heraus – die erste naturethische Pflicht darin besteht, an der Aufhebung jener ökonomischen Verhältnisse tätig mitzuwirken, in deren Kontext notwendig der Tauschwert als Selbstzweck erscheint und sowohl Menschen als auch nicht-menschliche Naturentitäten einzig als Mittel gedacht und praktisch behandelt werden.[515] Erst nachdem diese Aufhebung vollzogen wurde und ökonomische Verhältnisse etabliert wurden, die die Achtung von Menschen und Natur als Selbstzweck

---

[515] Vgl. Sarkar (2001), der über die naturethische Grundfrage hinausgehend die Frage stellt, „[w]elche Art gesellschaftlicher und wirtschaftlicher Ordnung" überhaupt die Möglichkeit biete, die naturethischen Gebote politisch umzusetzen: „Ich bin überzeugt, dass dies in einer kapitalistischen Gesellschafts- und Wirtschaftsordnung nicht möglich sein wird" (30).

erlauben, kann mit Blick auf die ökonomische Realität wirksam die Frage gestellt und diskutiert werden, ob einzig dem Menschen Eigenwert zukomme oder nicht. Wenn sich die Naturethik hingegen weiterhin mit ihrer Grundfrage befasst, ohne dass die Aufhebung der realen ökonomischen Verhältnisse vollbracht oder von ihr auch nur als Zielsetzung erkannt ist, riskiert sie, zu so etwas wie einer wissenschaftlichen Disziplin im sprichwörtlichen Elfenbeinturm zu werden: Sie würde eine Frage diskutieren, deren Beantwortung der ökonomischen Realität gegenüber ohnmächtig wäre, und somit ein ethisches Sollen postulieren, das in dieser ökonomischen Realität notwendig unverwirklicht bliebe. Schlimmer noch: Indem sie den Zusammenhang naturethischer Forderungen mit den ökonomischen Verhältnissen unreflektiert ließe und daher nicht die ethische Forderung zu deren Aufhebung entwickelte, trüge sie letztlich zur Stabilisierung dieser Verhältnisse bei.

Auch hier erweist sich die marxsche Theorie als *argumentative Tiefentheorie* des ökologischen Diskurses, indem durch Rekurs auf den Warentausch als das grundlegende (‚tiefe') ökonomische Verhältnis der modernen Gesellschaft die Positionen des ökologischen Diskurses argumentativ weiterentwickelt beziehungsweise berichtigt werden.

Um naheliegende, aber ungerechtfertigte Schlussfolgerungen aus der marxschen Theorie beziehungsweise der Argumentation dieses Abschnitts zu verhindern, soll hier eine Präzisierung des Dargestellten erfolgen. Erinnerlich können im Rahmen der modernen Ökonomie – also des Warentauschs und der warenförmig-kapitalistisch organisierten Produktion – Menschen und Natur nicht anders denn als Mittel gedacht und verwendet werden. Die Berücksichtigung naturethischer Gebote, Menschen und (vielleicht auch) (einige) nicht-menschliche Naturentitäten als Selbstzwecke zu achten, ist in *diesem* Zusammenhang nicht möglich. In der Tat
- dehnt sich die warenförmig-kapitalistische Ökonomie kontinuierlich in nicht-warenförmig organisierte Bereiche der Ökonomie sowie in bislang außer-ökonomische Gesellschaftsbereiche aus (siehe Abschnitt 2.2.3.6) und
- werden außer-ökonomische gesellschaftliche Sphären durch den Warentausch als dominantes ökonomisches Verhältnis bestimmt (siehe Abschnitt 2.1.1),

was *tendenziell* dazu führt, dass Natur und Menschen in immer umfassenderen gesellschaftlichen Zusammenhängen einzig als Mittel erscheinen. Dies bedeutet jedoch nicht, von der modernen Ökonomie ausgehend dürfe *pars pro toto* auf die moderne Gesellschaft in ihrer Gesamtheit geschlossen werden:
- Die Ausdehnung der warenförmig-kapitalistischen Ökonomie nämlich ist nie eine totale,[516]
- das Bestimmungsverhältnis außer-ökonomischer Gesellschaftssphären zur warenförmigen Ökonomie ist kein deterministisches (siehe Abschnitt 2.1.1), was impliziert,

---

[516] Vgl. Polanyi (1944) und Fraser (2014b).

- dass neben der Tauschwert- und Kapitallogik weitere Handlungslogiken existieren, denen gemäß die Gesellschaftsmitglieder außerhalb des Warentauschverhältnisses zu handeln vermögen (siehe Abschnitt 2.2.3.1).[517]

Daraus folgt, dass in der modernen Gesellschaft außerhalb austauschförmiger Verhältnisse ökonomische und außer-ökonomische Sphären existieren, in denen Menschen – oder Menschen und Natur – als Selbstzwecke geachtet werden und werden können. Aus dem Mittelcharakter von Menschen und Natur im Kontext des Warentauschs und der kapitalistisch organisierten Produktion ist somit *nicht* zu schlussfolgern, das Befolgen naturethischer Gebote sei in der modernen Gesellschaft gänzlich unmöglich. Aufgabe der Naturethik ist es hiervon ausgehend auch, entsprechende gesellschaftliche Sphären zu identifizieren und zu ihrer Ausdehnung gegenüber der warenförmig-kapitalistisch organisierten Ökonomie und denjenigen außer-ökonomischen Sphären, die dieser analog strukturiert sind, aufzufordern.[518]

Das Resultat dieses Abschnitts ist aber nicht nur hinsichtlich gesellschaftlicher Verhältnisse außerhalb des Warentauschs, sondern auch hinsichtlich des Warentauschs selbst zu präzisieren. Erinnerlich stellen juristische Freiheit und juristische Gleichheit der warentauschenden Personen Voraussetzungen des Warentauschs dar (siehe Abschnitt 2.1.2); diese Voraussetzungen schlagen aber dialektisch im Kontext der (notwendig kapitalistisch organisierten) Produktion in ökonomische Ungleichheit und ökonomische Unfreiheit der Arbeiter:innen um – mit dem Resultat, dass die kapitalistische Produktionsweise als Einheit von Zirkulation und Produktion einen inhärent widersprüchlichen Charakter besitzt (siehe Abschnitt 2.2.3.5).

Hieraus sind zwei Punkte zu schlussfolgern: *Erstens* liegt in der Tat eine asymmetrische Beziehung zwischen Menschen und nicht-menschlichen Naturentitäten vor. Menschen kommt im Kontext der kapitalistischen Produktionsweise – zumindest sofern sie Warentauschende sind – notwendig juristische Freiheit und juristische Gleichheit zu, weil diese die Voraussetzungen des Warentauschs sind; entsprechend sind sie in der juristischen Sphäre als Selbstzwecke zu achten, so dass sie beispielsweise unbedingt davor zu schützen sind, zum Eingehen von Tauschbeziehungen gegen ihren Willen gezwungen zu werden, auch wenn diese Tauschbeziehungen der

---

[517] Es wurde in Abschnitt 2.2.3.1 festgestellt, dass der Gegenstandsbereich der marxschen Theorie den Warentausch als das dominante ökonomische Verhältnis der modernen Gesellschaft und somit das Handeln der Menschen *als Warentauschende* umfasst; hieraus kann aber nicht geschlussfolgert werden, dass Menschen nicht anders denn als Warentauschende handeln könnten oder ihre Handlungen im Sinne eines ‚Systemzwangs' determiniert wären.

[518] Die Naturethik könnte in diesem Sinne auch dazu beitragen, eine nicht-kapitalistische Wirtschaftswissenschaft auszubilden und ethisch zu fundieren, um solcherart der bürgerlichen Ökonomik gleichsam theoretisches Terrain streitig zu machen: „Der kritischen Ökonomie, die normativ gehaltvolle Überlegungen über die Zukunft unseres Wirtschaftens und Lebens auf der Erde anstellt, bietet die Naturethik ihre [...] Ergebnisse an, so daß sie der Formel von *Nachhaltigkeit* klarere Konturen verleihen mögen: indem sie zum einen klären helfen, *wessen* Bedürfnisse es sind, die bei einer nachhaltigen Entwicklung letztlich zählen sollen, [...]; und indem sie zum anderen klären helfen, *worin* diese Bedürfnisse an Natur genau bestehen" (Krebs 1996, 46).

Kapitalverwertung zuträglich wären. Die juristische Freiheit und juristische Gleichstellung nicht-menschlicher Naturentitäten stellen hingegen keine Voraussetzungen des Warentauschs dar, weil nicht-menschliche Naturentitäten an diesem nicht teilnehmen (können). *An dieser Stelle* also hat die physiozentrische Kritik, Menschen nähmen gegenüber nicht-menschlichen Naturentitäten eine Vorrangstellung ein, auch im Kontext der warentauschenden Gesellschaft durchaus ihre Berechtigung.[519]

Zweitens aber verlangt die Feststellung asymmetrischer Beziehungen keine Revision des zuvor in diesem Abschnitt gewonnenen Resultats, im Kontext der kapitalistischen Produktionsweise würden sowohl Menschen als auch andere Naturentitäten gleichermaßen als Mittel zum Zwecke der Kapitalgenerierung, nicht aber als Selbstzwecke verstanden. Juristische Freiheit und Gleichheit der (warentauschenden) Menschen können in der kapitalistischen Produktionsweise nur unter der Bedingung ihrer ökonomischen Ungleichheit und Unfreiheit existieren; das bedeutet zugleich: Der juristische Selbstzweckcharakter von Menschen setzt im Kontext der kapitalistischen Produktionsweise den Mittelcharakter von Menschen in der ökonomischen Sphäre voraus. Besonders (aber nicht nur) in ökologischen Problemstellungen zeigt sich, dass auf dem ökonomischen Aspekt gleichsam der Schwerpunkt liegt, ihm der dominante Part gegenüber dem juristischen Aspekt zukommt. Vor dem Hintergrund, dass wegen des ins Unendliche gehenden Wirtschaftswachstums zum Zwecke der Kapitalverwertung massive ökologische Probleme bis hin zur Vernichtung alles menschlichen Lebens in Kauf genommen werden, erscheint der juristische Schutz von Gleichheit und Freiheit der Menschen als geradezu unbedeutend. Wenn, um ein Beispiel zu nennen, ganze Landstriche durch den (zum Zwecke der Kapitalverwertung ‚angeheizten') Klimawandel unbewohnbar werden, dann erweist sich demgegenüber die juristische Freiheit als ohnmächtig – denn die Menschen sind *faktisch gezwungen*, trotz ihrer rechtlich garantierten Freiheit ihre Naturumgebung zu verlassen, weil durch die kapitalistische Produktionsweise initiierte Naturprozesse dazu führen, dass sie (allen juristischen Freiheitsrechten zum Trotz) unbewohnbar wird. Das heißt auf die naturethische Thematik übertragen: Mögen die Menschen auch im Rechtsbereich als Selbstzwecke geachtet werden – letztlich wird dies gleichsam überlagert durch die ökologische Krise, die Resultat eines ökonomischen Verhältnisses ist, in dessen Zu-

---

[519] Was *nicht* heißt, dass nicht-menschlichen Naturentitäten in der modernen Gesellschaft keine juristische Freiheit und Gleichstellung mit Menschen zugesprochen werden *kann*; der im ökologischen Diskurs häufig rezipierte Fall von Stone (2010) zeigt, dass vielfältige praktische Versuche und überzeugende theoretische Argumente dafür existieren, nicht-menschlichen Naturentitäten juristisch einklagbare Rechte zuzusprechen. Diese Rechte sind aber keine Voraussetzungen des Warentauschs und zählen daher zum außer-ökonomischen Gesellschaftsbereich. Hier hat das übliche naturethische Vorgehen, nach dem Eigenwert nicht-menschlicher Naturentitäten zu fragen und (in physiozentrischer Perspektive) ihre Gleichberechtigung mit Menschen zu fordern, sicherlich seine Berechtigung. Freilich zeigt der Haupttext im Folgenden (wie auch schon im Vorangegangenen), dass Naturethik sich keineswegs auf dieses übliche Vorgehen beschränken darf, ja, dass es letztlich sich als ohnmächtig erweist.

sammenhang Menschen *und* nicht-menschliche Naturentitäten einzig Mittelcharakter besitzen.

3.2.2.2 Die Auffassung des Menschen-Natur-Verhältnisses in der marxschen Theorie

Die *Deep Ecology* ist als *doppelseitig extremes Denken* zu bezeichnen, indem in ihrem Kontext sich diametral gegenüberstehende und jeweils extreme Verständnisse des Menschen-Natur-Verhältnisses vertreten werden (siehe Abschnitt 3.2.1.3):

- *Gleichberechtigung, Einheit, Harmonie:* Menschen werden als gleichberechtigt mit allen anderen Lebewesen und naturalen Systemganzheiten aufgefasst, indem allen Naturentitäten der identische Eigenwert zugesprochen wird. Menschen sind Teil des Naturzusammenhangs und gehen gleichsam in der Natur auf, indem sie nicht als selbstständig Seiendes verstanden werden, sondern eine ontologische Einheit mit der Natur bilden. Entsprechend existieren zwischen Menschen und Natur keine Konflikte; die wohlverstandenen Interessen der Menschen sind mit denen anderer Lebewesen und naturaler Systemganzheiten identisch.
- *Misanthropie, Spaltung, Konkurrenz:* Da die Menschen ihre ontologische Einheit mit der Natur und somit auch ihre wohlverstandenen Interessen nicht erkennen, üben sie einen destruktiven Einfluss auf die Natur aus und stehen als Fremdkörper faktisch – wenn sie auch ihrem Wesen gemäß ein Teil des großen Naturganzen sein mögen – außerhalb der Natur. Da die faktischen Interessen der Menschen zu denen der übrigen Naturentitäten diametral entgegengesetzt sind, stehen Natur und Menschen in einem konkurrenzförmigen Verhältnis zueinander. Um die Natur beziehungsweise die nicht-menschlichen Naturentitäten zu schützen, sind die Menschen analog einer Krankheit (,Krebsgeschwür') zu bekämpfen und zu vernichten; der Tod von möglichst zahlreichen Menschen ist daher als gut zu bewerten.

Die *Deep Ecology* unterscheidet also das erstgenannte wesenhafte Verhältnis der Menschen zur Natur vom zweitgenannten faktischen Verhältnis der Menschen zur Natur: Menschen stehen entweder in dem einen *oder* dem anderen Verhältnis. Die beiden von der *Deep Ecology* postulierten Menschen-Natur-Verhältnisse sind jeweils durch *Gegensätzlichkeit* und *Einseitigkeit* charakterisiert:
- Entweder sind die Interessen zwischen Menschen und nicht-menschlichen Naturentitäten identisch oder diametral entgegengesetzt;
- entweder gehen Menschen unterschiedslos im Naturzusammenhang auf oder sie stehen vollständig außerhalb der Natur;
- entweder sind Menschen und Natur vollständig gleichberechtigt (identischer Eigenwert) oder Menschen stehen kategorisch unter anderen Naturentitäten, sind also in ethischen Konfliktsituationen diesen gegenüber in allen Fällen zu benachteiligen.

Der *Deep Ecology* gegenüber entwickelt Marx ein *einheitliches und differenziertes Verständnis* des menschlichen Verhältnisses zur Natur, das die konstatierte Gegen-

sätzlichkeit und Einseitigkeit überwindet und zu korrigieren erlaubt. Dies soll zuerst am Gegensatzpaar Einheit versus Spaltung aufgezeigt werden. In seiner Theorie des Produktions- und Arbeitsprozesses im Allgemeinen versteht Marx das Menschen-Natur-Verhältnis als eines, das als ‚Einheit in Verschiedenheit' zu charakterisieren ist (siehe Abschnitt 2.2.1). Natur wird von Marx verstanden als
- spezifisch beschaffener Stoff und
- deterministischer Kausalzusammenhang.

Einheit zwischen Menschen und Natur besteht insofern, als dass Menschen wie alle anderen Naturwesen durch Leiblichkeit charakterisiert sind, also selbst spezifisch beschaffener Stoff sind, und ihr Leib den Naturgesetzen unterliegt; daher sind sie zur Aufrechterhaltung ihrer Körperfunktionen und somit zur Sicherstellung ihres Überlebens, aber auch für ein ‚gutes Leben' auf mannigfaltige materielle Gegenstände – Lebensmittel, Kleidung, Behausung, aber auch Fortbewegungsmittel, Bücher und vieles andere – angewiesen. Da diese Gegenstände nicht oder nicht in ausreichendem Maße von Natur aus vorhanden sind, müssen sie von Menschen produziert werden – und dazu ist nicht nur die Verausgabung von Arbeit vorausgesetzt, sondern auch das Vorhandensein spezifischer stofflicher Bedingungen (Arbeitsmaterial, Arbeitsinstrument, Naturumgebung), auf die sich die menschliche Arbeit als ihr objektives Korrelat richtet, und die Nutzung naturgesetzlich verlaufender Naturprozesse. Arbeit ist sodann als Prozess zwischen den stofflichen und den Naturgesetzen unterliegenden Menschen und der ebenso beschaffenen Natur zu verstehen. In dieser Hinsicht ist eine Einheit zwischen Menschen und Natur zu konstatieren.[520]

Indem Menschen arbeiten, gehen sie zugleich über die Natur hinaus. Arbeit besitzt einen teleologischen Charakter, indem sie *auf einen Zweck gerichtete* menschliche Tätigkeit ist; durch sie realisieren die Menschen einen von ihnen gesetzten Zweck und transzendieren damit den deterministischen Kausalzusammenhang der Natur. Die Menschen ragen durch dieses Vermögen, autonom Zwecke setzen und realisieren zu können, gleichsam aus der kausaldeterminierten Natur heraus und erweisen sich als freie Wesen. Hier ist also eine Differenz zwischen Menschen und Natur zu konstatieren.

Aus dem Vorangegangenen folgt: Das Kennzeichen des Menschen-Natur-Verhältnisses ist das Zugleich von Einheit und Differenz. Auch wenn Menschen als leiblich-naturgesetzlich bestimmte Wesen der Natur angehören, so transzendieren sie sie doch zugleich durch das Setzen und Realisieren eigener, nicht dem Naturzusammenhang entstammender Zwecke und schaffen so eine eigene kulturelle Welt, die freilich von der (dann durch menschliches Handeln modifizierten) Natur nicht ent-

---

[520] Friedrich Engels schreibt in einem – in der ökologischen Marxlektüre häufig zitierten – Abschnitt der *Dialektik der Natur* ähnlich: „Und so werden wir bei jedem Schritt daran erinnert, daß wir keineswegs die Natur beherrschen wie ein Eroberer ein fremdes Volk beherrscht, wie Jemand, der außer der Natur steht – sondern daß wir mit Fleisch und Blut und Hirn ihr angehören und mitten in ihr stehn, und daß unsre ganze Herrschaft über sie darin besteht, im Vorzug vor allen andern Geschöpfen ihre Gesetze erkennen und richtig anwenden zu können" (MEGA I.26, 97).

koppelt, sondern ihrerseits auf sie angewiesen und Teil ihrer ist.[521] Menschen sind somit charakterisiert durch eine Doppelnatur: Sie sind leiblich-natürliche und als solche dem naturgesetzlich-deterministischen Kausalzusammenhang unterworfene Wesen *und auch* autonom Zwecksetzende und Handelnde, die den naturgesetzlich-deterministischen Kausalzusammenhang transzendieren. Das bedeutet: Menschen sind *partiell* Teil der Natur und gehen zugleich *partiell* über sie hinaus. Zwischen Menschen und Natur besteht kein Verhältnis der absoluten oder widerspruchslosen Einheit, aber auch keines der absoluten Differenz, sondern eines der ‚Einheit in Verschiedenheit': Menschen sind Naturwesen und sind zugleich von der Natur verschieden.[522]

Indem Marx das Verhältnis der Menschen zur Natur als eine solche ‚Einheit in Verschiedenheit' und den Menschen als die Natur transzendierendes Naturwesen versteht, vermag er die beiden von der *Deep Ecology* postulierten, einseitigen Menschen-Natur-Verhältnisse – Menschen-Natur-Einheit oder Menschen-Natur-Spaltung – miteinander in *einer* differenzierten Konzeption zu vereinbaren. Während im Rahmen der *Deep Ecology* Menschen *entweder* in gegensatzloser Einheit mit der Natur stehen *oder* der Natur konträr gegenüberstehen, nimmt die marxsche Theorie also eine vermittelnde Position ein: Der Mensch bildet eine partielle Einheit mit der Natur, so dass er ein Teil ihrer ist *und* aufgrund seiner spezifischen Fähigkeiten zugleich über sie hinausgeht. Von dieser Erkenntnis ausgehend erweisen sich die beiden von der *Deep Ecology* postulierten Menschen-Natur-Verhältnisse in ihrer Einseitigkeit und Gegensätzlichkeit (Einheit *oder* Spaltung) als sachlich inadäquat: Menschen stehen nie in einem Verhältnis der vollkommenen Einheit zur Natur, denn als autonom

---

521 Jede Kulturleistung – wie Landwirtschaft, Literatur oder moderne Hochleistungsrechner – setzt naturale Ressourcen, materielle und naturgesetzlich verlaufende Produktionsprozesse und eine geeignete Naturumgebung voraus und ist zudem selbst wiederum als stoffliche den Naturgesetzen unterworfen (man denke nur daran, dass auch die Manuskripte bedeutender geistesgeschichtlicher Werke vergänglich sind, da sie auf Papier oder anderen Materialien verfasst wurden, welche durch naturgesetzlich verlaufende Prozesse zerfallen).

522 Diese marxsche Theorie des Menschen-Natur-Verhältnisses ist analog der von Bookchin im Kontext seiner Kritik an der *Deep Ecology* entwickelten Konzeption. Bookchin (1987) versteht den Menschen als ein Wesen, das aus der Evolutionsgeschichte hervorgegangen und daher ein Teil der Natur sei, aber das zugleich über – evolutionär entstandene – besondere Charakteristika verfüge, mit denen es über die Natur hinausgehe: „The human species, in effect, is no less a product of natural evolution than blue-green algae. To degrade that species in the name of antihumanism as Miss Ann Thropy has done [...], to deny the species its uniqueness as thinking beings with an unprecedented gift for conceptual thought, is to deny the rich fecundity of natural evolution itself. To separate human beings and society from nature is to dualize and truncate nature itself, to diminish the meaning and thrust of natural evolution in the name of a ‚biocentrism' [...]. All of which brings us as social ecologists to an issue that seems to be totally alien to the crude concerns of deep ecology: natural evolution has conferred on human beings the capacity to form a second (or cultural) nature out of first (or primeval) nature. Natural evolution has not only provided humans with ability but also with the necessity to be purposive interveners into first nature, to consciously change first nature by means of a highly institutionalized form of community".

zwecksetzende Wesen transzendieren sie immer schon den kausaldeterminierten Naturzusammenhang; gerade dies ist das *Proprium* der Menschen, ohne das sie keine Menschen wären. Und umgekehrt stehen Menschen als leibliche und materiell produzierende Wesen nie außerhalb der Natur, sondern sind immer ein (sich freilich von ihr unterscheidender) Teil ihrer. Das, was im Kontext der *Deep Ecology* also als zwei distinkte und sich gegenseitig ausschließende Menschen-Natur-Verhältnisse erscheint, ist tatsächlich das *eine* komplexe Verhältnis, in dem Menschen zur Natur stehen und das entsprechend der menschlichen Doppelnatur als ‚Einheit in Verschiedenheit' zu denken ist.[523]

Hieraus folgt, dass im Lichte der marxschen Theorie sich auch das zweite Gegensatzpaar der *Deep Ecology* – Harmonie versus Konkurrenz – ob seiner Einseitigkeit und Gegensätzlichkeit als sachlich inadäquat erweist. Da die Menschen Naturwesen sind, also eine (wenn auch partielle) Einheit mit der Natur bilden, stellt – wie mehrfach im Verlauf dieser Studie *en detail* ausgeführt – die Natur ihre Existenzbedingung dar. Die Zerstörung bestimmter nicht-menschlicher Naturentitäten würde auch die Zerstörung der menschlichen Lebensgrundlagen oder die Verunmöglichung eines menschlichen ‚guten Lebens' bedeuten, so dass – entgegen der Auffassung der *Deep Ecology* – der so beschaffene ‚Sieg' der Menschen über die Natur zugleich negative Konsequenzen für die Menschen selbst impliziert. Es sind also die Interessen von Menschen und (mindestens) einigen nicht-menschlichen Naturentitäten identisch. Das Verständnis des Menschen-Natur-Verhältnisses als eines konkurrenzför-

---

[523] Engel (2014) ist *auf der einen Seite* zuzustimmen, wenn er in Hinblick auf die *Deep Ecology* die Auffassung von der Menschen-Natur-Spaltung und das konkurrenzförmige Verständnis des Menschen-Natur-Verhältnisses kritisiert: „Arne Naess sieht den Menschen wie einen Gast in einer intakten, fertigen Natur, der ihre Gastfreundschaft sträflichst missbraucht und durch sein ungebührliches Benehmen den natürlichen, ‚wertvollen' Gastgeber in Gefahr bringt. Dabei übersieht er geflissentlich, dass der Mensch selbst Teil und das **höchste Produkt der Natur** ist. [...] Naess betrachtet die ‚*Interessen des Planeten*' und die ‚*Interessen der Menschen*' als starren Gegensatz. Für ihn folgt daraus, dass die Natur *vor den Menschen* geschützt werden müsse" (38f.). *Auf der anderen Seite* fällt Engel (2014) jedoch in das andere, nicht weniger sachlich inadäquate Extrem, indem er das Verhältnis der Menschen zur Natur ausschließlich als Einheit auffasst: „die **Theorie** der grundlegenden Einheit von Mensch und Natur, die Karl Marx und Friedrich Engels bereits vor 170 Jahren entwickelt haben. [...] Die Geschichte der Menschheit beruhte von Anfang an auf der immer höheren **Einheit von Mensch und Natur**. [...] Die Menschen schufen mit der modernen Naturwissenschaft und der industriellen Produktionsweise die bisher höchste Stufe der Einheit von Mensch und Natur" (10, 36). Entgegen seiner eigenen Intention reproduziert Engel (2014) hier das einseitig-gegensätzliche Verständnis der *Deep Ecology*, indem er die eine extreme Seite (Spaltung) ablehnt, aber die andere extreme Seite (Einheit) vertritt – ohne zu erkennen, dass beide Seiten der *Deep Ecology* zugehören und Marx demgegenüber eine vermittelnde Position einnimmt, indem er gegen Engel (2014) gerade keine bloße Einheit der Menschen mit der Natur postuliert, sondern das Menschen-Natur-Verhältnis als Einheit *und* Verschiedenheit gedanklich erfasst. – Fairerweise ist freilich zu konstatieren, dass Engel (2014) an einer Stelle von der „**dialektische[n] Einheit von Mensch und Natur**" (54) spricht; ohne dass er die Bedeutung dieses Ausdrucks genauer ausführen würde, scheint er an dieser Stelle die Erkenntnis zu besitzen, dass das Verhältnis der Menschen zur Natur auch durch Differenz bzw. Widersprüchlichkeit gekennzeichnet ist.

migen impliziert aber gerade vollständig konträre Interessen von Menschen und Natur („was den Menschen nützt, schadet der Natur' und umgekehrt). Daher ist das Verhältnis der Menschen zur Natur kein konkurrenzförmiges.

Das Übersteigen des Naturzusammenhangs durch den Menschen impliziert freilich, dass es zu Konflikten zwischen den Ansprüchen der kulturschaffenden Menschen und denjenigen der Natur beziehungsweise einzelner nicht-menschlicher Naturentitäten kommt.[524] Dies ist die Implikation der von Marx theoretisch ausgearbeiteten Ko-Evolution von Menschen und Natur (siehe Abschnitt 2.2.1): Durch den produzierenden Umgang der Menschen mit der Natur werden sowohl menschliche Individuen und gesellschaftliche Verhältnisse als auch die Natur selbst verändert. Menschen und Natur stehen somit in einem Verhältnis der wechselseitigen Beeinflussung und Modifikation durch menschliche Arbeit. Während die Modifikation der Natur auf abstrakter Betrachtungsebene als ihre evolutionäre ‚Weiterentwicklung' verstanden werden kann, bedeutet sie konkret für einige nicht-menschliche Naturentitäten, dass sie durch menschliche Arbeit geschädigt oder zerstört (und durch andere nicht-menschliche Naturentitäten ersetzt) werden. Was für Menschen ‚gut' ist, da es ihr leibliches Überleben sichert oder ihr ‚gutes Leben' gewährleistet, ist also nicht für alle nicht-menschliche Naturwesen und naturale Systemganzheiten ‚gut'.[525] Trotz der Angewiesenheit der Menschen auf die Natur konfligieren die Interessen der Menschen mit den Interessen einiger nicht-menschlicher Naturentitäten, so dass die Interessen von Menschen und Natur nicht vollständig identisch sind.[526] Ein harmo-

---

[524] Kultur umfasst alle Produkte der menschlichen Zwecksetzung und -realisierung, was vom Ackerbau bis zur ‚Hochkultur' im Sinne der Erbauung von Theater- und Opernhäusern reicht. Die aus der kulturschaffenden Tätigkeit resultierenden Konflikte mit der Natur (bzw. mit deren Interessen und Ansprüchen) beschreibt aus holistischer Sicht instruktiv Gorke (2010): „Wenn wir Nutztiere halten, Pflanzen ernten, unsere Wohnung säubern, durch eine Wiese spazieren oder eine Straße bauen, dann ist dies mit der Schädigung oder gar Vernichtung zahlreicher Lebewesen verbunden. Und zumindest im Falle der Ernährung ist diese massive Form der Instrumentalisierung beim besten Willen nicht gänzlich zu umgehen" (152); und wollen wir Menschen ein über das bloße Überleben hinausgehendes ‚gutes Leben' führen, dann sind dazu auch Museen, Theater, Bibliotheken, Schulen und Universitäten notwendig, mit deren Bau jeweils ein Stück Lebensraum für nicht-menschliche Lebewesen vernichtet wird.

[525] Ähnlich die Sichtweise von Sarkar (2001): „Uns gegenüber ist die Natur weder nur gütig noch nur feindlich. Von der Natur bekommen wir Nahrung und andere nützliche Dinge; aber sie verursacht auch viel Leiden durch vernichtende Überschwemmungen, katastrophale Erdbeben, Krankheiten, Verletzungen, Alter und Tod. [...] Obwohl wir in der Tat von der Natur lernen könnten, uns unserer Umwelt anzupassen, muss menschlicher Fortschritt mehr beinhalten, als bloß ein Teil der Natur zu sein" (407f.).

[526] Und aus dieser Tatsache folgt die Notwendigkeit naturethischer Reflexion (zumindest dann, wenn wir den Anspruch haben, vernünftig zu leben): Sie muss die aus widerstreitenden Interessen entstehenden Konflikte aufzulösen helfen. Die von Foster (2000) vertretene Auffassung greift daher zu kurz: „From a consistent materialist standpoint, the question is not one of anthropocentrism vs. ecocentrism – indeed such dualisms do little to help us understand the real, continuously changing material conditions of human existence within the biosphere – but rather of *coevolution*. Approaches that focus simply on ecological *values*, [...], are of little help in understanding these complex relations" (11). Die

nistisches Verständnis des Menschen-Natur-Verhältnis ist somit ebenso als inadäquat abzulehnen wie ein konkurrenzförmiges; beide Verständnisse können das komplexe Verhältnis zwischen Menschen und Natur – beziehungsweise zwischen Menschen und konkreten nicht-menschlichen Naturentitäten – nicht gedanklich erfassen, sondern bilden es jeweils einseitig ab. Die marxsche Konzeption einer ‚Einheit in Verschiedenheit' hingegen erlaubt, dieser Komplexität gerecht zu werden: ein Verhältnis zwischen ‚Harmonie' und ‚Konkurrenz', in dessen Rahmen die Interessen und Ansprüche der Menschen partiell mit denjenigen nicht-menschlicher Naturentitäten übereinstimmen, zugleich aber irreduzible Konflikte zwischen ihnen bestehen.[527]

Exkurs: Extremer und aufgeklärter Anthropozentrismus
Im naturethischen Diskurs werden zwei Ausprägungen des Anthropozentrismus unterschieden: *extremer* und *aufgeklärter Anthropozentrismus*. Im Kontext des extremen Anthropozentrismus wird der Begriff des instrumentellen Werts verkürzend verstanden, so dass nur diejenigen nicht-menschlichen Naturentitäten instrumentellen Wert zugesprochen bekommen,
- die für Menschen in einem ökonomischen Sinne als Produktionsfaktoren oder Senken nutzbar sind oder

---

Erkenntnis, dass Menschen und Natur in einem Verhältnis der Ko-Evolution zueinander stehen, ist eine wichtige und stellt das Verdienst der marxschen Theorie (und der sie rekonstruierenden ökologischen Marxlektüre) dar. Weil aber diese Ko-Evolution mit der Schädigung oder Vernichtung von einigen konkreten nicht-menschlichen Naturentitäten einhergeht, müssen ethische Prinzipien und Abwägungsregeln entwickelt werden, an denen sich menschliches Handeln – will es vernünftig sein – orientieren muss. Ebenso wie eine ausschließliche Fokussierung auf naturethische Wertefragen unter Ausblendung des realen Zusammenhangs der Menschen (und ihrer gesellschaftlichen Verhältnisse) mit der Natur zu kurz greift, ist auch die Fokussierung auf diesen realen Zusammenhang unter Ausblendung der naturethischen Wertefrage defizitär.

527 Vgl. Grundmann (1991): „contemporary debates on ecology seem to conceive society's relation to nature either as one of harmony or as one of conflict. Often the former is seen as the desideratum, whereas the latter is seen as the current dreadful state of affairs. For Marx such an opposition makes no sense at all" (61); vgl. auch Adler (1964, 70). Der junge Marx der *Pariser Manuskripte* war selbst ein Vertreter der Auffassung, es könne zwischen Menschen und Natur ein Verhältnis der Harmonie bestehen – dann nämlich, wenn das Privateigentum aufgehoben und die kommunistische Gesellschaft konstituiert sei (s. Abschnitt 2.2.1). Wie die Ausführungen im Haupttext zeigen, kann es aber in *keiner* Gesellschaftsform zur „*wahrhafte*[n] Auflösung des Widerstreits des Menschen mit der Natur" (MEGA I.2, 263) kommen. – Freilich ist auch für die Verhältnisse nicht-menschlicher Naturwesen untereinander sowie zu naturalen Systemganzheiten dieselbe Komplexität zu konstatieren: Auch ein nichtmenschliches Lebewesen ist einerseits auf andere Lebewesen und auf naturale Systemganzheiten angewiesen, andererseits konfligieren seine eigenen Interessen u. U. mit denen anderer Lebewesen oder naturaler Systemganzheiten (z. B. das Überlebensinteresse des Beutetiers mit dem Interesse des Jagdtiers auf Nahrung). Die (nicht-menschliche) Natur selbst ist keine unterschiedslose Einheit, sondern die Mannigfaltigkeit distinkter Naturentitäten, deren Interessen in einigen Fällen identisch, in anderen Fällen jedoch konträr sind.

– deren Schädigung oder Zerstörung unmittelbar-kurzfristig zu einem ökologischen Problem führt.

Vertreter:innen eines aufgeklärten Anthropozentrismus (vgl. Krebs 2002, 188) grenzen sich von diesem verkürzten Verständnis ab und verweisen demgegenüber darauf, dass Natur auf vielfältigere Weise zum menschlichen Überleben und ‚guten Leben' beitrage beziehungsweise unverzichtbar sei, weshalb nicht-menschlichen Naturentitäten in wesentlich größerem Umfang instrumenteller Wert zukomme als von der Position des extremen Anthropozentrismus behauptet. Hierdurch soll die physiozentrische Kritik am Anthropozentrismus (siehe Abschnitt 3.2.1.2) widerlegt werden: Ein solch recht verstandener, aufgeklärter Anthropozentrismus könne, so seine Vertreter:innen, in der Tat einen umfassenden und langfristigen Naturschutz begründen, da ein solcher gerade nicht jenseits der (unverkürzt verstandenen) menschlichen Interessen liege. Hiervon ausgehend vertreten einige aufgeklärte Anthropozentriker:innen eine als *Konvergenzhypothese* bezeichnete These, dergemäß die aufgeklärt anthropozentrische Naturethik den Schutz nicht-menschlicher Naturentitäten *in gleichem Umfang* wie die physiozentrische Naturethik begründen könne (vgl. Gorke 2010, 18).

Zur Begründung dieser These wird *zum einen* darauf hingewiesen, dass die aufgeklärte anthropozentrische Naturethik die Relevanz der Natur für die Menschen über ökonomische Aspekte hinausgehend in einem ganzheitlichen Sinne berücksichtige. Nicht-menschliche Naturentitäten seien – neben ihrer ökonomischen Funktion – auch Objekte ästhetischer Betrachtung oder[528] hätten als ‚Heimat' „Anteil [...] an der Bildung einer vertrauten Lebenswelt und der Konstitutionen der eigenen Identität" (Krebs 2002, 187; vgl. auch Krebs 1996, 35–37; Hartung und Kirchhoff 2014; Rosa 2014).[529] Somit entstünden auch durch die Schädigung oder Zerstörung entspre-

---

[528] Diese Aufzählung ist nicht vollständig, es ließen sich noch weitere für ein gelingendes menschliches Leben bedeutsame Aspekte der Natur benennen.

[529] Hartmut Rosa (2014, 123) vertritt bspw. die These, „dass wir Menschen der Moderne eine Natur brauchen, die jenseits ihrer Qualitäten als Ressource und als Manipulationsobjekt als ein ‚Resonanzraum' wahrgenommen werden kann. Damit meine ich, dass Menschen die Natur als ein Gegenüber erfahren (wollen), das gleichsam ‚mit eigener Stimme spricht'"; denn nur durch Resonanzerfahrungen könnten Menschen Identität entwickeln: „‚Resonanzerfahrungen' sind die formativen Momente von Beziehungen, die über kausale oder instrumentelle Interaktionen hinausgehen und konstitutive Bedeutung für die Subjekte annehmen. Ein Lächeln, ein Nicken, ein erwiderter Blick, ein Grüßen kann auf diese Weise als ‚Resonanzgeschehen' interpretiert werden, kurz: alle Formen der Anerkennung und Wertschätzung enthalten solchen Resonanzmomente, in denen sich zwischen dem erfahrenden Subjekt und der sozialen Welt eine lebendige ‚Antwortbeziehung' einstellt" (Rosa 2014, 124). Die Angewiesenheit des Menschen auf eine ‚responsive' Naturbeziehung und die Gefahr der Beendigung einer solchen – des ‚Verstummens' der Natur – erkläre überhaupt erst, „wie die Angst vor der ‚Umweltzerstörung' inzwischen zu einer Hauptangst der Moderne werden konnte [...]: Sie gilt nicht der Vernichtung der Natur als solcher – denn diese wird den Menschen mit unumstößlicher Gewissheit überleben –, sondern der weit realeren Gefahr ihres ‚Verstummens' für den Menschen, ihrer Zerstörung als Resonanzsphäre" (Rosa 2014, 123). An Rosas (2014) Theorie wird deutlich, dass nicht nur der materiell-ökonomische Aspekt der Natur, sondern auch – und gerade – nicht-ökonomische Aspekte

chender nicht-menschlicher Naturentitäten – durch die geraubte Möglichkeit der ästhetischen Betrachtung oder der emotionalen Bindung an eine vertraute Naturumgebung – ökologische Probleme im Sinne der Einschränkung eines ‚guten Lebens' der Menschen. Über instrumentellen Wert verfügten somit nicht nur die ökonomisch nutzbaren, sondern alle zum (ganzheitlich verstandenen) menschlichen ‚guten Leben' beitragenden nicht-menschlichen Naturentitäten. *Zum anderen* wird darauf verwiesen, dass aus Perspektive des aufgeklärten Anthropozentrismus auch diejenigen nicht-menschlichen Naturentitäten über instrumentellen Wert verfügten, deren Schädigung oder Zerstörung in einem mittelbaren oder langfristigen Sinne zu ökologischen Problemen führe (vgl. Grunwald und Kopfmüller 2012, 60 f.). Hampicke (1996, 143) verweist auf naturwissenschaftliche Erkenntnisse, denen zufolge intakte Ökosysteme unverzichtbar für das menschliche Überleben und ‚gute Leben' seien[530] und es zur Aufrechterhaltung solcher intakter Ökosysteme notwendig sei, *alle* Arten in ihnen existierender Lebewesen zu schützen – auch jene, die keinen *unmittelbaren* Nutzen für die Menschen besäßen. Birnbacher (1996, 58 f.) fügt hinzu, dass aufgrund irreduziblen Unwissens über zukünftige Entwicklungen nicht-menschliche Naturentitäten präventiv im Rahmen anthropozentrischer Naturethik zu schützen seien, auch wenn sie zum gegenwärtigen Zeitpunkt keinen instrumentellen Wert für Menschen besäßen oder zu besitzen schienen; es könnten in der Gegenwart als für menschliche Zwecke nutzlos erscheinende Naturentitäten sich in der Zukunft als (im ganzheitlichen Sinne) nützlich erweisen, so dass ihnen präventiv instrumenteller Wert zugesprochen werden sollte.[531]

---

der Natur für ein gelingendes menschliches Leben relevant und durch ein gestörtes Menschen-Natur-Verhältnis bedroht sind.

530 Man denke nur an das Ökosystem der tropischen Regenwälder, die einen bedeutenden Teil des freigesetzten CO_2 absorbieren und somit gleichsam ein Gegengift gegen den Klimawandel darstellen.
531 Die Konzeption des aufgeklärten Anthropozentrismus kann der Weiterentwicklung der marxschen Theorie dienen, indem mittels ihrer der Begriff des Gebrauchswerts expliziert zu werden vermag. Der marxsche Begriff des Gebrauchswerts wurde definiert als der Wert eines der Befriedigung menschlicher Bedürfnisse dienenden, materiellen Gegenstandes, welcher „die Beziehung des Individuums zur Natur" (109) darstellt. Indem Marx am Beginn seiner Theorie den Begriff des Gebrauchswerts als die „stoffliche Seite" (740) der Ware versteht, kann bei Rezipient:innen der Eindruck entstehen, der Gebrauchswertbegriff umfasste lediglich diejenigen Gegenstände, welche der Befriedigung *materieller* Bedürfnisse dienten. Der aufgeklärte Anthropozentrismus verweist demgegenüber darauf, dass der Bedürfnisbegriff weit zu fassen ist und auch die immateriellen Bedürfnisse der Menschen – wie etwa nach emotionaler Bindung an eine vertraute Naturumgebung oder ästhetischem Genuss – umfasst. Somit lässt sich unter Einbezug der Konzeption des aufgeklärten Anthropozentrismus der marxsche Gebrauchswertbegriff dergestalt definieren, dass alles das über Gebrauchswert verfügt, was zu einem ‚guten Leben' von Menschen beiträgt oder für ein solches unverzichtbar ist – alles also, das menschliche Bedürfnisse im weitesten Sinne befriedigt, seien dies materielle (wie etwa nach Nahrung, Kleidung oder Unterkunft) oder immaterielle (wie etwa nach ästhetischer oder spiritueller Erfahrung, Sinnstiftung und heimatlicher Vertrautheit). Der Begriff des Gebrauchswerts wird so gefasst, dass er tatsächlich *alle* Gegenstände umfasst, die Menschen für ein ‚gutes Leben' *brauchen*. Ähnlich schreibt Burkett (2014): „use-values encompasses not only basic requirements such as food, clothing, and

Die Richtigkeit dieser These ist im naturethischen Diskurs freilich umstritten. Gorke (2010) kritisiert sie wie folgt:

> Der oft angeführte Verweis auf unser mangelhaftes Wissen und die vielen noch unbekannten Nutzenfunktionen bestimmter Arten ist hier kein überzeugender Ausweg. Wie schon das Sprichwort vom Spatz in der Hand und der Taube auf dem Dach weiß, ist es unter reinen Nutzenaspekten irrational, zugunsten eines theoretisch möglichen, aber völlig unbekannten Nutzens auf einen wirklichen und bekannten Nutzen zu verzichten. Daran ändert auch die Hinzuziehung *ökologischer* Gesichtspunkte nichts. Denn anders als noch in den 70er Jahren des letzten Jahrhunderts erlaubt es die ökologische Theorie heute nicht mehr, Arten pauschal einen ökologischen Nutzen zuzuschreiben. Artenvielfalt gilt nicht mehr generell als Garant für ökologische Stabilität [...]. Im Gegenteil gehen die meisten Ökologen davon aus, dass viele, insbesondere seltene Arten, systemökologisch betrachtet mit an Sicherheit grenzender Wahrscheinlichkeit bedeutungslos sind (72).

Ausgehend von der marxschen Theorie ist der Kritik an der Konvergenzhypothese zuzustimmen: Da Menschen und Natur eben keine vollständige Einheit bilden, zwischen Menschen und den mannigfaltigen nicht-menschlichen Naturentitäten also keine vollständige Interessenidentität herrscht, kann unter Rekurs auf die menschlichen Interessen allein kein Naturschutz begründet werden, der denselben Umfang besäße wie ein physiozentrisch begründeter Naturschutz.[532] *Wenn* die Begründung eines solch umfassenden Naturschutzes das Ziel ist, muss auch nicht-menschlichen Naturentitäten Eigenwert zugesprochen und müssen die Menschen somit – unter Anwendung von Abwägungsregeln – ethisch verpflichtet werden, jene als Selbstzwecke zu achten und entsprechend auch dann zu schützen, wenn es ihren eigenen Interessen zuwiderläuft. Sicherlich – und dies stellt das Verdienst der Konzeption des aufgeklärten Anthropozentrismus dar – haben Menschen und nicht-menschliche Naturentitäten aber mehr Interessen gemein, als es die verkürzte Perspektive der Konzeption des extremen Anthropozentrismus glauben machen mag.

* * *

---

shelter but also cultural and aesthetic needs" (25; vgl. auch 251). Der Einbezug immaterieller Bedürfnisse steht nicht im Widerspruch zur marxschen Aussage, der Gebrauchswert sei die ‚stoffliche Seite' der Ware; Gegenstände mit Gebrauchswert, welche immaterielle Bedürfnisse befriedigen, sind nichtsdestotrotz materielle (= stoffliche) Gegenstände: Der Anblick einer Landschaft befriedigt zwar ein immaterielles, ästhetisches Bedürfnis des Menschen, dennoch aber sind die die Landschaft konstituierenden Pflanzen, Gesteine etc. stofflicher Natur. Aus dem Dialog der marxschen Theorie mit der Konzeption des aufgeklärten Anthropozentrismus lässt sich somit eine Weiterentwicklung der marxschen Theorie im Sinne einer *verdeutlichenden Explikation* gewinnen, nicht jedoch im Sinne einer Revision als Zurückweisung und Neufassung bestimmter Elemente der marxschen Theorie oder im Sinne einer Erweiterung als Hinzufügung neuer Elemente in den unverändert bestehen bleibenden Theorierahmen.

532 Vgl. Potthast (2011): „Zugleich gilt die Konvergenzhypothese nur bei eindeutigen Alternativen zwischen Naturerhaltung oder -zerstörung. Hinsichtlich des konkreten Umgangs mit Natur-Stücken existieren oft Konflikte" (295).

Auch das dritte Gegensatzpaar der *Deep Ecology* – Gleichberechtigung versus Misanthropie – lässt sich aus der Warte der marxschen Theorie kritisieren. Entgegen der forcierten Gleichberechtigung aller Lebewesen lässt sich mittels der marxschen Theorie darauf verweisen, dass Menschen zwar Lebewesen, aufgrund ihrer Fähigkeit zu autonomer Zwecksetzung und -realisierung aber *besondere* Lebewesen sind; diese ausgezeichnete Eigenschaft hebt die Menschen in einem gewissen Sinne aus der Masse anderer Lebewesen hervor.[533]

Auch die von der *Deep Ecology* vertretene Misanthropie vermag aus Warte der marxschen Theorie kritisiert zu werden. Die Misanthropie entspringt der – sicherlich zutreffenden – Einsicht, dass die Menschen durch ihr gegenwärtiges Handeln in vielfältiger Weise mannigfaltige naturale Systemganzheiten und nicht-menschliche Naturwesen schädigen, zerstören oder zu zerstören drohen; es sei ethisch erlaubt und geboten – so könnte man die daraus gezogene Schlussfolgerung der *Deep Ecology* formulieren –, ein Lebewesen zu vernichten, das so zerstörerisch mit der Natur umgeht, wie es die Menschen tun. Die *Deep Ecology* führt dieses ökologisch destruktive Handeln auf die fehlende intuitive Einsicht der Menschen in ihre ontologische Verbundenheit mit der Natur zurück; dies mag als ein Laster der (meisten) Einzelpersonen im Sinne einer Ignoranz gegenüber dem großen Naturganzen interpretiert werden, oder als ein Mangel der menschlichen Gattung, in relevantem Ausmaß kognitiv oder spirituell überhaupt zu solch einer Einsicht fähig zu sein. Die marxsche Theorie verweist hingegen darauf, dass Menschen in *Gesellschaften* leben und als solcherart vergesellschaftete im Kontext der Ökonomie zueinander in einem bestimmten Verhältnis stehen, das unter anderem ihren praktischen Umgang mit der Natur bestimmt. Dieses ökonomische Verhältnis hat einen *historisch spezifischen* Charakter; Produktion, Distribution und Konsum von Gütern geschehen *nicht* zu allen Zeiten und in allen Gesellschaftsformen auf dieselbe Weise, was bedeutet, dass auch der praktische Naturumgang der Menschen historisch variabel ist. Aus diesem Grund entwickelt

---

533 Diese Auffassung vertritt auch Bookchin (1987), für den Menschen nicht ‚irgendeine' biologische Gattung neben anderen darstellten, sondern denen „uniqueness as thinking beings with an unprecedented gift for conceptual thought" sowie „subjectivity, rationality, aesthetic sensibility, and the ethical potentiality" zukomme. Eine ähnliche Auffassung vertritt auch Meyer-Abich (1991): „Ich sehe den Menschen angesichts der Naturgeschichte als eine unter Millionen Arten und doch als etwas ganz Besonderes, [...], nämlich als dasjenige Lebewesen, in dem die *Natur zur Sprache kommt,* zum verbalen und zum nonverbalen Ausdruck" (67). Bookchin (1987) und Meyer-Abich (1991) führen mit begrifflichem Denken, individueller Persönlichkeit (‚subjectivity'), Vernunft, ästhetischem Sinn, Moralität (‚ethical potentiality') und Sprachlichkeit über die marxsche Theorie hinausgehende Attribute des Menschen an, die diesen auszeichnen. Insofern sind diese Ansätze des ökologischen Diskurses durchaus geeignet, die im Rahmen der allgemeinen Produktionstheorie entwickelte marxsche Lehre vom menschlichen *Proprium* weiterzuentwickeln (letztlich trägt die gesamte Tradition der philosophischen Anthropologie zu einer solchen Weiterentwicklung bei). Freilich lassen sich mindestens einige dieser Attribute auf *eine* grundlegende Eigenschaft des Menschen zurückführen: auf seine Vernunft (vgl. Meyer-Abich 1991, 68). Sowohl die von Marx in seine Theorie integrierte Fähigkeit zur Zwecksetzung als auch Moralität und begriffliches Denken (und wohl auch der ästhetische Sinn) sind Manifestationen des menschlichen Vermögens zur Vernunft.

Marx nicht nur eine überhistorisch orientierte Theorie der Produktion im Allgemeinen, sondern – auch und insbesondere – eine der spezifisch kapitalistischen Produktionsweise, welche er von früheren Produktionsweisen unterscheidet. Hiervon ausgehend ist es möglich, das ökologisch destruktive Handeln der Menschen auf eine historisch spezifische Konfiguration ihres ökonomischen Verhältnisses zueinander zurückzuführen und dadurch kausal zu erklären. Die fortschreitende Destruktion nicht-menschlicher Naturentitäten lässt sich, so wird durch die marxsche Theorie deutlich, nicht dadurch beendigen, dass (möglichst viele) Einzelpersonen eine mystische Einheitserfahrung machen, sondern nur durch die Aufhebung des ökonomischen Verhältnisses der modernen Gesellschaft. Somit erweist sich, dass es nicht die menschlichen Individuen sind, die ob ihrer Verantwortung für die Destruktion der Natur in misanthropischer Geisteshaltung zu hassen und letztlich zu vernichten sind. Es ist der Warentausch als das dominante ökonomische Verhältnis der modernen Gesellschaft und die ihm entsprechende kapitalistische Produktionsweise, die diese Destruktion notwendig (und unabhängig von wie auch immer gearteten Intuitionen) bedingen und die daher – in einem positiven, aufhebenden Sinne – zu vernichten sind; durch Aufhebung dieses ökonomischen Verhältnisses vermag also der praktische Umgang der Einzelpersonen mit der Natur ein anderer zu werden. Zugleich wird deutlich, dass nicht die menschliche Gattung beziehungsweise das menschliche Wesen in einem überhistorischen Sinne der Grund für die ökologische Krise ist; die Destruktion der Natur ist kein ‚Schicksal', das mit der Existenz der Menschengattung unabänderlich gegeben wäre, sondern Resultat des Warentauschs. Dieses historisch spezifische ökonomische Verhältnis vermag aufgehoben zu werden, und somit ist auch die ökologische Krise – fern davon, notwendige Folge der anthropologischen Verfassung der Menschen zu sein – durch eine andere Wirtschaftsform lösbar. Die ökologische Krise ist somit unter Verzicht auf die Tötung von Menschen oder die Ausrottung der Gattung *homo sapiens* zu lösen. Misanthropie, so lässt sich schlussfolgern, ist fehl am Platze.

Die ausgezeichnete Eigenschaft der Menschen sowie die Zurückweisung der Misanthropie ist dann auch bei naturethischen Dilemmata zu berücksichtigen. Wenn Verfechter:innen der *Deep Ecology* den Anspruch humanpathogener Mikroorganismen auf Existenz höher bewerten als denjenigen der Menschen, verfehlen sie in misanthropischer Manier gerade, diese ausgezeichnete Eigenschaft der Menschen in ihrer ethischen Abwägung zu berücksichtigen. Wenn sich die Ansprüche auf Leben zwischen Menschen und nicht-menschlichen Lebewesen wie in diesem Fall konträr gegenüberstehen,[534] sind aufgrund der ausgezeichneten Eigenschaft der Menschen

---

[534] Dieser Fall ist freilich ein extremes Beispiel: Der humanpathogene Krankheitserreger kann nur unter der Bedingung existieren, dass er sich immer wieder in einen menschlichen ‚Wirt' einnistet und somit menschliches Leben vernichtet. In (wohl den meisten) anderen Fällen hingegen lässt sich eine Koexistenz als möglich annehmen: Dass Menschen *und* Wölfe existieren, ist kein Widerspruch, und kein Mensch verliert sein Leben, wenn bestimmte großflächige Areale für die Besiedelung durch Wölfe geschützt (und vor menschlichem Zutritt gesichert) werden.

ihre Ansprüche auf Leben schwerer zu gewichten als diejenigen nicht-menschlicher Lebewesen.[535] Es kommt daher – entgegen des Zurückstellens der menschlichen Interessen hinter die Interessen anderer Naturentitäten in allen Fällen, wie es die *Deep Ecology* postuliert – auf die Ausarbeitung *differenzierter* Abwägungsregeln an, die die Berücksichtigung der Besonderheit sowohl konkreter naturethischer Dilemmata als auch der in Konflikt stehenden Entitäten und somit die Bestimmung dessen erlauben, wann den Ansprüchen der Menschen oder denjenigen nicht-menschlicher Naturentitäten der Vorrang einzuräumen ist.[536]

Das im Rahmen der *Deep Ecology* vertretene Verständnis des Verhältnisses der Menschen zur Natur erweist sich durch den konfrontativen Dialog mit der marxschen Theorie als defizitär: Bedenkt man mit ihrer Hilfe dieses Verhältnis, so zeigt sich, dass Menschen und Natur nicht im Verhältnis der absoluten Einheit oder Differenz, der Harmonie oder Konkurrenz, der unbedingten Gleichberechtigung oder misanthropen Unterordnung zueinander stehen. Statt die Existenz zweier gegensätzlicher Menschen-Natur-Verhältnisse – ein wesenhaftes und ein faktisches – zu postulieren, die beide als extrem und dadurch als einseitig vorgestellt werden, und sie durch eine mystische Erfahrung miteinander zu vermitteln, begründet Marx in theoretischer Sparsamkeit die Konzeption *eines* überhistorischen und komplexen Verhältnisses ('Einheit in Verschiedenheit'), das Raum gibt für historisch spezifische Konfigurationen. Die *Deep Ecology* erweist sich vor dem Hintergrund dieses Begründungszusammenhangs als ein verfehlter theoretischer Versuch, das Verhältnis der Menschen zur Natur gedanklich zu erfassen.

Auch in der in diesem Abschnitt gebotenen Auseinandersetzung mit der *Deep Ecology* erweist sich die marxsche Theorie als *argumentative Tiefentheorie* des ökologischen Diskurses, indem es mittels ihrer möglich ist, eine ökologische Theorie zu kritisieren und somit den ökologischen Diskurs weiterzuentwickeln. Die ,Tiefe', auf die die marxsche Theorie hier argumentativ rekurriert, ist *zum einen* – wie in den vorangegangenen Ausführungen dieser Studie – der Warentausch als das dominierende ökonomische Verhältnis der modernen Gesellschaft. *Zum anderen* ist sie – unabhängig von der historisch spezifischen Formation der modernen Gesellschaft – das Menschen-Natur-Verhältnis in einem überhistorischen Sinne, das gleichsam als ökologisches Fundament allen historisch spezifischen Produktionsweisen und Gesellschaftsformen zugrunde liegt. Die marxsche Theorie erweist sich somit als *doppelseitige argumentative Tiefentheorie* des ökologischen Diskurses.

---

535 Das bedeutet nicht, dass in allen Fällen die Ansprüche der Menschen schwerer wiegen als diejenigen anderer Naturentitäten, denn nicht in allen Konfliktfällen ist unmittelbar das Leben von Menschen bedroht.

536 Hierzu vermag die marxsche Theorie, über die Konstatierung der ausgezeichneten Eigenschaft des Menschen hinaus, zugegebenermaßen nichts beizutragen. Ein differenziertes Regelwerk zur Abwägung und Lösung naturethischer Dilemmata aus holistischer Perspektive bietet Gorke (2010, 148– 220).

3.2.2.3 Die Genese der Vorstellung einer Konkurrenz zwischen Menschen und Natur

Die These der *Deep Ecology* und anderer Ansätze des ökologischen Diskurses, Menschen und Natur stünden in einem konkurrenzförmigen Verhältnis zueinander, wurde im vorangegangenen Abschnitt der Kritik unterzogen. Es stellt freilich ein lohnenswertes Unterfangen dar, sich aus marxscher Perspektive weiter mit ihr auseinanderzusetzen, weil Marx die Konkurrenz in einen Zusammenhang mit der kapitalistischen Produktionsweise stellt (siehe Abschnitt 2.2.3.1). Es stellt sich die Frage, ob für die Auffassung des Menschen-Natur-Verhältnisses als eines konkurrenzförmigen ebenfalls ein Zusammenhang mit dieser Produktionsweise zu konstatieren ist.

Wenn in der marxschen Theorie von der Konkurrenz die Rede ist, ist damit – im terminologisch engen Sinne – das konfligierende Interagieren der Einzelkapitalien zum Zwecke der je möglichst umfangreichen partikularen Verwertung gemeint. Die Konkurrenz stellt kein zufälliges oder eigenen Gesetzmäßigkeiten unterliegendes Phänomen dar; sie ist vielmehr die Realisierung der Bestimmungen des Kapitalbegriffs im Sinne ihrer ‚Übersetzung' in reale, empirisch wahrnehmbare ökonomische Phänomene in der Form des äußeren Zwangs, insofern die Begriffsbestimmungen die Form von ‚Zwangsgesetzen' den Einzelkapitalien gegenüber annehmen. Die Konkurrenz ist mit anderen Worten der Vermittlungsmechanismus, um die begrifflichen Kapitalbestimmungen in gesellschaftliche Realität zu setzen. Indem das Kapital *einzig* durch das konkurrenzförmige Verhältnis der Einzelkapitalien zur Existenz gelangt und die Einzelkapitalien somit *notwendig* in einem Konkurrenzverhältnis zueinander stehen, können aus seiner Perspektive Verhältnisse an sich nicht anders gedacht werden denn als konkurrenzförmige.

Aus diesem Grund versteht das Kapital auch sein Verhältnis zur Natur als ein konkurrenzförmiges. Zweck des Kapitals ist seine größtmögliche Verwertung entsprechend seiner Bestimmung der *unbegrenzten quantitativen Vervielfältigung* (siehe Abschnitt 2.1.7). Die Erfüllung dieser Bestimmung setzt materielle Produktion voraus (siehe Abschnitt 2.2.3.3), und im Rahmen dieser steht das Kapital in einem – von ihm selbst entsprechend als konkurrenzförmig wahrgenommenen – Verhältnis zur Natur, weil der Produktionsprozess das Vorhandensein bestimmter naturaler Bedingungen voraussetzt (siehe Abschnitt 2.2.1). Konkurrenzförmiges Verhältnis zur Natur bedeutet: Jede nicht-menschliche Naturentität, die nicht bis zum maximal Grad – bis zur vollständigen Zerstörung oder Unbrauchbarwerdung – in den durch das Kapital betriebenen Produktions- und Verwertungsprozess einbezogen wird, stellt einen Abzug von der Summe maximal generierbaren Mehrwerts und somit eine Einschränkung der Kapitalverwertung dar. Die Rücksichtnahme auf die Interessen nicht-menschlicher Naturentitäten erscheint für das Kapital somit als ein gegen die eigenen (Verwertungs-)Interessen gerichteter ‚Kostenfaktor'. Aus Perspektive des Kapitals stehen die Interessen der Natur seinen eigenen somit konträr gegenüber: *Entweder* die Interessen der Natur werden berücksichtigt *oder* seine eigenen; *entweder* die Natur ‚gewinnt' (Naturentitäten bleiben intakt) *oder* es selbst (es verwertet sich in größtmöglichem Maße). Funktional ist diese Auffassung des Kapitals von seinem Verhältnis zur Natur notwendig: Nur diese Auffassung, die jede Rücksichtnahme oder gar Verbundenheit mit Naturentitäten ausschließt, sichert die maximal mögliche Mehrwertgenerierung und somit, dass das Kapital in größtmöglichem Maße seiner Bestimmung entspricht.

Dieses Verständnis des Kapitals, es stünde in einem konkurrenzförmigen Verhältnis zur Natur – so notwendig es auch ist zur Gewährleistung seiner größtmöglichen Verwertung –, ist freilich sachlich inadäquat. Denn die Zerstörung oder Unbrauchbarmachung von im Produktionsprozess verwendeten Naturentitäten schaden ihm, indem sie seine Möglichkeit zur Selbstverwertung unterminieren, weil Verwertung materielle Produktion und diese das Vorhandensein bestimmter Naturentitäten voraussetzt. Eine Konkurrenz des Kapitals zur Natur kann somit der Sache nach nicht konstatiert werden.[537] Das Kapital jedoch handelt – seiner sachlich inadäquaten Eigenperspektive entsprechend – so, *als ob* es in einem Konkurrenzverhältnis zur Natur stünde, und zerstört daher bedenken- und rücksichtslos Naturentitäten zur Profitmaximierung.

Die (falsche) Auffassung des *Kapitals*, es selbst stehe in einem Konkurrenzverhältnis zur Natur, wurde erklärt. Wie kann hiervon ausgehend aber die Auffassung, die *Menschen* stünden in einem ebensolchen Verhältnis zur Natur, erklärt werden? Menschen als Warentauschende – also im Kontext des Warentauschs – handeln gemäß den Kapitalbestimmungen (siehe Abschnitt 2.2.3.1). Wie aufgezeigt wurde, ist der Warentausch ein historisch spezifisches ökonomisches Verhältnis, das nicht in allen Gesellschaften existiert; außerdem existieren auch in der modernen Gesellschaft andere gesellschaftliche (ökonomische wie außer-ökonomische) Verhältnisse jenseits des Warentauschs und ihnen entsprechende Handlungslogiken. Menschen handeln also weder allgemein im historischen Verlauf noch speziell in der modernen Gesellschaft ausschließlich als Warentauschende. Aus Perspektive des Kapitals (und der sie affirmativ reflektierenden bürgerlichen Wirtschaftswissenschaft) ist der Warentausch jedoch das einzig mögliche Verhältnis, in dem Menschen zueinander stehen können, und die Kapitallogik die einzige Handlungslogik, dergemäß Menschen handeln können. Dies drückt sich in der (falschen) Auffassung des Kapitals aus, der Tauschwert sei eine überhistorisch-stoffliche Eigenschaft der Waren, so dass der Warentausch als Verhältnis zwischen Menschen gleichsam in die Gegenstände ‚hineinprojiziert' wird. Das Handeln von Menschen als Warentauschende ist somit für das Kapital menschliches Handeln schlechthin.

Hiervon ausgehend vermag die Genese der Auffassung rekonstruiert zu werden, Menschen und Natur stünden zueinander in einem Konkurrenzverhältnis: Weil
- das Kapital aus seiner Eigenperspektive in einem solchen konkurrenzförmigen Verhältnis zur Natur steht,

---

[537] Dieses Resultat überrascht nicht, wenn man bedenkt, dass Menschen ebenso nicht in einem konkurrenzförmigen Verhältnis zur Natur stehen und das Kapital nichts anderes ist als Ausdruck eines bestimmten ökonomischen Verhältnisses, in dem Menschen zueinander stehen. Das Kapital ist, mit anderen Worten, kein von Menschen unabhängiges Seiendes, und daher steht es im selben Verhältnis zur Natur wie die Menschen selbst.

- das Kapital und die seine Perspektive affirmativ reflektierende Theoriebildung menschliches Handeln mit dem Handeln von Warentauschenden identifizieren,[538] und
- das Handeln von Warentauschenden nichts anderes ist als das den Kapitalbestimmungen entsprechende Handeln,

stehen aus der Perspektive des Kapitals und der seine Perspektive affirmativ reflektierenden Theoriebildung Menschen schlechthin, also in einem überhistorischen Sinne in einem Konkurrenzverhältnis zur Natur. Die marxsche Theorie ermöglicht hier also die Erkenntnis, dass es sich bei dem Verständnis des Menschen-Natur-Verhältnisses als eines konkurrenzförmigen um eine der warentauschenden Gesellschaft entstammende und durch ihr dominantes ökonomisches Verhältnis bestimmte Denkfigur handelt, die dieser Gesellschaft und diesem ökonomischen Verhältnis gegenüber eine affirmative Stellung einnimmt.

Damit liefert Marx erneut eine *genetische Tiefentheorie* des ökologischen Diskurses: Er führt die Genese der in einem Teil des ökologischen Diskurses vertretenen Auffassung, Menschen und Natur stünden in einem konkurrenzförmigen Verhältnis zueinander, auf die Grundstruktur der modernen Gesellschaft – auf den Warentausch – zurück.[539] Ökologische Theorien, die Menschen und Natur in einem konkurrenz-

---

538 Die ökologischen Theorien, die eine Konkurrenz zwischen Menschen und Natur postulieren, beschreiben – entgegen der mit ihnen verbundenen Intention – also nicht den tatsächlichen Zusammenhang zwischen Menschen und Natur, sondern das (auf einem falschen Verständnis des Menschen-Natur-Verhältnisses beruhende) faktische Verhalten der Warentauschenden.

539 In einem Brief an Engels vom 18. Juni 1862 schreibt Marx bezüglich der Evolutionstheorie Charles Darwins: „Es ist merkwürdig wie Darwin unter Bestien u. Pflanzen seine englische Gesellschaft mit ihrer Theilung der Arbeit, Concurrenz, Aufschluß neuer Märkte, ‚Erfindungen' u. Malthusschem ‚Kampf ums Dasein' wiedererkennt. Es ist Hobbes' bellum omnium contra omnes, u. es erinnert an Hegel in der Phänomenologie, wo die bürgerliche Gesellschaft als ‚geistiges Thierreich', während bei Darwin das Thierreich als bürgerliche Gesellschaft figurirt" (MEGA III.12, 137). Hier gelangt Marx *expressis verbis* zu der Erkenntnis, dass die darwinsche Auffassung der Natur durch die ökonomischen Verhältnisse bestimmt ist bzw. diese Verhältnisse auf die Natur projiziert werden. Analog vermag, wie im Haupttext ausgeführt, mittels der marxschen Theorie zu der (von Marx nicht *expressis verbis* verbalisierten) Einsicht gelangt zu werden, dass auch das Verständnis des Menschen-Natur-Verhältnisses in einem Teil des ökologischen Diskurses durch die ökonomischen Verhältnisse bestimmt ist bzw. diese ökonomischen Verhältnisse auf das Menschen-Natur-Verhältnis projiziert werden. – In einigen kritischen Beiträgen zum ökologischen Diskurs wird die Genese der Auffassung, Menschen und Natur stünden als Konkurrenz zueinander, ebenfalls auf die moderne Ökonomie zurückgeführt: Bookchin (1988b) schreibt, diese Auffassung „reflects the competitive image the marketplace foists on the natural world". Diesen Beiträgen ist, wie der Haupttext zeigt, zuzustimmen. Sie kranken jedoch daran, dass sie den genauen Mechanismus dieser ‚Reflexion' unaufgeklärt lassen: Wie genau kommt es dazu, dass die Konkurrenzverhältnisse der modernen Ökonomie auf das Menschen-Natur-Verhältnis übertragen werden? Eine Antwort auf diese Frage versucht der Haupttext zu geben, indem ausgehend vom Begriff der Konkurrenz das (aus seiner Eigenperspektive) konkurrenzförmige Verhältnis des Kapitals zur Natur hergeleitet und die Übertragung dieses Verhältnisses auf die Menschen erklärt wird. Somit wird auch die theoretische Beliebigkeit vermieden, ohne weitere Erklärung alle möglichen Phänomene als Widerspiegelung der kapitalistischen Konkurrenzverhältnisse auffassen zu können.

förmigen Verhältnis zueinander stehen sehen, erweisen sich somit als theoretische und ideologische (weil sachlich inadäquate) Widerspiegelungen der modernen, warentauschbasierten Ökonomie, die dieser Ökonomie unkritisch-affirmativ gegenüberstehen, indem sie die Perspektive des Kapitals auf sein Verhältnis zur Natur einnehmen beziehungsweise reproduzieren. Während dies bezüglich ökonomisch argumentierender Ansätze, die auf die mutmaßlich nicht tragbaren Kosten naturschützerischer Bemühungen verweisen, nicht überraschen mag (siehe Abschnitt 3.2.1.3), ist diese Feststellung umso erstaunlicher bezüglich der *Deep Ecology*. Diese sich so rebellisch gebende und gegen den ‚seichten' Mainstream des ökologischen Diskurses angetretene Denkrichtung, die ein neues Bewusstsein der Ganzheit mit der Natur propagiert, erweist sich als ein Produkt der warentauschenden Gesellschaft, das die Perspektive des Kapitals – also der über Eigentum und Macht verfügenden Personen der modernen Gesellschaft, die dieser Gesellschaft affirmativ-unkritisch gegenüberstehen – *nicht* überschreitet oder infrage stellt.[540]

3.2.3 Kritik des physiozentrischen Vorwurfs an die marxsche Theorie

Vom hier erreichten Standpunkt aus kann eine Beurteilung des in Abschnitt 3.2.1.2 dargestellten Vorwurfs an die marxsche Theorie erfolgen. Erinnerlich besagt dieser von Seiten der physiozentrischen Naturethik vorgetragene Vorwurf, die marxsche Theorie – die (implizit) auf einer anthropozentrischen Axiologie basiere – könne entweder keinen Beitrag leisten zur Lösung der mannigfaltigen ökologischen Probleme der Gegenwart oder legitimiere sogar die fortschreitende Destruktion der Natur. Im Folgenden soll eine Kritik dieses Vorwurfs entwickelt werden.

Hierzu ist zuerst der Ausgangspunkt der marxschen Theorie – die Fragestellung, deren Beantwortung sie dient – zu bedenken: Das Ziel der von Marx in den *Grundrissen* entwickelten Theorie besteht in der Erkenntnis der Struktur, Gesetzmäßigkeit und Entwicklungsrichtung der modernen Gesellschaft (siehe Abschnitt 2.1.1). Die Beantwortung dieser Frage geschieht durch Analyse der ökonomischen Verhältnisse

---

540 Von dieser Erkenntnis ausgehend lassen sich die Positionen der ökologischen Theorien, die ein konkurrenzförmiges Verhältnis postulieren, dekonstruieren: a) Wenn bspw. in ökonomischen Diskurskontexten behauptet wird, ‚wir Menschen' könnten uns Naturschutz nicht leisten, dann ist das von dem hier erreichten Kenntnisstand ausgehend als maskierte Formulierung der folgenden Aussage zu verstehen: Es widerspricht der begrifflichen Bestimmung des Kapitals, für Naturschutz Abzüge von der maximal möglichen Mehrwertsumme in Kauf zu nehmen, und aus diesem Grund darf kein Naturschutz betrieben werden. b) Wenn Menschen ihr Verhältnis zur Natur als konkurrenzförmiges begreifen, lenkt dies ihre Aufmerksamkeit ab vom Kapital: Die Menschen nehmen somit nicht wahr, dass ihre ‚Armut' und ‚Vertierung' nicht Folge überbordender ökonomischer Kosten des Naturschutzes, sondern Folge der gegebenen ökonomischen Verhältnisse sind. Mit anderen Worten: Nicht die Natur und ihr Schutz stehen einem ‚guten Leben' aller (globalen) Gesellschaftsmitglieder im Wege, sondern das Kapital. Solcherart beschaffene ökologische Theorien nehmen also eine wichtige Rolle in der ideologischen Stützung der modernen, warentauschenden Ökonomie ein.

der modernen Gesellschaft, und diese wiederum durch kritisch-dialektische Darstellung der Begriffe der Politischen Ökonomie als bürgerliche Wirtschaftswissenschaft; diese Begriffe stellen, wenn auch in kritischer Darstellung, also auch die Begrifflichkeit der marxschen Theorie dar. In diesem Zusammenhang gelangt Marx zu der Erkenntnis, dass die moderne Ökonomie auf dem Warentausch beruht und die Ware begrifflich die widersprüchliche Einheit von Gebrauchs- und Tauschwert ist. Er
- entdeckt, dass der Gebrauchswert die überhistorische, soziale Form darstellt, die für Menschen brauchbare Gegenstände in allen Gesellschaftsformationen annehmen und die durch die spezifischen stofflichen Eigenschaften der Gegenstände und die Bedürfnisse der Gesellschaftsmitglieder konstituiert wird;
- arbeitet die Bestimmungen des Tauschwerts (unter ihnen die *Abstraktion* von den spezifischen stofflichen Eigenschaften der Gegenstände und ihrer materiellen Genese) sowie dessen Selbstzweckcharakter und Verselbstständigungstendenz heraus.

Marx weist nach, dass der Tauschwert trotz seiner Bestimmung der *Abstraktion* und seiner Tendenz, sich vom Gebrauchswert zu verselbstständigen, notwendig im Gebrauchswert fundiert ist, da Gegenstände nur als brauchbare, also als über Gebrauchswert verfügende auch über Tauschwert verfügen, und die Generierung von Tauschwert die materielle Produktion, also einen materiellen Produktionsprozess zur Erzeugung von über Gebrauchswert verfügenden Gegenständen voraussetzt. Der Tauschwert kann – im Widerspruch zu seinen Bestimmungen – also nicht ohne den Gebrauchswert und somit nicht ohne spezifische Stofflichkeit gedacht werden.

Dies soll anhand der marxschen allgemeinen Produktionstheorie exemplarisch dargestellt werden: Entgegen dem Tauschwertbegriff, durch den Gegenstände als Produkte von (abstrakter) Arbeit allein erscheinen, zeigt Marx auf, dass zur materiellen Produktion der über Tauschwert verfügenden Gegenstände neben der Verausgabung von (konkreter) Arbeit bestimmte naturale Faktoren notwendig sind, die – indem sie brauchbar sind zur Durchführung von Produktionsprozessen – die Form von Gebrauchswerten besitzen. Marx weist hier die kategorische Angewiesenheit der materiellen Produktion – und mit ihr der Kapitalverwertung – auf die Natur nach; objektive Bedingungen der Arbeit, Naturprozesse und Naturumgebung werden als die unabdingbaren Voraussetzungen der Güterproduktion erkannt. Dies ermöglicht die Kritik des Tauschwerts, indem die durch ihn implizierte Vorstellung, der Verwertungsprozess könne als von naturalen Faktoren unabhängig gedacht werden, als sachlich inadäquate Illusion erwiesen wird; die Generierung von Tauschwert setzt mehr als nur die Verausgabung von Arbeit voraus. Durch diese Kritik am Begriff des Tauschwerts arbeitet Marx – in naturethischer Terminologie ausgedrückt – den instrumentellen Wert der Natur für die Menschen heraus: In Gestalt der naturalen Produktionsfaktoren besitzt Natur instrumentellen Wert für die Menschen, weil diese naturalen Produktionsfaktoren zu ihrem Überleben und ‚guten Leben' notwendig sind. Das bedeutet dann auch: Das, was im Kontext der Naturethik als instrumenteller Wert bezeichnet wird, ist im Rahmen der marxschen Theorie der Gebrauchswert.

Durch sein Insistieren darauf, dass zur Mehrwertgenerierung die materielle Güterproduktion notwendig und diese nur möglich ist unter Verwendung naturaler Produktionsfaktoren, zeigt Marx auf, dass die Ökonomie – und somit auch das menschliche Überleben und ‚gute Leben' – nicht ohne Natur möglich ist, dieser also unhintergehbar instrumenteller Wert für Menschen (Gebrauchswert) zukommt. Damit überschreitet er kritisch die Tauschwertperspektive, die den (falschen) Anschein erweckt, Natur besäße keinen instrumentellen Wert für Menschen, sondern die Güterproduktion wäre durch Verausgabung von Arbeit allein möglich. Jenseits ihres Charakters als Gebrauchswert erscheint Natur in der marxschen Theorie aber nicht – weder in der Theorie der Produktion im Allgemeinen noch in den anderen Partien der Theorie. Verstanden werden nicht-menschliche Naturentitäten ausschließlich als Gebrauchswerte; sie erscheinen hier einzig als Mittel zum Vollzug des Produktionsprozesses oder zur unmittelbaren Bedürfnisbefriedigung. So erfährt beispielsweise die Naturumgebung in der Theorie der Produktion im Allgemeinen nur insofern theoretische Beachtung, als sie den natural-spatialen Kontext darstellt, in welchem Produktionsprozesse stattfinden und den sie voraussetzen. Während Marx also die Perspektive des Tauschwerts kritisch überschreitet, verbleibt er im Rahmen der Gebrauchswertperspektive: Die Selbstzweckhaftigkeit der Natur wird nicht gedanklich erfasst, und nach ihr wird nicht gefragt; nicht-menschliche Naturentitäten, die keinen instrumentellen Wert (Gebrauchswert) für Menschen besitzen, fallen gleichsam durch das ‚Netz' der marxschen Theorie. Dies ist Resultat dessen, dass der Wertbegriff den Grundbegriff der gesamten von Marx entwickelten Theorie bildet; denn indem der Wertbegriff die Einheit der Begriffe von Tausch- und Gebrauchswert darstellt, reflektiert er einzig den instrumentellen Wert nicht-menschlicher Naturentitäten (und abstrahiert in der Form des Tauschwerts sogar von diesem). Das bedeutet im Umkehrschluss: Die Selbstzweckhaftigkeit nicht-menschlicher Naturentitäten *kann* in diesem begrifflichen Rahmen *nicht* gedacht werden.

Dass Natur einzig im Lichte ihrer Brauchbarkeit für menschliche Zwecke erscheint, ist freilich dem mit der marxschen Theorie verfolgten Argumentationsziel geschuldet: Es geht um die Entwicklung einer Theorie der modernen Gesellschaft; Marx intendiert, die moderne Gesellschaft so zu erkennen, wie sie *faktisch* ist, ohne an sie ein ihr äußeres, normatives Maß anzulegen. Dies geschieht erinnerlich durch die Untersuchung der ökonomischen Verhältnisse der modernen Gesellschaft, und diese Untersuchung erfolgt durch die kritische Analyse der Begrifflichkeit der Politischen Ökonomie. Um das Argumentationsziel zu erreichen, vollzieht er die Entwicklung des Wertbegriffs als des Grundbegriffs der Politischen Ökonomie nach – er beobachtet diese Entwicklung gleichsam und weist sie als eine inhärent widersprüchliche aus, ohne einen äußeren Maßstab anzulegen. Die marxsche Theorie bewegt sich also in dem durch die Politische Ökonomie gesteckten begrifflichen Rahmen, um das anvisierte Argumentationsziel zu realisieren. Das impliziert, dass auch die der Politischen Ökonomie zugrunde liegende und sich in ihrer Begrifflichkeit ausdrückende Axiologie von der marxschen Theorie übernommen wird; dass Natur in der marxschen Theorie einzig (und höchstens) als Mittel erscheint, entspricht also der Wertsetzung der Politischen Ökonomie. Mit anderen Worten: Marx übernimmt im Rahmen seiner Theorie die Grundbegrifflichkeit und die sich darin ausdrückende axiologische Basis der Politischen Ökonomie mit der Zielsetzung, davon ausgehend die *tatsächlich existierenden Verhältnisse der modernen Gesellschaft* zu erkennen. Ein Resultat dieses Vorgehens besteht in der Erkenntnis, welchen Wert die Gesellschaftsmitglieder als Warentauschende *faktisch* nicht-menschlichen Naturentitäten beimessen: Entweder schreiben sie ihnen einzig instrumentellen Wert zu – oder abstrahieren sogar von diesem. Welcher Wert nicht-menschlichen Naturentitäten jenseits der tatsächlichen gesellschaftlich-ökonomischen Verhältnisse aus naturethischer Sicht zugesprochen werden *soll*, liegt außerhalb des Skopus der marxschen Theorie.

An mindestens einer Stelle der *Grundrisse* jedoch blitzt gleichsam die Möglichkeit auf, Natur auch nicht-instrumentell zu verstehen, also die der Politischen Ökonomie zugrunde liegende Axiologie in Richtung eines physiozentrischen Naturverständnisses zu transzendieren. Gemeint ist die schon dargestellte Bewertung der kapitalistischen Dynamik als eines Prozesses der Zivilisierung (siehe Abschnitt 2.2.3.6). Hier scheint Marx *prima facie* den Umgang mit der Natur in der kapitalistischen Produktionsweise auf eine Weise zu bewerten, die als anthropozentrisches Werturteil verstanden werden kann:

> Hence the great civilising influence of capital; seine Production einer Gesellschaftsstufe, gegen die alle frühren nur als [...] Naturidolatrie erscheinen. Die Natur wird erst rein Gegenstand für den Menschen, rein Sache der Nützlichkeit; hört auf als Macht für sich anerkannt zu werden; und die theoretische Erkenntniß ihrer selbstständigen Gesetze erscheint selbst nur als List um sie den menschlichen Bedürfnissen, [...] zu unterwerfen. Das Capital treibt dieser seiner Tendenz nach [...] hinaus über [...] Naturvergötterung, [...]. Es ist destructiv gegen alles dieß und beständig revolutionirend, alle Schranken niederreißend, die die Entwicklung der Productivkräfte, die Erweiterung der Bedürfnisse, die Mannigfaltigkeit der Production, und die Exploitation und den Austausch der Natur und Geisteskräfte hemmen (322).

An dieser Stelle seines Manuskripts *beschreibt* Marx zum einen die Nutzung und Nutzbarmachung der gesamten Natur für menschliche (kapitalistische) Zwecke ohne Beachtung ihrer Selbstzweckhaftigkeit und aus dieser abgeleiteter handlungseinschränkender Normen. Zum anderen *bewertet* Marx den beschriebenen Prozess positiv, indem er ihn als Zivilisierung – und nicht beispielsweise als ‚Raubbau' an der Natur – auffasst. Marx unterzieht, so hat es den Anschein, das ausschließlich instrumentelle Verständnis der Natur, wie es in der Politischen Ökonomie vertreten und im Begriff des Gebrauchswerts ausgedrückt wird, also nicht nur keiner Kritik, sondern steht ihm sogar affirmativ gegenüber.

Die im Zitat zum Ausdruck kommende Affirmation des rein instrumentellen Naturverständnisses in der kapitalistischen Produktionsweise ist freilich im Kontext der *differenzierten* Bewertung dieser Produktionsweise durch Marx zu lesen. Im Kapitalismus werden auch Menschen, von der Rechtssphäre abgesehen, ausschließlich als Mittel zur Realisierung des Kapitalzwecks verstanden und verwendet (siehe Abschnitt 3.2.2.1). Dennoch steht Marx dieser Produktionsweise – so sehr sie für diese

Inhumanität zu kritisieren und praktisch aufzuheben ist – *auch* positiv gegenüber, insofern sie überkommene, vorkapitalistische Gesellschaftsverhältnisse auflöst und – gerade durch den Drang des Kapitals nach grenzenloser Selbstverwertung und die Benutzung menschlicher Subjekte zu diesem Zweck – die materiellen Voraussetzungen für eine neue Gesellschaftsform schafft, die die unbedingte Achtung aller Menschen als Selbstzwecke erlaubt. Bewertende Aussagen von Marx sind immer in diesem dialektischen Sinne zu verstehen: Positiv bewertet wird der Kapitalismus nicht, weil er hinsichtlich seiner Beschaffenheit ausschließlich positiv ist, sondern weil er – neben abzulehnenden Aspekten – positive Elemente in sich enthält, die über ihn selbst hinausweisen. Dies gilt, so ist zu schlussfolgern, auch für das kapitalistische Verhältnis zur Natur: Das ausschließlich instrumentelle Verständnis ihrer und der entsprechende praktische Umgang mit ihr ermöglichen die Entwicklung der materiellen Voraussetzungen, um eines Tages nicht-menschliche Naturentitäten wahrhaft als Selbstzwecke achten zu können. Das marxsche ‚Lob' des instrumentellen Naturverständnisses ist somit nicht mit der Aussage Marxens zu identifizieren, es sei normativ gerechtfertigt, Natur ausschließlich als Mittel zu verstehen und nicht als Selbstzweck zu achten.[541]

Zugegebenermaßen wird dieser Gedankengang von Marx aber nicht ausgearbeitet, ja, nicht einmal angedeutet, sondern ist ausschließlich Resultat einer Exegese der *Grundrisse*, die in der hier behandelten Fragestellung über den unmittelbaren Wortlaut der zitierten Manuskriptstelle hinausgeht. Während Marx den Tauschwertbegriff en detail einer Kritik unterzieht und als defizitär ausweist, bleibt die analoge Kritik des Gebrauchswertbegriffs also nahezu unausgesprochen; und das bedeutet: Während Marx die Auffassung einer (ökonomischen) Unabhängigkeit von der Natur als sachlich falsch ausweist und auf ihren instrumentellen Wert insistiert – in einem Umfang, dass dies eines der Leitmotive der *Grundrisse* bildet –, ist bezüglich der Kritik des instrumentellen Naturverständnisses nicht mehr zu konstatieren, als dass sie an der analysierten Stelle gleichsam *aufblitzt*. Stellt man dieses ‚Aufblitzen' in Beziehung dazu, dass Marx der anthropozentrischen Axiologie der Politischen Ökonomie in allen anderen Fällen, also fast ausnahmslos folgt und sie kritiklos seiner eigenen Theorie zugrunde legt, ist zu konstatieren: Die Auffassung der referierten ökologischen Theorien, die in den *Grundrissen* entwickelte marxsche Theorie basiere auf einer anthropozentrischen Axiologie, ist *cum grano salis* zutreffend.[542]

---

541 Verwiesen sei auch auf die Maschinenmetapher der Natur, die die Möglichkeit offen lässt, Natur auch anders denn instrumentell zu verstehen (s. die entsprechende Fußnote in Abschnitt 2.2.1).
542 Lohnenswert ist ein Blick in andere marxsche Schriften. Im sog. ‚Großheft 1865/1866' (eines der vier *Hefte zur Agrikultur*) findet sich ein Exzerpt Marx', in dem dieser die industrialisierte Tierzucht seiner Zeit, in der die Nutztiere – leider nicht anders als heute – auf engstem Raum in Ställen gehalten wurden, als „Zellengefängnißsystem" (MEGA IV.18, 303)' bezeichnet: „In diesen Gefängnissen werden die Thiere geboren u. bleiben drin bis sie are killed off" (MEGA IV.18, 303; vgl. auch Saito 2016, 239 f.). Hieraus lässt sich die Schlussfolgerung ableiten, Marx habe die (vielleicht nur intuitive) Auffassung besessen, diese Praxis sei – wenn auch die Fleischproduktion sich mit ihr in der Tat

Die Diagnose der referierten ökologischen Theorien bezüglich der axiologischen Grundlage der marxschen Theorie ist also weitestgehend zutreffend. Als problematisch erweist sich vor dem Hintergrund der hier vorliegenden Studie jedoch die von ihnen postulierte Bedingung ‚*Wenn* eine ökologische Theorie auf einer anthropozentrischen Axiologie basiert, *dann* kann sie entweder keinen Beitrag leisten zur Lösung der mannigfaltigen ökologischen Probleme der Gegenwart oder legitimiert sogar die fortschreitende Destruktion der Natur'. Der konfrontative Dialog der marxschen Theorie mit dem ökologischen Diskurs belegt, dass die marxsche Theorie entscheidend zur Weiterentwicklung dieses Diskurses beizutragen vermag. Deshalb ist die von den referierten ökologischen Theorien postulierte Behauptung als falsch zurückzuweisen: In der Tat ist es möglich, dass eine auf anthropozentrischer Axiologie basierende ökologische Theorie etwas Substanzielles zur Lösung der ökologischen Krise beizutragen vermag. Insofern erweist sich die physiozentrische Kritik an der marxschen Theorie als verfehlt.[543]

---

steigern lasse – ethisch nicht gerechtfertigt; es klingt an, Tiere nicht in descartscher Manier als (Fleischproduktions-)Maschinen, sondern als leidensfähige Lebewesen zu betrachten, denen durch das schuldlose Einsperren in ein ‚Gefängnis' das Recht auf einen Aufenthalt im Freien und auf Bewegungsmöglichkeit genommen werde. Saito (2016) kommentiert diese Äußerungen Marx' folgerichtig mit den Worten: „Diese Aussagen müssten all jene überraschen, die Marx als naiven, anthropozentrischen Verteidiger des technologischen Fortschritts" (240) ansehen.

543 Wie in Abschnitt 3.2.2.2 dargestellt, ist die Konvergenzhypothese des aufgeklärten Anthropozentrismus unhaltbar. Zugleich erweist sich vor dem Hintergrund einer immerhin partiellen Einheit von Menschen und Natur der Vorwurf der physiozentrischen Naturethik als verfehlt, der Anthropozentrismus sei im besten Fall zur Lösung ökologischer Probleme unbrauchbar, wenn nicht sogar kontraproduktiv im Sinne der Legitimation destruktiven Naturumgangs: Da die Interessen der Menschen und nicht-menschlicher Naturentitäten teilweise identisch sind, vermag eine (aufgeklärt) anthropozentrische Naturethik durchaus den Schutz der Natur zu begründen, wenn auch nicht in demjenigen Umfang, wie dies der Physiozentrismus vermag. Auch diese Überlegung ist ein Argument dafür, dass die marxsche Theorie trotz ihrer anthropozentrischen Axiologie zur Lösung der ökologischen Krise beizutragen vermag.

4 Schluss

Die marxsche Theorie der modernen Gesellschaft erwies sich im Verlauf der hier vorliegenden Studie als wesentlich durch eine Denk*bewegung* charakterisiert: Es kommt, möchte man sie verstehen, darauf an, die dialektische *Entwicklung* des Wertbegriffs nachzuvollziehen. Ihr theoretisches Resultat *ist* der Denk*weg* von der einfachen Ware zum globalen und universalen System des Kapitalismus, der auch auf dieser seiner entwickeltesten Stufe noch durch den Grundwiderspruch des Werts charakterisiert ist. Eine ‚Zusammenfassung' der marxschen Theorie ist daher sinnvoll nicht möglich; sie muss durch die Leserin oder den Leser in ihrem Gang *nachvollzogen* werden. Ähnlich, wenn auch nicht identisch, verhält es sich bezüglich des konfrontativen Dialogs der marxschen Theorie mit dem ökologischen Diskurs. Die Rekonstruktion der ausgewählten ökologischen Theorien und ihr in-Bezug-Setzen zur marxschen Theorie machten eine präzise und kleinschrittige Auseinandersetzung mit einzelnen Theorieelementen und Argumenten notwendig. Diesen gedanklichen *Prozess* in Form von ‚Ergebnissen' zusammenzufassen, droht ins Plakative abzugleiten und gerade das zu verlieren, was sich als Vorzug der philosophischen Reflexion erwies: metaphorisch gesprochen *genau hinzusehen* auf die Argumente einer Theorie, auf die Begründungen für Aussagen und den Bedeutungsgehalt von Begriffen.

Wenn im Folgenden der Versuch unternommen wird, die vorliegende Studie durch einen abschließenden Gedankengang zu vollenden, dann kann er aus diesen Gründen nicht darin bestehen, die einzelnen Resultate der vorangegangenen Abschnitte in einigen wenigen Sätzen zusammenzufassen. Der theoretische Blick soll stattdessen über die hinter uns liegenden Einzelanalysen hinaus geweitet werden, indem die zu Beginn genannten Fragestellungen (siehe Abschnitt 1.4.3) durch Synthese der in den Einzelanalysen gewonnenen Erkenntnisse beantwortet werden.

Das *Wesen der ökologischen Krise* besteht im Zusammentreffen des Wesens der Menschen und ihres überhistorischen Verhältnisses zur Natur einerseits mit einer historisch spezifischen Gesellschaftsformation und der aus ihr resultierenden historisch spezifischen Konfiguration des Menschen-Natur-Verhältnisses andererseits. Menschen sind als leibliche und den Naturgesetzen unterworfene Wesen Teil der Natur und gehen als autonome, Zwecke setzende und handelnd realisierende Wesen zugleich über die Natur hinaus. Dieses als ‚Einheit in Verschiedenheit' zu charakterisierende überhistorische Verhältnis der Menschen zur Natur ist die Bedingung der Möglichkeit, dass die ökologische Krise überhaupt entstehen konnte. Bestünde zwischen Menschen und Natur ein vollständiges Differenzverhältnis, so könnte die ökologische Krise nicht existieren: Weder wären die Menschen zu ihrem Überleben auf die Natur angewiesen noch würde sich das Handeln der Menschen auf die Natur auswirken und die so modifizierte Natur auf das Leben der Menschen zurückwirken. Dass Menschen beispielsweise Abfallstoffe ihrer materiellen Produktion in die Natur entlassen, ja überhaupt materiell produzieren können und eine mit diesen Abfallstoffen belastete Natur negative Konsequenzen für die Menschen zeitigt, ist Folge davon, dass Menschen *auch* ein Teil der Natur sind. Bestünde zwischen Menschen und Natur hingegen ein Verhältnis vollständiger Einheit, hätte die ökologische Krise ebenfalls nicht entstehen können. Ihre Entstehung setzt voraus, dass die Menschen in Freiheit den deterministischen Naturzusammenhang zu transzendieren vermögen. Die ökologische Krise konnte nur dadurch entstehen, dass die Menschen ihre Bedürfnisse über das Naturnotwendige hinaus erweitern und ihren Stoffwechsel mit der Natur – ihren sich entfaltenden Bedürfnissen entsprechend – sowohl quantitativ enorm ausweiten und als auch qualitativ umgestalten können.[544]

Dass die durch das Wesen der Menschen und ihr überhistorisches Verhältnis zur Natur *mögliche* Krise Wirklichkeit wird, ist – man bedenke freilich die weiter unten folgende Qualifizierung dieser Aussage – Folge des Warentauschs als des dominanten ökonomischen Verhältnisses der modernen Gesellschaft. Die spezifisch auf dem Warentausch basierende Gesellschaft ist also die *Ursache des Entstehens der ökologischen Krise* als der Realisierung der im menschlichen Wesen und im überhistorischen Menschen-Natur-Verhältnis schon angelegten Möglichkeit. Die warentauschende und kapitalistisch produzierende Ökonomie ist nämlich durch den Widerspruch zwischen dem Gebrauchswert als der Verbindung von menschlichem Bedürfnis und naturaler Stofflichkeit und dem Tauschwert als der spezifischen gesellschaftlichen Form, die diese Verbindung in der warentauschenden Ökonomie annimmt, charakterisiert. Dieser Widerspruch führt dazu, dass
- die ökonomische Praxis sowohl durch eine intensive Auseinandersetzung mit der materiellen Produktion und den Produktivkräften als auch durch die Abstraktion von der stofflichen Basis der Ökonomie und somit durch eine unvollständige Reflexion der Bedeutung der Natur für die Ökonomie gekennzeichnet ist,
- der Ressourcenverbrauch, die Inanspruchnahme der Senkenfunktion der Natur, die Produktenmenge und die modifizierende Einwirkung auf die Natur im Zeitverlauf stetig, notwendig und im globalen Maßstab zunehmen und
- die Generierung einer größtmöglichen und stetig wachsenden Tauschwertsumme den Zweck der materiellen Produktion darstellt, so dass die Berücksichtigung

---

544 Auch nicht-menschliche Lebewesen können den naturalen Kontext, in dem sie leben, z. B. durch Überpopulation so verändern, dass dies für sie selbst negative Konsequenzen hat (indem bspw. die Population der Beutetiere so verringert wird, dass die Ernährungsgrundlage zerstört ist). Auch reine Naturwesen können sich also ökologischen Störungen gegenübersehen, die durch ihr eigenes Verhalten verursacht wurden, und diese Störungen können auch krisenhaften Charakter gewinnen, indem ihnen nicht nur individueller Tod, sondern das Aussterben als Art droht. So schwerwiegend das für einzelne Lebewesen oder naturale Systemganzheiten auch sein mag: Den qualitativen Charakter und quantitativen Umfang der ökologischen Krise können diese ökologischen Störungen nicht annehmen. Denn nur der Mensch vermag aufgrund seiner Autonomie vom Naturzusammenhang, seinen Stoffwechsel mit der Natur qualitativ und quantitativ so umzugestalten, dass nicht nur seine eigene (individuelle und artbezogene) Existenz, sondern das Leben auf der Erde an sich bedroht ist, die Destruktion von Naturgütern globale Ausmaße annimmt, das irdische System als ganzes modifiziert (bspw. das Klimasystem) und tief in die stoffliche Struktur der Welt eingegriffen wird (z. B. durch Kernspaltung).

naturaler Grenzen, die eine Einschränkung der materiellen Produktion und somit der Tauschwertgenerierung erfordert, und das Achten sowohl von Menschen als auch von nicht-menschlichen Naturentitäten als Selbstzwecken im Kontext der warentauschenden Ökonomie nicht möglich sind.

Resultat dessen ist die tendenziell ins Unendliche gehende qualitative Intensivierung und quantitative Ausdehnung des Stoffwechsels der Menschen mit der Natur und zugleich die Unmöglichkeit, systematisch die naturalen Voraussetzungen der Ökonomie und die Wechselwirkung zwischen Ökonomie und Natur zu reflektieren sowie den ökonomischen Prozess entsprechend zu regulieren. Die warentauschende Ökonomie ist mit anderen Worten durch ein Zugleich der stetigen Ausdehnung und Vertiefung des Stoffwechsels mit der Natur und einer eigentümlichen Blindheit und mangelnden Steuerungsfähigkeit hinsichtlich ökologischer Sachverhalte gekennzeichnet. Und Folge eben dieser ihr spezifischen Charakteristik ist die ökologische Krise.

Hier zeigt sich eine weitere Bestimmung dessen, was Philosophie ist:[545] das rationale Zurückführen der mannigfaltigen Phänomene auf wenige Prinzipien, die den Grund dieser phänomenalen Mannigfaltigkeit bilden. Genau dies leistet die marxsche Theorie, die daher als genuin philosophische und nicht als wirtschaftswissenschaftliche aufzufassen ist: Mittels ihrer können die mannigfaltigen ökologischen Probleme (und einige der Theorien des ökologischen Diskurses) auf zwei Prinzipien – das überhistorische Verhältnis der Menschen zur Natur und dessen historisch spezifische Konfiguration in der auf dem Warentausch basierenden Gesellschaft – zurückgeführt und dadurch erklärt werden.

Indem einige ökologische Theorien auf den Warentausch als ihren Grund rückführbar sind, wird eine kritische Perspektive auf diese Theorien – und somit auch auf einen Teil des ökologischen Diskurses – möglich. Der Warentausch als dominantes ökonomisches Verhältnis reflektiert sich in der bürgerlichen Wirtschaftswissenschaft, die ihm affirmativ gegenübersteht; sie bildet den theoretischen Ausdruck der warentauschenden Ökonomie, freilich aus parteiischer Perspektive der über Eigentum und Macht verfügenden Personen der modernen Gesellschaft. Als solche ist sie ebenfalls durch den Grundwiderspruch des Warentauschs geprägt; aufgrund ihres affirmativ-unkritischen Charakters vermag sie aber diese Widersprüchlichkeit selbst nicht zu erkennen. Aus diesem Grund sind die im Rahmen der bürgerlichen Wirtschaftswissenschaft entwickelten ökologischen Theorien und die in ihrem Kontext stehenden Lösungsvorschläge der ökologischen Krise defizitär: Indem sie den der warentauschenden Ökonomie inhärenten Grundwiderspruch, dessen Folge die ökologische Krise ist, in theoretischer Gestalt reproduzieren, kann mittels ihrer die ökologische Krise keiner Lösung zugeführt werden; im Gegenteil tragen sie hierdurch sogar zur Verschärfung der ökologischen Krise bei. Auch einige außerhalb der bürgerlichen Wirtschaftswissenschaft entstandene ökologische Theorien – auch solche,

---

545 In Ergänzung zum Philosophieverständnis, das in Abschnitt 1.2 entwickelt wurde.

die *prima facie* einen gesellschafts- und ökonomiekritischen Eindruck erwecken – sind nichts anderes als der theoretische Ausdruck des Warentauschs und daher ebenso wenig zur Lösung der ökologischen Krise tauglich, ja zu diesem Zweck ebenso kontraproduktiv.

Das Konstatieren der Ursächlichkeit des Warentauschs für die ökologische Krise ist freilich in zwei wichtigen Hinsichten zu qualifizieren. In der modernen Gesellschaft nämlich ist der Warentausch zwar das *dominante,* aber nicht das einzige ökonomische Verhältnis; und außerdem existieren vielfältige außer-ökonomische Verhältnisse, in denen die Gesellschaftsmitglieder zueinander stehen. Nicht die gesamte Ökonomie ist mit anderen Worten austauschförmig beschaffen, und neben ihr existieren zudem außer-ökonomische Sphären der Gesellschaft; diese sind zwar durch den Warentausch bestimmt (im Sinne von beeinflusst), aber nicht determiniert. Daraus ist die Schlussfolgerung zu ziehen, dass neben dem Warentausch in der modernen Gesellschaft noch weitere Ursachen – etwa in Gestalt von Ideologien, Werten, Menschen- und Weltbildern – für die ökologische Krise existieren *können.* Der Warentausch ist also nicht notwendig die einzige, wohl aber – aufgrund des bestimmenden Einflusses der Ökonomie auf die Gesellschaft und der expansiven Charakteristik der kapitalistischen Produktionsweise – die *hauptsächliche Ursache* der ökologischen Krise. Zu bedenken ist ebenso, dass zwar das Phänomen der ökologischen Krise spezifisch der Moderne und ihrer Gesellschaft zugehört, aber auch in vormodernen, vorkapitalistischen Gesellschaften bereits – mehr oder weniger ausgeprägte – ökologische Probleme bestanden. Das Konstatieren der hauptsächlichen Ursächlichkeit des Warentauschs für die ökologische Krise ist also nicht mit der Aussage zu verwechseln, ökologische Probleme bestünden ausschließlich in der modernen, auf dem Warentausch basierenden Gesellschaft. Sowohl über die Ursachen der ökologischen Krise neben dem Warentausch als auch über die Ursachen der ökologischen Probleme vormoderner Gesellschaften lässt sich freilich mittels der marxschen Theorie, wie sie in den *Grundrissen* vorliegt, keine Aussage treffen.[546]

---

[546] Dass auch vorkapitalistische Gesellschaften unter ökologischen Problemen litten und diese verursachten, fasst Hösle (2003) zusammen: „Die junge historische Disziplin der Umweltgeschichte [...] hat nachgewiesen, wie stark der Druck auch des vormodernen Menschen auf seine Umwelt gewesen ist. [...] Schon der Urmensch hat zum Aussterben mancher Art, vielleicht sogar zur Klimaveränderung [...] beigetragen; weder die amerikanischen noch die australischen Ureinwohner haben stets nachhaltig gewirtschaftet" (130; vgl. auch Gloy 1995, 12). In seiner auf die *Grundrisse* folgenden wissenschaftlichen Forschung beschäftigte sich Marx – basierend auf einem intensiven Literaturstudium – mit vormodernen ökologischen Problemen. In einem Brief an Engels vom 25. März 1868 schreibt er: „Sehr interessant ist von Fraas (1847): ‚*Klima und Pflanzenwelt in der Zeit, eine Geschichte beider*', nämlich zum Nachweis, daß in *historischer* Zeit Klima und Flora wechseln. [...] Er behauptet, daß mit der Kultur – entsprechend ihrem Grad – die von den Bauern sosehr geliebte ‚Feuchtigkeit' verlorengeht (daher auch die Pflanzen von Süden nach Norden wandern) und endlich Steppenbildung eintritt. Die erste Wirkung der Kultur nützlich, schließlich verödend durch Entholzung etc. [...] Das Fazit ist, daß die Kultur – wenn naturwüchsig vorschreitend und nicht *bewußt beherrscht* (dazu kommt er natürlich als Bürger nicht) – Wüsten hinter sich zurückläßt, Persien, Mesopotamien etc., Griechenland. Also auch wieder sozia-

Ausgehend von der Erkenntnis der Ursache der ökologischen Krise kann die Frage nach ihrer *möglichen Lösung* beantwortet werden. Ihre Lösung setzt die Aufhebung – im dreifachen hegelschen Sinne – des Warentauschs als des dominanten ökonomischen Verhältnisses und somit auch der kapitalistischen Produktionsweise voraus. Ohne diese Aufhebung kann die ökologische Krise nicht gelöst werden: Jeder noch so zu begrüßende Wertewandel gegenüber der Natur und zukünftigen Generationen, jede politisch-gesetzgeberische Maßnahme und jedes ökologisch oder naturethisch orientierte Handeln von Privatpersonen muss ohne diese Aufhebung notwendig beim Versuch, die ökologische Krise zu lösen, scheitern; denn die expansive Dynamik der kapitalistischen Produktionsweise treibt über jedwede dieser Maßnahmen mit Notwendigkeit hinaus und untergräbt sie. Wird beispielsweise politisch eine Obergrenze für den Ressourcenverbrauch und die Freisetzung von Abfallstoffen in die Natur gesetzt (die ökonomische Grundverfassung der Gesellschaft aber nicht weiter modifiziert), schränkt dies die expansive Dynamik der kapitalistischen Produktionsweise ein oder verunmöglicht sie vollständig, so dass ein Widerspruch zwischen der Kapitalbestimmung und der ökonomischen Realität entsteht. Die Folge sind ökonomische Krisen, die sich kontinuierlich – je stärker das Kapital gegen die ihm auferlegte und ihm widersprechende Grenze ‚drückt' – verstärken. Solche Krisen, die sich leicht auch auf andere gesellschaftliche Sphären ausdehnen, können aber von der Politik nicht ignoriert werden; letztendlich wird die Obergrenze für ungültig erklärt werden müssen, soll das politisch-gesellschaftliche System nicht (durch Wahlen, gewaltsame Aufstände, …) untergehen. Das effektive Setzen und Durchsetzen einer solchen Obergrenze ist somit nicht möglich im Kontext der auf dem Warentausch basierenden

---

listische Tendenz unbewußt!" (MEW 32, 52f.). Auch vorkapitalistische Produktionsweisen veränderten, so erkennt Marx, die Bodenbeschaffenheit insofern zum Negativen, als die Bodenfruchtbarkeit sukzessive abnahm und schließlich keine Landwirtschaft mehr möglich war. Diese Aussage ist jedoch insofern zu präzisieren, als die Intensität und der Umfang ökologischer Probleme keineswegs in allen ‚naturwüchsig voranschreitenden' (also nicht-sozialistischen) Gesellschaften identisch sind; mögen vorkapitalistische Produktionsweisen auch ökologische Probleme verursacht haben, so haben diese erst in der kapitalistischen Produktionsweise einen so schwerwiegenden und global-krisenhaften Charakter gewonnen, dass historisch erstmals das ‚gute Leben' aller auf der Erde lebenden Menschen sowie die Existenz der menschlichen Gattung und des Lebens überhaupt gefährdet sind (vgl. Engel 2014, 63–65). – Wie das Marxzitat zeigt, impliziert die Erkenntnis vormoderner ökologischer Probleme kein überhistorisch-anthropologisches Verständnis der ökologischen Krise: Es ist gerade kein unwandelbares, überhistorisch-anthropologisches Gesetz, dass Menschen ihre Umwelt massiv schädigen; dies ist nur dann unausweichlich, wenn – wie Marx im genannten Brief schreibt – der Umgang mit der Natur „naturwüchsig vorschreitend [ist] und nicht *bewußt beherrscht*" wird. Dies bedeutet im Umkehrschluss: Wenn eine Gesellschaft ihr Naturverhältnis bewusst plant und steuert, dann kann das Auftreten ökologischer Probleme verhindert werden (oder zumindest beherrscht werden, da immer noch unvorhergesehene Wechselwirkungen mit der Natur auftreten können, die auch eine sozialistische Gesellschaft nicht zu antizipieren vermag).

Gesellschaft; es ist erst möglich unter der Bedingung der Aufhebung des Warentauschs als ökonomischer Basis der Gesellschaft.[547]

---

547 Die Auffassung, der Warentausch als dominantes ökonomisches Verhältnis bzw. der Kapitalismus sei Ursache der ökologischen Krise und zu deren Lösung sei entsprechend seine Aufhebung notwendig, wird in zahlreichen Diskursbeiträgen der ökologischen Marxlektüre, des Ökomarxismus und des Ökosozialismus vertreten: „Eco-socialism's historical materialist analysis locates the causes of contemporary environmental abuse in the workings of the economic mode of production of capitalism, and the institutions and world view necessary to its functioning. Eco-socialism argues that environmentally unsustainable development is inherent to capitalism, therefore to end the former the latter must be abolished and replaced by socialism" (Pepper 2010, 34), so dass „inverting the current logic of capital is a prerequisite for any sustainable future society" (Borgnäs 2015, 31). Für identische oder ähnliche Auffassungen vgl. Parsons (1977, 13f.), Holz (1984, 39), Wessolleck (1984, 161f.), Foster (2000), Han (2010, 23), Huan (2010, 11), Burkett (2014), Borgnäs et al. (2015, 2–7), Löwy (2015, VII, 8f., 42, 84–86) sowie Saito (2016). Diese Diskursbeiträge sind freilich häufig (wenn auch nicht immer) durch zwei Schwächen charakterisiert: a) Die oben im Haupttext getroffene Differenzierung zwischen dem Kapitalismus als Hauptursache der ökologischen Krise und von ihm unabhängigen anderen Ursachen fehlt, so dass der Kapitalismus (fälschlich) als die ausschließliche Ursache erscheint. b) Gerade in kürzeren Aufsätzen wird bloß *behauptet*, der Kapitalismus stelle den Grund der ökologischen Krise dar, ohne dies durch eine präzise Rekonstruktion der marxschen Theorie zu belegen. – Im *Mainstream* des ökologischen Diskurses ist die im Haupttext dargestellte Erkenntnis des hauptsächlichen Grundes der ökologischen Krise und der notwendigen Bedingung ihrer Lösung nicht angekommen. Grünewald (2010) konstatiert bezüglich der neuen sozialen Bewegungen (wie der Ökologiebewegung, die insbesondere in Westeuropa in Gestalt der Grünen Parteien auch politischen Einfluss gewonnen hat), dass es ihnen „gelungen [ist], Naturverhältnisse zu politisieren, d. h. eine innergesellschaftliche Diskussion über den Umgang mit Natur und dessen gesellschaftliche Folgen zu entfachen. Die Umweltproblematik wird im Postfordismus [...] in die Gesellschaft integriert, es wird versucht, die ökologische Krise zu gestalten. Diese Gestaltung ist allerdings den strukturellen Zwängen der kapitalistischen Restrukturierung untergeordnet [...], die Integration der Ökologieproblematik erfolgt also nur selektiv. Anstatt die bestehende Logik zu transformieren, wird die Ökologieproblematik unter diese subsumiert. [...] Insofern ist auch die zuvor angesprochene Politisierung der Naturverhältnisse zu relativieren. Denn anstatt einer tiefer gehenden Diskussion über die Entwicklung dieses Verhältnisses wird vor allem Umweltmanagement betrieben" (96). Analog konstatiert auch Thie (2013) dem gemäßigt links-ökologischen politischen Spektrum einen ‚grünen Reformismus', der „die Erneuerung der Technik, nicht der Gesellschaft" (47) intendiere: „Obwohl von großer Transformation die Rede ist, bleiben die Grundstrukturen von Wirtschaft und Gesellschaft unberührt. Alles soll sich wandeln, die Technik, die Moral, die politischen Instrumente und mit ihnen die Chancenverteilung – aber die Grundfesten der Wirtschafts- und Eigentumsordnung sind unantastbar" (11; vgl. auch 8, 11f., 24f., 47–49). Und er fügt hinzu: „Der kardinale Fehler [der heutigen Linken] ist der nahezu vollständige Abbruch einer Theorietradition, die für Marx, [...] und viele andere [...] eine Selbstverständlichkeit war. Gemeint ist die Historisierung der kapitalistischen Produktionsweise [...]. Aus diesem grundlegenden Versäumnis folgt zwangsläufig eine weitere Schwäche, die alleinige Konzentration aufs Politische. Wer über die kapitalistische Ökonomie konkret-historisch wenig auszusagen weiß und wegen des Scheiterns der osteuropäischen Systeme von großen Alternativen die Finger lässt, wird den Gegenstand seines Bemühens nur politisch formulieren können" (Thie 2013, 60). Für eine analoge Kritik des ökologischen Diskurses (nicht nur des politisch links orientierten) vgl. auch Wessolleck (1984, 161f.), Sarkar (2001, 12), Borgnäs (2015, 25–31), Borgnäs et al. (2015, 3–5) sowie Löwy (2015, 5–8, 20). Dieser wesentliche Mangel eines Großteils des ökologischen Diskurses ist als der Grund dafür aufzufassen, wieso trotz

An dieser Stelle muss, analog der Frage nach der Ursache, eine Qualifizierung der vorgetragenen These zur Lösung der ökologischen Krise erfolgen. Da auch andere Ursachen neben dem Warentausch als der hauptsächlichen Ursache der ökologischen Krise existieren können, stellt die Aufhebung des Warentauschs unter Umständen nicht die einzige, vollständige Lösung der ökologischen Krise dar. Als Resultat der hier vorliegenden Studie ist zu konstatieren: Die Aufhebung des Warentauschs als des dominanten ökonomischen Verhältnisses ist die *notwendige Bedingung* der Lösung der ökologischen Krise; nur durch seine Aufhebung ist es möglich, die ökologische Krise zu lösen. Ob die Aufhebung allerdings auch die *hinreichende Bedingung* der Lösung der ökologischen Krise ist, vermag mittels der marxschen Theorie – da diese keine Erkenntnis von Ursachen der ökologischen Krise neben dem dominanten ökonomischen Verhältnis erlaubt – nicht konstatiert zu werden. Um hierüber Klarheit zu gewinnen, erscheint die Durchsicht weiterer ökologischer Theorien und ihr konfrontativer Dialog mit der marxschen Theorie in der Zukunft als ein lohnenswertes Unterfangen.

Wie die vorangegangenen Einzelstudien zu einzelnen ökologischen Theorien beziehungsweise einzelnen Gruppen ökologischer Theorien zeigten, vermag eine klare Zustimmung auf die Frage gegeben zu werden, ob mittels der marxschen Theorie eine Kritik und darauf aufbauend eine Weiterentwicklung des ökologischen Diskurses entfaltet werden kann. Dies vermag sie zu leisten, indem sie sich als Tiefentheorie dem ökologischen Diskurs gegenüber verhält:

- Als *argumentative Tiefentheorie, die auf den Warentausch als das dominante ökonomische Verhältnis der modernen Gesellschaft rekurriert*, können mittels ihrer die im ökologischen Diskurs vorgebrachten Argumente, Thesen und Prämissen, die sich auf konkrete ökonomische Phänomene beziehen, begründet, weiterentwickelt oder berichtigt werden; dadurch nämlich, dass diese Phänomene durch die marxsche Theorie auf jenes dominante ökonomische Verhältnis der modernen Gesellschaft als ihren Grund zurückgeführt und dadurch erklärt werden. Ebenso können ökologische Theorien ethischer Provenienz durch Rekurs auf den Warentausch und somit auf die faktische ökonomische Beschaffenheit der modernen Gesellschaft argumentativ weiterentwickelt beziehungsweise korrigiert werden.
- Als *argumentative Tiefentheorie, die auf das überhistorische Verhältnis der Menschen zur Natur rekurriert*, können mittels ihrer Aussagen und Argumente des ökologischen Diskurses, denen eine bestimmte Auffassung des überhistorischen Menschen-Natur-Verhältnisses zugrunde liegt, einer Prüfung, Korrektur oder Weiterentwicklung unterzogen werden.

---

eines beständig an Umfang gewinnenden ökologischen Diskurses der praktische Erfolg in Gestalt der Lösung der ökologischen Krise bislang ausblieb und auch nicht annähernd erreicht wurde: „Despite the widespread popular concern about our common environmental future, sustainability politics has, so far, been largely incapable of dealing with deteriorating eco-systems and growing environmental pressures from human-economic activities" (Borgnäs et al. 2015, 2).

– Als *genetische Tiefentheorie* erlaubt sie es, die Genese einiger ökologischer Theorien durch Rekurs auf den Warentausch als den sie bestimmenden Entstehungskontext zu erklären und sie somit als Produkt beziehungsweise theoretischen Ausdruck dieses dominanten ökonomischen Verhältnisses auszuweisen. Hierdurch werden diese ökologischen Theorien zugleich als untauglich erwiesen, einen Beitrag zur Lösung der ökologischen Krise liefern zu können.

Über die argumentative Kritik und Weiterentwicklung der in dieser Studie behandelten ökologischen Theorien hinaus können mittels der marxschen Theorie im ökologischen Diskurs anzutreffende Positionen, die einem ökomarxistischen oder ökosozialistischen Diskursstrang entstammen, begründet werden. Diese Positionen verfügen nämlich nicht selten über einen thetischen Charakter, postulieren also eine These über den Zusammenhang des Kapitalismus mit der ökologischen Krise, ohne sie jedoch argumentativ zu begründen. So schreibt etwa Hans Thie (2013):

> Die Welt der privaten Unternehmen, der gewinnorientierten Marktwirtschaft, also die Welt des Kapitals, erscheint als der selbstverständliche, stillschweigend als alternativlos vorausgesetzte Lebensraum für die großen Veränderungen, deren Notwendigkeit kaum noch jemand bestreitet, die aber stets nur als Summe von kleinen Reformschritten gesehen werden. Diese Veränderungen [...] werden nur als Mutation des Bestehenden gedacht, als könne der ‚Genpool des Kapitals' einfach umgepolt werden. Dass diese heutige Wirtschaftsordnung technische Umwälzungen hervorbringen kann, ist offensichtlich. Der historische Beruf der Bourgeoisie bestehe gerade darin, hatte Karl Marx einst erkannt, permanent die Produktivkräfte zu revolutionieren. Und warum sollten diese technischen Umwälzungen nicht grün sein? Dass sie das im einzelnen sein können, dass Bio-Produkte, erneuerbare Energien und ressourceneffiziente Prozesse sich schnell ihren Weg bahnen, wenn politisch die nötigen Anreize gesetzt sind, ist unbestritten. Aber die gesamte bisherige, von Konkurrenz, Expansion und Naturausbeutung geprägte Produktionsweise als durchgehend ökologische Veranstaltung? Eine von politischen Instrumenten sanft erzwungene oder gar von Einsicht getriebene Veränderung, die ökologische Maße voll und ganz akzeptiert? Eine Reform des Expansionsdranges bis hin zu seinem Verschwinden? Ein allmähliches Hinübergleiten des Profithungers in eine sich selbst genügende Mäßigung? All das ist nicht vorstellbar. Stabilität hat die heutige Produktionsweise nur in der Ausdehnung. Wachstum, nicht Reifung ist ihre Daseinsweise (22).

Ähnlich schreibt auch Sarkar (2001):

> Ich bin völlig überzeugt davon, dass der Logik des Kapitalismus eine zwanghafte Orientierung hin zu stetigem Wachstum innewohnt. In seiner Logik ist kein Platz für Gerechtigkeit, Gleichheit, Brüderlichkeit, Solidarität, Mitgefühl, Moral oder Ethik. [...] In der Tat ist es meine These [...], dass eine wahrhaft ökologische Ökonomie nur in einer sozialistischen soziopolitischen Struktur funktionieren kann (16).

> Das Motiv der Profitmaximierung und das Vorhandensein von Konkurrenz zwingen die Unternehmer bei Strafe des Bankrotts, sich stets um die Erfindung und/oder Einführung ‚besserer' Technologien (und sonstiger Automatisierungs- und Rationalisierungsmaßnahmen) zu bemühen, was die säkulare Tendenz verursacht, Arbeitskräfte durch automatisierte Maschinen und Computer zu ersetzen (238).

Der von Thie (2013) getroffenen Aussage, eine ökologische ‚Zähmung' des Kapitalismus sei nicht möglich, da Expansion seine Existenzbedingung darstelle, ist vor dem Hintergrund der hier vorliegenden Studie zuzustimmen. Es fehlt aber bei Thie (2013) – sowohl bezüglich obigen Zitats als auch seiner Monographie insgesamt – die Begründung seiner Aussagen, die in dieser Form nur Behauptungen sind. Eben diese Begründung vermag, wie die hier vorliegende Studie zeigte, mittels der marxschen Theorie gegeben zu werden. Und auch Sarkars (2001) These von der ‚Unverbesserlichkeit' des Kapitalismus in ökologischer Hinsicht, die er durch Rekurs auf das Profitmotiv und die Konkurrenz – und die durch sie erzwungene Ersetzung menschlicher Arbeit durch ressourcenintensive Maschinen – begründet, wirkt vor dem Hintergrund der marxschen Theorie als eigentümlich unbegründet. Denn das Begründende – Profitstreben und Konkurrenz – erweist sich selbst wieder als Begründungsbedürftiges: Woher stammt das Profitstreben denn, woher die Konkurrenz, und woher erhalten sie notwendigen Charakter, der die argumentative Grundlage für die These von der ökologischen Unverbesserlichkeit des Kapitalismus bildet? Auch dies vermag durch die marxsche Theorie auf das ökonomische Grundverhältnis der modernen Gesellschaft zurückgeführt und die These Sarkars (2001) dadurch auf einer ‚tieferen' Ebene begründet zu werden.

Der ausgezeichnete Charakter der marxschen Theorie für die mit der hier vorliegenden Studie verfolgte Zielsetzung besteht darin, dass sie auf mannigfaltige ökologische Theorien beziehungsweise Stränge des ökologischen Diskurses bezogen werden und dadurch zu deren argumentativer Weiterentwicklung beitragen kann. Mit anderen Worten: Die marxsche Theorie stellt eine übergreifende *Makrotheorie* des ökologischen Diskurses dar, die fruchtbar zu mannigfaltigen ökologischen Mikrotheorien ins Verhältnis gesetzt werden kann, die sich jeweils auf einen bestimmten, fest umgrenzten Bereich ökologischen Denkens – etwa auf die Frage nach dem ethisch gerechtfertigten Umgang mit der Natur oder auf das Phänomen des Wirtschaftswachstums – beziehen und dadurch einen spezialisierten Charakter besitzen. Zugleich vermag durch die marxsche Theorie aufgrund ihres übergreifenden Charakters der ökologische Diskurs mit anderen sozialphilosophischen und -wissenschaftlichen Diskursen verbunden und somit die ökologische Krise in einen theoretischen Zusammenhang mit anderen gesellschaftlichen Entwicklungen und Problemen – wie beispielsweise den periodisch auftretenden Wirtschafts- und Finanzkrisen oder (zunehmender) sozialer Ungleichheit – gestellt zu werden. Diese ‚theoretische Weite' der marxschen Theorie über die ökologische Krise hinaus wurde beispielsweise anhand des von Marx konstatierten, inhärenten Krisencharakters der warentauschenden Ökonomie oder der Bestimmung dessen, wer Eigentümer des generierten Mehrwerts ist (und wer es *nicht* ist), deutlich, im konfrontativen Dialog mit den ökologischen Theorien aber nicht weiterverfolgt. An dieser Stelle erscheint die Möglichkeit eines Denkweges über die hier vorliegende Studie hinaus, der es ermöglichen könnte, mittels der marxschen Theorie die disparaten ökonomischen, sozialen *und* ökologischen Phänomene und Probleme heutiger Gesellschaft auf den Warentausch als ihr grundlegendes ökonomisches Verhältnis zurückzuführen.[548]

Die vorliegende Studie bleibt auch deshalb in einem gewissen Sinne unvollständig, weil sie die auf dem Warentausch basierende Ökonomie der modernen Gesellschaft, ihre Widersprüchlichkeit und die Möglichkeit ihrer Aufhebung durch das Handeln der Gesellschaftsmitglieder darstellte, nicht jedoch die Erfordernisse jenes Handelns – also das konkrete *Wie* der Aufhebung – und die Beschaffenheit der neuen, sozialistischen Ökonomie und der ihr entsprechenden Gesellschaft aufzeigte. Hier können abschließend nur zwei Hinweise zur sozialistischen Gesellschaft gegeben werden:

- Indem die sozialistische Gesellschaft die Aufhebung (im dreifachen hegelschen Sinne) der auf dem Warentausch basierenden Gesellschaft darstellt, kann sie nicht mit dem identisch sein, was als real existierender Sozialismus bezeichnet wird: Durch Aufhebung ihrer dialektischen Brechung in der auf dem Warentausch basierenden Gesellschaft werden Freiheit und Gleichheit allererst umfassend realisiert und gerade nicht in einem autoritären oder gar stalinistischen System negiert. Dass die sozialistische Gesellschaft eine demokratische, freiheitliche und auf den Menschenrechten als normativer Grundlage basierende sein wird (und zwar weit mehr, als es die warentauschende Gesellschaft je war), ist Folge der (gedanklichen und realhistorischen) Bewegung der Aufhebung.
- Dass die sozialistische Gesellschaft eine freie sein wird, heißt auch, dass ihre Mitglieder vom Verwertungs- und Wachstumsimperativ des Kapitalismus befreit sind. Daraus folgt, dass sie die ökologische Krise lösen *können*, nicht jedoch, dass

---

[548] Ohne allerdings reduktionistisch *alle* Phänomene *ausschließlich* auf den Warentausch zurückzuführen und durch ihn determiniert aufzufassen. – Ein vielversprechendes Forschungsprogramm entwirft Fraser (2014a), die – unter Rekurs und Weiterentwicklung der marxsche Theorie – die mannigfaltigen Krisenphänomene auf den Kapitalismus als ihren Grund zurückführt: „What all the talk about capitalism indicates, symptomatically, is a growing intuition that the heterogeneous ills – financial, economic, ecological, political, social – that surround us can be traced to a common root; and that reforms which fail to engage with the deep structural underpinnings of these ills are doomed to fail. [...] The hunch that capitalism could supply the central category of such an analysis is on the mark. [...] Certainly, today's crisis does not fit the standard models that we have inherited: it is multi-dimensional, encompassing not only the official economy, including finance, but also such ‚non-economic' phenomena as global warming, ‚care deficits' and the hollowing out of public power at every scale. [...] Equally important, today's crises is generating novel political configurations and grammars of social conflict. Struggles over nature, social reproduction and public power are central to this constellation, implicating multiple axes of inequality, including nationality/race-ethnicity, religion, sexuality and class" (55f.). Frasers (2014a) Forschungsprogramm schließt an die hier vorliegende Studie an und geht zugleich über sie hinaus, indem Fraser (2014a) nach den Bedingungen der Möglichkeit des Kapitalismus und nach seinem Verhältnis zu diesen seinen Existenzbedingungen fragt, und hierbei nicht nur naturale Güter, sondern auch die politische Verfassung oder die gesellschaftliche Reproduktion im Sinne von *care*-Arbeit als solche Bedingungen erfasst (Frasers [2014a, 56f., 60f.] Urteil, Marx selbst entwickle keine ausgearbeitete Theorie der naturalen Voraussetzungen des Kapitalismus, ist freilich vor dem Hintergrund der hier vorliegenden Studie zurückzuweisen).

sie sie notwendig lösen. Die Gesellschaftsmitglieder können über ihren Naturumgang autonom bestimmen, was die Möglichkeit einschließt, weiterhin oder sogar zunehmend in einem destruktiven Verhältnis zur Natur zu stehen. Eben dies besagte ja das oben genannte Urteil von der Aufhebung der auf dem Warentausch basierenden Gesellschaft und Ökonomie als notwendiger, aber nicht hinreichender Bedingung für die Lösung der ökologischen Krise.

Die Entwicklung einer Theorie, wie die sozialistische Gesellschaft als eine freie und ökologisch verantwortliche *konkret* beschaffen sein wird, ist ein Auftrag an die weitere Forschung, der aus der hier vorliegenden Studie folgt. Denn noch unklar ist, wie eine – auf einer entwickelten Produktivkraft basierende und sowohl das materielle Überleben als auch das ‚gute Leben' ihrer Mitglieder universell sichernde – Gesellschaft ökonomisch ‚funktionieren' kann, wenn nicht durch Markt, Konkurrenz und Profit. Hierzu wird, neben zweifellos notwendiger empirischer Forschung, die Philosophie eine bedeutende Rolle spielen müssen, wenn diesem Projekt Erfolg beschieden sein soll.

Literaturverzeichnis

Die Schriften von Karl Marx werden aus folgenden Werkausgaben zitiert:

Karl Marx, Friedrich Engels. 1975 ff. *Gesamtausgabe (MEGA),* hrsg. vom Institut für Marxismus-Leninismus beim Zentralkomitee der Kommunistischen Partei der Sowjetunion und vom Institut für Marxismus-Leninismus beim Zentralkomitee der Sozialistischen Einheitspartei Deutschlands; seit 1990: hrsg. von der Internationalen Marx-Engels-Stiftung. Berlin: Dietz; ab 1998: Akademie Verlag; seit 2014: Walter de Gruyter [*zitiert als MEGA mit anschließender Bandnummer*].

Karl Marx, Friedrich Engels. 1956 ff. *Werke,* hrsg. vom Institut für Marxismus-Leninismus beim ZK der SED; seit 1999: hrsg. von der Rosa-Luxemburg-Stiftung. Berlin: Dietz [*zitiert als MEW mit anschließender Bandnummer*].

Die *Grundrisse* werden aus folgender Edition zitiert:

Karl Marx, Friedrich Engels. 1976–1981. *Gesamtausgabe (MEGA),* hrsg. vom Institut für Marxismus-Leninismus beim Zentralkomitee der Kommunistischen Partei der Sowjetunion und vom Institut für Marxismus-Leninismus beim Zentralkomitee der Sozialistischen Einheitspartei Deutschlands. Bände II.1.1 und II.1.2 und zusätzlicher Apparatband: *Karl Marx, Ökonomische Manuskripte 1857/58.* Berlin: Dietz [*die Bände II.1.1 und II.1.2 werden durch ausschließliche Angabe der Seitenzahl ohne Band- und Autornennung zitiert; der Apparatband wird zitiert als Apparat*].

Weitere zitierte Literatur:

Adler, Max. 1964. *Soziologie des Marxismus.* Band 2: *Natur und Gesellschaft.* Neuauflage der Ausgabe von 1930. Wien: Europa Verlag.

Adler, Frank und Ulrich Schachtschneider. 2010. *Green New Deal, Suffizienz oder Ökosozialismus? Konzepte für gesellschaftliche Wege aus der Ökokrise.* München: oekom.

Alisch, Katrin, Ute Arentzen und Eggert Winter. 2004. *Gabler Wirtschaftslexikon.* Wiesbaden: Gabler.

Anderson, Kevin B. 2013. „Not Just Capital and Class: Marx on Non-Western Societies, Nationalism and Ethnicity". In: *Marx for Today,* hrsg. von Marcello Musto, 20–35. New York: Routledge.

Aretz, Hans-Jürgen. 1997. „Ökonomischer Imperialismus? Homo Oeconomicus und soziologische Theorie". *Zeitschrift für Soziologie* 26 (2): 79–95.

Aristoteles. 1995. *Werke in deutscher Übersetzung,* begründet von Ernst Grumach, hrsg. von Hellmut Flashar. Band 11: *Physikvorlesung,* übersetzt von Hans Wagner. 5. Auflage. Berlin: Akademie Verlag.

Arthur, Christopher J. 2013. „The Practical Truth of Abstract Labour". In: *In Marx's Laboratory: Critical Interpretations of the* Grundrisse, hrsg. von Riccardo Bellafiore, Guido Starosta und Peter D. Thomas, 101–120. Leiden und Boston: Brill.

Attfield, Robin. 2011. „Beyond Anthropocentrism". In: *Philosophy and the Environment,* hrsg. von Anthony O'Hear, 29–46. Cambridge: Cambridge University Press.

Backhaus, Hans-Georg. 1998. „Über die Notwendigkeit einer Ent-Popularisierung des Marxschen ‚Kapitals'" In: *Kein Staat zu machen: Zur Kritik der Sozialwissenschaften,* hrsg. von Christoph Görg und Roland Roth, 349–371. Münster: Westfälisches Dampfboot.

Bader, Christoph, Sabin Bieri und Stephan Schmidt. 2019. *Erkenntnisse aus der Transformationsforschung für die Umweltpolitik nutzbar machen: Hintergrundpapier im Auftrag des Bundesamts für Umwelt*. Bern: Universität Bern.

Badura, Jens. 2006. „Einleitung". In: *Mondialisierungen: ‚Globalisierung' im Lichte transdisziplinärer Reflexionen*, hrsg. von Jens Badura, 11–16. Bielefeld: transcript.

Baßeler, Ulrich, Jürgen Heinrich und Burkhard Utecht. 2010. *Grundlagen und Probleme der Volkswirtschaft*. 19. Auflage. Stuttgart: Schäffer-Poeschel.

Bauer, Adolf und Horst Paucke. 1984. „Naturaneignung als Prozeß sozialistischer Gesellschaftsentwicklung". In: *Dialektik 9: Ökologie – Naturaneignung und Naturtheorie*, hrsg. von Edgar Gärtner und André Leisewitz, 92–106. Köln: Pahl-Rugenstein.

Baumgärtner, Stefan. 2000. *Ambivalent Joint Production and the Natural Environment*. Heidelberg: Physica.

Baumgärtner, Stefan, Malte Faber und Johannes Schiller. 2006. *Joint Production and Responsibility in Ecological Economics: On the Foundations of Environmental Policy*. Cheltenham: Elgar.

Bayertz, Kurt und Michael Quante. 2013. „Marxistische Technikphilosophie". In: *Handbuch Technikethik*, hrsg. von Armin Grunwald, 89–93. Stuttgart und Weimar: Metzler.

Becker, Gary S. 1978. *The Economic Approach to Human Behavior*. Chicago und London: Chicago University Press.

Behrens, Diethard. 2007. „Der Anfang und die Methode". *Beiträge zur Marx-Engels-Forschung: Neue Folge* 2007: 11–44.

Bellofiore, Riccardo. 2013. „The *Grundrisse* after *Capital*, or How to Re-read Marx backwards". In: *In Marx's Laboratory: Critical Interpretations of the* Grundrisse, hrsg. von Riccardo Bellafiore, Guido Starosta und Peter D. Thomas, 17–42. Leiden und Boston: Brill.

Benhabib, Seyla. 1986. „Normative Voraussetzungen von Marx' Methode der Kritik". In: *Marx und Ethik: Moralkritik und normative Grundlagen der Marxschen Theorie*, hrsg. von Emil Angehrn und Georg Lohmann, 83–101. Königstein/Ts.: Hain.

Benjamin, Walter. 2009. *Werke und Nachlaß: Kritische Gesamtausgabe*, im Auftrag der Hamburger Stiftung zur Förderung von Wissenschaft und Kultur hrsg. von Christoph Gödde und Henri Lonitz in Zusammenarbeit mit dem Walter Benjamin Archiv. Band 8: *Einbahnstraße*, hrsg. von Detlev Schöttker unter Mitarbeit von Steffen Haug. Frankfurt am Main: Suhrkamp.

Benjamin, Walter. 2010. *Werke und Nachlaß: Kritische Gesamtausgabe*, im Auftrag der Hamburger Stiftung zur Förderung von Wissenschaft und Kultur hrsg. von Christoph Gödde und Henri Lonitz in Zusammenarbeit mit dem Walter Benjamin Archiv. Band 19: *Über den Begriff der Geschichte*, hrsg. von Gérard Raulet. Frankfurt am Main: Suhrkamp.

Biervert, Bernd und Martin Held. 1994. „Veränderungen im Naturverständnis der Ökonomik". In: *Das Naturverständnis der Ökonomik: Beiträge zur Ethikdebatte in den Wirtschaftswissenschaften*, hrsg. von Bernd Biervert und Martin Held, 7–29. Frankfurt am Main: Campus.

Binswanger, Hans Christoph. 2009. „Wege aus der Wachstumsfalle: Für eine Reform des Geldsystems und des Aktienrechts". *vorgänge: Zeitschrift für Bürgerrechte und Gesellschaftspolitik* 48 (2): 23–27.

Binswanger, Mathias. 2011. „Welcher Fortschritt macht glücklich? Über Unsinn und Zweck wirtschaftlichen Wachstums". *vorgänge: Zeitschrift für Bürgerrechte und Gesellschaftspolitik* 50 (3): 89–97.

Birnbacher, Dieter. 1996. „Landschaftsschutz und Artenschutz: Wie weit tragen utilitaristische Begründungen?". In: *Naturschutz – Ethik – Ökonomie: theoretische Begründungen und praktische Konsequenzen*, hrsg. von Hans G. Nutzinger, 49–71. Marburg: Metropolis.

Bischoff, Joachim und Christoph Lieber. 2008. „The concept of value in modern economy: on the relationship between money and capital in *Grundrisse*". In: *Karl Marx's Grundrisse:*

Foundations of the critique of political economy 150 years later, hrsg. von Marcello Musto, 33–47. London und New York: Routledge.

Blauwhof, Frederik Berend. 2012. „Overcoming accumulation: Is a capitalist steady-state economy possible?". *Ecological Economics* 84, 254–261.

Blöhbaum, Helmut. 1992. *Zur Dialektik des Ökologiebegriffs unter Berücksichtigung des Physisbegriffs bei Aristoteles.* Frankfurt am Main: Peter Lang.

Blumentritt, Martin. 1997. „Anmerkungen zum Problem ‚Freiheit und Determinismus' bei Marx". In: *Geschichtsphilosophie oder das Begreifen der Historizität*, hrsg. von Diethard Behrens, 141–147. Freiburg: Ça ira.

Böhme, Gernot. 2003. „‚…vom Interesse an vernünftigen Zuständen durchherrscht…'". In: *Kritische Theorie der Technik und der Natur,* hrsg. von Gernot Böhme und Alexandra Manzei, 13–23. München: Fink.

Bookchin, Murray. 1987. „Social Ecology versus Deep Ecology: A Challenge for the Ecology Movement". *Green Perspectives: Newsletter of the Green Program Project* 4–5. Zitiert nach der Online-Ausgabe von http://dwardmac.pitzer.edu/anarchist_archives/bookchin/socecovdeepeco.html.

Bookchin, Murray. 1988a. „The Crisis in the Ecology Movement". *Green Perspectives: Newsletter of the Green Program Project* 6. Zitiert nach der Online-Ausgabe von http://dwardmac.pitzer.edu/Anarchist_Archives/bookchin/gp/greenperspectives6.html.

Bookchin, Murray. 1988b. „Yes! – Whither Earth First?" *Green Perspectives: Newsletter of the Green Program Project* 10. Zitiert nach der Online-Ausgabe von http://dwardmac.pitzer.edu/Anarchist_Archives/bookchin/gp/perspectives10.html.

Borgnäs, Kajsa. 2015. „Marxist crisis theory and the global environmental challenge". In: *The Politics of Ecosocialism: Transforming Welfare,* hrsg. von Kajsa Borgnäs, Teppo Eskelinen, Johanna Perkiö und Rikard Warlenius, 15–33. London und New York: Routledge.

Borgnäs, Kajsa, Teppo Eskelinen, Johanna Perkiö und Rikard Warlenius. 2015. „Editor's introduction". In: *The Politics of Ecosocialism: Transforming Welfare,* hrsg. von Kajsa Borgnäs, Teppo Eskelinen, Johanna Perkiö und Rikard Warlenius, 1–11. London und New York: Routledge.

Boulding, Kenneth E. 1973. „The economics of the coming spaceship earth". In: *Toward a steady-state economy,* hrsg. von Herman E. Daly, 121–132. [Ohne Ort:] W. H. Freeman.

Brennan, Andrew und Y. S. Lo. 2010. *understanding Environmental Philosophy.* Durham: Acumen.

Breuer, Stefan. 2010. „Zivilisation". In: *Enzyklopädie Philosophie: In drei Bänden mit einer CD-Rom*, hrsg. von Hans Jörg Sandkühler, 3110–3113. Hamburg: Meiner.

Burkett, Paul. 2014. *Marx and Nature: A Red and Green Pespective.* Chicago: Haymarket.

Burkett, Paul und John Bellamy Foster. 2006. „Metabolism, energy, and entropy in Marx's critique of political economy: Beyond the Podolinsky myth". *Theory and Society* 35: 109–156.

Burkett, Paul und John Bellamy Foster. 2008. „The Podolinsky Myth: An Obituary Introduction to ‚Human Labour and Unity of Force', by Sergei Podolinsky". *Historical Materialism* 16: 115–161.

Caffentzis, George. 2013. „From the *Grundrisse* to *Capital* and Beyond: Then and now". In: *In Marx's Laboratory: Critical Interpretations of the* Grundrisse*,* hrsg. von Riccardo Bellafiore, Guido Starosta und Peter D. Thomas, 265–281. Leiden und Boston: Brill.

Caney, Simon und Cameron Hepburn. 2011. „Carbon Trading: Unethical, Unjust and Ineffective?" In: *Philosophy and the Environment*, hrsg. von Anthony O'Hear, 201–234. Cambridge: Cambridge University Press.

Carrera, Juan Iñigo. 2013. „Method: From the *Grundrisse* to *Capital*". In: *In Marx's Laboratory: Critical Interpretations of the* Grundrisse*,* hrsg. von Riccardo Bellafiore, Guido Starosta und Peter D. Thomas, 43–69. Leiden und Boston: Brill.

Chiesura, Anna und Rudolf de Groot. 2003. „Critical natural capital: a socio-cultural perspective". *Ecological Economics* 44: 219–231.

Collignon, Stefan. 2009. „Die Moral des Geldes und die Zukunft des europäischen Kapitalismus". *vorgänge: Zeitschrift für Bürgerrechte und Gesellschaftspolitik* 48 (2): 4–22.

Crosby, Alfred W. 1986. *Ecological imperialism: the biological expansion of Europe, 900–1900.* Cambridge: Cambridge University Press.

Daemmrich, Horst S. und Ingrid G. Daemmrich. 1995. *Themen und Motive in der Literatur: Ein Handbuch.* 2. Auflage. Tübingen und Basel: Francke.

Daly, Herman E. 1973. „The Steady-State Economy: Toward a Political Economy of Biophysical Equilibrium and Moral Growth". In: *Toward a steady-state economy,* hrsg. von Herman E. Daly, 149–174. [Ohne Ort:] W. H. Freeman.

Dewey. John. 1980. „The Need for a Recovery of Philosophy". In: *John Dewey: The Middle Works: 1899–1924.* Band 10: *1916–1917,* hrsg. von Ann Boydston, 3–48. Carbondale und Edwardsville: Southern Illinois University Press.

Die Zeit. 2017. Titelthema „Die Spaltung der Welt: Hatte Marx doch Recht?". 26.01.2017.

Dienel, Hans-Liudger. 1995. „Herrschaft über die Natur? Naturvorstellungen deutscher Ingenieure im 19. und frühen 20. Jahrhundert". In: *Naturauffassungen in Philosophie, Wissenschaft, Technik.* Band III, hrsg. von Lothar Schäfer und Elisabeth Ströker, 121–148. Freiburg und München: Karl Alber.

Dietz, Kristina und Markus Wissen. 2009. „Kapitalismus und ‚natürliche Grenzen': Eine kritische Diskussion ökomarxistischer Zugänge zur ökologischen Krise". *PROKLA: Zeitschrift für kritische Sozialwissenschaft* 39 (156): 351–369.

Dobson, Andrew. 1998. *Justice and the Environment: Conceptions of Environmental Sustainability and Theories of Distributive Justice.* Oxford: Oxford University Press.

Döring, Ralf. 2009. „Natural Capital – What's the difference?" In: *Sustainability, natural capital and nature conservation,* hrsg. von Ralf Döring, 123–142. Marburg: Metropolis.

Eagleton, Terry. 2012. *Warum Marx recht hat.* Aus dem Englischen von Hainer Kober. Berlin: Ullstein.

Ekardt, Felix. 2011. *Theorie der Nachhaltigkeit. Rechtliche, ethische und politische Zugänge – am Beispiel von Klimawandel, Ressourcenverknappung und Welthandel.* Baden-Baden: Nomos.

Ekins, Paul, Sandrine Simon, Lisa Deutsch, Carl Folke und Rudolf De Groot. 2003. „A framework for the practical application of the concepts of critical natural capital and strong sustainability". *Ecological Economics* 44: 165–185.

Elbe, Ingo. 2007. „Die Beharrlichkeit des ‚Engelsismus': Bemerkungen zum ‚Marx-Engels-Problem'". *Marx-Engels-Jahrbuch* 2007: 92–105.

Elbe, Ingo. 2010. „‚kein Atom Naturstoff' und ‚gegenständlicher Schein' – Kritik der politischen Ökonomie als Materialismus der zweiten Natur". In: *Die Krise der Nachhaltigkeit: Zur Kritik der politischen Ökologie,* hrsg. von Falko Schmieder, 19–31. Frankfurt am Main: Peter Lang.

Engel, Stefan. 2014. *Katastrophenalarm: Was tun gegen die mutwillige Zerstörung der Einheit von Mensch und Natur?* 4. Auflage. Essen: Neuer Weg.

Faber, Malte und Reiner Manstetten. 1998. „Produktion, Konsum und Dienste in der Natur – Eine Theorie der Fonds". In: *Selbstorganisation: Jahrbuch für Komplexität in den Natur-, Sozial- und Geisteswissenschaften 9,* hrsg. von Frank Schweitzer und Gerald Silverberg, 209–236. Berlin: Duncker & Humblot.

Faber, Malte und Reiner Manstetten. 2007. *Was ist Wirtschaft? Von der Politischen Ökonomie zur Ökologischen Ökonomie.* In Zusammenarbeit mit Thomas Petersen, Christian Becker, Olaf Hottinger, Kirsten Hertel und Frank Jöst. Freiburg und München: Alber.

Fatheuer, Thomas. 2014. *Neue Ökonomie der Natur: Eine kritische Einführung.* 2. Auflage. Berlin: Heinrich-Böll-Stiftung.

Feldman, Richard. 1998. „Charity, Principle of". In: *Routledge Encyclopedia of Philosophy,* hrsg. von Edward Craig. Band 2, 282–285. London und New York: Routledge.

Fetscher, Iring. 1988. „Lebenssinn und Ehrfurcht vor der Natur in der Antike". In: *Gymnasium: Zeitschrift für Kultur der Antike und humanistische Bildung.* Beihefte, Heft 9: *Antikes Denken – Moderne Schule,* hrsg. von H. W. Schmidt und P. Wülfing, 32–50. Heidelberg: Carl Winter.

Fetscher, Iring. 1991. *Überlebensbedingungen der Menschheit: Ist der Fortschritt noch zu retten?* Berlin: Dietz.

Fiehler, Fritz. 2010. „Was kostet die Natur? Zur Kritik der Kostenökonomie". In: *Die Krise der Nachhaltigkeit: Zur Kritik der politischen Ökologie,* hrsg. von Falko Schmieder, 137–155. Frankfurt am Main: Peter Lang.

Fineschi, Roberto. 2013. „The Four Levels of Abstraction of Marx's Concept of ‚Capital': Or, Can We Consider the *Grundrisse* the Most Advanced Version of Marx's Theory of Capital?" In: *In Marx's Laboratory: Critical Interpretations of the* Grundrisse, hrsg. von Riccardo Bellafiore, Guido Starosta und Peter D. Thomas, 71–98. Leiden und Boston: Brill.

Foster, John Bellamy. 1999. „Marx's Theory of Metabolic Rift: Classical Foundations for Environmental Sociology". *American Journal of Sociology* 105 (2): 366–405.

Foster, John Bellamy. 2000. *Marx's Ecology: materialism and nature.* New York: Monthly Review Press.

Foster, John Bellamy. 2008. „Marx's *Grundrisse* and the ecological contradictions of capitalism". In: *Karl Marx's* Grundrisse: *Foundations of the critique of political economy 150 years later,* hrsg. von Marcello Musto, 93–106. London und New York: Routledge.

Foster, John Bellamy. 2013. „Marx and the Rift in the Universal Metabolism of Nature". *Monthly Review* 65 (7): 1–19.

Foster, John Bellamy und Paul Burket. 2004. „Ecological Economics and Classical Marxism: The ‚Podolinsky Business' Reconsidered". *Organization & Environment* 17 (1): 32–60.

Foster, John Bellamy und Brett Clark. 2004. „Ecological Imperialism: The Curse of Capitalism". *Socialist Register* 40: 186–201.

Foster, John Bellamy, Brett Clark und Richard York. 2009. „The Midas Effect: A Critique of Climate Change Economics". *Development and Change* 40 (6): 1085–1097.

Fraser, Nancy. 2014a. „Behind Marx's Hidden Abode: For an Expanded Conception of Capitalism". *New Left Review* 86: 55–72.

Fraser, Nancy. 2014b. „Can society be commodities all the way down? Post-Polanyian reflections on capitalist crisis". *Economy and Society* 43 (4): 541–558.

Frenzel, Elisabeth. 2005. *Stoffe der Weltliteratur: Ein Lexikon dichtungsgeschichtlicher Längsschnitte.* 10. Auflage. Stuttgart: Alfred Kröner.

Friedman, Milton. 1982. *Capitalism and Freedom. With a new Preface by the Author.* 2. Auflage. Chicago und London: The University of Chicago Press.

Fulda, Hans Friedrich. 1971. „Aufheben". In: *Historisches Wörterbuch der Philosophie.* Band 1, hrsg. von Joachim Ritter, 618–620. Basel: Schwabe.

Fulda, Hans Friedrich. 1974. „Grenze, Schranke". In: *Historisches Wörterbuch der Philosophie.* Band 3, hrsg. von Joachim Ritter, 875–877. Basel: Schwabe.

Gauchet, Marcel. 1991. *Die Erklärung der Menschenrechte: Die Debatte um die bürgerlichen Freiheiten 1789.* Aus dem Französischen übersetzt von Wolfgang Kaiser. Reinbek bei Hamburg: Rowohlt.

Geboers, Tom. 2012. *Rückkehr zur Erde: Grundriss einer ‚Ökologie der Geschichte' im Ausgang von Schelling, Nietzsche und Heidegger.* Würzburg: Ergon.

Gehrig, Thomas. 2011. „Der entropische Marx: Eine Bitte an den Marxismus, die Entropie-Kirche im thermodynamischen Dorf zu lassen". *PROKLA: Zeitschrift für kritische Sozialwissenschaft* 41 (165): 619–644.

Gehrig, Thomas. 2013. *Zur Kritik des ökologischen Diskurses: Eine Auseinandersetzung mit Theorien gesellschaftlicher Naturverhältnisse.* Münster: Monsenstein und Vannerdat.

Georgescu-Roegen, Nicholas. 1971. *The Entropy Law and the Economic Process*. Cambridge: Harvard University Press.
Georgescu-Roegen, Nicholas. 1973. „The entropy law and the economic problem". In: *Toward a steady-state economy,* hrsg. von Herman E. Daly, 37–49. [Ohne Ort:] W. H. Freeman.
Gessmann, Martin. 2009. *Philosophisches Wörterbuch*. Stuttgart: Kröner.
Gestwa, Klaus. 2010. *Die Stalinschen Großbauten des Kommunismus: Sowjetische Technik und Umweltgeschichte, 1948–1967*. München: R. Oldenbourg.
Giddens, Anthony. 1981. *A Contemporary Critique of Historical Materialism*. Band 1: *Power, property and the state*. Berkeley und Los Angeles: University of California Press.
Gloy, Karen. 1995. *Das Verständnis der Natur*. Band 1: *Die Geschichte des wissenschaftlichen Denkens*. München: C. H. Beck.
Göhler, Gerhard. 1980. *Die Reduktion der Dialektik durch Marx: Strukturveränderungen der dialektischen Entwicklung in der Kritik der politischen Ökonomie*. Stuttgart: Klett-Cotta.
Görg, Christoph. 2004a. „Ökologischer Imperialismus: Ressourcenkonflikte und ökologische Abhängigkeiten in der neoliberalen Globalisierung". *Widerspruch: Beiträge zu sozialistischer Politik* 24 (47): 95–107.
Görg, Christoph. 2004b. „The construction of societal relationships with nature". *Poiesis & Praxis* 3 (1): 22–36.
Gorke, Martin. 1999. *Artensterben: von der ökologischen Theorie zum Eigenwert der Natur*. Stuttgart: Klett-Cotta.
Gorke, Martin. 2010. *Eigenwert der Natur: Ethische Begründung und Konsequenzen*. Stuttgart: Hirzel.
Graneß, Anke. 2011. *Das menschliche Minimum: Globale Gerechtigkeit aus afrikanischer Sicht: Henry Odera Oruka*. Frankfurt am Main: Campus.
Greffrath, Mathias und Peter Kapern. 2017. „‚Das Risiko, dass der nächste Crash kommt, wird immer größer'". *Deutschlandfunk*. 11.04.2017. Verfügbar unter http://www.deutschlandfunk.de/karl-marx-das-kapital-das-risiko-dass-der-naechste-crash.694.de.html?dram:article_id=383608
Grober, Ulrich. 2013. *Die Entdeckung der Nachhaltigkeit: Kulturgeschichte eines Begriffs*. München: Kunstmann.
Groenewegen, Peter. 1998. „‚political economy' and ‚economics'". In: *The New Palgrave: A Dictionary of Economics,* hrsg. von John Eatwell, Murray Milgate und Peter Newman. Band 3, 904–907. London: Macmillan.
Gronke, Horst und Jens Peter Brune. 2010. „Diskurs/Diskurstheorie". In: *Enzyklopädie Philosophie: In drei Bänden mit einer CD-Rom,* hrsg. von Hans Jörg Sandkühler, 431–439. Hamburg: Meiner.
Grünewald, Andreas. 2010. „Neoliberale Naturverhältnisse im Postfordismus? Angelsächsische und deutsche Debatten zum Verhältnis von Gesellschaft, Natur und kapitalistischer Entwicklungstendenz". In: *Die Krise der Nachhaltigkeit: Zur Kritik der politischen Ökologie,* hrsg. von Falko Schmieder, 79–101. Frankfurt am Main: Peter Lang.
Grundmann, Reiner. 1991. *Marxism and Ecology*. Oxford: Clarendon.
Grunwald, Armin. 2010. „Wider die Privatisierung der Nachhaltigkeit: Warum ökologisch korrekter Konsum die Umwelt nicht retten kann". *GAIA* 19 (3): 178–182.
Grunwald, Armin. 2011. „Statt Privatisierung: Politisierung der Nachhaltigkeit". *GAIA* 20 (1): 17–19.
Grunwald, Armin und Jürgen Kopfmüller. 2012. *Nachhaltigkeit: Eine Einführung*. Frankfurt am Main: Campus.
Haeckel, Ernst. 1866. *Generelle Morphologie der Organismen: Allgemeine Grundzüge der organischen Formen-Wissenschaft, mechanisch begründet durch die von Charles Darwin reformirte Descendenz-Theorie. Zweiter Band: Allgemeine Entwicklungsgeschichte der Organismen*. Berlin: Reimer.

Halfwassen, Jens. 2014. „Hans Jonas und das ‚Prinzip Verantwortung'". In: *Risiko und Verantwortung in der modernen Gesellschaft,* hrsg. von Hermann H. Hahn, Thomas W. Holstein und Silke Leopold, 5–8. Wiesbaden: Springer.

Hampicke, Ulrich. 1992. *Natur in der ökonomischen Theorie. Teil 4: Ökologische Ökonomie: Individuum und Natur in der Neoklassik.* Opladen: Westdeutscher Verlag.

Hampicke, Ulrich. 1996. „Anthropozentrik ist nicht Anthropokratie". In: *Naturschutz – Ethik – Ökonomie: theoretische Begründungen und praktische Konsequenzen,* hrsg. von Hans G. Nutzinger, 135–153. Marburg: Metropolis.

Han, Lixin. 2010. „Marxism and Ecology: Marx's Theory of Labour Process Revisited". In: *Eco-socialism as Politics: Rebuilding the Basis of Our Modern Civilisation,* hrsg. von Qingzhi Huan, 15–31. Dordrecht, Heidelberg, London und New York: Springer.

Hardin, Garrett. 1968. „The Tragedy of the Commons". *Science* 162: 1243–1248.

Hartung, Gerald und Thomas Kirchhoff. 2014. „Welche Natur brauchen wir? Anthropologische Dimensionen des Umgangs mit Natur". In: *Welche Natur brauchen wir? Analyse einer anthropologischen Grundproblematik des 21. Jahrhunderts,* hrsg. von Gerald Hartung und Thomas Kirchhoff, 11–32. Freiburg und München: Karl Alber.

Haug, Wolfgang Fritz. 2001. „Marxismus". In: *Der Neue Pauly: Enzyklopädie der Antike.* Band 15/1: *Rezeptions- und Wissenschaftsgeschichte, La-Ot,* 295–303. Stuttgart und Weimar: Metzler.

Hausknost, Daniel. 2011. „Fortschritt in Zeiten des Klimawandels: Drei Szenarien". *vorgänge: Zeitschrift für Bürgerrechte und Gesellschaftspolitik* 50 (3): 70–78.

Hecker, Rolf. 1999. „Die Entstehungs-, Überlieferungs- und Editionsgeschichte der ökonomischen Manuskripte und des ‚Kapital'". In: *Kapital.doc: Das Kapital (Bd. 1) von Marx in Schaubildern mit Kommentaren,* hrsg. von Elmar Altvater, Rolf Hecker, Michael Heinrich und Petra Schaper-Rinkel, 221–242. Münster: Westfälisches Dampfboot.

Hedinger, Werner. 2009. „The Conceptual Strength of Weak Sustainability". In: *Sustainability, natural capital and nature conservation,* hrsg. von Ralf Döring, 21–48. Marburg: Metropolis.

Hegel, Georg Wilhelm Friedrich. 1981. *Gesammelte Werke,* in Verbindung mit der Deutschen Forschungsgemeinschaft hrsg. von der Nordrhein-Westfälischen Akademie der Wissenschaften und der Künste. Band 12: *Wissenschaft der Logik: Zweiter Band: Die Subjektive Logik (1816),* hrsg. von Friedrich Hogemann und Walter Jaeschke. Hamburg: Meiner.

Heinrich, Michael. 1996. „Engels' Edition of the Third Volume of ‚Capital' and Marx's Original Manuscript". *Science and Society* 60 (4): 452–466.

Heinrich, Michael. 1997. „Geschichtsphilosophie bei Marx". In: *Geschichtsphilosophie oder das Begreifen der Historizität,* hrsg. von Diethard Behrens, 127–139. Freiburg: Ça ira.

Heinrich, Michael. 1999. „Kommentierte Literaturliste zur Kritik der politischen Ökonomie". In: *Kapital.doc: Das Kapital (Bd. 1) von Marx in Schaubildern mit Kommentaren,* hrsg. von Elmar Altvater, Rolf Hecker, Michael Heinrich und Petra Schaper-Rinkel, 188–220. Münster: Westfälisches Dampfboot.

Heinrich, Michael. 2004. „Relevance and Irrelevance of Marxian Economics". *The New School Economic Review* 1 (1): 83–90.

Heinrich, Michael. 2013. „The ‚Fragment on Machines': A Marxian Misconception in the *Grundrisse* and its Overcoming in *Capital*". In: *In Marx's Laboratory: Critical Interpretations of the Grundrisse,* hrsg. von Riccardo Bellafiore, Guido Starosta und Peter D. Thomas, 197–212. Leiden und Boston: Brill.

Heinrich, Michael. 2014. *Die Wissenschaft vom Wert: Die Marxsche Kritik der politischen Ökonomie zwischen wissenschaftlicher Revolution und klassischer Tradition.* 6. Auflage. Münster: Westfälisches Dampfboot.

Heinrichs, Harald und Gerd Michelsen, Hrsg. 2014. *Nachhaltigkeitswissenschaften.* Berlin und Heidelberg: Springer.

Helm, Dieter. 2011. „Sustainable Consumption, Climate Change and Future Generations". In: *Philosophy and the Environment*, hrsg. von Anthony O'Hear, 235–252. Cambridge: Cambridge University Press.

Hermand, Jost und Peter Morris-Keitel, Hrsg. 2006a. *Noch ist Deutschland nicht verloren: Ökologische Wunsch- und Warnschriften seit dem späten 18. Jahrhundert*. Berlin: Weidler.

Hermand, Jost und Peter Morris-Keitel. 2006b. „Vorwort: Zur Entstehung des ökologischen Bewußtseins". In: *Noch ist Deutschland nicht verloren: Ökologische Wunsch- und Warnschriften seit dem späten 18. Jahrhundert*, hrsg. von Jost Hermand und Peter Morris-Keitel, 11–22. Berlin: Weidler.

Hinterberger, Friedrich, Fred Luks und Friedrich Schmidt-Bleek. 1997. „Material flows vs. ‚natural capital': What makes an economy sustainable?" *Ecological Economics* 23: 1–14.

Hobsbawm, Eric. 2011. *How to Change the World: Marx and Marxism 1840–2011*. London: Little, Brown.

Hösle, Vittorio. 2003. „Dimensionen der ökologischen Krise – Wege in eine generationengerechte Welt". In: *Handbuch Generationengerechtigkeit*. 2. Auflage, hrsg. von der Stiftung für die Rechte zukünftiger Generationen, 125–151. München: oekom.

Hoffmann, Thomas Sören. 2004. „Zweck; Ziel". In: *Historisches Wörterbuch der Philosophie*. Band 12, hrsg. von Joachim Ritter, Karlfried Gründer und Gottfried Gabriel, 1486–1510. Basel: Schwabe.

Holland, Alan. 1997. „Substitutability: Or, why strong sustainability is weak and absurdly strong sustainability is not absurd". In: *Valuing Nature? Ethics, economics and the environment*, hrsg. von John Foster, 119–134. London und New York: Routledge.

Holz, Hans Heinz. 1984. „Historischer Materialismus und ökologische Krise". In: *Dialektik 9: Ökologie – Naturaneignung und Naturtheorie*, hrsg. von Edgar Gärtner und André Leisewitz, 30–42. Köln: Pahl-Rugenstein.

Holz, Hans Heinz. 1990. „Philosophie". In: *Europäische Enzyklopädie zu Philosophie und Wissenschaften*, hrsg. von Hans Jörg Sandkühler. Band 3, 672–688. Hamburg: Meiner.

Huan, Qingzhi. 2010. „Eco-socialism in an Era of Capitalist Globalisation: Bridging the West and the East". In: *Eco-socialism as Politics: Rebuilding the Basis of Our Modern Civilisation*, hrsg. von Qingzhi Huan, 3–12. Dordrecht, Heidelberg, London und New York: Springer.

Illing, Sean und Gareth Stedman Jones. 2017. „Karl Marx still matters: what the modern left can learn from the philosopher". *Vox.com*. 18.04.2017. Verfügbar unter http://www.vox.com/conversations/2017/4/18/15094788/karl-marx-socialism-capitalism-communism-europe-neoliberalism

Immler, Hans. 1985. *Natur in der ökonomischen Theorie*. Teil 1: *Vorklassik – Klassik – Marx*. Opladen: Westdeutscher Verlag.

Immler, Hans. 2011. „Ist nur die Arbeit wertbildend? Zum Verhältnis von politischer Ökonomie und ökologischer Krise". In: *Marx und die Naturfrage: Ein Wissenschaftsstreit um die Kritik der politischen Ökonomie*, hrsg. von Hans Immler und Wolfdietrich Schmied-Kowarzik, 35–55. Kassel: Kassel University Press.

Ingensiep, Hans Werner. 2016. „Mannigfaltigkeit und ‚Biodiversität' mit Kant". In: *Wünschenswerte Vielheit: Diversität als Kategorie, Befund und Norm*, hrsg. von Thomas Kirchhoff und Kristian Köchy, 171–184. Freiburg und München: Alber.

Ionesco, Dina, Daria Mokhnacheva und François Gemenne. 2017. *Atlas der Umweltmigration*. Aus dem Englischen übertragen von Barbara Steckhan, Sonja Schuhmacher und Gabriele Gockel. München: oekom.

Jonas, Hans. 2003. *Das Prinzip Verantwortung: Versuch einer Ethik für die technologische Zivilisation*. Frankfurt am Main: Suhrkamp.

Kant, Immanuel. 1968a. *Kants Werke: Akademie-Textausgabe: Unveränderter photomechanischer Abdruck des Textes der von der Preußischen Akademie der Wissenschaften 1902 begonnenen*

Ausgabe von Kants gesammelten Schriften. Band 5: *Kritik der praktischen Vernunft / Kritik der Urtheilskraft*. Berlin: Walter de Gruyter.

Kant, Immanuel. 1968b. *Kants Werke: Akademie-Textausgabe: Unveränderter photomechanischer Abdruck des Textes der von der Preußischen Akademie der Wissenschaften 1902 begonnenen Ausgabe von Kants gesammelten Schriften*. Band 6: *Die Metaphysik der Sitten*. Berlin: Walter de Gruyter.

Karathanassis, Athanasios. 2010. „Umweltpolitik, ökonomische Naturverhältnisse und die Systemfrage: Einblicke und Ausblicke aus politisch-ökonomischer Sicht". In: *Die Krise der Nachhaltigkeit: Zur Kritik der politischen Ökologie*, hrsg. von Falko Schmieder, 33–55. Frankfurt am Main: Peter Lang.

Keller, David R. 2009. „Deep Ecology". In: *Encyclopedia of Environmental Ethics and Philosophy*, hrsg. von J. Baird Callicott und Robert Frodeman. Band 1, 206–211. Detroit: Macmillan Reference.

Klauer, Bernd, Reiner Manstetten, Thomas Petersen und Johannes Schiller. 2013. *Die Kunst langfristig zu denken. Wege zur Nachhaltigkeit*. Baden-Baden: Nomos.

Klein, Hans-Dieter. 1996. „Philosophisch-politische Aspekte der ökologischen Krise". In: *Natur- und Technikbegriffe: Historische und systematische Aspekte: von der Antike bis zur ökologischen Krise, von der Physik bis zur Ästhetik*, hrsg. von Karen Gloy, 221–233. Bonn: Bouvier.

Kliemt, Hartmut. 2010. „Philosophie und Ökonomik". In: *Enzyklopädie Philosophie: In drei Bänden mit einer CD-Rom*, hrsg. von Hans Jörg Sandkühler, 2013–2017. Hamburg: Meiner.

Krätke, Michael R. 2006. „Das Marx-Engels-Problem: Warum Engels das Marxsche ‚Kapital' nicht verfälscht hat". *Marx-Engels Jahrbuch* 2006: 142–170.

Krebs, Angelika. 1996. „‚Ich würde gern mitunter aus dem Hause tretend ein paar Bäume sehen': Philosophische Überlegungen zum Eigenwert der Natur". In: *Naturschutz – Ethik – Ökonomie: theoretische Begründungen und praktische Konsequenzen*, hrsg. von Hans G. Nutzinger, 31–48. Marburg: Metropolis.

Krebs, Angelika. 1999. *Ethics of Nature: A Map*. Berlin und New York: Walter de Gruyter.

Krebs, Angelika. 2002. „Naturethik – eine kleine Landkarte". In: *Ökologische Ethik und Rechtstheorie*. 2. Auflage, hrsg. von Julian Nida-Rümelin und Dietmar von der Pfordten, 179–189. Baden-Baden: Nomos.

Kreß, Carl Friedrich. 2013. *Heideggers Umweltethos: Die Philosophie als Ontologie der Kontingenz und die Natur als das Nichts sowie ein möglicher Beitrag des Denkens in Japan*. Zürich: buch & netz.

Kuhne, Frank. 1996. „‚Automatisches Subjekt' und lebendige Subjekte: Zur Begründung der Kritik der heteronomen Bestimmtheit der Gesellschaft bei Marx". In: *Geschichte und materialistische Geschichtstheorie bei Marx*, hrsg. von Carl-Erich Vollgraft, Richard Sperl und Rolf Hecker, 134–148. Berlin und Hamburg: Argument.

Landes, David S. 1969. *The Unbound Prometheus: Technological change and industrial development in Western Europe from 1750 to the present*. Cambridge: Cambridge University Press.

Latif, Mojib. 2012. *Globale Erwärmung*. Stuttgart: Ulmer.

Lawn, Philip. 2011. „Is steady-state capitalism viable? A review of the issues and an answer in the affirmative". *Annals of the New York Academy of Sciences* 1219: 1–25.

Lebowitz, Michael A. 2013. „Change the System, Not Its Barriers". In: *Marx for Today*, hrsg. von Marcello Musto, 59–72. New York: Routledge.

Leipert, Christian. 1994. „Die ökologische Herausforderung der ökonomischen Theorie". In: *Das Naturverständnis der Ökonomik: Beiträge zur Ethikdebatte in den Wirtschaftswissenschaften*, hrsg. von Bernd Biervert und Martin Held, 54–68. Frankfurt am Main: Campus.

Leist, Anton. 1986. „Schwierigkeiten mit der Ideologiekritik". In: *Marx und Ethik: Moralkritik und normative Grundlagen der Marxschen Theorie*, hrsg. von Emil Angehrn und Georg Lohmann, 58–79. Königstein/Ts.: Hain.

Locke, John. 2019. *Two Treatises of Government*. 6. Auflage, hrsg. von Peter Laslett. Cambridge: Cambridge University Press.

Löwy, Michael. 2015. *Ecosocialism: A Radical Alternative to Capitalist Catastrophe*. Chicago: Haymarket.

Lohmann, Georg. 1986. „Zwei Konzeptionen von Gerechtigkeit in Marx' Kapitalismuskritik". In: *Marx und Ethik: Moralkritik und normative Grundlagen der Marxschen Theorie*, hrsg. von Emil Angehrn und Georg Lohmann, 174–194. Königstein/Ts.: Hain.

Luks, Fred. 2013. *Die Zukunft des Wachstums: Theoriegeschichte, Nachhaltigkeit und die Perspektiven einer neuen Wirtschaft*. 2. Auflage. Marburg: Metropolis.

Mäki, Uskali. 2009. „Economics Imperialism: Concept and Constraints". *Philosophy of the Social Sciences* 39 (3): 351–380.

Mankiw, Gregory N. und Mark P. Taylor. 2012. *Grundzüge der Volkswirtschaftslehre*. 5. Auflage, übersetzt von Adolf Wagner und Marco Herrmann. Stuttgart: Schäffer-Poeschel.

Mankiw, Gregory N. 2017. *Makroökonomik*. 7. Auflage, übersetzt von Klaus Dieter John und Thomas Sauer. Stuttgart: Schäffer-Poeschel.

Marcuse, Herbert. 2009. *Nachgelassene Schriften*, hrsg. von Peter-Erwin Jansen. Band 6: *Ökologie und Gesellschaftskritik*. Springe: zu Klampen.

McLaughlin, Peter. 1994. „Die Welt als Maschine. Zur Genese des neuzeitlichen Naturbegriffs". In: *Macrocosmos in Microcosmos: Die Welt in der Stube: Zur Geschichte des Sammelns 1450 bis 1800*, hrsg. von Andreas Grote, 439–451. Opladen: Leske + Budrich.

Meadows, Donella H., Dennis L. Meadows, Jorgen Randers und William W. Behrens III. 1972. *The Limits to Growth: A Report for The Club Of Rome's Project on the Predicament of Mankind*. New York: Universe Books.

Meyer, Kirsten. 2002. „Der Schutz der Natur und das gute Leben". *Philosophia naturalis* 39 (1): 173–186.

Meyer-Abich, Klaus Michael. 1991. „Naturphilosophie auf neuen Wegen". In: *Über Natur: Philosophische Beiträge zum Naturverständnis*. 2. Auflage, hrsg. von Oswald Schwemmer, 63–73. Frankfurt am Main: Vittorio Klostermann.

Meyer-Abich, Klaus Michael. 2005. *Konflikte zwischen Wirtschaft, Tierschutz und Umweltschutz: Eine naturphilosophische Bewertung*. Verfügbar unter https://www.ev-akademie-boll.de/fileadmin/res/otg/520305-Meyer-Abich.pdf

Mill, John Stuart. 2006. *Utilitarianism / Der Utilitarismus: Englisch / Deutsch*. Stuttgart: Reclam.

Miss Ann Thropy. 1987a. „Miss Ann Thropy Responds to ,Alien-Nation'". *Earth first!* 8 (2): 17.

Miss Ann Thropy. 1987b. „Population and AIDS". *Earth First!* 7 (5): 32.

Mittelstraß, Jürgen. 2016. „Philosophie". In: *Enzyklopädie Philosophie und Wissenschaftstheorie*. 2. Auflage, hrsg. von Jürgen Mittelstraß. Band 6, 195–203. Stuttgart: Metzler.

Mocek, Reinhard. 2010. „Natur". In: *Enzyklopädie Philosophie: In drei Bänden mit einer CD-Rom*, hrsg. von Hans Jörg Sandkühler, 1705–1712. Hamburg: Meiner.

Moseley, Fred. 2013. „The Whole and the Parts: the Early Development of Marx's Theory of the Distribution of Surplus-Value in the *Grundrisse*". In: *In Marx's Laboratory: Critical Interpretations of the Grundrisse*, hrsg. von Riccardo Bellafiore, Guido Starosta und Peter D. Thomas, 285–301. Leiden und Boston: Brill.

Müller, Michael. 2011. „An der Schwelle zur Postwachstumsgesellschaft". *vorgänge: Zeitschrift für Bürgerrechte und Gesellschaftspolitik* 50 (3): 42–53.

Muraca, Barbara. 2010. *Denken im Grenzgebiet: Prozessphilosophische Grundlagen einer Theorie starker Nachhaltigkeit*. Freiburg und München: Karl Alber.

Musto, Marcello. 2008. „History, production and method in the 1857 ‚Introduction'". In: *Karl Marx's Grundrisse: Foundations of the critique of political economy 150 years later,* hrsg. von Marcello Musto, 3–32. London und New York: Routledge.

Musto, Marcello. 2013. „Introduction". In: *Marx for Today*, hrsg. von Marcello Musto, 1–19. New York: Routledge.

Neumayer, Eric. 2013. *Weak versus strong Sustainability.* 2. Auflage. Cheltenham: Edward Elgar.

Nienhaus, Lisa. 2017. „Er ist wieder da: Karl Marx sah die Probleme des Kapitalismus voraus, die heute die Rechtspopulisten befeuern: Was wir von ihm lernen können". *Die Zeit.* 26.01.2017: 19.

Nikolaus von Kues. 2002. *Philosophisch-theologische Werke:* Band 1: *De docta ignorantia: Die belehrte Unwissenheit.* Hamburg: Meiner.

Nussbaum, Martha C. 2007. *Frontiers of Justice: Disability, Nationality, Species Membership.* Harvard: Harvard University Press.

Oakley, Allen. 1984. *Marx's Critique of Political Economy: Intellectual Sources and Evolution.* Band I: *1844 to 1860.* London, Boston, Melbourne und Henley: Routledge und Kegan Paul.

O'Connor, James. 1988. „Capitalism, Nature, Socialism: A Theoretical Introduction". *Capitalism, Nature, Socialism* 1: 11–38.

Odera Oruka, Henry. 1997. *Practical Philosophy: In Search of an Ethical Minimum.* Nairobi und Kampala: East African Educational Publishers.

Ostrom, Elinor. 1990. *Governing the commons: the evolution of institutions for collective action.* Cambridge: Cambridge University Press.

Ott, Konrad. 2009a. „Es ist Zeit für einen Green New Deal". *vorgänge: Zeitschrift für Bürgerrechte und Gesellschaftspolitik* 48 (2): 97–106.

Ott, Konrad. 2009b. „On Substantiating the Conception of Strong Sustainability". In: *Sustainability, natural capital and nature conservation,* hrsg. von Ralf Döring, 49–72. Marburg: Metropolis.

Ott, Konrad. 2010. *Umweltethik zur Einführung.* Hamburg: Junius.

Ott, Konrad. 2011. „Vier Pfade ins Postwachstumszeitalter". *vorgänge: Zeitschrift für Bürgerrechte und Gesellschaftspolitik* 50 (3): 54–69.

Ott, Konrad. 2013. „Natur und Technik". In: *Handbuch Technikethik,* hrsg. von Armin Grunwald, 198–202. Stuttgart und Weimar: Metzler.

Ottmann, Henning. 1985. „Der Begriff der Natur bei Marx: Überlegungen im Licht ökologischer Fragestellungen". *Zeitschrift für Philosophische Forschung* 39 (2): 215–228.

Paech, Niko. 2012. *Befreiung vom Überfluss: Auf dem Weg in die Postwachstumsökonomie.* 2. Auflage. München: oekom.

Paech, Niko. 2017. „Postwachstumsökonomik: Wachstumskritische Alternativen zu Karl Marx". *Aus Politik und Zeitgeschichte* 67 (19–20): 41–46.

Palm, Wolf-Ulrich und Brigitte Urban. 2014. „Erdsystem, Klima und globale Stoffkreisläufe". In: *Nachhaltigkeitswissenschaften,* hrsg. von Harald Heinrichs und Gerd Michelsen, 213–257. Berlin und Heidelberg: Springer.

Paqué, Karl-Heinz. 2010. *Wachstum! Die Zukunft des globalen Kapitalismus.* München: Carl Hanser.

Parsons, Howard L. 1977. *Marx and Engels on Ecology.* Westport: Greenwood.

Passmore, John. 1974. *Man's Responsibility for Nature: Ecological Problems and Western Traditions.* London: Duckworth.

Pearce, David. 1988. „Economics, Equity and Sustainable Development". *Futures* 20 (6): 598–605.

Peck, Raoul, Regisseur. 2017. *Le jeune Karl Marx.* Film. Produktionsländer: Frankreich, Deutschland, Belgien.

Pepper, David. 2010. „On Contemporary Eco-socialism". In: *Eco-socialism as Politics: Rebuilding the Basis of Our Modern Civilisation,* hrsg. von Qingzhi Huan, 33–44. Dordrecht, Heidelberg, London und New York: Springer.

Petersen, Thomas und Malte Faber. 2013. *Karl Marx und die Philosophie der Wirtschaft: Bestandsaufnahme – Überprüfung – Neubewertung.* Freiburg und München: Alber.

Pohlmann, R. 1971. „Autonomie". In: *Historisches Wörterbuch der Philosophie.* Band 1, hrsg. von Joachim Ritter, 702–719. Basel: Schwabe.

Polanyi, Karl. 1944. *The Great Transformation.* New York: Rinehart.

Posener, Alan. 2017. „Ein Film für den nächsten Parteitag der Linken". *Welt.de.* 07.03.2017. Verfügbar unter https://www.welt.de/kultur/kino/article162648559/Ein-Film-fuer-den-naechsten-Parteitag-der-Linken.html

Postone, Moishe. 2008. „Rethinking *Capital* in light of the *Grundrisse*". In: *Karl Marx's* Grundrisse: *Foundations of the critique of political economy 150 years later,* hrsg. von Marcello Musto, 120–137. London und New York: Routledge.

Potthast, Thomas. 2011. „Umweltethik". In: *Handbuch Ethik.* 3. Auflage, hrsg. von Marcus Düwell, Christoph Hübenthal und Micha H. Werner, 292–296. Stuttgart: Metzler.

Randers, Jorgen. 2012. *2052: A Global Forecast for the Next Forty Years: A Report to the Club of Rome Commemorating the 40th Anniversary of* The Limits to Growth. White River Junction: Chelsea Green Publishing.

Regenbogen, Arnim. 2010. „Philosophiebegriffe". In: *Enzyklopädie Philosophie: In drei Bänden mit einer CD-ROM,* hrsg. von Hans Jörg Sandkühler, 2022–2037. Hamburg: Meiner.

Reheis, Fritz. 2012. *Wo Marx Recht hat.* 2. Auflage. Darmstadt: WBG.

Reichelt, Helmut. 1997. „Zum Verhältnis von Psychologie und dialektischer Methode in der Marxschen Ökonomiekritik". In: *Geschichtsphilosophie oder das Begreifen der Historizität,* hrsg. von Diethard Behrens, 79–126. Freiburg: Ça ira.

Remmele, Bernd. 2014. „Zur Genese des mechanistischen Denkens am Beginn der Neuzeit". In: *Strukturen des Denkens: Studien zur Geschichte des Geistes,* hrsg. von Günter Dux und Jörn Rüsen, 125–143. Wiesbaden: Springer VS.

Ricardo, David. 1817. *On the Principles of Political Economy, and Taxation.* London: John Murray.

Rickens, Christian. 2017. „What Would Karl Marx Do?". *Handelsblatt Global.* 13.04.2017. Verfügbar unter https://global.handelsblatt.com/politics/what-would-karl-marx-do-748358

Rojas, Raúl. 1989. *Das unvollendete Projekt: Zur Entstehungsgeschichte von Marx' Kapital.* Berlin und Hamburg: Argument.

Rolston, Holmes. 2011. „The Future of Environmental Ethics". In: *Philosophy and the Environment,* hrsg. von Anthony O'Hear, 1–28. Cambridge: Cambridge University Press.

Ropohl, Günter. 1996. „Das Ende der Natur". In: *Naturauffassungen in Philosophie, Wissenschaft, Technik.* Band 4, hrsg. von Lothar Schäfer und Elisabeth Ströker, 143–163. Freiburg und München: Karl Alber.

Rosa, Hartmut. 2014. „Die Natur als Resonanzraum und als Quelle starker Wertungen". In: *Welche Natur brauchen wir? Analyse einer anthropologischen Grundproblematik des 21. Jahrhunderts,* hrsg. von Gerald Hartung und Thomas Kirchhoff, 123–141. Freiburg und München: Karl Alber.

Rothschild, Kurt W. 2008. „Economic Imperialism". *Analyse und Kritik* 30: 723–733.

Rulff, Dieter. 2009. „Reformpolitik in der Krise". *vorgänge: Zeitschrift für Bürgerrechte und Gesellschaftspolitik* 48 (2): 83–91.

Sablowski, Thomas. 2017. „Zur Aktualität des Marx'schen ‚Kapital'". *Z: Zeitschrift marxistische Erneuerung* 28 (111), 19–22.

Saito, Kohei. 2016. *Natur gegen Kapital: Marx' Ökologie in seiner unvollendeten Kritik des Kapitalismus.* Frankfurt am Main: Campus.

Salamun, Kurt. 2012. *Wie soll der Mensch sein? Philosophische Ideale vom ‚wahren' Menschen von Karl Marx bis Karl Popper.* Tübingen: Mohr Siebeck.

Samuelson, Paul A. und William D. Nordhaus. 2016. *Volkswirtschaftslehre: Das internationale Standardwerk der Makro- und Mikroökonomie.* München: FBV.

Sarkar, Saral. 2001. *Die nachhaltige Gesellschaft: Eine kritische Analyse der Systemalternativen.* Zürich: Rotpunktverlag.

Scharenberg, Albert. 2017. „Wie Marx das Phänomen Trump erklären würde". *Deutschlandradio Kultur.* 18.01.2017. Verfügbar unter http://www.deutschlandradiokultur.de/geschichtliche-dimension-des-machtwechsels-in-den-usa-wie.976.de.html?dram:article_id=376623

Schillo, Johannes, Hrsg. 2015. *Zurück zum Original: Die Aktualität der Marxschen Theorie.* Hamburg: VSA.

Schlaudt, Oliver. 2016. *Wirtschaft im Kontext: Eine Einführung in die Philosophie der Wirtschaftswissenschaften in Zeiten des Umbruchs.* Frankfurt am Main: Klostermann.

Schmidt, Alfred. 1968. „Zum Erkenntnisbegriff der Kritik der politischen Ökonomie". In: *Karl Marx: 1818 | 1968,* [o. Hrsg.,] 100–111. Inter Nationes: Bad Godesberg.

Schmidt, Alfred. 1993. *Der Begriff der Natur in der Lehre von Marx.* 4. Auflage. Hamburg: Europäische Verlagsanstalt.

Schmieder, Falko. 2010. „Die Krise der Nachhaltigkeit: Zur Kritik der politischen Ökologie: Einleitung". In: *Die Krise der Nachhaltigkeit: Zur Kritik der politischen Ökologie,* hrsg. von Falko Schmieder, 7–18. Frankfurt am Main: Peter Lang.

Schneidewind, Uwe. 2016. „Transformative Wirtschaftswissenschaft im Kontext nachhaltiger Entwicklung". *ÖkologischesWirtschaften* 31 (2): 30–34.

Schulz Meinen, Haimo. 2000. *Die Staatsreligion: Menschenrechte kontra Naturschutz.* Marburg: diagonal.

Schweier, Thomas Lutz. 1997. „Geschichtliche Reflexion bei Marx: Bemerkungen zu seinem Geschichtsverständnis". In: *Geschichtsphilosophie oder das Begreifen der Historizität,* hrsg. von Diethard Behrens, 149–176. Freiburg: Ça ira.

Schweitzer, Albert. 1966. *Die Lehre von der Ehrfurcht vor dem Leben: Grundtexte aus fünf Jahrzehnten.* München: C. H. Beck.

Schwenzfeuer, Sebastian. 2013. „Überwindung des Anthropozentrismus: Schellings Bedeutung für die moderne Naturethik". In: *Die Natur denken,* hrsg. von Myriam Gerhard und Christine Zunke, 191–209. Würzburg: Königshausen und Neumann.

Sinn, Hans-Werner. 2017. „Marx' wahre Leistung". *Die Zeit.* 26.01.2017: 22.

Skourtos, Michalis S. 1994. „Vom Oikos zur Ressource – Entwicklung der Naturwahrnehmung in der Wirtschaftswissenschaft". In: *Das Naturverständnis der Ökonomik: Beiträge zur Ethikdebatte in den Wirtschaftswissenschaften,* hrgs. von Bernd Biervert und Martin Held, 30–53. Frankfurt am Main: Campus

Smith, Adam. 1976. *The Glasgow edition of the works and correspondence of Adam Smith.* Band 2: *An inquiry into the nature and causes of the wealth of nations.* Oxford: Clarendon.

Smith, Richard. 2010. „Beyond growth or beyond capitalism?". *Real-world economics review* 53: 28–42. Verfügbar unter http://www.paecon.net/PAEReview/issue53/Smith53.pdf

Smith, Tony. 2013. „The ‚General Intellect' in the *Grundrisse* and beyond". In: *In Marx's Laboratory: Critical Interpretations of the* Grundrisse, hrsg. von Riccardo Bellafiore, Guido Starosta und Peter D. Thomas, 213–131. Leiden und Boston: Brill.

Soentgen, Jens und Helena Bilandzic. 2014. „Die Struktur klimaskeptischer Argumente: Verschwörungstheorie als Wissenschaftskritik". *GAIA* 23 (1): 40–47.

Solow, Robert M. 1974a. „Intergenerational Equity and Exhaustible Resources". *The Review of Economic Studies* 41: 29–45.

Solow, Robert M. 1974b. „The Economics of Resources or the Resources of Economics". *The American Economic Review* 64 (2): 1–14.

Starosta, Guido. 2013. „The System of Machinery and Determination of Revolutionary Subjectivity in the *Grundrisse* and *Capital*". In: *In Marx's Laboratory: Critical Interpretations of the* Grundrisse, hrsg. von Riccardo Bellafiore, Guido Starosta und Peter D. Thomas, 233–263. Leiden und Boston: Brill.

Stone, Christopher D. 2010. *Should Trees Have Standing? Law, Morality, and the Environment.* 3. Auflage. Oxford: Oxford University Press.

Stützle, Ingo. 2008. „Marx' innerer Monolog: Vor 150 Jahren schrieb Marx die ‚Grundrisse'". *Z: Zeitschrift marxistische Erneuerung* 19 (73). Verfügbar unter http://www.zeitschrift-marxistische-erneuerung.de/article/601.marx-innerer-monolog.html

Swyngedouw, Erik. 2011. „Depoliticized Environments: The End of Nature, Climate Change and the Post-Political Condition". In: *Philosophy and the Environment*, hrsg. von Anthony O'Hear, 253–274. Cambridge: Cambridge University Press.

Taylor, Bron. 2005. „Radical Environmentalism". In: *The Encyclopedia of Religion and Nature,* hrsg. von Bron Taylor, 1326–1335. London und New York: Continuum.

Taylor, Paul W. 1997. „Die Ethik der Achtung für die Natur". In: *Ökophilosophie*, hrsg. von Dieter Birnbacher, 77–116. Stuttgart: Reclam.

Taylor, Bron und Michael Zimmerman. 2005. „Deep Ecology". In: *The Encyclopedia of Religion and Nature,* hrsg. von Bron Taylor, 456–460. London und New York: Continuum.

Thie, Hans. 2013. *Rotes Grün: Pioniere und Prinzipien einer ökologischen Gesellschaft.* Hamburg: VSA.

Thomas, Peter D. und Geert Reuten. 2013. „Crisis and the Rate of Profit in Marx's Laboratory". In: *In Marx's Laboratory: Critical Interpretations of the* Grundrisse, hrsg. von Riccardo Bellafiore, Guido Starosta und Peter D. Thomas, 311–328. Leiden und Boston: Brill.

Tugendhat, Ernst. 1993. *Vorlesungen über Ethik.* Frankfurt am Main: Suhrkamp.

Uemura, Kunihiko. 2006. „Marx and modernity". In: *Marx for the 21st Century*, hrsg. von Hiroshi Uchida, 9–21. London and New York: Routledge.

Varoufakis, Yanis. 2017. „Radikal liberal: Was die Marxisten nicht verstanden". *Die Zeit.* 26.01.2017: 22.

Victor, Peter A. 1991. „Indicators of sustainable development: some lessons from capital theory". *Ecological Economics* 4: 191–213.

Vogt, Markus. 1998. „Ökologie". In: *Lexikon der Bioethik,* hrsg. von Wilhelm Korff, Lutwin Beck und Paul Mikat. Band 2, 799–802. Gütersloh: Gütersloher Verlagshaus.

von Egan-Krieger, Tanja. 2009. „Naturkapital als Schlüsselkonzept einer Theorie der Nachhaltigkeit" In: *Die Greifswalder Theorie starker Nachhaltigkeit: Ausbau, Anwendung und Kritik,* hrsg. von Tanja von Egan-Krieger, Julia Schultz, Philipp Pratap Thapa und Lieske Voget, 159–168. Marburg: Metropolis.

von Egan-Krieger, Tanja. 2016. „Natur in den Wirtschaftswissenschaften". In: *Handbuch Umweltethik,* hrsg. von Konrad Ott, Jan Dierks und Lieske Voget-Kleschin, 335–342. Stuttgart: Metzler.

von Randow, Gero. 2017. „So kommen Sie durchs ‚Kapital'". *Die Zeit.* 26.01.2017: 20.

Wagenknecht, Sahra. 2017. „Warum heute ‚Das Kapital' zu lesen wichtig ist". *Z: Zeitschrift marxistische Erneuerung* 28 (111): 27–29.

Wagner, Helmut. 2003. *Makroökonomie.* München: Franz Vahlen.

Wessolleck, Winfried. 1984. „Gesellschaftlicher Werte- und Bewußtseinswandel in der ‚ökologischen Philosophie'". In: *Dialektik 9: Ökologie – Naturaneignung und Naturtheorie,* hrsg. von Edgar Gärtner und André Leisewitz, 156–167. Köln: Pahl-Rugenstein.

Willeke, Stefan 2017. „Wo sind sie geblieben?". *Die Zeit.* 26.01.2017: 13–15.

Wolf, Dieter. 2002. *Der dialektische Widerspruch im Kapital: Ein Beitrag zur marxschen Werttheorie.* Hamburg: VSA.

Wolf, Dieter. 2007. „Zum Übergang vom Geld in Kapital in den *Grundrissen,* im *Urtext* und im *Kapital:* Warum ist die ‚dialektische Form der Darstellung nur richtig, wenn sie ihre Grenzen kennt?'". *Beiträge zur Marx-Engels-Forschung: Neue Folge* 2007: 45–86.

Wood, Ellen Meiksins. 2008. „Historical materialism in ‚Forms which Precede Capitalist Production'". In: *Karl Marx's* Grundrisse: *Foundations of the critique of political economy 150 years later*, hrsg. von Marcello Musto, 79–92. London und New York: Routledge.

Wood, Ellen Meiksins. 2013. „Universal Capitalism". In: *Marx for Today*, hrsg. von Marcello Musto, 162–169. New York: Routledge.

Zeller, Christian. 2010. „Die Natur als Anlagefeld des konzentrierten Finanzkapitals". In: *Die Krise der Nachhaltigkeit: Zur Kritik der politischen Ökologie*, hrsg. von Falko Schmieder, 103–135. Frankfurt am Main: Peter Lang.

Zetter, Roger und James Morrissey. 2014. „The Environment-Mobility Nexus: Reconceptualizing the Links between Environmental Stress, (Im)Mobility, and Power". In: *The Oxford Handbook of Refugee and Forced Migration Studies,* hrsg. von Elena Fiddian-Qasmiyeh, Gil Loescher, Katy Long und Nando Sigona, 342–354. Oxford: Oxford University Press.

Zimmer, Matthias. 2011. „Fortschritt nach der Moderne". *vorgänge: Zeitschrift für Bürgerrechte und Gesellschaftspolitik* 50 (3): 30–41.

Zimmer, Jörg und Arnim Regenbogen. 2010. „Zweck/Mittel". In: *Enzyklopädie Philosophie: In drei Bänden mit einer CD-Rom,* hrsg. von Hans Jörg Sandkühler, 3129–3133. Hamburg: Meiner.

Zinn, Karl Georg. 2009. „Die vermeidbare Krise: Bereits vor siebzig Jahren lieferte John M. Keynes die Instrumente zu ihrer Diagnose und Bekämpfung". *vorgänge: Zeitschrift für Bürgerrechte und Gesellschaftspolitik* 48 (2): 28–37.

Namenregister

Adler, Frank 307
Adler, Max 115, 122, 138, 292, 362
Alisch, Katrin 266
Anderson, Kevin B. 128
Arentzen, Ute 266
Aretz, Hans-Jürgen 138, 317–319
Aristoteles 1, 16, 53, 117, 216
Arthur, Christopher J. 59, 62
Attfield, Robin 337

Backhaus, Hans-Georg 35, 73, 79, 90
Bacon, Francis 18, 119
Bader, Christoph 320
Badura, Jens 180
Baßeler, Ulrich 218, 266, 296 f.
Bauer, Adolf 23
Baumgärtner, Stefan 265, 274
Bayertz, Kurt 92, 118, 137, 189, 198
Becker, Gary S. 319
Behrens, Diethard 36
Bellofiore, Riccardo 119, 144, 154
Benhabib, Seyla 62, 159, 171
Benjamin, Walter 25
Bieri, Sabin 320
Biervert, Bernd 214–216, 218
Bilandzic, Helena 2
Binswanger, Hans Christoph 299
Binswanger, Mathias 296–298, 300
Birnbacher, Dieter 333, 337, 340, 364
Bischoff, Joachim 155, 166
Blauwhof, Frederik Bernd 301
Blöhbaum, Helmut 16
Blumentritt, Martin 138, 208, 210
Böhme, Gernot 2, 286
Bookchin, Murray 343–345, 359, 366, 371
Borgnäs, Kajsa 78, 328, 383
Boulding, Kenneth E. 274 f., 281 f.
Brennan, Andrew 337, 343
Breuer, Stefan 187
Brune, Jens Peter 3
Burkett, Paul 20, 115, 226, 274, 338, 364, 383

Caffentzis, George 144
Caney, Simon 316
Carrera, Juan Iñigo 45
Chiesura, Anna 254
Clark, Brett 279, 315 f., 320–323, 325

Collignon, Stefan 51, 165, 298
Condorcet, Jean Antoine Nicolas de Caritat de 187
Crosby, Alfred W. 321

Daemmrich, Horst S. 20
Daemmrich, Ingrid G. 20
d'Alembert, Jean-Baptiste 13
Daly, Herman E. 267 f., 271, 294–296, 300, 304–306, 309 f., 314–316
Darimon, Alfred 54
Darwin, Charles 371
de Groot, Rudolf 254
Descartes, René 18, 119, 377
Devall, Bill 340, 343
Dewey, John 18
Diderot, Denis 13
Dienel, Hans-Liudger 3
Dietz, Kristina 22, 24, 29
Dobson, Andrew 253, 258, 262
Döring, Ralf 215 f., 221, 244 f., 255, 316

Eagleton, Terry 5–8
Ekardt, Felix 297
Ekins, Paul 254, 259, 264
Elbe, Ingo 6, 94
Engel, Stefan 23, 239, 360, 382
Engels, Friedrich 6, 18 f., 23 f., 26, 34 f., 137, 151, 195, 273, 358, 360, 371, 381

Faber, Malte 5–7, 9–12, 28, 42 f., 47 f., 50, 105, 131, 137, 139, 165 f., 171, 213, 215, 249, 265, 274
Fatheuer, Thomas 319 f.
Feldman, Richard 30
Fetscher, Iring 24, 176, 189, 239, 268, 279 f., 292, 327
Fiehler, Fritz 265, 315, 317
Fineschi, Roberto 134
Foreman, David 343
Foster, John Bellamy 25, 39, 104, 112, 114 f., 123, 226, 274, 279, 315 f., 320–323, 325, 361, 383
Fraas, Carl 381
Fraser, Nancy 169, 317, 328, 354, 387
Frenzel, Elisabeth 20

Friedman, Milton   170
Fulda, Hans Friedrich   89, 96

Gauchet, Marcel   52
Geboers, Tom   16
Gehrig, Thomas   3, 274
Gemenne, François   3
Georgescu-Roegen, Nicholas   21, 214, 244, 273 f., 281–283
Gessmann, Martin   89
Gestwa, Klaus   20, 24
Giddens, Anthony   20
Gloy, Karen   1, 3, 198, 381
Göhler, Gerhard   35
Görg, Christoph   2, 286, 321 f., 325
Gorke, Martin   1 f., 330–338, 343, 361, 363, 365, 368
Graneß, Anke   9, 12 f., 17, 26–29, 32
Greffrath, Mathias   10
Grober, Ulrich   3
Groenewegen, Peter   48
Gronke, Horst   3
Grundmann, Reiner   1, 20 f., 24, 189, 337, 362
Grünewald, Andreas   316, 383
Grunwald, Armin   219, 232, 238, 240 f., 266, 268, 285–287, 291 f., 296, 364

Haeckel, Ernst   1, 23, 104
Halfwassen, Jens   15
Hampicke, Ulrich   214, 219, 222, 243 f., 248, 331, 336, 364
Han, Lixin   21, 103, 114, 383
Hardin, Garrett   315
Hartung, Gerald   363
Hartwick, John M.   243
Haug, Wolfgang Fritz   53, 189
Hausknost, Daniel   314
Hecker, Rolf   34, 36
Hedinger, Werner   243
Hegel, Georg Wilhelm Friedrich   17, 34, 43, 89, 96, 102, 119, 137, 139, 209, 330, 371, 382, 387
Heidegger, Martin   16 f.
Heinrich, Jürgen   218, 266, 296 f.
Heinrich, Michael   5 f., 9, 34, 36, 38, 44, 46 f., 50, 52, 59 f., 62, 72 f., 87, 90, 98, 120, 131, 133, 135, 137, 142, 148, 151, 157, 163 f., 166, 168, 170 f., 183, 194–196, 204, 208, 210, 230, 239, 266, 297
Heinrichs, Harald   3

Held, Martin   214–216, 218
Helm, Dieter   264, 322
Hepburn, Cameron   316
Hermand, Jost   3
Hicks, Richard   253
Hinterberger, Friedrich   263
Hobbes, Thomas   371
Hobsbawm, Eric   5 f., 9, 99, 108, 115, 118, 123, 141, 169
Hoffmann, Thomas Sören   119
Holland, Alan   252, 254, 258, 262 f.
Holz, Hans Heinz   12, 15, 383
Hösle, Vittorio   17, 381
Huan, Qingzhi   23, 383

Illing, Sean   10
Immler, Hans   66, 115, 219 f., 225
Ingensiep, Hans Werner   32
Ionesco, Dina   3

Jackson, Tim   300
Jonas, Hans   15 f.
Jones, Gareth Stedman   10

Kant, Immanuel   15, 32, 96, 119, 121, 230, 331 f.
Kapern, Peter   10
Karathanassis, Athanasios   2, 95, 286
Keller, David R.   338–342, 344
Kirchhoff, Thomas   363
Klauer, Bernd   238, 241, 246
Klein, Hans-Dieter   4, 14 f.
Kliemt, Hartmut   40, 318
Kopfmüller, Jürgen   219, 232, 238, 240 f., 266, 268, 296, 364
Krätke, Michael R.   6
Krebs, Angelika   1 f., 331–334, 352, 355, 363
Kreß, Carl Friedrich   16 f.
Kuhne, Frank   119, 138, 143, 155

Landes, David S.   20
Latif, Mojib   2
Lawn, Philip   295, 306–314
Lebowitz, Michael   178, 200, 210–212, 279
Leipert, Christian   214, 219, 230, 273, 317
Leist, Anton   186
Lieber, Christoph   155, 166
Lo, Y. S.   337, 343
Locke, John   50, 54, 66, 278
Lohmann, Georg   168

Namenregister

Löwy, Michael 22, 24, 210f., 383
Luks, Fred 31, 33, 176, 215, 221, 263f., 267–269, 271, 283, 296f., 307, 322

Mäki, Uskali 317, 319
Malthus, Thomas Robert 329, 341, 371
Mankiw, Gregory N. 57, 79, 91, 214, 266
Manstetten, Reiner 12, 213, 215, 249
Marcuse, Herbert 196
Maron, Hermann 239
McLaughlin, Peter 116
Meadows, Donella 269–272, 275–278, 280f., 283f., 287
Menger, Carl 74
Meyer, Kirsten 332
Meyer-Abich, Klaus-Michael 347, 366
Michelsen, Gerd 3
Mill, John Stuart 333
Miss Ann Thropy 341f., 359
Mittelstraß, Jürgen 11–13, 15
Mocek, Reinhard 1, 116
Mokhnacheva, Daria 3
Morris-Keitel, Peter 3
Morrissey, James 3
Moseley, Fred 131f., 148, 156
Müller, Michael 278
Muraca, Barbara 14, 17, 230, 238, 240–243, 274
Musto, Marcello 6–9, 43, 92, 194

Naess, Arne 338–340, 360
Neumayer, Eric 176, 215, 219, 238, 240–243, 245, 251f., 264, 267f.
Nienhaus, Lisa 9f.
Nietzsche, Friedrich 16
Nikolaus von Kues 121
Nordhaus, William D. 218
Nussbaum, Martha C. 2, 240, 255

Oakley, Allen 42, 45–47, 49, 98f., 101, 144, 151, 165
O'Connor, James 22, 283, 328
Odera Oruka, Henry 17, 27
Ostrom, Elinor 317
Ott, Konrad 1, 114, 134, 238f., 245, 248, 251f., 255, 269, 331f., 341, 343, 353
Ottmann, Henning 337

Paech, Niko 19, 21f., 283–285, 287–290, 292–294

Palm, Wolf-Ulrich 2
Paqué, Karl-Heinz 314
Parsons, Howard L. 23f., 26, 115, 122, 239, 350, 383
Passmore, John 332
Paucke, Horst 23
Pearce, David 255
Peck, Raoul 9
Pepper, David 22, 383
Petersen, Thomas 5–7, 9–11, 28, 42f., 47f., 50, 105, 131, 137, 139, 165f., 171
Platon 45
Pohlmann, R. 119
Polanyi, Karl 317, 354
Posener, Alan 9
Postone, Moishe 190, 199, 204, 210, 279
Potthast, Thomas 330f., 365
Prometheus 20
Proudhon, Pierre-Joseph 77, 168

Quante, Michael 92, 118, 137, 189, 198

Randers, Jorgen 215, 217
Rawls, John 27
Regenbogen, Arnim 13, 18, 119
Reheis, Fritz 6, 32
Reichelt, Helmut 35–38, 45, 73, 90f., 94
Remmele, Bernd 116f.
Reuten, Geert 194, 210
Ricardo, David 53, 65f., 79, 115, 194, 225, 230
Rickens, Christian 10
Rojas, Raúl 34, 37f.
Rolston, Holmes 1
Ropohl, Günter 1
Rosa, Hartmut 363
Rothschild, Kurt W. 317–319, 326
Rulff, Dieter 268

Sablowski, Thomas 7, 9
Saito, Kohei 20, 23–25, 32, 60, 62, 67, 74, 94, 104, 114f., 121, 226, 239, 329, 376, 383
Salamun, Kurt 189
Samuelson, Paul A. 218
Sarkar, Saral 267, 299f., 314, 352f., 361, 383, 385
Schachtschneider, Ulrich 307
Scharenberg, Albert 10
Schelling, Friedrich Wilhelm Joseph 16
Schiller, Johannes 265, 274
Schillo, Johannes 11

Schlaudt, Oliver   114, 131, 136, 170, 214–217, 230, 234 f., 244, 273 f., 296–298, 300, 308, 314 f., 317, 345, 348
Schmidt, Alfred   44, 48, 337
Schmidt, Stephan   320
Schmidt-Bleek, Friedrich   263
Schmieder, Falko   239
Schneidewind, Uwe   320
Schulz Meinen, Haimo   346–348
Schweier, Thomas Lutz   208
Schweitzer, Albert   334
Schwenzfeuer, Sebastian   16
Seed, John   340
Sessions, George   340
Sinn, Hans-Werner   10
Skourtos, Michalis   215
Smith, Adam   48, 53, 66, 73, 194, 230, 349
Smith, Richard   298–301, 306–308, 311 f.
Smith, Tony   139, 155
Soentgen, Jens   2
Solow, Robert M.   243, 247 f.
Spinoza, Baruch de   119
Stalin, Josef   8
Starosta, Guido   174, 197, 206, 210
Stone, Christopher D.   356
Stützle, Ingo   39
Swyngedouw, Erik   114

Taylor, Bron   338–342, 344
Taylor, Mark P.   57, 91, 266
Taylor, Paul W.   330, 332, 334, 336
Thie, Hans   67, 279, 306, 317, 383, 385 f.
Thomas, Peter D.   194, 210
Tugendhat, Ernst   332

Uemura, Kunihiko   182
Urban, Brigitte   2
Utecht, Burkhard   218, 266, 296 f.

Varoufakis, Yanis   10
Victor, Peter A.   253, 257
Vogt, Markus   1
Voltaire   342
von Egan-Krieger, Tanja   215 f., 218, 232, 249, 252 f., 255, 259, 300
von Randow, Gero   10

Wagenknecht, Sahra   9
Wagner, Helmut   214
Wessolleck, Winfried   383
Willeke, Stefan   10
Winter, Eggert   266
Wissen, Markus   22, 24, 29
Wolf, Dieter   45, 47, 71, 73 f., 86 f., 89, 91, 93, 95, 139
Wood, Ellen Meiksins   108, 119, 123, 183, 188, 209

York, Richard   279, 315 f.

Zeller, Christian   317, 324
Zetter, Roger   3
Zimmer, Jörg   119
Zimmer, Matthias   292
Zimmerman, Michael   338–341, 343 f.
Zinn, Karl Georg   134

Sachregister

Abstraktion 45, 58, 60, 62, 69, 87, 92, 103, 111, 131, 133, 144, 151, 155–157, 160, 204, 213, 222, 224, 227, 229 f., 234, 256, 266, 280–283, 352 f., 373 f., 379
Anthropozentrismus 21, 330–333, 335–339, 341, 343, 345, 347, 350–353, 361 f., 364, 372, 375–377
– aufgeklärter 362–365, 377
– extremer 362 f., 365
Arbeit 21 f., 37, 49 f., 53 f., 56–60, 64 f., 67, 69, 81, 98–107, 109–111, 113–116, 118–120, 122 f., 128 f., 136, 139–144, 146–149, 153–159, 164, 166–168, 170, 172, 175, 177, 184–186, 188, 192 f., 195–199, 204–207, 212, 214–219, 223–225, 229 f., 233 f., 249, 257, 265, 280, 298, 302, 304, 308, 312 f., 321, 332, 350, 358, 361, 373 f., 386
– abstrakte 60 f., 69, 156, 225, 227, 231, 373
– Mehrarbeit 133, 148 f., 159, 163 f., 166, 172 f., 176, 178, 186, 190, 193, 196, 233, 279, 309 f., 313, 349
– notwendige 116, 133, 141, 148, 172 f., 191, 193, 309, 313, 351
– regulative 106, 174, 202, 205 f.
– unmittelbare 106, 116, 174, 193, 202–208
Arbeitstag 147, 149, 158, 165, 172 f., 176 f., 193, 197, 206, 277, 280, 302, 304, 307, 309 f., 313, 351
Arbeitsteilung 53, 61, 200, 371
Arbeitsvermögen 37, 91, 109, 133, 140–149, 153–155, 157–159, 162–167, 170, 173, 177, 181, 191, 196, 208, 210, 224, 229, 233, 258, 264, 281, 309, 313, 350
Arbeitszeit 57–60, 63, 71, 82, 105, 107 f., 146–150, 163 f., 170, 172 f., 175 f., 188, 190, 202–207, 227, 234, 256, 297, 304, 307, 310, 313
Armut 6, 27, 87, 102, 111, 154, 279, 372
Aufhebung 25, 32, 60, 71 f., 79, 85, 89 f., 92, 103, 108 f., 116, 122, 127, 145, 165, 186, 189, 191, 194, 200, 205, 208–212, 278–280, 288–293, 300, 310, 330, 348, 353, 362, 367, 382–384, 387 f.
außer-ökonomische Gesellschaftsbereiche 42–44, 51 f., 86, 108, 136, 138, 182, 193, 206, 211, 290, 324, 354–356, 381

Autonomie 43, 49, 119 f., 138, 184 f., 196–199, 215–217, 228 f., 244, 292, 358 f., 366, 378 f., 388
Autoritarismus 5, 7 f., 126, 129, 169 f., 187, 287, 387
Axiologie 330 f., 336–339, 372, 375–377

Bedürfnis 49, 52 f., 55 f., 58, 62, 64, 67, 69 f., 76, 78, 81, 83, 87, 97, 99, 101, 112 f., 119–121, 123, 129 f., 141, 145, 154, 164 f., 174, 178, 180–190, 195 f., 198–200, 210, 221, 224, 240, 256, 260, 271, 277, 280 f., 288 f., 291, 296, 310, 329, 332, 337, 350, 355, 364 f., 373–375, 379
Begriffslogik 72, 90
Brief Marx' an Engels vom 9. Dezember 1861 35
Brief Marx' an Engels vom 18. Juni 1862 371
Brief Marx' an Engels vom 25. März 1868 381

Das Kapital 8 f., 23, 25, 34–38, 60, 68, 73, 90 f., 99, 102–104, 113, 118, 144, 148, 190, 195, 208, 230, 239, 265, 352
Deep Ecology 338–345, 347 f., 351 f., 357, 359 f., 366–369, 372
Demokratie 5, 8, 126, 129, 278, 285, 287–289, 387
Determinismus 43 f., 51, 67, 109, 116–121, 138, 194, 208 f., 211, 278, 281, 288, 330, 354 f., 358 f., 379, 381, 387
Deutsche Ideologie 8, 34, 114, 120
Dialektik 35–37, 40, 42, 45, 72–74, 82, 85, 87, 90 f., 99, 135, 137, 147, 149, 157, 162–164, 166, 168, 187–190, 213, 221, 224, 256, 258, 260, 278, 281, 305, 325, 343, 346, 348, 355, 358, 360, 373, 376, 378, 387
Dynamik 6 f., 9 f., 18–20, 24, 38, 42, 86, 95, 104, 109, 121, 127–130, 171, 187, 190 f., 196, 208, 210, 249, 261, 267, 271, 290, 292, 305, 314, 325, 327, 349, 375, 382

Eigentum 22, 47, 49 f., 52, 64, 67, 80, 86, 102, 111, 116, 123–126, 136, 140 f., 143, 148, 153 f., 162–166, 168, 211, 221, 236, 239, 244, 258, 281, 299, 315, 326, 350, 362, 372, 380, 386
Eigentumsrecht 49–52, 162–165, 167–169

Eigenwert   331–336, 339f., 342, 344, 350, 352, 354, 356f., 365
Empirie   2, 4, 14, 40, 44–46, 48, 62f., 72–74, 119, 133–135, 139, 157, 176, 240, 244, 281, 369
Ethik   15f., 27, 30, 40, 119, 121, 171, 243, 295, 298, 306, 331–338, 340, 342, 366, 374f., 383–385
Expansion   136, 171, 173, 175–180, 182f., 185, 187f., 191–193, 196, 198, 200, 206, 209, 249f., 261, 279, 288, 290, 299, 305, 319–327, 329, 381f., 385f.

Fetischismus   59, 62, 67, 155, 261, 291, 329
Freiheit   22, 27, 42, 49–52, 109, 119–121, 125, 135, 138, 143, 145, 162, 164–171, 187, 190, 211, 238, 242, 278, 284f., 288, 299, 305, 316, 330, 355f., 379, 387f.

Gebrauchswert   10, 53–60, 62–83, 85–87, 89, 91, 93–97, 99f., 105f., 110–112, 115, 127, 130, 140, 142–147, 149–157, 159–162, 173, 175, 178, 180f., 183–185, 188f., 191–193, 196, 201–204, 207, 213, 221–227, 229, 231f., 234, 236, 256–258, 260–263, 265, 277, 280, 288f., 296, 305, 323, 328, 339, 349f., 364, 373–375, 379
Geld   10, 36, 38f., 42, 45, 48f., 53f., 69, 71–96, 99, 131, 135–137, 141f., 144, 146f., 150–153, 155, 157, 166, 179, 181f., 192, 200f., 209, 224, 227, 230, 256–258, 284, 298f., 301, 316, 319, 324, 348–350
– erste Geldbestimmung   79f., 82–85, 87, 348
– zweite Geldbestimmung   80–85, 87, 201, 348
– dritte Geldbestimmung   82–87, 89, 91f., 95, 348
Gerechtigkeit   14f., 22, 27f., 51, 89, 146, 163, 168, 170, 238, 240f., 243, 252, 324, 341, 385
Gier   9, 134, 299, 301f.
Gleichheit   9, 49–52, 124, 126, 162, 165f., 168–171, 187f., 278, 280f., 296, 321f., 330, 343f., 355f., 366, 385–387
Globalisierung   6, 10, 19, 25, 27f., 32, 180, 183, 187f., 209, 241, 271, 321, 323, 378f.
Grundrisse   33, 36–40, 42–45, 54, 60, 72f., 77, 89–91, 94, 99, 101f., 104, 108, 110, 114, 118, 120, 122, 128, 131–135, 144, 146, 148, 151, 154, 169, 194f., 208, 210–213, 225f., 239, 328f., 336, 352, 372, 375f., 381

Hefte zur Agrikultur   239, 376
Heilige Familie   34, 120
Homogenität   58, 60, 69, 77, 82, 148, 157, 226f., 229, 234, 246, 256, 321
Homo Oeconomicus   215, 317–320

Individualismus   2, 46, 86, 92, 104, 124, 127–130, 136, 141, 145, 169, 185, 318, 336, 343
individuelles Handeln   43, 62, 64, 67f., 97, 130f., 134–139, 149, 155, 210–212, 236f., 284–287, 290–294, 317–320, 326, 366f., 382, 387
Inkommensurabilität   55f., 70, 256, 315
instrumenteller Wert   331, 337, 351, 362–364, 373–376

Kapital   9–11, 14, 19, 22, 32, 37–39, 44, 46, 54, 65, 74, 78, 87, 90–97, 99, 122f., 130–138, 140, 142–182, 184, 187–195, 197f., 201f., 207–212, 214–218, 222, 224f., 229–236, 239, 241–262, 275, 277, 279f., 289–293, 295, 299–305, 309–313, 316, 323–329, 348–353, 355, 369–372, 375, 382f., 385
– Bestimmung der Prozessualität   1, 92f., 95, 142, 257
– Bestimmung der unbegrenzten quantitativen Vervielfältigung   95, 132, 152, 158f., 172, 175, 177, 179, 192, 204, 249f., 258, 277, 279, 301, 305, 309, 311, 323, 369
– im Allgemeinen   38, 130–136, 138f., 143, 184, 312
– konstantes   148, 156, 175, 191f.
– variables   148, 156f., 173, 191, 193
Kollektivismus   125, 128f., 145, 169, 187, 336, 343
Kommensurabilität   57, 59f., 70, 77, 82, 168, 227, 256
Kommodifizierung   183, 230, 293, 314–316, 320, 323f., 327
konfrontativer Dialog   17, 26–32, 35, 39–41, 213, 246, 251, 264, 269, 328, 338, 348, 365, 368, 377f., 384, 386
Konkurrenz   38, 130–136, 165, 170, 183, 186, 193, 290, 298f., 301f., 307–309, 311, 346f., 352, 357, 360–362, 368–372, 385f., 388

Krise 5, 9–11, 36, 39, 78, 152, 192–194, 202, 208 f., 287 f., 305, 316, 324, 328, 382, 386 f.
Kritik der Politischen Ökonomie 5, 10, 21, 33, 36 f., 39, 47 f., 50, 65, 68 f., 138, 157, 221 f., 225, 230, 276
Kritik des Gothaer Programms 34

Labilität 59, 70, 88, 227
Liberalismus 8 f.
Lohn 9, 139, 144–148, 151, 153, 156 f., 159, 163, 166 f., 170, 173, 191, 193, 195 f., 199, 211, 281, 309, 351

Makrotheorie 123, 301, 386
Manifest der Kommunistischen Partei 18 f., 89, 128
Manuskript von 1861–1863 38, 132, 135, 194
Manuskript von 1863–1865 239
Manuskripte von 1864–1865 132, 194 f.
Marxismus 5–10, 22, 28, 38, 43, 67
Maschinisierung 19, 132, 174 f., 177, 183, 186, 191, 196–198, 205 f., 208, 250
Materialverbrauch 16, 176 f., 187, 189, 250, 263, 267, 269 f., 276 f., 290, 322 f., 325, 379, 382
Mehrwert 22, 37 f., 96 f., 133, 139 f., 142, 144, 147–152, 154 f., 157–159, 163, 167, 172 f., 175, 177–179, 189–191, 193, 195 f., 201, 208, 224 f., 233 f., 249, 258, 279–281, 289, 302, 309 f., 313, 323, 325, 349–352, 369 f., 372, 374, 386
– absoluter 172 f., 309 f.
– relativer 37, 172 f., 309 f.
Mehrwertrate 38, 157, 176 f., 191, 250, 323, 329
Menschen-Natur-Verhältnis 1–3, 21, 23, 26, 31, 98, 104, 112 f., 115, 120–122, 128–130, 184, 196, 213, 220, 223, 227, 237, 252, 263, 276, 282, 310, 316, 320, 322, 345–347, 352, 357–362, 364–372, 377–380, 384
– Einheit in Verschiedenheit 121, 358–360, 362, 368, 378
Menschenrechte 5, 51, 171, 346 f., 387
Metatheorie 327
Misanthropie 341, 343 f., 348, 357, 366–368
modifizierende Einwirkung auf die Natur 177, 250, 277, 323, 379
Monetarisierung 230, 273, 315

Nachhaltigkeit 3, 14 f., 40, 238–243, 246–248, 251, 255, 260, 262–264, 272, 285 f., 291, 293, 306, 308, 315, 320, 324, 355, 383 f.
– schwache 243 f., 246–248, 250–252, 261, 263, 327
– starke 242, 244 f., 248, 251–255, 257, 260–263
Natur 1–3, 10, 14–16, 20–23, 25, 29, 31, 40 f., 55, 61, 66–68, 70, 88, 95–97, 99–101, 103–107, 109–121, 123, 125, 128–130, 133, 138, 141, 149, 152, 156, 159, 161, 169, 172, 175–178, 180–182, 184, 187–189, 196, 198, 201, 203 f., 211–239, 241–246, 248–265, 268 f., 273, 286, 293, 295 f., 300, 310, 315–318, 320 f., 324, 327, 329–332, 334–348, 350–366, 369–380, 382–384, 386–388
naturale Grundlagen der Ökonomie 22, 25, 101, 109–112, 115, 120, 149, 156, 160 f., 204, 214, 216 f., 219 f., 222–224, 226–229, 231, 233–235, 243, 248, 252–254, 258 f., 264, 266–268, 270–273, 275 f., 283, 295, 300, 312, 317, 320–322, 325, 327–330, 350, 359, 362 f., 369, 373 f., 376, 379 f.
naturale Systemganzheit 331, 333, 336, 339, 343, 347 f., 351, 353, 357, 361 f., 366, 379
Naturentität 331–337, 343, 346, 350–357, 360–365, 367–370, 374–377, 380
Naturethik 16, 40, 330–340, 343, 347 f., 350–356, 361–363, 365, 367 f., 372 f., 375, 377, 382, 386
Naturkapital 14, 216, 241–243, 245, 247–255, 257–264, 308, 315
natürliche Bedingung des arbeitenden Subjekts 109–111, 141, 143, 145, 165
Naturumgebung 107, 110 f., 113, 115, 149, 161, 223 f., 227, 249 f., 258, 262, 264, 350, 356, 358 f., 364, 373 f.
Naturwesen 1, 16, 101, 111 f., 117 f., 331, 333–336, 347, 351, 353, 358–362, 366, 379
Neoklassik *Siehe* Wirtschaftswissenschaft, neoklassische

objektive Bedingungen der Arbeit 101 f., 104, 109, 111, 123–129, 134, 140–146, 148, 153–155, 157–159, 164–166, 177, 181, 223 f., 264, 325, 350, 373
– Arbeitsinstrument 102–104, 106 f., 109, 114, 116, 140, 144, 146 f., 151, 156, 174 f., 191, 223, 249, 258, 262, 264, 358

– Arbeitsmaterial 102 f., 106 f., 109, 114, 140, 144, 146 f., 149, 151, 156, 174, 191, 223 f., 228, 249, 253, 258, 262, 264 f., 270, 275, 298, 329, 358
Ökologie 1, 23, 26, 68, 104, 330, 339, 348, 362
ökologische Krise 1–4, 11, 14–17, 20, 22–24, 26, 28, 31–33, 39 f., 213, 219–221, 237, 247, 263, 278 f., 284–287, 291–293, 304, 314–316, 319 f., 323, 327–329, 338, 356, 367, 377–388
ökologische Marxlektüre 4, 22, 24 f., 31, 39, 95, 114, 239, 273, 301, 358, 362, 383
Ökologische Ökonomik *Siehe* Wirtschaftswissenschaft, Ökologische Ökonomik
ökologischer Diskurs 3 f., 13–18, 20, 22–26, 28, 30–33, 35, 39 f., 114, 176, 213, 215, 220–222, 227 f., 231 f., 236–238, 242, 246 f., 251, 253, 259, 262–264, 266–268, 271, 274, 281, 283, 285, 292–294, 304, 306, 314–316, 319 f., 323 f., 327, 336–338, 341, 343, 346–348, 354, 356, 366, 368 f., 371 f., 377 f., 380, 383–386
Ökologischer Imperialismus 314, 320–326
ökologisches Problem 1–3, 14 f., 17, 20–24, 31, 33, 40, 213, 218–220, 232, 234 f., 237, 243, 251, 265 f., 268, 277, 279, 282 f., 285, 289, 291, 295, 300, 306, 314–316, 321, 323, 327, 329–331, 333, 338, 352, 356, 363 f., 372, 377, 380–382
ökologische Theorie 3 f., 13 f., 20–22, 28–32, 39–41, 247, 287, 294, 316, 319 f., 324 f., 327 f., 365, 368, 371 f., 376–378, 380, 384–386
Ökomarxismus 22, 24 f., 114, 196, 239, 328, 383, 385
Ökonomischer Imperialismus 317, 319 f., 323, 325 f.
ökonomisches Verhältnis 21, 37, 42–49, 51–53, 57, 64 f., 67–69, 72, 74 f., 78, 86, 90 f., 111, 131, 133 f., 136–140, 152 f., 155, 166 f., 171, 181, 183, 191, 200 f., 204, 210, 213, 223 f., 231, 236–239, 246, 256 f., 260–262, 276–283, 287–294, 301–303, 305, 311, 316, 325–327, 352–356, 366–368, 370–372, 374 f., 379–385, 387
Ökosozialismus 22, 24, 383, 385
Ökozentrismus 339, 342 f., 361

Pariser Manuskripte 8, 34, 122, 362

Philosophie 2, 4, 11–18, 26–28, 32, 35, 37, 39 f., 44, 50 f., 119, 121, 139, 180, 189, 230, 242, 330, 338, 341, 346, 366, 378, 380, 388
– interkulturelle 26, 28 f.
Physiozentrismus 330 f., 333 f., 336–338, 343 f., 351–353, 356, 363, 365, 372, 375, 377
– Biozentrismus 332, 334–336, 339, 359
 – egalitärer 339, 342, 344
– Holismus 332, 335 f., 343 f.
 – monistischer 336
 – ontologischer 339, 342, 344–346
 – pluralistischer 336
– Pathozentrismus 332–336
Politische Ökonomie 21, 34 f., 37 f., 40, 43 f., 46–48, 53 f., 63–69, 72, 77 f., 84 f., 89, 91, 93, 115, 122, 142, 144, 156 f., 159 f., 162, 170 f., 194 f., 211, 221 f., 225 f., 230, 268 f., 349 f., 373–376
Popularisierung 9, 35–39, 90
Preis 10, 37 f., 63, 65 f., 73 f., 79–82, 88, 132, 135, 147, 151, 190, 200, 217, 227, 230, 234, 256, 284, 299, 313, 319
Principle of Charity 30
Privatproduktion 52, 61, 134 f., 207 f., 294, 350
Produktenmenge 176–181, 183, 187, 191, 202, 206, 232, 250, 266 f., 269 f., 276 f., 279–282, 284, 287–289, 291, 296 f., 299, 302–305, 307–314, 323, 325, 350, 379
Produktion im Allgemeinen 40, 98–105, 107–111, 113, 115, 117 f., 120, 184, 204, 213, 223 f., 226, 262–265, 358, 366 f., 373 f.
Produktionsfaktor 214–218, 221, 223, 226, 228–230, 233 f., 238, 243 f., 246, 275, 297, 362, 373 f.
Produktionsweise 7, 9, 25, 32, 43 f., 73, 99–102, 107 f., 111, 115, 122 f., 128, 130–134, 136, 138–142, 145, 149, 151–153, 155, 160, 162–166, 168–179, 181–184, 186–191, 193 f., 198–213, 219, 222 f., 239, 246, 249–251, 259, 261, 276 f., 279, 281, 287–290, 292, 294 f., 299 f., 303, 305, 309–312, 314, 322–325, 328–330, 349, 355 f., 360, 367, 369, 375, 381–383, 385
– kapitalistische 5–7, 9–11, 19, 21–26, 32, 47, 50, 61, 68, 90, 95, 99 f., 102, 108 f., 122 f., 128–134, 136–143, 145, 149, 151–155, 157, 160, 162–166, 168–184, 186–191, 193–213,

221–226, 234, 236, 239f., 246, 249–251, 259–262, 269, 277–281, 287–301, 303, 305–314, 316f., 320–330, 349, 351, 353–356, 367, 369, 371, 375f., 378, 381–383, 385–387
– sozialistische oder postkapitalistische *Siehe* Sozialismus
– vorkapitalistische 40, 98f., 102f., 108, 111f., 122–130, 140–142, 145, 164, 169, 172f., 182f., 186–188, 190, 209, 211, 213, 292, 317, 330, 349, 376, 381f.
Produktivkraft, Produktivkräfte 20, 43, 59, 70, 107–110, 112f., 116, 129f., 141, 149, 154, 158, 170–177, 179, 181, 183f., 186–193, 195f., 198–200, 202–207, 210, 215, 219, 224, 232, 250, 271, 276f., 280, 288f., 297f., 302–304, 307, 309f., 312–314, 323, 328, 350, 375, 379, 385, 388
Profit 37, 97, 156–161, 170, 183, 191f., 194f., 229, 233, 290, 293, 295, 298–302, 306–309, 311–313, 315f., 319–321, 370, 385f., 388
Profitrate 10, 38, 157, 191–195, 198, 204, 208
Prometheismus 20f., 337

reiche Individualität 184, 186, 190
Reichtum 22f., 48f., 56, 62–65, 68, 82–85, 87–89, 92, 95–97, 127, 131, 141, 152, 154, 174, 184, 186, 188, 195, 203f., 226, 239, 281, 298, 323, 349
Relativität 55f., 69, 100

Selbstzweck 17, 42, 84f., 92, 96, 122, 127, 140, 161, 175, 256, 331, 348–353, 356, 373–376, 380
Senkenfunktion 32, 262, 264f., 271, 283, 327, 341, 362, 379
Sozialismus 7, 22f., 153, 189, 212, 278, 289, 293, 300, 305, 362, 376, 382f., 385, 387f.
– real existierender 4f., 7f., 23, 387
Spezifität 55, 69, 78, 89, 151f., 229, 252, 256
Stoffwechsel 25, 61, 103f., 109–113, 115, 117, 120f., 123, 141, 346f., 379f.
Substituierbarkeit 215–217, 226, 228–230, 234f., 238, 242–248, 250–253, 255–257, 260f., 264, 300, 315

Tauschwert 37, 44–46, 53f., 56–90, 92–99, 111, 115f., 131, 134f., 137, 140, 143–153, 155–163, 165–167, 170, 172f., 175, 177, 179, 181–183, 191f., 200–205, 207, 213, 221–225, 227, 229–231, 233f., 236, 246, 249, 256f., 260–262, 277, 288, 290f., 305, 313, 327f., 348–351, 353, 355, 370, 373f., 376, 379f.
Thesen über Feuerbach 120
Tiefentheorie 247, 384
– argumentative 237, 247, 263, 294, 304, 314, 327, 354, 368, 384
  – doppelseitige 368
– genetische 247, 294, 327, 371, 385
Totalität 42, 58, 62f., 69, 78, 82, 87, 89, 92–96, 150, 158, 197, 227

Umweltverbrauch 266–268, 271, 275, 277, 279f., 289
Universalisierung 171, 185–187, 189, 191, 195f., 198f., 210, 310
Unvergänglichkeit 52, 58f., 70, 77, 82f., 88, 93, 152f., 227
Urtext 36f., 39, 91

Vergänglichkeit 55f., 58, 70, 82, 88, 93, 153, 256
Verselbstständigung 9, 37, 71, 75–77, 79, 83f., 87, 93–95, 144, 373
Vertierung 195f., 210, 281, 351, 372
Verwertung 32, 97f., 130f., 138–140, 142–162, 164, 166f., 170–173, 175–182, 184, 188–192, 198, 200–202, 209, 212, 222, 224f., 232–236, 246, 249–251, 257–262, 279, 281, 288–290, 292, 295, 309–311, 313, 321f., 324f., 327f., 348–352, 356, 369f., 373, 376, 387
Voraussetzungslosigkeit 11–14

Wachstumskritik 32f., 240, 266–269, 271–273, 276, 279, 281–283, 285, 287, 290–295, 300f., 304–309, 311f., 314, 316, 323, 328
Ware 18, 48–50, 52–60, 62–67, 69–85, 87–89, 91–98, 115, 133f., 136, 142–146, 148–153, 155, 157f., 160–165, 167f., 170, 178f., 181, 183–185, 189, 193, 195f., 200–202, 206, 208f., 214, 226f., 229–231, 233–236, 246, 256–260, 262, 266f., 270, 288–290, 298, 302, 304, 312–317, 324, 348–350, 354f., 364, 370, 373, 378
Warentausch 40, 48–53, 57, 62–64, 66, 72, 74–76, 78, 80, 84, 86, 90f., 98, 133, 135–

140, 149, 153, 162, 166–168, 171, 181–183, 188, 191, 193, 200–202, 204, 206f., 209, 213, 223, 226f., 229, 231, 237, 246f., 249, 251, 256f., 259–261, 263, 278, 280, 287, 289f., 293f., 301, 303, 305, 315, 317, 323–327, 348–351, 353–356, 367f., 370f., 373, 379–385, 387f.
Weltmarkt 19, 178–180, 186, 188
Wert 21f., 37f., 40, 42, 47, 53–55, 57–63, 65, 67–74, 76–79, 81–84, 86–91, 93–98, 116, 131, 133, 135f., 139f., 142–144, 146, 148–160, 162f., 173, 179, 191f., 195, 199, 201, 203–205, 207, 213, 223–227, 229, 236, 241–243, 245, 256, 258–260, 263, 266, 279, 294, 300, 305, 331, 348, 364, 374, 378
Widerspruch 12, 23, 48, 59, 68–78, 82f., 85–92, 95f., 105, 109, 121, 123, 127–129, 143f., 151–153, 157, 159–161, 165, 169, 171, 188–193, 195f., 198f., 201–204, 207, 209f., 212, 218, 221–227, 231, 236f., 246, 254, 256f., 260, 262, 277, 288, 293, 305, 323, 328f., 335, 355, 360, 365, 367, 373f., 378–380, 382, 387

– ökologischer 328–330
Wirtschaftswachstum 21, 32, 40, 240, 266–272, 274–279, 281–285, 287, 289–291, 294–305, 307f., 311f., 314, 323, 356, 386
Wirtschaftswissenschaft 21, 30, 40, 44, 48, 73f., 77, 79, 83, 97, 134, 213–215, 218f., 221f., 224, 227, 229f., 236f., 240f., 246, 250, 255, 266, 268f., 276, 294–296, 301, 303f., 315, 317, 319, 323, 326, 349f., 355, 370, 373, 380
– neoklassische 40, 46, 130, 136, 213–224, 226–232, 234–238, 241, 243f., 246f., 251, 253, 261, 267f., 272f., 276, 294f., 315, 317–320, 323, 325f., 336, 345
– Ökologische Ökonomik 244, 252f., 267, 273, 300

Zirkulationsgesetz 57, 81, 84, 97f., 146f., 162f., 165, 167–169, 178
Zivilisierung 171, 187–190, 375
Zur Kritik der Hegelschen Rechtsphilosophie 89
Zur Kritik der politischen Ökonomie 35–37, 39, 42, 44, 60, 99, 101, 108, 128

www.ingramcontent.com/pod-product-compliance
Lightning Source LLC
Chambersburg PA
CBHW080406230426
43662CB00016B/2330